D1749913

Stefan Hesse, Gareth J. Monkman, Ralf Steinmann, Henrik Schunk

Robotergreifer

Stefan Hesse, Gareth J. Monkman, Ralf Steinmann, Henrik Schunk

Robotergreifer

Funktion, Gestaltung und Anwendung industrieller Greiftechnik

HANSER

Dr.-Ing. habil. Stefan Hesse ist Konstrukteur, Hochschullehrer und seit vielen Jahren als Herausgeber, Autor bzw. Mitautor vieler Fachbücher und Zeitschriftenaufsätze selbstständig tätig.

Prof. Gareth Monkman ist Hochschullehrer an der FH Regensburg im Studiengang Elektrotechnik/Mechatronik.

Ralf Steinmann ist Leiter Vertrieb und Marketing Automation bei der SCHUNK GmbH & Co. KG, Obersulm.

Dipl.-Wirtsch.-Ing. Henrik Schunk ist Geschäftsführer der SCHUNK Intec Inc., Raleigh-Morrisville (USA).

Bibliografische Information Der Deutschen Bibliothek

Die Deutsche Bibliothek verzeichnet diese Publikation in der Deutschen Nationalbibliografie; detaillierte bibliografische Daten sind im Internet über <http://dnb.ddb.de> abrufbar.

ISBN 3-446-22920-5
www.hanser.de

Die Wiedergabe von Gebrauchsnamen, Handelsnamen, Warenbezeichnungen, usw. in diesem Werk berechtigt auch ohne besondere Kennzeichnung nicht zu der Annahme, dass solche Namen im Sinne der Warenzeichen- und Markenschutzgesetzgebung als frei zu betrachten wären und daher von jedermann benutzt werden dürften.

Alle in diesem Buch enthaltenen Verfahren bzw. Daten wurden nach bestem Wissen erstellt und mit Sorgfalt getestet. Dennoch sind Fehler nicht ganz auszuschließen.
Aus diesem Grund sind die in diesem Buch enthaltenen Verfahren und Daten mit keiner Verpflichtung oder Garantie irgendeiner Art verbunden. Autoren und Verlag übernehmen infolgedessen keine Verantwortung und werden keine daraus folgende oder sonstige Haftung übernehmen, die auf irgendeine Art aus der Benutzung dieser Verfahren oder Daten oder Teilen davon entsteht.

Dieses Werk ist urheberrechtlich geschützt.

Alle Rechte, auch die der Übersetzung, des Nachdruckes und der Vervielfältigung des Buches oder Teilen daraus, vorbehalten. Kein Teil des Werkes darf ohne schriftliche Genehmigung des Verlages in irgendeiner Form (Fotokopie, Mikrofilm oder einem anderen Verfahren), auch nicht für Zwecke der Unterrichtsgestaltung – mit Ausnahme der in den §§ 53, 54 URG genannten Sonderfälle –, reproduziert oder unter Verwendung elektronischer Systeme verarbeitet, vervielfältigt oder verbreitet werden.

© 2004 Carl Hanser Verlag München Wien
Gesamtlektorat: Dipl.-Ing. Volker Herzberg
Herstellung: Der Buch*macher,* Arthur Lenner, München
Coverconcept: Marc Müller-Bremer, Rebranding, München, Germany
Titelillustration: Atelier Frank Wohlgemuth, Bremen
Umschlaggestaltung: MCP · Susanne Kraus GbR, Holzkirchen
Druck und Bindung: Druckhaus „Thomas Müntzer" GmbH, Bad Langensalza
Printed in Germany

Vorwort

Im Gegensatz zum Menschen, der mit geschickten Händen über ausgesprochene Universalwerkzeuge verfügt, benötigt ein Industrieroboter besondere Greifzeuge. Mit dem Greifer stellt er die Verbindung zwischen einem Objekt und der manipulierenden Maschine her. Aber nicht nur Roboter sind auf technische Hände angewiesen. Man braucht sie auch für Pick-and-Place-Geräte, Montageautomaten, chirurgische Instrumente, Teleoperatoren, Balancer und Master-Slave-Manipulatoren. Zudem benötigt man für jeden Roboter in der Regel mehrere Greifer. Sie sind im automatisierten Handhabungsprozess die Erfolgsorgane, die so genannten Effektoren, und von ihrer richtigen Wahl und Ausführung kann die Klärung einer schwierigen Handhabungsaufgabe abhängen. Die Anzahl der Greiferhersteller und die der angebotenen Greifer geht inzwischen in die Hunderte. Allein das lässt schon ahnen, welche Bedeutung dem Greifer zugemessen wird. Ein Ende dieser Entwicklung ist vorläufig nicht abzusehen. Jede Vervollkommnung an Greifersystemen, jede vorteilhafte Lösung eines speziellen Anwendungsfalles ist stets auch ein Keim für die Erschließung von Rationalisierungsmöglichkeiten, die bisher aus technischen Gründen brachliegen. Damit steigt die Greifertechnik zum wohl wichtigsten Accessoire einer Handhabungsmaschine auf. Aus vielen differenzierten Anforderungen sind deshalb weltweit unzählige Greifer und technische Hände entstanden, die sich im Prinzip, aber auch durch wertvolle funktionelle Details und interessante Effekte unterscheiden.

Dieses Buch soll nun den Leser mit den Grundlagen der Greifertechnik vertraut machen und ihre Anwendung an Beispielen zeigen. Greifertechnik gehört heute zum Kernwissen in der Handhabungs- und Robotertechnik. Weil viele Bücher zur Robotertechnik dazu nur bescheidene Aussagen machen, wird in diesem Buch versucht, eine möglichst umfassende Darstellung zu bieten, die sowohl den Praktikern als auch den Konstrukteuren und Entwicklern eine wertvolle Handreichung darstellt.

Im Kern des Buches stecken zwei unabhängig voneinander entstandene Manuskripte zur Greifertechnik und zwar von Prof. Gareth Monkman und dem federführenden Autor Dr.-Ing. habil. Stefan Hesse. Die Herren Henrik Schunk und Ralf Steinmann haben mit speziellen Beiträgen die Themen abgerundet und ergänzt, so dass letztlich ein guter Querschnitt rund ums Greifen entstanden ist. Im Buch werden mit voller Absicht auch einige ältere Lösungsansätze vorgestellt, die einst Randerscheinung waren. Die Geschichte lehrt aber, dass sie oft mit neuen Komponenten auf einer höheren technischen Ebene durchaus wieder interessant werden können. Natürlich ist es auch kein Schaden, wenn der Leser weiß, was schon alles versucht wurde. Für die Patentfreiheit der dargestellten Greifer kann allerdings keine Garantie übernommen werden. Die Autoren wünschen dem Leser viele nützliche Anregungen und die eine oder andere Entdeckung.

Plauen	Stefan Hesse
Regensburg	Gareth Monkman
Lauffen	Ralf Steinmann
Raleigh-Morrisville	Henrik Schunk

Autoren und Verlag danken der Firma Schunk GmbH & Co. KG, Fabrik für Spann- und Greifzeuge aus Lauffen / Neckar, für die freundliche Überlassung von Bildmaterial.

Inhaltsverzeichnis

1	**Einführung in die Greifertechnik**	1
	1.1 Greifer in der Mechanisierung und Automatisierung	1
	1.2 Definition und begriffliche Grundlagen	2
	1.3 Greifen in natürlichen Systemen	8
	1.4 Geschichtlicher Rückblick auf technische Hände	12
2	**Automatisches Greifen**	23
	2.1 Wirkpaarungen	23
	2.2 Greifstrategie und Greifvorgang	31
	2.2.1 Greifstrategie	31
	2.2.2 Greifvorgang, Greifbedingungen und Greifkraft	39
	2.2.3 Greiferflexibilität	61
	2.3 Einteilung der Greifer	64
	2.4 Anforderungen und Greiferkenngrößen	67
	2.5 Planung und Auswahl von Greifern	73
3	**Bauformen der Greifer**	80
	3.1 Mechanische Greifer	80
	3.1.1 Greiferantriebe	80
	3.1.2 Zangengreifer	98
	3.1.2.1 Systematik und Kinematik	98
	3.1.2.2 Parallelgreifer	105
	3.1.2.3 Winkelgreifer (Scherengreifer)	128
	3.1.2.4 Radialgreifer (zentrierende Greifer)	137
	3.1.2.5 Innengreifer	139
	3.1.2.6 Greifer mit Selbsthemmung	141
	3.1.2.7 Wendegreifer	143
	3.1.2.8 Greifbackengestaltung	144
	3.1.3 Klemmgreifer	156
	3.1.3.1 Federklemmgreifer	156
	3.1.3.2 Gewichtsklemmgreifer	159
	3.1.4 Fingergreifer	165
	3.1.4.1 Dreifingergreifer	166
	3.1.4.2 Vierfinger- und Vierpunktgreifer	170
	3.1.4.3 Gelenkfingergreifer	172
	3.1.4.4 Gelenklose Fingergreifer	178
	3.1.5 Umfassungsgreifer (Umschlingungsgreifer)	183
	3.1.6 Verhakende Greifer	187
	3.1.7 Aufwälzgreifer	194
	3.1.8 Werkzeuggreifer	197
	3.2 Pneumatische Greifer	199
	3.2.1 Überdruckgreifer	199
	3.2.1.1 Lochgreifer	199
	3.2.1.2 Zapfengreifer	202

3.2.1.3 Membrangreifer 203
3.2.1.4 Luftstrahlgreifer 206
3.2.2 Unterdruckgreifer 208
3.2.2.1 Vakuumerzeugung 209
3.2.2.2 Vakuumsauger 215
3.2.2.3 Haftsauger 239
3.2.2.4 Luftstromgreifer 241
3.3 Elektrische Haftgreifer 244
3.3.1 Magnethaftgreifer 244
3.3.1.1 Permanentmagnetgreifer 244
3.3.1.2 Elektromagnetgreifer 248
3.3.1.3 Permanent-Elektromagnetgreifer 258
3.3.2 Elektroadhäsive Greifer 259
3.3.2.1 Elektroadhäsives Greifen elektrisch leitender Objekte 259
3.3.2.2 Elektroadhäsives Greifen elek. nichtleitender Objekte 262
3.4 Manipulatorgreifer 265
3.5 Miniatur- und Mikrogreifer 270
3.5.1 Mechanische Klemmgreifer 270
3.5.2 Flüssig-adhäsive Greifer 280
3.5.3 Thermisch-adhäsive Greifer 286
3.5.4 Miniatur-Vakuumgreifer 290
3.6 Spezialisierte Greifer 291
3.6.1 Kombinationsgreifer 291
3.6.2 Doppel- und Mehrfachgreifer 292
3.6.3 Revolvergreifer 295
3.6.4 Montagegreifer 300
3.6.5 Blechteilegreifer 301
3.6.6 Transfergreifereinrichtungen 308
3.7 Greifer aus Baukastensystemen 310

4 Handachsen und Kinematik 313
4.1 Kinematische Notwendigkeiten und Konstruktion 313
4.2 Dreh- und Schwenkeinheiten 319
4.3 Linearachsen 323
4.4 Verbindungstechnik und Medienführung 324

5 Greifersteuerung 326
5.1 Steuerung pneumatisch angetriebener Greifer 326
5.2 Steuerung elektrischer Greifer 328

6 Greifersensorik 332
6.1 Wahrnehmungsarten 332
6.2 Tastsensorik 333
6.3 Näherungssensoren 335
6.4 Messende Sensoren 340
6.5 Erfassung von Fingerstellungen 346
6.6 Messvorgänge im Greifer 347
6.7 Sensorintegration 349

| 7 | **Greiferwechselvorrichtungen** | 351 |

7.1 Aufgabe, Funktionen und Koppelelemente ... 351
7.2 Manuelle Wechselvorrichtungen ... 354
7.3 Maschinelle Wechselvorrichtungen ... 358
7.4 Fingerwechselvorrichtungen ... 362

| 8 | **Fügemechanismen** | 364 |

8.1 Ungesteuerte Ausgleichssysteme (RCC) ... 365
8.3 Gesteuerte Ausgleichssysteme (IRCC) ... 369
8.4 Drehmomentsteife Ausgleichsmechanismen (NCC) ... 370

| 9 | **Kollisionsschutz und Sicherheit** | 372 |

9.1 Sicherheitsanforderungen ... 372
9.2 Kollisionsschutzsysteme ... 372
9.3 Greifkraftsicherung ... 373

| 10 | **Ausgewählte Greiferanwendungen** | 376 |

10.1 Greifen von Kartonzuschnitten ... 376
10.2 Greifen von Packstücken und Kartonagen ... 377
10.3 Greifen von Ziegelsteinen ... 381
10.4 Montage von Instrumententafeln für Automobile ... 381
10.5 Magnetgreifer für Bleche ... 382
10.6 Greifen von Wasserpumpen ... 383
10.7 Reihenweises Greifen von Rohren ... 384
10.8 Greifen in beengten Räumen ... 384
10.9 Greifer für Spaltbandringe ... 385
10.10 Greifen und Montieren außenliegender O-Ringe ... 386
10.11 Verpacken von Pralinen ... 388
10.12 Fassgreifer ... 388
10.13 Greifen von Drahtbunden ... 390
10.14 Greifen von Kleinladungsträgern ... 390
10.15 Greifen von Gussstücken ... 391
10.16 Greifen mit dem Faltenbalgsauger ... 392
10.17 Sackgreifer ... 393
10.18 Greifen dünner Zuschnitte aus einem Magazin ... 396
10.19 Greifen flexibler Flachteile vom Stapel ... 397
10.20 Handhabung von Platten ... 400
10.21 Greifer an einer Sondermaschine ... 400
10.22 Greifen von Flaschen ... 402

Internetadressen ... 404

Literatur und Quellen ... 406

Stichwortverzeichnis ... 418

1 Einführung in die Greifertechnik

Menschliche Arbeit wird seit langer Zeit durch den Erwerb besonderer Fertigkeiten, Methoden und Werkzeuge geprägt, die das Arbeiten und die Arbeitsumgebung verbessern, erleichtern und wirkungsvoller gestalten. Im Zuge des technischen Fortschritts haben Arm und Hand des Menschen Konkurrenz bekommen. Es sind Industrieroboter und Handhabungseinrichtungen mit wirkungsvollen Greifwerkzeugen. Je mehr Arbeitskräfte in einer Industriegesellschaft für einfache, gleichförmige, gefährliche und sich im kurzem Rhythmus wiederholende Arbeiten eingesetzt werden, desto mehr wird es erforderlich sein, diese Tätigkeiten auf Automaten jeder Art zu verlagern. Ein unverzichtbares Accessoire sind dabei die Greifer.

1.1 Greifer in der Mechanisierung und Automatisierung

Der Greifer ist das aktive Bindeglied zwischen Handhabeeinrichtung und Werkstück oder allgemeiner zwischen Greiforganen und Objekt. Je nach Verwendungszweck hat er verschiedene Aufgaben zu erfüllen. Diese sind

- Vorübergehendes Aufrechterhalten einer definierten Position und Orientierung des Werkstücks relativ zum Greifer bzw. zur Handhabungseinrichtung
- Aufnahme statischer (Gewichts-), dynamischer (Bewegungs-, Beschleunigungs- bzw. Verzögerungs-) und prozessbedingter Kräfte und Momente
- Lagebestimmung der Greifobjekte
- Änderung von Position und Orientierung des Greifobjekts zur Handhabungseinrichtung mit Hilfe von Handgelenkachsen
- Technologische Operationen wie zum Beispiel das Montieren im Greifer

Greifer werden nicht nur im Zusammenhang mit dem Industrieroboter gebraucht, sondern sind eine mehr oder weniger universelle Automationskomponente. Gebraucht werden:

- Greifer an Industrierobotern (Handhabung, Manipulation von Objekten)
- Greifer an Automaten (Montage, Mikromontage, Bearbeitung, Verpackung)
- Greifer an NC-Maschinen (Werkzeugwechsel) und Sondermaschinen
- Greifer an handgeführten Manipulatoren (Ferngreifer, Medizin, Weltraum, Tiefsee)
- Greifer an Werkstückwendevorrichtungen in der Fertigungstechnik
- Greifer an Seil- und Kettenhebezeugen (Lastaufnahmemittel)
- Greifer an Servicerobotern (Greifhände, eventuell auch ähnlich den Prothesenhänden)

Innerhalb der Robotertechnik gehören die Greifer wohl zu den Funktionseinheiten, für die bisher die meisten Konstruktionsvarianten hervorgebracht wurden. Das liegt daran, dass aller Bewegungsreichtum einer beschickenden oder montierenden Handhabungsmaschine nur Mittel zum Zweck des Greifens ist. Die eigentliche Wirkung bringt der Greifer hervor, weshalb er auch als Wirk- bzw. Arbeitsorgan oder Effektor bezeichnet wird. Die Vielzahl unterschiedlicher Aufgaben, verschiedenartiger Werkstücke und der Wunsch nach zweckangepassten zuverlässigen Systemen werden auch in Zukunft dafür sorgen, dass neue bzw.

mehr oder weniger modifizierte Greiferlösungen entstehen. Nicht wenige Experten sehen gerade in der Leistungsfähigkeit des Greifers auch einen wesentlichen Faktor für die wirtschaftliche Effektivität der automatischen Montage überhaupt. Die Erfahrungen zeigen, dass es in Zukunft nur über die flexible Gestaltung der Montageanlagen möglich sein wird, den Anforderungen der Praxis gerecht zu werden. Auch Greifer müssen dann flexibel sein. In der Montage geht es meistens nicht nur um das Greifen und Bewegen von Objekten, sondern auch um die Ausführung von Fügeoperationen durch Zusammenlegen, An- und Einpressen sowie die Handhabung von Werkzeugen. Viele Greifer werden beim Beschicken von Maschinen in der Teilefertigung, beim Verpacken und Stapeln sowie beim Handling von Objekten in Test-, Labor- und Prüfanlagen eingesetzt.

Einige Greifer „wachsen" ins Kleine, um in der Mikrotechnik feinste Bauteile handhaben zu können. Das ist auch mit der Favorisierung neuer Greifmethoden verbunden. Immer mehr Greifer findet man in Bereichen außerhalb der Industrie, z.B. in der Medizintechnik, im Bauwesen, in der Weltraumforschung und im Handwerk. In diesen Bereichen sind handgeführte oder automatische Manipulatoren vornehmlich als Handhabungsmaschine im Einsatz. Neben Standardgreifern, bei denen lediglich noch die Greifbacken werkstückformbezogen anzubringen sind, gibt es eine Vielzahl von Spezialgreifern, die nur für ein bestimmtes Objekt oder eine Produktfamilie eingesetzt werden können, wie z.B. Fassgreifer. Das erklärt auch die Tatsache, dass man in der Patentliteratur eine ausufernde Menge von Greiferkonzepten mit nichtalltäglichen konstruktiven Details vorfindet. Greifer gehören üblicherweise nicht zum Lieferumfang eines Grundgerätes der Handhabungstechnik. Sie werden aufgabenspezifisch aus Katalogen als Zubehör ausgewählt oder entworfen.

1.2 Definition und begriffliche Grundlagen

Greiforgane oder Werkzeuge bilden das Ende der kinematischen Kette im Bewegungssystem eines Industrieroboters. Sie ermöglichen die Interaktion mit der Peripherie. Wenngleich für einige einfache Werkstückformen universelle Greifer mit weitem Spannbereich geeignet sind, müssen sie in vielen Fällen den speziellen Werkstückformen angepasst werden.

> **Greifer** sind Teilsysteme von Handhabungseinrichtungen, die einen zeitweiligen Kontakt zu einem Greifobjekt herstellen. Sie sichern Position und Orientierung beim Aufnehmen und während des Ablegens von Objekten gegenüber der Handhabungseinrichtung. Das Halten wird mit krafterzeugenden, formschließenden und stoffpaarigen Elementen erreicht. Der Begriff „Greifer" wird auch dann benutzt, wenn im Sinne des Wortes nicht gegriffen, sondern irgendwie gehalten wird, wie zum Beispiel bei Vakuumsaugern. Die Haltekraft kann punktuell, linienartig oder flächig einwirken.

Die wichtigsten Festhaltemöglichkeiten von Objekten werden in **Bild 1.1** vorgestellt.

Greifkraft und Haltekraft unterscheiden sich. Die Greifkraft ist die während des Greifvorgangs aufzubringende Kraft. Die Haltekraft dient zum Aufrechterhalten eines Griffes, wenn das Objekt bereits gegriffen wurde. Die Haltekraft ist meistens kleiner als die Greifkraft. Die Greifkraft erklärt sich aus der Energie für die mechanische Bewegung und

1.2 Definition und begriffliche Grundlagen

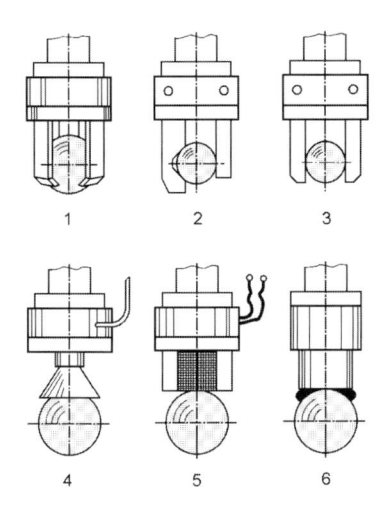

1 reines Umschließen ohne zu klemmen
2 teilweiser Formschluss mit Klemmkraft kombiniert
3 reiner Kraftschluss
4 Halten mit Saugluft (pneumatischer Kraftschluss)
5 Halten mit Magnetfeld (Kraftfeld)
6 Halten mit Haftmitteln

Bild 1.1: Festhaltemöglichkeiten eines Objekts am Beispiel einer Kugel

für den Aufbau einer statischen Haltekraft. Die Funktionskette *Antrieb* → *Kinematik* → *Haltesystem* gibt es jedoch nur bei mechanischen Greifern. Saugergreifer kommen ohne Kinematik aus [1-1].

In der Greifertechnik werden einige typische Begriffe immer wieder verwendet. Der Greifer besteht meistens aus mehreren Baugruppen und Bauteilen. Nachfolgend sollen am Beispiel eines mechanischen Greifers nach **Bild 1.2** die wichtigsten Begriffe erklärt werden. Im Zusammenhang mit dem Industrieroboter wird der Greifer auch als Effektor oder Endeffektor bezeichnet. Greifer gehören in der Regel nicht zur Roboter-Serienausstattung.

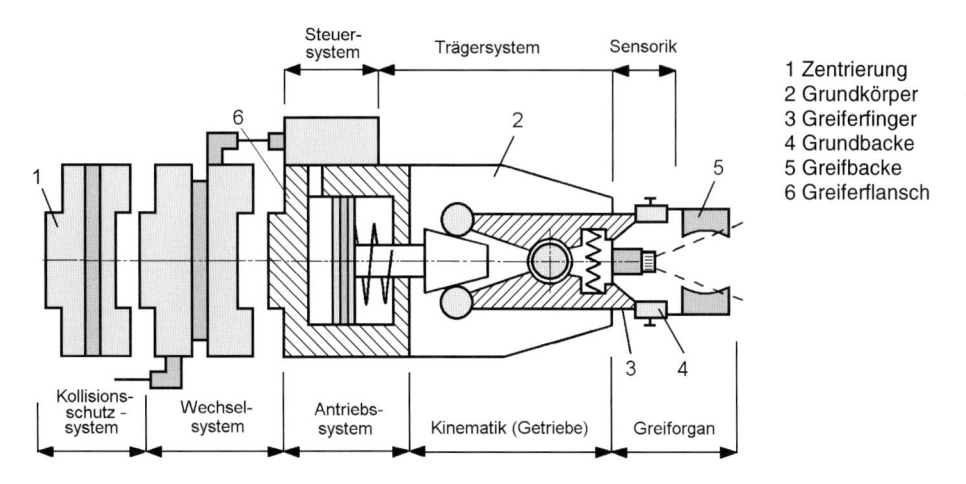

1 Zentrierung
2 Grundkörper
3 Greiferfinger
4 Grundbacke
5 Greifbacke
6 Greiferflansch

Bild 1.2: Teilsysteme eines mechanischen Greifers

Weitere wichtige Begriffe der Greifertechnik werden im Folgenden kurz erklärt.

Antriebssystem (*drive system*)
Baugruppe, die zugeführte Energie (elektrische, fluidische) in eine rotatorische oder translatorische Bewegungsenergie wandelt, damit ein kinematisches System arbeiten kann.

Endeffektor (*end effector, end-of-arm tooling*)
Oberbegriff für alle Funktionseinheiten, die eine direkte Interaktion des Robotersystems mit der Umwelt bzw. einem Objekt bewirken. Das sind Greifer, Roboterwerkzeuge, Prüfmittel und sonstige Arbeitsorgane am „Ende" einer kinematischen Kette.

Greifbacke (*gripper yaw*)
Einzelteil, das in der Regel Bestandteil des Greiforgans ist und ausgewechselt werden kann, zum Beispiel aus Verschleißgründen. Zur Vergrößerung der Haftreibung zwischen Greif- und Griffffläche können Reibbeläge aufgebracht sein. Die Greifbacke stellt den unmittelbaren Kontakt zu einem Greifobjekt her.

Greifbarkeit (*grippability*)
Eignung eines Objekts, sich automatisch greifen zu lassen. Sie hängt wesentlich von den Oberflächeneigenschaften und der Formstabilität bei Einwirkung der Greifkraft und von Gewichtskräften ab. Sie kann mitunter durch Anbringen von nur für den Greifvorgang benötigten Flächen oder Elementen (Handhabungsadapter) verbessert werden.

Greiferfinger (*gripper finger*)
Starres, elastisches oder mehrgliedriges Greiforgan zum Anfassen bzw. Umfassen eines Handhabeobjektes. Oft sind die Finger mit Greifbacken ausgestattet. Der Greiferfinger ist der aktive Teil der Wirkpaarung Greifer-Objekt.

Greifer(koordinaten)achse (*gripper axis*)
Koordinatensystem, welches im TCP errichtet ist. Damit lassen sich Orientierungen des Greifers beschreiben. Das **Bild 1.3** zeigt einen Greifer mit drei translatorischen und drei rotatorischen Freiheitsgraden. Das Greiferkoordinatensystem wird auf das Flanschkoordinatensystem des Industrieroboters bezogen.

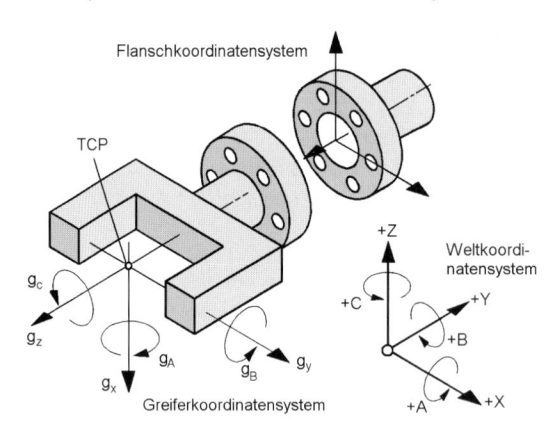

Bild 1.3: Greiferkoordinatensystem

Greiffläche (*gripping area*)
Fläche an Greiforganen (Greifbacke), über die eine Greifkraft in das Handhabungsobjekt eingeleitet wird. Je größer die Berührungsfläche bei den Klemmgreifern ist, desto geringer ist die Belastung des Teils durch die entstehende Flächenpressung.

Greifhand (*gripper hand, hand unit*)
Greifer mit mehreren gelenkigen Fingern, die jeweils offene kinematische Ketten darstellen und einen hohen Gelenkfreiheitsgrad f aufweisen, zum Beispiel $f = 9$.

1.2 Definition und begriffliche Grundlagen

Greifplanung (*grasping planning*)
Sie befasst sich mit dem Problem, wie zwischen Robotergreifer und Werkstück eine stabile Verbindung hergestellt werden kann. Das ist wegen der Randbedingungen selbst bei einfachen Greifern nicht trivial. Der Griff muss so gewählt werden, dass er kollisionsfrei ausgeführt werden kann. Der Griff muss stabil sein. Das Objekt darf nicht im Greifer abgleiten oder sich verschieben. Spezielle Einschränkungen, wo das Objekt nicht gegriffen werden darf (verbotene Zonen), sind zu beachten.

Greifsystem (*prehension system*)
Greifer, der um weitere Einheiten ergänzt ist, wie Dreh-, Schwenk- und Kurzhubeinheiten, Wechselsysteme, Fügehilfen (Ausgleichseinheiten), Kollisions- und Überlastschutzvorrichtungen, Messeinrichtungen und Sensorik. Ein Greifsystem lässt sich immer weiter in Unterbaugruppen (Subsysteme) gliedern.

Grifffläche (*gripped surface*)
Fläche an Handhabungsobjekten, an der gegriffen, also die Greifkraft eingeleitet wird. Es ist der passive Teil innerhalb der Wirkpaarung Greifer-Greifobjekt.

Grundbacke (*basic yaw, universal yaw*)
Vom Greiferantrieb bewegter Schieber bzw. Backe, an die ein aufgabengerechter Greiferfinger angebaut wird.

Haltesystem (*holding system*)
Bezeichnung für das Wirksystem eines Greifers. Dazu gehören die Greiforgane mit den daran befestigten Greiferbacken. Diese werden oft gar nicht mitgeliefert, weil sie der Anwender nach der Werkstückform selbst herstellt.

Kinematisches System (*kinematic system*)
Mechanische Einheit (Getriebe), die eine Antriebsbewegung in Aktionen des Haltesystems (Backenbewegung) umsetzt, wobei sich Geschwindigkeiten und Kräfte in einem typischen Übersetzungsverhältnis wandeln. Wohl am häufigsten werden Hebel-, Schrauben- und Kniehebelgetriebe eingesetzt. Vom Getriebe hängt die Schnelligkeit der Backenbewegung, die Greifkraft und der Greifkraftverlauf ab. Bei Greifern ohne bewegliche Elemente wird keine Kinematik erforderlich. Einige Getriebebeispiele zeigt dazu das **Bild 1.4**.

Schutzsystem (*protection system*)
In oder an den Greifer angebaute Elemente, die im Falle von Überlastung oder Kollision aktiviert werden und den Greifer vor einer Beschädigung schützen (Warnsignal, Not-Stopp-Auslösung, passive oder aktive Ausweichbewegung).

Sensorsystem (*sensor system*)
In den Greifer eingebaute Sensoren zur Positionserkennung, Erfassung der Annäherung an ein Objekt, Greifkraftbestimmung, Weg- und Winkelmessung, Rutschbewegung gegriffener Teile u.a mit eventuell integrierter Sensordaten-Vorverarbeitung.

Steuerungssystem (*control system*)
Meistens eine relativ einfache Steuerungskomponente, die Sensorinformationen auswertet oder nur vorverarbeitet, Greifkräfte reguliert oder die Greifweite automatisch verstellt. In seltenen Fällen wird auch die Vermessung von Greifobjekten direkt im Greifer vorgenommen, zum Beispiel eine Durchmesserbestimmung.

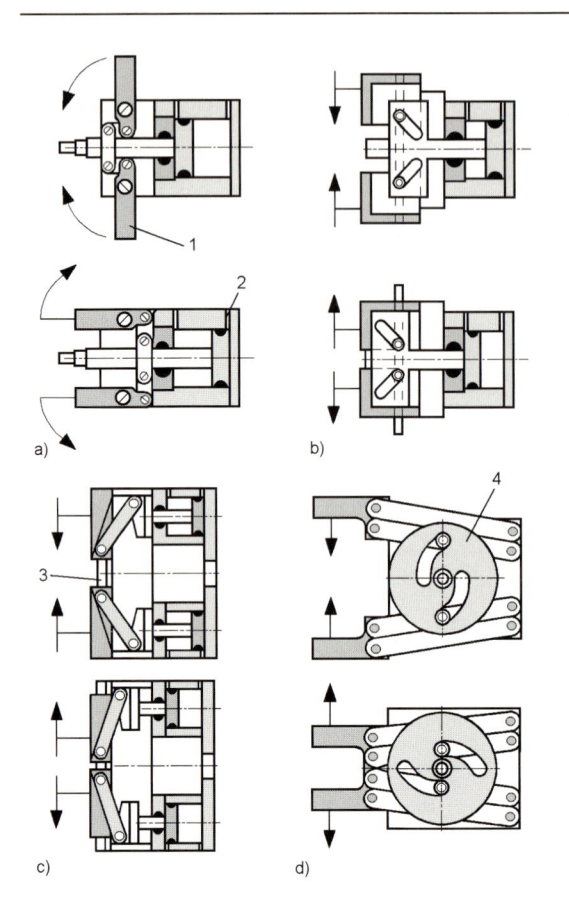

1 Grundbacke oder Finger
2 Pneumatikzylinder
3 Geradführung
4 Kurvenscheibe

Bild 1.4: Pneumatisch angetriebene Greifer mit kinematischem System zur Bewegungsumsetzung (*Sommer-automatic*)

a) Winkelgreifer mit Kniehebelmechanik
b) Parallelgreifer mit Rollenkulisse
c) Parallelgreifer mit zwei Pneumatikkolben
d) Parallelgreifer mit Kurvenscheibe

Synchronisation (*synchronization*)
Bei den meisten 2- und 3-Finger-Greifern sollen sich die Finger gleichmäßig auf Greifermitte schließen. Dazu werden die Fingerbewegungen mechanisch miteinander verkoppelt. Pneumatikkolben lassen sich zum Beispiel, wie in **Bild 1.5** zu sehen ist, über eine Spindel mit Rechts-Links-Gewinde in eine synchrone Bewegung zwingen.

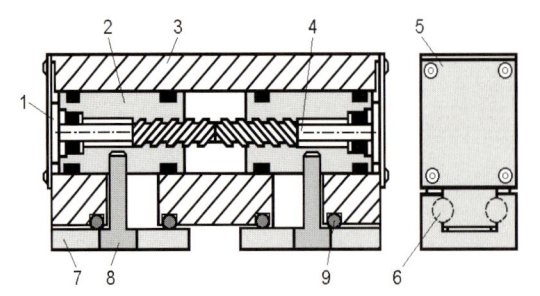

1 Deckplatte
2 Pneumatikkolben
3 Gehäuse
4 Gewindespindel
5 Verschlussplatte
6 Grundbackenführung
7 Grundbacke,
8 Bundbolzen,
9 Dichtung

Bild 1.5: Greiferfinger-Synchronisation mit Rechts-Links-Gewindespindeltrieb

Das leistet auch ein Hebelgetriebe (Doppelschwinge), wie es das **Bild 1.6** zeigt (siehe dazu auch die Lösung in Bild 3.15). Der Antrieb der Grundbacken erfolgt auch hier pneumatisch über Kolben, die in das Greifergehäuse integriert sind.

1.2 Definition und begriffliche Grundlagen

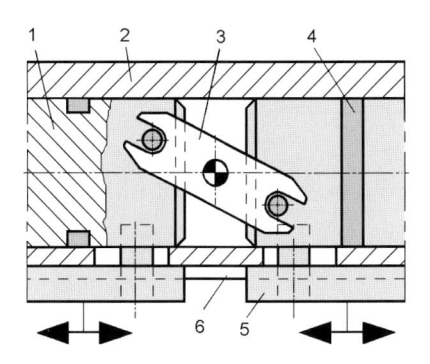

1 Pneumatikkolben
2 Gehäuse bzw. Zylinderbohrung
3 Synchronhebel
4 Dichtring
5 Grundbacke
6 Backenführung

Bild 1.6: Synchronisation durch Doppelschwinge-Joch-Antrieb (*Scotch-Yoke Antrieb*)

TCP (*tool center point*)
Arbeitspunkt am Ende einer kinematischen Kette. Er dient als zu programmierender Wirkpunkt für einen Endeffektor und ist in der Regel der Ursprung des körpereigenen Koordinatensystems des Endeffektors. Ein auf den TCP bezogenes Koordinaten-„Dreibein" nennt man *tool center point frame* (TCPF). Ein Mehrfachgreifer hat mehrere TCP (**Bild 1.7**).

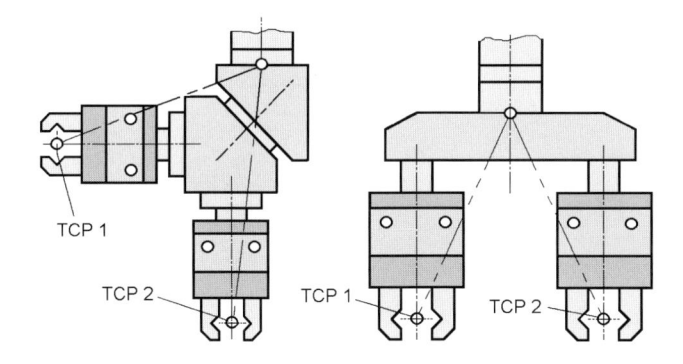

Bild 1.7: TCP am Beispiel von Greifern

Technische Hand (*dextrous hand*)
Anthropoide Kunsthand für den industriellen Gebrauch, die mit drei oder mehr Gelenkfingern ausgestattet und für mehr oder weniger geschicktes programm- oder ferngesteuertes Hantieren geeignet ist. Der Begriff wird uneinheitlich mit unterschiedlichen Inhalten verwendet. Man kann technische Hände in „Modulare Hände" (an beliebige Bewegungsmaschinen anbaubar; kompakter Funktionsträger) und in „Integrierte Hände" (in den Roboterarm eingebaut) unterscheiden.

Trägersystem (*basic unit*)
Basisbaugruppe, die alle Bestandteile des Greifers aufnimmt und für eine Verbindung (Flansch, Bohrbild) zwischen Greifer und Handhabungseinrichtung eingerichtet ist. Die Verbindungsfähigkeit setzt eine mechanische, energetische und informationelle Schnittstelle voraus. Das **Bild 1.8** zeigt eine Flanschausführung nach DIN ISO 9409. Diese Norm bzw. die jeweils nachfolgende aktuelle Ausgabe enthält konstruktive Vorgaben für die verschiedenen Baugrößen, Teilkreisdurchmesser, Zentrierbundabmessungen, Anzahl der Gewindebohrungen und Gewindedurchmesser sowie einige Lagetoleranzen. Der Flansch kann zum Hindurchführen von Versorgungs- und Steuerleitungen durchbohrt sein.

Bild 1.8: Beispiel für die Flanschausführung und das Anschraubbild nach DIN ISO 9409

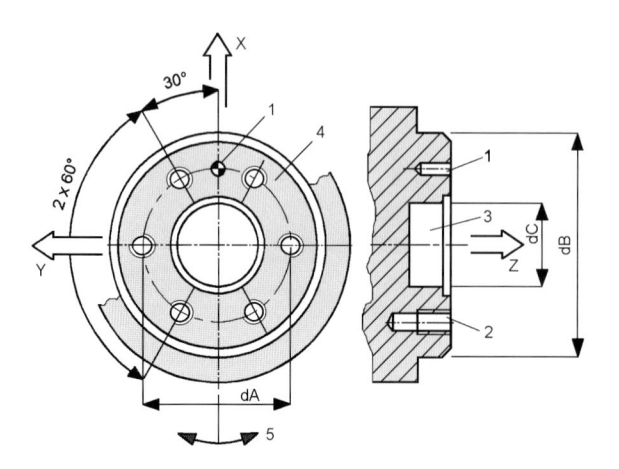

1 Aufnahmebohrung für Zentrierstift
2 Befestigungsgewindebohrung
3 Zentrierbund
4 Flanschkörper
5 Flanschdrehung

dA Teilkreisdurchmesser
dB Zentrierbunddurchmesser
dC Innenbunddurchmesser

Wechselsystem (*gripper changing system*)
Baugruppe zum schnellen manuellen, meist aber automatischem Wechsel eines Greifers oder auch Werkzeugs über eine standardisierte mechanische Schnittstelle. Dabei sind auch Versorgungs- und Informationsleitungen zu trennen bzw. zu koppeln.

1.3 Greifen in natürlichen Systemen

Im Verlaufe der Evolution hat die Natur verschiedene Greifmechanismen mit interessanter Konstruktion hervorgebracht. Der Elefantenrüssel kann sogar als biomechanisches Phänomen angesehen werden. Nach Brehms Tierleben ist er

„...zugleich Geruchs-, Tast- und Greiforgan". Ring- und Längenmuskeln, nach G. Cuvier (1769-1832) sind es etwa 40 000 einzelne Bündel, setzen ihn zusammen und befähigen ihn nicht allein zu jeder Wendung, sondern auch zur Streckung und Zusammenziehung".

Der deutsche Wissenschaftler *F. Reuleaux* (1829-1905) analysierte in der zweiten Hälfte des vergangenen Jahrhunderts in seinem Werk zur Kinematik [1-25] u.a. tierische Bewegungsmechanismen. Dazu zählen auch Fischmaul und Vogelschnabel, die Greifaufgaben zu erfüllen haben. Auch Haftsauger sind nicht neu, sondern von der Natur bereits entwickelt. Es gibt sie in der Tierwelt als Saugfüße (**Bild 1.9**), z.B. bei Kopffüßern. Das Männchen des Gelbrandkäfers (*Dytiscus marginalis*) besitzt an den Vorderbeinen gestielte Saugnäpfe. Beim Aufsetzen verbreitern sich die fein-chitinösen, halbkugeligen Kappen an ihren zarten Rändern. Beim Zurückziehen ergibt sich ein Unterdruck und erzeugt die Haftwirkung. Geckos verfügen über Haftlamellen an den Zehen (trockene Adhäsion), mit denen sie in die Oberflächenrauigkeiten von Glasplatten einhaken können [1-28]. In der Praxis finden sich auch Klemmgreifer, deren Kinematik einem Vogelschnabel entspricht. Rüsselartige Strukturen haben ebenfalls schon zu Greiferrealisationen geführt, wie z.B. zur Lösung von Farbspritzaufgaben oder solche die ein Objekt umschlingen können, wie zum Beispiel der Softgreifer (Bild 3.176). Zur Handhabung zerbrechlicher Gegenstände hat man die muskulären Hydrostaten von Kalmartentakeln schon kopiert und als umschlingende Greiforgane gestaltet. Die Kauorgane der Insekten (*Cheliceren* der Spinnen, *Mandibeln* der beißend-kauenden Insekten wie z.B. Ameisenlöwen) sind Zangengreifer [1-27].

1.3 Greifen in natürlichen Systemen

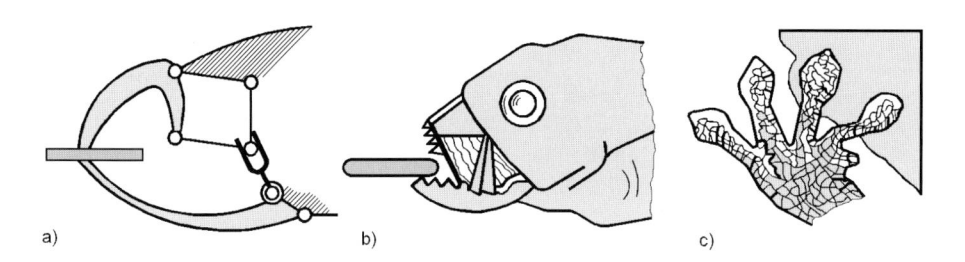

Bild 1.9: Natürliche Greif-, Halte- und Kaumechanismen
a) Vogelschnabel, b) Fischmaul, c) Saugfuß

Das Problem „Greifen unter erschwerten Bedingungen" wurde im Verlauf der biologischen Evolution beim Fischadler auf interessante Weise gelöst (**Bild 1.10**). Der Fischadler kann ein Greifobjekt mit glitschiger Oberfläche in der Bewegung so gut greifen, dass er davon leben kann.

Der Greiffuß weist langgezogene und scharfe Krallen auf, mit denen er eine Verhakung mit der Beute erreichen kann. Die Fußunterseite weist zusätzlich ballenartige Noppen auf. Sie erzeugen beim Greifen eine Haft(saug)wirkung gegen die glatte Oberfläche des Greifobjekts. Es wurden also mehrere Wirkprinzipe miteinander sinnvoll kombiniert. Zwar gibt es auch technische Greifer, die Klemmen und zusätzlich saugend halten (**Bild 1.10b**), in der feinen detailreichen Gestaltung der Natur wurde jedoch noch kein technischer Greifer gestaltet. Warum eigentlich nicht?

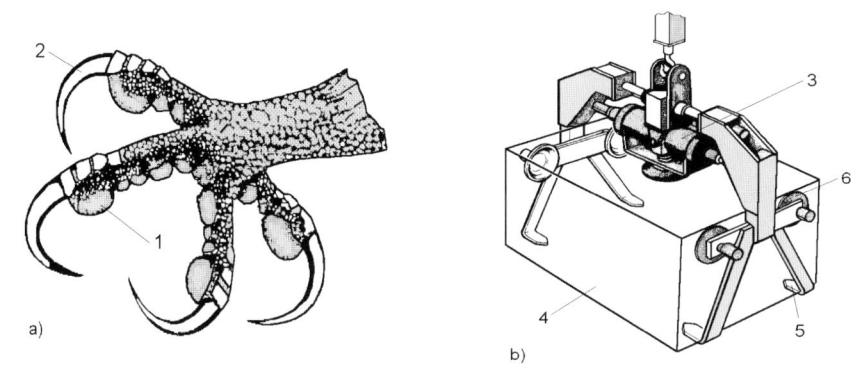

Bild 1.10: Kombinierte Greifprinzipe
a) Greiffuß des Fischadlers *Pandion haliaetus*, b) Unterhakgreifer mit Saugnäpfen kombiniert, 1 Antirutschnoppen, 2 Kralle, 3 Pneumatikzylinder, 4 Greifobjekt, 5 Haken, 6 Saugnapf

Ein gutes Vorbild ist auch die Krebsschere. Die Arme des Krebses laufen in einer kräftigen Scherenkonstruktion aus, die als Greif- und Presswerkzeug dienen. Kinematisch handelt es sich dabei um eine Nacheinanderschaltung zweier viergliedriger sphärischer Getriebe (**Bild 1.11**). Damit ausgestattet, haben Krebsarme folgende konstruktive Eigenschaften:

- Sie haben einen großen Schwenkwinkel bei einer geringen Anzahl von Armgliedern.
- Es können relativ große Kräfte ausgeübt werden.
- Zwischen den Armgliedern bestehen spielfreie und hoch belastbare Gelenke mit großem Bewegungsbereich.

Insbesondere ist die Gelenkverbindung zwischen den Armgliedern genial gelöst. Es sind zwei aus dem Kalkpanzer ausgeformte Kugelgelenke. Diese Kugelgelenke wiederum bestehen aus mehreren ineinander gewachsenen Kugelschalen, wodurch nicht eine, sondern mehrere konzentrisch ineinander liegende Kugeloberflächen als Gleit- und Berührungsflächen dienen. Solche Gelenke sind besonders für miniaturisierte Mechanismen interessant, weil man Gelenklösungen in der Art „Gabelkopf- Stift" nicht beliebig verkleinern kann.

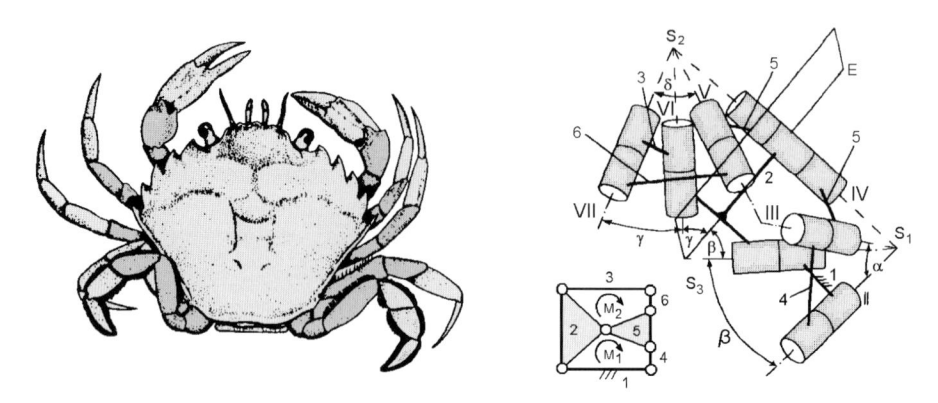

Bild 1.11: Vorbildliche Konstruktion: Die Krebsschere
Links: Krebs; Rechts: kinematisches Schema (Viergelenkkette) nach [1-2]; 1 Gestell, 2 Zwischenglied, 3 Glied, 4 Antriebsschwinge, 5 Koppel

An lebenden Organismen sind oft die Kugelgelenke mit einer gallertartigen Substanz als Gleitmittel überzogen. Damit entsteht eine spielfreie und leichtgängige Verbindung die außerdem keinen Stick-Slip-Effekt aufweist.

Einer der berühmtesten griechischen Philosophen war Aristoteles (384-322 v. Chr.). Er bezeichnete einst die Hände als „Werkzeug aller Werkzeuge". Die 5-Finger Hände des Menschen sind ein besonders flexibel nutzbares Greiforgan, vor allem als Auge-Hand-System.

Die Knochen der Hand sind anatomisch in drei Gruppen unterteilt: Die Handgelenks- oder Handwurzelknochen (16 kleine Handwurzelknochen); der Mittelhandknochen bzw. die Handfläche und die Glieder bzw. Fingerknochen (**Bild 1.12**).

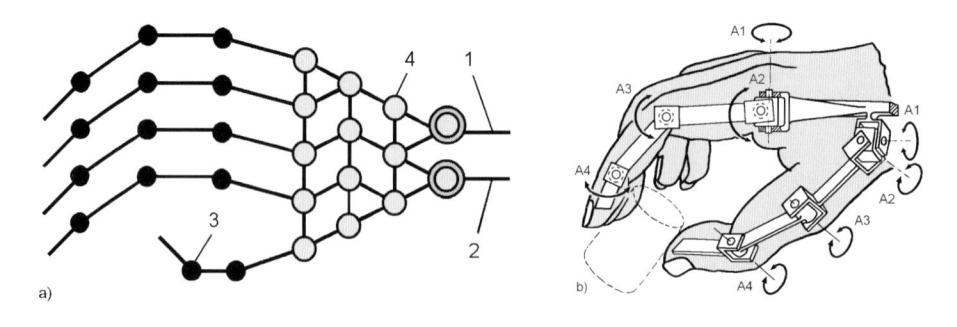

Bild 1.12: Die menschliche Hand
a) mechanischer Gelenkaufbau [1-3], b) vereinfachte mechanische Darstellung. 1 Speiche, 2 Elle, 3 Fingergelenk, 4 Handgelenk, A Drehachse

1.3 Greifen in natürlichen Systemen

Es gibt 8 Handwurzelknochen, 5 Mittelhandknochen, für jeden Finger einen, und 14 Glieder, drei für jeden Finger und 2 für den Daumen. Insgesamt ermöglicht diese anatomische Konstellation etwa 22 Freiheitsgrade. Daran sind 48 Muskeln beteiligt.

Die Muskeln der Hand und des Unterarms werden über eine unglaubliche Anzahl von Einzelgriffen trainiert, gespeichert, abgerufen und variiert. Die menschliche Hand besitzt letztlich den Freiheitsgrad 27. Die genaue Zählung hängt davon ab, wie man die Muskeln in unabhängige Gruppen einteilt [1-4]. Würden wir die fein aufeinander abgestimmten Muskeln unabhängig voneinander bewegen und für jeden Freiheitsgrad die beiden Endstellungen und eine Mittelstellung unterscheiden, so ergäbe dies allein 3^{27}, also mehr als 7 Billionen unterschiedlicher Handstellungen. Typische Handgriffe lassen sich mehr oder weniger umfangreich in Griffklassen (**Bild 1.13**) unterscheiden [1-5] [1-6] [1-7].

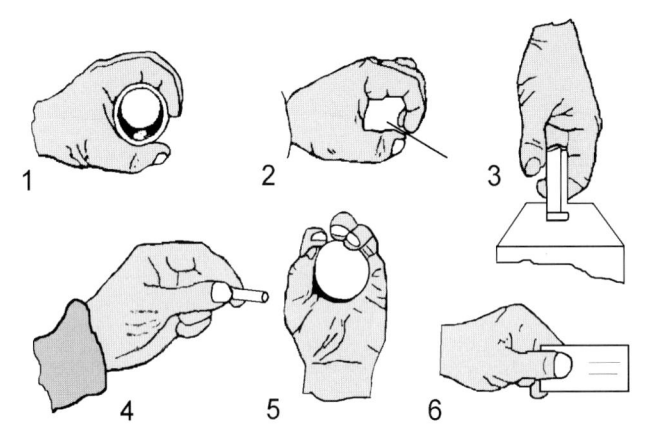

1 Zylinder-Hohlgriff
2 Spitzgriff
3 Hakengriff
4 Dreifingergriff
5 Handinnenflächengriff
6 Zangengriff

Bild 1.13: Die verschiedenen Griffklassen der Hand

Beschränkt man sich bei der Untersuchung der Tätigkeiten der menschlichen Hand nur auf die Tätigkeiten, die im Rahmen industrieller Arbeit erforderlich sind, so gibt es einen direkten Zusammenhang zwischen der Hand mit den benötigten Werkzeugen, die man zusätzlich für die Arbeit braucht, und der Anzahl von Fingern, die jeweils benötigt werden. Mit anderen Worten, Werkzeuge können Finger ersetzen. Dieser Zusammenhang ist im nachstehenden Schaubild dargestellt (**Bild 1.14**).

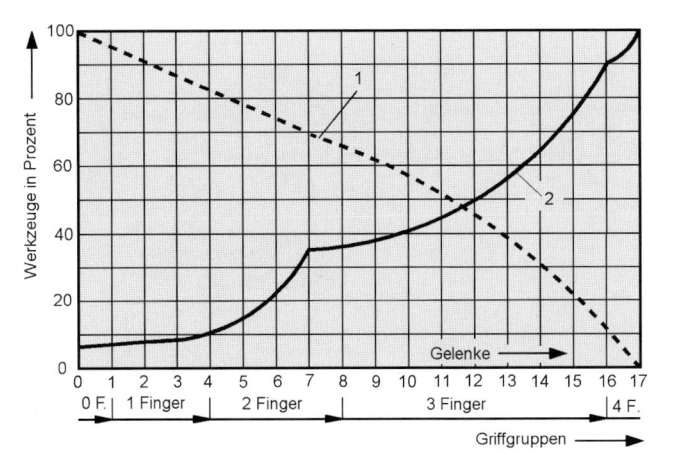

1 Anzahl Werkzeuge
2 Griffmöglichkeiten

Bild 1.14: Werkzeuge können Finger ersetzen [1-8]

Unter Null-Finger versteht man den Armstumpf ohne Bewegungsmöglichkeit des Fingers. Der fünfte Finger bringt, wie man sieht, überhaupt keinen zusätzlichen Gewinn bei der industriellen Arbeit.

Das Diagramm veranschaulicht, dass zwischen der Anzahl der an einem Griff beteiligten Finger und der Anzahl der zu einem Griff benötigten Werkzeuge ein Zusammenhang besteht. Etwa 90 % aller bei der industriellen Arbeit vorkommenden Griffe lassen sich mit einer Drei-Finger-Hand ausführen. Unsere Finger sind außerdem unterschiedlich stark. Der Mittelfinger ist der kräftigste, der kleine Finger der schwächste. Die Fähigkeit zur Kraftentfaltung verteilt sich wie folgt: Zeigefinger 21 %, Mittelfinger 34 %, Ringfinger 27 % und kleiner Finger 18 %.

Greifoperationen sind stets auch Bestandteil einer komplexen Handlung, selbst wenn diese automatisch ablaufen. Deshalb sind die Greifer auch immer im Kontext des Einsatzfalls zu sehen und zu bewerten. Geht es um die Montage von Teilen, so ist es der in **Bild 1.15** dargestellte Grobablauf, wobei man das Beschicken einer Spannvorrichtung mit dem Fügen gleichsetzen kann.

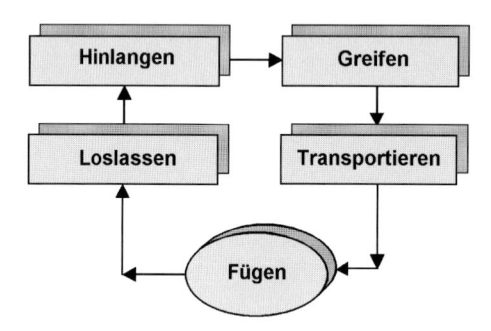

Bild 1.15: Allgemeiner Bewegungszyklus beim Montieren [1-9]

1.4 Geschichtlicher Rückblick auf technische Hände

Erste Handnachbildungen stammen aus dem Bereich der Prothetik: Die „eiserne Faust" des *Götz von Berlichingen* (1480-1562) besaß fünf separate Finger (**Bild 1.16**).

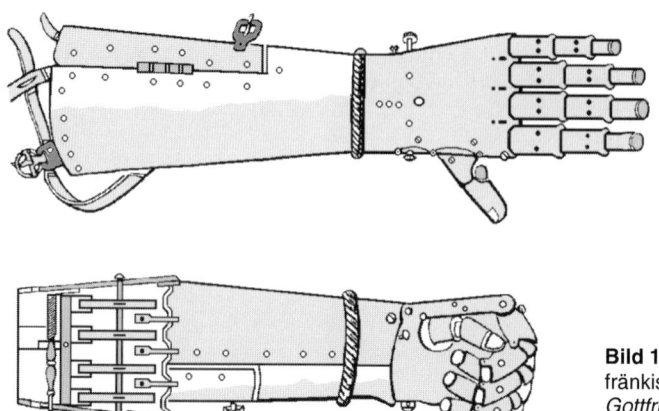

Bild 1.16: Die Eiserne Hand des fränkischen Reichsritters *Götz-Gottfried von Berlichingen*

1.4 Geschichtlicher Rückblick auf technische Hände

Sie konnten passiv gebeugt, arretiert und auf Knopfdruck wieder gelöst werden. Die Hand wiegt allerdings 1,5 kg. Das war für die damalige Zeit trotzdem nicht schlecht.

Der französische Arzt *Ambroise Paré* (1510-1590) entwarf 1564 eine mechanische Hand, bei der die einzelnen Finger mit einer Mechanik ausgestattet waren. Die Idee wurde damals als atemberaubend empfunden, weil sie zu demonstrieren schien, dass Menschen und Maschinen in derselben Weise funktionieren und dass es möglicherweise Bereiche gibt, wo sie austauschbar sind [1-26].

Im Ergebnis des 1. Weltkrieges ergab sich ein großer Bedarf an Handersatz. Es entstand 1916 die erste mit Fremdenergie betriebene Handprothese von Prof. *E. F. Sauerbruch* (1875-1951). Er verwendete die noch vorhandene Kraft der Muskelreste des Amputationsstumpfes. Der Muskelhub wurde über operativ eingesetzte Elfenbein- oder Plexiglasstifte auf die Mechanik der Prothesenhand übertragen [1-10].

Im Jahre 1947 gelang es, Bioströme des Armstumpfes auszunutzen, um elektrische Miniaturantriebe in einer Kunsthand anzusteuern. So genannte Biohände gibt es inzwischen mit sehr guten Trageeigenschaften und guter Funktionalität. Das Grundprinzip einer solchen Hand wird in **Bild 1.17** gezeigt. Ähnlich ist auch die elektromotorische *Vaducer-Hand* des Schweizers *E. Wilms* (1949) aufgebaut.

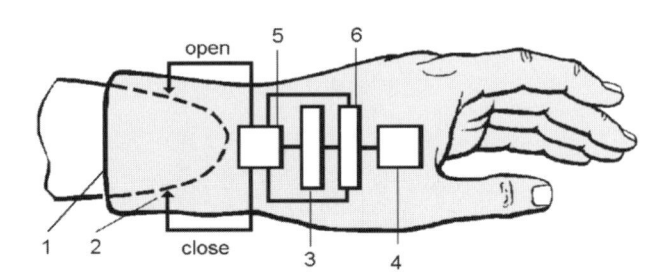

1 Muskelstumpf
2 Hautelektrode
3 Batterie
4 Getriebe
5 Verstärker
6 Motor

Bild 1.17: Aufbau einer myoelektrisch gesteuerten Biohand

Aber auch pneumatische Antriebe wurden für Kunsthände eingesetzt. So hat vor mehr als 50 Jahren das Orthopädische Zentrum in Heidelberg einen Prothesenarm entwickelt, der mit Druckluft angetrieben wird. Dazu gehört auch die in **Bild 1.18** dargestellte Prothesenhand. Der Fluidaktor ist ein flexibler Dehnkörper, der beim Aufblasen den Finger zum festen Griff schwenkt. Für das Öffnen ist eine Zugfeder vorgesehen. Immerhin hatten bis 1965 mehr als 350 Personen von dieser Entwicklung profitiert. Das gleiche Anforderungsbild sollte auch mit dem so genannten *McKibben*-Arm erfüllt werden.

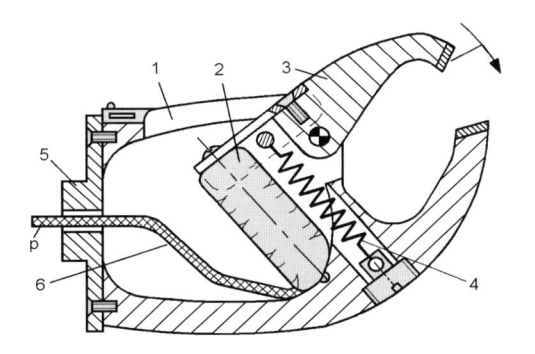

1 Greifergehäuse
2 flexibler Fluidaktor
3 hölzerner Finger
5 Anschlussflansch
6 Druckluftleitung
p Druckluft

Bild 1.18: Prothesenhand des Orthopädischen Zentrums in Heidelberg (1948)

In den 1950er Jahren hat der Amerikaner *J. L. McKibben* einen pneumatischen Muskel entwickelt, der als Prothesenantrieb gedacht war (**Bild 1.19**). Der Muskel besteht aus einem Gummirohr, über dessen Wände längs der Mantellinie ein Netz aus nichtdehnbaren Fäden im Rautenmuster geschoben war. Unter Druck verkürzt sich der Muskel und bläht sich dabei auf. Diese Längenänderung wurde über Seile zu den Gelenken übertragen, die dann eine Bewegung der Fingerglieder erzeugten. Ein moderner Fluidmuskel wird in den Bildern 3.13 und 3.15 als Greiferaktor eingesetzt. Ein Fluidmuskel erzeugt nur Zugkräfte.

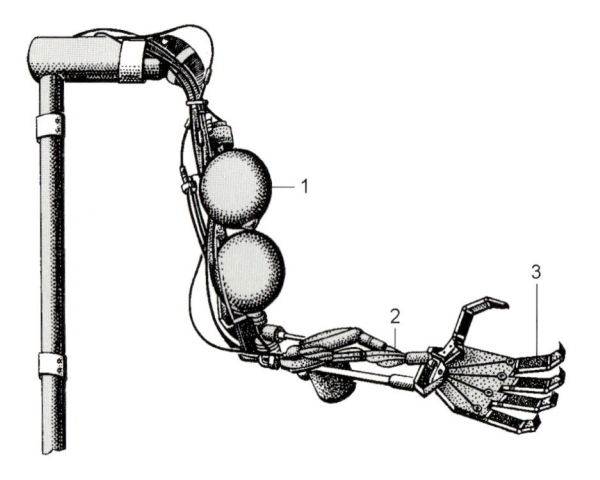

1 Gummimuskel
2 Kabel und Kabelführung
3 Prothesenhand

Bild 1.19: Prothesenarm mit Gummi-Segmentmuskel nach *McKibben* (USA)

Eine andere Linie der Entwicklung sind die Androidenhände, die für Figuren gefertigt wurden und die lediglich zur Schaustellung vorgesehen waren. Berühmte Androiden sind die Menschautomaten von *Pierre Jaquet Droz* (1721-1790), *Henri-Louis Jaquet Droz* (1752-1838) sowie dem Mechaniker *Jean Frederic de Leschot* (1747-1824), die viel Aufsehen erregten [1-11]. Die Figuren waren mit einer Programmsteuerung (Kurvensteuerung) ausgestattet. Das **Bild 1.20** zeigt die Handmechanik einer solchen Figur.

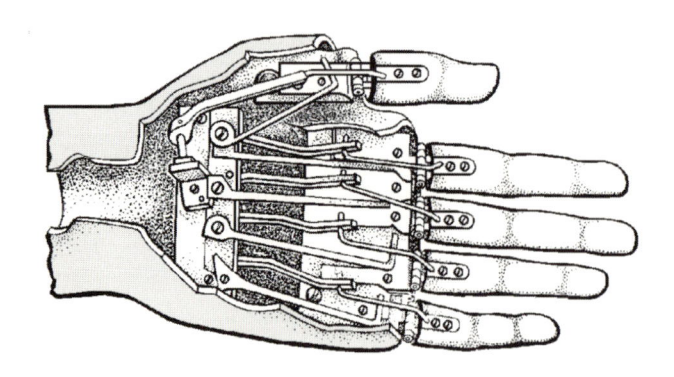

Bild 1.20: Handmechanik der „Musikerin", ein Cembalo spielender Android von *Jaquet-Droz* (Vater und Sohn) und *J.-F. Leschot* (1774)

Für die Robotik ergaben sich daraus aber keine Anleihen. Die Konstrukte dienten weitgehend der optischen Imitation von Händen, mit nur wenig funktionellen Anteilen. Allerdings benutzte der „Flötenspieler", das war ein „Salonroboter" für die Schaustellung von *J. de Vaucanson* (1709-1782), tatsächlich seine lederbezogenen Finger beim Flötenspiel.

1.4 Geschichtlicher Rückblick auf technische Hände

Heute braucht man künstliche Hände anderer Art für Roboter und fernsteuerbare Manipulatoren. Eine Roboterhand mit geschickten Gelenkfingern ist die Verwirklichung des uralten Traums, Maschinen mit menschlichen Fähigkeiten auszustatten. Technische Hände für die Automatisierung und Forschung wurden erst ab der 60er-Jahre des vergangenen Jahrhunderts entwickelt. Die aus der Forschung bekannten Roboterhände werden in der Regel nach den Entstehungsorten oder Institutionen benannt, wie zum Beispiel Belgrad/USC-Hand, Darmstadt-Hand, DLR-Hand, Rhode Island Hand (für Zylinderteile), Hitachi-Hand, Karlsruhe-Hand, Odetics-Hand, Rosheim-Hand, SRC-Hand, Stanford/JPL-Hand, Utah/MIT-Hand und Victory-Enterprises-Hand. Die meisten dieser Hände werden elektromotorisch angetrieben. Die Verkabelung und die Ankopplung einer Antriebsbewegung, meist über Sehnen, stellen kräfte- und platzmäßig ein großes Problem dar. Einige dieser Hände sollen nachfolgend in Kurzform vorgestellt werden.

MH-1-Hand (*mechanical hand*)
Sensorisierter Zweibackengreifer von *H. A. Ernst*, der von 1960 bis 1962 als „Ernst-Arm" entwickelt wurde. Ausstattung mit Annäherungs-, Taktil- und Drucksensoren sowie Fotodioden zur Erkennung einer Objektannäherung. Als Modellaufgabe wurde das automatische Einsammeln auf einer Fläche verstreuter Würfel untersucht.

Belgrad-Hand
Fünffingerhand nach dem Vorbild einer natürlichen Hand (1962). Die Fingergelenke sind nicht unabhängig steuerbar (**Bild 1.21**). Wenn sich die Hand schließt, bewegen sich alle aufeinanderfolgenden Fingergelenke zunächst gleichsinnig, bis der Finger das zu greifende Objekt berührt. Wird dadurch die weitere Bewegung eines der inneren (proximalen) Fingergelenke blockiert, schließen sich die weiter außen liegenden Gelenke noch weiter. Dann wird die Umschließung des Greifobjektes noch vollkommener. Die Probleme der Steuerung werden bei dieser Hand drastisch vereinfacht [1-12]. Über die Jahre wurden mehrere Modelle entwickelt.

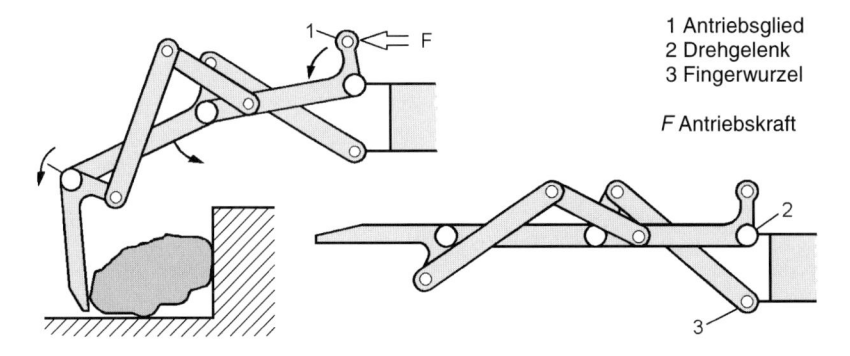

1 Antriebsglied
2 Drehgelenk
3 Fingerwurzel

F Antriebskraft

Bild 1.21: Greiferfinger der Belgrad-Hand

Skinner-Hand
Konstruktionsbeispiel für eine 3-Finger-Hand mit der der Dreifingergriff, der Umfassungsgriff, der Spreiz- (Innen-)griff und der Zweifinger-Spitzgriff möglich sind (**Bild 1.22**). Jeder Finger hat drei Gelenke und ist außerdem in der Grundphalanx drehbar. Insgesamt sind 4 Elektromotoren als Antriebe eingesetzt [1-13].

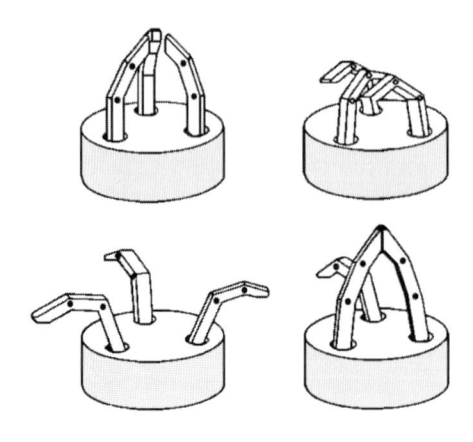

Bild 1.22: Griffarten der *Skinner-Hand* von 1974

Okada-Hand

Dreifingerhand (siehe Bild 3.156) aus einem japanischen Forschungslabor [1-24]. Sie verfügt über 11 Gelenkwinkel-Freiheitsgrade. Die Fingerstellungen wurden zuvor manuell eingestellt und gespeichert. Die Zwischenstellungen hat man linear interpoliert.

HI-T-Hand

Das ist eine Abkürzung für *Hitachi tactile controlled hand*, ein von der Firma Hitachi entwickelter Greifer für Montagearbeiten, die mit einem Industrieroboter ausgeführt werden (**Bild 1.23**). Die 1978 entwickelte Greifhand hatte ein nachgiebiges Handgelenk und konnte die Aufgabe „Bolzen in Bohrung" in weniger als 3 Sekunden ausführen und das bei einem nur kleinen Fügespiel von 7 bis 20 Mikrometer. Man hat 14 Berührungs-, 4 Druck- und 6 Kraftsensoren eingesetzt. Die korrigierenden Feinbewegungen wurden von elektronisch gesteuerten Schrittmotoren ausgeführt. Später (1984) wurde von *Hitachi* eine 3-Finger-Hand entwickelt, mit 3 gleichartig aufgebauten Fingern [1-14]. Jeder Finger hat 3 Glieder und 4 Gelenke. Es gab keinen Daumen. Der Antrieb erfolgte über SMA-Drähte, die elektrisch erwärmt wurden und sich dabei gegen eine Rückstellfeder zusammenziehen. Das ergibt zwar eine hohe Kraftdichte, aber prinzipbedingt auch eine Trägheit, die aus dem Erwärm- und Kühlvorgang des Aktors resultiert. Es zeigte sich, dass die Lebensdauer der Drähte aus Gedächtnislegierung überdies für Industrieanwendungen sehr begrenzt ist.

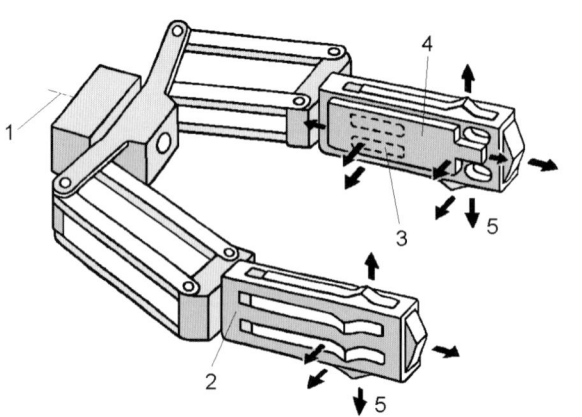

1 Handdrehachse
2 Greiferfinger
3 Drucksensor (druckempfindlicher elektrisch leitfähiger Gummi)
4 hindurchreichende Sensorplatte mit Endschalter
5 Berührungssensor

Bild 1.23: *HI-T-Hand* (Japan, 1978)

1.4 Geschichtlicher Rückblick auf technische Hände

Utah/MIT-Dextrous Hand
Die Entwicklung dieser 4-Finger-Hand begann 1982 [1-15]. Sie besitzt drei Finger und einen opponierenden Daumen nach dem Vorbild der menschlichen Hand (**Bild 1.24**). Der Fingerfreiheitsgrad F hat den Wert 16.

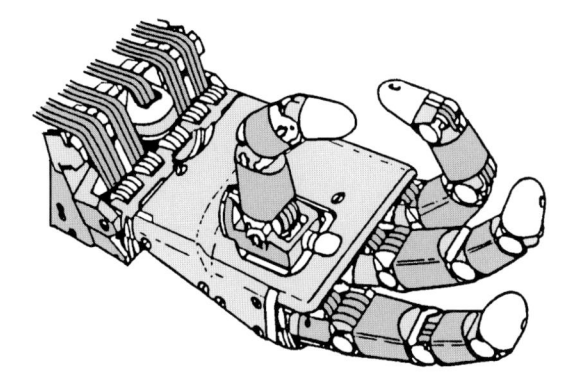

Bild 1.24: Version IV der *Utah/MIT-Hand*

Die Steuerung erfordert hochkomplexe Computerprogramme. Die Fingerglieder wurden über Zugbänder angetrieben. Die Fingerkonstruktion wird in **Bild 1.25** gezeigt. Da Seile und Zugbänder nur Zugkräfte übertragen können, werden je Fingerglied zwei Bänder gebraucht. Bei 3 Fingern und 1 Daumen ergeben sich so 32 Zugbänder („Sehnen"), die über entsprechend viele Umlenkrollen geführt werden müssen. Die pneumatischen Antriebszylinder sind im Armstumpf untergebracht, also außerhalb der eigentlichen Hand, was mit einigen Nachteilen verbunden ist. Die Finger werden elektrisch angesteuert.

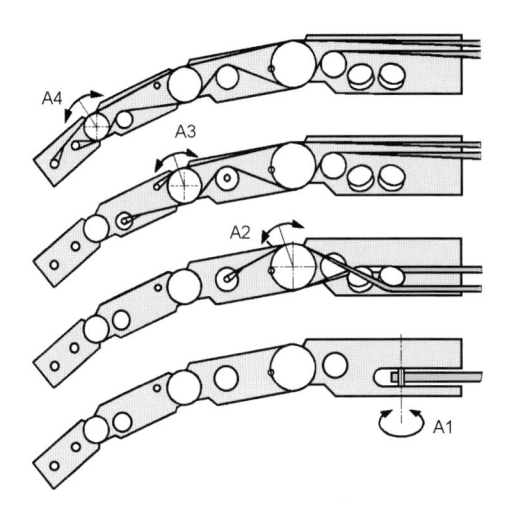

A Bewegungsachse

Bild 1.25: Führung der Zugbänder (superfester Kunststoff) bei einem Finger mit dem Freiheitsgrad 4 (*Utah/MIT-Dextrous Hand*)

Stanford/JPL-Hand (*Salisbury Hand*)
Dreifingerhand (**Bild 1.26**) mit opponierendem Daumen; Gelenkfreiheitsgrad 9; drei Gelenke je Finger; Fingerbewegung über 12 teflonbeschichtete Seilzüge; 12 miniaturisierte

und mikroprozessorgesteuerte Gleichstromstellmotoren im Unterarm; Seilzüge mit Zugkraftsensoren; Achsen mit Drehwinkelsensor; Fingerspitzengelenke mit taktilem Sensorarray 8 x 8 ausgestattet [1-16].

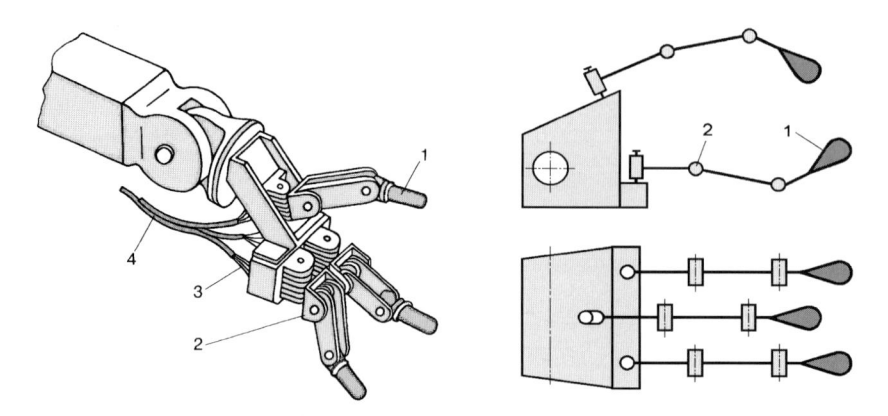

Bild 1.26: *Stanford/JPL-Hand* (1983)
1 Greiforgan, 2 Gelenk, 3 Zugseil, 4 Zugseilhülle

DLR-Greifer (Rotex-Greifer)
Zweifingergreifer der Deutschen Forschungsanstalt für Luft- und Raumfahrt für das Weltraumexperiment ROTEX (**Ro**boter **Te**chnologie **Ex**periment). Der Greifer (**Bild 1.27**) verfügt über eine hochentwickelte Sensorik: 16 Tastsensoren in jeder der beiden gegenüberliegenden Greifbacken; zwei Miniaturkameras zur Annäherungssteuerung; neun weitere Lasersensoren. Der Greifer besteht aus mehreren hundert Mechanik- und 1000 Elektronikkomponenten. Er wird über einen Bedienstand von der Erde aus per Datenhandschuh ferngesteuert.

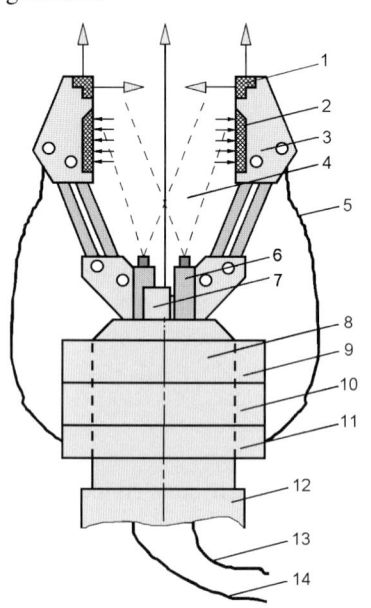

1 Nahbereichs-Entfernungsmesser
2 taktiles Array
3 Greiferbacken
4 Sichtbereich
5 Signalleitung
6 Stereokamera
7 Weit-Entfernungsmesser (*scanner*)
8 integrierte Greifermechanik
9 elastischer Kraft-Momenten-Sensor
   (*instrumented compliance*)
10 steifer Kraft-Momenten-Sensor
11 Entfernungsmesser-Elektronik
12 Manipulatorarm
13 Versorgungsleitung von 20 kHz
14 serieller Bus

Bild 1.27: Multisensorieller Manipulatorgreifer der DLR; flog 1993 an Bord der Raumfähre *Columbia*

1.4 Geschichtlicher Rückblick auf technische Hände

Darmstadt-Hand
Diese Hand von der Technischen Universität Darmstadt (1993) ist nur wenig menschenähnlich und besitzt 3 sternförmig angeordnete Gelenkfinger mit jeweils 3 Gelenken. Die Gelenke werden von motorgetriebenen (Harmonic Drive Servoantrieb) Seilzügen bewegt. Für die Steuerung geht man von einem trainierten künstlichen neuronalen Netz aus. In jedem der 9 Gelenke kann die Gelenkstellung und das aktuelle Moment gemessen werden. Mit einer entsprechenden Regelung des Gesamtsystems ist es möglich, mit programmierter Kraft gegriffene Werkstücke innerhalb des Greifers gezielt zu bewegen. Anwendungen kann man in der Nukleartechnik, bei Einsätzen unter Wasser und in der Raumfahrt sehen.

TUM-Hand
An der Technischen Universität München 1994 von *F. Pfeiffer, R. Menzel und K. Woelfl* entwickelte Dreifingerhand, deren Form und Freiheitsgrade dem menschlichen Gelenkfinger nachempfunden sind. Der Antrieb erfolgt mit miniaturisierten Ölhydraulikzylindern, die direkt an den Fingern angebracht sind (**Bild 1.28**). Jeder Finger hat 4 Gelenke, die eine seitliche Kipp- und eine Beugebewegung des Fingers ermöglichen. Die äußersten Beugegelenke sind wie bei der Belgrad-Hand miteinander gekoppelt. Die Fingerkuppen sind mit Sensoren bestückt (Drucksensoren).

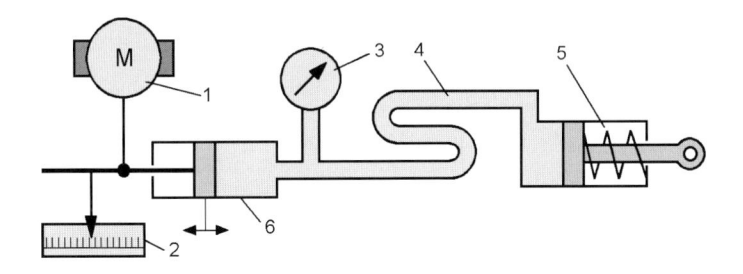

Bild 1.28: Ölsystem für einen Fingergelenk-Antrieb der *TUM-Hand*
1 Elektromotor, 2 Wegmesssystem (Potentiometer), 3 Drucksensor, 4 Druckölschlauch, 5 Fingergelenkkolben mit Rückholfeder

WBK-Hand
Anthropomorph gestaltete Hand, die aber nur 2 Gelenkfinger und einen festen unbeweglichen Daumen aufweist (**Bild 1.29**). Die Übertragung der Antriebskraft geschieht über Sehnen aus hochfesten Polymeren. Das Greifobjekt übernimmt durch seine Form eine Anpassung der Finger. Die Rückstellung der Finger geschieht durch Drehfedern in den Gelenken. Man kommt mit einem einzigen Aktor aus. Die Steuerung ist einfach. Gegenüber anderen Händen ist die Flexibilität natürlich geringer, allerdings sind es auch die Kosten. Die Kräfte werden über eine Balkenwaage symmetrisch auf alle Fingerglieder verteilt, was für beliebige Geometrien der Greifobjekte einen optimalen Griff bewirkt [1-17].

DLR-Hand II
Anthropomorphe Vierfingerhand (2001). Sie wurde für den Bereich der Servicerobotik entwickelt: Freiheitsgrad 13, Sensoren 112, 1000 Mechanik- und 1500 Elektronikkomponenten, maximale Fingerspitzenkraft 30 N, Interface (Leitungen) 12, Gesamtmasse der Hand 1800 Gramm. Jeder Finger besitzt 3 unabhängige Freiheitsgrade und 4 Gelenke.

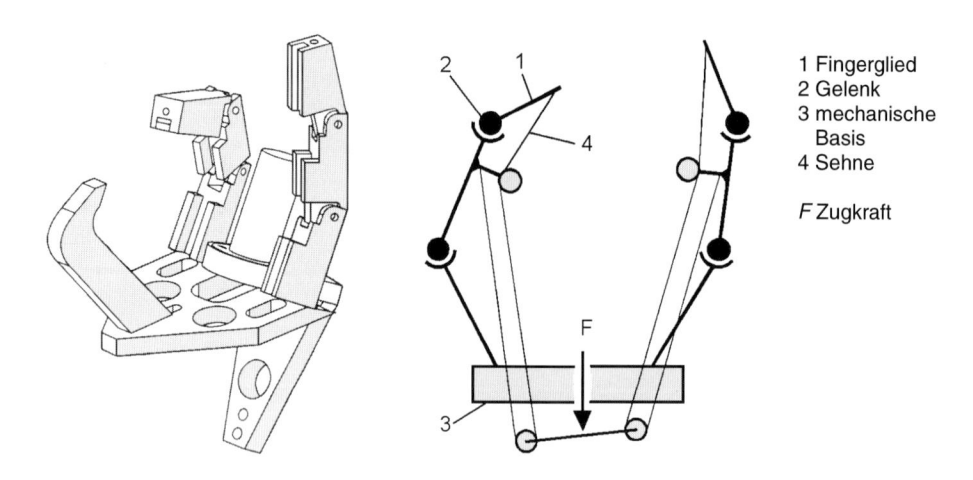

Bild 1.29: *WBK-Hand* (Universität Karlsruhe, 1997)

1 Fingerglied
2 Gelenk
3 mechanische Basis
4 Sehne

F Zugkraft

Ein zusätzlicher Freiheitsgrad in der Handfläche ermöglicht es, die Hand optimal den Anforderungen für stabiles Greifen oder die Feinmanipulation anzupassen. Antriebe und Sensorik sind komplett in der Hand integriert; gesteuerte Freiheitsgrade $F = 13$. Ein Spindelantriebsmechanismus für einen Finger wird in **Bild 1.30** gezeigt. Ein miniaturisierter Elektromotor dreht mit hoher Geschwindigkeit, wobei die Drehung über ein Planetenrollengetriebe in eine Linearbewegung umgesetzt wird [1-18].

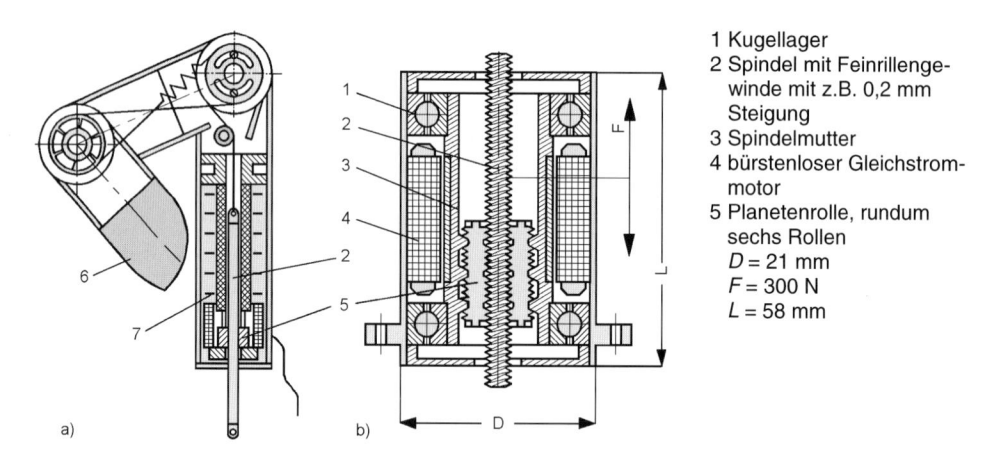

1 Kugellager
2 Spindel mit Feinrillengewinde mit z.B. 0,2 mm Steigung
3 Spindelmutter
4 bürstenloser Gleichstrommotor
5 Planetenrolle, rundum sechs Rollen
$D = 21$ mm
$F = 300$ N
$L = 58$ mm

Bild 1.30: Beugefinger und DLR-Planeten-Wälz-Gewindespindel (*Wittenstein*)
a) Finger mit integriertem Planetenrollenantrieb, b) „Künstlicher Muskel" AM 20

Karlsruhe-Hand
Dreifingergreifer für Forschungszwecke, insbesondere zur Rutschuntersuchung. Das **Bild 1.31** zeigt einen einzelnen Finger dieser Hand. Die Finger greifen konzentrisch auf Mitte [1-19]. Die *Karlsruhe Dextrous Hand II* ist ein Robotergreifer mit vier Fingern und dem Freiheitsgrad 3 je Finger [1-20]. Das Grundkonzept entspricht der ersten Version. Damit kann die Hand auch komplexe Objekte greifen und bei Montageoperationen handhaben.

Dafür besitzen die Fingerspitzen Kraftsensoren. Die Hand kann auch Objekte zwischen den Fingerspitzen drehen. Der Antrieb erfolgt mit DC-Motoren über Kugelspindelgetriebe. Um die räumliche Situation des Greifobjektes zu erfassen, ist die Hand mit Lasertriangulationssensoren ausgestattet. Nicht vorhersehbare Objektbewegungen werden wahrgenommen und die Reaktionen darauf erfolgen in Echtzeit.

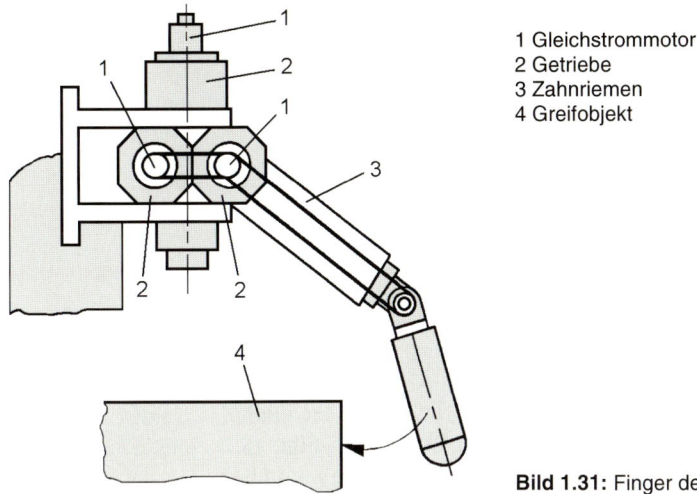

1 Gleichstrommotor
2 Getriebe
3 Zahnriemen
4 Greifobjekt

Bild 1.31: Finger der *Karlsruhe-Hand*

IFAS-Hand
Menschenähnliche servopneumatische Hand vom Institut für fluidische Antriebe und Steuerungen (*IFAS*) der *Technischen Hochschule Aachen*, die von einer Arbeitsgruppe um den Taiwanesen *Chung Fang* entwickelt wurde. Sie ist kein Serienprodukt und eineinhalbmal so groß wie die Hand des Menschen. Die Gelenke im Daumen und in den drei Fingern werden mit Druckluft betätigt. Insgesamt verfügt die Hand über 11 servopneumatische Gelenke sowie über Drucksensoren für die Greifkraftregulierung und einem Winkelsensor zur genauen Positionierung der Finger. Die Hand ist erstaunlich geschickt [1-21] und dient vorerst der Grundlagenforschung. Sie kann zum Beispiel einen Ball zwischen Daumen und den mittleren der drei Finger klemmen und ihn in dieser Position mit den beiden freien Fingern drehen.

FZK-Hand
Die Hand des Forschungszentrums Informatik in Karlsruhe (*FZK*) ist eine Fünffingerhand, deren Gelenke mit 18 Mikro-Fluidaktoren angetrieben werden. In den Gelenken füllen sich kleine flexible Kammern mit Gas, wobei sich die Kammern ausdehnen und dabei das Gelenk aufklappen. Die Hand ist wesentlich leichter als eine elektromotorisch angetriebene Hand und wiegt nur 860 Gramm (einschließlich Schaft, Akku, Schutzhandschuh und Fluidik). Mit der Hand lassen sich die wichtigsten fünf Griffmuster realisieren, was bisher nicht erreicht werden konnte. Der Entwickler (*Stefan Schulz*) denkt an einen Einsatz im Versehrtenbereich [1-22] [1-23]. Das **Bild 1.32** zeigt das Wirkprinzip solcher flexiblen Fluidaktoren. Sie werden mit 3 bis 5 bar Druckluft betrieben, erreichen Kräfte von bis zu 10 N bei Streck-Beuge-Frequenzen von bis zu 10 Hz. Flexible Fluidaktoren wurden übri-

gens schon 1872 von Prof. *Franz Reuleaux* (1829-1905) beschrieben. Er wirkte an der *Royal Technical University* in Berlin.

In diesem Zusammenhang ist auch das Interesse der Biomechaniker zu sehen, die die Antriebshydraulik in Spinnenbeinen untersuchen. Von der Vogelspinne bis zur Staubmilbe verfügen alle zwischen den Streckermuskeln über Fluidkanäle, welche die Kontraktionskraft des Vorderleibes als Druck weiterleiten und damit an speziell konstruierten Gelenken Drehmomente erzeugen.

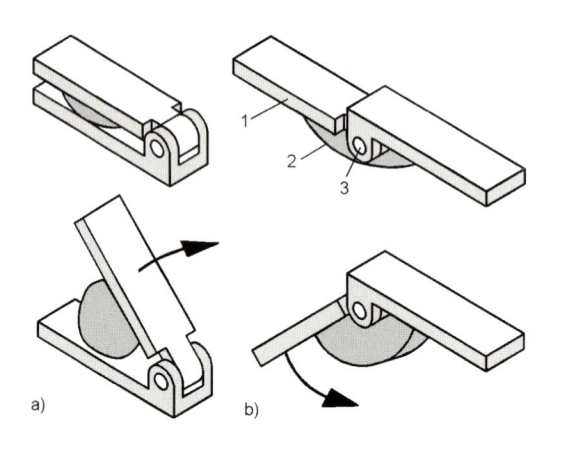

1 Schwenkplatte
2 flexible Fluidkammer
3 Achsstift

Bild 1.32: Flexible Fluidaktoren
(Institut für Angewandte Informatik IAI)

a) Expansionsvorgang
b) Kontraktionsvorgang

Robonaut-Hand
Robonaut ist ein Kunstwort aus *Robotic astronaut*. Das ist ein *Teleprecence*-Roboter von 1,9 m Höhe und 182 kg Masse für den Einsatz im Weltraum [1-30]. Er soll künftig Astronauten bei Wartungsarbeiten im Weltall helfen. Dafür wurde eine im Aussehen und in der Größe menschenähnliche Greifhand entwickelt. Die Robonaut-Hand (*NASA*) ist eine 5-Gelenkfinger-Hand mit dem Freiheitsgrad 22, wovon 14 Gelenke direkt angesteuert werden können. Es wurde großer Wert auf die Beständigkeit bei großen Temperaturschwankungen gelegt, wie sie beim Einsatz im Weltraum vorkommen. Sogar mögliche Ausgasungen der Hand und deren Einfluss auf andere Weltraumsysteme hat man mit ins Kalkül gezogen. In den Gelenken sind absolute Positionsgeber eingebaut und Drehgeber in den Motoren. Die Hand kann zum Beispiel einen Schraubendreher erfassen, führen und selbst kleine Objekte mit einer Pinzette greifen.

Weitere Handkonstruktionen unterschiedlicher Komplexität [1-29] wurden und werden vor allem an verschiedenen Forschungseinrichtungen, Hochschulen und Universitäten zu Studienzwecken entwickelt, wie zum Beispiel die 5-Finger-Hand der *Technischen Universität Berlin*, die *Gifu*-5-Gelenkfinger-Hand der *GIFU Universität* (Japan) und die *IPA-Hand* mit festem Daumen und zwei bewegbaren Fingern [3-124], eine Hand mit taktilen Fingerkuppensensoren um ein „Fingerspitzengefühl" zu erzeugen (*Universität Bielefeld*), die Greifhand der *ETH Zürich* und einige andere.

2 Automatisches Greifen

2.1 Wirkpaarungen

In der Fertigungstechnik versteht man unter einer „Wirkpaarung" aufeinander einwirkende Komponenten, wie z.B. Greifbacke und Werkstück, wobei stets auch eine Wirkenergie mit im Spiel ist. Viele Aspekte spielen dabei eine Rolle, zum Beispiel die Art der Berührung. In der Vergangenheit beschränkte man sich in der Einteilung auf die Prinzipe Klemmen, Saughaftung und Magnethaftung [2-1]. Eine andere Gliederung ist die in einseitigen Kontakt (Vakuumsauger, Adhäsion), zweiseitigen Kontakt und multilateralen Kontakt wie bei formadaptiven Greifbacken [2-2]. In [2-3] kommen noch physikalische Wechselwirkungskräfte hinzu (Adhäsion, Wechselwirkungskräfte). In vier Greifmethoden wird in [2-4] eingeteilt, wie es die folgende Tabelle zeigt.

Greifmethode	Wirkpaarung	
	nicht durchdringend	durch- bzw. eindringend
aneinanderpressend *(impactive)*	Klemmbacken, Spannelemente, Spannfutter, Spannpatronen	Klemmzangen, Kneifmechanismen
eindringend *(ingressive)*	Bürstenelemente, Haken, Schleifen mit Klett-Effekt (*Velcro T*)	Nadeln, Kratzen, Spitzbolzen, Hechel
grenzflächenhaftend *(contigutive)*	chemische Adhäsion, Klebstoffe	thermische Adhäsion
anhaftend *(astrictive)*	elektrostatische Adhäsion	Magnetgreifer, Vakuumsauger

Anpressendes Greifen erfordert die Bewegung fester Backen, um eine Greifkraft zu erzeugen. Eindringendes Greifen bewirkt eine Oberflächenverformung oder sogar eine Durchdringung der Oberfläche bis zu einer definierten Tiefe. Dadurch entsteht eine Kraft-Formpaarung. Flächenkräfte wirken bei den Haftverfahren, wobei der Griff nicht sehr präzise ist, wenn man zusätzliche Zentrierelemente ausschließt. Magnet-, Elektroadhäsion und Vakuumsaugwirkung können sogar die meisten Objekte ohne direktes Berühren etwas anheben.

Die meisten Greifer arbeiten berührend und da gibt es ebenfalls Unterscheidungsmerkmale, die die Wirkpaarung Greifer-Objekt betreffen. In **Bild 2.1** sind die möglichen Berührungsfälle für die drei geläufigsten geometrischen Grundformen dargestellt, wobei k die Anzahl der Berührungspunkte ist. Die Wirkungsflächen sind wie folgt nach der Form bezeichnet: A Punktberührung, B Linienberührung, C Flächenberührung, D Kreislinienberührung und E Doppellinienberührung. Die Wirkungsflächen A bis E genügen für einen k-punktigen Kontakt, sind in ihrer Position aber nicht immer eindeutig bestimmt [2-5].

Beim Greifen kommt es primär auf einen stabilen Griff an. Gegriffene Teile dürfen sich im Greifer infolge von Gewichts- und Trägheitskräften nicht verlagern. Das muss durch die einwirkende Greifkraft und die Kontaktpunkte bzw. die Wirkflächen zwischen Objekt und Greifbacken abgesichert werden.

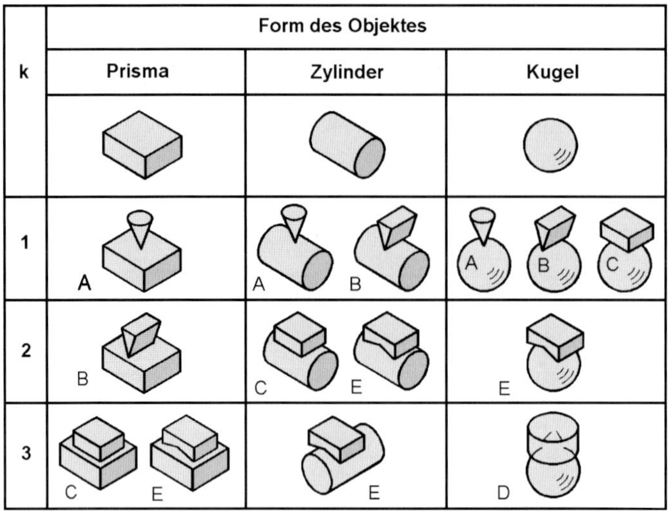

k	Form des Objektes		
	Prisma	Zylinder	Kugel
	(Quader)	(Zylinder)	(Kugel)
1	A	A B	A B C
2	B	C E	E
3	C E	E	D

Bild 2.1: Anzahl der Berührungspunkte zwischen dem Greifobjekt und einer Greifbacke

Große Wirkflächen erhöhen die Stabilität des Griffs, gleichzeitig kann die Greifkraft reduziert werden. Eine Möglichkeit besteht in der Erhöhung der Anzahl von Wirkflächen, also im Einsatz mehrerer Greifbacken bzw. geeigneter Greifbackenprofile. Das **Bild 2.2** veranschaulicht das an einigen Beispielen.

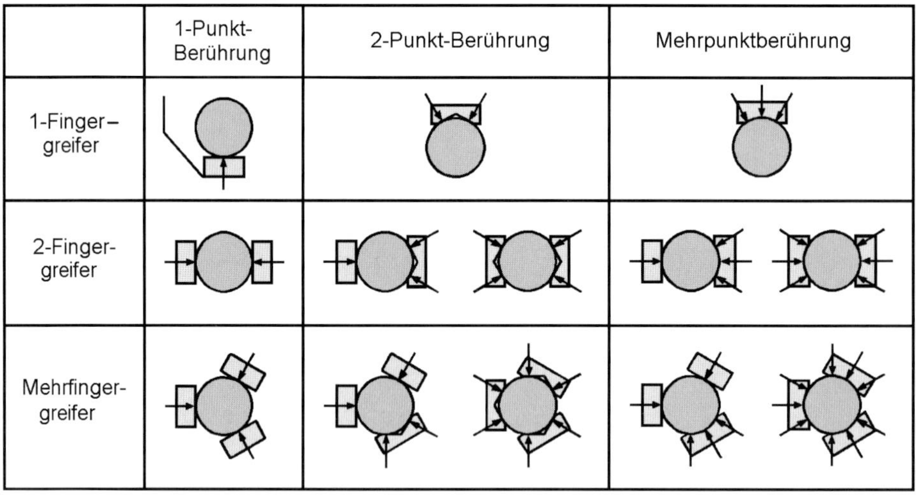

	1-Punkt-Berührung	2-Punkt-Berührung	Mehrpunktberührung
1-Fingergreifer	●	●	●
2-Fingergreifer	●	●	●
Mehrfingergreifer	●	●	●

Bild 2.2: Greifvarianten in Abhängigkeit von der Anzahl der Greiforgane und Berührungspunkte

Eine noch höhere Stabilität des Griffes wird bei einer maximalen Formpaarung erreicht. Greifer mit mehrgliedrigen Fingern machen das möglich. Das wird in Kapitel 3.1.4.3 dargelegt. Mit gelenkigen Greiforganen lassen sich dann auch Formfehler des Objektes ausgleichen und Positionsabweichungen korrigieren. Für empfindliche Werkstücke sei hier auf die „reine" Formpaarung hingewiesen, bei der ein Objekt ohne nennenswerte Kräfte umschlossen und somit „stressfrei" gehalten wird.

2.1 Wirkpaarungen

Eine sehr empfindliche Oberfläche kann auch einen anderen Greifort am Objekt notwendig machen. Man darf eine Waferscheibe beispielsweise nicht auf der Fläche anpacken (**Bild 2.3a**), sondern nur an der Seite oder manchmal in einem sehr schmalen Randbereich, der keinen sicheren Griff zulässt. Man kann solche Teile neuerdings mit einem Luftstromgreifer (**Bild 2.3c**) aufnehmen.

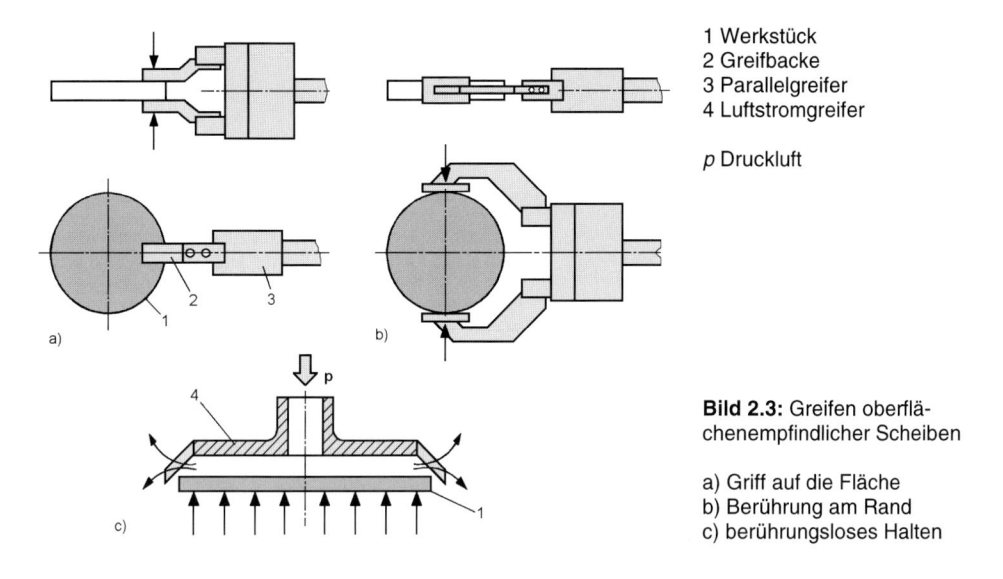

1 Werkstück
2 Greifbacke
3 Parallelgreifer
4 Luftstromgreifer

p Druckluft

Bild 2.3: Greifen oberflächenempfindlicher Scheiben

a) Griff auf die Fläche
b) Berührung am Rand
c) berührungsloses Halten

Luftstromgreifer schonen nun zwar das Greifobjekt, sind aber unter Reinraumbedingungen wegen der Erzeugung von Luftturbulenzen eher nicht zu gebrauchen.

Sehr vielversprechend sind deshalb Greifer, die ein mechanisch oberflächenempfindliches Teil berührungslos mit Leistungsschall halten [2-6]. Ähnliche Schwierigkeiten bestehen bei der Handhabung kleinster Bauteile bei der Montage von Mikrosystemen. Ein taktiler Kontakt mit dem Effektor kann sehr schnell zu erheblichen Beschädigungen der filigranen Strukturen führen. Das Prinzip „Halten mit Schalldruck" wird deshalb in **Bild 2.4** dargestellt.

Kernstück eines solchen Greifers sind die so genannten Piezo-Leistungswandler-Verbundschwinger, die vorzugsweise mit Frequenzen größer als 20 kHz arbeiten. Werden die Piezoscheiben mit einer Wechselspannung beaufschlagt, führen sie Dickenschwankungen aus und erzeugen so die Schallschwingungen (stehende Wellen). Der Schallstrahlungsdruck kompensiert dann die Gewichtskraft des Objektes und es kommt zum Schweben. Erste Greifer dieser Art sind als minimal-taktil zu bezeichnen, weil zum Beispiel beim Greifen von Waferscheiben auch ein seitlicher Anschlagpunkt benötigt wird, damit die Teile in der x-y-Ebene bestimmt sind. Diese Anschläge sind beim Manipulieren mit dem Greifer erforderlich. Die Stützkräfte werden jedoch durch Hochleistungsschall aufgebracht. Derartige Systeme nehmen keinen Einfluss auf den in Reinräumen angestrebten laminaren, wirbelfreien Strömungszustand. Sie sind daher, im Gegensatz zu anderen Konzepten, reinraumtauglich. Der Einsatz von Leistungsschall geht auf grundlegende Arbeiten von [2-22] [2-23] und [2-24] zurück.

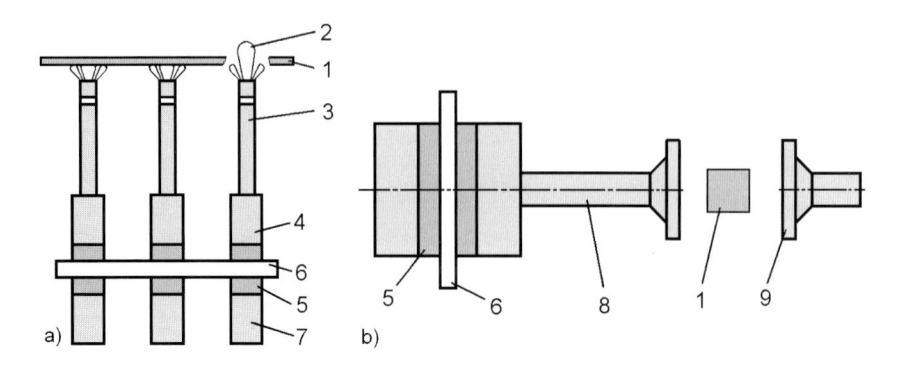

Bild 2.4: Schwebendes Halten von Klein- und Mikroteilen mit Leistungsschall
a) akustisches Prinzip, b) akustischer Greifer, 1 schwebendes Bauteil, 2 Schallkeule, 3 Horn, 4 Kopfschwinger, 5 Piezo-Keramik, 6 Knotenplatte, 7 Rückenschwinger, 8 Frontmasse mit mechanischem Impedanzwandler, 9 Reflektor

Eine andere Version für einen berührungslos arbeitenden Greifer zeigt das **Bild 2.5**. Das Greifobjekt wird mit Vakuum angesaugt und gleichzeitig mit Leistungsschall abgestoßen. Dadurch entsteht zwischen der hohl gebohrten Sonotrode und dem Werkstück ein Zwischenraum, d.h. das Objekt wird berührungslos gehalten [2-7]. Mit dieser Technik lassen sich hochempfindliche Chips in der Halbleiterindustrie transportieren und manipulieren.

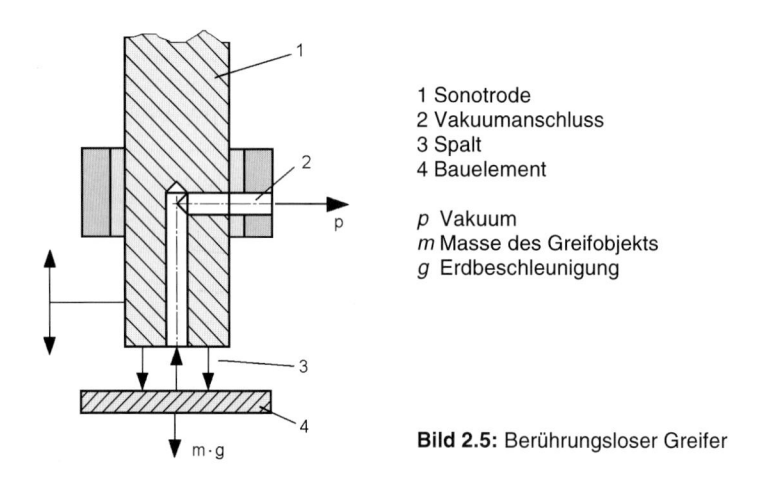

1 Sonotrode
2 Vakuumanschluss
3 Spalt
4 Bauelement

p Vakuum
m Masse des Greifobjekts
g Erdbeschleunigung

Bild 2.5: Berührungsloser Greifer

In Bild 2-2 wurde auch ein 1-Finger-Greifer erwähnt, der jetzt diskutiert werden soll. Bei solchen Greifern liegt eine Einpunktberührung vor, die eigentlich nur einen Haken darstellt, vergleichbar mit einem gekrümmten Finger. Anwendungen finden sich vor allem im Bereich von Hebezeugen und handgeführten Manipulatoren und weniger im Bereich des automatischen Handlings in der Fertigungstechnik, weil die Position des Teiles im „Greifer" ungenügend definiert ist. Daraus ergibt sich die Frage, welche Freiheiten man dem Greifobjekt zwischen den Greiforganen überhaupt belässt. Dazu zeigt das **Bild 2.6** typische Greifsituationen und die jeweils verbleibenden Beweglichkeiten.

2.1 Wirkpaarungen

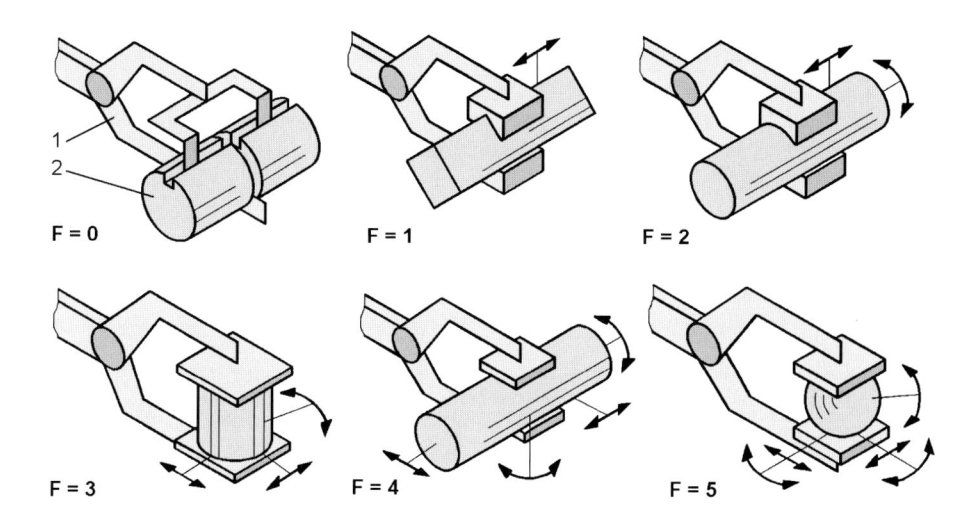

F = 0   F = 1   F = 2

F = 3   F = 4   F = 5

Bild 2.6: Verschiedene Wirkpaarungen mit dem Freiheitsgrad $F = 0$ bis $F = 5$
1 Greifbacke, 2 Werkstück

Als Freiheitsgrad F wurden jeweils die Dreh- und Schubachsen angegeben, die durch eine Kraftpaarung gesichert sind. Nur in diesen Richtungen können sich die Werkstücke verlagern, wenn die beim Handhaben wirkenden Kräfte die Reibpaarungskräfte an den Greifbacken übersteigen. Hierbei ist zu beachten, dass man die Klemmkräfte nicht ohne Bedenken erhöhen kann. Sowohl am Greifobjekt wie auch an den Greifbacken besteht die Gefahr einer Oberflächenbeschädigung, wenn mittels Kraftpaarung das Objekt gehalten wird und an den jeweiligen Kontaktpunkten eine hohe Pressung entsteht. Die Obergrenze der Greifkraft wird durch die zulässige Flächenpressung bestimmt. Die Flächenpressung hängt von der Kontaktkraft und dem Elastizitätsmodul des Greifbackenmaterials sowie des Greifobjektes ab. Für den punkt- und linienförmigen Kontakt ergibt sich folgende allgemeine Gleichung:

$$p = 0{,}418 \sqrt{\frac{F_K \cdot E_r}{L} \left(\frac{2}{d} \pm \frac{1}{r} \right)} \quad \text{in N/mm}^2 \qquad (2.1)$$

F_K Kontaktkraft in N
E_r reduzierter Elastizitätsmodul in N/mm^2
d Durchmesser des Greifobjekts in mm
$\pm$ (+ = konvexe Greifbackenform; – = konkave Greifbackenform)
r Krümmungsradius der Greifbacke in mm (bei planebenen Flächen ist $r = \infty$)
0,418   empirischer Wert
L Länge der Berührungsfläche in mm

Den reduzierten Elastizitätsmodul E_r erhält man aus

$$E_r = \frac{2 \cdot E_t \cdot E_s}{E_t + E_s} \qquad (2.2)$$

E_t Elastizitätsmodul des Greifobjekts
E_s Elastizitätsmodul der Greifbacke

Der E-Modul E_r ist anzusetzen, wenn Greifbacke und Werkstück aus unterschiedlichen Werkstoffen bestehen. Für typische Kontaktsituationen werden die Berechnungsformeln zusammenfassend in **Bild 2.7** dargestellt.

	Kontakt	Flächenpressung p	Greifbackenform
Linienberührung	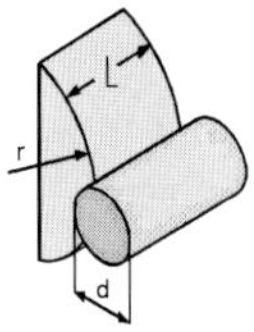	$p = 0{,}418\sqrt{\dfrac{F_K \cdot E_r}{L}\left(\dfrac{2}{d} + \dfrac{1}{r}\right)}$	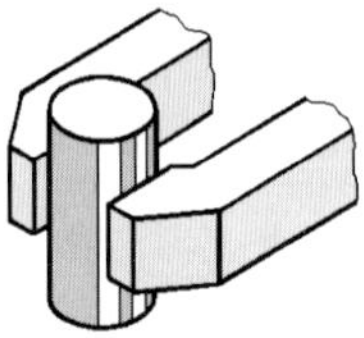 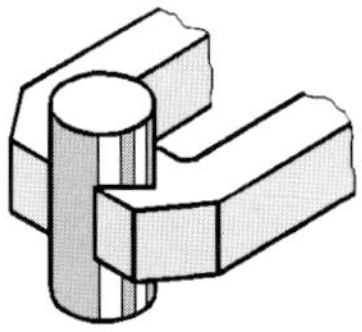
	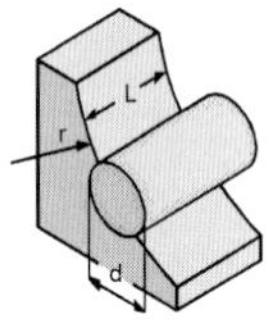	$p = 0{,}418\sqrt{\dfrac{F_K \cdot E_r}{L}\left(\dfrac{2}{d} - \dfrac{1}{r}\right)}$	
	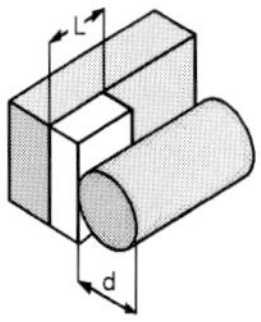	$p = 0{,}418\sqrt{\dfrac{2 \cdot F_K \cdot E_r}{L \cdot d}}$	
Punktberührung		$p = m \cdot \sqrt[3]{\dfrac{F_K \cdot E_r^2}{r^2}}$ $\dfrac{d}{2} < r$	
Flächenberührung	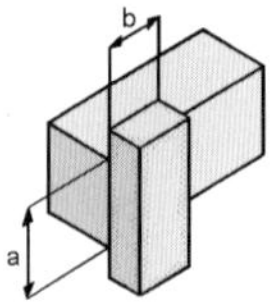	$p = \dfrac{F_K}{a \cdot b}$	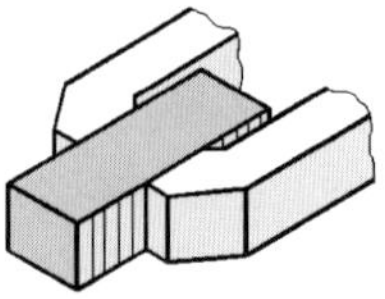

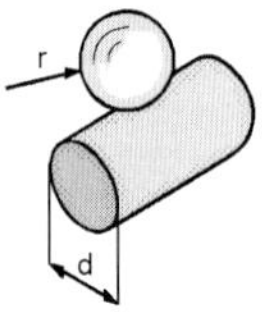

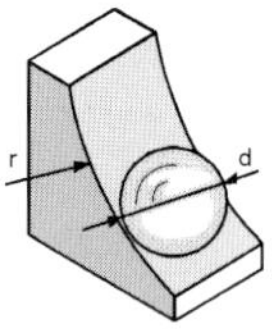

Bild 2.7: Kontaktpaarungen zwischen Greifbacke und Objekt

Der bei der Punktberührung benutzte Koeffizient m ergibt sich aus der folgenden Tabelle in Abhängigkeit von $(2 \cdot r)/d$ wie folgt:

2.1 Wirkpaarungen

(2·r)/d	m	(2·r)/d	m
1,0	0,388	0,40	0,536
0,9	0,400	0,30	0,600
0,8	0,420	0,20	0,716
0,7	0,440	0,15	0,800
0,6	0,468	0,10	0,970
0,5	0,490	0,05	1,980

Die Kontaktkraft F_k kann nicht mit der Greifkraft F_G gleichgesetzt werden, weil sie sich zum Beispiel am Prismabacken zerlegt (Ermittlung der Kontaktkräfte siehe Kapitel 2.2.2). Grundsätzlich gilt auch, dass wenig Flächenpressung natürlich auch wenig Abrieb verursacht. Das ist für einen Einsatz der Greifer unter Reinraumbedingungen sehr wichtig.

Beispiel: Ein walzenförmiges Teil mit der Länge L = 30 mm wird gemäß **Bild 2.8** in einem Prisma festgehalten. Beide Kontaktpartner bestehen aus Stahl. Wie groß ist die maximale Hertz'sche Pressung zwischen Greifobjekt und Greifbacke?

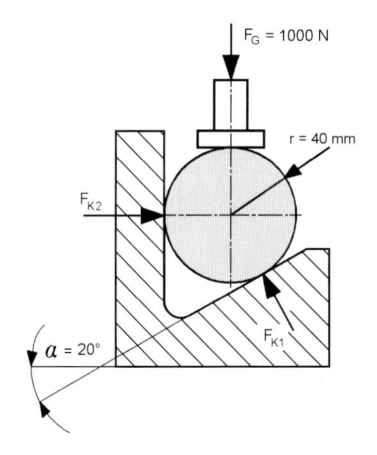

Bild 2.8: Beispielsituation an einem Zangengreifer

$$F_{K1} = \frac{F_G}{\cos\alpha} = \frac{1000\ N}{0,94} = 1060\ N$$

$$F_{K2} = F_{K1} \cdot \sin\alpha = 1060 \cdot 0,342 = 362,5\ N$$

$$p_{max} = 0,418 \cdot \sqrt{\frac{F_{K1} \cdot E}{r \cdot L}} = 0,418 \cdot \sqrt{\frac{1060\ N \cdot 2,1 \cdot 10^5\ N/mm^2}{40\ mm \cdot 30\ mm}} = 180\ \frac{N}{mm^2}$$

Für den Elastizitätsmodul in N/mm² gilt bei 20 °C:

Stahl	2,10 · 10⁵	Rotguss	0,90 · 10⁵
AlCuMg	0,72 · 10⁵	PVC	0,03 · 10⁵
GG 30	1,20 · 10⁵	G	0,80 · 10⁵

Der Werkstoff C10, einsatzgehärtet, erlaubt zum Beispiel für die *Hertz'sche Pressung* einen Wert von p_{zul} = 1470 N/mm².

An den Kontaktpunkten kommt es auch zu einer Verformung der sich berührenden Teile. Zwei Beispiele sind in **Bild 2.9** zu sehen.

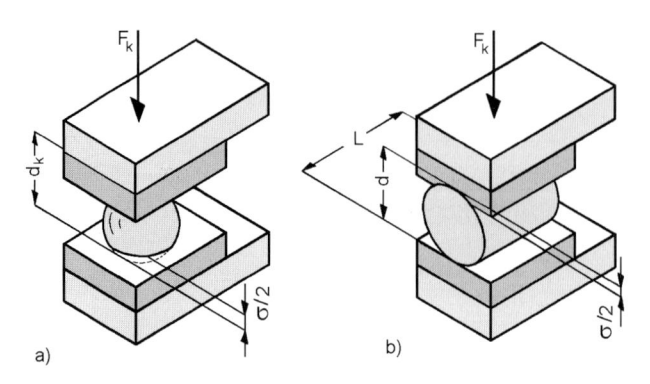

Bild 2.9: Kontaktverformung an Greifbacken

a) Kugel/Platte
b) Walze/Platte

Die Gesamtabplattung δ, d.h. die gesamte Näherung der beiden Greifbacken, ergibt sich für den Fall Kugel-Platte oder Kugel-Kugel nach folgender Gleichung

$$\delta = 1{,}23 \sqrt[3]{\frac{F_k^2}{E^2 \cdot r}} \qquad (2.3)$$

E Elastizitätsmodul in N/mm^2
F_k Druckkraft, Kontaktkraft in N
r Krümmungsradius der Kugel, $r = \dfrac{d_K}{2}$ in mm $\qquad (2.4)$

Bei unterschiedlichem E–Modul ist $E = \dfrac{2 \cdot E_1 \cdot E_2}{E_1 + E_2}$ einzusetzen. $\qquad (2.5)$

Bei Krümmung beider Körper ist die Summe beider Krümmungen einzusetzen also

$$\frac{1}{r} = \frac{1}{r_1} + \frac{1}{r_2}. \qquad (2.6)$$

Die Abplattung der Paarung Zylinder-Platte kann nicht nach den *Hertz'schen Gleichungen* berechnet werden.

Statt einer Senkung der Flächenpressung gibt es auch Überlegungen, ganz bewusst im Interesse der Reduzierung der Greifkraft mit feinen Spitzen in das Werkstück einzudringen. Dadurch entsteht eine „Miniformpaarung". Zuerst werden die Spitzen mit einer Eindringtiefe von weniger als 500 µm eingepresst, dann wird die Greifkraft reduziert. Dafür gibt es zwei Varianten:

- Miniformpaarung mit nutzenden Kleinstformen: Es erfolgt eine Anpassung an vorhandene feinste Unebenheiten des Handhabeobjektes. Es ist eine Abformvariante im Minibereich.

- Miniformpaarung mit erzeugenden Kleinstformen: Es wird weg- oder kraftabhängig mit erhöhter Kraft eine Ministruktur erzeugt. Die erzeugenden Spitzen stehen z.B. nur bis 600 µm über die Backen hinaus. Bei einer Kraft von 100 N dringt eine Diamantenspitze mit einem Winkel von 130° etwa 0,02 mm in Stahl ein.

Allgemeine Einflussparameter und Variationsmerkmale auf die Wirkpaarung beim Greifen sind:

- Räumliche Anordnung des Greifers in Bezug zur Handhabungseinrichtung
- Resultierende Kraft, die sich unter anderem aus Masse, Trägheit und Zentrifugalkraft ergibt
- Geometrie des Greifobjekts bzw. der Griffflächen, Schwerpunktlage (Masseträgheitsmoment)
- Konstruktive Gestaltung der Greifbacken in Bezug auf die Kraftanteile, die durch eine Form- und/oder Kraftpaarung aufgenommen werden
- Oberflächenbeschaffenheit von Werkstück und Greifbacke, Steifigkeit, Stoßempfindlichkeit
- Umwelteinflüsse, wie Staub, Bohremulsion, Temperatur und Schwingungen

2.2 Greifstrategie und Greifvorgang

2.2.1 Greifstrategie

Unter einer Strategie versteht man einen Verhaltensplan zum Ablauf eines Greifvorgangs, der alle Unsicherheiten bereits einkalkuliert, die in den Ablauf hineinspielen. Das Ziel einer Greifstrategie ist somit die programmierte oder autonome Ausführung eines Griffs. Dabei spielen die Gegebenheiten am Greifort eine große Rolle. Der Griffpunkt am Handhabungsobjekt kann wie folgt charakterisiert sein:

- Fixer Griffpunkt, zum Beispiel Greifen von einem Magazinplatz
- Wandernder Griffpunkt, zum Beispiel Greifen vom laufenden Förderband
- Vagabundierender Griffpunkt, zum Beispiel Greifen eines hin und her rollenden Teils
- Unbekannter, durch Sensoren zu ermittelnder Griffpunkt, in der Fläche („Griff auf den Tisch"); eventuell auch Nachgreifen bei verrutschten Teilen
- In drei Dimensionen unbekannter Griffpunkt („Griff in die Kiste")

Des weiteren ist die Zugänglichkeit zum Greifort von Interesse. Die Anrück- und Abrückbewegung des Greifers muss kollisionsfrei erfolgen können und zwar mit leerem als auch geöffnetem Greifer und mit geschlossenem Greifer samt Werkstück. Der erforderliche Freiraum wird auch als Handhabungskanal bezeichnet.

Die Strategie zum Greifen eines Werkstück kann sein:

- Fest vorgegeben; Der Ablauf zur Erreichung eines sicheren Griffs an den planmäßig vorgesehenen Kontaktpunkten ist programmiert.
- Variabel; Der Ablauf ist nur grob vorgegeben und wird adaptiv nach Sensorinformationen der Situation angepasst (greiferintegrierte oder greiferexterne Sensorik).

Bei adaptiven Greifabläufen kann der Sensor greiferintegriert sein oder extern die Szene beobachten, was dann insbesondere Bildverarbeitungstechniken voraussetzt. Integrierte Sensoren messen zum Beispiel das Festhalten des Objekts und veranlassen das Nachgreifen verrutschter Teile. Kraftsensoren liefern Signale, nach denen die Greifkraft gesteuert wird, um der Verformungsgefahr eines zum Beispiel dünnwandigen Objekts zu begegnen. Auch die Aufnahme verketteter (aneinanderhaftender) Teile und von Doppelteilen könnte mit Sensoren erfasst werden.

Der Einsatz bildgebender Verfahren führt zu flexiblen Greifstrategien. Damit kann bei jedem Griff aufs Neue eine entsprechende Aktionsfolge generiert werden und ablaufen, wie: Werkstücke im Arbeitsraum erkennen, Position eines Teiles erkennen, Zugänglichkeit einzelner Objektteile feststellen sowie kollisionsfreie Zugriffsbewegungen für einen stabilen Griff ausführen.

Der Erkennungsablauf (signifikante Kanten detektieren, Segmentierung und Anpassung, Nachbarschaftsstruktur untersuchen, invariante Merkmale berechnen, Objekt klassifizieren, Bildbeschreibung vervollständigen, Objektposition berechnen, Kontaktpunkte zum Greifer feststellen) soll in diesem Buch nicht weiter vertieft werden. Bei autonom agierenden Robotern wird nach der Analyse der Szene durch die Steuerung ein Zugriff auf Greif-Skills möglich sein. Das sind erprobte Algorithmen zur lokalen Feinplanung von Griffen und Greifstrategien. Sie werden dann aus einer „Bewegungsbibliothek" passend zur Greifaufgabe aufgerufen. Problematische Situationen werden automatisch erkannt (Ausweichbewegungen, Umgreifoperationen, Griffwiederholungen u.a.).

Die Schwierigkeiten einer Greifaufgabe hängen ganz wesentlich von der Art und Weise der Objektpräsentation ab. Die Objekte können in folgenden unterschiedlichen Zuständen vorliegen:

- Ein Werkstück liegt positioniert und orientiert vor. Die Parameter für die Lage im Raum X_w, Y_w, Z_w, α_w, β_w und γ_w sind bekannt. In diesem Fall ist zu beachten, dass es Zonen am Werkstück gibt, die nicht als Greifzone in Frage kommen, zum Beispiel die Aufnahmezone (**Bild 2.10**). Das ist jene, die zur Lagesicherung der Teile in einem Speicher oder auf einem Werkstückträger Platz beansprucht.

> Für jedes zu handhabende Objekt sind Spann-, Greif- und Auflagezone festzulegen. Die erforderlichen Sicherheitsabstände sind zu beachten.

Es gilt:
  o Greif- und Spannzonen sollen sich nicht überschneiden.
  o Greifzonen sind möglichst in die Nähe des Masseschwerpunktes zu legen.
  o Die wirksame Mindestgreifbackenbreite sollte 5 mm betragen.
  o Ab 200 mm Werkstücklänge sind Greifer mit Doppelgreifbacken zu verwenden, um Kippmomenten zu begegnen.

Diese Zonen können sich während des Bearbeitungsprozesses geometrisch verändern. Dann sind sie unter Umständen bei der Greifplanung neu festzulegen. Die Lage eines Teils im Werkstückspeicher bestimmt wesentlich die Zugriffsart des Greifers. Die wichtigsten Fälle, die in der Praxis vorkommen, sollen nun besprochen werden.

2.2 Greifstrategie und Greifvorgang

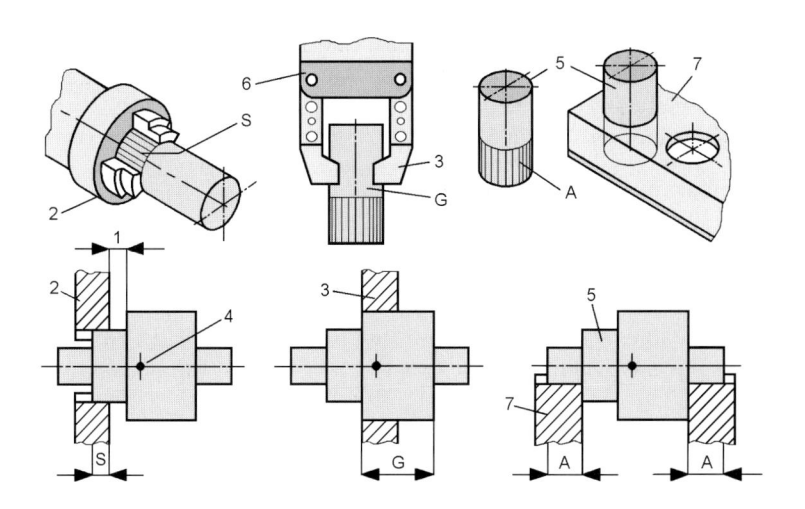

Bild 2.10: Handhabungszonen an einem Werkstück
1 Sicherheitsabstand vor dem Spannmittel, 2 Spannfutter, 3 Greifbacke, 4 Masseschwerpunkt, 5 Werkstück, 6 Greifer, 7 Magazin, A Auflagezone, G Greifzone, S Spannzone

- **Ein Werkstück liegt auf einer Ebene vor.** Die Werkstückposition ist unsicher. Vor dem eigentlichen Griff werden zuerst Schiebebewegungen mit definierten Abständen ausgeführt, (**Bild 2.11**). Solche, den eigentlichen Griff vorbereitende Aktionen sind aus Zeitgründen meist nicht tragbar, ausgenommen der Griff mit Prismabacken.

1 Greifbacke
2 Greifobjekt
3 Prismabacke

TCP *Tool Center Point*

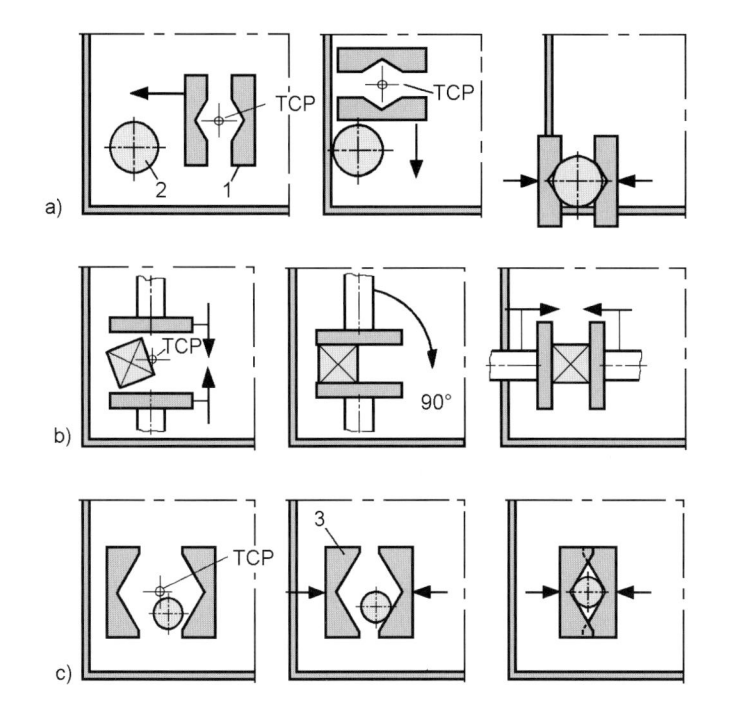

Bild 2.11: Herstellen einer genaueren Objektlage

a) Schieben mit der Backenaußenseite
b) Schieben mit der Backeninnenseite
c) Zentrieren mit Prismabacken

Werden Sensoren an den Greifer angebaut, lassen sich Vorgehensweisen realisieren, die zielstrebig zum Objekt führen. Das **Bild 2.12** zeigt dazu ein Beispiel. Es muss eine mehr oder weniger umfangreiche Suche gestartet werden, je nachdem wie viele Parameter sicher bekannt sind.

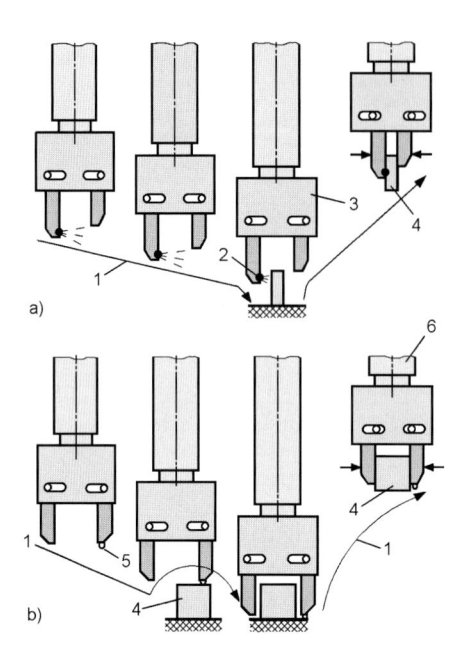

1 Bewegungsbahn
2 Ultraschallsensor
3 Greifer
4 Werkstück
5 Tastsensor
6 Handhabungseinrichtung

Bild 2.12: Sensorgeführter Griff

a) mit kontaktlosem Sensor
b) mit berührendem Sensor

- **Mehrere Werkstücke liegen auf einer Ebene vor.** Die Position und die Orientierung des Greifobjektes sind nicht bekannt. Die Teile liegen also regellos und können sich außerdem überdecken. Das ist in **Bild 2.13a** zu sehen. Geortete Objekte müssen dann untersucht werden, ob sie greifbar sind. Die Griffpunkte müssen zugänglich und der erforderliche Freiraum für die Greifbacken muss vorhanden sein. Das erfordert optische Sensoren und Algorithmen, die eine Suchbahn generieren und den Greifer zum gerade greifbaren Objekt führen.

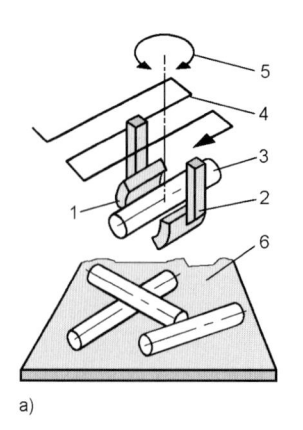

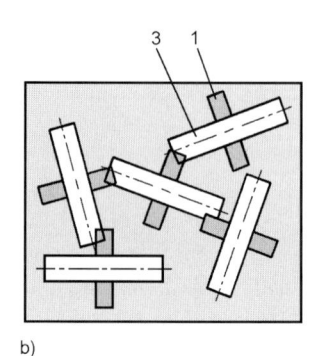

1 Greifbacke
2 Greiferfinger
3 Werkstück
4 Suchbahn des Greifers
5 Greiferdrehachse
6 Tischfläche

Bild 2.13: Greifen von Teilen, die auf der Fläche verteilt sind

a) Greifsituation
b) Erkennungsfeld

2.2 Greifstrategie und Greifvorgang

Auch die Greifreihenfolge kann bestimmt werden. Für jedes Werkstück hat dann der Algorithmus eine Tabelle angelegt, in der die Zugänglichkeitsbedingungen abgelegt sind. Werden die Zugänglichkeitstabellen zu einer Zugänglichkeitsmatrix zusammengesetzt, so kann mit dieser die optimale Greifreihenfolge ermittelt werden. Dabei werden zuerst zugängliche Werkstücke ermittelt, indem man nach den Spalten sucht, in denen sich ausschließlich zugängliche Elemente befinden. Ist sie gefunden, so kann das Werkstück gegriffen werden. Danach wird die Spalte gelöscht. Das wiederholt sich, bis nur noch unzugängliche Teile oder keine mehr vorhanden sind [2-8].

- **Mehrere Werkstücke liegen ungeordnet im Raum vor.** Dieser Zustand wird als Haufwerk bezeichnet und das Greifen von Teilen als „Griff in die Kiste". Sämtliche Parameter zur Ortskenntnis eines Objektes fehlen. Das Herausgreifen einzelner Teile ist schwierig und erfordert meist den Einsatz mehrerer Arten von Sensoren. Die Suche eines greifbaren Objekts kann durch Suchbewegungen des Greifers erfolgen oder durch Auswertung einer optisch aufgenommenen Szene. Am besten ist jedoch, wenn der Zustand eines Haufwerkes überhaupt vermieden wird. Bei Kleinteilen kann ein Ordnen z.B. im Vibrationswendelbunker günstig erfolgen. In anderen Fällen hilft die stufenweise Auflösung des Haufwerkes durch mechanische Fördermittel.

Eine Kombination von Vereinzeln und Ordnen ist ein technisch gut realisierbarer Weg, der auch kostenseitig verkraftet werden kann. Für den Zufallsgriff in die Kiste, mit denen ein Haufwerk stufenlos aufgelöst werden kann, benötigt man spezielle Greifer. Das **Bild 2.14** zeigt zwei Beispiele. Beim Greifer nach **Bild 2.14a** taucht ein aufblasbarer kugelförmiger Balg in das Haufwerk ein und wird aufgeblasen, damit die integrierten Sauger Kontakt zu einem Objekt bekommen. Dann bewegt sich der Greifer zu einer Ordnungseinrichtung, wo er die Teile einzeln freigibt.

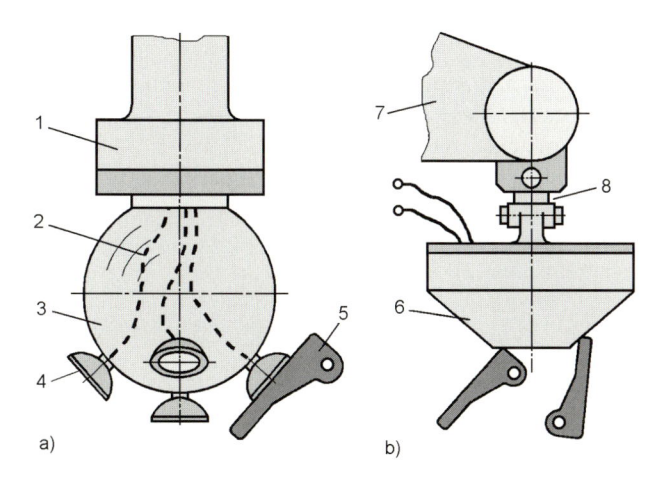

1 Greiferbasis, Anschlussflansch
2 Saugluftleitung
3 aufblasbarer Ballon
4 Vakuumsauger
5 Werkstück
6 Elektromagnetgreifer
7 Roboterarm
8 Doppelgelenk

Bild 2.14: Zufallsgriff in die Kiste
a) System mit Vakuumsaugern (Patent B 56G 47/90, Deutschland)
b) Elektromagnetgreifer

Ähnlich ist der Ablauf, wenn man einen Magnetgreifer einsetzt. Hier werden dann aber die anhaftenden Teile zugleich freigegeben. Außerdem können nur ferromagnetische Teile aufgenommen werden. Will man das ändern, dann wäre ein Greifprinzip tauglich, bei dem viele Magnete als Matrix angeordnet sind. Diese Idee wird in **Bild 2.15** vorgestellt. Aus einem Haufwerk entnommene Teile haften an einem oder an mehreren Magneten. Dabei sind beim Herausheben die Stangen geklemmt. Binärsensoren an jeder Stange geben an, welcher Magnet besetzt ist. Bei Teilen mit ausgeprägter Längsachse lässt sich die Orientierung des Teils am Belegungsmuster erkennen, weil die Werkstücklänge und der Magnetrasterabstand bekannt sind [2-9]. Die gegriffenen Teile werden dann nacheinander über einem Zuführband vorgeordnet abgeworfen. Dazu muss jeder Magnet einzeln abschaltbar sein. Nachteile des Greifers sind die relativ vielen beweglichen Einzelteile und die große Masse, die sich aus den vielen Einzelmagneten und Führungsstangen ergibt.

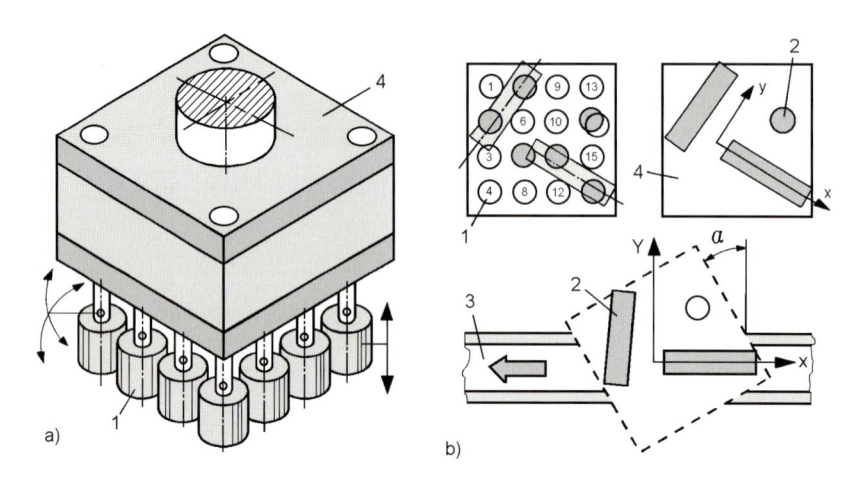

Bild 2.15: Magnetgreifer mit hub- und winkelbeweglicher aktiver Fläche aus Einzelmagneten
a) Greiferansicht, b) Orientierungsbestimmung gegriffener Teile, 1 Magnet, 2 anhaftendes Werkstück, 3 Abführband, 4 Greifergehäuse

Es sind auch Magnetgreifer bekannt, die nach dem Anhaften von Werkstücken ihre Magnetfeldstärke nach den Informationen eines Gewichtskraftsensors absenken, so dass überschüssige Teile abfallen und zuletzt nur noch ein Teil am Magneten verbleibt. Dieses Teil, dessen Orientierung allerdings unbekannt bleibt, wird dann in einer Erkennungseinrichtung abgelegt. Der Greifer ist somit ein „intelligenter" Vereinzeler.

- **Gleichzeitiger Griff mehrerer Teile**; Die Werkstücke sind reihen- und spaltenweise geordnet und sollen gemeinsam gegriffen werden, zum Beispiel innerhalb eines Kommissionierbereiches. Als zusätzliches Problem mag gelten, dass die zu greifende Stückzahl ständig variiert, denn je nach Anordnung, aktuellen Stückzahlen und Größe kann die Anzahl der Teile im Greifbereich unterschiedlich sein. Das erfordert einen Rechner mit entsprechender Speicherkapazität, um die Werkstücke zu verwalten, wenn je nach Situation spaltenweise, zeilenweise und wahlfrei gegriffen wird. Nach jedem Zugriff muss das verbleibende Ablagemuster eindeutig beschreibbar sein. Die Entnahmereihenfolge bestimmt der Rechner.

Beim Mehrfachgriff, der auch als Paketgriff bezeichnet wird, ist die Ausrichtung der Werkstücke von Bedeutung, weil sich Objekttoleranzen unterschiedlich auswirken. Die Abmessungstoleranzen bleiben im Fall nach **Bild 2.16a** ohne Folgen, im Fall nach **Bild 2.16b** können sie jedoch funktionsstörend sein. Zur Abhilfe sind die Backen mit nachgiebigem Material zu belegen oder es werden Pendelbacken (**Bild 2.16c**) vorge-

2.2 Greifstrategie und Greifvorgang

sehen. Ein formpaariger Griff, wie er in **Bild 2.16d** dargestellt ist, bei dem das Objekt in allen Achsrichtungen umschlossen wird, ist leider meistens technologisch nicht zu machen.

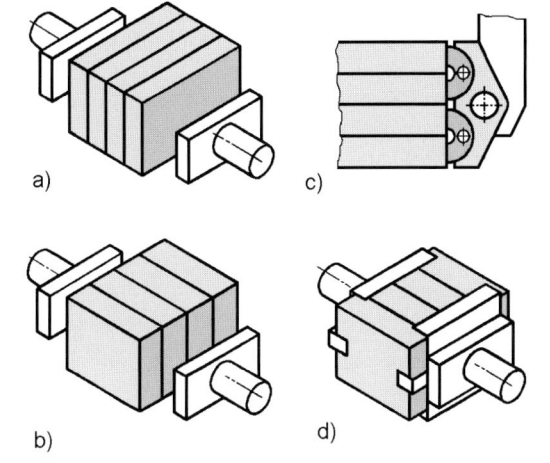

Bild 2.16: Greifen von Objekten im Paket

a) Greifen in Stapellage
b) Greifen quer zur Stapellage
c) Greifen mit Ausgleichsbacken
d) vollständig formpaariger Griff

- **Ein Werkstück soll für das Fügen gegriffen werden.** Am Beispiel eines elektronischen Bauelements lässt sich zeigen, dass bei der Wahl der Greifzone auch technologische Erfordernisse zu beachten sind, wenn vom Erfolg des Fügens ausgegangen wird. Bedrahtete Bauelemente sind so zu greifen, dass eventuell schief stehende Anschlussdrähte ausgerichtet werden (**Bild 2.17**). Allerdings ist der Draht in zwei Ebenen auszurichten. Durch die besondere Wahl des Griffpunktes an den Anschlussdrähten kann die Bestückungsgenauigkeit gesteigert werden. Doch muss beim kurzen „Anfassen" nach dem Öffnen der Backen ein zusätzlicher Pusher das Bauteil tiefer in die Leiterplatte drücken [2-10]. Nachteilig ist, dass sich die Greiferbacken so weit öffnen müssen, dass sie über dem Bauteilkörper zurückgenommen werden können. Es wird also ein Bestückungsfreiraum b erforderlich (**Bild 2.17a**). Es gilt:

$$b = d + 2 \cdot (s + e + c) \tag{2.7}$$

Man benötigt weniger Bestückungsfreiraum, wenn das Bauteil frei liegt, also die Finger abgekröpft sind (**Bild 2.17b**). Dann wird

$$b = p + 2 \cdot (c + s) \tag{2.8}$$

weil der Greifer seitlich zufasst.

Es bedeuten:

d Bauelementedurchmesser
c Fingerbreite
p Durchmesser Anschlussdraht
e Prismentiefe
s Freiraum

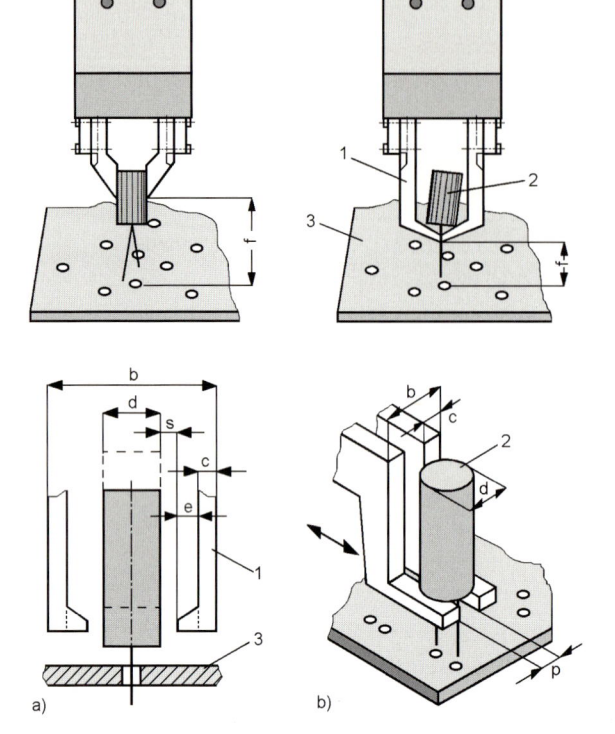

1 Greifbacke
2 Greifobjekt
3 Leiterplatte

f Abstand Fügestelle-Greifbacke
s Freiraum

Bild 2.17: Beispiel für die richtige Griffpunktwahl

a) Greifen am Bauelementekörper
b) Greifen am Anschlussdraht

- **Ein Werkstück liegt auf einem bewegten Band vor.** Die Bewegungsrichtung ist bekannt. Der Anwendungsfall erfordert eine besondere Greifstrategie. Der Greifer muss in eine synchrone Bewegung zum Greifobjekt gebracht werden. Innerhalb eines Synchronfahrbereiches erfolgt der Griff. Dazu wäre z.B. ein strukturvariabler Regelalgorithmus günstig, der Zeitoptimalität im Großsignalbereich (Annäherungsphase) und überschwingfreies, lineares PID-Verhalten im Kleinsignalbereich (Greifphase) gewährleistet. Bei Handhabungseinrichtungen mit der Struktur Drehen-Drehen-Drehen ist der Bereich des Greifers durch die möglichen Winkelstellungen des Greifers begrenzt. Bei Robotern, die im kartesischen System arbeiten, sind bessere Möglichkeiten für diese Anwendung gegeben.

Zusammengefasst ist festzustellen, dass beim hochentwickelten, automatischen Greifen Entscheidungen auf drei entwicklungsbedingten Ebenen fallen müssen. Das sind:

- Strategische Ebene, d.h. Strategie des Ergreifens eines vorgegebenen Objekts in einer bestimmten Umgebung,
- Koordinierungsebene, d.h. Auswahl und Anwendung jener Strategie, die am besten für die Erledigung der jeweiligen Greifaufgabe taugt und
- Ausführungsebene, d.h. Akquisition von Informationen, Erarbeitung von Parametern, Sicherung der Greiffreiheit u.a.

2.2 Greifstrategie und Greifvorgang

Beispiel für eine Greifstrategie

Im Regal gelagerte Platten sollen mit einem Vakuumsauger am handgeführten Manipulator entnommen werden. Wegen der Regaltiefe und den Gewichtskräften ist es nicht möglich, ohne Umstände zuzufassen. Die Strategie sieht wie folgt aus (**Bild 2.18**):

1. Vakuumtraverse im Regal positionieren. Vorher ist der Tablarauszug herauszuziehen.
2. Herausziehen der Blechtafel und an Tablarkante anlegen (II)
3. Vakuumsauger lösen und die Lasttraverse erneut positionieren (III)
4. Blechtafel vollständig ansaugen, so dass die volle Tragkraft entwickelt wird
5. Blech in waagerechte Lage manipulieren und Handhabungsvorgang zu Ende führen
6. Tablarauszug zurückschieben

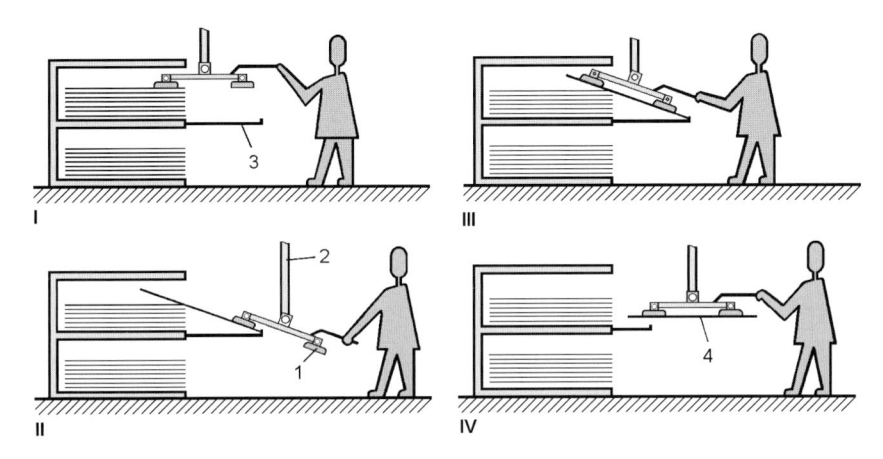

Bild 2.18: Ablaufphasen beim Greifen einer Blechtafel aus einem Regal
1 Vakuumsauger, 2 Hubseilbalancer oder Elektrokettenzug, 3 Tablarauszug mit Haltekante, 4 Blechtafel

2.2.2 Greifvorgang, Greifbedingungen und Greifkraft

Mit „Greifen" wird eine Grundbewegung zum Erfassen und zeitweiligen Halten von Greifobjekten bezeichnet. Der Greifvorgang lässt sich in vier Phasen gliedern:

- Vorbereitung des Kontaktes, z.B. durch Zurechtschieben von Teilen nach eingelernten Bewegungsmustern, um eine definierte Objektposition oder Objektorientierung zu erreichen. Die Vorbereitung kann auch durch externe Vorrichtungen erledigt werden. Bei der in **Bild 2.19** vorgestellten Lösung befördert das Transportband das Greifobjekt stets in eine genaue Abnahmeposition (p_x).

- Herstellen des Kontaktes zwischen Objekt und Greiforgan im Sinne einer vorübergehenden Kraft-, Form- oder Stoffpaarung

- Halten des Objekts während seiner Manipulation im Raum oder gegebenenfalls Bewegen, Drehen oder sogar Montieren im Greifer (selten). Dabei werden statische Kräfte und Momente am Werkstück wirksam. Dynamische Kräfte und Momente entstehen durch den Bewegungsablauf und prozessbedingte Vorgänge.

- Freigeben des Objekts am Zielort, zum Beispiel durch Abschalten der Saugluft und eventuell mit Unterstützung durch einen integrierten Ausstoßer

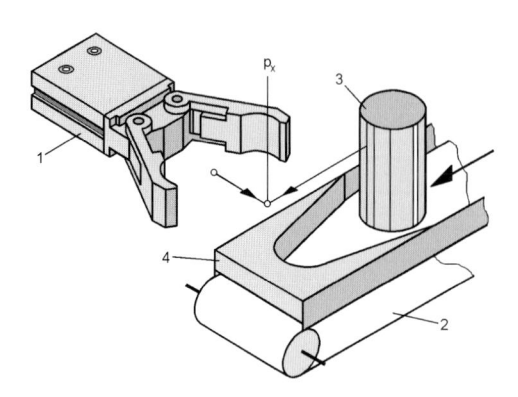

1 Greifer
2 Förderband
3 Werkstück
4 Zentrierschablone oder Zentrierprisma

p_x Abnahme-, Greifposition

Bild 2.19: Genaue Werkstückbereitstellung in einer vorgegebenen festen Position

Wie greift der Mensch ein Teil mit ungewöhnlicher Form und Druckempfindlichkeit?

Beim Greifen eines Eies wird dieses leicht angehoben und dann klappen die Fingerspitzen um. Sie umschließen das Ei von unten und oben, d.h. es wird eine Formpaarung hergestellt. Dabei wird das Teil nicht gepresst, sondern nur durch Auflage- und Stützkräfte fixiert. In der technischen Realisierung werden aber meistens andere Greifprinzipe genutzt.

Für das Ergreifen und Festhalten von Objekten gibt es prinzipiell folgende Möglichkeiten:

- Spannen zwischen Klemmbacken
- Haften durch Kraftfelder, wie z.B. Saugluft, Magnetfeld, Adhäsion, auch mit kryotechnischem Effekt (Gefriergreifer)
- Halten mit Hilfe statischer und dynamischer Effekte der Strömungstechnik
- Verhaken, z.B. durch Anstechen mit Nadeln (Mikroformschluss)
- Halten mit Kapillarkräften
- Greifen durch alleiniges formpaariges Umschließen

Die wichtigsten Grundprinzipe werden in **Bild 2.20** schematisch dargestellt.

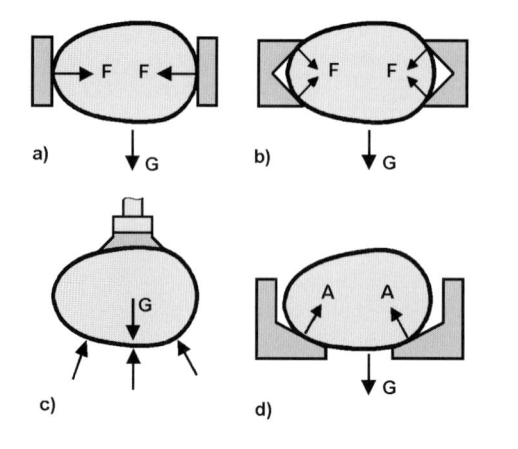

A Auflagekraft
F Spannkraft
G Gewichtskraft

Bild 2.20: Greifprinzipe am Beispiel „Ei"

a) Kraftpaarung
b) Kraftformpaarung
c) Haftprinzip mit Vakuum oder Haftvermittler (Klebstoff)
d) Formpaarung,

2.2 Greifstrategie und Greifvorgang

Damit es zum festen Griff eines Objektes kommt, muss es in einer voraus laufenden Phase zunächst zu einem Kontakt zwischen Greiforgan und Werkstück kommen. Typisch ist das z.B. auch bei einem Vakuumsauger. Er muss erst auf der Werkstückoberfläche aufsetzen. Beim mechanischem Backengreifer gibt es Positionierfehler durch die Handhabungseinrichtung und auch Bereitstellfehler bei den Greifobjekten. Trotzdem soll der Griff funktionieren, d.h. Lagefehler werden kompensiert. Es gibt Grenzsituationen, die nicht akzeptiert werden können. Das **Bild 2.21** zeigt zwei Beispiele. Außer Lagefehlern spielen hier auch Reibungsverhältnisse eine Rolle. Das Werkstück kann sich beim Schließen der Greiffinger so drehen, dass die geforderte Lage erreicht wird. Es kann sich aber auch eine unerwünschte Lage ergeben oder das Werkstück bleibt überhaupt in der Berührposition stecken. Das Ziel besteht darin, unter Berücksichtigung aller Toleranzen trotzdem eine zuverlässige Selbstorientierung des Werkstücks zu erreichen, auch wenn die Abweichungen groß sind.

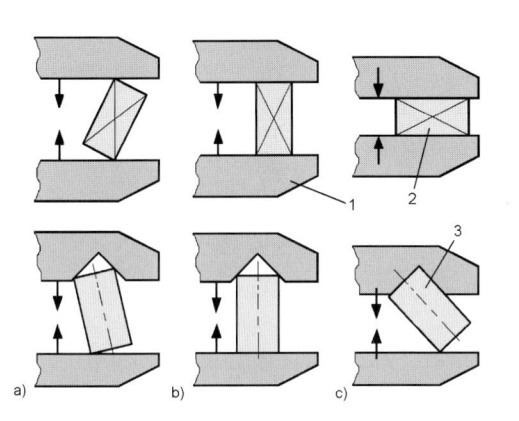

1 Greiferfinger
2 Greifobjekt, prismatisch
3 Greifobjekt, rund

Bild 2.21: Werkstückverlagerung beim Greifvorgang

a) Berührungskontakt
b) Soll-Lage
c) Falschlage

Ob sich die Werkstücke beim Greifen zu einem Greiferfestpunkt verlagern, hängt außerdem davon ab, wie viele Freiheitsgrade dem Greifobjekt durch die Greifbacken entzogen werden. In **Bild 2.22a** und **b** sieht man, dass die Greifbacken auf die Werkstückgeometrie abgestimmt sind. Es werden alle 6 Freiheitsgrade entzogen. Beim Beispiel nach **Bild 2.22c** ist der Freiheitsgrad $F = 1$, denn das Teil kann sich noch um die eigene Achse drehen, wenn sich die Greifbacken schließen. Diesen Griff kann man außerdem nur vorsehen, wenn die Stirnseiten des Werkstücks zugänglich sind und eine Symmetrie vorhanden ist.

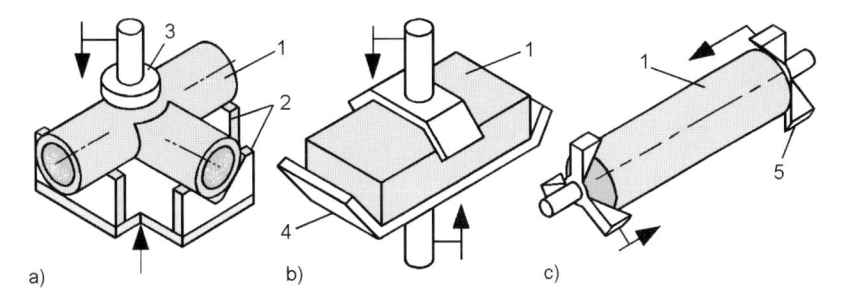

Bild 2.22: Freiheitsgrad F von gegriffenen Teilen
a) alle Freiheitsgrade sind entzogen, b) Rechteckkörper hat keine Beweglichkeit, c) Werkstück ist in 5 Freiheitsgraden gesichert, 1 Werkstück, 2 Greifbacken, 3 Spannteller, 4 ausrichtende Fläche, 5 geneigtes dreifingriges Greiforgan

Beim Griff nach **Bild 2.22b** darf die Werkstückhöhe variieren, um eine Zentrierung noch zu erreichen, jedoch dürfen Mindestabmessungen nicht unterschritten werden. In diesem Fall wird zwar noch ein sicherer Griff gewährleistet, aber kein vollständiger Entzug sämtlicher Freiheitsgrade.

Die Gestaltung der Greifbacken hängt natürlich auch davon ab, an welcher Kontur ein Werkstück überhaupt angefasst werden darf. In **Bild 2.23** wird ein Beispiel dargestellt, wenn ein Zweifingergreifer Verwendung finden soll. Generell sind Flächenkontakte den Linien- oder Punkberührungen vorzuziehen.

Nicht immer sind jedoch die Verhältnisse ideal. Betrachtet man den Fall „ebene Parallelflächen" etwas näher, so zeigt sich, dass bei einigen Werkstücken die Parallelität gar nicht gegeben ist, z.B. wenn Flächen an Kunststoffteilen geringe Ausformschrägen aufweisen. Sind die Unterschiede klein, dann genügt oft ein nachgiebiger Gummibelag auf den Greifflächen. Manchmal ist es aber besser, Pendelbacken vorzusehen.

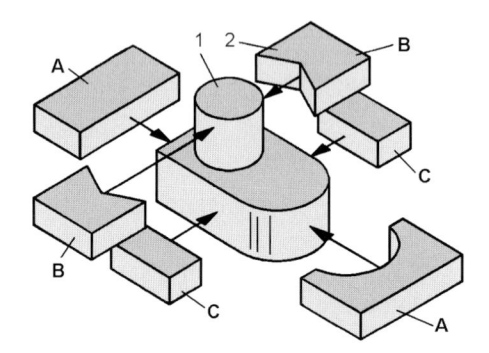

1 Werkstück
2 Greifbacke

A Formbacke/Flachbacke
B Prismabacke/Prismabacke
C Flachbacke/Flachbacke

Bild 2.23: Die Kontur der Griffstelle bestimmt die Greifbackenform.

Bei der Festlegung der Greifbackenform ist die Art des Zugriffs zu beachten, weil das den Greifbackenhub beeinflussen kann. Es geht also darum, ob der Übergriff axial oder radial ausgeführt wird. Das wird meistens durch die technologischen Bedingungen vorgegeben. In **Bild 2.24** wird das Problem skizziert. Am Beispiel eines Parallelgreifers mit Prismabacken wird gezeigt, wie weit der Greifer seine Backen öffnen muss, wenn einmal radial (von der Seite) oder zum anderen axial (übergreifend) zugefasst wird.

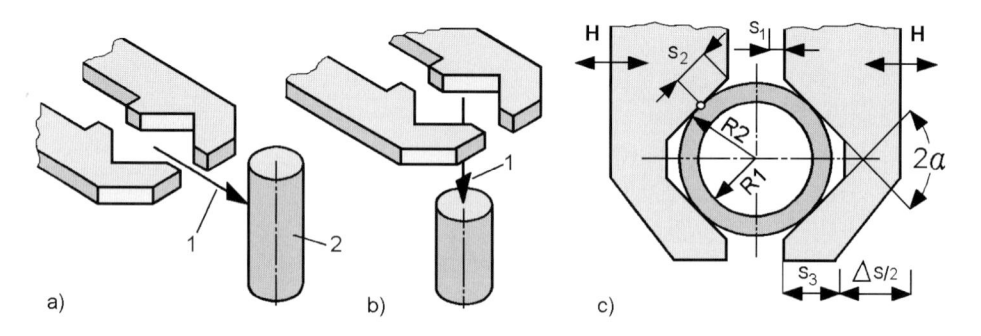

Bild 2.24: Auswirkungen der Zugriffsart auf die erforderliche Öffnungsweite
a) Zugriff radial, b) Zugriff axial, c) Greiferabmessungen, 1 Zugriffsrichtung, 2 Greifobjekt, H Öffnungsweite der Greifbacken, R Radius

2.2 Greifstrategie und Greifvorgang

Radialer Zugriff: Beim Zugriff von der Seite sind folgende Abstände zu berücksichtigen:

S_1 Hubreserve beim Spannen
S_2 Sicherheitszugabe für den Berührungspunkt beim größten Werkstück
S_3 Hubzugabe beim Öffnen (Einfahrspiel)
S_4 größte Positionsabweichung der Handhabungseinrichtung
S_5 größte Positionsabweichung beim Bereitstellen des Werkstücks
S_6 größte Positionsabweichung des Greifbackens durch mechanische Einflüsse und durch Herstellungstoleranzen
R_1 Kleinstmaß des Radius
R_2 Größtmaß des Radius

Es gilt für die Öffnungsweite H

$$H = R_2 + \frac{\Delta S}{2} + S_1 + S_3 + \left(\frac{R_2}{\tan\alpha} + S_2\right)\cdot\cos\alpha - \frac{R_1}{\sin\alpha} \tag{2.9}$$

Die Positionsabweichung ΔS erhält man aus den wahrscheinlichen Einzelabweichungen zu

$$\Delta S = k \cdot \sqrt{\Delta S_4^2 + \Delta S_5^2 + \Delta S_6^2} \tag{2.10}$$

k Sicherheitsfaktor, zum Beispiel 1,5

Axialer Zugriff: Es genügt ein kleinerer Backenhub. Bei einem Greifer mit wiederum einem Doppelprisma gilt

$$H = \frac{0{,}5\cdot\Delta S + S_3 + R_2 - R_1}{\sin\alpha} + S_1 \tag{2.11}$$

In einer allgemeinen Form dargestellt sind die in **Bild 2.25** aufgezählten Fehler und Toleranzen durch das Greifsystem zu beherrschen. Weitere Zusammenhänge ergeben sich zur Greifart (Innen-, Außen-, Kombinationsgriff) und zur Greiferkonstruktion. Das soll nachfolgend dargestellt werden.

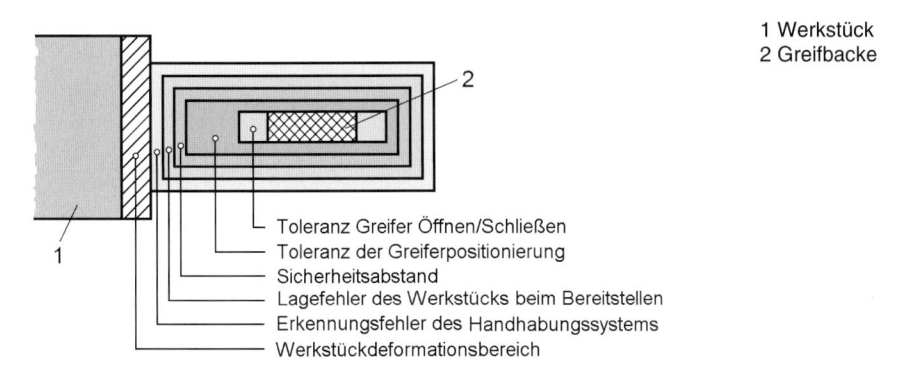

Bild 2.25: Schematische Darstellung von Objektbereitstellungs- und Greifpunktfehlern

Die Ablagemuster nach **Bild 2.26** lassen sich mit verschiedenen Griffarten auflösen. Mit dem Innengriff kann man alle Muster abarbeiten, ohne dass man besondere Anforderungen vorschreiben muss. Greift man an der Zylinderwand an (Kombinationsgriff), dann wäre die Richtung des Abnehmens einzuhalten, weil die außen angreifende Backe Platz braucht.

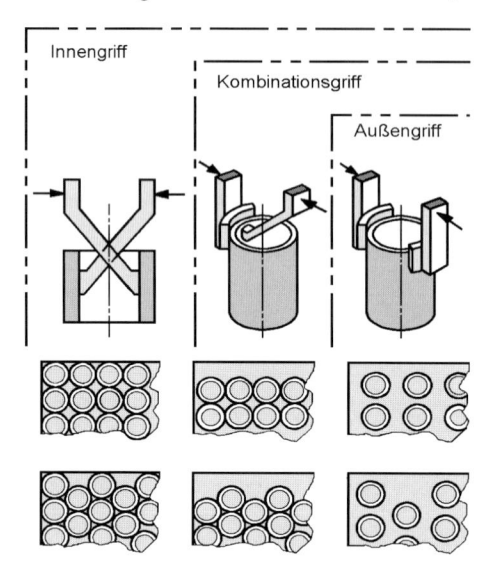

Innengriff: Für alle Beispielordnungen verwendbar

Kombinationsgriff: Für die Ordnungen im Bild mitte und rechts einsetzbar

Außengriff: Nur bei Ordnungen mit ausreichendem Freiraum benutzbar

Bild 2.26: Werkstückanordnungen im Magazin und Möglichkeiten des störungsfreien Abgreifens

Beim Außengriff sinkt die Speicherdichte und es wird ein Freiraum um das Greifobjekt benötigt. Deshalb sind die Ablagemuster den Möglichkeiten anzupassen oder es ist ein diesbezüglich vorteilhafterer Greifer vorzusehen. Das soll an einem weiteren Beispiel demonstriert werden. Es sind liegend bereitgestellte Wellen zu greifen. Sie sind nicht einzeln vorliegend, wie z.B. beim Entnehmen aus einer Drehmaschine, sondern sie liegen achsparallel mit geringem Abstand in einer Palette mit Prismenleisten aus Hartgummi. Wie lassen sich die Greifbacken gestalten?

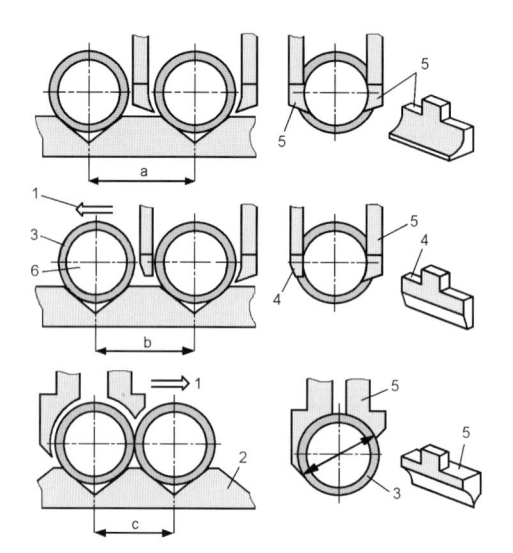

1 Reihenfolge des Abgreifens
2 Prismaleiste
3 Kunststoff-Schutzgeflecht auf dem Wellenende
4 glatte Greifbacke
5 formpaarige Greifbacke
6 Greifobjekt, feinbearbeitete Welle

a, b, c Achsabstand der Wellen im Magazin

Bild 2.27: Greifen von Wellen aus einem Werkstück-Trägermagazin

2.2 Greifstrategie und Greifvorgang

Bei einer lückenlosen Werkstücklage müssen die Greifbacken so gestaltet sein, dass es über die Greifmitte hinaus zu einer Formpaarung kommt. Es liegt dann ein kraft- und formpaariger Griff vor. Es kann immer nur das in einer Reihe außen liegende Teil gegriffen werden. Wie man aus **Bild 2.28** ersehen kann, wird der erforderliche Freiraum um den Greifer auch von der Greiferbauart beeinflusst. Geöffnete Greifbacken erzeugen Störkanten. Beim Einsatz eines Parallelgreifers kann der Objektabstand x_2 im Magazin kleiner gehalten werden als beim Winkelgreifer mit dem Objektabstand x_1. Das erhöht das Speichervermögen, was allgemein ein wünschenswerter Vorzug ist.

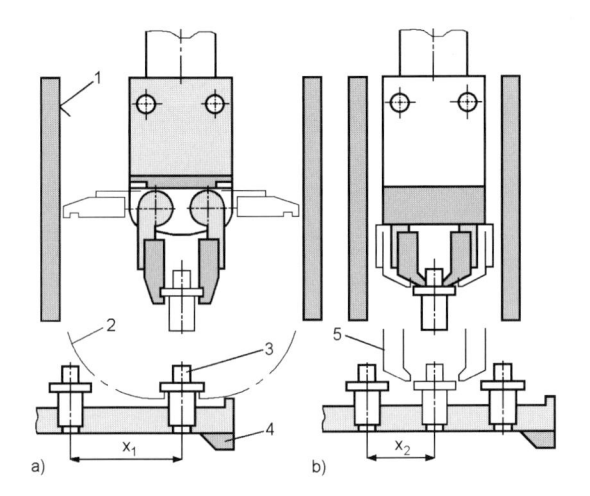

1 Störkante
2 Flugkreis der Greifbacken
3 Greifobjekt
4 Magazin
5 Greifbacke geöffnet

x Speicherplatzabstand

Bild 2.28: Verschiedene Greiferkonstruktionen haben auch unterschiedliche Störkanten.
a) Winkelgreifer
b) Parallelgreifer

Für das genaue Greifen ist wichtig, ob sich beim Greifen von Teilen mit abweichenden Durchmessern auch eine Verlagerung des Greifzentrums G ergibt. Solche Verlagerungen kann es je nach Greiferkinematik in einer oder in mehreren Achsen geben. In **Bild 2.29** wird zwischen ausrichtender, zentrierender und differenzierender (Abweichungen bildender) Wirkung unterschieden. Beim Zentriergreifer gliedert man auch in

- Punktzentrierung: $\Delta x = 0$ und $\Delta y = 0$
- Achsenzentrierung: $\Delta x = 0$ oder $\Delta y = 0$

X	ausrichtend	differenzierend	differenzierend
Y	zentrierend	differenzierend	zentrierend

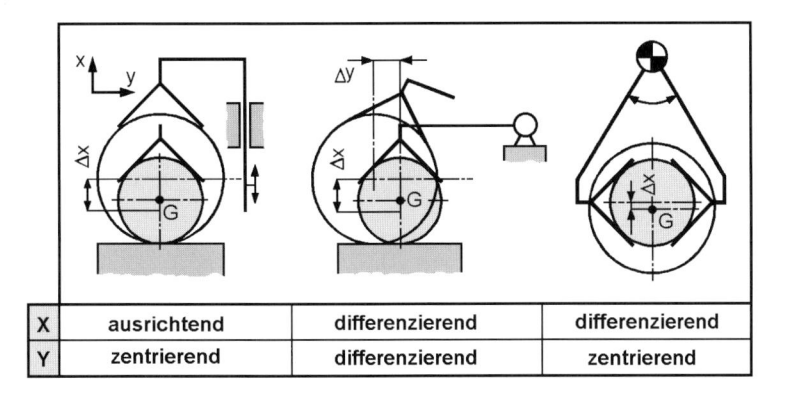

Bild 2.29: Verschiebung des Greifmittelpunktes beim Prismagreifer

Bei Parallelgreifern ist das anders (**Bild 2.30a**). Sie zentrieren mit Prismabacken immer auf Mitte, wie auch bei Dreifingergreifern. Bei bogenförmig schließenden Greifbacken lässt sich die Abweichung von der Greifmitte (= Greifgenauigkeit) berechnen.

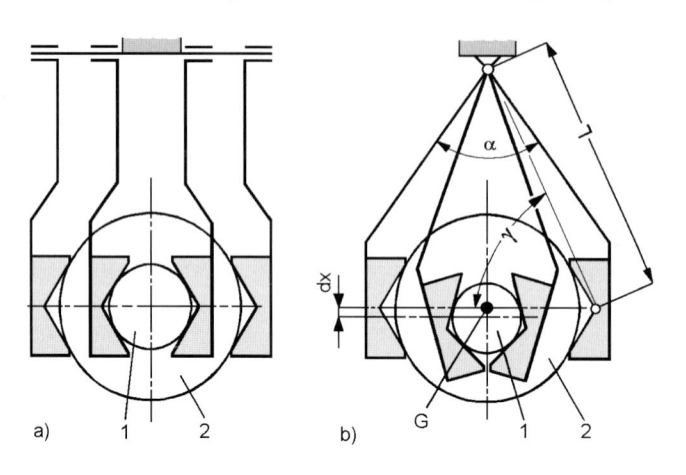

1 kleines Werkstück
2 im Durchmesser großes Werkstück

G Greifzentrum

Bild 2.30: Greifgenauigkeit beim Zangengreifer

a) Parallelgreifer
b) Winkel- (Scheren-)greifer

Für die Abweichung dx gilt:

$$dx = L \cdot \sin \gamma \left(\frac{L}{\sin(0{,}5 \cdot \alpha + \gamma)} - 1 \right) \quad (2.12)$$

L Länge vom Drehpunkt bis zur Prismamitte
α Öffnungswinkel der Finger
γ konstruktiv bedingter Winkel

Ein Winkelgreifer mit Prismabacken ist in der Lage Mittelpunktsverlagerungen bei Werkstücken unterschiedlichen Durchmessers auszugleichen, wenn das Prisma eine besondere Form erhält (**Bild 2.31**). Bei der Auslegung ist folgendes zu beachten:

- Das Durchmesserverhältnis von größtem Werkstückdurchmesser D_1 zu kleinstem Werkstückdurchmesser D_2 soll nicht größer als etwa 2,5 sein.
- Der Berührungswinkel α beträgt etwa 40° bis 50°.

Für die Berechnung der Greifbackenabmessungen gilt:

$$D = \frac{(D_1 + D_2)}{2} \quad (2.13)$$

$$A = \frac{R}{2} \cdot \cotan \alpha \quad (2.14)$$

$$B = 0{,}5 \cdot R \quad (2.15)$$

$$R1 = (R \cdot \sin \alpha) - \frac{D}{2} \quad (2.16)$$

2.2 Greifstrategie und Greifvorgang

$$R2 = (R \cdot \sin a) + \frac{D}{2} \tag{2.17}$$

Wenn der Greifer nicht als Scherengreifer, sondern als Winkelgreifer mit auseinanderliegenden Drehpunkten C1 und C2 für jeden Finger gebaut ist, dann vergrößert sich $R1$ und $R2$ verringert sich. Der sich dann ergebende Winkel zwischen den Strecken TCP-C1 und TCP-C2 soll zwischen 0 und $(2\alpha - 40°)$ liegen [2-11].

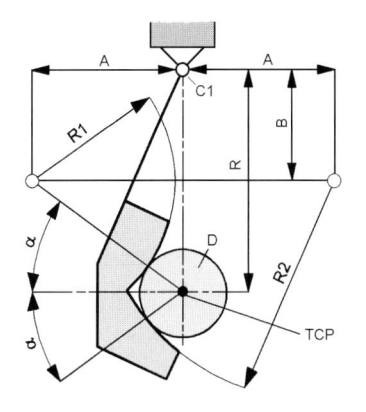

A, B   Abstände
R   Radius
D   Werkstückdurchmesser

Bild 2.31: Prismabackenform mit Zentriereffekt

Bei Greifern mit Kreisschiebung der Greifbacken stellen sich die Greifmittelpunktsverlagerungen wie in **Bild 2.32** gezeigt dar. Obwohl sich die Prismabacken parallel schließen, entsteht nur in einer Achse eine Zentrierwirkung.

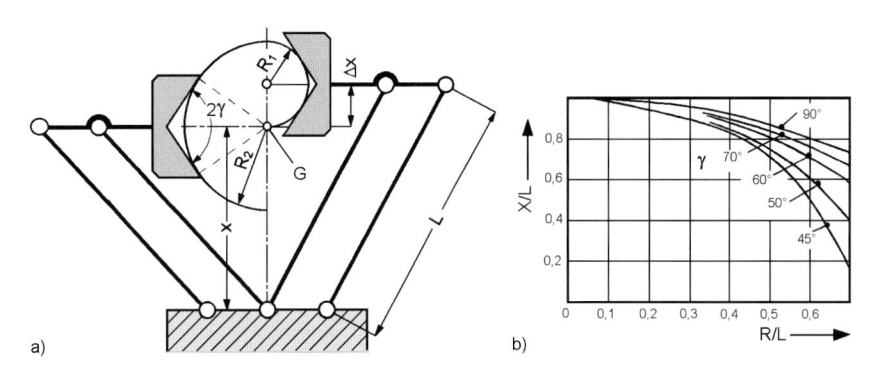

Bild 2.32: Verlagerung des Greifzentrums bei einem Prismabacken-Greifer mit Kreisschiebung
a) Abmessungsverhältnisse, b) Abhängigkeit der Verlagerung vom Prismawinkel

In vorstehendem Bild sind folgende Größen aufgeführt:

γ	halber Prismawinkel
L	Fingerlänge
R_i	Werkstückradius
G	Greifzentrum
x	Abstand zum Greifzentrum
Δx	Verlagerung des Greifzentrums

Der Betrag der Verschiebung des Greifzentrums errechnet sich aus

$$|\Delta x| = \frac{\sqrt{L^2 \cdot \sin^2 \gamma - R_1^2} - \sqrt{L^2 \cdot \sin^2 \gamma - R_2^2}}{\sin \gamma} \qquad (2.18)$$

Die bisherigen Darlegungen betreffen Scherengreifer, also solche, bei denen sich die Greiferfinger um einen gemeinsamen Drehpunkt bewegen. Beim Greifer nach **Bild 2.33** sind die Drehpunkte der Greiferfinger im Abstand h von der geometrischen Mitte aus angeordnet.

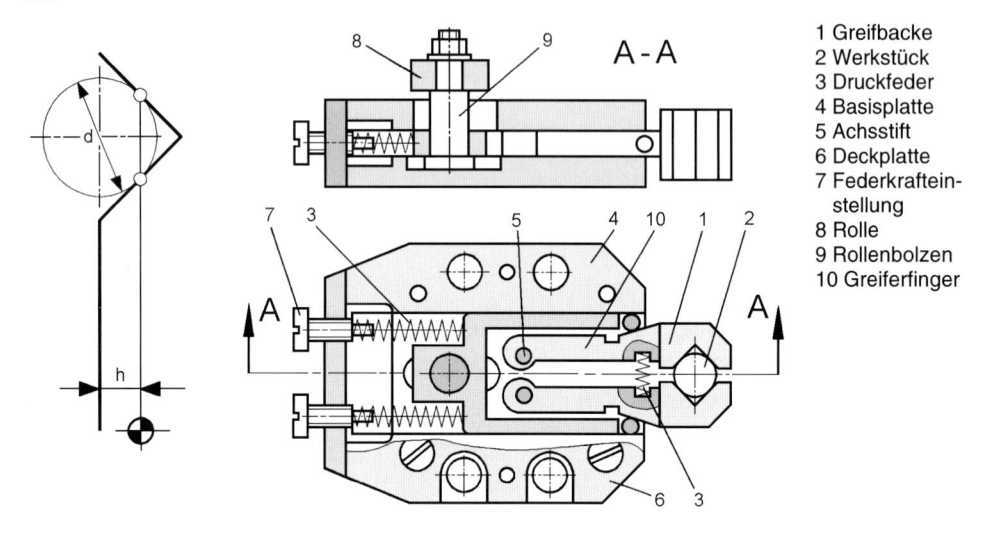

Bild 2.33: Greifeinheit für einen Montageautomaten

1 Greifbacke
2 Werkstück
3 Druckfeder
4 Basisplatte
5 Achsstift
6 Deckplatte
7 Federkrafteinstellung
8 Rolle
9 Rollenbolzen
10 Greiferfinger

Dadurch ergibt sich eine vernachlässigbare kleine Mittelpunktsverschiebung Δx, wenn h gleichzeitig der Abstand bis zu den Berührungspunkten Werkstück-Prisma ist. Der Greifer schließt mit Federkraft. Das Öffnen geschieht über eine Automatenkurve gegen die Rolle (8) und die Federkräfte. Der Abstand h der Greiferfinger von der Greiferachsmitte ermittelt sich aus

$$h = \left(\frac{d}{2} - \Delta d\right) \tan \frac{\alpha}{2} \qquad (2.19)$$

d Werkstückdurchmesser
α Prismenöffnungswinkel
Δd Werkstücktoleranz, Werkstückdurchmesserabweichung

Weitere Genauigkeitsfehler ergeben sich aus Werkstückformfehlern. Das sind zum Beispiel konische Objektausprägungen (**Bild 2.34a**) und elliptische Formveränderungen (**Bild 2.34b**). In beiden Fällen führt das zu Werkstückmittenverlagerungen in den Achsrichtungen x und y. Diese Verlagerungen sind zwar in der Regel recht klein, können aber trotzdem bei automatischer Montage und langen Teilen sehr wichtig werden.

2.2 Greifstrategie und Greifvorgang

Bild 2.34: Werkstückmittenverlagerungen
a) bei konischen Teilen
b) bei elliptischen Teilen

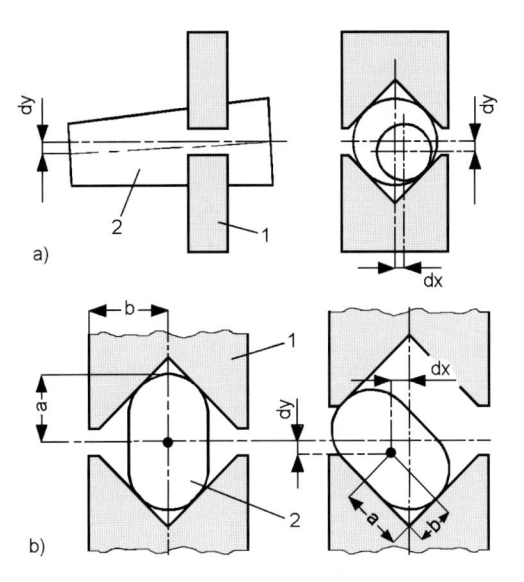

1 Prisma-Greifbacke
2 Werkstück

dx, dy Achsenverlagerungen
a, b Objektabmessungen

Weil die erreichbare Positioniergenauigkeit ein hohes Planungsziel ist, wird über eine Analyse der Toleranzen geprüft, ob an allen Fügestellen die Genauigkeitsanforderungen der Fügeaufgabe erfüllt werden. Im Bedarfsfalle müssen durch konstruktive Änderungen am Produkt (Passungen, Fasen, Zentrierhilfen), durch Zusatzmaßnahmen an der Montageausrüstung oder durch sensorische Aufrüstung des Greifers oder Arbeitsplatzes Verbesserungen erwirkt werden.

Selbstverständlich entstehen auch Positionsverlagerungen des Werkstücks, wenn die Greiforgane Mängel durch Fertigungsfehler oder Verschleiß aufweisen. Das wird in **Bild 2.35** an einigen Beispielen gezeigt. Außerdem können sich Winkelfehler einstellen. Solche Fehler sind insbesondere bei automatischer Montage und langen Montageteilen nicht verkraftbar. In der Praxis überlagern sich die Fehler aus verschiedenen Ursachen zu einem mehr oder weniger großen Gesamtfehler.

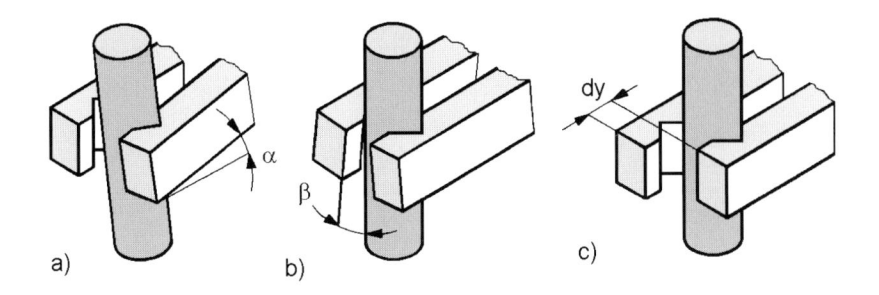

Bild 2.35: Fehlerhafte Greiforgane führen zu Positionsfehlern beim Greifobjekt.
a) einseitig abgekippter Finger, b) Parallelitätsfehler der Finger, c) seitlicher Versatz der V-Prismen

Bei Fehlern an Greiforganen kann ein flächiger Kontakt zum Greifobjekt verloren gehen. In **Bild 2.36a** ist zu sehen, wie bei langen Greiffingern und großen Greifkräften bei einem

Parallelbackengreifer aus dem Flächenkontakt ein instabiler Linienkontakt oder gar Punktkontakt (bei gewölbten Teilen) entstehen kann. Beim schnellen Manipulieren des Greifobjektes kann es dann leicht zu Verlagerungen und zu Positionierfehlern beispielsweise beim Montieren oder Beschicken von Spannstellen kommen.

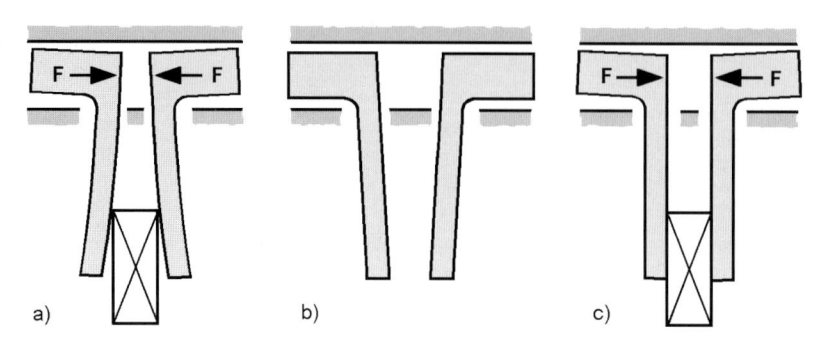

Bild 2.36: Verlust der Parallelität bei langen Fingern und großen Greifkräften an einem Parallelbackengreifer [3-124]
a) Greifsituation bei genau rechtwinkligen Fingern, b) vorverformte Finger im unbelasteten Zustand, c) Greifvorgang bei einem Greifer mit vorverformten Fingern, F Greifkraft

Die Greiferfinger können mit einer genau berechneten „Vorverformung" hergestellt werden. Im unbelasteten Zustand (**Bild 2.36b**) schließen die Greifflächen nicht mehr parallel zueinander. Erst unter Last (**Bild 2.36c**) kommt es zu einer sicheren flächigen Anlage des Greifobjektes, so dass ein Pendeln des Werkstücks zwischen den Greiffingern verhindert wird. Ein anderer Weg wäre die Ausstattung der Greifflächen mit einer sich selbst anpassenden Fläche durch Pendelbacken oder einen nachgiebigen Elastomerbelag (siehe dazu Bild 3.107). Wenn die Werkstückoberfläche verletzt werden darf, verkleinert man die Greiffläche und setzt Backen ein, die einen rutschfesten Mikroformschluss mit Klemmspitzen bewirken, zum Beispiel bei großen Blechformteilen am Ziehteilrand, der ohnehin Abfall ist (siehe dazu Bild 3.337 und Bild 3.118).

Eine greifgerechte Gestaltung kann schonendes und sicheres Greifen unterstützen und dazu beitragen, dass auch schnellste Bewegungen des Teils im gegriffenen Zustand möglich sind. Trotzdem ist eine Einflussnahme auf die Werkstückgestalt meistens gering, weil die Teile oder Baugruppen bereits in der oft unzweckmäßigen Form in das Ensemble der Teile eines Produkts eingegangen sind. Einige dieser Möglichkeiten zur Anpassung von Greifobjekten werden trotzdem in **Bild 2.37** als Anregung aufgeführt.

Mitunter hilft auch ein anderes Greifprinzip weiter. Es ist zum Beispiel möglich, ein konisches Werkstück mit formangepassten Saugern anzufassen, anstelle parallel schließender Backen. Greifergerechtes Gestalten ist überhaupt ein spezieller Bestandteil der allgemeinen Forderungen nach einer automatisierungsgerechten Gestaltung von Teilen, Baugruppen und Produkten [2-12]. In vielem entsprechen die Gestaltungsregeln denen für das spanngerechte Gestalten von Werkstücken aus dem Vorrichtungsbau. Die Beispiele gründen sich auf:

- Formanpassungen
- Schwerpunktwirkungen
- Kraftübertragung

2.2 Greifstrategie und Greifvorgang

Erläuterung	ungünstig	besser
Bei einer Formpaarung lassen sich z.B. Fügekräfte besser übertragen als bei reiner Kraftpaarung.	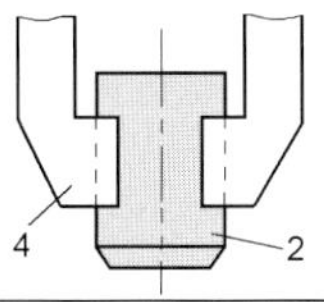	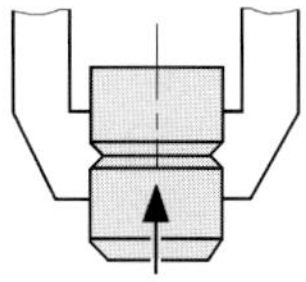
Besonders beölte Bleche können bei schneller Querbewegung am Sauger abgleiten, wenn kein Anschlag vorhanden ist.	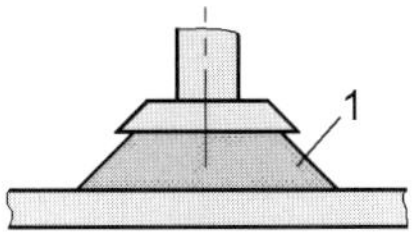	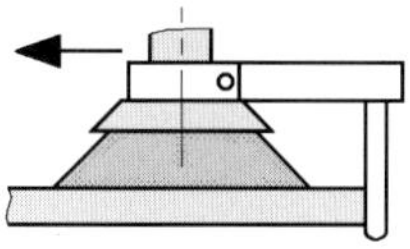
Parallele Griffflächen sind immer besser und sollten am Werkstück bewusst ausgebildet werden.	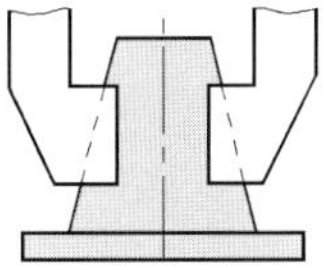	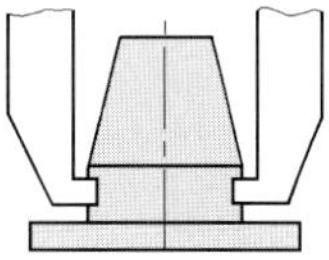
Besonders bei Gussstücken sollten einige ebene bzw. parallele Anlagestellen vorhanden sein.	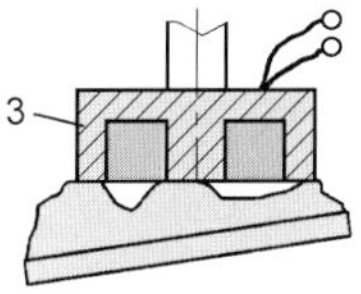	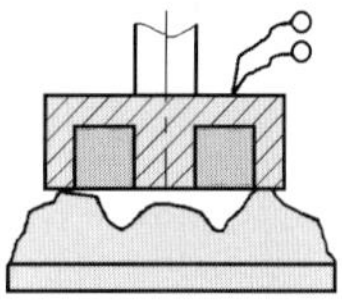
Für etwas genaueres Greifen mit Sauger oder Magnet lassen sich Zentrierelemente ausbilden, wie zum Beispiel bei „Bolzen und Loch".	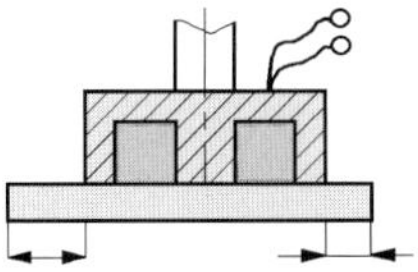	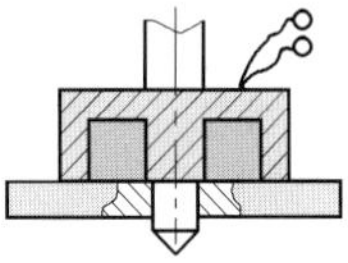
Der Schwerpunkt des Teils sollte zwischen den Greifbacken liegen, damit keine Kippmomente M zu Verlagerungen im Greifer führen ($M = m \cdot g \cdot a$).	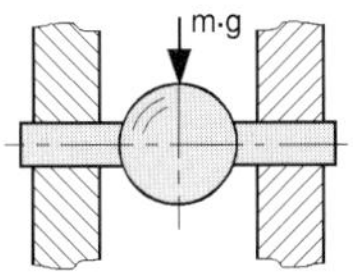	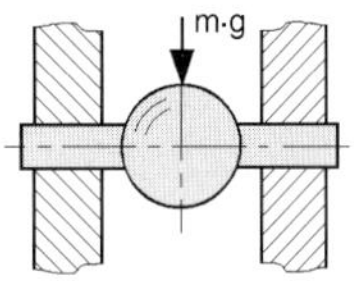

Bild 2.37: Beispiele für eine greifgerechte Gestaltung
1 Sauger, 2 Werkstück, 3 Elektromagnet, 4 Prismabacke, M Moment, m Masse, g Erdbeschleunigung

Welche Kräfte entstehen beim Greifen?

Die konstruktive Auslegung von Greifsystemen wird grundsätzlich von der Belastung abgeleitet, die für das sichere Festhalten des Greifobjekts notwendig ist. Die nötige Greifkraft hängt aber von vielen Faktoren ab, die teilweise nur abschätzbar sind. Dazu gehören:

- Räumliche Situation, d.h. Anordnung des Greifers im Verhältnis zum Industrieroboter bzw. zu seinen Achsen (Achsenkonfiguration des Gesamtsystems)
- Resultierende Kraft als Vektor aus allen wirkenden Einzelkräften, wie Gewichts-, Trägheits-, Coriolis- und Zentrifugalkraft. Die Kräfte sind allerdings orts- und zeitabhängigen Veränderungen unterworfen.

- Geometrie des Greifobjekts, insbesondere an den Griffstellen, wie z.B. Entformungsschrägen eines Gussteils
- Konstruktive Gestaltung der Greifbacken, vor allem der Anteil von Kraft- und Formpaarung in den einzelnen Bewegungsphasen
- Material und Oberfläche des Greiferbackens (Reibbeläge, Haftkissen, Mikrospitzen) und des Werkstücks sowie
- Umwelteinflüsse, wie ölige Flächen, Späne, Zunder und Temperatur

Möglicherweise ist auch an Schwingungen zu denken, die vom Industrieroboter ausgehen und ebenfalls auf den Greifer wirken. Das kann die wirkliche momentane Greifkraft beeinflussen, was z.B. beim Greifen dünnwandiger empfindlicher Teile nachteilig ist. Durch Schwingungen ändern sich nämlich die Reibungsverhältnisse in den Fingerführungen. Das tritt bei Präzisionsgreifern mit leichtgängigen Wälzführungen nicht auf.

Oft wird geglaubt, dass sich mit der Anzahl der Greiferfinger auch die Greifkraft proportional vervielfacht. Diese Ansicht ist falsch, weil das Wechselwirkungsgesetz gilt. Es wurde erstmals 1687 von *I. Newton* (1643-1727) klar ausgesprochen. Danach gilt:

> Die Kräfte, mit denen zwei Körper aufeinander wirken, treten stets zweimal auf, von gleicher Größe und in dieselbe Wirkungslinie fallend, aber mit entgegengesetzter Pfeilrichtung.

Das bedeutet, Kraft und Gegenkraft befinden sich im Gleichgewicht. Ein einfacher Versuch ist dazu in **Bild 2.38** dargestellt. Ein Stab wird auf Zug beansprucht. Einmal ist der Stab eingespannt, im zweiten Fall ziehen zwei Personen entgegengesetzt an den Enden. Dann ist die Spannkraft im Stab nicht etwa 400 N, sondern sie ist in beiden Fällen nur 200 N. Überträgt man das auf die Parallelgreifer nach **Bild 2.38b**, dann gilt auch hier, dass es unwichtig ist, ob nur ein Finger beweglich ist und 200 N Greifkraft aufbringt oder ob zwei Finger gegenüberliegend je 200 N erzeugen. Die gezeigten Greifer sind kräftemäßig gleichwertig.

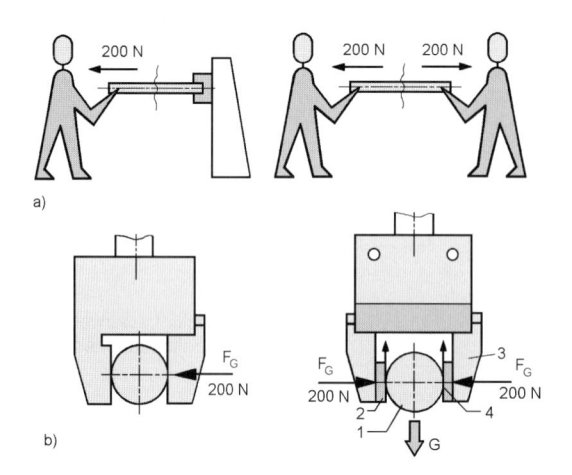

Das Wechselwirkungsgesetz gilt auch für Dreipunktgreifer in etwas modifizierter Form, wie man noch sehen wird, wobei es dort drei Wirkungsrichtungen für die Kräfte gibt.

Bild 2.38: Wechselwirkungsgesetz der Kräfte

a) Die Spannkraft im Stab beträgt in beiden Fällen 200 N.
b) Beim Parallelbackengreifer ist wegen *actio = reactio* unwichtig, ob nur ein Finger die Greifkraft F_G aufbringt oder zwei Finger.

2.2 Greifstrategie und Greifvorgang

Zunächst sollen die am einfachen Backengreifer entstehenden Kräfte betrachtet werden.

Klemmgreifer halten bei dem in **Bild 2.39** gezeigten Greifer allein mit Reibungskräften F_R mit der Greifkraft F_G das Werkstück. Es gilt (ohne Sicherheitszuschlag) und bei langsamer vertikaler Bewegung:

$$F_G = \frac{m \cdot g}{\mu \cdot n} \qquad (2.20)$$

g Erdbeschleunigung in m/s^2
n Anzahl der Finger bzw. Greifbacken
μ Reibungskoeffizient zwischen Greifbacke und Werkstück

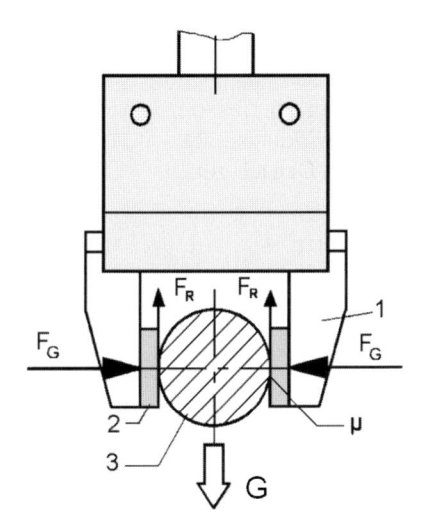

1 Finger am Parallelbackengreifer
2 Greifbacke
3 Werkstück

F_G Greifkraft (hier auch Normalkraft)
F_R Reibungskraft
G Gewichtskraft ($G = m \cdot g$)

Bild 2.39: Kräfte am Greifobjekt im Ruhezustand oder bei langsamer Bewegung

Wie man sieht, wirken die Reibungskräfte F_R bei „trockener Reibung" nach dem *Coulomb'schen Reibungsgesetz* entgegen der Bewegungsrichtung. Die Anzahl der Finger geht in die Gleichung ein, weil an jeder Greifbacke die Reibungskraft entsteht. Beim Dreifingergreifer ist demzufolge $n = 3$. Dabei spielt es keine Rolle, ob es sich um einen „echten" Dreifingergreifer handelt oder um einen Zweifingergreifer mit 3-Punkt-Anlage (**Bild 2.40**).

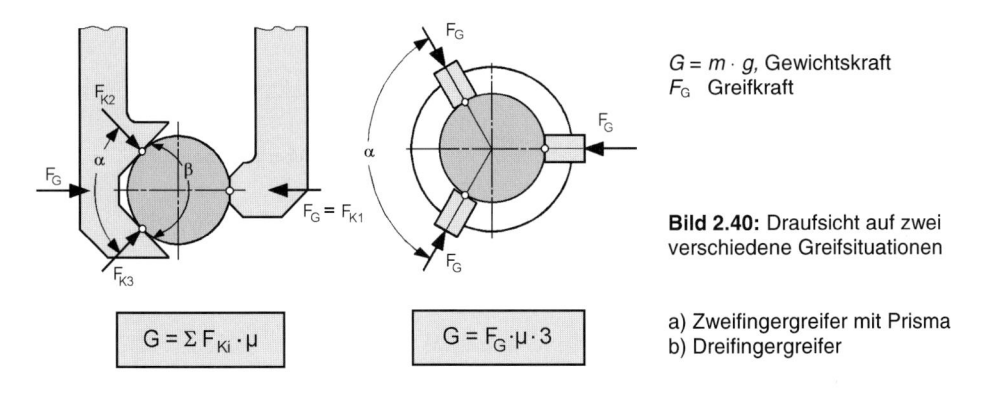

$G = m \cdot g$, Gewichtskraft
F_G Greifkraft

Bild 2.40: Draufsicht auf zwei verschiedene Greifsituationen

a) Zweifingergreifer mit Prisma
b) Dreifingergreifer

$G = \Sigma F_{Ki} \cdot \mu$

$G = F_G \cdot \mu \cdot 3$

Im letztgenannten Fall zerlegt sich die Greifkraft F_G am Prisma in die Kontaktkräfte F_{Ki}.

Wählt man beim Zweifingergreifer einen Prismenwinkel von 120°, vergleichbar mit der Fingerstellung beim Dreifinger-Greifer, dann sind beide Greifer auf die Haltekraft bezogen gleich. Bei anderen Prismenwinkeln gibt es Unterschiede. Dann muss man die Kontaktkräfte heranziehen. Sie können nach folgender Beziehung bestimmt werden, wenn man beliebige Prismenwinkel zulässt:

$$F_{Ki} = \frac{m \cdot g \cdot \sin \alpha_i}{\mu \cdot (\sin \alpha_1 + \sin \alpha_2 + \sin \alpha_3)} \tag{2.21}$$

wobei $i = 1, 2, 3$ und $\alpha_1 = 180° - \alpha_{23};\ \alpha_2 = 180° - \alpha_{13};\ \alpha_3 = 180° - \alpha_{12}$

Die drei Reibungskräfte F_{R1} bis F_{R3} (**Bild 2.41**) müssen zusammen mindestens so groß sein, dass sie die durch die Schwerkraft erzeugte Gewichtskraft G kompensieren. Die Kontaktkräfte werden auch gebraucht, wenn man die vorhandene Flächenpressung beim Greifen empfindlicher Werkstücke überprüfen will.

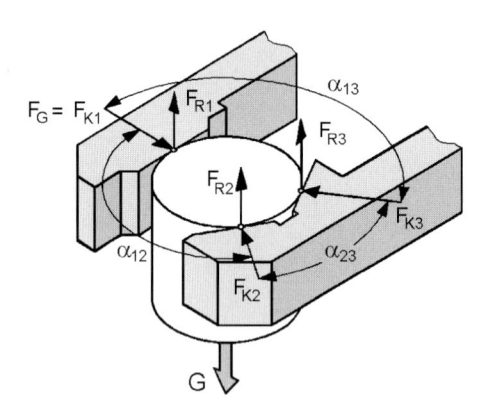

Bild 2.41: Berechnung von Kontaktkräften bei einem Greifer mit halbseitigem Prisma

Der Reibungskoeffizient μ unterliegt bekannterweise großen Schwankungen. In erster Näherung kann man aber von den folgenden Werten ausgehen:

		Oberfläche Werkstück				
		Stahl	Stahl geschmiert	Aluminium	Aluminium geschmiert	Gummi, Kunststoff
Oberfläche Greiferfinger	Stahl	0,25	0,15	0,35	0,20	0,50
	Stahl, geschmiert	0,15	0,09	0,21	0,12	0,30
	Aluminium	0,35	0,21	0,49	0,28	0,70
	Alu, geschmiert	0,20	0,12	0,28	0,16	0,40
	Gummi, Kunststoff	0,50	0,30	0,70	0,40	1,00

Andere Materialkombinationen werden in [2-13] mit ihrem Reibbeiwert μ angegeben:

- Stahl auf Lagermetall (trocken) wie zum Beispiel Bronze   0,10 bis 0,5
- Stahl auf Edelstein wie zum Beispiel Saphir oder Diamant   0,10 bis 0,5
- Keramik auf Keramik wie zum Beispiel Karbide   0,05 bis 0,5

2.2 Greifstrategie und Greifvorgang

- Polymere auf Polymeren   0,05 bis 1,0
- Metall/Keramik auf Polymeren, wie z.B. PE, PTFE, PVC   0,04 bis 0,5
- Metall auf Metall (mit Graphit geschmiert)   0,05 bis 0,2

Die Wahl des Sicherheitsfaktors hängt von der Art der Bewegungen ab, die der Greifer mit einem gegriffenen Teil ausführt. Man kann etwa folgende Faustregeln zugrunde legen:

- Sicherheitsfaktor 2 bei normalen Anwendungen
- Sicherheitsfaktor 3 bei Bewegungen in mehreren Achsrichtungen mit nur geringen Beschleunigungen und Bremsverzögerungen
- Sicherheitsfaktor 4 bei großer Beschleunigung und großer Bremsverzögerung sowie bei Stößen

Die Begriffe „Stoß" und „Ruck" während einer Bahnfahrt sind in **Bild 2.42** erklärt [2-14].

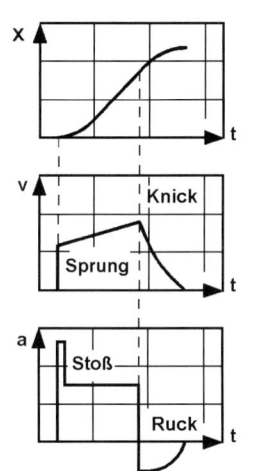

Bewegung	Stoß	Ruck
Weg x	Knick	tangentialer Übergang
Geschwindigkeit v	Sprung	Knick
Beschleunigung a	Dirac-impuls	Sprung

Bild 2.42: Definition der Bewegungserscheinungen „Stoß" und „Ruck"

Das Ensemble der am Greifer wirkenden Kräfte ändert sich, wenn beschleunigte Bewegungen auftreten, was eigentlich der Normalfall ist. Zu unterscheiden sind Schwenk- und Translationsbewegungen (**Bild 2.43**; ohne Darstellung von Kräften, die durch die Coriolis-

1 Greifbacke
2 Greifer
3 Schiebeachse
4 Werkstück

a) Schwenkbewegung (Draufsicht)
b) Translationsbewegung (Seitenansicht)

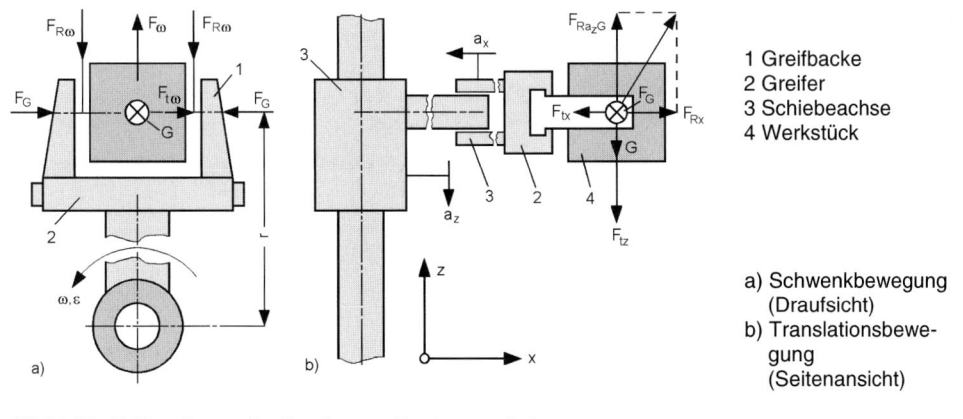

Bild 2.43: Kräfte, die am Greifbacken zu übertragen sind

beschleunigung hervorgerufen werden). In dieser Darstellung bedeuten:

F_G Greifkraft
F_R Reibungskraft ($F_{R\omega}$ infolge Schwenkbewegung, F_{Rx} infolge Schubbewegung in der x-Richtung, F_{RazG} infolge Beschleunigung in der z–Richtung und durch die Gewichtskraft des Werkstücks
F_t Trägheitskraft
F_ω Fliehkraft
G Werkstückgewichtskraft (m Werkstückmasse)
ω Winkelgeschwindigkeit
ε Winkelbeschleunigung
r Abstand Schwenkmittelpunkt vom Werkstück
a Beschleunigung (a_x in x-Richtung, a_z in z-Richtung)

Wird ein Werkstück vom Roboter mit zwei translatorischen Achsen (x, y) und einer Rotationsbewegung um die z-Achse gehandhabt, so treten folgende Kräfte auf:

- Trägheitskräfte in der x-Richtung infolge der Fliehkraft durch das Schwenken

$$F_\omega = m \cdot r \cdot \omega^2 \tag{2.22}$$

- Trägheitskräfte in der x-Richtung infolge der Schubbewegung in x-Richtung

$$F_{tx} = m \cdot a_x \tag{2.23}$$

- Trägheitskräfte infolge einer beschleunigten Schwenkbewegung

$$F_{t\omega} = m \cdot r \cdot \varepsilon \tag{2.24}$$

oder infolge der Coriolisbeschleunigung auf Grund gleichzeitig ausgeführter Rotations- und Translationsbewegung in x-Richtung

- Trägheitskräfte in z-Richtung bei beschleunigten Vertikalbewegungen

Die Trägheitskräfte F_{tx} und F_{tz} wirken in der eingezeichneten Weise bei Abbremsung aus einer Bewegung in Richtung der Kräfte bzw. einer Beschleunigung in die entgegengesetzte Richtung. Aus Gründen der Übersichtlichkeit wird angenommen, dass der Massenschwerpunkt auf der Wirkungslinie der Greifkräfte liegt, so dass Rotationsbewegungen des Greifers um die x-Achse unberücksichtigt bleiben können.

Im allgemeinen werden beim Handhabungsprozess nicht sämtliche Achsen des Industrieroboters simultan verfahren, so dass bei Berechnung der erforderlichen Greifkraft die größten einwirkenden Kräfte, Erdanziehungs- und Fliehkraft, zugrunde gelegt werden. Die sich daraus ergebende erforderliche Reibkraft beträgt

$$F_R = \frac{m}{2}\sqrt{r^2 \cdot \omega^4 + g^2} \tag{2.25}$$

2.2 Greifstrategie und Greifvorgang

Die erforderliche Greifkraft erhält man dann zu

$$F_G = \frac{m}{2 \cdot \mu}\sqrt{r^2 \cdot \omega^4 + g^2} + m \cdot r \cdot \varepsilon \qquad (2.26)$$

Der Anteil $F_{t(\omega)}$ wirkt sich nur in den Bewegungsphasen aus, in denen aus einer hoher Winkelgeschwindigkeit die Rotationsbewegung abgebremst wird. Im Falle der beschleunigten Schwenkbewegung ist die Fliehkraft gering.

Zur überschläglichen Berechnung der erforderlichen Greifkräfte (gemäß der Situation nach **Bild 2.43**) kann das Nomogramm in **Bild 2.44** verwendet werden [2-15].

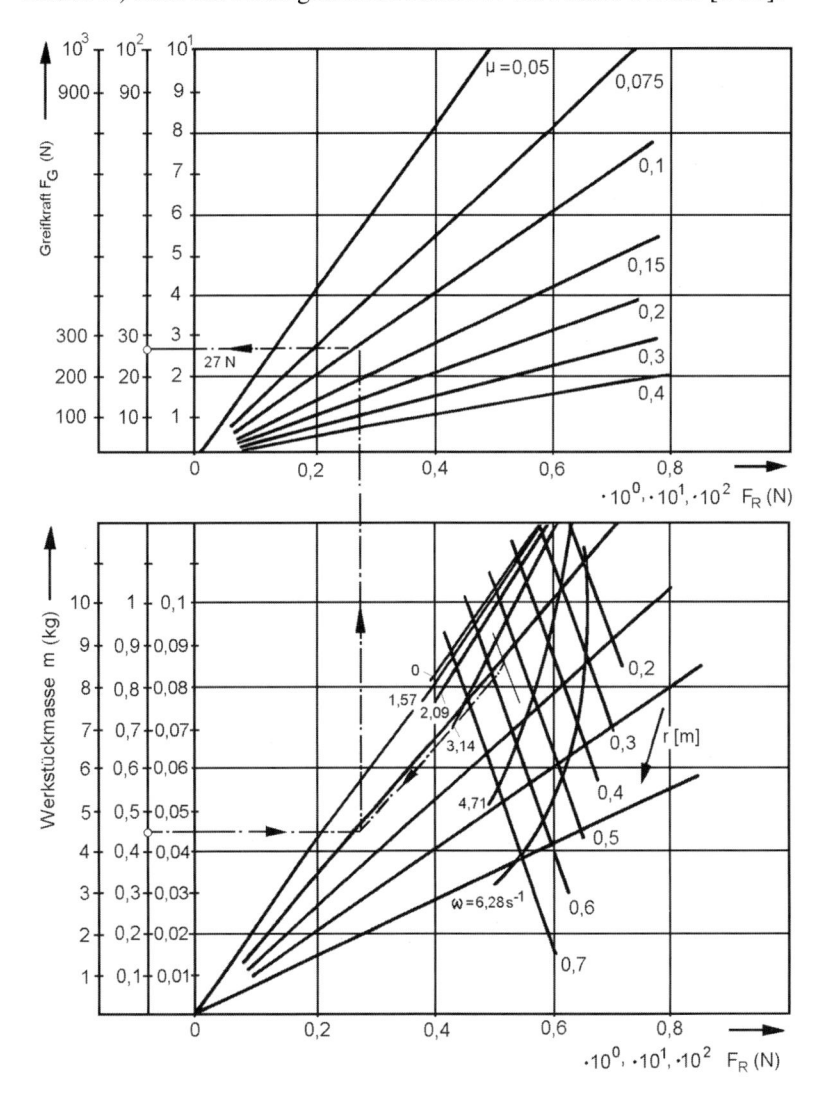

Bild 2.44: Nomogramm zur Ermittlung der Greifkraft in Abhängigkeit von der Werkstückmasse m, dem Schwenkradius r des Roboters und der Winkelgeschwindigkeit ω

Die Ordinaten des Nomogramms sind in mehreren Dekaden nutzbar. Um zur Antriebskraft für die Greifbacken zu kommen, müssen allerdings noch die Übertragungsfaktoren der jeweils eingesetzten Übertragungsgetriebe beachtet werden. Hebelgetriebe nach dem Kniehebelprinzip weisen zum Beispiel nur in einem sehr kleinen Bereich eine hohe Greifkraftverstärkung auf. Auch ein Sicherheitsfaktor wäre noch einzurechnen.

Zum Gebrauch des Nomogramms:

Im unteren Teil wird in dem von den Kurvenscharen für ω und r aufgespannten Feld der sich ergebende Schnittpunkt der ω- und r-Werte aufgesucht. Von diesem Punkt aus wird eine Hilfsgerade zum Koordinatenursprung gezeichnet. Auf der Ordinate wird durch den betreffenden Wert für die Masse eine Parallele zur F_R-Achse eingezeichnet. Die senkrechte Gerade durch den Schnittpunkt dieses Wertes mit der Hilfsgeraden schneidet im oberen Teil des Nomogramms die Linie des geforderten Reibwertes μ. Auf der Ordinate wird die erforderliche Greifkraft F_G angezeigt.

Beispiel 1: Welche Greifkraft wird für folgende Greifaufgabe benötigt?

Werkstückmasse $m =$ 0,45 kg,
Reibungskoeffizient $\mu =$ 0,1
Winkelgeschwindigkeit $\omega =$ 3,3 s^{-1}
Schwenkradius $r =$ 0,550 m

Ablauf: Im unteren Diagrammteil den Schnittpunkt zwischen r und ω bestimmen; vom Schnittpunkt eine Hilfsgerade zum Ursprung 0 ziehen; auf der Ordinate durch den betreffenden Wert der Masse eine parallele zur F_R-Achse einzeichnen und den Schnittpunkt mit waagerechter Linie nach oben loten bis zum zutreffenden Reibungskoeffizienten; waagerechte Linie vom Schnittpunkt $\mu = 0,1$ parallel zur Achse Greifkraft F_G ziehen. Ablesung: $F_G = 27$ N. Ein Sicherheitsfaktor S wäre noch einzubringen, zum Beispiel:

$F_G = S \cdot 27 = 2 \cdot 27 = \underline{54\ N}$.

Beispiel 2: Welche Winkelgeschwindigkeit darf beim Manipulieren eines Greifobjektes nicht überschritten werden, wenn die folgenden technischen Angaben vorgegeben sind?

Greifkraft $F_G =$ 350 N (lt. Greiferkatalog)
Reibungskoeffizient $\mu =$ 0,1
Schwenkradius $r =$ 0,6 m
Werkstückmasse $m =$ 3 kg

Im oberen Teil des Nomogramms waagerechte Linie bei 350 N bis zum Schnittpunkt mit der 0,1-Linie ziehen. Vom Schnittpunkt nun das Lot fällen. Es ergibt sich ein Schnittpunkt der Werkstückmasse-Linie mit 3 kg mit dem Lot. Jetzt wird ein Hilfsstrahl vom Ursprung gezogen bis zum Schnitt mit der 0,6-Linie für den Schwenkradius. Man liest ab: Winkelgeschwindigkeit $\omega = 6,28$ s^{-1}. Das ist das Ergebnis. Liegt die Winkelgeschwindigkeit des Roboters darüber, muss sie zurückgenommen werden. Ein Sicherheitswert ist hier noch nicht mit eingerechnet.

Die Nomogramm-Ergebnisse sind Überschlagswerte, die aber für die Praxis in vielen Fällen völlig genügen und keinen Rechenaufwand erfordern.

2.2 Greifstrategie und Greifvorgang

Einige typische Greiffälle sind nochmals in **Bild 2.45** als Übersicht zusammengefasst.

	Skizze	Kontaktkräfte	Greifkraft, aufwärts
Form- Kraftpaarung	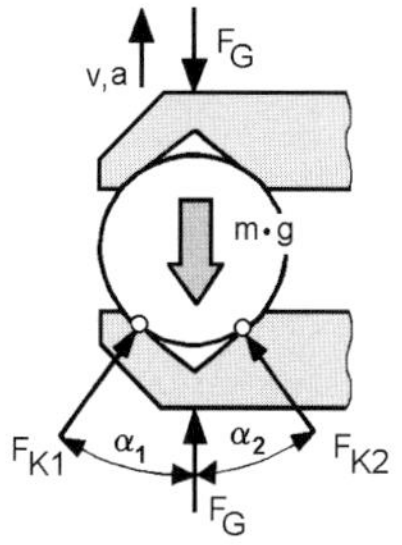	$F_{K1} = \dfrac{m(g+a)\sin\alpha_2}{\sin(\alpha_1+\alpha_2)}$ $F_{K2} = \dfrac{m(g+a)\sin\alpha_1}{\sin(\alpha_1+\alpha_2)}$	$F_G = m(g+a) \cdot S$
Form- und Reibpaarung	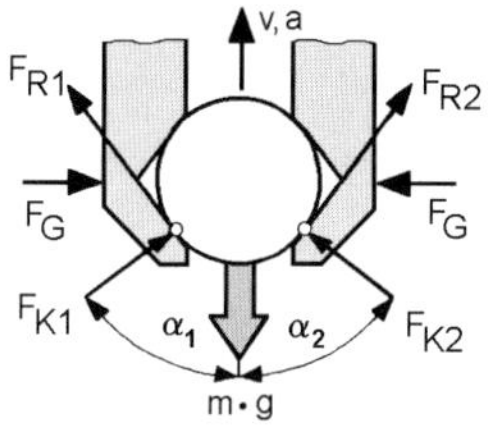	$F_{K1} = \dfrac{m(g+a)}{2 \cdot \cos\alpha_1}$ $F_{K2} = \dfrac{m(g+a)\tan\alpha_2}{2 \cdot \cos\alpha_2}$	$F_G = \dfrac{m(g+a)}{2}\tan\alpha \cdot S$
Form- und Reibpaarung	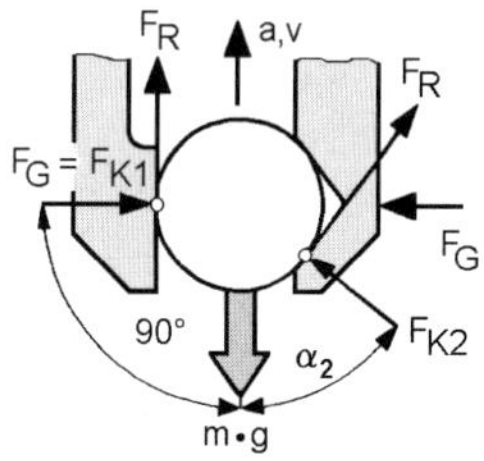	$F_{K1} = m(g+a)\tan\alpha_2$ $F_{K2} = \dfrac{m(g+a)}{\cos\alpha_2}$	$F_G = F_{K1} \cdot S$
reine Reibpaarung	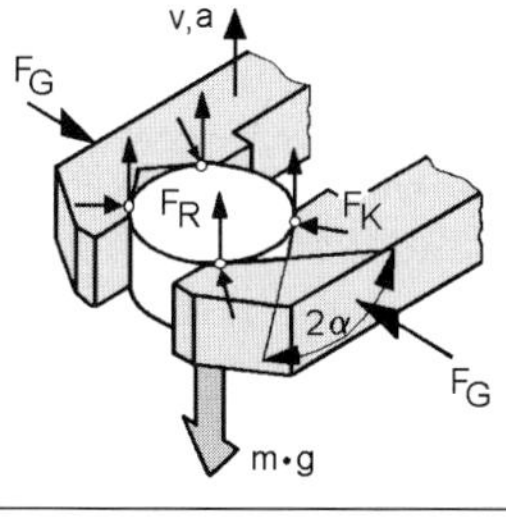	$F_K = \dfrac{m(g+a)}{4 \cdot \mu}$	$F_G = \dfrac{m(g+a)}{2 \cdot \mu}\sin\alpha \cdot S$

Bild 2.45: Kräfte am Parallelbackengreifer mit beidseitigen oder einseitigen Prismenbacken bei einer Hubbewegung [2-16]

a lineare Beschleunigung (Richtwerte: elektrische Spindel 6 m/s², elektrischer Zahnriemen 20 m/s², servopneumatisch 25 m/s², pneumatisch 30 m/s², pneumatische Dreh- oder Schwenkantriebe 40 m/s²), *g* Erdbeschleunigung, *m* Masse, *S* Sicherheitsfaktor, *v* Geschwindigkeit, *μ* Reibungskoeffizient

Werden die Werkstücke nicht symmetrisch gehalten, d.h. der Masseschwerpunkt befindet sich nicht in Greifermitte, dann ergeben sich veränderte Kraftwirkungen an den Greifbackenpaaren, die aus den Werkstückgewichtskräften resultieren. Bei der Greiferauswahl muss man natürlich diese tatsächlich wirkenden Kräfte ansetzen oder man wählt günstigere

Griffstellen am Objekt aus, so dass keine oder nur unbedeutende Kippmomente wirksam sind. Solche Fälle werden in **Bild 2.46** vorgestellt.

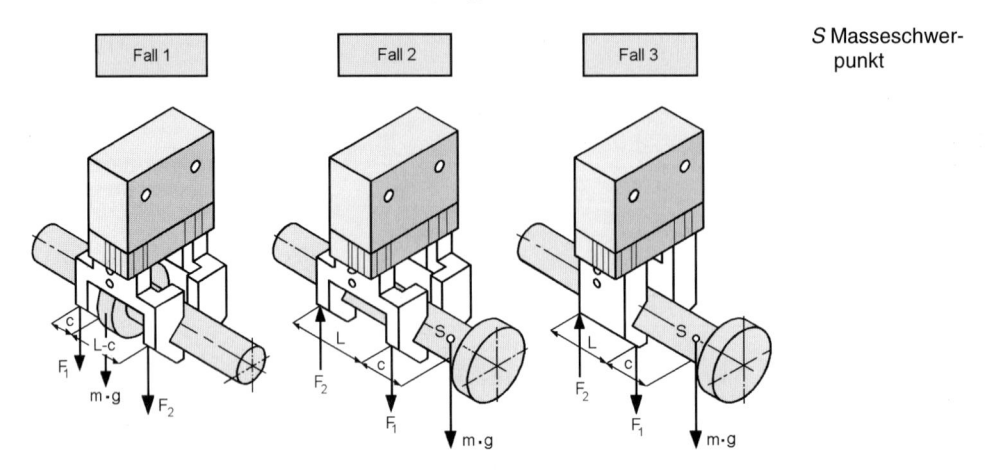

Bild 2.46: Unsymmetrische Greifbackenbelastungen

Es ergeben sich folgende Kräfte an den Greifbacken:

Fall 1:
$$F_1 = \frac{m \cdot g \,(L - c)}{L} \tag{2.27}$$

$$F_2 = \frac{m \cdot g \cdot c}{L} \tag{2.28}$$

Fall 2 und 3:
$$F_1 = \frac{m \cdot g \,(L + c)}{L} \tag{2.29}$$

$$F_2 = \frac{-m \cdot g \cdot c}{L} \tag{2.30}$$

Nun noch ein weiterer Gesichtspunkt: Die erforderliche Greifkraft innerhalb eines Bewegungsablaufs ist nicht konstant, sondern eine variable Größe. Deshalb erhält man auch die Greifsicherheit, eine Rechengröße, als Variable. Ein sicheres Halten des Objekts im Greifer ist dann gewährleistet, wenn die am Greifer ausgeübte Greifkraft F_{Gvorh}, die von dessen konstruktiven Aufbau abhängt, größer ist als die erforderliche Greifkraft F_{Gerf}, die zur Kompensation der infolge der Objektträgheit und des Objektgewichts hervorgerufenen Kräfte notwendig ist. Aus den beiden Kräften ergibt sich die Greifsicherheit S zu

$$S = \frac{F_{Gvorh}}{F_{Gerf}} \tag{2.31}$$

Die real erforderliche Greifkraft F_{Gerf} hängt von den gleichzeitig bewegten Antrieben ab. Diese sind durch die Handhabungsaufgabe, die Kinematik der Handhabungseinrichtung, den programmierten Bewegungsablauf, den Beschleunigungen je Achse und der Objektmasse geprägt. Das **Bild 2.47** zeigt das an einem Beispiel [2-17].

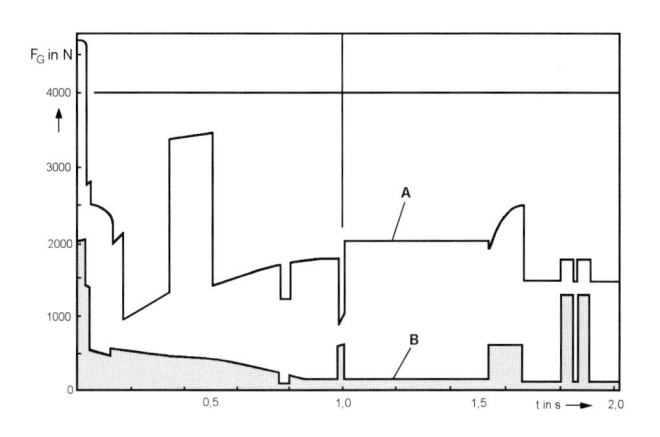

2.2 Greifstrategie und Greifvorgang

Bild 2.47: Erforderliche Greifkraft während eines Handhabungszyklus

A Kraftverlauf beim Greifen außerhalb des Masseschwerpunktes
B Greifkrafterfordernis beim Greifen im Masseschwerpunkt

Bei Werkstücken, die nicht im Masseschwerpunkt gegriffen werden, kann sich durch die Wirkung von Kraftmomenten die Greifkraft beträchtlich erhöhen. Die Achsen des Roboters werden gleichzeitig bewegt. Man darf also im Einzelfall auftretende Kraftmomente keinesfalls vernachlässigen. Bei Greifkraftspitzen kommt es außerdem zu einer wesentlichen Absenkung der Greifsicherheit. Man kann die Greifkraftkurve beeinflussen, indem man die Beschleunigung entsprechender Roboterachsen zurücknimmt, denn nicht immer verträgt das Werkstück eine Erhöhung der Greifkraft.

Eine andere Möglichkeit ist eine veränderte Haltung der Hand und die formpaarige Festhaltung der Teile. Um die erforderliche Greifkraft klein zu halten, ist das Objekt möglichst in Richtung der größten Beschleunigungskomponente formpaarig zu halten (**Bild 2.48**).

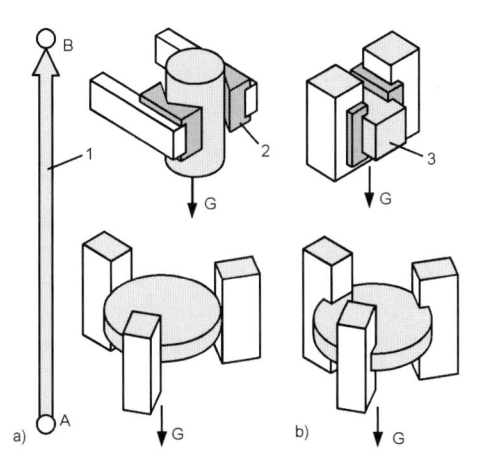

Bild 2.48: Einleitung einer Bewegungskraft
a) Kraftpaarung
b) Formpaarung,

1 Bewegungsrichtung
2 Greifbacke
3 Greifobjekt

G Gewichtskraft

2.2.3 Greiferflexibilität

Ein Greifer ist dann flexibel, wenn er für mehr als eine Handhabe- bzw. Montageaufgabe geeignet ist. Flexibilität ist also die Eigenschaft, für verschiedene Anwendungen selbstanpassungsfähig zu sein. Die meisten Probleme entstehen dabei durch die Formenvielfalt der

Werkstücke. Ein Lösungsweg besteht darin, Universalgreifer zu entwickeln, deren Halteelemente sich wie bei der menschlichen Hand unterschiedlichen Objektformen anpassen können. Das sind zum Beispiel vielgliedrige Fingergreifer mit mindestens drei Fingern. Solche Greifer sind aber meistens nur wenig belastbar, teuer, langsam schließend und sie weisen sehr viele bewegliche Teile auf.

Tatsächlich gibt es aber etliche Wege, auf denen man Flexibilität erreichen kann. Meistens zielt man bei der Greiferentwicklung dabei auf bestimmte Flexibilitätsansprüche. Das Schema **Bild 2.49** gibt einen Überblick.

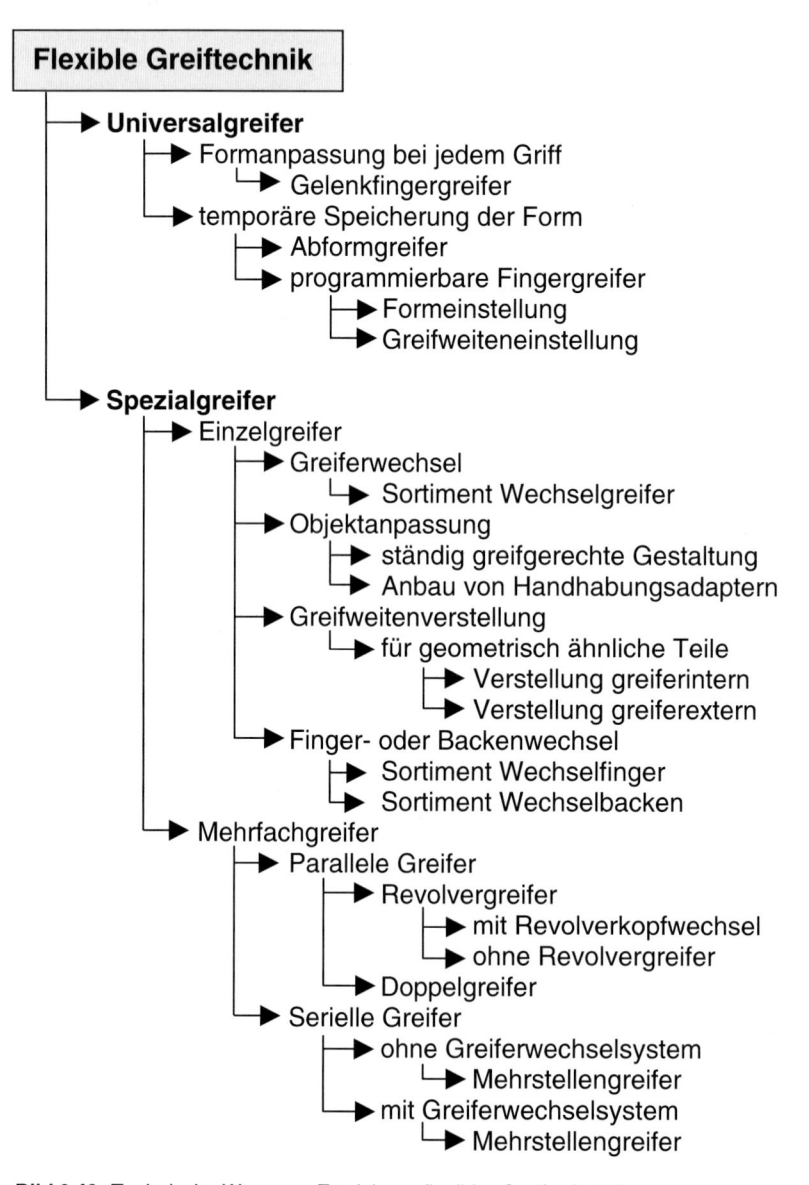

Flexible Greiftechnik
- **Universalgreifer**
  - Formanpassung bei jedem Griff
    - Gelenkfingergreifer
  - temporäre Speicherung der Form
    - Abformgreifer
    - programmierbare Fingergreifer
      - Formeinstellung
      - Greifweiteneinstellung
- **Spezialgreifer**
  - Einzelgreifer
    - Greiferwechsel
      - Sortiment Wechselgreifer
    - Objektanpassung
      - ständig greifgerechte Gestaltung
      - Anbau von Handhabungsadaptern
    - Greifweitenverstellung
      - für geometrisch ähnliche Teile
        - Verstellung greiferintern
        - Verstellung greiferextern
    - Finger- oder Backenwechsel
      - Sortiment Wechselfinger
      - Sortiment Wechselbacken
  - Mehrfachgreifer
    - Parallele Greifer
      - Revolvergreifer
        - mit Revolverkopfwechsel
        - ohne Revolvergreifer
      - Doppelgreifer
    - Serielle Greifer
      - ohne Greiferwechselsystem
        - Mehrstellengreifer
      - mit Greiferwechselsystem
        - Mehrstellengreifer

Bild 2.49: Technische Wege zur Erreichung flexibler Greifer [2-18]

2.2 Greifstrategie und Greifvorgang

Die Hauptwege sind

- Herkömmliche Greifer in ihren Teilsystemen flexibel machen (Spannweite, Spannkraft, variable Backengeometrie) sowie
- Einzweckgreifer gestalten, die über eine Schnittstelle zwischen Greifersystem und Roboter schnell und automatisch per Programm gewechselt werden können (Greiferwechselsystem) oder in einem Revolverkopf untergebracht sind.

In seltenen Fällen hat man auch schon die Greifobjekte vereinheitlicht, indem man vorübergehend Handhabeadapter angesetzt hat, die eine einheitliche Schnittstelle zwischen Objekt und Greifbacke ergeben. In **Bild 2.50** werden die Varianten Revolvergreifer, Mehrstellengreifer und Wechselsystem grob skizziert.

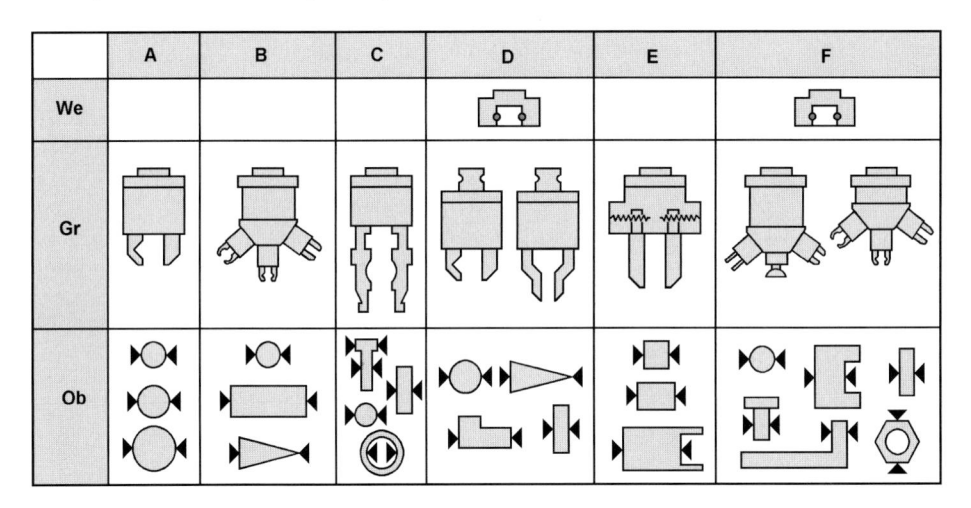

Bild 2.50: Technische Konzepte zur Form- und Größenanpassung an Greifobjekte
A einfacher Kompaktgreifer, B Revolvergreifer, C Greifer mit seriellen Greifstellen, D Einzelgreifer mit Wechselsystem, E Greifer mit NC-verstellbaren Fingern, F Revolvergreifer mit Wechselsystem We, Gr Greifer, Ob Greifobjekt

Am häufigsten ist über die Möglichkeiten einer Formanpassung zu befinden. Hier muss zwischen Objekten unterschieden werden, deren Äußeres (Feinform) im voraus unbekannt ist und solchen, deren Formen zwar wechseln, aber exakt vorliegen. Im ersten Fall sind reversible Abformbacken, Universalfingergreifer und Seilzugfinger in verschiedenen Bauformen tauglich. Bei bekannten Formen werden folgende Möglichkeiten genutzt:

- Manueller oder automatischer (selten) Greifbackenwechsel (siehe Bild 7.19)
- Selbstanpassung der Backenform durch Abformgreifer (siehe Bild 3.112)
- Weitbereichsgreifer, die ein großes Spektrum von Objektabmessungen abdecken (siehe Bild 3.71)
- Mehrstellengreifer mit verschiedenen Greifstellen (siehe Bild 2.51). Für Montagezwecke hat man solche Greifer schon mit 9 Greifstellen ausgestattet.

Für viele der genannten Möglichkeiten braucht man eine freiprogrammierbare Handhabungsmaschine, wenn die Greiferflexibilität zur Wirkung kommen soll.

Die Flexibilität wird auch erhöht, wenn man Zusatzfunktionen oder Sensoren in den Greifer integriert. Das sind zum Beispiel folgende Funktionen:

- Anpassung der Greifkraft an die Werkstückmasse zum Beispiel mit Hilfe von Rutschsensoren (siehe Bild 6.24)
- Zusatzfunktion Greiferbackendrehung (siehe Bild 3.100)

Ein Beispiel für einen Mehrstellengreifer zeigt das **Bild 2.51**. Der Greifer ist in der Lage nacheinander einen Wellensicherungsring, ein Kugellager und eine Getriebewelle anzufassen und in das Montagebasisteil einzusetzen.

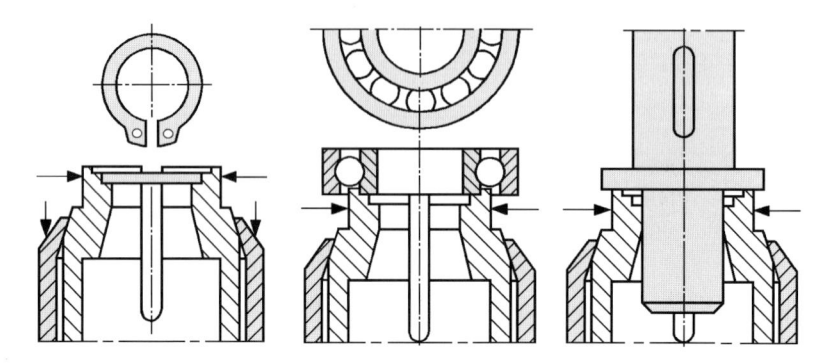

Bild 2.51: Dreifunktionsgreifer für Montageoperationen

Der technische Aufwand, um diese drei Funktionen zu bewältigen, ist relativ klein. Der Greifer arbeitet nach dem Spannzangenprinzip. Der Sicherungsring wird nicht direkt gefügt, sondern in eine Aufpressvorrichtung eingelegt.

2.3 Einteilung der Greifer

Greifer können nach vielen Gesichtpunkten gegliedert werden. Man kann nach der Art des Greifens (Innen-, Außengriff), nach der Anzahl der gleichzeitig zu greifenden Objekte (Einzel-, Mehrfachgreifer, Doppelgreifer) und nach dem physikalischen Prinzip des Haltens und Greifens einteilen. Wenn zwei oder mehr Objekte zeitlich und funktionell unabhängig voneinander gegriffen werden sollen, dann sind Doppel- bzw. Revolvergreifer zu konzipieren. In **Bild 2.52** wird eine Einteilung nach dem physikalischen Wirkprinzip in mechanische, fluidische, magnetische und adhäsive Kraftwirkungen vorgenommen.

Eine eindeutige Klassifizierung von Greifern ist nur schwer möglich. Es ist immer von einem bestimmten Aspekt aus zu gliedern So kann man nach der Anzahl der Greifeinheiten gliedern in

- Einfachgreifer
- Doppelgreifer
- Mehrfachgreifer (Greifer mit mehr als zwei Greifeinheiten)

2.3 Einteilung der Greifer

Greiferwirkprinzip

Mechanische Greifer
- **Zangengreifer:** Parallel-, Scheren-, Winkel-, Radialgreifer (Futtergreifer)
- **Klemmgreifer:** Federklemm-, Gewichtsklemmgreifer
- **Gelenkfingergreifer**
- **Umfassungsgreifer**
- **Aufwälzgreifer**
- **Verhakende Greifer:** Kratzen-, Nadel-, Klettgreifer

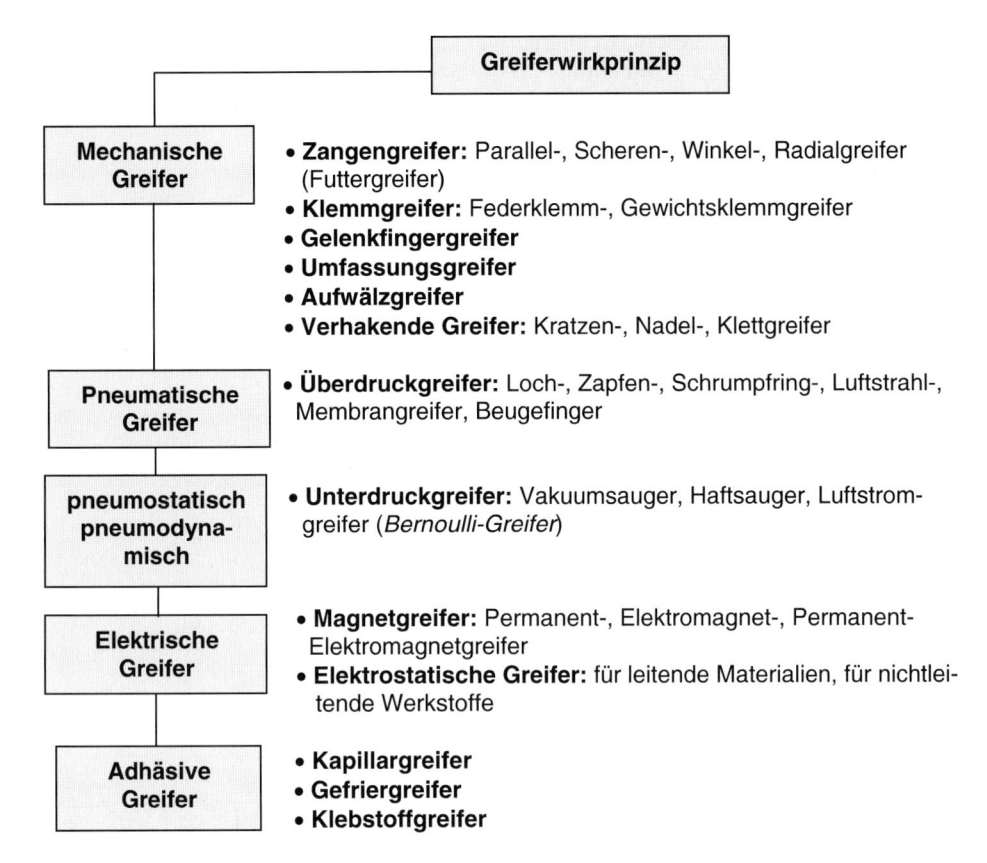

Pneumatische Greifer
- **Überdruckgreifer:** Loch-, Zapfen-, Schrumpfring-, Luftstrahl-, Membrangreifer, Beugefinger

pneumostatisch pneumodynamisch
- **Unterdruckgreifer:** Vakuumsauger, Haftsauger, Luftstromgreifer (*Bernoulli-Greifer*)

Elektrische Greifer
- **Magnetgreifer:** Permanent-, Elektromagnet-, Permanent-Elektromagnetgreifer
- **Elektrostatische Greifer:** für leitende Materialien, für nichtleitende Werkstoffe

Adhäsive Greifer
- **Kapillargreifer**
- **Gefriergreifer**
- **Klebstoffgreifer**

Bild 2.52: Einteilung der Greifer nach ihrem physikalischen Wirkprinzip

Die mechanisch wirkenden Greifer erzeugen in der Regel punktuell wirkende Haltekräfte, die anderen Greifer entwickeln Kraftfelder. Aus dieser Einteilung ergeben sich zwar bestimmte Forderungen an das Handhabgut, zum Beispiel eignen sich grobporige Werkstücke schlecht für das Halten mit Saugluft, jedoch hat man wenig Informationen über den Funktionsinhalt eines Greifers. Genau genommen bleibt die Frage nach besonderen Fähigkeiten und der Greiferflexibilität unbeantwortet. Für den Anwender ist aber wichtig, zu welchen Funktionen über das Halten hinaus ein Greifer nutzbar oder aufrüstbar ist und wie man diese Zusatzfunktionen technisch umsetzt. Solche Zusatzfunktionen können zum Beispiel Zentrieren, Orientieren, Zusatzbewegungen (Greiferhandachsen), Informationsaufnahme (Lesen von Balkencodes) oder auch eine Maß- oder Temperaturbestimmung sein. Es gibt auch Greifer, die mehrere physikalische Wirkprinzipe gleichzeitig nutzen, zum Beispiel Halten mit Magnetkraft und Vakuum, entweder einzeln genutzt oder gleichzeitig eingeschaltet.

Bei direkt- oder ferngesteuerten Manipulatoren könnte man die Greifer auch nach dem jeweiligen Einsatzgebiet der Geräte gliedern (Unterwasser, Weltraum, Bergungseinsatz, Kerntechnik u.a.) oder eben nach dem verwendeten Halteverfahren, wie die Gliederung in **Bild 2.53** zeigt.

Greifer

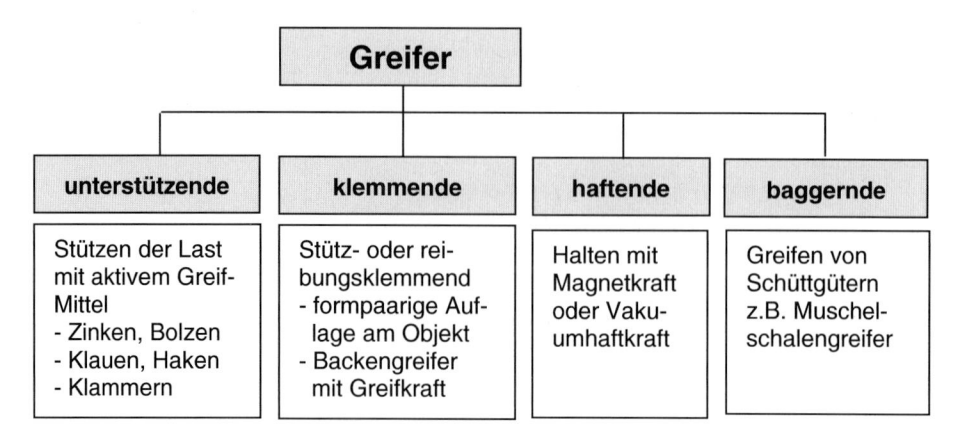

- **unterstützende**
  - Stützen der Last mit aktivem Greif-Mittel
  - Zinken, Bolzen
  - Klauen, Haken
  - Klammern
- **klemmende**
  - Stütz- oder reibungsklemmend
  - formpaarige Auflage am Objekt
  - Backengreifer mit Greifkraft
- **haftende**
  - Halten mit Magnetkraft oder Vakuumhaftkraft
- **baggernde**
  - Greifen von Schüttgütern z.B. Muschelschalengreifer

Bild 2.53: Gliederung der Greifer nach dem Halteverfahren

Bei der Gliederung nach [2-19] wird eine nur dreiteilige Unterscheidung der Halteverfahren vorgeschlagen. Zinken und Haken fallen weg, ebenso Schüttgutgreifer. Dafür kommen verhakend wirkende Greifer hinzu (**Bild 2.54**).

Greifer					
Halten durch	Spannen			Haften	Verhaken
Greiferart	Zangengreifer	Fingergreifer	Klemmgreifer	Haftgreifer	Sondergreifer
Ausführung (unterschiedlich in der Bewegungsform der Greiforgane, der Krafterzeugung sowie der Form der Wirkelemente)	**Scherengreifer** 1 Kreisbahn **Schwenkgreifer** 2 Kreisbahnen 2 allgemeine Bahnen **Parallelgreifer** exakte Geradschiebung, angenäherte Geradschiebung Kreisschiebung	**Mechanischer Greifer** Gliederfinger Flexible Finger **Pneumatischer Softgreifer**	Gewichtsklemmgreifer Federklemmgreifer Blattfederprinzip Schlingfederprinzip	**Vakuumgreifer** Pneumostatisch Pneumodynamisch **Magnetgreifer** Permanetmagnetisch Elektromagnetisch **Adhäsivgreifer**	Nadelgreifer Kratzengreifer
Anzahl der Greiforgane	2 (auch 3)	3 (1, 2, 4, 5)	2 (3)	1 (oder mehrere)	unterschiedlich
Art der Paarung der Wirkelemente	Formschluss Kraftschluss Form- /Kraftschluss	Form- und Kraftschluss	Kraftschluss, Kraft- /Formschluss	Kraftschluss Kraft- /Formschluss Stoffschluss	Form bzw. Kraftschluss

Bild 2.54: Möglichkeit zur Gliederung der Greifer

Eine andere Gliederung wäre die in Kompakt- und Baukastengreifer. Die Kompaktgreifer lassen sich in Standard- und Sondergreifer einteilen. Bei den Standardgreifern sind in der Regel nur die Greiferbacken veränderbar. Das Verhältnis von Baugröße und Masse ist zur Funktionserfüllung bei den Kompaktgreifern immer besser als bei den Baukastensystemen, weil Schnittstellen und Verbindungselemente wegfallen. Dafür lassen sich die Baukastengreifer schnell aufgabenspezifisch zusammenstellen und haben einen hohen Restwert, wenn der Anwendungsfall wieder aufgegeben wird (siehe dazu Bild 3.354).

2.4 Anforderungen und Greiferkenngrößen

Die Auswahl eines Greifers fordert zuerst, Klarheit zu schaffen, was der Greifer überhaupt leisten soll. Eine Greifaufgabe wird von folgenden Einflüssen und Anforderungen geprägt:

- **Technologische Anforderungen;** Das sind Greifzeit, Greifweg, Greifkraftverlauf und die Anzahl der Greifobjekte je Griff.

- **Einfluss von Greifobjekten;** Dazu zählen Masse, Gestalt, Abmessungen, Toleranzen, Schwerpunktlage, Standsicherheit, Oberfläche, Werkstoff, Festigkeit und Temperatur. Die Beziehungen zwischen Greifer und Objekt sind allgemein folgende:

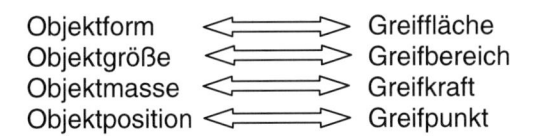

Objektform	⇔	Greiffläche
Objektgröße	⇔	Greifbereich
Objektmasse	⇔	Greifkraft
Objektposition	⇔	Greifpunkt

- **Einfluss der Handhabungseinrichtung**, wie Positioniergenauigkeit, Achsbeschleunigungen und Anschlussbedingungen (mechanisch, elektrisch, fluidisch)

- **Einfluss von Umweltparametern;** Dazu gehören Prozesskräfte, Bedingungen an Zuführeinrichtungen und Spannstellen, Ablagebedingungen, Verunreinigungen, Feuchtigkeit und Schwingungen.

Beim Beschicken von Spannstellen kann es zu überbestimmten Situationen kommen, wenn ein Werkstück noch im Greifer gehalten und bereits im Spannmittel gespannt wird. Es kann nützlich sein, wenn man bei solchen Anforderungen noch eine nachgiebige Schnittstelle zwischen Greifer und Roboterarm vorsieht. Das Problem wird in **Bild 2.55** skizziert.

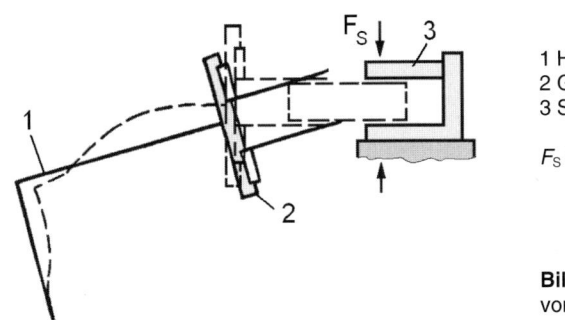

1 Handhabungseinrichtung
2 Greifer
3 Spannvorrichtung

F_S Spannkraft

Bild 2.55: Überbestimmung beim Beschicken von Spannvorrichtungen

Wird das nicht beachtet, kann es zur Überlastung von Robotergelenken und Greiferfinger-Führungen kommen. Wie man solche Ausgleichselemente im Prinzip konstruktiv gestalten kann, geht aus dem Beispiel in **Bild 2.56** hervor. Die Werkstücke werden an ein Drehmaschinenfutter übergeben. Im wesentlichen werden Federkräfte ausgenutzt.

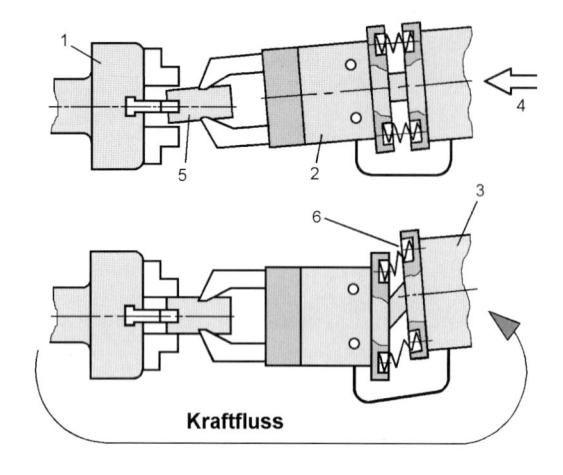

1 Spannfutter
2 Greifer
3 Bewegungseinheit
4 Anfahrrichtung
5 Werkstück
6 Ausgleichseinheit (als kräftefreie Einheit eine handelsübliche Komponente)

Bild 2.56: Greifer mit Ausgleichseinheit

Auch eine andere Anforderung kann wichtig sein. Es ist das Andrücken eines gehaltenen Werkstücks gegen den Anschlag eines Spannmittels ohne eine zusätzlich angetriebene und gesteuerte Bewegungsachse. Nach dem Öffnen der Greifbacke presst ein Andrückstern das Werkstück gegen die Anlagefläche im Spannzeug der Arbeitsmaschine. Das Spannen der Druckfedern (**Bild 2.57**) erfolgt bereits beim Greifen des Werkstücks. Die Andrückkräfte können zum Beispiel je nach Baugröße des Greifers im Bereich von 20 bis 420 N liegen, der Hubweg des Abdrücksterns kann zum Beispiel im Bereich von 3 bis 12 mm liegen. Die rückwirkenden Kräfte beim Andrücken müssen von der Handhabungseinrichtung aufgenommen werden, was bei großen Andrückkräften natürlich zu beachten ist.

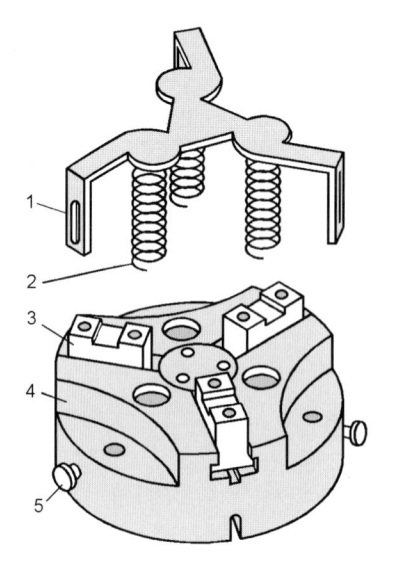

1 Andruckplatte
2 Druckfeder
3 Grundbacke
4 Greifergehäuse
5 Befestigung der Andruckplatte

Bild 2.57: Dreifingergreifer mit Andrückstern (*PHD*)

2.4 Anforderungen und Greiferkenngrößen

Andrücksterne sind gleichzeitig auch Auswerfer, die nach dem Lösen der Greifkraft das Werkstück um einige Millimeter, zum Beispiel 5 mm, herausschieben.

Eine andere besondere Anforderung wäre zum Beispiel ein Greifer, der während des Einsatzes zwei verschiedene Haltekräfte aufzubringen hat. Das kommt in der Montage vor. Das Montageteil soll zunächst „weich" angepackt werden. Beim Montieren durch Zusammenstecken soll dann der Griff dagegen „fest" sein, damit zum Beispiel das Einführen eines Teils in eine Bohrung gelingt. Das **Bild 2.58** zeigt einen solchen Greifer, der das kann. Es wird rein mechanisch erreicht. Eine Hubkurve erlaubt drei Fingerstellungen. Da die Finger als Flachfeder ausgebildet sind, ergeben sich, resultierend aus der Federkonstante, zwei verschiedene Greifkräfte. Die dritte Kurvenstellung hält den Greifer offen.

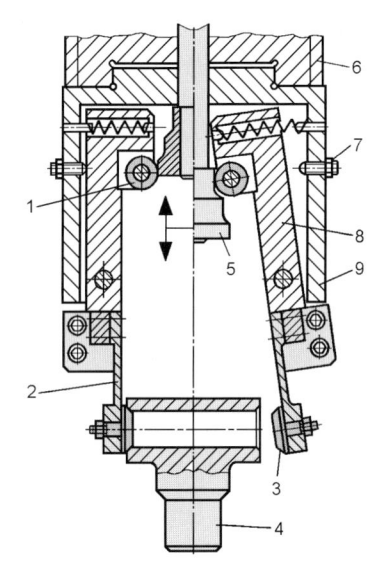

1 Kurvenrolle
2 austauschbarer Greiferfinger
3 auswechselbare Greifbacke
4 Montageteil
5 Antriebskurve mit 3 Stellungen
6 Pneumatikzylinderanschluss
7 Anschlagschraube
8 Schwenkfinger
9 Greifergehäuse

Bild 2.58: Montagegreifer

Aus den Anforderungen ergibt sich nach deren Untersuchung letztlich auch das Greifprinzip. Es gibt viele Wirkungen, die nicht ohne weiteres im Zusammenhang überblickt werden können. Einiges davon wird in **Bild 2.59** als semantisches Netz dargestellt. Ein semantisches Netz ist ein Formalismus zur Darstellung von Wissen als Beziehungsgefüge zwischen Objekten, bestehend aus Knoten, die durch gerichtete Kanten (Bögen) verbunden sind. Die Knoten repräsentieren hier greiferspezifische Aspekte.

Ein Greifer von hohem Gebrauchswert soll sich schließlich durch folgende Eigenschaften auszeichnen:

- Optimale Anpassung der Greiferstruktur an die auszuführenden Operationen
- Großer Verstellbereich und Greifmöglichkeit für Teile verschiedener Gestalt und Größe
- Sicherheit gegen Verlagerungen des Objekts im Greifer (Positions- und Orientierungsstabilität des Objekts)
- Optimale Greifkraft-Weg-Kennlinie und hoher Wirkungsgrad
- Geringe Anzahl von Gliedern und Gelenken; wenn möglich Baukastenprinzip
- Kleiner Bauraum, wenig Masse, große Robustheit

- Große Zuverlässigkeit bei einfacher Wartung und Servicefreundlichkeit
- Vermeidung von Beschädigungen und Deformationen des Objekts beim Greifen
- Ausreichend große Positioniergenauigkeit der Greifobjekte
- Große Verschleißfestigkeit
- Einfache Ansteuerung und kleine Aktionszeiten

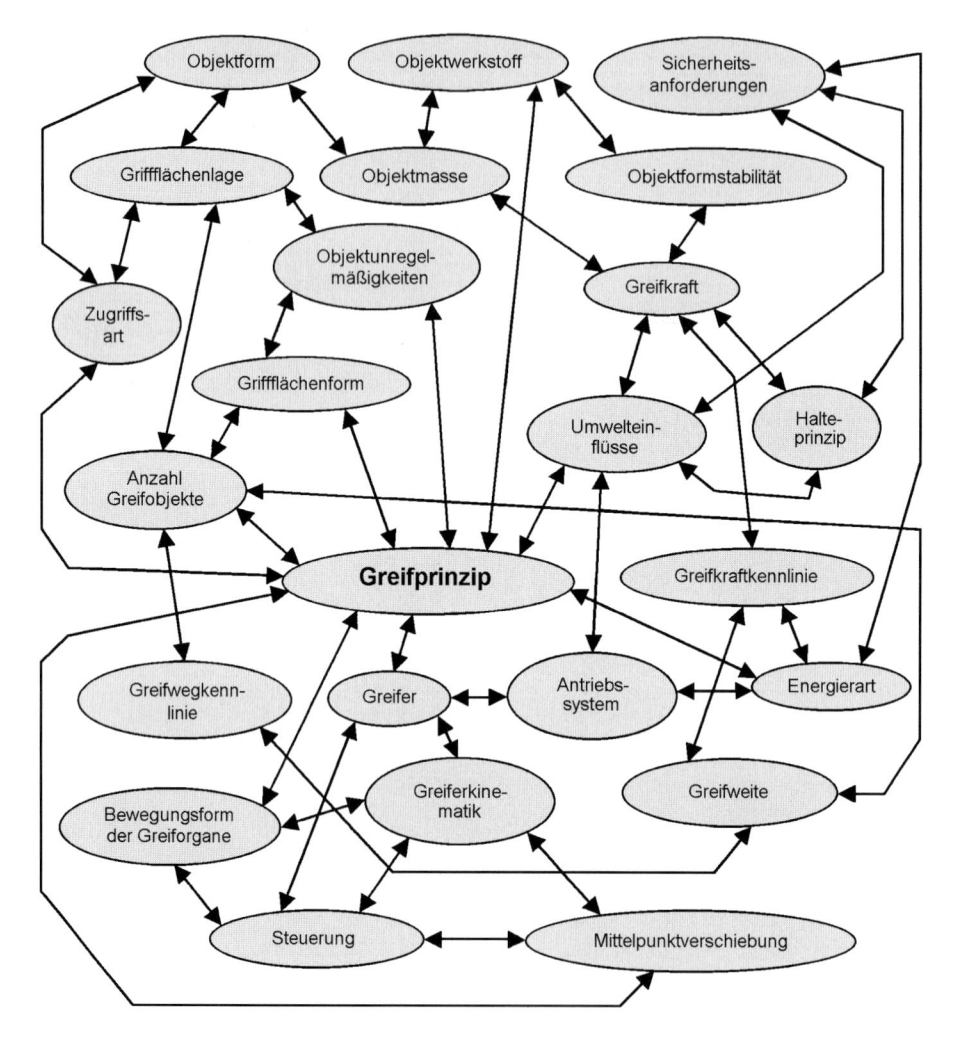

Bild 2.59: Semantisches Netz zu den Abhängigkeiten bei der Auswahl eines Greifprinzips, in Anlehnung an [2-20]

Zu den eher speziellen Anforderungen zählt man:

- Variation der Greifmöglichkeiten bezüglich Masse, Form und Größe der Objekte
- Greifmöglichkeit für dicht beieinander liegende Greifobjekte
- Möglichkeit des Greiferschnellwechsels
- Variation der Haltekraft in Abhängigkeit von der Masse des Greifobjekts

2.4 Anforderungen und Greiferkenngrößen

In der folgenden Tabelle sind die wichtigsten und einen Greifer kennzeichnenden Größen nochmals in einer Übersicht zusammengefasst.

Allgemeine Angaben

❶ Typenbezeichnung, ❷ Bauart, ❸ Baugröße

Primäre Kenngrößen	**Sekundäre Kenngrößen**
Wirkprinzip	*Umweltverhalten* (Reinraumklasse)
- mechanisch	- Abluft
- fluidisch	- Abrieb
Druckluft	*Ausführungen der Lager und Führungen*
Saugluft	*Baureihenstufung*
- magnetisch	*Betriebstemperatur* in Grad Celsius
permanentmagnetisch	*Wirkungsweise*
elektromagnetisch	- einfachwirkend
- adhäsiv	- doppeltwirkend
Greifkraft in N	*Leistungsmasse* in N/Gramm
Greifkraftverlauf	*Massenträgheitsmoment* in $kgcm^2$
- Greifkraftdiagramm	*Wiederholgenauigkeit* in mm
Greifhub je Backe in mm oder Öffnungswinkel in Grad	*Betriebsdruckbereich* in bar
	Wartungszyklen
Greifweiteneinstellung	*Einbaulage*
Tragkraft max. in N	*Arbeitsfrequenz* max. in Hz
Schließzeit (Greifzeit) in s	*Energieart und –verbrauch*
Öffnungszeit (Freigabezeit) in s	*Greifkraftsicherung bei Energieausfall*
Belastungsgrenzwerte	*Greifhubüberwachung*
- Kräfte	*Materialangaben*
- Drehmomente	*Schnittstellenangaben*
- Fingerlänge	- mechanisch
Anzahl der Greiforgane	- fluidisch
Hauptabmessungen in mm	- elektrisch
Eigenmasse in kg	*Nutzungsdauer*

Kenngrößen eines Greifers zur technischen Charakterisierung

Eine spezielle Anforderung an Greifer sind besonders gute Abdichtungen. Der Anteil der Reinraumproduktion nimmt ständig zu, wodurch auch der Bedarf an reinraumtauglichen Greifern steigt. Zur Beurteilung der Tauglichkeit finden sich in der VDI-Richtlinie 2083, Blatt 8 (Reinraumtauglichkeit von Betriebsmitteln) vertiefende Angaben. Produktionsbereiche und kritische Partikelgrößen sind:

- Feinmechanik   1 bis 100 µm
- Leiterplattenfertigung   5 bis 50 µm
- Herstellung von Implantaten   5 bis 20 µm
- Optische Bauelemente   0,3 bis 20 µm
- Lackier- und Medizintechnik   5 bis 10 µm

- Pharmazie   0,5 bis 5 µm
- Mikroelektronik   0,03 bis 0,5 µm

Greifer für die „reine" Produktion können nach zwei verschiedenen Strategien entworfen werden:

- Vermeidung von Kontaminationen durch abriebfeste Werkstoffe bei Gelenken und Führungen oder Verwendung von Festkörpergelenken; Anwendung von bürstenlosen Elektromotoren; Einsatz polierter Außenteile sowie Befestigungsmittel aus Edelstahl; Vermeidung von Schweißnähten, die außen sichtbar sind

- Beseitigung von Kontaminationen durch Einbeziehung in örtlichen Absaugungen; Abdichtungen mit zum Beispiel Teflonfaltenbälgen; notwendige Gewinde mit Hutmuttern plus Dichtung verschließen; Kapselung von Antrieben; Verlegung von Versorgungsleitungen ins Innere des Greifers

In **Bild 2-60** wird ein patentierter Greifer gezeigt, der beim Öffnen der Greifbacken im Greifergehäuse einen Unterdruck erzeugt, so dass Partikel, die durch Abrieb in den Gleitführungen entstehen, nicht in den (Rein-)Raum entweichen können. Gleitführungen sind prinzipiell Quelle von Partikeln. Die Pumpwirkung, die je Greifzyklus einmal entsteht, führt zu einer gewissen Selbstreinigung des Greiferinnenraumes.

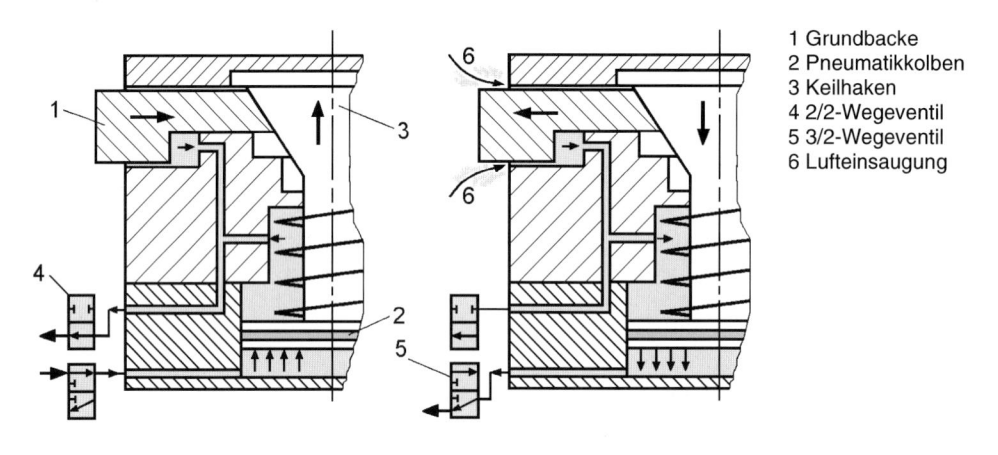

1 Grundbacke
2 Pneumatikkolben
3 Keilhaken
4 2/2-Wegeventil
5 3/2-Wegeventil
6 Lufteinsaugung

Bild 2-60: Prinzip eines Reinraumgreifers (*Schunk*)

Die Grundbacken des Greifers sind nicht gegen die Greiferführung abgedichtet, damit genügend Luft über die Führungen eingesaugt werden kann und die Abriebpartikel mitreißt. Die mit Partikeln belastete Luft wird über ein 2/2-Wegeventil abgeführt.

Die Einteilung von Arbeitsräumen in Reinraumklassen erfolgt nach der Norm ISO 14644 von der Klasse ISO 1 bis ISO 9 in Partikel je m^3. ISO 8 entspricht der Klasse 100.000 nach dem Standard US FS 209E (nicht mehr gültig; weil durch ISO abgelöst). Die nachfolgende Tabelle enthält die Partikelanzahl einer bestimmten Größe je Kubikmeter.

Bei der Beurteilung von Reinraumzuständen wird oft der Faktor „Mensch" übersehen. Der Mensch hat durchschnittlich 1,75 m^2 Hautoberfläche, die sich ungefähr alle fünf Tage

2.5 Planung und Auswahl von Greifern

einmal erneuert. Das heißt, es werden 10 Millionen Partikel pro Tag im ungünstigsten Fall an die Umgebung abgesondert.

Reinheitsklasse nach ISO 14 644-1, (US Fed. 209E)	0,1 µm m^3	0,2 µm m^3	0,3 µm m^3	0,5 µm m^3	1,0 µm m^3	5,0 µm m^3
ISO 1	10	2	0	0	0	0
ISO 2	100	24	10	4	0	0
ISO 3 (1)	1000	237	102	35	8	0
ISO 4 (10)	1.000	2.370	1.020	352	83	-
ISO 5 (100)	100.000	23.700	10.200	3.520	832	29
ISO 6 (1.000)	1.000.000	237.000	102.000	35.200	8.320	293
ISO 7 (10.000)	-	-	-	352.000	83.200	2.930
ISO 8 (100.000)	-	-	-	3.520.000	832.000	29.300
ISO 9	-	-	-	35.200.000	8.320.000	293.000

2.5 Planung und Auswahl von Greifern

Die Entscheidung für einen bestimmten Greifer ist schwierig, weil die Anforderungen und die Betriebsbedingungen vor Ort nicht einheitlich sind. Es können sich drei Situationen einstellen, auf die unterschiedlich zu reagieren ist:

- Der Greifer ist aus einem Handelssortiment auszusuchen.
- Der Greifer muss nach einem Anforderungsbild konstruiert bzw. besonders angepasst werden.
- Der Greifer wird aus Baukastenkomponenten zusammengesetzt.

Für die Konzipierung und Auslegung von Greifern bestehen bisher keine einheitlichen Richtlinien. Liegt ein zu handhabendes Werkstückspektrum vor, so werden für die Greiferauswahl vorrangig die Objekt- und Prozessparameter herangezogen und durch weitere beeinflussende Parameter ergänzt. Verschiedene Hersteller bieten kostenlose Auswahlprogramme an, mit denen man die technisch-physikalischen Parameter durchrechnen kann. Welche Faktoren eine Greiferlösung bedeutend beeinflussen, geht aus dem **Bild 2-61** hervor. Ausschlaggebend ist dabei nicht der statische Zustand, sondern es sind die Wirkungen im bewegten, dynamischen System. Außerdem genügt es nicht, irgendeinen Moment während eines Handhabungsvorganges zu betrachten. Vielmehr müssen die Höchstwerte erkundet werden, die zu verschiedenen Zeiten innerhalb einer Bewegungsfolge auftreten. Dann gibt es zwei Möglichkeiten zur Einflussnahme:

- Entschärfung der Anforderungen durch Veränderung von Bewegungsparametern und zeitlichen Anforderungen und bzw. oder
- Auswahl eines Greifers nach den Maximalwerten, die während einer Handhabungssequenz vorkommen.

Unnötig hohe Anforderungen an die Greiftechnik sind zu vermeiden, weil dadurch die Anschaffungs- und Betriebskosten steigen. Ehe man beispielsweise einen Roboter ständig in eine Warteposition schickt, sollte man ihn besser in der Geschwindigkeit etwas drosseln, sofern das einsatztechnisch sinnvoll ist.

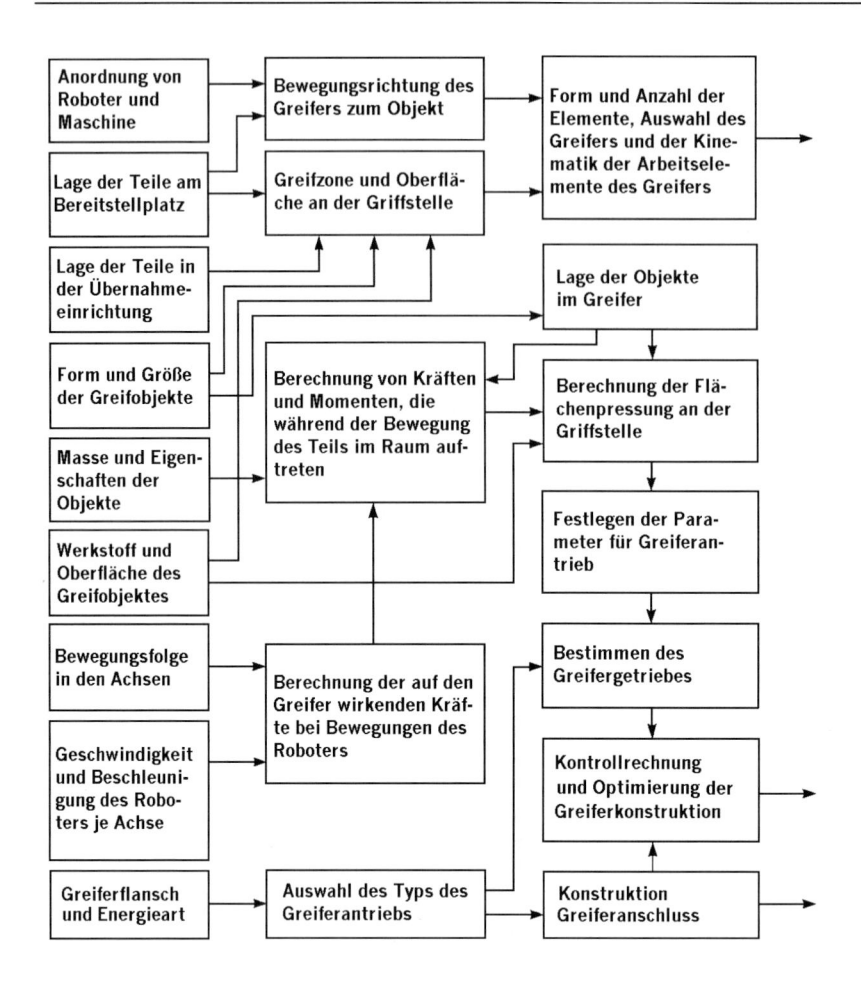

Bild 2.61: Sich gegenseitig beeinflussende Faktoren und Ausgangsgrößen beim Projektieren eines Greifers, wie sie der Techniker sieht

Bei komplizierten Werkstückformen muss das Auswahl-Ritual möglicherweise weiter vorn beginnen, also bei der Suche nach geeigneten Griffflächen am Objekt. Die meisten Objekte lassen sich an verschiedenen Greiforten anfassen, oft auch aus verschiedenen Anfahrrichtungen.

Bei der Greifplanung ist zu berücksichtigen, dass an den Flächen AF, mit denen ein Teil an den Werkstückaufnahmen Kontakt hat, wegen der Zugänglichkeit nicht gegriffen werden kann. Auch an den Spannflächen SF, an denen das Teil nach dem Eingeben in ein Spannmittel festgehalten wird, kann in der Regel nicht gegriffen werden. Damit bleiben einige Flächen GF übrig, an denen der Greifer ein Werkstück anfassen darf. Diese Flächen müssen untersucht werden, ob ihre Geometrie und Festigkeit für den stützenden Kontakt beim Greifen geeignet sind (**Bild 2.62**; siehe auch Bild 2.10). Solche Untersuchungen lassen sich in Rechenprogramme fassen. Das Greifen wird dann mit ausgewählten Grifffeatures beschrieben.

2.5 Planung und Auswahl von Greifern

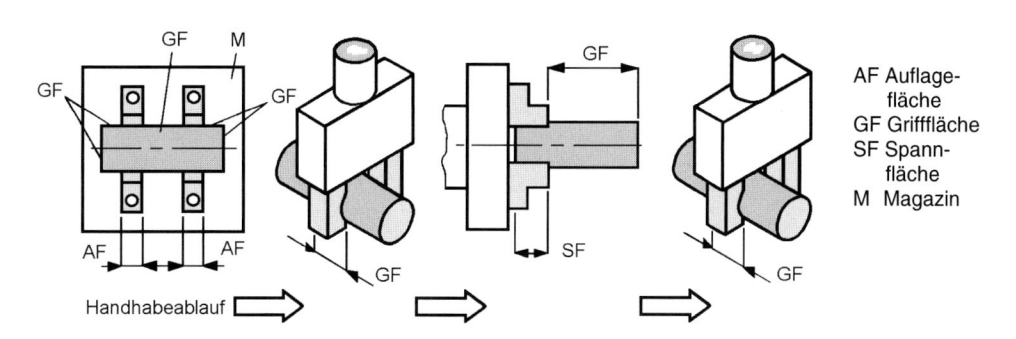

Bild 2.62: Die Griffflächen GF können nicht beliebig festgelegt werden.

AF Auflagefläche
GF Griffläche
SF Spannfläche
M Magazin

Das sind diejenigen Features an einem Greifobjekt, die in Kontakt mit den Greiforganen kommen und das Greifen sicherstellen. Das Gegenstück sind die Greiffeatures, die sich auf den Greiforganen befinden. Ist das Greifflächenpaar bestimmt, muss das verfügbare Sortiment an Greifern, zum Beispiel in einer Fertigungszelle geprüft werden, ob ein geeigneter Greifer vorrätig ist. Dabei sind mehrere Parameter zu berücksichtigen, wie zum Beispiel Größe der Greiferinnenfläche unter Beachtung der Größe der Kontaktflächen und der Masse des Greifobjekts (Grifffeatures). Außerdem spielt der Reibungskoeffizient zwischen Greifbacke und Werkstück eine Rolle, sofern der Griff kraftpaarig und nicht formpaarig ausgeführt wird (**Bild 2.63**).

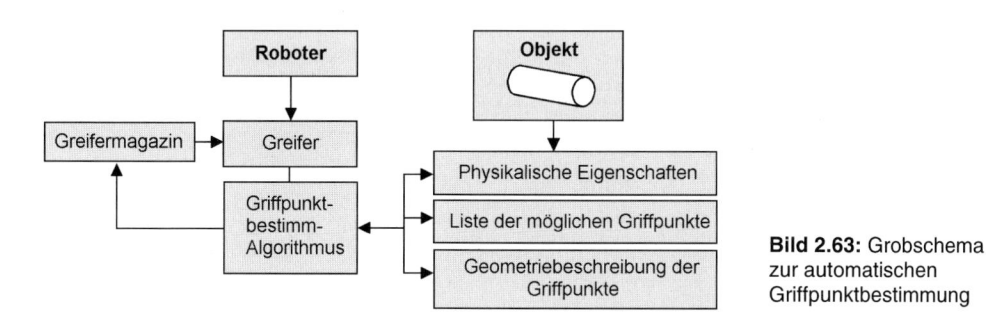

Bild 2.63: Grobschema zur automatischen Griffpunktbestimmung

Für die Simulation von Greifoperationen zum Beispiel im System COSIMIR gibt es Greiferbibliotheken, aus denen man digitalisierte (und abstrahierte) Greifer übernehmen kann.

Für eine erste grobe Auswahl kann man auch die in **Bild 2.64** wiedergegebene Übersicht verwenden. Bei den Klemmgreifern kann es zwischen Objekt und Berührungspunkten zu großen Flächenpressungen kommen, die zu Schäden am Objekt führen. Es können Spannmarken zurückbleiben und auch Einbeulungen an dünnwandigen Hohlteilen. Deshalb ist gelegentlich auf Flächenpressung nachzurechnen.

Bei der Greiferauswahl muss man auch den Funktionsinhalt im Auge haben, der zum Beispiel an einer Robotermontagestation zu erfüllen ist. Man wird immer zuerst prüfen, ob eine große Funktionsdichte realisierbar ist, ehe man Funktionen auf mehrere Stationen verteilt. So bieten beispielsweise die Multifunktionsgreifer (Revolver) gute Möglichkeiten, ganze Folgen von Fügevorgängen seriell auszuführen, ehe das Montagebasisteil wechseln muss. Der zeitliche Vorteil hängt von den Schaltzeiten der Multifunktionsgreifer ab.

Physikalisches Prinzip	mechanisch				pneumatisch	magnetisch	
Greifobjekt / Greifertyp	Parallel-greifer	Radial-greifer	Winkel-greifer	3-Punkt-greifer	Sauger-greifer	Dauer-magnet	Elektro-magnet
Masse 0,2 bis 1 kg	■	■	■	■	■	■	
1 bis 10 kg	■	□	■	■	■		
10 bis 50 kg	■□	□	■	■	■		□
größer 50 kg	□		■	■	■□		
Abmessung 20 bis 50 mm	■	■	■	■	■	■	■
50 bis 300 mm	■	□	■	■	■□	■	■
300 mm bis 1 m	■		■	■	■		■
mehr als 1 m	■		■		■		■
Innengriff-Flächen	■		□	■			■□
Oberfläche glatt	■	■	■	■	■	■	■
rau	■	■	■	■			■□
porös	■	□	■	□			■
empfindlich	□				■	■	
Rundteile Scheibe	■□	■		■	■	■	■
Kurzzylinder	■	■		■	■	■	■
Welle, Stange	■□	■		■	■		■□
Prismateile Blockteil	■	■	■	■	■	■	■
flach / kurz	□	□	■		■	■	■
flach / lang	■		□		■	■□	
Kunststoffe	■	□	□		■		
Textilien						□	
Folien					■□		
Glas	□	■□	■□	■□	■		
Steingut	□	■□	□	■□	■		
Eisenblech	■□		■□		■	■	■

Bild 2.64: Grobe Zuordnung von Greifobjekt und möglichen Greifertyp
Volles Band = gut geeignet; leeres Band = bedingt geeignet

Die Schaltzeiten eines Revolvergreifers liegen bei 60° Schaltwinkel zwischen 0,1 bis 0,5 s, so dass sich ein günstiges Zeitregime ergibt. Das Schalten geht meistens schneller vor sich, als ein einzelner Holvorgang. Als Faustregel kann gelten, dass sich ab fünf geometrisch unterschiedlichen Bauteilevarianten oder Fertigungszeiten je Los bis zu zwei Stunden bereits automatische Greiferwechselsysteme lohnen.

Außerdem ist der sensorische Bedarf festzulegen. Sensoren können die Verfügbarkeit flexibler Montagesysteme beträchtlich steigern. Das kann Funktionen betreffen, wie z.B. Positionieren von Greiforganen, Kontakt- und Objekterkennung, Entfernungsmessung oder gar die Maßbestimmung aufgenommener Teile im Greifer. Schließlich sind noch Hilfsfunktionen zu benennen. Das können zum Beispiel sein: Kühlung der Greiferbacken, Crash-Sicherung oder die Signalisierung von Greiferbackenstellungen für Steuerungszwecke. Die Wechselwirkungen zwischen Greifobjekt, Bewegungsablauf und Greifereigenschaften sind natürlich wesentlich verflochtener als hier gezeigt.

2.5 Planung und Auswahl von Greifern

Die Hauptschritte zur Auswahl eines Greifers werden in **Bild 2.65** aufgeführt. Man kann auch ein Pflichtenheft-Shell durchgehen, weil dann funktionswichtige Einzelheiten nicht vergessen werden [1-1]. Zuerst wird immer untersucht, ob erprobte Standardgreifer eingesetzt werden können [2-25].

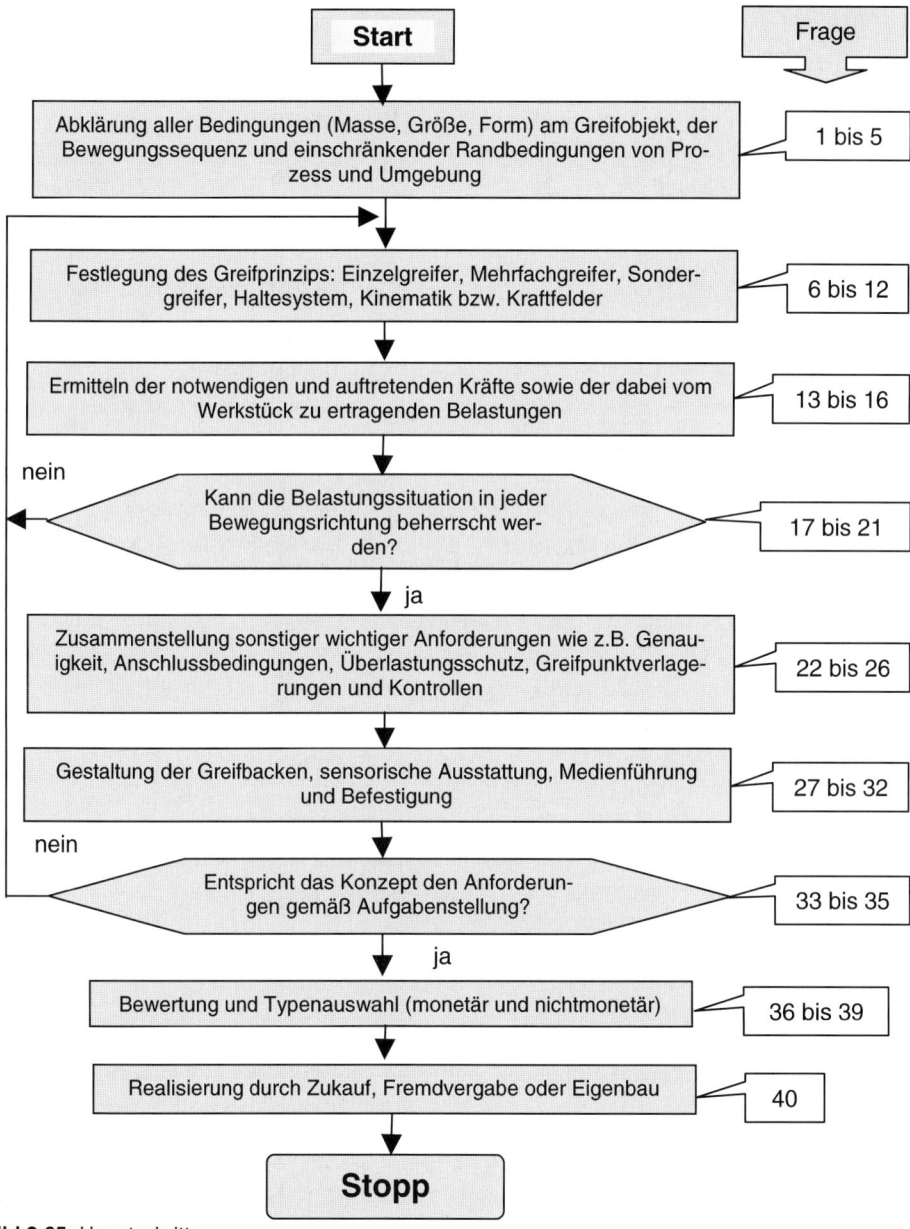

```
                    ┌─────────┐                    ┌─────────┐
                    │  Start  │                    │  Frage  │
                    └────┬────┘                    └────┬────┘
                         ▼                              ▼
    ┌──────────────────────────────────────────────┐  ┌──────────┐
    │ Abklärung aller Bedingungen (Masse, Größe,   │  │ 1 bis 5  │
    │ Form) am Greifobjekt, der Bewegungssequenz   │  └──────────┘
    │ und einschränkender Randbedingungen von Pro- │
    │ zess und Umgebung                            │
    └──────────────────┬───────────────────────────┘
                       ▼
    ┌──────────────────────────────────────────────┐  ┌──────────┐
    │ Festlegung des Greifprinzips: Einzelgreifer, │  │ 6 bis 12 │
    │ Mehrfachgreifer, Sondergreifer, Haltesystem, │  └──────────┘
    │ Kinematik bzw. Kraftfelder                   │
    └──────────────────┬───────────────────────────┘
                       ▼
    ┌──────────────────────────────────────────────┐  ┌──────────┐
    │ Ermitteln der notwendigen und auftretenden   │  │ 13 bis 16│
    │ Kräfte sowie der dabei vom Werkstück zu      │  └──────────┘
    │ ertragenden Belastungen                      │
    └──────────────────┬───────────────────────────┘
  nein                 ▼
 ◄──────── ⟨ Kann die Belastungssituation in jeder ⟩  ┌──────────┐
            ⟨ Bewegungsrichtung beherrscht werden? ⟩  │ 17 bis 21│
                       │ ja                           └──────────┘
                       ▼
    ┌──────────────────────────────────────────────┐  ┌──────────┐
    │ Zusammenstellung sonstiger wichtiger Anfor-  │  │ 22 bis 26│
    │ derungen wie z.B. Genauigkeit, Anschlussbe-  │  └──────────┘
    │ dingungen, Überlastungsschutz, Greifpunkt-   │
    │ verlagerungen und Kontrollen                 │
    └──────────────────┬───────────────────────────┘
                       ▼
    ┌──────────────────────────────────────────────┐  ┌──────────┐
    │ Gestaltung der Greifbacken, sensorische      │  │ 27 bis 32│
    │ Ausstattung, Medienführung und Befestigung   │  └──────────┘
    └──────────────────┬───────────────────────────┘
  nein                 ▼
 ◄──────── ⟨ Entspricht das Konzept den Anforde-   ⟩  ┌──────────┐
            ⟨ rungen gemäß Aufgabenstellung?       ⟩  │ 33 bis 35│
                       │ ja                           └──────────┘
                       ▼
    ┌──────────────────────────────────────────────┐  ┌──────────┐
    │ Bewertung und Typenauswahl (monetär und      │  │ 36 bis 39│
    │ nichtmonetär)                                │  └──────────┘
    └──────────────────┬───────────────────────────┘
                       ▼
    ┌──────────────────────────────────────────────┐  ┌──────────┐
    │ Realisierung durch Zukauf, Fremdvergabe      │  │    40    │
    │ oder Eigenbau                                │  └──────────┘
    └──────────────────┬───────────────────────────┘
                       ▼
                    ┌─────────┐
                    │  Stopp  │
                    └─────────┘
```

Bild 2.65: Hauptschritte bei der Greiferauswahl

Für jeden Schritt lassen sich einige typische Fragestellungen angeben. Sie können beim Erkunden der wirklich erforderlichen Eigenschaften hilfreich sein.

Wichtige Fragen sind:

1. Sind die Objekteigenschaften, insbesondere Masse, Größe, Zerbrechlichkeit und Oberflächengüte ausreichend bekannt?
2. Ist die Zugänglichkeit zum Greifobjekt gewährleistet?
3. Ist die Greifaufgabe bis zum Detail verbindlich festgelegt? Ist die Raumlage des Objekts zu Beginn und am Ende der Handhabung festgelegt?
4. Müssen Roh- und Fertigteilgeometrie (Formänderung beim Arbeitsgang) von einem einzigen Greifer bewältigt werden?
5. Sind alle Arbeitsbedingungen (Druck, Temperatur, Objektzustand, Zykluszeit, Reibungskoeffizient, Masse u.a.) bekannt?
6. Ist das Objekt durch Kraft- und/oder Formschluss zu halten?
7. Ist das Klemm- oder Haftprinzip anzuwenden?
8. Sind die Griffflächen (Beachtung verbotener Flächen) vorgegeben?
9. Wird das Werkstück am Masseschwerpunkt oder in dessen Nähe gegriffen?
10. Lohnt sich für das Handhaben mehrerer verschiedener Teile ein Greiferwechselsystem?
11. Wird in Richtung der größten Beschleunigungskomponente Formschluss vorgesehen?
12. Entspricht die Greiflage im Magazin der Gebrauchslage in der Maschine?
13. Müssen Prozesskräfte, wie zum Beispiel beim Fügen durch Pressen, beachtet werden?
14. Sind reibungserhöhende Greifbackenauflagen (Haftbelag, Riffelbacken) zu empfehlen?
15. Sind Greifer und angeschlossene Bewegungseinheiten auf die größten Kräfte und Momente ausgelegt? Ist der Greifer unempfindlich gegenüber Stößen, Schlägen und Schwingungen?
16. Erträgt das Werkstück die auftretende Flächenpressung?
17. Verkraftet der Greifer Notabschaltungen aus hoher Geschwindigkeit?
18. Wurde bei der Bemessung der Greifkraft ein Sicherheitsfaktor berücksichtigt?
19. Muss zur Schonung des Werkstücks die Greifkraft begrenzt werden?
20. Ist eine Greifkraftsicherung erforderlich?
21. Empfiehlt sich die Vorschaltung einer Kollisions- und Überlastschutzeinheit?
22. Genügt die erreichbare Greifgenauigkeit den Anforderungen?
23. Entsteht durch die Störkontur des geöffneten Greifers in der Umgebung eine Kollisionsgefahr?
24. Welche Zentrierwirkung (Erfassungs- und Ausrichtbereich) wird vom Greifer erwartet?
25. Welche Ansteuerungsvarianten, zum Beispiel Ventilkombination, sind dem Anwender zu empfehlen?
26. Soll die Greifersteuerung erfolgsbestätigt (Anwesenheitskontrolle des Greifobjekts) erfolgen?
27. Sind die Greiferfinger so kurz wie möglich ausgeführt?

2.5 Planung und Auswahl von Greifern

28. Muss die Fingerstellung mit Sensoren kontrolliert werden?
29. Empfiehlt sich die Vorschaltung von Fügemechanismen und/oder Kraftsensoren, insbesondere bei Montageoperationen?
30. Sind mehrere Greifbackeneinsätze (Schnellwechsel beachten) vorgesehen?
31. Werden für den Anbau Adapterplatten gebraucht? Sind praktikable mechanische, fluidische und elektrische Schnittstellen vorhanden?
32. Müssen die Greifbacken Parallelitätsfehler an den Griffflächen des Objekts ausgleichen?
33. Ist das erreichbare Zeitregime (Greifen, Bewegen Loslassen) akzeptabel? Genügen die Öffnungs- und Schließzeiten den Anforderungen? Erhöhen sich diese Zeiten, wenn die Greiferfinger bzw. Greifbacken angebaut sind?
34. Genügt die erreichbare Lebensdauer? Ist Wartungs- und Fehlerfreiheit gegeben?
35. Werden alle für den Greifer zulässigen Grenzbelastungen unterschritten?
36. Eignet sich ein Standardgreifer oder muss eine Speziallösung angestrebt werden?
37. Welcher Liefertermin muss eingehalten werden?
38. Welche Garantievorschriften sind zutreffend?
39. Muss über Hilfseinrichtungen (Andrücker, Greifermagazin u.a.) nachgedacht werden?
40. Ist die Greiferauswahl erfolgreich abgeschlossen oder muss das Problem einem Greiferspezialisten vorgestellt werden?

Muss ein Greifer schließlich doch konstruiert werden, dann ist in den bewährten Arbeitsschritten vorzugehen, wie sie in der Konstruktionssystematik üblich sind [2-21]. Diese sind:

1. Klären und präzisieren der Aufgabenstellung → Problemanalyse, Aufstellen der Anforderungsliste (Pflichtenheft), Abstraktionsverfahren zur Problemstrukturierung
2. Ermitteln der Funktionen und deren Strukturen → Kreativitätstechniken, intuitive und diskursive Lösungsfindungsverfahren, Konkretisierungsverfahren, Aufstellen einer Funktionsstruktur
3. Suche nach Lösungswegen und Strukturen → Varianten, Auswahlkriterien und Gewichtung, prinzipielle Lösung
4. Gliedern in realisierbare Bestandteile → Modularisierung der Struktur
5. Gestalten der maßgebenden Module → Vorentwürfe
6. Gestalten des gesamten Greifers → Gesamtentwurf
7. Ausarbeitung der Ausführungs- und Nutzungsangeben → Produktdokumentation

3 Bauformen der Greifer

3.1 Mechanische Greifer

Mechanische Greifer halten ein Objekt durch physikalische Wirkungen der klassischen (*Newton'schen*) Mechanik, die durch Massenpunkt und Kraft geprägt ist und meistens mehr oder weniger umfangreiche Mechanismen erfordert. Mechanische Greifer kommen am häufigsten zum Einsatz. Es gibt sie in vielen Ausführungsvarianten. Sie haben zwei bis vier Finger, die sich meistens synchron bewegen. Sie können bei entsprechender Auslegung gegriffene Teile zentrieren, was bei Magnet- und Saugergreifern nur mit zusätzlichen Maßnahmen zu erreichen ist. Klemmgreifer erfordern in der Regel eine Abstimmung zwischen der Grifffläche am Werkstück und der Greiffläche an der Greifbacke. Universelle Mehrfingergreifer mit bis zu fünf Fingern, wobei jeder Finger nochmals in sich gelenkig ist, sind bisher jedoch nicht über das Laborstadium hinaus gekommen.

Mechanische Greifer kompensieren ihre aufwendige, mitunter komplizierte Konstruktion durch eine besondere Betriebssicherheit, starke Kraftentfaltung, einstellbare Kraftwirkung, form- und/oder kraftpaarigen Griff des Werkstücks sowie eine gute Anpassbarkeit an den jeweiligen Handhabungsfall.

3.1.1 Greiferantriebe

Bewegungen werden durch Antriebe hervorgebracht. Dazu wird Energie von einer bestimmten Erscheinungsform in mechanische Energie gewandelt, die gleichzeitig der geforderten Bewegungsform [3-122] entspricht. Zum Antrieb gehören Motor, Getriebe, Brems- beziehungsweise Dämpfungselemente und eventuell noch Weg- bzw. Winkelmesssysteme. Das **Bild 3.1** zeigt in einer Blockdarstellung die allgemeine Antriebsstruktur.

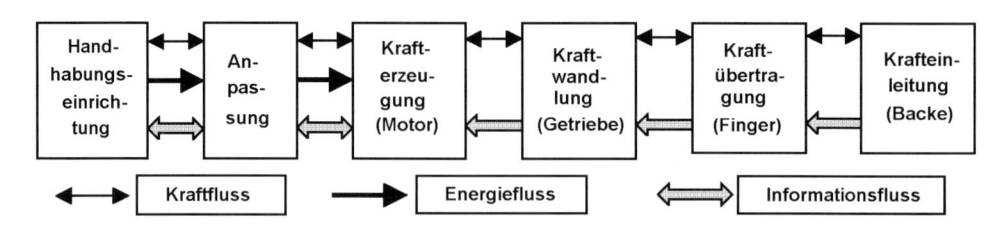

Bild 3.1: Allgemeine Struktur eines Greiferantriebs

Ein Getriebe ist ein Bewegungswandler, der den Antriebsparameter x in den Abtriebsparameter y wandelt. Man unterscheidet zwischen Übertragungs- und Führungsgetriebe.

> **Führungsgetriebe**
>
> Sie führen Punkte, Ebenen oder Körper eines Mechanismus mit angetriebenen Gliedern auf vorbestimmten Bahnen durch den zwei- oder dreidimensionalen Raum.

3.1 Mechanische Greifer

> **Übertragungsgetriebe**
> Das sind Bewegungs- und damit auch Kraftwandler, die meistens Rotationsenergie von einer Eingangswelle zur Ausgangswelle leiten, gewöhnlich unter Verringerung der Drehzahl.

Als kinematische Systeme oder „Greifergetriebe" für Zangengreifer werden in der Praxis vor allem folgende Getriebe verwendet:

- Gelenkmechanismen (Hebelgetriebe)
- Schraubgetriebe
- Keilgetriebe
- Kurvengetriebe
- Rädergetriebe, auch Zahnrad- und Zahnstangengetriebe
- Zug- und Druckmittelgetriebe

Die Hebelgetriebe bestehen aus Gelenken und Gliedern. Ein Gelenk besteht aus zwei Elementen, je eines an einem Glied. Gelenke können unterschiedlich beweglich sein, zum Beispiel drehbeweglich, schiebebeweglich, kugelbeweglich oder schraubenbeweglich. Gelenke vom Typ Kugelgelenk haben zum Beispiel den Getriebefreiheitsgrad $f = 3$, weil das Abtriebsglied in drei Achsen drehbar ist. Für Greifer sind Gelenke mit $f = 1$ typisch. In **Bild 3.2** werden einige Gelenkausführungen gezeigt.

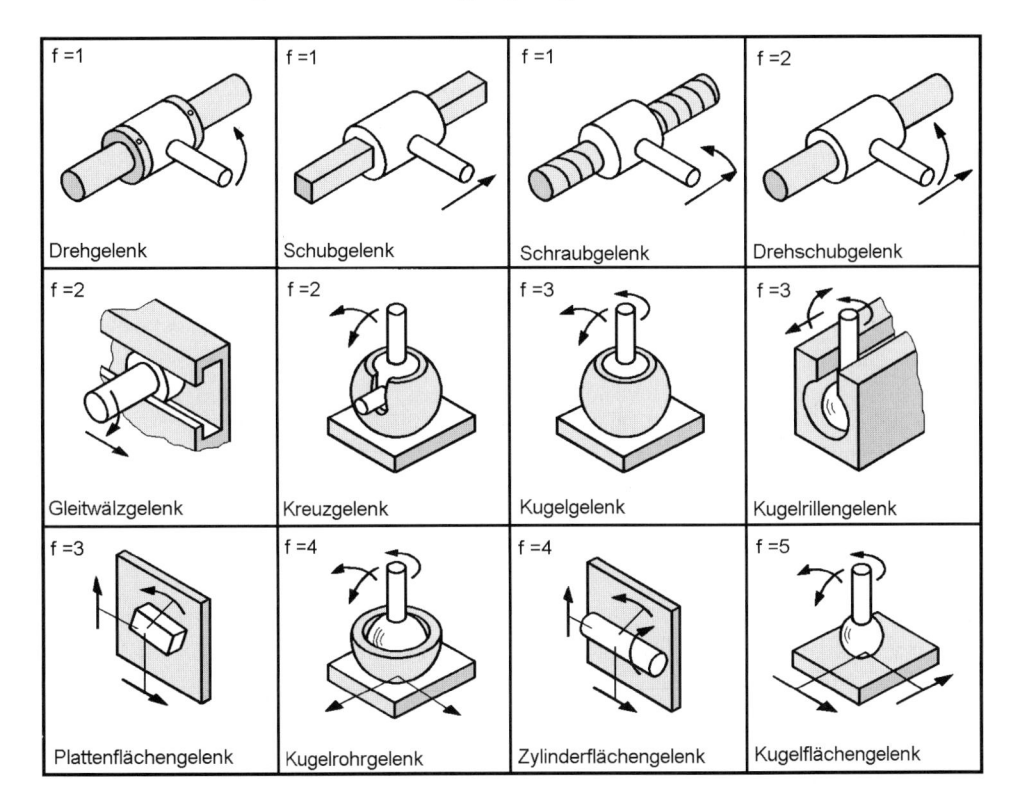

$f = 1$	$f = 1$	$f = 1$	$f = 2$
Drehgelenk	Schubgelenk	Schraubgelenk	Drehschubgelenk
$f = 2$	$f = 2$	$f = 3$	$f = 3$
Gleitwälzgelenk	Kreuzgelenk	Kugelgelenk	Kugelrillengelenk
$f = 3$	$f = 4$	$f = 4$	$f = 5$
Plattenflächengelenk	Kugelrohrgelenk	Zylinderflächengelenk	Kugelflächengelenk

Bild 3.2: Gelenkausführungen mit ihren Bezeichnungen und der Angabe der Beweglichkeit

Alle Gelenke sind mit einem Problem verbunden: Sie funktionieren nur, wenn ein Funktionsspiel zwischen den Gelenkelementen vorhanden ist. Jedes Spiel führt aber zu mehr oder weniger großen Genauigkeitsfehlern, was außerdem noch von der Belastung der Gelenke abhängig ist.

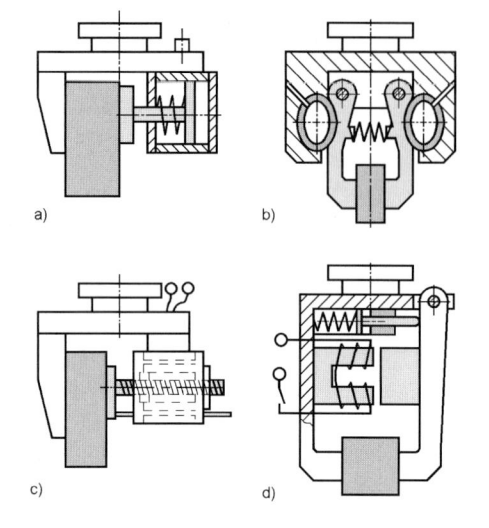

Hebelgetriebe werden oft auch in Kombination mit anderen Getrieben eingesetzt. Das **Bild 3.3** zeigt einige Beispiele für Antriebe.

Bild 3.3: Beispiele für Greiferantriebe

a) Pneumatikzylinder
b) Membranantrieb
c) elektromechanischer Antrieb mit rotierender Mutter und Führungsstange (Verdrehsicherung)
d) Elektromagnetantrieb, Öffnen mit Federkraft

Wird nur ein Greiferfinger bewegt, der zweite ist also unbeweglich, so findet keine Ausrichtung des Greifobjektes auf die Greifermitte statt. Für die Ausrichtung auf Greifbackenmitte wäre ein zusätzlicher technischer Aufwand zu betreiben, zum Beispiel Messung der tatsächlichen Abweichung des Greifobjektes zum TCP des Greifers.

Jedes Antriebssystem zeichnet sich durch bestimmte Eigenschaften aus. Im Vordergrund stehen kraftgerechte Auslegung der Greifer und Eigenschaften (**Bild 3.4**). Für Klemmbackengreifer wären zum Beispiel folgende elektrische Antriebe einsetzbar:

- **Schrittmotoren**
  Anwendung für Low-Cost-Systeme anstelle pneumatischer Antriebe
- **Servomotoren (Synchron-DC Motoren)**
  Einsatz für anspruchsvolle Anwendungen mit feinfühliger Kraft- und Positionsregelung; auch für gleichzeitiges Messen einsetzbar
- **Linearmotoren**
  Verwendbar für Hochgeschwindigkeitsanwendungen, also für extrem schnelle Backenbewegungen. Liegen solche Anforderungen nicht vor, überwiegen die Nachteile dieses Motors.
- **Piezoantriebe**
  Einsetzbar bei sehr kleinen Greifobjekten und hochdynamischem Betrieb. Die Lebensdauer ist sehr hoch, der erreichbare Hub allerdings sehr klein.

Werden elektrisch angetriebene Greifer für den Einsatz in den USA vorgesehen, dann ist zu beachten, dass dort eigene Normen für Sicherheit und Spannungsversorgung bestehen. Aus Brandschutzgründen müssen die Kabel und alle anderen Materialien schwer entflammbar sein. Jedes Bundesland der USA hat eigene Systeme und die Spannungen sind nicht einheitlich genormt, wie in Europa. Weil die Elektrogreifer direkt in einen Prozess

3.1 Mechanische Greifer

eingebunden sind, wird überwiegend Schutzkleinspannung (Gleichspannung) als Energieversorgung verwendet. Hier sind die Normen in den USA und in Europa sehr ähnlich.

Nachfolgend sollen einige Antriebe beispielhaft besprochen werden. Meistens sind bei den Beispielen auch noch andere Antriebe alternativ einsetzbar. Oft entscheiden die jeweiligen Randbedingungen über die Verwendbarkeit.

Antriebssystem / Bewertungskriterium	mechanisch	pneumatisch	hydraulisch	magnetisch	elektromotor.
Hohe Greifkraft	◐	○	●	◐	○
Regelbarkeit	○	○	◐	●	●
Energieübertragung	●	◐	○	●	●
Schmutzunempfindlichkeit	●	◐	●	○	◐
Wartung	●	◐	◐	○	◐
Not-Aus-Verhalten	●	◐	◐	○	○
Baugröße	○	○	●	◐	◐
Umweltbelastung	●	◐	○	●	●
Kosten	●	●	◐	◐	○

Vollkreis = vorteilhaft
Leerkreis = ungünstig

Bild 3.4: Eigenschaften verschiedener Antriebe [3-1]

Der elektromechanische Antrieb beruht auf Spindel- oder Zahnradgetrieben als Kraftwandler. Es sind verschiedene Ausführungen in Gebrauch, wie man aus **Bild 3.5** ersehen kann, wenn auch der Anteil an der Gesamtmenge der eingesetzten Greifer nicht sehr groß ist.

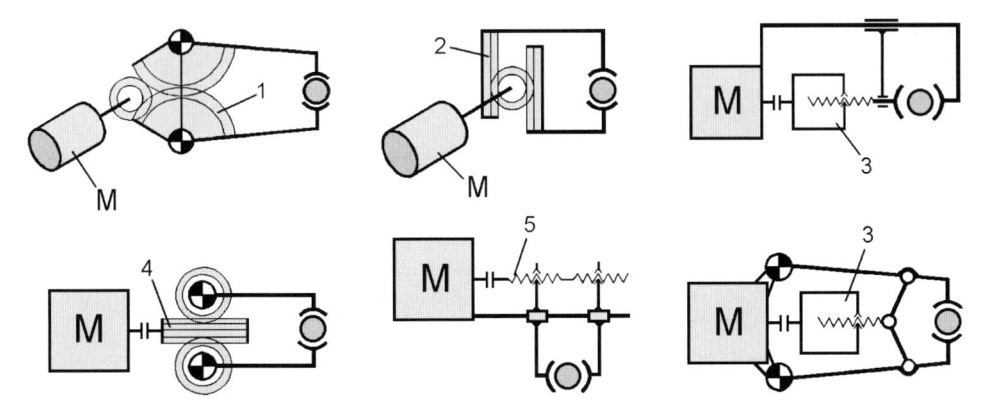

Bild 3.5: Greiferschemata mit elektromotorischem Antrieb
1 Zahnsegment, 2 Zahnstange-Ritzel-Getriebe, 3 Spindelmutter, 4 Zahnstange, 5 Rechts-Linksgewindespindel, M Motor

Spindelgetriebene Greifbacken haben meistens einen großen Greifbereich, wie er mit anderen Getrieben oft nicht erreichbar ist. Als Antriebsmotor kann beispielsweise ein elektrisch kommutierter Servo-Gleichstrommotor eingesetzt werden.

Beispiel

Das Zahnstange-Ritzel-Getriebe eines kleinen Klemmbackengreifers nach **Bild 3.6** soll elektromotorisch angetrieben werden.

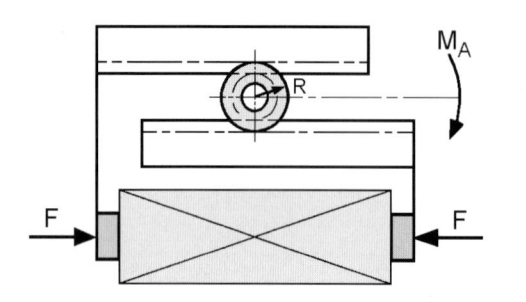

F Greifkraft
M_A Drehmoment
R Teilkreisdurchmesser

Bild 3.6: Greifer mit Zahnstange-Ritzel-Mechanismus

Die Greifkraft F ergibt sich aus der Beziehung

$$F = \frac{M_A}{2 \cdot R} \tag{3.1}$$

Das Drehmoment M_A ist über den gesamten Greifbereich konstant. Sind die Backen geschlossen und halten das Drehmoment, dann steht der Motor. Das kann beim Gleichstrommotor zum Heißlaufen und Ausbrennen führen. Das Abschalten des Motorstromes ist nicht befriedigend, weil die Greifkraft ohne andere Sicherungselemente nachlässt. Man kann aber den Motorstrom für den Zustand „Objekt gegriffen" absenken. Das wird in **Bild 3.7** am Schaltbild gezeigt.

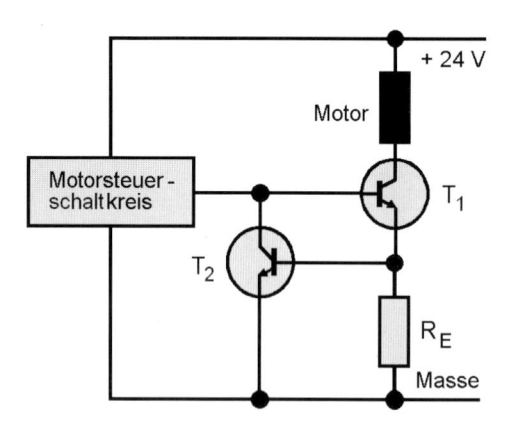

Bild 3.7: Strombegrenzung bei einem Greifer-Antriebsmotor

Verwendet wird ein einfacher einzelner Transistor-Motortreiber T_1 und die Strombegrenzung wird durch den zweiten Transistor T_2 im Basis-Emitter-Kreis von T_1 erreicht. Die Spannung zwischen Basis und Emitter von T_2 soll 0,7 Volt nicht übersteigen. Nach dem *Ohm'schen Gesetz* gilt:

3.1 Mechanische Greifer

$$U_{BE2} = I_{E1} \cdot R_E = 0{,}7\,V$$

Folglich ist der Widerstand für den erwünschten Grenzstrom

$$R_E = \frac{0{,}7}{I_{E1}}$$

Falls dieser Strom überschritten wird, fließt ein Strom in die T_2-Basis, T_2 schaltet ein und damit ist die Spannung auf der Basis von T_1 reduziert, bis der Strom I_{E1} unter den Grenzwert sinkt. Für diese Aufgabe sind auch Schaltkreise verfügbar, die vollelektronisch arbeiten. Auch mechanische Klemmeinrichtungen sind natürlich möglich, so dass der Motor dann tatsächlich abgeschaltet werden kann.

Starke Beschleunigungskräfte bei Start und Stopp des Greifermotors lassen sich verringern, wenn der Motor zweckmäßig angesteuert wird oder wenn man zwischen Motor und Getriebe ein Dämpfungselement zwischenschaltet.

Beim Antrieb von Greiforganen mit Elektromotor ist folgender Berechnungsgang (bezogen auf die beiden Beispiele) vorzunehmen (**Bild 3.8**):

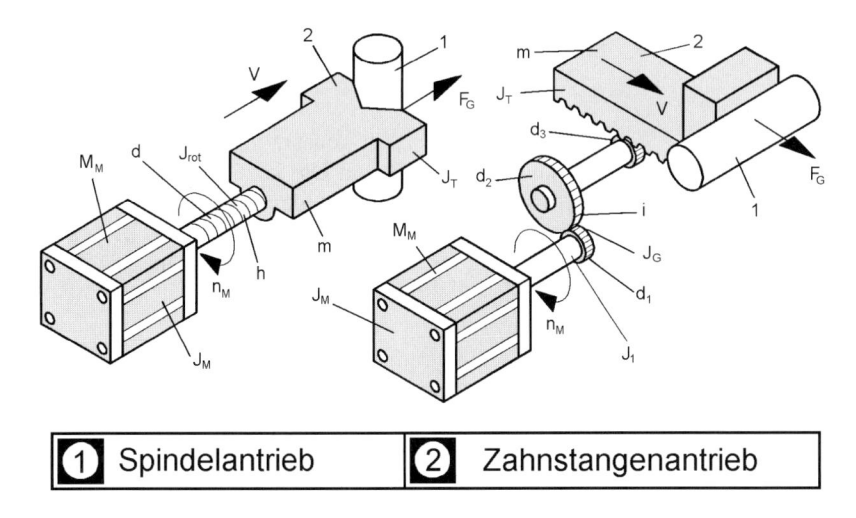

Bild 3.8: Beispiele für elektromotorische Antriebe für Greifbacken

Es bedeuten

n_M	Motordrehzahl in min^{-1}
h	Gewindesteigung in mm
v	Geschwindigkeit in m/min
m	Masse in kg
M_L	Lastmoment in Nm
J_L	Trägheitsmoment der translatorisch bewegten Massen in kgm^2
J_{rot}	Trägheitsmoment der rotatorisch bewegten Massen in kgm^2
F_G	Greifkraft in N

M_M Motormoment in Nm
i Übersetzungsverhältnis ($i = d_2/d_1 = n_M/n_w$)
d Durchmesser in mm
η Wirkungsgrad der Spindel

{1} Spindelantrieb   **{2} Zahnstangenantrieb**

- Berechnung der Motordrehzahl n_M abhängig von der geforderten Schließgeschwindigkeit v {**1** Spindelantrieb, **2** Zahnstangenantrieb}

{1} $\quad n_M = \dfrac{1000 \cdot v}{h} \quad$ (3.2) $\qquad$ {2} $\quad n_M = \dfrac{1000 \cdot v \cdot i}{\pi \cdot d_3} \quad$ (3.3)

- Bestimmung des Lastmomentes M_L

{1} $\quad M_L = \dfrac{F_G \cdot h}{2 \cdot \pi \cdot \eta \cdot 1000} \quad$ (3.4) $\qquad$ {2} $\quad M_L = \dfrac{F_G \cdot d_3}{2 \cdot 1000 \cdot i \cdot \eta} \quad$ (3.5)

- Bestimmung des Trägheitsmomentes J_T der translatorisch bewegten Massen

{1} $\quad J_T = m \left(\dfrac{h}{2 \cdot 1000 \cdot \pi} \right)^2 \quad$ (3.6) $\qquad$ {2} $\quad J_T = m \left(\dfrac{d_3}{2 \cdot 1000} \right)^2 \quad$ (3.7)

- Bestimmung des Trägheitsmomentes J_R der rotatorisch bewegten Massen

{1} $\quad J_R = \dfrac{m_{rot} \cdot d^2}{8 \cdot 10^6} \quad$ (3.8) $\qquad$ {2} $\quad J_R = \sum\limits_{i=1}^{i=5} \dfrac{m_{roti} \cdot d_i^2}{8 \cdot 10^6} \quad$ (3.9)

Die Berechnung erfolgt in der Annahme von zylindrischen Körpern. Für d_i sind die Raddurchmesser d_1, d_2, d_3 einzusetzen sowie die Wellendurchmesser. Gleiches gilt für die Massen m_{roti}. Für Masseberechnungen kann man noch $m = \rho \cdot V$ verwenden für

Stahl ρ = 7,85 kg/dm^3
Aluminium ρ = 2,71 kg/dm^3

ρ Dichte in kg/dm^3
V Volumen des i-ten Körpers in dm^3

- Zusammenfassung der Trägheitsmomente zu J_{ges}

{1} $\quad J_{ges} = J_M + J_T + J_R \quad$ (3.10)

{2} $\quad J_{ges} = J_M + J_1 + \dfrac{J_2 + J_G + J_T}{i^2} \quad$ (3.11)

Das Motorträgheitsmoment ist aus Motorkatalogen zu entnehmen. Ebenso ist für das Zahnradgetriebe J_G aus Katalogen zu beschaffen.

- Ermittlung des Beschleunigungsmomentes M_a

3.1 Mechanische Greifer

{1} und {2} $$M_a = \frac{J_{ges} \cdot n_M}{9{,}55 \cdot t_a \cdot \eta}$$ (3.12)

t_a Beschleunigungszeit in s

- Im weiteren ist das Reibungsmoment M_R zu ermitteln

{1} $$M_R = \frac{9{,}81 \cdot m \cdot \mu \cdot h}{2 \cdot \pi \cdot \eta \cdot 1000}$$ (3.13) {2} $$M_R = \frac{9{,}81 \cdot m \cdot \mu \cdot d_3}{2 \cdot 1000 \cdot i \cdot \eta}$$ (3.14)

Für den Reibbeiwert kann man sich an folgenden Angaben orientieren:

Haftreibung $\mu = 0{,}12$ bis $0{,}15$
Mischreibung $\mu = 0{,}01$ bis $0{,}1$
Schwimmreibung $\mu = 0{,}001$ bis $0{,}015$

- Das erforderliche Impulsdrehmoment M_{imp} ergibt sich nun aus

$$M_{imp} = M_L + M_a + M_R$$ (3.15)

- Das erforderliche Dauerdrehmoment M_d erhält man aus

$$M_d = M_L + M_R$$ (3.16)

- Jetzt folgt die Auswahl des Motors nach Drehmoment und Drehzahl, wobei eventuell Ausgangsdaten rückwirkend zu korrigieren sind, wie z.B. die Beschleunigungszeit

$$P_M = \frac{M_N \cdot n_M}{9{,}56}$$ (3.17)

P_M Motorleistung in Watt
M_N Motormoment in Nm

- Im weiteren Gang sind der Regler nach Strom und Spannung auszuwählen und es ist eine Kontrollrechnung zur thermischen Belastung des Motors durchzuführen.

Es gibt natürlich noch viele andere kinematische Anordnungen bei Greifern mit elektromotorischem Antrieb. Einige davon wurden bereits in Bild 3.5 dargestellt. Bei der Bestimmung der Motorgröße ist im Prinzip in gleichen Schritten vorzugehen, wobei die Berechnung der Massenträgheitsmomente jeweils anzupassen ist.

Elektromagnete werden als Bewegungserzeuger selten angewendet. Für den Antrieb von Greiferfingern bei Klemmgreifern werden in **Bild 3.9** zwei Konzepte vorgestellt [3-2]. Bei dem einen Greifer werden die beiden Endstellungen des beweglichen Fingers durch Federkraft gesichert. Im zweiten Beispiel sind dafür Permanentmagnete vorgesehen. Von Nachteil ist eventuell der schlagartige Ablauf des Greifvorganges und die Gewichtskräfte der Elektromagneten.

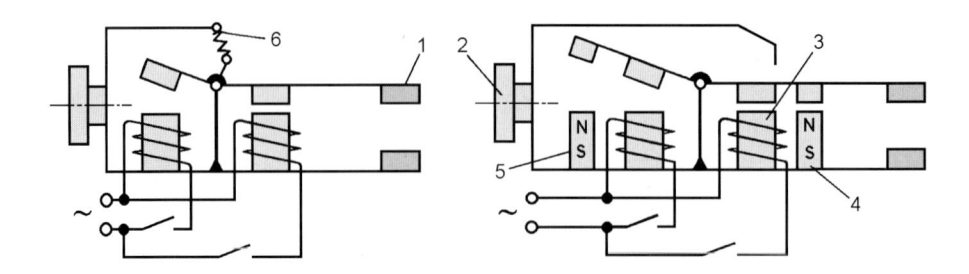

Bild 3.9: Magnetantrieb für Klemmgreifer
1 Greiferfinger, 2 Greiferflansch, 3 Elektromagnet, 4 Permanentmagnet für Festhaltekraft, 5 Permanentmagnet für Greiferoffenhaltung, 6 Druckfeder

Eine beliebte und raumsparende Greiferkonstruktion basiert auf einem Keilhakengetriebe (**Bild 3.10**). Eine Linearbewegung, die durch eine Spindel oder einen Pneumatikkolben erzeugt wird, setzt in der Wirkungsrichtung über einen formschlüssigen Keil die Greifbacken bzw. Grundbacken in eine Querbewegung um.

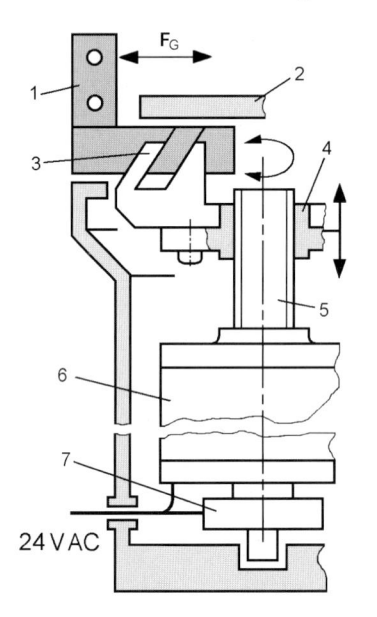

1 Grundbacke
2 Führung
3 Keilhakensystem
4 Spindelmutter
5 Spindel
6 Servomotor
7 Resolver

F_G Greifkraft

Bild 3.10: Elektromotorischer Dreifingergreifer mit einem Keilhakengetriebe

Am häufigsten werden Zangengreifer mit pneumatischem Antrieb eingesetzt. Das sind entweder in das Greifergehäuse eingearbeitete Kolbentriebe oder außen angesetzte Standardzylinder. Die Antriebe sind robust und überlastungssicher. Sie werden einfachwirkend in Kombination mit einer Feder oder als doppeltwirkender Aktor eingesetzt. Die Kolbenkraft F des ruhenden Kolbens errechnet sich aus folgender Gleichung:

$$F = p_e \cdot A \cdot \eta \tag{3.18}$$

p_e Arbeitsdruck ($p_e = p_{abs} - p_{amb}$; $p_{amb} \approx 1$ bar)
A Kolben- oder Kolbenringfläche
η Wirkungsgrad

3.1 Mechanische Greifer

Beim Wirkungsgrad kann man von folgenden Werten ausgehen:

- Bei Nutzung der Spannkraft gilt für einfachwirkende Zylinder $\eta = 0{,}8$; bei doppeltwirkendem Zylinder $\eta = 0{,}9$
- Bei Nutzung der Verschiebekraft gilt für den doppeltwirkenden Zylinder $\eta = 0{,}5...0{,}6$

Bei einfachwirkenden Zylindern verringert die Gegenfeder die Spannkraft um etwa 10 %.

Der Luftverbrauch für den doppeltwirkenden Zylinder ergibt sich aus folgender Gleichung:

$$Q_{Hub} = \frac{2 \cdot d^2 \cdot \pi \cdot s \cdot p_{abs} \cdot n}{p_{amb}} \qquad (3.19)$$

Q_{Hub}	Hubvolumen in l/min
d	Kolbendurchmesser in dm
s	Hub in dm
p_{abs}	Absolutdruck in bar (Druck im Vergleich zum absoluten Vakuum)
p_{amb}	Atmosphärendruck in bar
n	Schaltspielzahl in min^{-1}

Bei einfachwirkenden Arbeitszylindern ist der Faktor 2 wegzulassen. Zum errechneten Hubvolumen sind 20 % für sonstige Verluste aufzuschlagen.

Rechenbeispiel

Gegeben: $d = 35$ mm, $s = 80$ mm, $p_e = 6$ bar ($p_{abs} = 7$ bar), $n = 50$ min^{-1}
Gesucht: Luftverbrauch Q_{Hub}

$$Q_{Hub} = \frac{2 \cdot d^2 \cdot \pi \cdot s \cdot p_{abs} \cdot n}{4 \cdot p_{amb}} = \frac{2 \cdot 0{,}35^2\, dm^2 \cdot \pi \cdot 0{,}8\, dm \cdot 7\, bar \cdot 50}{4 \cdot 1\, bar \cdot min} = 54\, \frac{l}{min}$$

Werden noch Leckverluste von etwa 10 % hinzugenommen, erhält man einen Gesamtluftverbrauch von etwa 60 l/min.

Bei Kolbenantrieben, die sehr oft vorgesehen werden, ist der Einbau eines Drosselventils wichtig, damit es bei den schnellen Kolbenbewegungen nicht zu zerstörerisch wirkenden Schlägen in den Endstellungen kommt. Das kann zu einem Dauerbruch an den gefährdeten Stellen der Greifermechanik führen. Bei der Inbetriebnahme wird man zunächst die Drossel schließen und dann nach und nach öffnen, bis ein stoßfreier Ablauf erreicht ist (vergleiche dazu Bild 2.42).

Um den Bauraum des Greifergehäuses möglichst gut für einen kraftvollen Antrieb zu nutzen, werden gelegentlich Ovalkolben wegen der größeren Kolbenfläche vorgesehen. Die Kolbenkraft auf der Oval-Ring-Fläche oder Oval-Fläche ergibt sich gemäß **Bild 3.11** zu

Ringfläche $\qquad A = \dfrac{\pi}{4}\left(D \cdot d - d_1^2\right) \quad$ oder **Ovalfläche** $A = \dfrac{\pi}{4} \cdot D \cdot d \qquad (3.20)$

Kolbenkraft $\qquad F = p \cdot A \qquad (3.21)$

Bild 3.11: Ovalkolbenantrieb

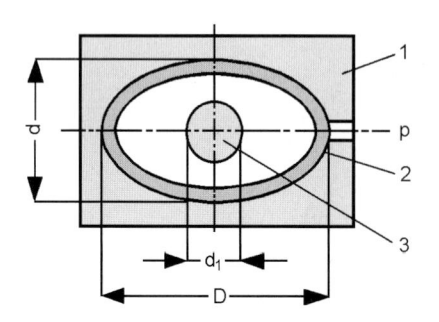

1 Greifergehäuse
2 Kolbendichtung
3 Kolbenstange
p Druckluftzufuhr

Beim Einsatz von Membranzylindern als Greiferantrieb (**Bild 3.12**) ist bei der Berechnung der Kolbenkraft noch ein Faktor λ einzubeziehen. Es gilt

$$F = p \cdot A \cdot \lambda \tag{3.22}$$

A Kolbenfläche
λ Faktor, der die Steifheit der Membran berücksichtigt ($\lambda = 0{,}3...0{,}9$)

1 Kolbenstange
2 Membran
3 Gehäuse

p Druckluft
F Druckkraft

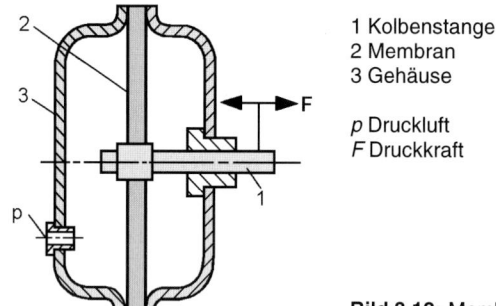

Bild 3.12: Membranantrieb

Außer Membran- bzw. Rollmembranantrieben gibt es noch einen anderen interessanten und effektiven pneumatischen Antrieb, den Fluidmuskel.

Das **Bild 3.13** zeigt einen Greifer für das Handling leerer Transportpaletten aus Holz. Als Antrieb wurde ein Fluidmuskel (*Festo*) eingesetzt, weil er große Anfangskräfte entwickelt und eine nur geringe Masse hat. Der Muskel hat im Beispiel eine Nennlänge von 1100 mm und bei Druckluftzufuhr verkürzt er sich um 120 mm (= Hub) wobei eine Kraft von 700 N entwickelt wird [3-3]. Der Fluidmuskel hat einen Durchmesser von nur 20 mm. Er ist außerdem gegen Schmutz und Staub völlig unempfindlich, weil es ein hermetisch abgeschlossener Antrieb ist. Außerdem verläuft die Bewegung ohne Stick-Slip-Effekt und kann mit den üblichen Mitteln der pneumatischen Drosselung zu einem sanften Verlauf gebracht werden. Rechts und links neben dem Muskel sind Rundführungen angeordnet, um die Greiforgane zu führen. Im Gegensatz zu einem Pneumatikzylinder ist der Fluidmuskel nicht in der Lage Führungsaufgaben zu übernehmen. Er ist ein reiner Zugkraftaktor mit degressiver Kennlinie über dem Weg. Folglich sind die bewegten Komponenten entsprechend zu führen.

3.1 Mechanische Greifer

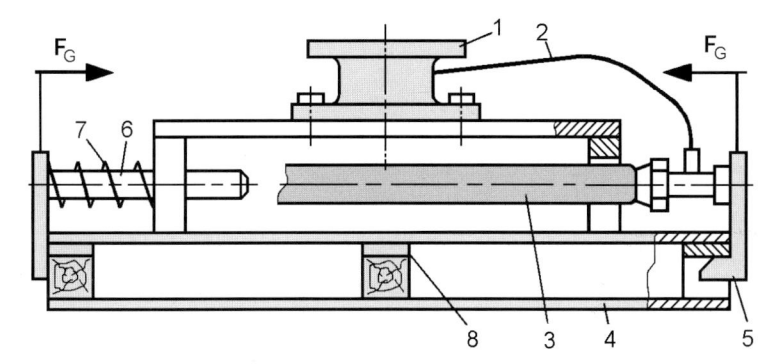

Bild 3.13: Leerpalettengreifer (Schmalz)
1 Anschlussflansch, 2 Druckluftleitung, 3 Fluidmuskel, 4 Transportpalette, 5 Spannplatte, 6 Geradführung, 7 Druckfeder, 8 Querbrett, F_G Greifkraft

In **Bild 3.14** werden die Kurven für die maximale Kraftentfaltung des Muskels bei 6 bar gezeigt. Die Vorreckung darf höchstens bei 3 % der Nennlänge liegen. Die Auslegung kann graphisch mit Kraft-Kontraktionsdiagrammen vorgenommen werden oder etwas genauer mit einem Rechenprogramm „*Muscle SIM*", welches aus dem Internet heruntergeladen werden kann (www.festo.com/download).

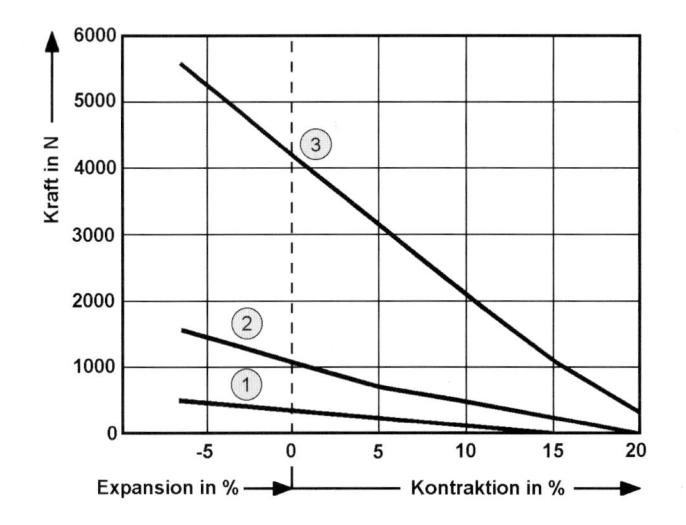

1 Durchmesser 10 mm
2 Durchmesser 20 mm
3 Durchmesser 40 mm

Bild 3.14: Kraftentwicklung beim Fluidmuskel

In **Bild 3.15** wird ein weiterer Greifer gezeigt, dessen Backenbewegungen ebenfalls mit einem *Fluidic Muscle* bewegt werden. Der Greifer ist mechanisch einfach, leichter als vergleichbare Greifer und dennoch kraftvoller beim Halten eines Objekts. Zur Synchronisation der Backenbewegungen sind die Greiferfinger mechanisch verkoppelt. Wird der Fluidmuskel genügend nahe am Fingerdrehpunkt angesetzt, reicht auch ein kurzer Muskel aus, um die Spannbewegung auszuführen. Der Wirkungsgrad des Greifers ist gut, weil allein in den Rundführungen der beiden Greiferfinger Reibungswiderstände zu überwinden sind. Öffnungswinkel von 90° je Finger sind bei dieser Konstruktion allerdings nicht möglich. Dafür müsste man eine andere Greiferkinematik auswählen.

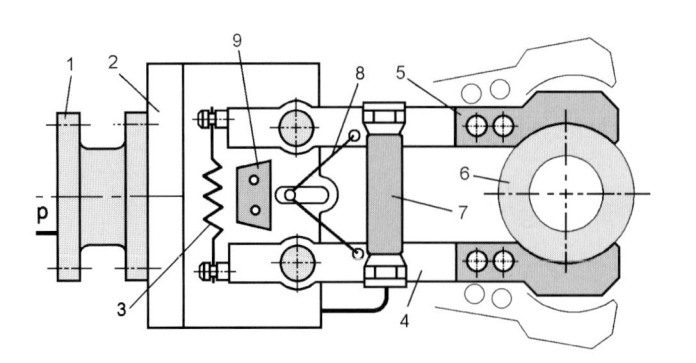

1 Greiferflansch
2 Greifergehäuse
3 Zugfeder
4 Greiferfinger
5 Greifbacke
6 Werkstück
7 Fluidmuskel
8 Stange zur Bewegungssynchronisation
9 Fingeranschlag
p Druckluft

Bild 3.15: Einfacher Winkelgreifer

Beispiel

Ein Zweibackengreifer soll für die Handhabung von Werkstücken mit 60 kg Masse eingesetzt werden. Die maximale Beschleunigung des Greifers soll bei $a = 5$ m/s^2 liegen. Die Bewegung des Greifobjekts erfolgt vertikal und horizontal, wobei die Beschleunigungsrichtung mit der Richtung der Schwerkraft zusammenfallen kann. Die Werkstückbreite kann im Bereich von $b_1 = 60$ mm bis $b_2 = 200$ mm schwanken. Es steht ein Hydraulikaggregat zur Verfügung, das auf einen Öldruck von 125 bar (= 12,5 MPa) eingestellt ist. Welchen Durchmesser d muss der Hydraulikkolben bekommen?

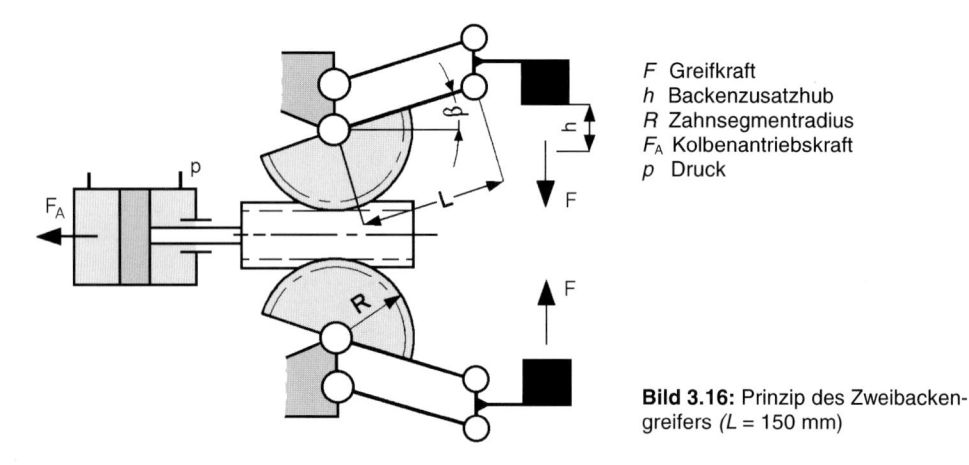

F Greifkraft
h Backenzusatzhub
R Zahnsegmentradius
F_A Kolbenantriebskraft
p Druck

Bild 3.16: Prinzip des Zweibackengreifers $(L = 150$ mm$)$

Es wurde die in **Bild 3.16** gezeigte Greiferkinematik gewählt, weil damit ein großer Backenhub erreichbar ist. Das Werkstück muss durch Reibungskräfte in den Greifbacken gehalten werden. Man kann von folgenden Reibungsfaktoren ausgehen (weitere Angaben siehe Kapitel 2.2.2):

- Werkstücke mit glatter Oberfläche, leichtverölt $\mu = 0,1$
- Greifbacken mit spitzverzahnter Oberfläche $\mu = 0,3$ bis $0,4$
- Greifbacken mit Antirutschbelag (Metall-Gummi-Paarung) $\mu = 0,5$ bis $0,7$

Für die Berechnung wird von einem Reibungskoeffizienten $\mu = 0,15$ ausgegangen. Als Sicherheitsfaktor wird $S = 1,5$ gewählt.

Ermittlung der Greifkraft

$$F = \frac{m(g+a) \cdot S}{2 \cdot \mu} = \frac{60(10+5) \cdot 1{,}5}{2 \cdot 0{,}15} = \underline{4500 \text{ N}} \qquad (3.23)$$

Um diese Kraft zu erzeugen, wird die Antriebskraft F_A benötigt. Sie ergibt sich aus

$$F_A = F \cdot i \qquad (3.24)$$

Das Übersetzungsverhältnis i für die Kraftwandlung erhält man aus der folgenden Gleichung

$$i = \frac{2 \cdot L \cdot \cos \beta}{R} \qquad (3.25)$$

Der Winkel β berücksichtigt die maximale Backenverschiebung s, die sich durch die variable Greifweite ergibt. Außerdem müssen die Greifbacken um den Betrag h weiter öffnen, damit sich der geöffnete Greifer seitlich bis zur Greifposition bewegen kann. Es wird ein Betrag von $h = 20$ mm für das Spiel einbezogen.

Somit ergibt sich für s folgende Backenverschiebung

$$s = \frac{(b_1 - b_2)}{2} + h = \frac{200-60}{2} + 20 = 90 \, mm \qquad (3.26)$$

Weiterhin gilt

$$\sin \beta = \frac{s}{L} = \frac{90}{150} = 0{,}6 \quad \text{und damit ist } \beta = 36° \, 50'$$

Um den Radius R festzulegen braucht man den Zahnradmodul m. Er wird mit $m = 5$ mm angenommen und die Zähnezahl z des Rades mit $z = 17$. Damit wird

$$R = \frac{m \cdot z}{2} = \frac{5 \cdot 17}{2} = 42{,}5 \text{ mm} \quad \text{und das Übersetzungsverhältnis} \qquad (3.27)$$

$$i = \frac{2 \cdot 150}{42{,}5} \cdot 0{,}8 = 5{,}65$$

Die Antriebskraft F_A kann nun ermittelt werden und ergibt sich zu

$$F_A = 4500 \cdot 5{,}65 = 25\,425 \text{ N}$$

Diese Kraft muss vom Zylinder auf der Kolbenstangenseite aufgebracht werden. Der geschätzte Kolbenstangendurchmesser beträgt $d_s = 20$ mm. Der Kolbendurchmesser d wird nun berechnet zu

$$d = \sqrt{\frac{F_A \cdot 4}{p \cdot \pi} + d_s^{\ 2}} = \sqrt{\frac{25425 \cdot 4}{12,5 \cdot 3,14} + 20^2} = 54,6 \, mm \qquad (3.28)$$

Gewählt wird ein Hydraulikzylinder mit einem Kolbendurchmesser von 56 mm.

Sind Werkstückposition und/oder Werkstückorientierung nicht genau definiert, muss der Greifer über ausgleichende Elemente verfügen. Dieses Problem soll nachfolgend besprochen werden.

Sich selbst einstellende Greifer richten sich nach der Lage des Greifobjekts aus, sie haben sozusagen „schwimmende" Greiferfinger bzw. Grundbacken. Diese Anpassung kann aktiv oder passiv erfolgen (**Bild 3.17**). Die Lage des Objekts ist ungenau und zufällig. Bei der aktiven Anpassung hat jeder Finger einen eigenen Antrieb. Der Vorgang ist in der Regel sensorgeführt. Die Greiforgane kommen nacheinander am Greifobjekt zum Anliegen.

Beim passiven Ausgleich zentrieren sich die Finger am Objekt und haben einen gemeinsamen Antrieb. Es ist kein Ausgleich durch elastische Elemente vorhanden. Auch hier legen sich die Greiforgane nacheinander am Objekt an. Mit einem Feststeller kann die Fingerstellung verriegelt werden.

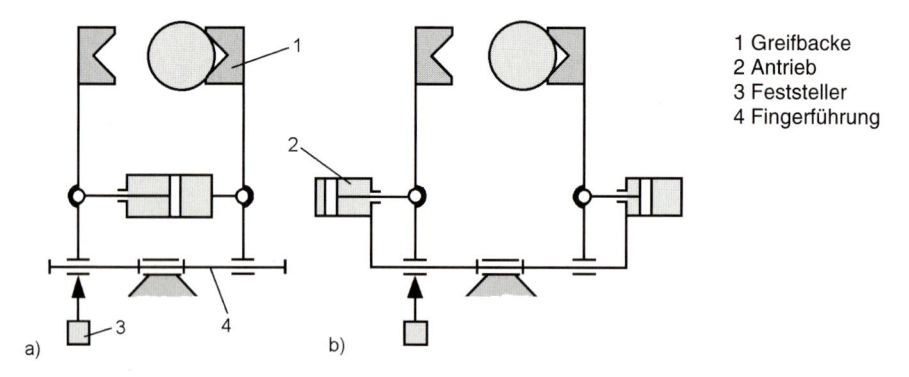

Bild: 3.17: Prinzip sich in der Greiflage selbsteinstellender Greifer
a) passiver Ausgleich, b) aktiver Ausgleich

1 Greifbacke
2 Antrieb
3 Feststeller
4 Fingerführung

Der in **Bild 3.18** dargestellte Greifer ist mit einem Ausgleichsgetriebe ausgestattet, mit dem die Antriebsleistung gleichmäßig auf beide Finger verteilt werden kann. Die Wirkungsweise entspricht der eines Differentialgetriebes im Automobil. Beim Greifen von Teilen, die in einer Vorrichtung noch fest eingespannt und außerdem nicht auf Greifermitte ausgerichtet sind, passen sich die Greifbacken dem Objekt selbsttätig an. Es kommt nicht zu einer Überbestimmung mit unzulässigen Kraftwirkungen auf den Greifer oder die Bereitstelleinrichtung. Ist kein Ausgleich erforderlich, dann rotieren Tellerrad mit Ausgleichsstern um die Achse I–I. Die Ausgleichskegelräder rotieren dabei nicht um die Achse II–II. Sie wirken quasi wie eine starre Kupplung. Liegt eine Greifbacke am Greifobjekt an, ist ein Ausgleich nötig, d.h. die andere Gewindespindel muss sich weiter drehen. Dann rotieren die Ausgleichsräder zusätzlich zur Drehung um die Achse I-I auch noch um die Achse II–II. Der getriebetechnische Aufwand ist natürlich erheblich. Man wird deshalb zuerst versuchen, einfache und nachgiebige Magazinplätze in der Peripherie zu installieren.

3.1 Mechanische Greifer

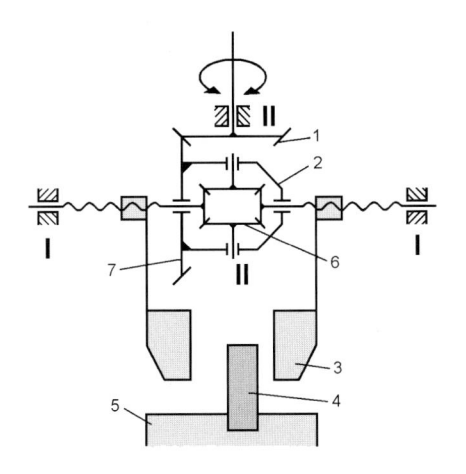

1 Antriebskegelrad
2 Ausgleichstern
3 Greifbacke
4 Greifobjekt
5 Bereitstellmagazin
6 Ausgleichkegelräder
7 Tellerrad

Bild 3.18: Greifer mit Anpassung an die Werkstückposition

Mit einem Ausgleichsrad anderer Art lässt sich ebenfalls eine selbsttätige Anpassung an die Werkstückorientierung erreichen. Das wird in **Bild 3.19** gezeigt. Die Greifbacken bleiben stets parallel zueinander, können sich aber als Paar im Winkel dem Objekt anpassen.

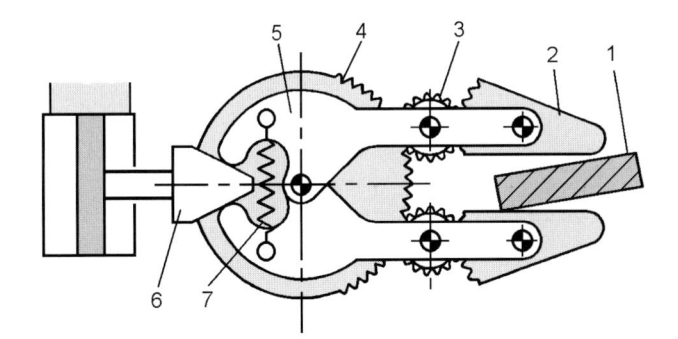

1 Werkstück
2 Greiferbacke mit Zahnsegment
3 Zwischenrad
4 Ausgleichsrad
5 Schwenkfinger
6 Keilschieber

Bild 3.19: Greifer mit Anpassung an die Werkstückorientierung [3-4]

Legt sich eine Greifbacke im Winkel an, kommt es zu einer Verstellung des Ausgleichrades. Dieses schwenkt wiederum die andere Greifbacke um den gleichen Winkel. Stets ist dabei der Kraftfluss im Greifer bzw. im Industrieroboter zu beachten. Er soll sich im Großen (Führungsgetriebe einer Handhabungseinrichtung) wie im Kleinen (zum Beispiel bei einem mechanischen Backengreifer) schließen. Das wird in **Bild 3.20** schematisch dargestellt. Der Konstrukteur hat für die im Kraftkreis liegenden Bauteile die richtigen Querschnitte, Festigkeiten und Materialien festzulegen. Gleiches gilt für die Lager, die Lagerbelastungen und die Lagerspiele.

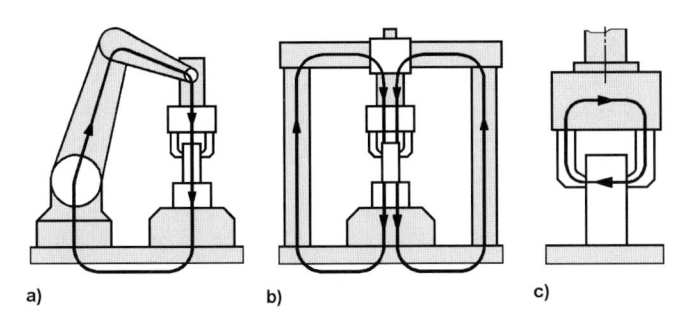

Bild 3.20: Kraftfluss an Industrieroboter und Greifer

a) Kraftkreis am Freiarmroboter
b) Portalroboter
c) Kraftkreis am Backengreifer

Neben den bereits erläuterten Antriebssystemen können Greiferfinger auch mit elektrostriktiven und piezoelektrischen Kristallen angetrieben werden. Beim Piezo-Effekt entsteht durch mechanischen Druck auf ein Kristall eine elektrische Spannung. In der Umkehrung erhält man einen Aktor. Legt man eine elektrische Spannung zum Beispiel an einen Piezokristall, so tritt eine Geometrieveränderung (Längen- oder Dickenänderung) ein. Für eine geringe Längenänderung von 1 Promille benötigt man bereits Feldstärken von 1 kV/mm. Piezoaktoren werden daher aus dünnen Einzelelementen in Stapelbauweise konfektioniert. Die Energieumwandlung ist frei von Reibung, Spiel und Verschleiß. Durch mechanische Übersetzungsglieder kann der Stellweg bis in den Millimeterbereich hinein vergrößert werden.

Bei der Elektrostriktion (inverser Piezoeffekt) treten beim Anlegen hochfrequenter Wechselspannung resonante Dickenschwankungen bei einer Keramikscheibe auf. Die heute verfügbaren Werkstoffe erlauben Längenänderungen von dl/l = 0,15 bis 0,2 %. Sowohl elektrostriktive als auch piezoelektrische Kristalle sind grundsätzlich kapazitive Komponenten. Das **Bild 3.21** zeigt einen Vergleich beider Wirkprinzipe. Bei Elektrostriktion ist die Fingerbewegung unabhängig von der elektrischen Polarität.

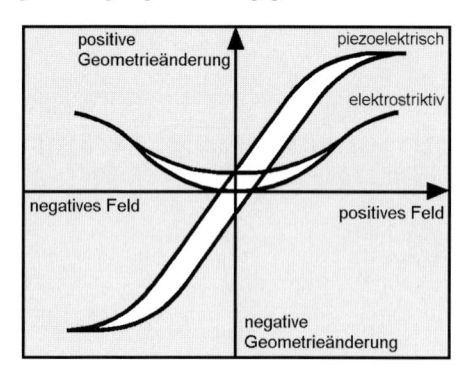

Bild 3.21: Dehnungsverhalten im elektrischen Feld

Eine Stromaufnahme erfolgt bei solchen Aktoren nur während der Fingerbewegung, im Gegensatz zu elektromagnetischen Greifern, die ständig mit Energie versorgt werden müssen, um die volle Haftkraft zu entwickeln.

Elektrostriktive Aktoren haben weniger Hysterese und können größere Kräfte erzeugen als piezoelektrische Aktoren bei vergleichbarer Größe [3-5]. Sie sind im Feinmechanikbereich gut einsetzbar, haben einen beschränkten Hub und sind teurer als piezoelektrische Aktoren. In **Bild 3.22** wird der Aufbau eines piezoelektrischen Klemmgreifers gezeigt. Die Bewegungsübertragung auf die Finger erfolgt über ein Festkörpergelenk, das gleichzeitig den recht kleinen Weg des Aktors am Fingerende vergrößert.

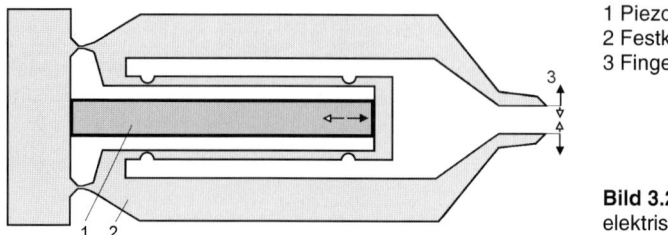

1 Piezoaktor
2 Festkörperstruktur
3 Fingerbewegung

Bild 3.22: Klemmgreifer mit piezoelektrischem Antrieb

3.1 Mechanische Greifer

Der Aktor zieht oder drückt gegen die Hebelstruktur, wobei sich die Greiferfinger öffnen oder schließen. Die Hebel sind über Filmgelenke verbunden. Man spricht auch von Materialgelenken.

Technische Daten eines solchen Greifer sind (Beispiel):

- Hub je Finger 1,4 mm
- Greifkraft 6 N
- Öffnungs-/Schließzeit 0,02 s
- Arbeitsstrom max. 50 mA für = 0,2 s
- Ruhestrom max. 10 mA
- Betriebsspannung + 20 V DC bis + 30 V DC

Die Anwendung solcher Greifer beschränkt sich auf kleine leichte Teile wie zum Beispiel CDs, Kunststoffartikel und kleine Montageteile. Die Grenzen liegen bei etwa 3 mm Hub und Greifkräften bis etwa 15 Newton. Weitere Ausführungsbeispiele siehe [3-6]. Einige Entwicklungen zielen darauf ab, eine große Anfangsbewegung zu erzeugen, die dann weniger wird und dafür am Ende des Hubes eine größere Kraft liefern.

Eine andere Art von elektrischen Greifbackenantrieben sind die mit thermisch angetriebenen Fingern. Ein solcher Ansatz nutzt die Eigenschaft von Bimetallen aus, auf eine Erwärmung mit einer Krümmung zu antworten. Solche Bimetallstreifen sind eine feste Verbindung zweier Werkstoffe mit unterschiedlichen Temperaturkoeffizienten, zum Beispiel Aluminium ($23 \cdot 10^6$/K) und Silizium ($2,6 \cdot 10^6$/K). In **Bild 3.23** wird ein Greifer [3-7] mit einem solchen Thermoantrieb gezeigt.

Die Greiforgane bestehen aus 1,5 mm dicken Greifbacken. Jedes Paar besteht aus einem Greiferfinger und einem Widerstandskraftsensor mit einer Empfindlichkeit von etwa 600 Ω/N. Die Bewegung der Fingerspitzen verläuft proportional zur eingespeisten elektrischen Leistung.

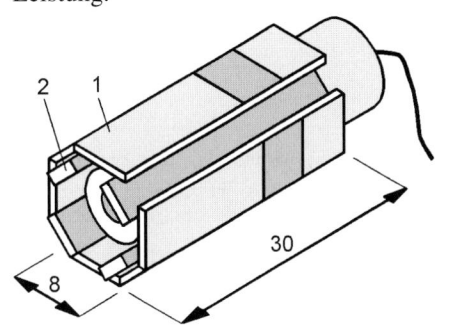

1 Bimetallfinger
2 Greifbacken aus Federstahl

Abmessungen in Millimeter

Bild 3.23: Thermisch angetriebener Mikrogreifer

Mit den oben angegebenen Ausgangsdaten ist die theoretische Bewegung der Fingerspitzen 750 nm/K. Für eine Fingerspitzenbewegung von 200 Mikrometer steigt die Fingertemperatur auf 300 °C an. Durch die recht gute thermische Leitfähigkeit des Siliziums kann der Greifer mit einer Frequenz von 15 Hz arbeiten, d.h. es sind 15 Greif- und Freigabezyklen je Sekunde möglich.

Auch Greifer mit einem Hitzedrahtantrieb wurden schon entwickelt [3-121].

Eine weitere thermisch basierte Antriebsart ist die Verwendung von Formgedächtnislegierungen, wie zum Beispiel NiTi-Draht. Sie haben die einzigartige Eigenschaft, zu einer vorher eingeprägten Form zurückzukehren, wenn sie erwärmt werden. Ein Ausführungsbeispiel ist in Bild 3.297 (Kapitel 3.5.1) zu sehen [3-8]. Obwohl damit größere Kräfte erzeugt werden können als mit elektrostatischen oder piezoelektrischen Greifern, ist die Reaktionszeit relativ langsam und die Lebensdauer ist auf etwa 1 Million Greifzyklen beschränkt. Für den Industrieeinsatz ist das deutlich zu wenig, für Applikationen zum Beispiel in der Medizintechnik aber durchaus hinreichend.

In der folgenden Tabelle werden die antriebsrelevanten Eigenschaften verschiedener Aktoren gegenübergestellt

Aktor	Energiedichte in J/cm^3	max. Verformung in %	max. Kraftdichte in N/mm^2	Reaktionszeit in s	Aktivierung
Pneumatik	0,2	-	0,8 (bei 8 bar)	10^{-1}	Druckluft
Piezo	$4,8 \cdot 10^{-4}$	0,2	30	10^{-3}	Spannung
Elektrostatik	0,4	-	0,1	10^{-3}	Spannung
Formgedächtnis	10,4	3	150	0,1 bis 1	Strom

3.1.2 Zangengreifer

Als Zangengreifer werden Greifer verstanden, deren Backen ein Greifobjekt durch Klemmung halten. Der Haltegriff wird meistens symmetrisch zur Greifermittelachse mit zwei Fingern ausgeführt. Diese Art kann man als stereomechanisch bezeichnen. Bewegen sich die Greiferfinger bogenförmig um einen gemeinsamen Drehpunkt, wird auch der Begriff „Scherengreifer" verwendet. Diese Begriffe werden aber in der Fachliteratur nicht einheitlich benutzt.

3.1.2.1 Systematik und Kinematik

Im Unterschied zur Haltekrafterzeugung mit einem Kraftfeld ist bei den Backengreifern immer ein mechanisches Bewegungssystem erforderlich, das zwei Hauptanforderungen genügen muss:

- Die Greiforgane müssen in definierter, meist objektbezogener Weise geführt werden.
- Die Bewegung der Greiforgane ist mit der Ausgangsbewegung des energiewandelnden Antriebselementes zu koppeln.

Nur in bewegungstechnisch sehr einfachen Fällen ist dazu ein Gelenk mit dem Freiheitsgrad $f = 1$ (Dreh-, Schub- oder Schraubgelenk) ausreichend. Einige Beispiele zeigt dazu das **Bild 3.24**.

Für Zangengreifer ist typisch, dass sich die Greiforgane bogenförmig schließen. Das bedeutet Mittelpunktsverlagerung bei Werkstücken mit verschiedenen Durchmessern, die sich ja schon aus Werkstücktoleranzen ergeben können (siehe dazu Bild 2.30).

3.1 Mechanische Greifer

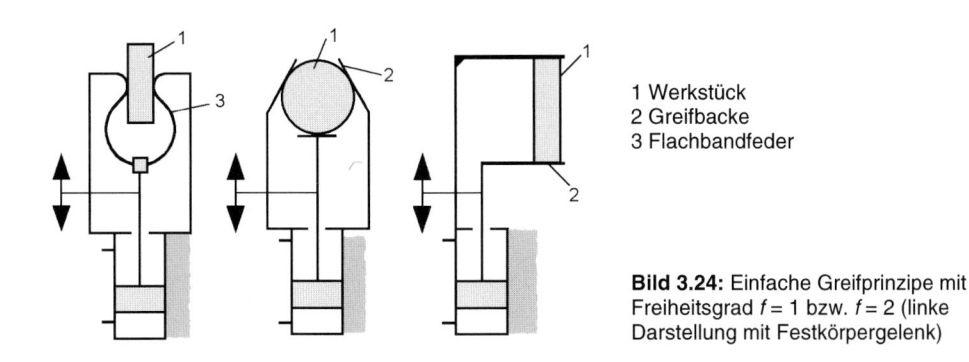

1 Werkstück
2 Greifbacke
3 Flachbandfeder

Bild 3.24: Einfache Greifprinzipe mit Freiheitsgrad $f = 1$ bzw. $f = 2$ (linke Darstellung mit Festkörpergelenk)

Im allgemeinen ist die Struktur mechanischer Backengreifer, mit der geradlinige oder rotatorische Antriebsbewegungen in eine Backenbewegung umgesetzt werden, viel reichhaltiger, denn es gibt viele geeignete Getriebe. Eine erste grobe Sicht gewährt das **Bild 3.25**.

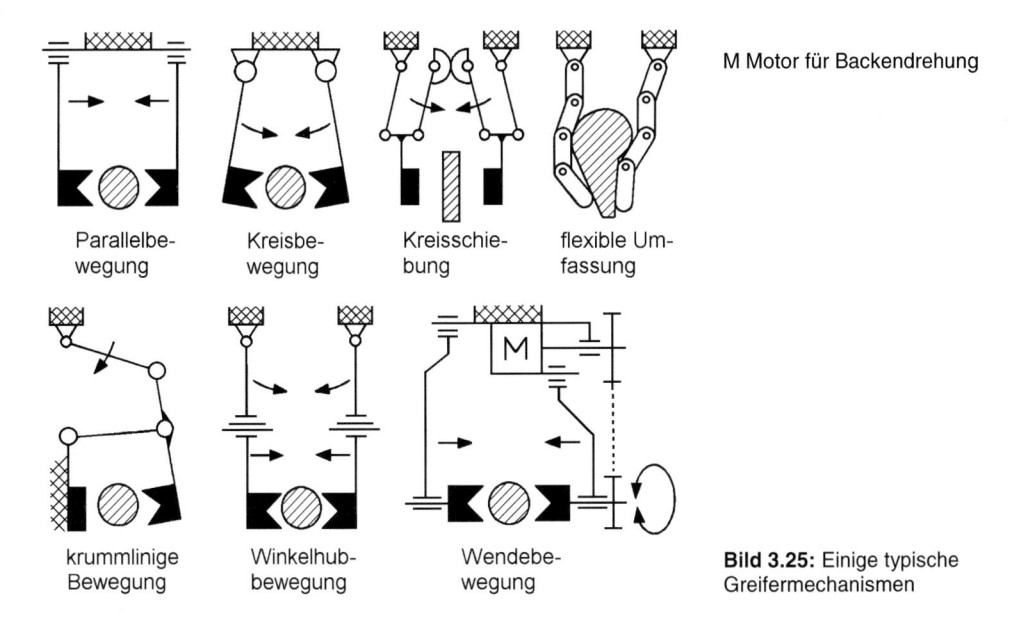

M Motor für Backendrehung

Parallelbewegung
Kreisbewegung
Kreisschiebung
flexible Umfassung

krummlinige Bewegung
Winkelhubbewegung
Wendebewegung

Bild 3.25: Einige typische Greifermechanismen

Es ist recht praktisch, wenn man ein Greifergetriebe auf einen Blick erfassen kann. Das ist dann möglich, wenn es auf das kinematische Schema reduziert ist. Der Anwender will erkennen, in welcher Art das Schließen der Greiforgane verläuft. Man unterscheidet in

- Parallelbewegung als Kurven-, Kreis- oder Geradenschiebung,
- Drehbewegung um einen festen Punkt und in
- allgemeine ebene Bewegung der Greiforgane.

Im allgemeinen ergeben sich bereits aus der symmetrischen Dopplung und Bewegungsverzweigung sowie aus der Forderung nach raumsparender Parallelführung der Greiferfinger mehrgliedrige kinematische Ketten. Sie werden in der Folge noch dargestellt.

Greifer sind Komponenten mit beweglichen Elementen, soweit es sich um mechanische Greifer handelt. Es gibt also Glieder mit einem definierten Getriebefreiheitsgrad.

> **Getriebefreiheitsgrad- oder Laufgrad**
>
> Anzahl der voneinander unabhängigen Antriebe in einer kinematischen Kette, die für die eindeutige zwangsläufige Bewegung aller Glieder erforderlich sind.

Für ebene Greifergetriebe, die nur Dreh- und Schubgelenke f_1 mit $f = 1$ besitzen, gilt als 1. Zwanglaufbedingung:

$$F = 3 \cdot (n-1) - \sum_{i=1}^{g} (3 - f_i) \qquad (3.29)$$

n Anzahl der Getriebeglieder
g Anzahl i an Gelenken
f_i i-ter Gelenkfreiheitsgrad

Sind auch Gleitwälz- und Kurvengelenke f_2 mit $f = 2$ einbezogen, so gilt für die 2. Zwanglaufbedingung

$$F = 3 \cdot (n-1) - 2 \cdot f_1 - f_2 \qquad (3.30)$$

Greifermechanismen lassen sich wie erwähnt als kinematische Kette darstellen. Für Zweibackengreifer ist die stereomechanische Ausbildung typisch. Das **Bild 3.26** zeigt eine viergliedrige kinematische Kette für einen Greifer im geöffneten und geschlossenen Zustand.

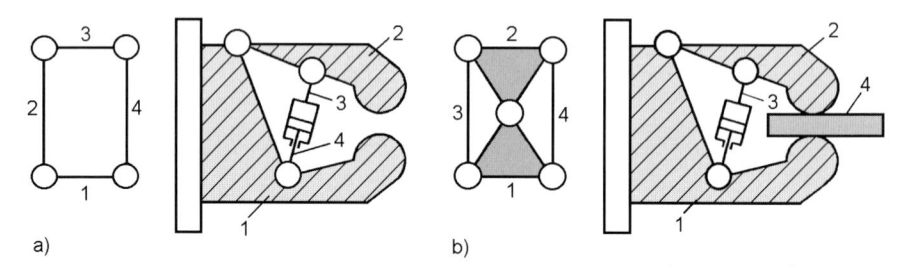

Bild 3.26: Greifer mit einem beweglichen Greiferfinger (Links: jeweils kinematische Kette)
a) Greifer geöffnet, $F = +1$, b) Werkstück gespannt, $F = -1$;

In **Bild 3.27** wird eine Systematik der Zangengreifer vorgestellt. Diese Greifermechanismen sind eben und mit ihnen lassen sich entweder ebene Punktführungen oder Ebenenführungen des Greiforgans verwirklichen. Hierbei bleibt unbeachtet, ob als Übertragungsgetriebe ein Hebel-, Kurven-, Kniehebel-, Räder- oder Keilschiebergetriebe eingesetzt wird.

Zangengreifer gehören zu den am häufigsten verwendeten Greiferbauformen. Sie lassen sich nach den Regeln der Getriebetechnik systematisch aus kinematischen Ketten entwickeln und meistens auch technisch gut realisieren, besonders bei den Varianten mit einem Antrieb ($F = 1$). Bei Greifern mit zwei Antrieben ($F = 2$) kann eine synchrone Klauenbewegung nur durch zusätzliche Getriebeglieder erreicht werden, zum Beispiel durch Zahnräder. Es wird lediglich ein Gliedpunkt des Greiforgans, welches einem Glied des Greifer-

3.1 Mechanische Greifer

getriebes entspricht, in der Ebene positioniert. Die Führung dieses Punktes kann bogenförmig, geradlinig, entlang spezieller Kurven oder auf einer allgemeinen Bahnkurve erfolgen.

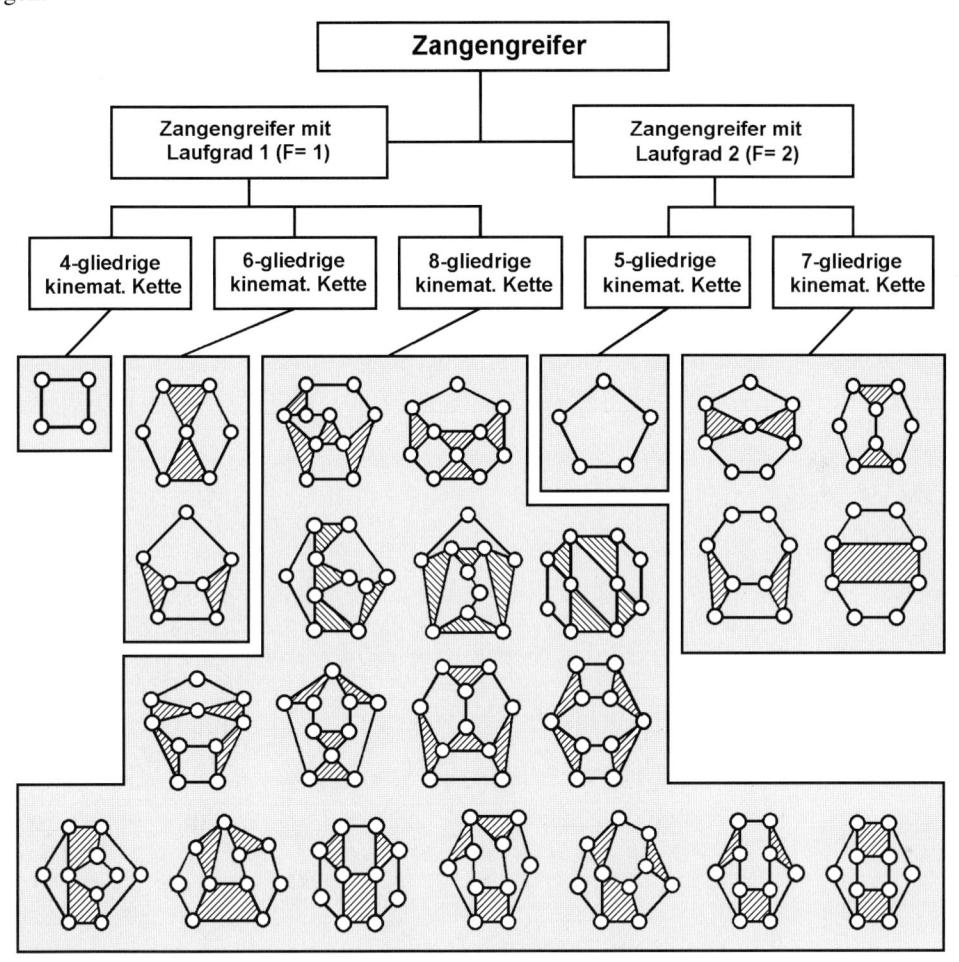

Bild 3.27: Systematik der kinematischen Ketten beim Zangengreifer

Ein Beispiel wird in **Bild 3.28** gezeigt. Um einen solchen Mechanismus als Greiforganbewegung verwenden zu können, müssen meistens noch Forderungen an die Orientierung der Greifbacken gestellt werden. Man muss dann auf eine Ebenenführung zugreifen.

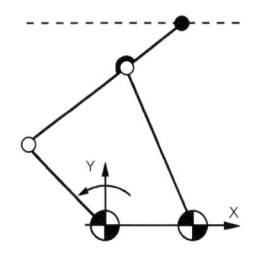

Bild 3.28: Führung eines Punktes auf einer Geraden

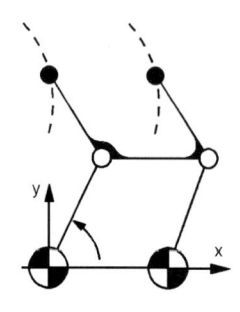

Sie erlaubt funktionsgerechtes Anpacken durch die Greifbacken auch bei unterschiedlich großen Greifobjekten. Ein solches Getriebe wird in **Bild 3.29** gezeigt. Durch die dort realisierte Bewegungsform wird allerdings der Mittelpunkt des Greifobjekts verschoben. Damit verschiebt sich letztlich auch der Masseschwerpunkt des Greifers.

Bild 3.29: Führung einer Ebene (Kreisparallel-Führung)

Weitere Getriebe zur genauen bzw. zur angenäherten Geradführung werden in **Bild 3.30** als kinematische Schemata gezeigt.

Bei der Auswahl einer Greiferkinematik ist weiterhin der Verlauf der erreichbaren Greifkraft F_G in Abhängigkeit vom Antriebsweg S_A zu berücksichtigen. Davon hängt der sichere Halt des Handhabungsobjekts im Greifer ab, wobei die Oberfläche des Greifobjekts jedoch nicht durch zu große Greifkraft beschädigt werden darf (Nachrechnung der Flächenpressung vornehmen).

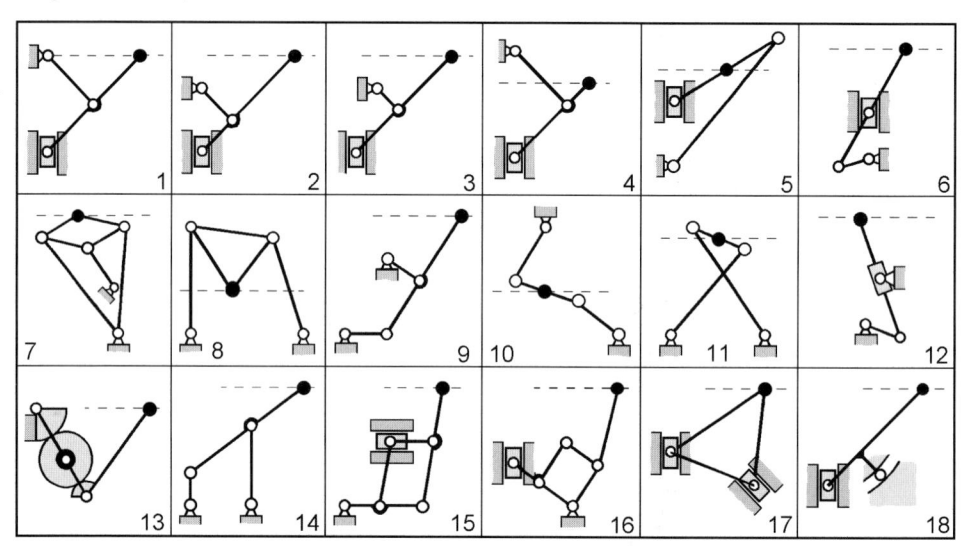

Bild 3.30: Kinematische Schemata für Geradführungsgetriebe
1 Gleichschenklige zentrische Schubkurbel, 2 zentrische Schubkurbel, 3 allgemeine Schubkurbel, 4 bis 6 zentrische Schubkurbel, 7 Inverso von *Peacellier*, 8 *Roberts'scher* Lenker, 9 *Evans*-Lenker, 10 *Watt'scher* Lenker, 11 *Tschebyschew*-Führung, 12 Konchoidenlenker, 13 Gelenkarm, 14 Lemniskaten-Lenker, 15 Pantograph, 16 Plagiograph, 17 Doppelschieber, 18 kurvengeführter Lenker

Am Beispiel des Zangengreifers sei gezeigt, wie sich der Greifkraftverlauf darstellt. Das wird in **Bild 3.31** dargestellt. Der Verlauf hängt von den Übertragungsfunktionen 0. und 1. Ordnung des zugrunde liegenden Getriebes ab. Aus dem Greifkraftverlauf sind spezielle Anforderungen an die kinematische Struktur abzuleiten.

Die Begriffe Greifwegkennlinie und Greifkraftkennlinie werden wie folgt definiert:

3.1 Mechanische Greifer

Greifwegkennlinie
Sie gibt den Zusammenhang zwischen Greifweg S_G und Antriebsweg S_A wieder. Der funktionelle Zusammenhang wird als Übertragungsfunktion bezeichnet.

Greifkraftkennlinie
Sie zeigt, wie sich der Verhältniswert F_G/F_A über den Antriebsweg verändert (F_G Greifkraft, F_A Antriebskraft). Das Verhältnis wird als Übersetzungsverhältnis bezeichnet.

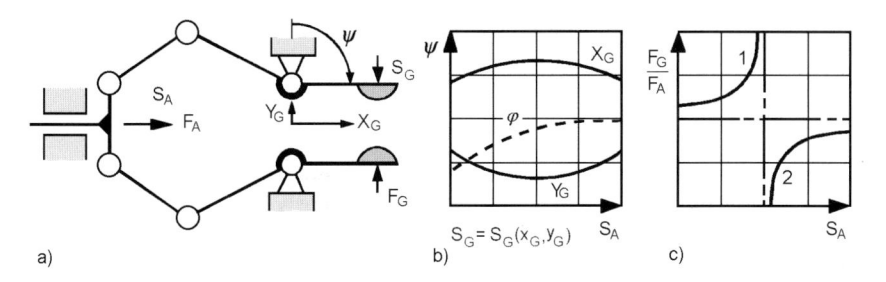

Bild 3.31: Greifkraftverlauf bei einem Zangengreifer
a) kinematisches Schema, b) Übertragungsfunktion 0. Ordnung, c) Greifkraftverlauf, 1, 2 Bewegungsbereich, F_A = konstant, X_G und Y_G Objektachsen, φ Antriebswinkel, ψ Abtriebswinkel

Das Beispiel zeigt, dass durch die Kniehebelwirkung der Mechanik innerhalb eines eng begrenzten Bereiches sehr große Greifkräfte erzeugt werden können. Bei gleichem Richtungssinn der Antriebskraft hat jedoch die Greifkraft vor und nach dem Totpunkt der Kniehebelbewegung unterschiedlichen Richtungssinn. Im Bild ist das mit Bewegungsbereich 1 und 2 bezeichnet.

Ein Zangengreifer mit konstantem Greifkraftverlauf wird im Vergleich dazu in **Bild 3.32** gezeigt.

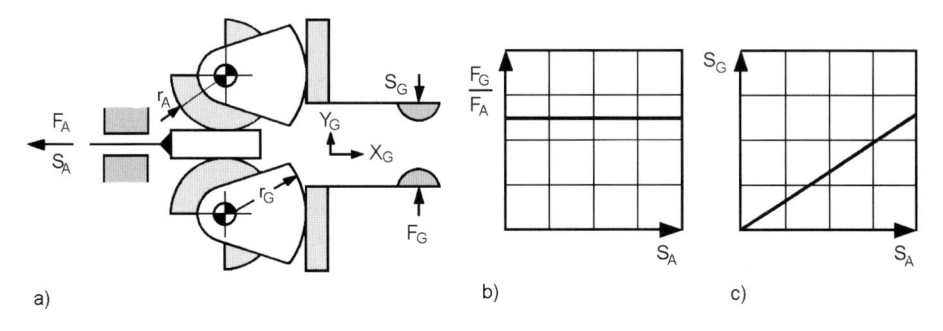

Bild 3.32: Greifkraftverlauf bei einem Parallelbackengreifer
a) kinematisches Schema, b) Greifkraftverlauf, c) Übertragungsfunktion

Das Zahnstange-Zahnrad-Getriebe übersetzt gleichmäßig. Als Greifkraftkennlinie erhält man $F_G/F_A = r_A/r_G$ = konstant. Sie ist also unabhängig von der jeweiligen Position der Greiferfinger. Die Übertragungsfunktion ist nur bei Rädergetrieben linear. Bei vielen anderen Getrieben ist sie nichtlinear.

Beim Greifer nach **Bild 3.33** werden die Greifbacken parallel zueinander auf einer Kreisbahn geführt. Auch hier prägt sich der Kniehebeleffekt im Greifkraftverlauf aus.

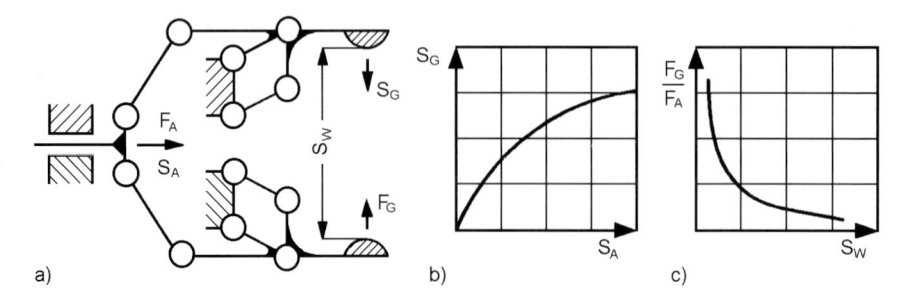

Bild 3.33: Greifkraftverlauf bei einem Greifer mit Kreisschiebung der Backen
a) kinematisches Schema, b) Übertragungsfunktion, c) Greifkraftverlauf, S_w Greifweite

Die Hebelverhältnisse wirken sich auch auf die Geschwindigkeit der Backenbewegungen aus. Zur Charakterisierung wird das Übersetzungsverhältnis als Parameter benutzt.

> **Übersetzungsverhältnis**
> Verhältnis der Geschwindigkeit des Antriebs zur Geschwindigkeit der Greifbacken.

Es kann bei einer kinematischen Lösung unterschiedlichen Verlauf aufweisen:

- Übersetzungsverhältnis ist über den Backenhub konstant
- Übersetzungsverhältnis ist über den Backenhub steigend oder fallend
- Übersetzungsverhältnis hat über den Backenhub ein Minimum oder ein Maximum

In vielen Fällen werden Greifer gewünscht, die ein Werkstück auf Greifbackenmitte ausrichten, also einen Selbstzentriereffekt aufweisen. Während des Greifvorganges werden bei dem in **Bild 3.34** dargestellten Greifer die Objekte geradlinig parallel geführt und auf die Greifermittelachse positioniert [3-9]. Die Greifer bauen kinematisch auf einem sechsgliedrigen Getriebe auf, das aus der *Watt'schen* Kette abgeleitet ist.

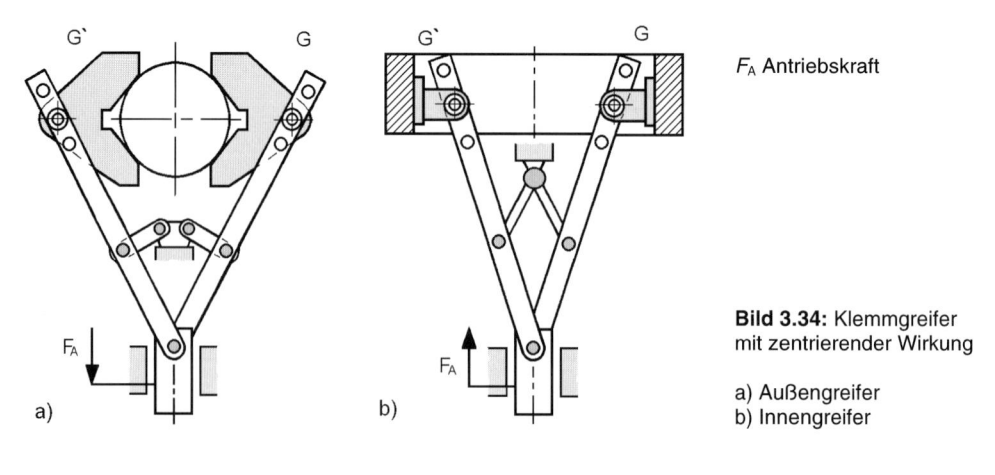

F_A Antriebskraft

Bild 3.34: Klemmgreifer mit zentrierender Wirkung
a) Außengreifer
b) Innengreifer

3.1 Mechanische Greifer

Beim Greifer nach **Bild 3.34a** werden die Punkte G und G' auf einer angenäherten Geraden geführt, beim Innengreifer werden die Anlenkpunkte der Greifbacken dagegen exakt gerade geführt.

Ein anderes Thema ist der Greifkraftausgleich, wenn ein Teil gleichzeitig an mehreren Punkten klemmend gegriffen werden soll. Bei dem kinematischen Aufbau nach **Bild 3.35** geschieht das rein mechanisch. Die Klemmbacken stellen sich selbst relativ zur Lage des zu greifenden Werkstücks ein. Von Nachteil sind die vielen Gelenke. Alternativ könnte man zwei Standardgreifer mit Parallelbackengreifer einsetzen, von denen ein Greifer schwimmend am Greifsystem befestigt sein muss.

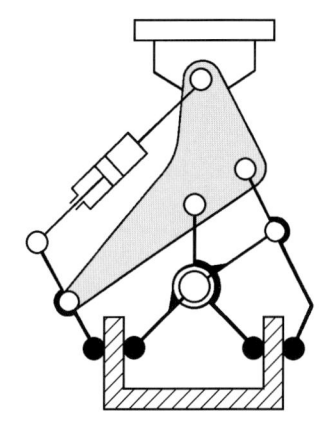

Bild 3.35: Greifer mit selbsttätigem Greifkraftausgleich

3.1.2.2 Parallelgreifer

Beim Parallelbackengreifer bewegen sich beide Greifbacken parallel aufeinander zu. Das ist der Normalfall. Es gibt aber auch Greifer, bei denen nur eine Backe (Grundbacke) beweglich ist. Ein Beispiel wird in **Bild 3.36** vorgestellt. Der Greifer hat gewissermaßen ein schraubstockähnliches Verhalten.

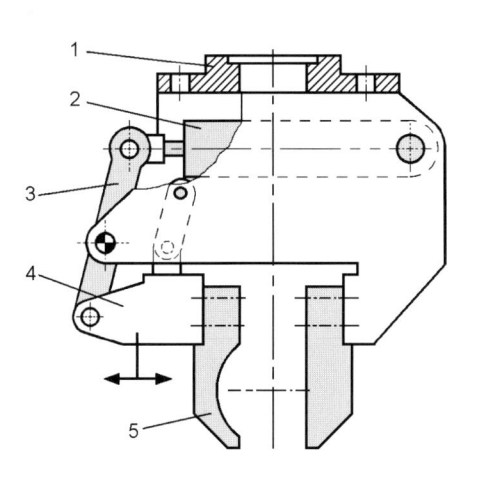

1 Grundkörper
2 Hydraulikzylinder
3 Hebel
4 Gelenkglied
5 bewegliche Greifbacke

Bild 3.36: Greifer mit einer feststehenden Greifbacke

Greifer mit nur einem beweglichen Finger sind im Aufbau sehr einfach. Bei den in **Bild 3.37 (links)** gezeigten Greifer erfolgt der Antrieb mit einem üblichen Standard-Kurzhubzylinder [3-10]. Dieser Pneumatikzylinder ist in einen Gehäuseaufbau eingelassen und treibt den beweglichen Finger an. Der Rückhub wird von einer Druckfeder im Zylinder ausgeführt. Da diese Zylinder mit Nuten ausgestattet sind, lassen sich induktive Zylinderschalter einbauen, mit denen man die Kolbenendstellungen erfassen kann. Der Greifer ist sehr robust und kann auch für große Greifkräfte ausgelegt werden.

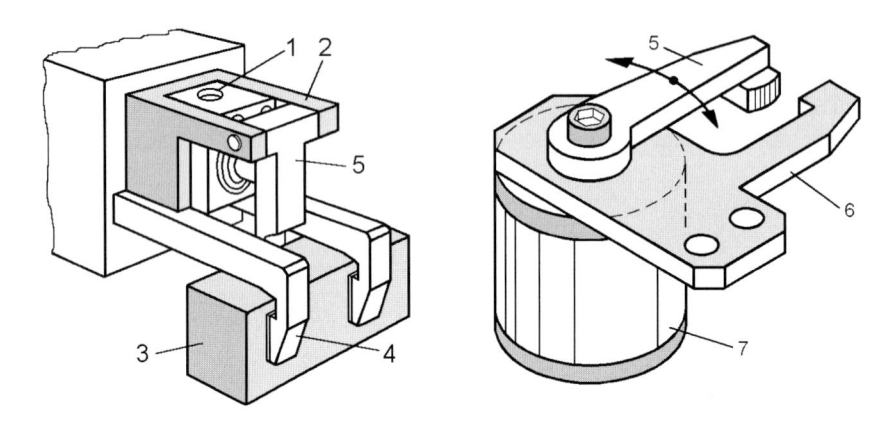

Bild 3.37: Greifer mit einem beweglichen Finger
1 Pneumatikanschluss, 2 Gehäuseaufbau, 3 Greifobjekt, 4 Halteklaue, 5 Greiferfinger, 6 Festfinger, 7 Drehkolbenaktor (*bar*)

Im zweiten Beispiel (**Bild 3.37 rechts**) wurde ein spezieller Pneumatikzylinder eingesetzt. Die Hubbewegung des Kolbens im Innern des Zylinders wird auf mechanische Weise in eine Drehbewegung der Kolbenstange umgewandelt. Es ist also kein pneumatischer Drehflügelantrieb.

Für die sehr häufig angewendeten Parallelbackengreifer hat man sehr unterschiedliche pneumatische und elektromechanische Antriebe (Motor und Getriebe) entwickelt. Meistens werden mehr oder weniger aufwändige Übertragungsgetriebe gebraucht, um die erforderliche Anpassung der Bewegungscharakteristik zu erreichen. Das **Bild 3.38** zeigt eine kleine Auswahl. Bei den meisten Greifern sind die Backenbewegungen synchronisiert, d.h. sie schließen gleichmäßig die Backen auf Greifermitte. Der Greifer links unten bewegt jedoch seine Backen unabhängig voneinander. Er ist besonders für das Aufnehmen feststehender bzw. noch fest eingespannter Werkstücke zu gebrauchen, weil dann der Manipulatorarm beim Greifen nicht in eine von der programmierten Position abweichende Position gezwungen wird. Die Greifbacken stellen sich also selbstständig bezüglich der genauen Greifposition ein.

Zu beachten ist, dass die Wiederholgenauigkeit beim Greifen in starkem Maße von der Kinematik abhängt. Je mehr bewegliche Glieder im Kraftfluss liegen, desto stärker wirkt sich das Spiel in den Gelenken aus und desto verschleißanfälliger ist der Greifer insgesamt. Es muss immer ein Kompromiss zwischen der erreichbaren und der notwendigen Greifgenauigkeit eingegangen werden.

3.1 Mechanische Greifer

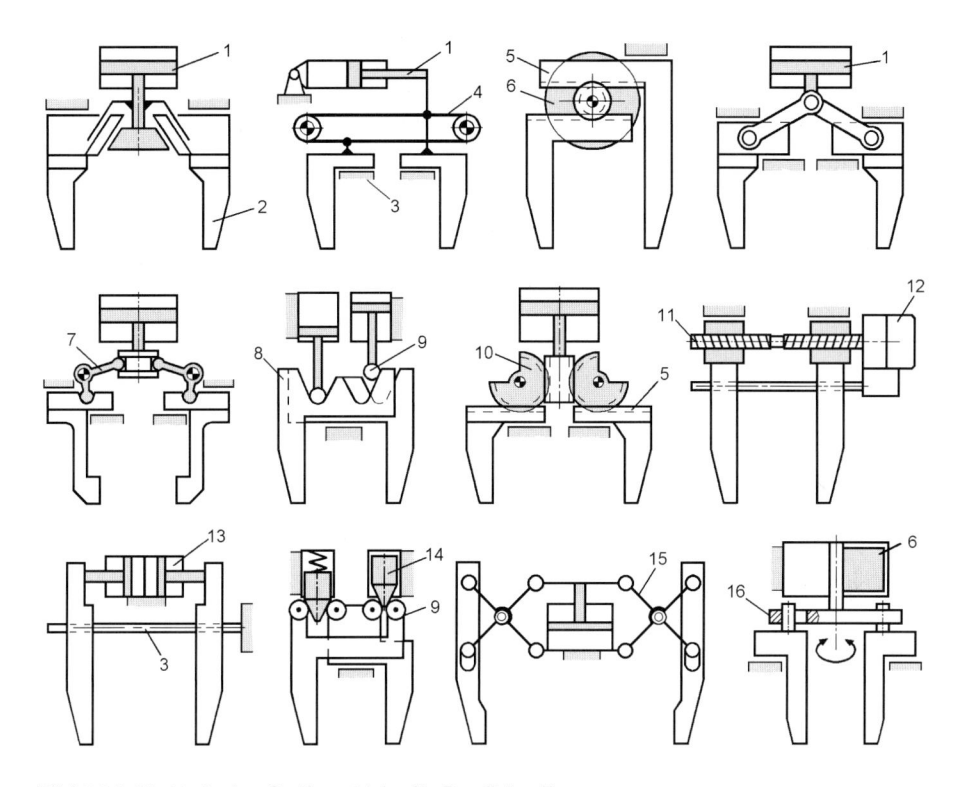

Bild 3.38: Marktgängige Greiferantriebe für Parallelgreifer
1 Pneumatikzylinder, 2 Greiferfinger, 3 Geradführung, 4 Zahnriemen, 5 Zahnstange, 6 pneumatischer Drehflügel, 7 Winkelhebel, 8 Keilschieber, 9 Rolle, 10 Zahnsegment, 11 Rechts-Links-Gewindespindel, 12 Getriebemotor, 13 Zylinder-Doppelanordnung, 14 Pneumatikkolben, 15 Scherengetriebe, 16 Nutkurvenscheibe

Die dargestellten Greifer schließen ihre Greifbacken durch Geradschiebung parallel. Weitere Getriebevarianten werden in **Bild 3.39** als kinematisches Schema gezeigt.

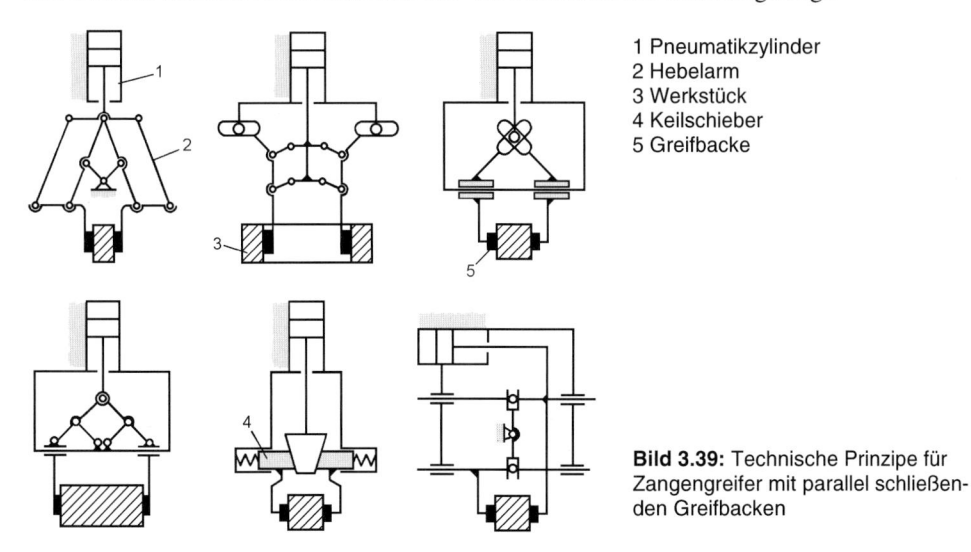

1 Pneumatikzylinder
2 Hebelarm
3 Werkstück
4 Keilschieber
5 Greifbacke

Bild 3.39: Technische Prinzipe für Zangengreifer mit parallel schließenden Greifbacken

Als Antrieb sind hier generell pneumatische Aktoren eingesetzt.

Das **Bild 3.40** zeigt schließlich hierfür einige Berechnungsansätze für die Greifkraft F. Dazu soll dann anschließend ein Beispiel vorgerechnet werden.

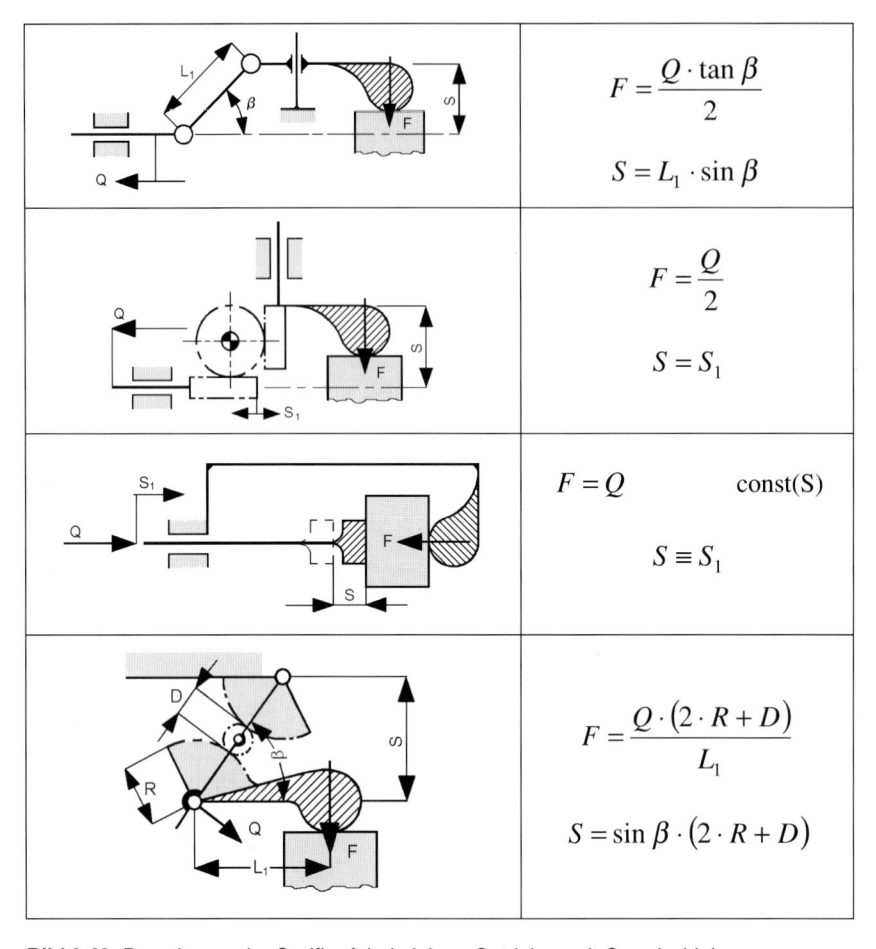

	$F = \dfrac{Q \cdot \tan \beta}{2}$ $S = L_1 \cdot \sin \beta$
	$F = \dfrac{Q}{2}$ $S = S_1$
	$F = Q$ $\quad$ const(S) $S \equiv S_1$
	$F = \dfrac{Q \cdot (2 \cdot R + D)}{L_1}$ $S = \sin \beta \cdot (2 \cdot R + D)$

Bild 3.40: Berechnung der Greifkraft bei einigen Getrieben mit Geradschiebung

Beispiel

Welcher Kolbendurchmesser eines Pneumatikzylinders wird bei der in **Bild 3.41** dargestellten Greifaufgabe bei der vorgegebenen Greiferkinematik gebraucht?

Ausgangsdaten:
- Werkstückmasse $\quad m = 1$ kg
- Sicherheitsfaktor $\quad Si = 2$
- Beschleunigung in der Z-Achse $\quad a = 8$ m/s^2
- Reibungskoeffizient $\quad \mu = 0{,}15$
- Druckluftnetz $\quad p = 6$ bar

Mit der Gleichung aus **Bild 2.45** erhält man für die Greifkraft F_G folgenden Wert:

3.1 Mechanische Greifer

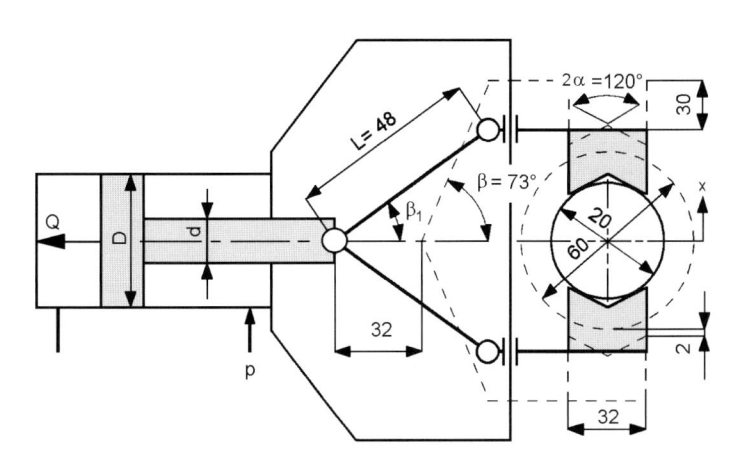

$$F_G = \frac{m(g+a)}{2\cdot\mu}\cdot\sin\alpha\cdot Si = \frac{1\,kg\,(9{,}81\,m/s^2 + 8\,m/s^2)}{2\cdot 0{,}15}\cdot\sin 60^0\cdot 2 = 103\,N$$

d Kolbenstangendurchmesser
D Kolbendurchmesser
Q Kolbenkraft
p Druck

Bild 3.41: Kinematik und Beispielangaben

Für das Getriebe zur Parallelführung der Greiferfinger kann nach **Bild 3.40** von folgender Gleichung ausgegangen werden:

$$F_G = \frac{Q\cdot\tan\beta_1}{2} \rightarrow Q = \frac{2\cdot F_G}{\tan\beta_1}$$

Den Winkel β_1 erhält man aus den konstruktiven Abmessungen in folgenden Schritten:

$$\sin\beta = \frac{x}{L} \rightarrow x = 0{,}956\cdot 48\,mm = 46\,mm$$

Wird der Backenhub von 30 mm abgezogen, gilt

$$\sin\beta_1 = \frac{(46-30)}{L} = \frac{16}{48} = 0{,}33 \rightarrow 19°$$

Damit wird die Antriebskraft Q

$$Q = \frac{2\cdot 103\,N}{\tan 19°} = \frac{2\cdot 103\,N}{0{,}344} = 598{,}8\,N$$

Ausgewählt wird ein Pneumatikzylinder mit d = 40 mm Kolbendurchmesser und 40 mm Hub (Kolbenstangendurchmesser 12 mm). Die maximale (theoretische) Kraft auf der Kolbenstangenseite ist

$$F_{zyl} = p\cdot A = 6\,bar\cdot\frac{\pi}{4}(D^2-d^2) = 6\cdot 10^5\,\frac{N}{m^2}\cdot\frac{\pi}{4}(0{,}04^2-0{,}012^2)\,m^2 = 686\,N$$

Der Zylinder ist ausreichend groß. Manchmal gelingt es, durch geringfügige Zurücknahme des eingerechneten Sicherheitsfaktors, den nächst kleineren Zylinder festzulegen.

Das **Bild 3.42** zeigt nun vereinfacht einige konstruktive Lösungen für die Übertragung von Antriebsbewegungen auf die Greiferfinger bzw. Grundbacken. Bei der Lösung nach **Bild 3.42a** ist der Kurvenschieber noch ein zweites Mal spiegelbildlich vorhanden und bewegt den rechten Greiferfinger. Die Greifbacken bewegen sich also synchron zueinander. Beim Greifer nach **Bild 3.42b** werden zwei Pneumatikkolben hintereinander eingesetzt, wobei beide Kolben über Rolle und Hebel miteinander und mit dem Finger verbunden sind. Beim Außengriff bewegt sich die Kolbenstange nach unten und der obere Kolben nach oben. Beide Bewegungen überlagern sich.

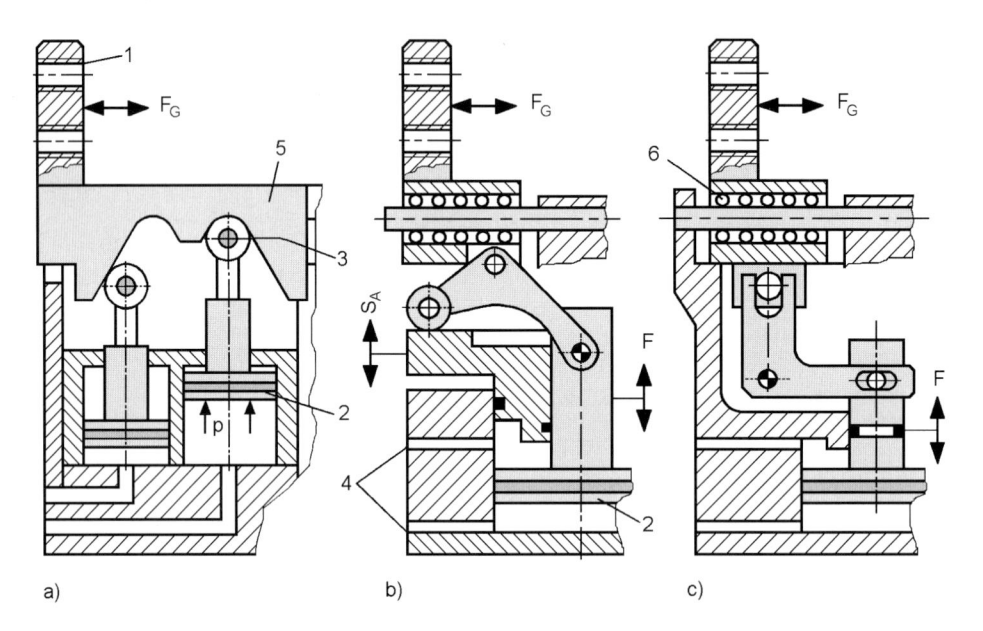

Bild 3.42: Parallelbackengreifer mit pneumatischem Antrieb
a) Einzelkolbenantrieb für Öffnen und Schließen, b) Doppelkolbenantrieb (*SMC*), c) Winkelhebelübertragung, 1 Grundbacke, Finger, 2 Kolben, 3 Rolle, 4 Druckluftanschluss, 5 Kurvenschieber, 6 Geradführung, F_G Greifkraft, F Kolbenkraft, p Druck, S_A Kolbenweg

In **Bild 3.42c** wird die Kolbenbewegung über einen Winkelhebel auf den Greiferfinger gebracht. Zur Verminderung der Grundbackenreibung sind Wälzlager zur Geradführung eingesetzt.

Bei den pneumatisch angetriebenen Greifern darf die Schließgeschwindigkeit nicht zu groß sein, weil dann beim Erreichen der Endposition Gelenke und Finger einem Stoß ausgesetzt werden (**Bild 3.43**). Das bedeutet Überlastung und vorzeitiger Ausfall meistens durch einen Dauerbruch an der am meisten belasteten Stelle. Deshalb sind Zuluftdrosselventile vorzusehen, mit denen die Schließgeschwindigkeit eingestellt werden kann. Bei vielen pneumatischen Greifern sind sie bereits am Greifer angebracht. Man beginnt die Einstellung mit einem fast geschlossenen Drosselventil.

3.1 Mechanische Greifer

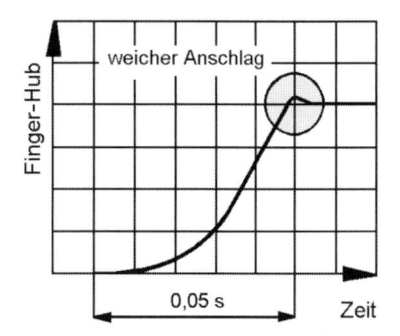

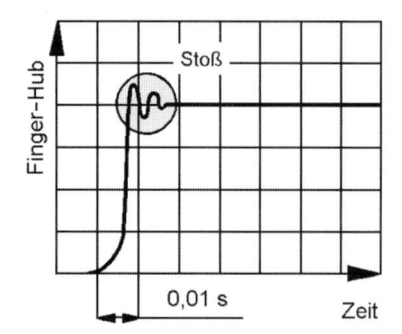

Bild 3.43: Zu kleine Schließzeiten führen zu einer Stoßbelastung der bewegten Elemente des Greifers.

Greiferfinger sind stark belastet, so dass es bei ungenügender Auslegung von Querschnitt und Form der mechanischen Teile zum Dauerbruch an Stellen mit hohen Kerbspannungen kommen kann. Gelegentliche Ermüdungsbrüche an solchen Ecken (**Bild 3.44**) lassen sich durch Kreiskerben (**Bild 3.44a**) nicht sicher verhindern. Deshalb ist hier eine Gestaltoptimierung angeraten. Nach [3-11] kann dazu die CAO-Methode (*Computer Aided Optimization*) angewendet werden.

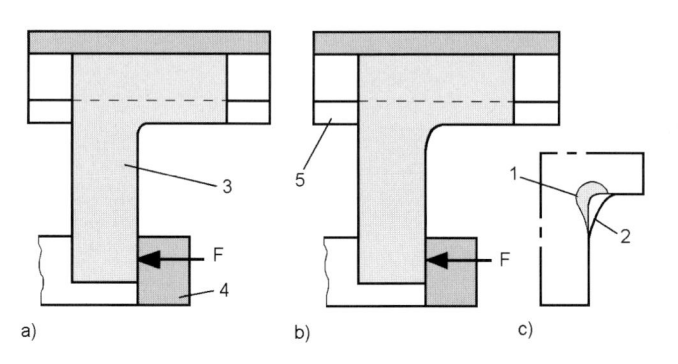

1 Spannungsfeld nicht optimiert
2 optimierter Verlauf
3 Finger
4 Werkstück
5 Fingerführung

Bild 3.44: Beispiel einer Fingeroptimierung (Innengriff)

a) nicht optimierte Gestalt
b) optimierte Gestalt
c) Kontur im kritischen Bereich

Sie bewirkt eine gleichverteilte Spannung auf der Bauteiloberfläche, durch Wachstum an überbelasteten Bereichen und Schrumpfen an unterbelasteten Gebieten. Das Thema wurde bereits 1934 zuerst (und ohne Computer) bearbeitet [3-12]. Ausgangspunkt der CAO-Methode ist eine FEM-Struktur des Bauteils, deren Knoten sich unter Belastungen verschieben. Die sich daraus ergebenden *Van-Mises-Spannungen* werden formal einer fiktiven Temperaturverteilung gleichgesetzt, wobei Orte mit höchster mechanischer Spannung sich als „heißeste" Orte darstellen. Es folgen weitere FEM-Rechenschritte und Beachtung der thermischen Belastung. Nach mehreren Rechenschleifen sind die Kerbspannungen abgebaut und die dazugehörige Gestalt des Bauteils ist optimiert. Die damit in der Praxis erreichten Ergebnisse sind sehr überzeugend.

Außer der Fingerform ist selbstverständlich die Führung der Finger im Greifergehäuse wichtig und qualitätsbestimmend. Folgende Eigenschaften sind einer Betrachtung wert:

- Reibungsverhältnisse
- Bewegungsverhalten

- Kontaktverformung
- Verschleißverhalten
- Flächenpressung in den Führungen
- Verlagerung von Führungsflächen

Bei der Führung der Grundbacken ist zu unterscheiden in

- Gleit- und Wälzführungen sowie in
- Rund- und Mehrkantführungen.

Drehgelenke lassen sich mit geringeren Kosten herstellen als Gleitführungen, sind praktisch reibungsfrei und neigen kaum zum Verklemmen. Werden ausgewählte Hebelgetriebe eingesetzt, lassen sich damit auch mechanische Greifer aufbauen, die zu einer angenäherten oder exakten Schiebebewegung fähig sind. Nicht immer gelingt es aber, die sich bewegenden Hebel in einem kleinsten Bewegungsraum zu halten.

Für die Geradführung werden oft Gleitlagerungen verwendet, weil sie unempfindlicher gegenüber Stößen und zudem relativ preiswert herstellbar sind. Bei Wälzführungen können die Finger länger ausgeführt werden, weil die Reibung kleiner ist und das Verkanten (Schubladeneffekt) wegen ungünstiger Führungslänge nicht auftritt. Was nicht an Reibung in der Führung aufgezehrt wird, kommt der Greifkraft zugute und damit auch dem Wirkungsgrad. Er kann doppelt so hoch sein, wie bei gleitgelagerten Fingern. In **Bild 3.45** werden einige Fingerführungen gezeigt.

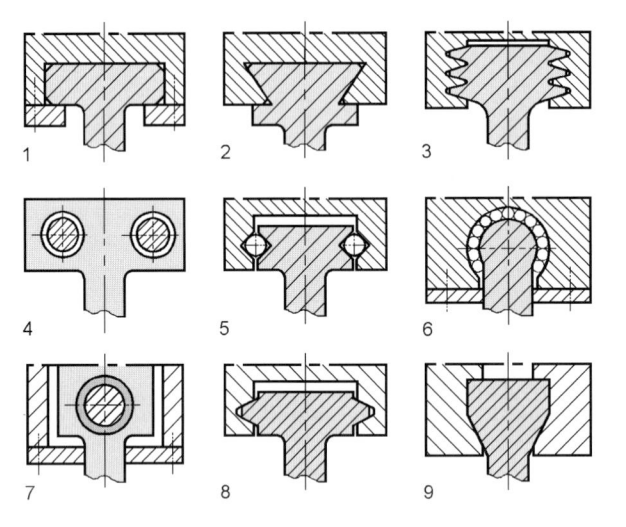

1 Flachführung
2 Schwalbenschwanzführung
3 Vielzahnführung
4 Doppelrundführung
5 Kugelführung
6 offene Wälz-Rundführung
7 Rundführung
8 Dachführung
9 Trapezführung

Bild 3.45: Einige Beispiele für Fingerführungen

Bei Gleitführungen ist stets ein Führungsspiel erforderlich, damit die Finger leicht gleiten. Wirkt die Kraft F auf den Finger, dann entsteht das Kraftmoment M, was zum Verkippen des Fingers bzw. der Grundbacke führt (**Bild 3.46**). Dieses Drehmoment ist bei allen Führungen vorhanden, wenn Kräfte außerhalb der Schwerpunktlinie wirken. Je kleiner der Verkippwinkel β, desto geringer ist die Kraftkomponente, die versucht, am Punkt I den Schieber in die Führung „einzuhaken". Der Verkippwinkel sinkt, wenn das Verhältnis aus Steglänge L zu Steghöhe h steigt (L/h).

3.1 Mechanische Greifer

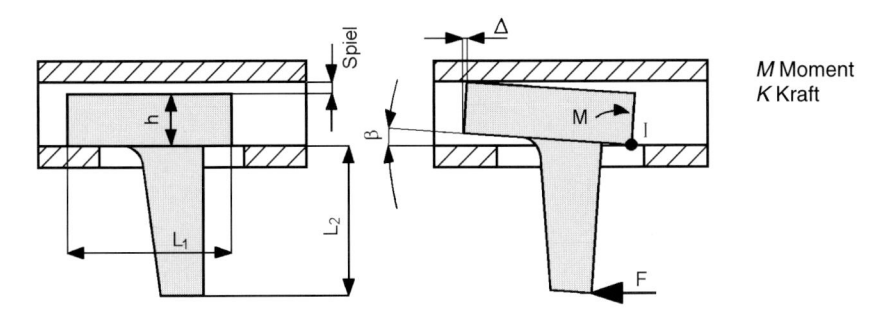

Bild 3.46: Verkippung von Greiferfingern in der Geradführung (Führungsverhältnis $L_2 : L_1$)

Eine konstruktive Variante, wie man die Abstützung der Greiferfinger verbessern kann, wird in **Bild 3.47** vorgestellt. Es wurde die Führungslänge L_1 vergrößert (siehe dazu auch Bild 3.50).

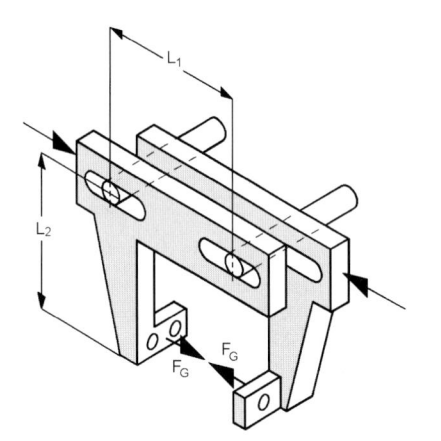

L_1 Abstand der Führungsbolzen
L_2 Fingerlänge
F_G Greifkraft

Bild 3.47: Verbesserung des Führungsverhältnisses $L_2 : L_1$

Die Abnutzung der gleitenden Flächen wird auch durch das Spiel in der Führung beeinflusst. Starkes Verkippen der Grundbacken, an denen die Greiferfinger befestigt sind, führt zu punktuellen Kontaktkräften an den Abstützpunkten. Das erhöht die Flächenpressung und kann mit der Zeit zu Rattermarken führen. Vorzeitiger Verschleiß ist dann die Folge. Eine großzügig lange und breitflächige Führung, so wünschenswert sie wäre, ergibt aber andererseits einen klobigen und damit auch schweren Greifer. Kurzum: eine Greiferkonstruktion ist immer eine Gratwanderung zwischen den Vor- und Nachteilen konstruktiver Details.

Ist die Führungslänge groß und der Reibungskoeffizient in der Führung klein, dann können auch die Finger lang sein, ohne in der Führung zu verkanten. Der allgemeine mechanische Zusammenhang wird in **Bild 3.48** an einer einfachen Zylinderführung demonstriert. An dieser Führung ergeben sich unter Last Stützpunkte, an denen man den Reibungswinkel ρ antragen kann. Der Schieber 1 verklemmt sich, wenn die Wirkungslinie der Greifkraft F_G durch die Überdeckungsfläche 4 der beiden Reibungskegel 3 führt. Die zulässige Fingerlänge L_F hängt somit in erster Näherung vom Reibungskoeffizienten μ ($\mu = \tan\rho$) und der Führungslänge L des Schiebers ab.

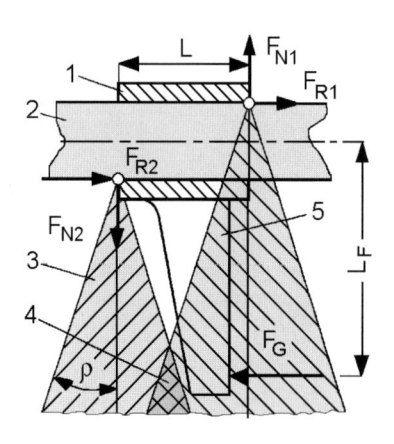

1 Schieber
2 Rundführung (Durchmesser *d*)
3 Reibungskegel
4 Überdeckungsfläche
5 Finger

F_G Greifkraft
F_R Reibungskraft
F_N Stützkraft
ρ Reibungswinkel
L Führungslänge
L_F Fingerlänge

Bild 3.48: Kräfte an einer Zylinderführung

Aus den folgenden drei Gleichgewichtsbedingungen ergibt sich:

$\sum F_x = 0 = +F_{R1} + F_{R2} - F_G$ (3.31)

$\sum F_y = 0 = +F_{N1} - F_{N2}$; also ist $F_{N1} = F_{N2}$ und damit auch $F_{R1} = F_{R2}$ (3.32)

$\sum M_{(II)} = 0 = -F_{R1} \cdot d + F_{N1} \cdot L - F_G \cdot (L_F - (d/2))$ (3.33)

Mit $F_R = F_N \cdot \mu$ und $F_G = 2 \cdot F_R$ aus Gleichung (3.31) wird nun die Gleichung (3.33) weiterentwickelt zu

$F_N \cdot \mu \cdot d - F_N \cdot L + 2 \cdot F_N \cdot \mu (L_F - (d/2)) = 0$ (3.34)
$\mu \cdot d - L + 2 \cdot \mu \cdot L_F - 2 \cdot \mu \cdot (d/2) = 0$

Daraus ergibt sich die Führungslänge

$L = 2 \cdot \mu \cdot L_F$ (3.35)

Bei $L < 2 \cdot \mu \cdot L_F$ klemmt sich die Buchse fest, bei $L > 2 \cdot \mu \cdot L_F$ gleitet sie. Festklemmen oder Gleiten ist damit unabhängig von der verschiebenden Kraft F_G.

Eine interessante Lösung ist da der in **Bild 3.49** skizzierte Greifer mit einer Vielzahn-Fingerführung.

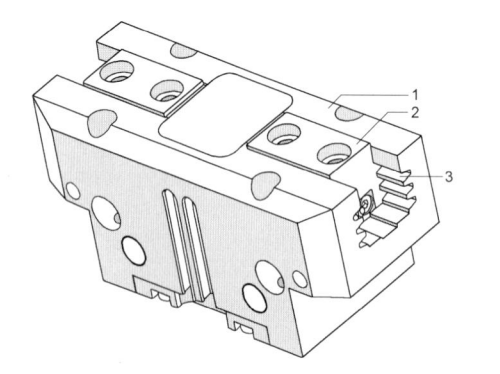

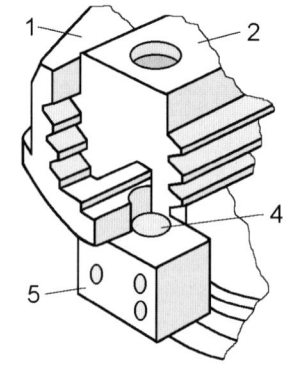

Bild 3.49: Robuster Universalgreifer mit Präzisions-Vielzahnführung; in 8 Baugrößen (*SCHUNK*)
1 Greifergehäuse, 2 Grundbacke, 3 Vielzahn-Gleitführung, 4 Sensoreinbauöffnung, 5 Sensorhalterung

3.1 Mechanische Greifer

Diese Führung ist eine Parallelanordnung mehrerer schmaler Prismenführungen. Bei den Schmalführungen ist es einfacher, ein günstiges Führungsverhältnis L/H (Führungslänge zu Führungshöhe) zu gestalten. Das wirkt dem „Schubladeneffekt" entgegen. Gleichzeitig werden Kräfte und Momente auf mehrere Führungsflächen verteilt, wodurch die Flächenpressung vermindert wird. Weil der Verschleiß einer Führung von Bauteilhärte, Flächenpressung, Verschmutzung und Schmierung abhängt, ist diese Geradführung auch beanspruchungsgerechter. Die Grundbacken werden übrigens eingeläppt, damit man ein kleines Führungsspiel (0,01 Millimeter) sicherstellen kann.

Ein anderes Argument für eine Mehrfachführung ist die gezielte Überbestimmung, welche sich zwangsläufig aus Fertigungsungenauigkeiten ergibt. Das führt wiederum zu einem gegenseitigen kompensieren des Spiels der „Einzelführungen", so dass das Gesamtspiel der Backe geringer ausfallen dürfte. Die Vielzahnführung ist eine Prismenführung. Diese weisen aber auch die unvermeidliche Keilnutreibung auf, die man bei rechteckigen Führungsquerschnitten nicht hat. Sie wird in der Vielzahnführung wirksam, wenn die Werkstücke mit abgewinkelten Fingern gegriffen werden. Nur bei diesem Lastfall werden die Finger auf Torsion beansprucht. Man muss das nicht negativ sehen, weil durch die höhere Reibung ja auch ein gewisser Hemmeffekt eintritt, der das Festhalten des Werkstückes zusätzlich absichert. Die Vielzahnführung wird auch für 3-Finger-Zentripetalgreifer verwendet. In diesem Fall wird immer zentrisch gegriffen, so dass der Keilnut-Reibungseffekt nicht in Erscheinung tritt. Die Idee der Vielzahnführung ist nicht neu und wurde früher schon bei Spannfuttern für Drehmaschinen verwendet.

Um ein günstiges Führungsverhältnis (Fingerlänge zu Führungslänge der Greiferbacken) zu erreichen, hat man bei dem in **Bild 3.50** gezeigten Greifer gegenüber anderen konstruktiven Lösungen die Führungslänge verdoppelt. Die Führung der Finger wurde bereits in Bild 3.47 vorgestellt.

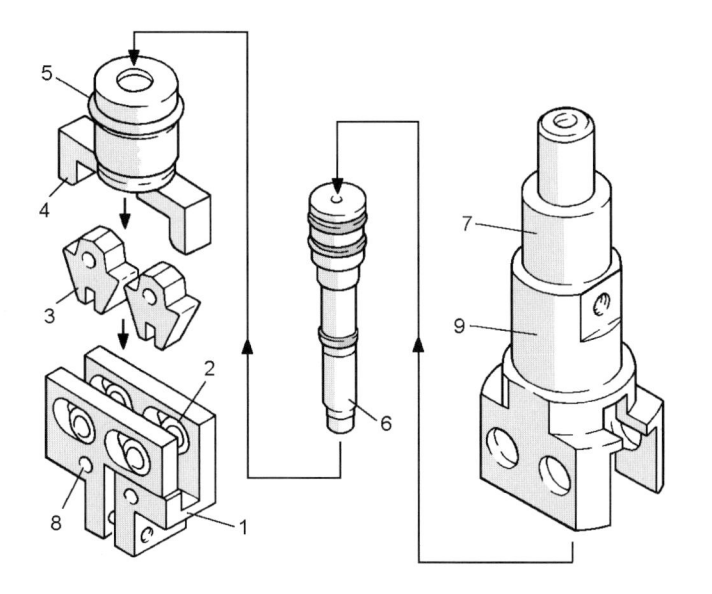

1 Greiferfinger
2 Rollenführung und Achse
3 Kipphebel
4 Druckbrücke
5 Kolben für Spannen
6 Kolben für Öffnen
7 Montageschaft
8 Bolzen
9 Gesamtkörper

Bild 3.50: Parallelgreifer (Patent *Manz-Automation*)

Ein Finger läuft rechts und links auf Rollen. Die Finger überlappen sich symmetrisch, trotzdem sind sie für den Anbau der Greifbacken ausreichend breit. Die Finger werden über Kipphebel angetrieben. Beim Schließen drückt der große Kolben außen auf die Kipphebel, beim Öffnen wird der kleine Kolben aktiv. Dessen Kolbenstange läuft durch den großen Kolben hindurch und drückt auf die inneren Flächen der Kipphebel. Die Kipphebel greifen in Bolzen ein und bewegen so die Greiferfinger.

Das **Bild 3.51** zeigt einen Greifer, bei dem jeder Finger mit einem Pneumatikkolben angetrieben wird. Eine Druckfeder bewirkt, dass im drucklosen Zustand des Greifers die Greifbacken geöffnet sind, wie dargestellt.

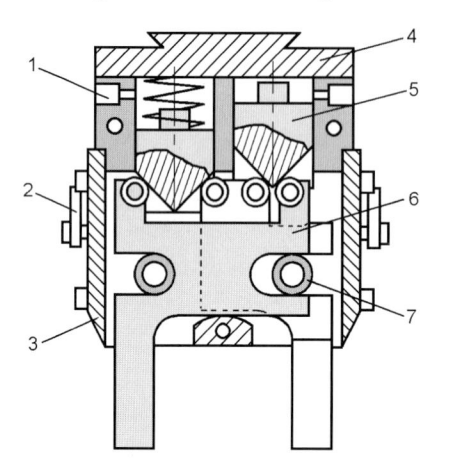

1 Druckluftanschluss
2 Klemmstück
3 Halterung für Endlagensensor
4 Deckel
5 Druckluftkolben
6 Greiffinger bzw. Grundbacke
7 Führungsrolle

Bild 3.51: Parallelbackengreifer (Innenaufbau) von *Montech*

Setzt man die Feder auf den anderen Kolben um, dann sind die Greifbacken im drucklosen Zustand geschlossen, was beim Einsatz als Innengreifer in Frage kommt. Vor einer Überlastung des Greifers schützen Sicherheitsdrosselbohrungen im Pneumatikanschluss. Die Endlagen lassen sich durch seitlich angebrachte Sensoren kontrollieren. Die Finger des Greifers werden reibungsarm gegen Rollen geführt.

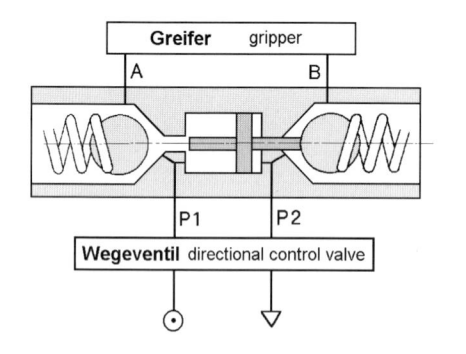

Zur Greifkraftsicherung kann man ein Druckerhaltungs- oder Doppelrückschlagventil in den Pneumatikkreislauf einbauen, wie es in **Bild 3.52** gezeigt wird. Die Greifkraft bleibt dann zu 100 Prozent erhalten. Ein solches Ventil sollte möglichst nahe am Greifer angebracht werden.

Bild 3.52: Greifkraftsicherung mit einem Stopp-Ventil

Besonders in der Montagetechnik braucht man Greifer, die auch bei längeren Fingern genau schließen und deren Führungen genügend leichtgängige Backenbewegungen zulassen. Solche Präzisionsgreifer verfügen über eine spielfreie Wälzführung. Das **Bild 3.53** zeigt eine Ausführung in vereinfachter Darstellung. Die Greifbacken des Parallelgreifers werden

3.1 Mechanische Greifer

von Pneumatikkolben angetrieben. Damit sich die Backen genau mittig schließen, sind beide Kolben über ein Ritzel-Zahnstangengetriebe miteinander verkoppelt.

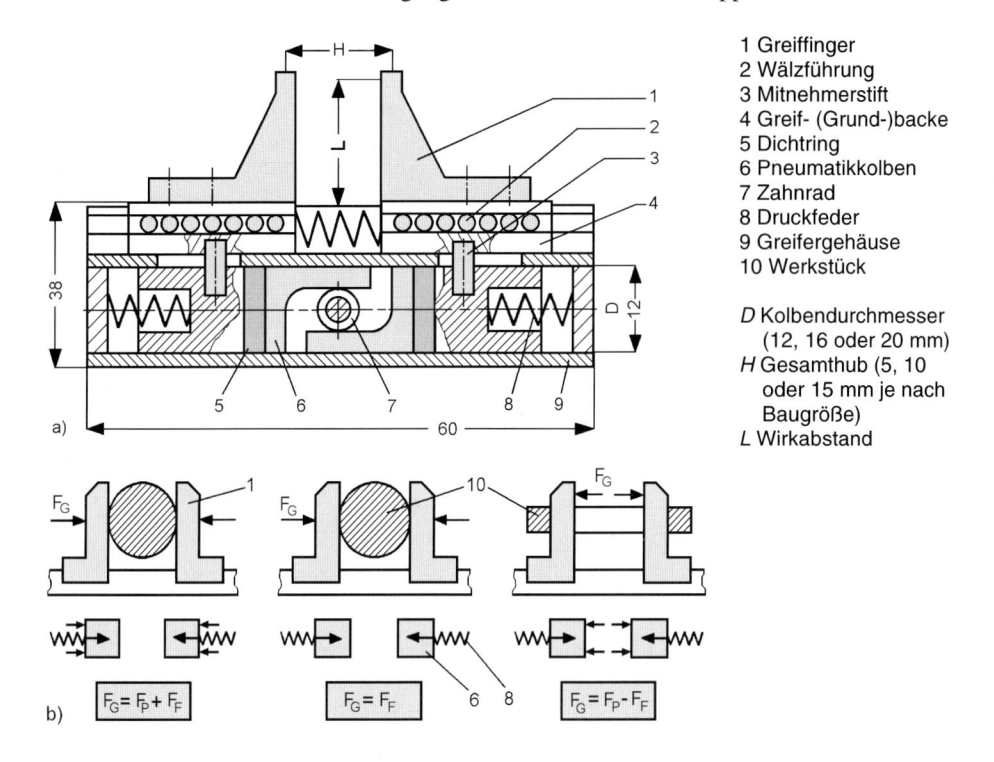

1 Greiffinger
2 Wälzführung
3 Mitnehmerstift
4 Greif- (Grund-)backe
5 Dichtring
6 Pneumatikkolben
7 Zahnrad
8 Druckfeder
9 Greifergehäuse
10 Werkstück

D Kolbendurchmesser (12, 16 oder 20 mm)
H Gesamthub (5, 10 oder 15 mm je nach Baugröße)
L Wirkabstand

Bild 3.53: Präzisionsgreifer mit Wälzführung (*Festo*)
a) Greifer in Schnittdarstellung, b) Kraftwirkungen

Die Greifkraft lässt sich über den Betriebsdruck einstellen. Sie erreicht im praktischen Betrieb bei 6 bar Druck und 12 mm Kolbendurchmesser etwa 56 N (bei $L = 20$ mm). Eingebaute Druckfedern gewährleisten eine gewisse Greifkraftsicherung bei Druckabfall bzw. Druckausfall.

Welche Greifkräfte entwickelt werden, hängt von der Betriebsart (einfach oder doppeltwirkend) sowie von der Griffart (Innen- oder Außengriff) ab. In **Bild 3.53b** sieht man die Superposition der einzelnen Kraftwirkungen in Abhängigkeit von der jeweiligen Einsatzvariante.

Beispiel

Für den in **Bild 3.54** gezeigten Greifer ist zu prüfen, ob er für die Handhabung eines Ringes mit einer Masse von $m_1 = 0{,}5$ kg einsetzbar ist. Die Masse des Greiferfingers beträgt $m_2 = 0{,}15$ kg.

Aus der Dimensionierung des Greifers durch den Hersteller ergeben sich Einsatzgrenzen, die beachtet werden müssen. Dafür stehen Belastungsdiagramme vom Greiferhersteller zur Verfügung, die jeweils nur für den ausgewählten Greifer gültig sind.

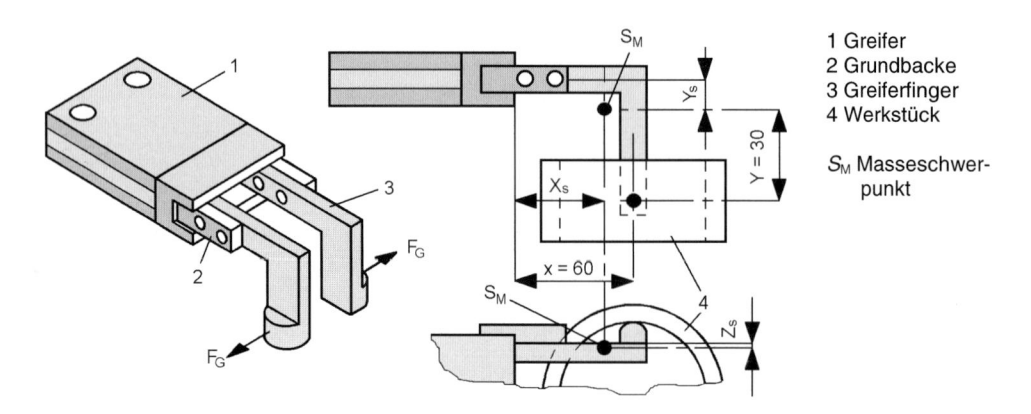

Bild 3.54: Parallelbackengreifer mit außermittigen Greifpunkten

Diese Diagramme werden vom Greifertyp und von der Greifergröße geprägt. Für den dargestellten Greifer sind beispielsweise die Diagramme nach **Bild 3.55** zuständig.

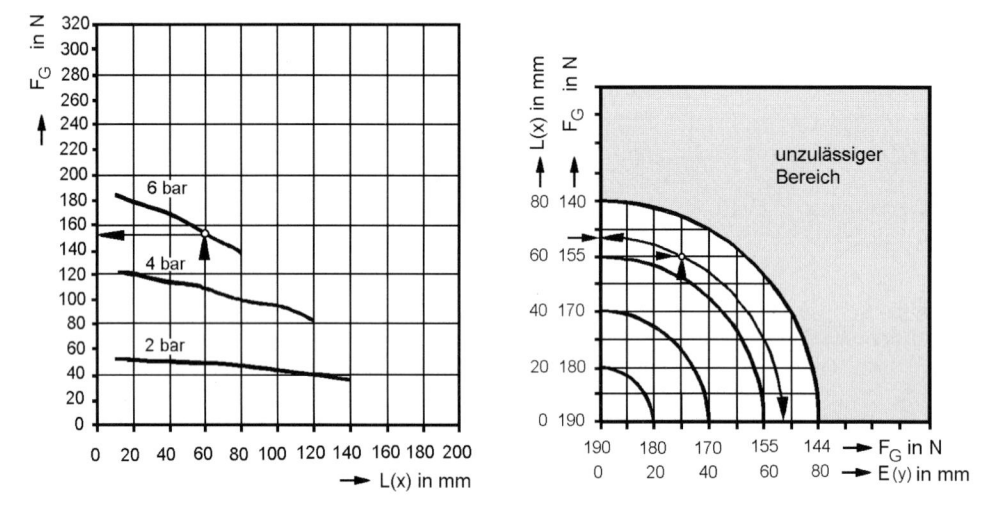

Bild 3.55: Belastbarkeitsdiagramme für einen speziellen Parallelbackengreifer (Beispiel) F_G Greifkraft bei 6 bar, $L_{(x)}$ Hebelarm, $E_{(y)}$ Exzentrizität

Der Masseschwerpunkt S_M des Greiferfingers hat folgende Abstände:

$x_s = 50$ mm, $y_s = 8$ mm und $z_s = 3$ mm.

Zuerst wird die erforderliche Greifkraft F_G ermittelt.

$$F_G = \frac{m_1 \cdot g \cdot Si}{2 \cdot \mu} \tag{3.36}$$

- Si Sicherheitsfaktor ($Si = 2$ bis 4)
- g Erdbeschleunigung $9{,}82$ m/s^2
- μ Reibungskoeffizient (Metall-Metall $\mu = 0{,}15$)

3.1 Mechanische Greifer

$$F_G = \frac{0{,}5 \cdot 9{,}82 \cdot 4}{2 \cdot 0{,}15} = 65{,}6 \ N$$

Ob diese Greifkraft zulässig ist, muss nun mit dem Hebelarm-Greifkraft-Diagramm überprüft werden. Bei 6 bar Betriebsdruck kann der Greifer eine Greifkraft von $F_G = 155$ N aufbringen. Hierbei ist der außermittige Kraftangriff noch nicht berücksichtigt. Bezieht man die Exzentrizität y und die Hebelarmlänge x ein, so ergibt sich aus dem zweiten Diagramm folgendes:

- eine vertikale Linie bei $E(y) = 30$ ziehen
- eine waagerechte Linie bei $L(x) = 60$ ziehen
- Kreisbogen schlagen mit dem Radius Ursprung-Schnittpunkt x-y
- Ablesen der Greifkraft $F`_G = 150$ N

Weil $F`_G$ kleiner als F_G ist, ist der Greifer für die vorliegende Handhabungsaufgabe verwendbar. Würde der Schnittpunkt x-y im unzulässigen Bereich liegen, müsste man einen anderen Greifer auswählen. Weiterhin wären die statischen und dynamischen Momente unter Berücksichtigung der Fingermasse und des Schwerpunktabstandes (x_s, y_s) der Finger sowie die Zulässigkeit einer geforderten Zykluszeit zu überprüfen.

Technisch interessant, in der Praxis aber bisher kaum eingesetzt, sind Greifer, die mit Stiftfeldern bzw. Stiftpaketen als Greiforgan arbeiten. Die „Urform" solcher Greifer, für die es einige „Mutanten" gibt (jedenfalls in der Fachliteratur), ist der Omnigreifer [3-13].

Der Omnigreifer (lat. *omnis* = alles) ist ein in Großbritannien entwickelter Backengreifer, dessen zwei Backen aus dicht stehenden, einzeln längsbeweglichen gehärteten Nadeln bestehen (**Bild 3.56**). Setzen die Backen auf das Objekt auf, werden die aufsitzenden Nadeln entsprechend der Objektform verschoben. Dann erfolgt die eigentliche Klemmbewegung. Es können im Innen- und Außengriff sehr unterschiedliche Formteile, selbst Kegel, angefasst werden. Die Verschiebung der Nadeln liefert außerdem ein dreidimensionales Abbild des Objekts. Damit ist bei geeigneter Sensorisierung auch eine Teileerkennung möglich.

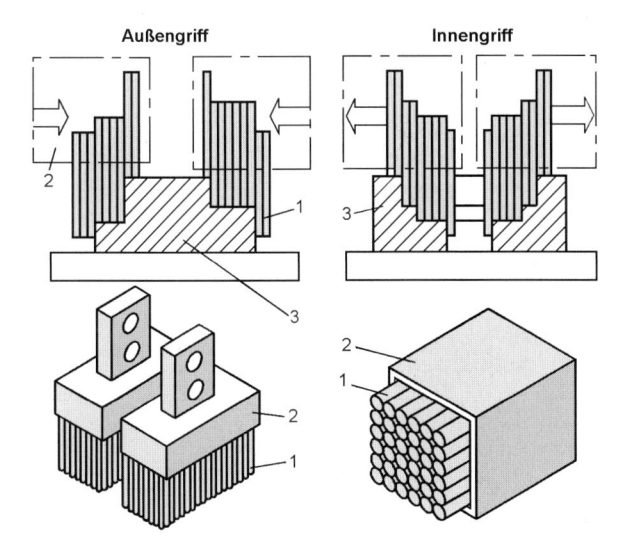

Bild 3.56: Funktionsprinzip des Omnigreifers (nach *P.B. Scott*)

Eine abgewandelte Form des Omnigreifers wird in **Bild 3.57** dargestellt. Hier sind drei Greifbacken ausgebildet, die sich konzentrisch schließen. Damit kann man Teile mit unterschiedlichen Durchmessern anfassen, bei einem kleinen Backenhub von 10 mm. Die jeweils nicht benötigten Greifstifte tauchen gegen die Kraft der Druckfeder ab. Ein Antrieb für die zentrale Hubstange ist im Bild noch nicht angebaut.

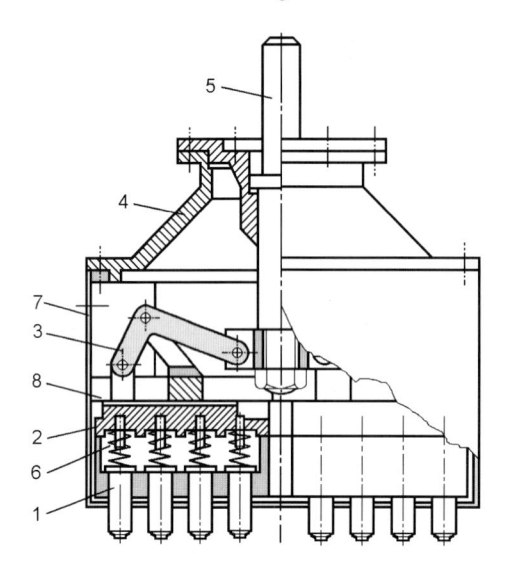

1 Greiferfinger, Greifstift
2 Schieber
3 Winkelhebel
4 Grundkörper
5 Hubstange
6 Druckfeder
7 Verkleidung
8 Geradführung

Bild 3.57: Stiftfeldgreifer

Eine andere konstruktive Variante zeigt das **Bild 3.58**. Der Greifer setzt von oben auf das Objekt auf. Die innerhalb der Objektkontur liegenden Greifstifte weichen zurück. Die übrigen Stifte in Konturnähe können nun Halteaufgaben übernehmen. Dazu wird die Membran durchgewölbt, so dass sich die Stifte schräg stellen und dabei das Objekt klemmen.

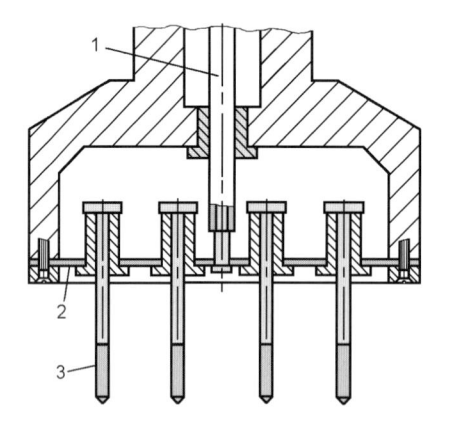

1 Zugstange
2 Federstahlmembran
3 Greifstift

Bild 3.58: Stiftfeldgreifer mit Membranspannung

Eine andere Bauform des Stiftgreifers wird in **Bild 3.59** vorgestellt. Die Anwendung unterscheidet sich nicht vom vorher beschriebenen Ritual. Jedoch werden die Finger mit einem Spiralband zusammengezogen, so dass es ebenfalls zu einem Spanneffekt kommt, an dem

3.1 Mechanische Greifer

nur die über der Objektkontur hinaus stehenden Stifte beteiligt sind. Nach dem Lösen der Spannung und dem Abheben vom Werkstück nehmen die Stifte wieder eine neutrale Stellung ein und sind zu einem neuen Greifvorgang bereit. Die Anpassung der Greiforgane an die Werkstückform geschieht also immer wieder aufs Neue.

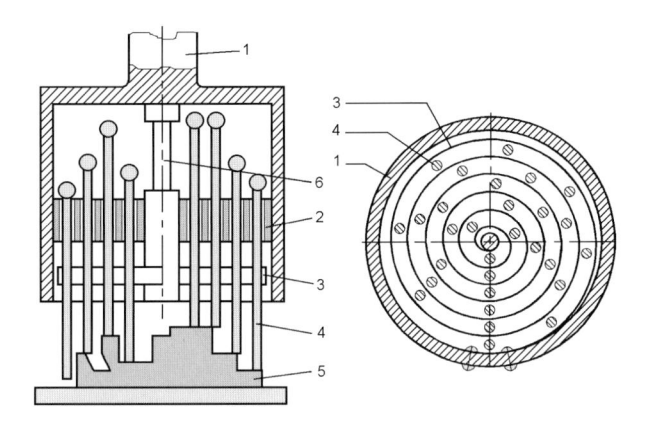

1 Gehäuse
2 Lochscheibe
3 Spiralbandfeder
4 eingeklemmter Stiftfinger
5 Greifobjekt
6 Drehantrieb

Bild 3.59: Stiftfeldgreifer mit konzentrischer Bewegung der verschiebbaren Greifstifte (Patent B 25 J 15/00; 667397, Russland)

Für große Greifkräfte muss auf einen hydraulischen Antrieb orientiert werden. In **Bild 3.60** wird ein hydraulischer Backengreifer mit einem Hub von 120 mm gezeigt, der bei 60 bar Öldruck eine Greifkraft F von 1,65 kN bei 100 mm Fingerlänge entwickelt. Die Greifkraft wird durch integrierte Tellerfedern aufrechterhalten, wenn der Druck plötzlich ausfallen sollte. Als Druckmedium wird gefiltertes Hydrauliköl (10 µm) eingesetzt. Bei einer vorgesehenen Schließ- und Öffnungszeit von 1,3 s über den gesamten Fingerhub wird ein Volumenstrom von etwa 2,5 l/min benötigt.

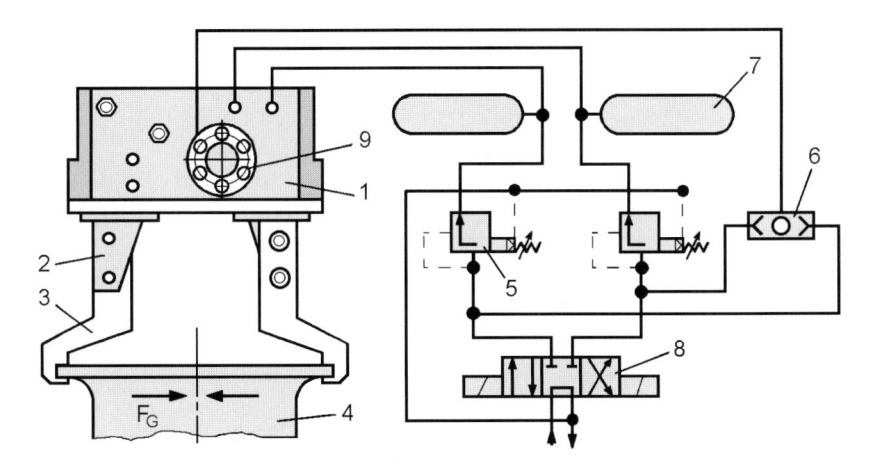

Bild 3.60: Zwei-Finger-Parallelgreifer mit hydraulischem Antrieb (*Schunk*)
1 Greifergehäuse, 2 Grundbacke, 3 Greiferfinger, 4 Greifobjekt, 5 Druckschaltventil als Folgeventil eingesetzt, 6 Wechselventil (Oder-Ventil), 7 Speicher, 8 4/3 Wegeventil, 9 Zahnstange-Ritzel-Getriebe

Wer bei einem Greifer mit der pneumatisch erzeugten Haltekraft nicht zufrieden ist, kann zur Kraftverstärkung einen pneumohydraulischen Antrieb einsetzen. Die Bewegung eines

Pneumatikkolbens wird auf einen Hydraulikzylinder übersetzt. Der dazu erforderliche Fluidkreislauf wird in **Bild 3.61** gezeigt. Für den Rückhub der Greiferbacken kann es bei der Pneumatik bleiben. Es gibt auch Luft-Luft-Druckerhöher (Druckbooster), die aber technisch aufwendiger sind. Damit kann der Druck der Druckluft von 6 bar auf 10 bar erhöht werden.

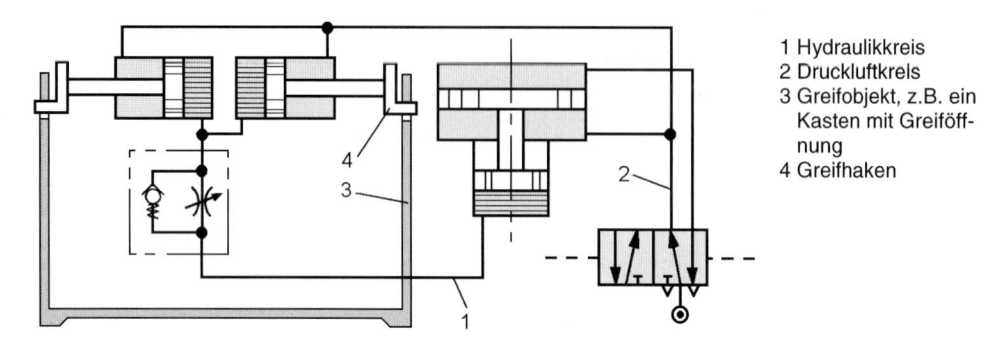

1 Hydraulikkreis
2 Druckluftkreis
3 Greifobjekt, z.B. ein Kasten mit Greiföffnung
4 Greifhaken

Bild 3.61: Pneumohydraulischer Greiferbackenantrieb

Zu den Parallelbackengreifern gehören auch solche, deren Backen sich auf einem Kreisbogen bewegen, ohne dabei die Parallelität der Greifbackenflächen einzubüßen. Einige kinematische Schemata werden in den **Bildern 3.62 und 3.63** gezeigt.

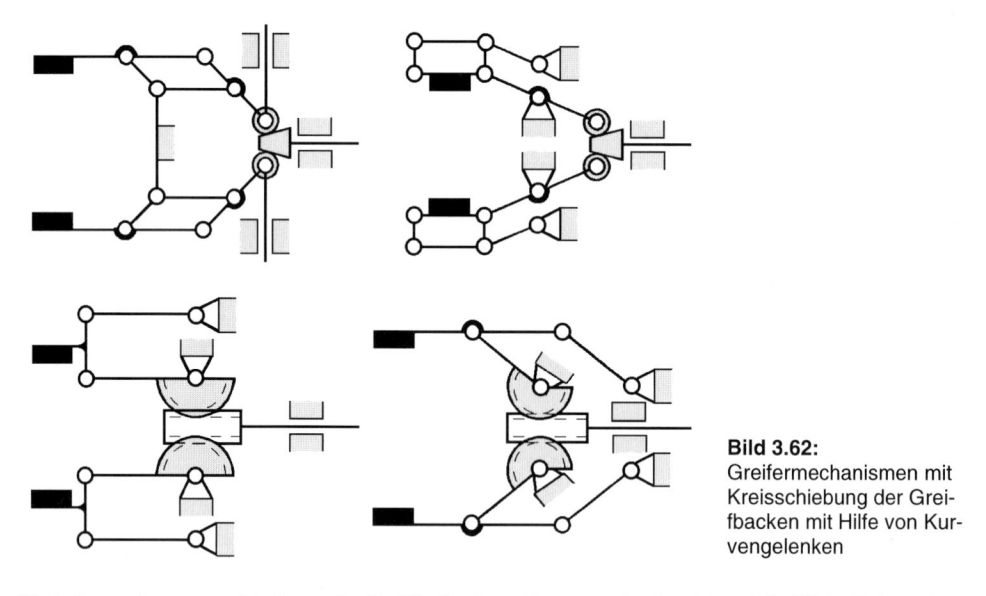

Bild 3.62: Greifermechanismen mit Kreisschiebung der Greifbacken mit Hilfe von Kurvengelenken

Dabei wurde unterschieden, ob die Kraft über Kurvengelenke (einschließlich Zahnradgetrieben) oder über Schub- und Drehgelenke auf die Greiforgane übertragen wird. Es wird eine exakte oder angenäherte Parallelführung eines Körpers in einem Bezugssystem erzeugt, bei dem alle Punkte des geführten Körpers gleichgroße gleichbleibende Kreise beschreiben. Die Greifer sind je nach Kinematik mehr oder weniger aufwendig. Viele Gelenke wirken sich natürlich auch nachteilig auf die Greifgenauigkeit aus.

3.1 Mechanische Greifer

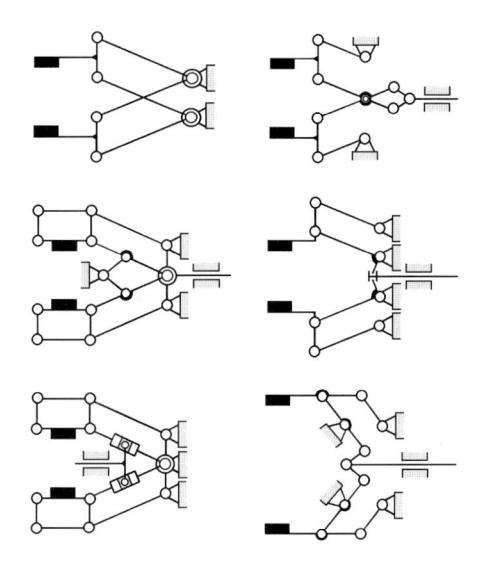

Bild 3.63: Greifermechanismen mit Kreisschiebung bei Verwendung von Dreh- und Schubgelenken

(Eine kinematische Kette besteht aus einer Anzahl von Gliedern und verbindenden Gelenken. Werden ein Gestell- und ein Antriebsglied festgelegt, dann bezeichnet man die kinematische kette als Mechanismus.)

Die Übertragung einer Antriebskraft auf die Greifbacken ist unterschiedlich und wird an einigen Getriebebeispielen in **Bild 3.64** deutlich gemacht.

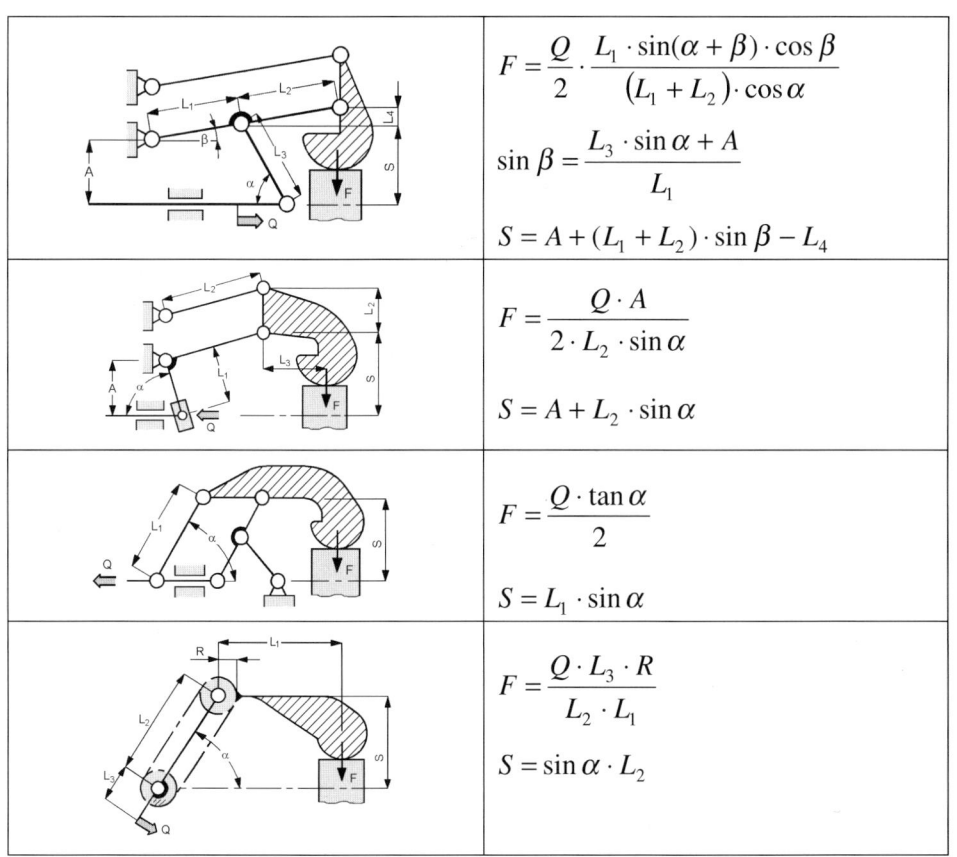

	$F = \dfrac{Q}{2} \cdot \dfrac{L_1 \cdot \sin(\alpha + \beta) \cdot \cos \beta}{(L_1 + L_2) \cdot \cos \alpha}$ $\sin \beta = \dfrac{L_3 \cdot \sin \alpha + A}{L_1}$ $S = A + (L_1 + L_2) \cdot \sin \beta - L_4$
	$F = \dfrac{Q \cdot A}{2 \cdot L_2 \cdot \sin \alpha}$ $S = A + L_2 \cdot \sin \alpha$
	$F = \dfrac{Q \cdot \tan \alpha}{2}$ $S = L_1 \cdot \sin \alpha$
	$F = \dfrac{Q \cdot L_3 \cdot R}{L_2 \cdot L_1}$ $S = \sin \alpha \cdot L_2$

Bild 3.64: Kinematische Schemata einiger Hebelgetriebe mit Kreisschiebung der Greifbacken
Q Antriebskraft, *F* Greifkraft, *S* Greifbackenweg

Zur konstruktiven Ausführung solcher Greifer sollen nachfolgend einige Konstruktionen vorgestellt werden. Beim Greifer nach **Bild 3.65** wird ein Kurzhub-Pneumatikzylinder (9) verwendet, dessen Gehäuse zusätzlich beidseitig mit Zahnstangen (10) ausgerüstet wurde. Die Backenbewegung wird über ein Zahnstange-Ritzelgetriebe (2, 10) erzeugt. Dadurch entsteht bei den Backen (5) in Verbindung mit einem Doppelkurbelmechanismus eine Kreisschiebung. Bei diesem Prinzip ergibt sich eine ungewöhnlich große Öffnungsweite, im Vergleich mit anderen Mechanismen. Weil sich der Pneumatikzylinder (9) bewegt und die Kolbenstange fest eingespannt ist, wird die Druckluft über Luftkanäle in der Kolbenstange zugeführt.

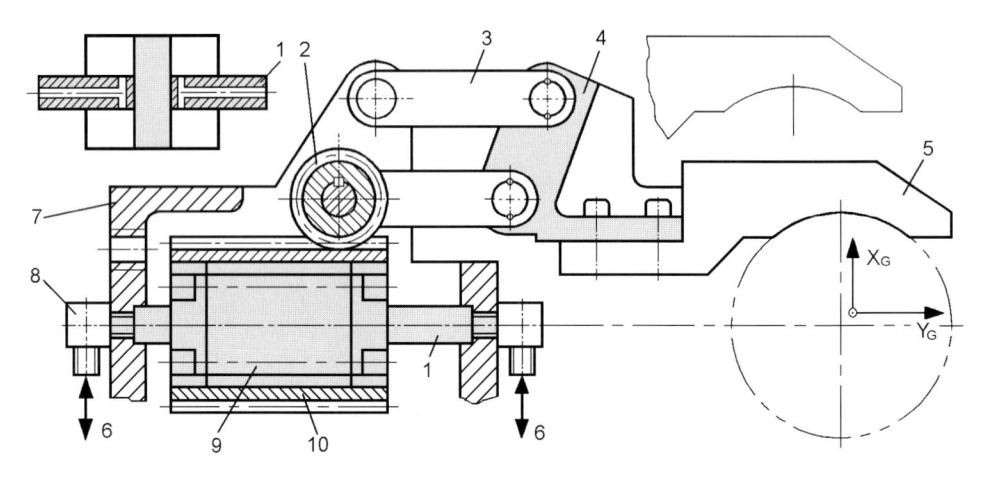

Bild 3.65: Zangengreifer mit Kreisschiebung der Greifbacken
1 Kolbenstange, 2 Zahnrad, 3 Hebel, 4 Anschlussplatte, 5 Greifbacke, 6 Druckluftzufuhr, 7 Greifergehäuse, 8 Winkel-Druckluftanschlussarmatur, 9 doppeltwirkender Pneumatikzylinder, 10 aufgesetzte Zahnstange

Die Zahnstangen (10) kann man zum Beispiel unter Nutzung der meist vorhandenen Sensornuten am rechteckigen Zylindergehäuse befestigen. Denkbar wäre auch der Einbau einer Druckfeder in den Pneumatikzylinder, so dass man mit einem einfachwirkenden Zylinder auskommt. Die Greifbacken (5) sind wie üblich auswechselbar und werden nach der Greifkontur des Werkstücks angefertigt. Einige Hersteller bieten auch Grundbacken an, die werkstückneutral und noch zu bearbeiten sind. Durch die Kreisschiebung der Backen kommt es beim Greifen von Teilen mit unterschiedlichen Durchmessern zu Mittelpunktsverlagerungen in y-Richtung, was zu beachten ist.

Die Grundidee des in **Bild 3.66** gezeigten Greifers besteht darin, einen Spreizmechanismus derart in modulare Komponenten aufzulösen, dass man daraus Mehrfingergreifer oder Aufnahmen für Abrollhaspeln und ähnliche Vorrichtungen gestalten kann. Bemerkenswert ist, dass durch die Verwendung eines feststehenden Ringkolbens (10) ein Kerndurchlass frei bleibt, durch den Kabel hindurchgeführt oder in den zum Beispiel bildgebende Sensoren untergebracht werden können. Auch ein zusätzlicher Vakuumsauger könnte im freien Innenraum Platz finden. Der Greifer wurde unter Nutzung von stranggepressten Aluminiumprofilen gestaltet, was verschieden lange Finger problemlos ermöglicht.

3.1 Mechanische Greifer 125

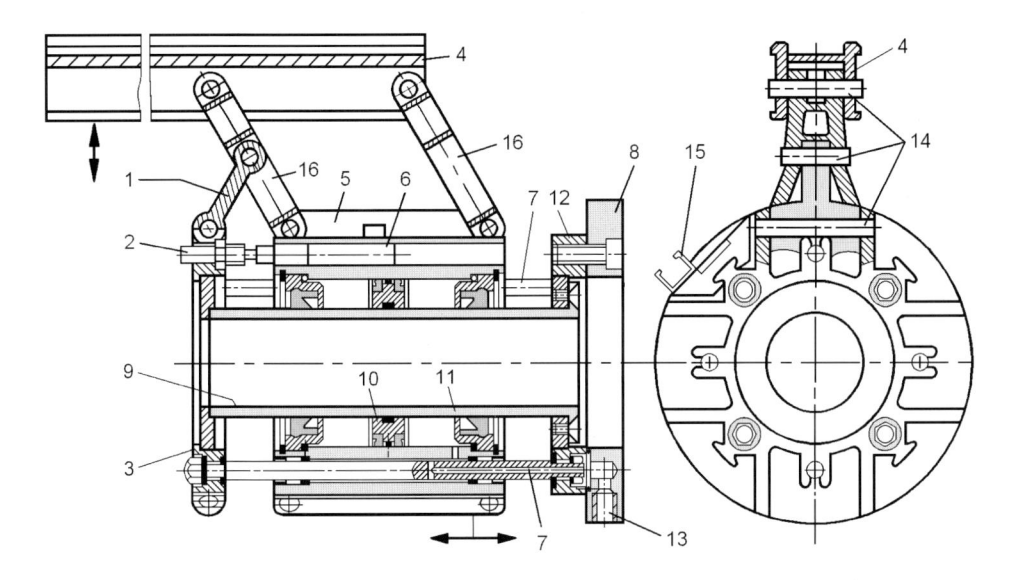

Bild 3.66: Modularer Fingergreifer (*GMG*)
1 Kurbelarm, 2 Stoßdämpfer, hydraulisch, 3 Kopfplatte, 4 Finger, 5 Schieber, 6 Anschlagbolzen, 7 Führungsstange, 8 Flansch, 9 Kolbenrohr, 10 feststehender Kolben, 11 Zylinderdeckel, 12 Grundplatte, 13 Druckluftanschluss, 14 Lagerbolzen, 15 Schiene für Signalgeber, 16 Lenker

Der Fingermechanismus ist modular aus Aluminiumprofilen aufgebaut und kann für das Innen- und Außenspannen verwendet werden. Die erforderlichen Luftkanäle sind intern eingearbeitet. Im Beispiel ist der Grundaufbau für einen 4-Finger-Greifer dargestellt. Die Greiferfinger (4) sind noch mit Greif- bzw. Spannbacken, zum Beispiel aus Kunststoff, auszurüsten. Für eine Haspel würde man dagegen eine 6-Finger-Mechanik ausbilden.

Bei den Greiferkonfigurationen nach **Bild 3.67** wurde die Fingergeometrie etwas verändert. Dadurch lassen sich konische Objektformen innen- oder außengreifend anfassen. Jede andere Neigung der Finger ist innerhalb der getriebetechnischen Grenzen möglich, allein durch Variation der Gelenkpunkte. Es können volle Körper im Klemmgriff gepackt werden, aber auch Blechpakete mit einem unterhakenden Greiferfinger. In diesem Fall sollte man einen 4-Finger-Greifer einsetzen.

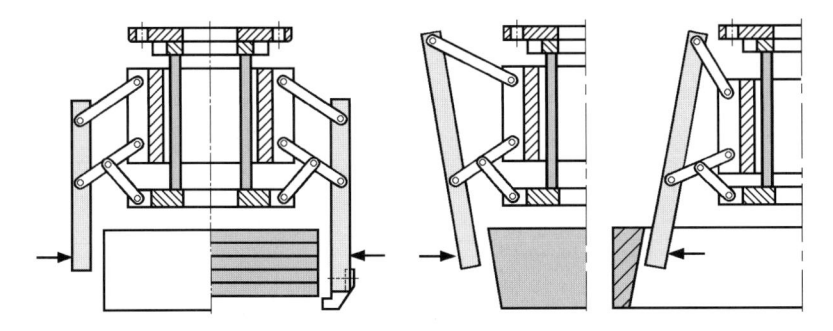

Bild 3.67: Gelenkvariationen eines modularen Fingergreifers

In der Ausführung als Einzelfinger kann man sich besonders bei großen Objekten ein passendes Greifsystem zusammenstellen. Dazu zeigt das **Bild 3.68** ein Beispiel für das Greifen von Lichtgitterrosten. Die Einzelfinger sind an einem Rahmen befestigt, die das Objekt an der Außenkontur klemmen.

Man kann auch Greiferfinger gestalten, die in die Maschen des Gitters eintauchen. Mit einem 6-Finger-Greifer lassen sich beispielsweise dünnwandige Körper vorteilhaft innen greifen, ohne große Verformung des Objekts. Die Greifkraft verteilt sich dann gleichmäßig auf den Umfang eines Rohrstücks.

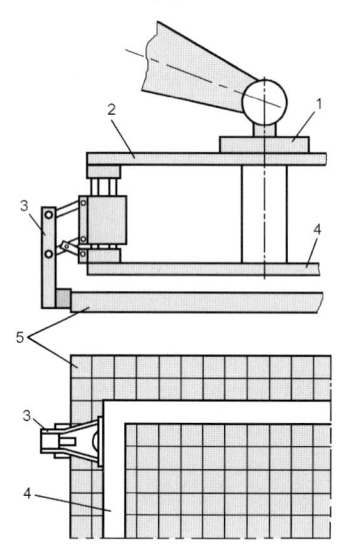

Der freie Innenraum des Greifers kann das Abgreifen von solchen Teilen ermöglichen, die auf Magazinstangen bereitgestellt werden. Das ist mit anderen Greifern in der Regel nicht möglich.

1 Roboterflansch
2 Rahmen
3 Einzel-Gelenkfinger
4 Hilfsrahmen
5 Gitterrost

Bild 3.68: Greifen von Lichtgitterrosten (*GMG*)

In **Bild 3.69** wird der waagerechte Zugriff und das Abziehen schwerer Objekte von einer Welle gezeigt. Der freie Greiferinnenraum gestattet das Zugreifen auch über längere Wellen oder Magazinstäbe, wenn die Greiferbefestigung nicht zentrisch sondern seitlich vorgenommen wird.

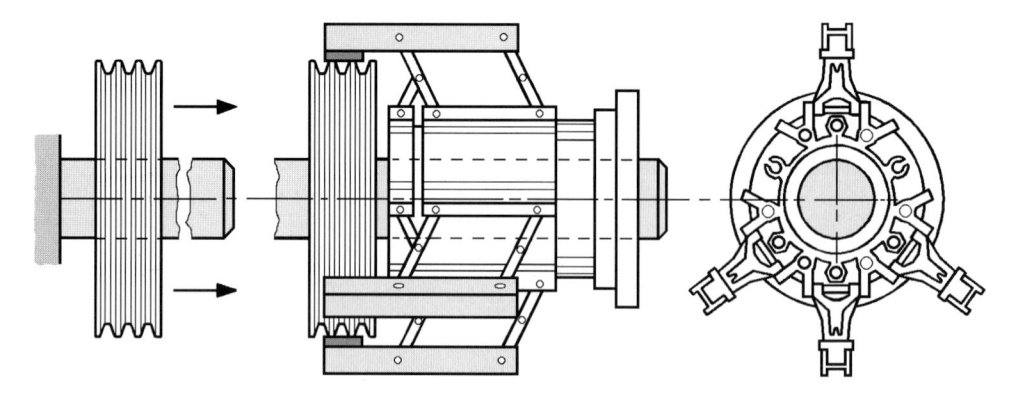

Bild 3.69: Waagerechtes Abgreifen einer Keilriemenscheibe vom Magazindorn (*GMG*)
Links: Greifobjekt auf Dorn magaziniert; Mitte: Greifer mit aufgenommenem Werkstück; Rechts: Ansicht ohne Werkstück

3.1 Mechanische Greifer

Der Griff wird einem menschlichen Griff mit vier Fingern nachgebildet. Die drei unteren Finger nehmen die Gewichtskräfte auf, der obere Finger wirkt Kippmomenten entgegen. Der Greifer kann über Achsen, Wellen und Magazinstangen greifen.

Mit dem in **Bild 3.70** skizzierten Greifer können zwei Teile koaxial gegriffen werden, ein Vorgang, der mit der menschlichen Hand nicht ausführbar ist. Der 6-Finger-Greifer basiert auf einem speziellen Aluminiumprofil für die Finger und den Greiferinnenbereich. Er wird pneumatisch mit einem integrierten Ringflächenkolben angetrieben.

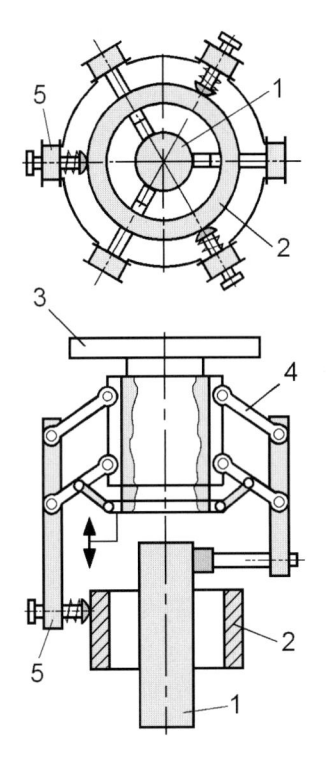

Zum Greifvorgang: Der Greifer fasst zunächst mit 3 Fingern den Bolzen. Dann fährt er auf das Ringteil zu, steckt den Bolzen in den Ring und lässt ihn los. Nun schließt sich der Greifer erneut. Er packt beide Teile und bringt sie zum Montagebasisteil. Die versetzt angeordneten Fingerpaare können nicht unabhängig voneinander bewegt werden, weil nur ein Antrieb vorhanden ist. Außerdem muss man ein Backenpaar mit Federung versehen, um Werkstück- und Greifertoleranzen auszugleichen. Der Greifer lässt sich weiter ausbauen. Erweitert man ihn mit einer im Flansch integrierten Drehdurchführung, so kann er extern angetrieben werden und sich somit endlos drehen. Damit lassen sich die gegriffenen Teile in ein Montagebasisteil hineinschrauben.

1 Werkstück (Bolzen)
2 Werkstück (Ring)
3 Greiferflansch
4 Koppelgetriebe
5 Greiferfinger

Bild 3.70: Koaxialer Doppelgreifer (*GMG*)

Abschließend soll ein Wort zu Greifern mit sehr großem Greifbereich folgen. Die Weitbereichsgreifer verfügen über die Fähigkeit, unterschiedlich große Objekte ohne Umrüstung der Greifbacken anfassen zu können. Das lässt sich zum Beispiel durch ein entsprechendes kinematisches Konzept erreichen. Das **Bild 3.71** zeigt ein Beispiel. Die Greiferfinger werden durch ein Parallelogramm-Hebelgetriebe synchron geführt. Die Bewegung der Greifbacken ist eine Kreisschiebung. Als Antrieb kann ein Pneumatikzylinder dienen. Die Mechanik des dargestellten Greifers erlaubt einen relativ großen Greifbereich, zum Beispiel innerhalb von 25 bis 170 mm.

Ein großer Greifbereich lässt sich auch mit Hilfe von Spindelgetrieben gut realisieren. Ist ein Weg- bzw. Winkelmesssystem integriert, dann kann man die Greifweite per Programm aufrufen. Das spart Greifzeit, weil nicht bei jedem Greifvorgang der gesamte Bereich von den Greifbacken durchfahren werden muss.

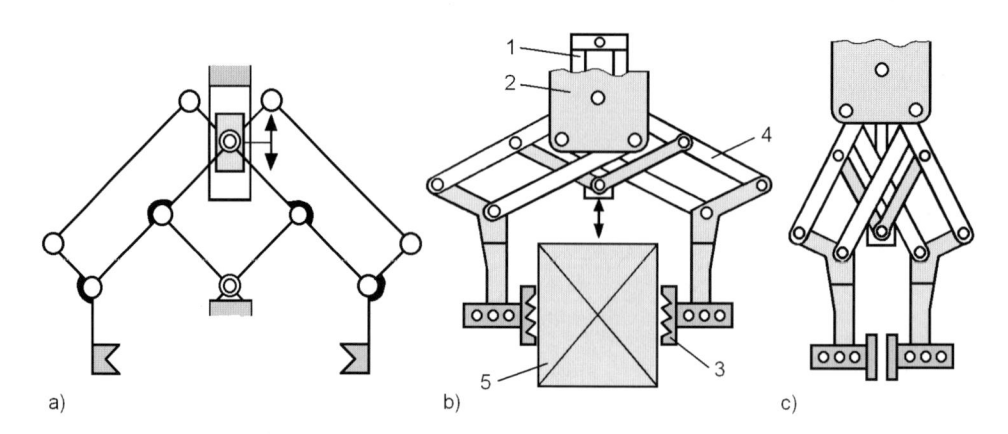

Bild 3.71: Zweibackengreifer
a) kinematisches Schema, b) Ausführungsbeispiel, c) geschlossener Greifer, 1 Aktor, zum Beispiel ein Pneumatikzylinder, 2 Gehäuse, 3 Greifbacken, 4 Koppelgetriebe, 5 Werkstück

Das **Bild 3.72** zeigt einen solchen Greifer. Das Verstellgetriebe enthält eine Rechts-Links-Gewindespindel mit einer Gewindesteigung, die selbsthemmend ist. Damit man tatsächlich auch kleine Rundteile anpacken kann, sind die Halteprismen entsprechend zu gestalten.

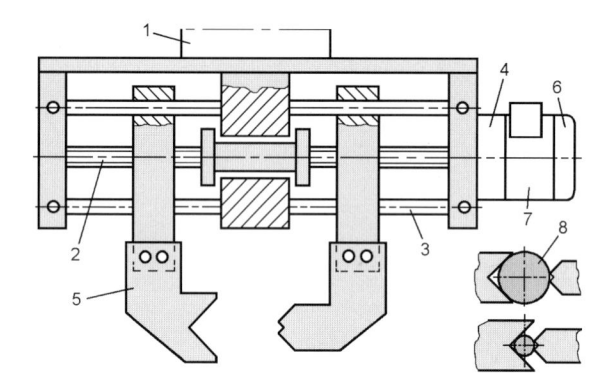

1 Grundkörper und Anbauflansch
2 selbsthemmende Spindel
3 Führung
4 Harmonic-Drive-Getriebe
5 Greifbacke
6 Encoder
7 Elektro-Servomotor
8 Werkstück

Bild 3.72: Servogreifsystem

3.1.2.3 Winkelgreifer (Scherengreifer)

Winkelgreifer (Schwenk-, Scherengreifer) sind dadurch gekennzeichnet, dass ihre Greiforgane bogenförmig öffnen bzw. schließen. Oft öffnen sie bis 90°, was beim Anfahren an ein Werkstück von Vorteil sein kann, denn man kann dadurch mitunter eine lineare Bewegungseinheit einsparen. Ein großer Öffnungswinkel der Finger kann allerdings auch unerwünscht sein, wenn der Einsatz des Greifers in beengten Platzverhältnissen erfolgt. Greifer mit rotatorischen Fingerbewegungen benötigen nur eine einfache Mechanik, sind zuverlässig und lassen sich kostengünstig herstellen. Kinematisch werden Dreh- und Schubgelenke in geeigneter Weise kombiniert. Bei dem Getriebe nach **Bild 3.73** sind es beispielsweise 4 Dreh- und 3 Schubgelenke. Drehgelenke können auch als Doppelgelenk vorkommen.

3.1 Mechanische Greifer

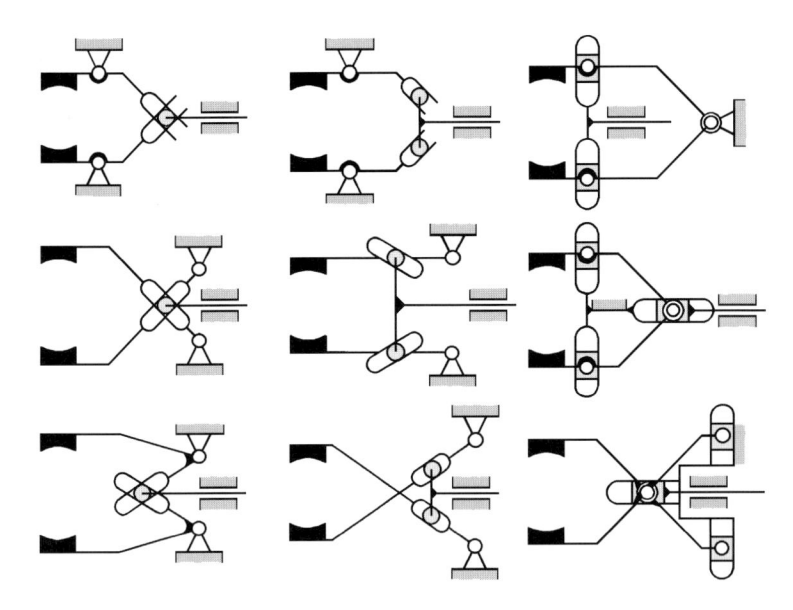

Bild 3.73: Kinematische Schemata von bogenförmig schließenden Greifern mit 4 Dreh- und 3 Schubgelenken

Nimmt man ein weiteres Schubgelenk hinzu, dann entstehen Greiferkinematiken, wie sie beispielsweise in **Bild 3.74** gezeigt werden. Meistens lassen sich noch weitere Kinematikvarianten ableiten. Nicht alle sind aber gleichgut in einen realen Mechanismus umzumünzen. So lassen sich zum Beispiel Drehgelenke technisch einfacher und kostengünstiger realisieren als Schubgelenke.

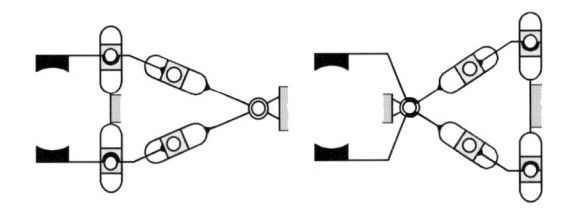

Bild 3.74: Kinematische Schemata für Greifer mit 4 Dreh- und 4 Schubachsen

Die Kinematikbeispiele nach **Bild 3.75** haben jeweils 5 Drehgelenke und 1 Schubgelenk, das allein für die Ankopplung eines Antriebs dient. Wird zum Beispiel ein Pneumatikzylinder verwendet, dann wird dieses Schubgelenk bereits vom Zylinder mitgebracht.

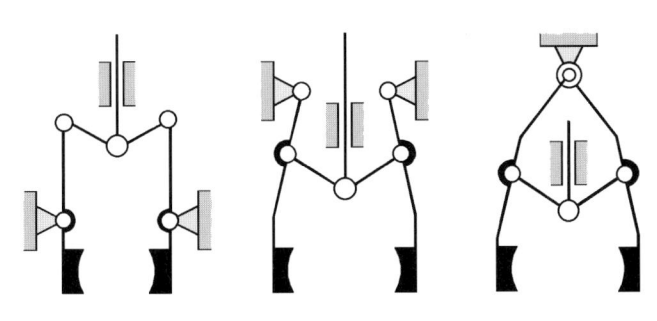

Bild 3.75: Winkelgreiferkinematik mit 5 Drehgelenken und 1 Schubgelenk

Schließlich werden in **Bild 3.76** noch einige Kinematikvarianten gezeigt, bei denen 6 Drehgelenke und 1 oder 2 Schubgelenke vorhanden sind. Darüber hinaus gibt es natürlich für Sonderaufgaben noch weitere Möglichkeiten. Mit zunehmender Anzahl in Reihe verketteter Gelenke addieren sich übrigens Lagerspiele sowie geometrische Lagerfehler. Das muss bei einer Beurteilung berücksichtigt werden.

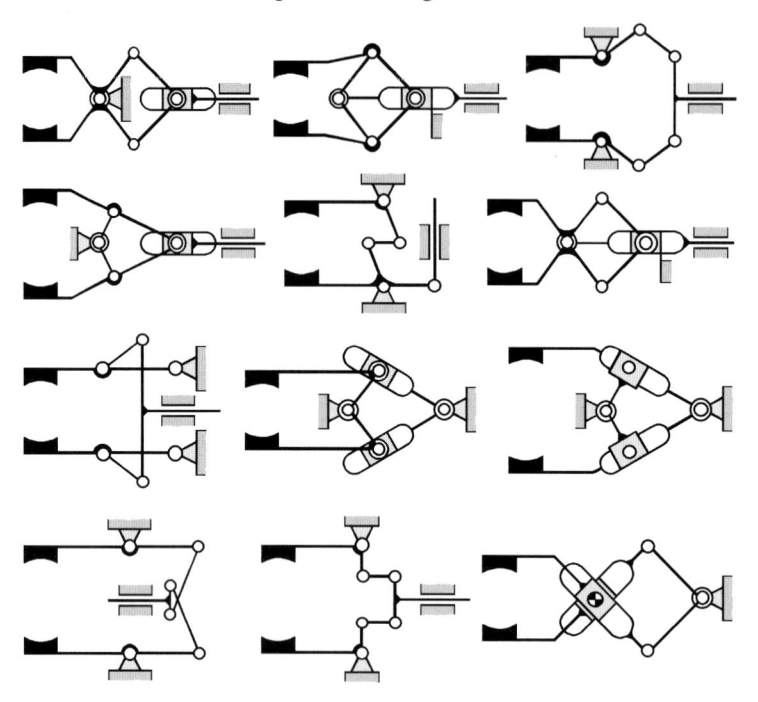

Bild 3.76: Kinematische Schemata von bogenförmig schließenden Zangengreifern mit 6 Drehgelenken und 1 Schubgelenk oder 2 Schubgelenken

Schließlich sind auch Kurvengelenke in Greifern gut verwendbar. In **Bild 3.77** wird ein viergliedriger Winkelgreifer im Getriebebild dargestellt. Die Bewegungsübertragung erfolgt mit Zahnstange und Zahnradsegmenten. Es wird gezeigt, wie man ausgehend von der allgemeinen zur speziellen Struktur und schließlich zu einer Variante für ein Scherengreifergetriebe kommt.

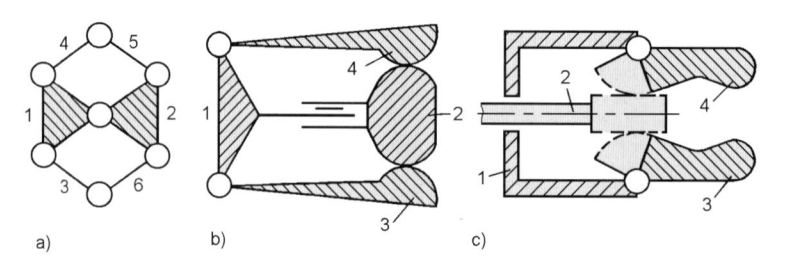

Bild 3.77: Greifergetriebe mit Zahnstange und Zahnradsegmenten
a) sechsgliedrige kinematische Kette, b) spezielle Struktur, c) viergliedriger Scherengreifer, 1 Gestell, 2 Antriebsglied, 3 und 4 Greifglieder

3.1 Mechanische Greifer

Das **Bild 3.78** zeigt nun einige weitere kinematische Schemata für Greifer mit Kurvengliedern oder mit verzahnten Elementen. Die Greiferfinger können auch als Federgelenke ausgebildet sein. Es sind dann Drehgelenke mit Stoffpaarung (Materialgelenke). Je nach Ausführung ist der Antrieb translatorisch oder rotatorisch zum Beispiel ein pneumatischer Schwenkantrieb oder ein Elektromotor.

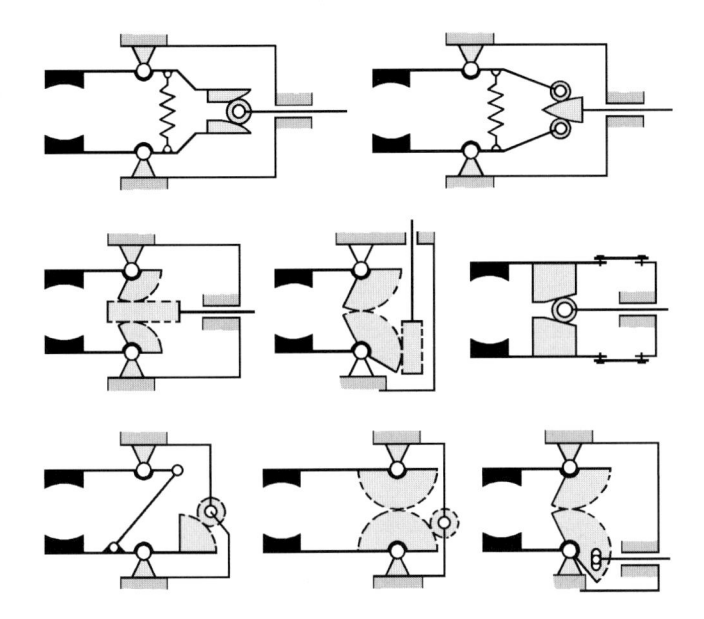

Bild 3.78: Kurvengelenke in Winkelgreifern

So vielfältig wie die Kinematikbilder, sind auch die realisierten Greifer. Einige Beispiele werden in **Bild 3.79** vorgestellt. Der Greifer mit nachgiebigem Halbprisma (Bild rechts unten) kann Teile mit verschiedenen Durchmessern zuverlässig halten, ohne dass sich der Greifmittelpunkt verschiebt (Patent 682366, MK B25 J 15/00, UdSSR).

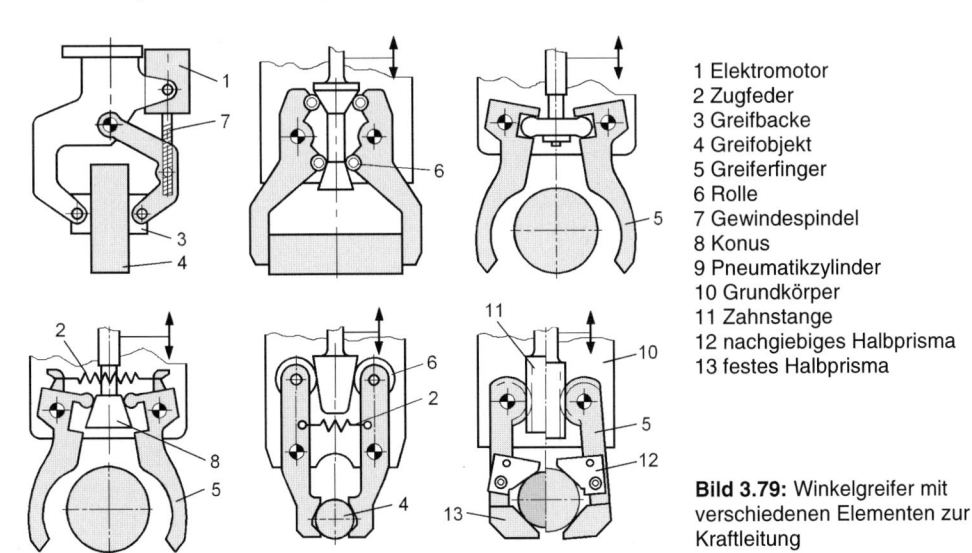

1 Elektromotor
2 Zugfeder
3 Greifbacke
4 Greifobjekt
5 Greiferfinger
6 Rolle
7 Gewindespindel
8 Konus
9 Pneumatikzylinder
10 Grundkörper
11 Zahnstange
12 nachgiebiges Halbprisma
13 festes Halbprisma

Bild 3.79: Winkelgreifer mit verschiedenen Elementen zur Kraftleitung

Damit man die Hublage der Greiferfinger einstellen kann, wurde zum Beispiel bei der in **Bild 3.80** gezeigten Lösung die Kolbenstange über ein Gewinde im Kolben verstellbar eingerichtet. Man könnte auch noch Anschlagscheiben (innen oder außen) anbringen, um den Hub zu begrenzen oder zu dämpfen. Die Finger wurden ohne Andruckfedern dargestellt.

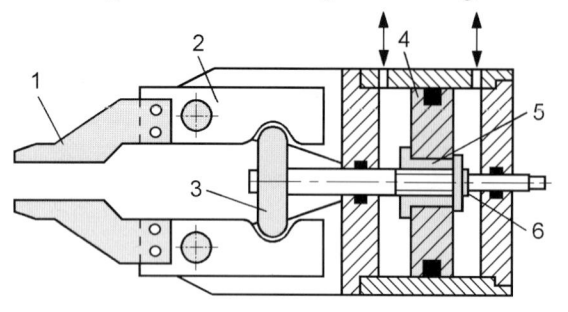

1 Greifbacke
2 Greiferfinger
3 Antriebsscheibe
4 Kolben
5 Gewindebuchse
6 Einstellspindel

Bild 3.80: Greifer mit Hublageeinstellung

In **Bild 3.81** sind einige handelsübliche Greifer (Bild 3.81a und b; *Festo*) dargestellt. Die Kolbenbewegung wird über mechanische Zwischenglieder in eine Drehbewegung umgewandelt, mit mehr oder weniger viel Getriebebauteilen. Bei der Zwangssteuerung der Greiferfinger nach **Bild 3.81a** werden diese zwar zeitgleich und mittenzentriert bewegt, der Öffnungswinkel ist aber mit 20° des einzelnen Fingers sehr begrenzt.

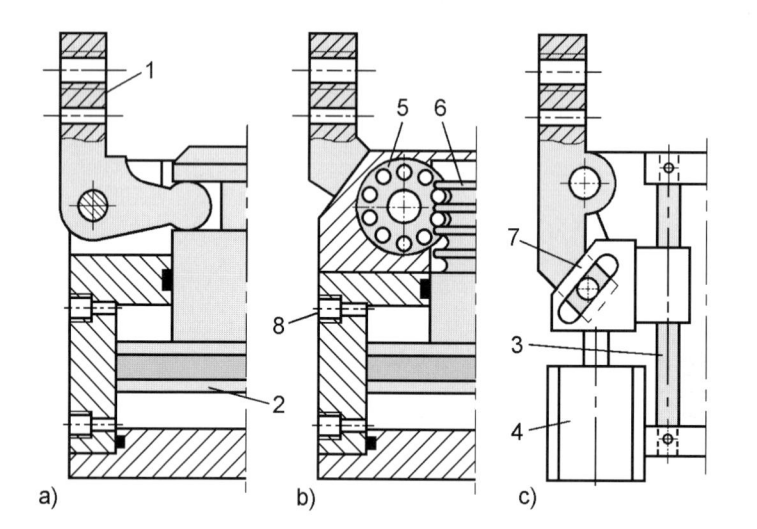

1 Greiferfinger
2 Pneumatikkolben
3 Geradführung
4 Pneumatikzylinder
5 Ritzel
6 Zahnstange
7 Keilschieber
8 Druckluftanschluss

Bild 3.81: Winkelgreiferkonstruktionen
a) Winkelhebelmechanik, b) Ritzel-Zahnstange-Getriebe, c) Schiebeblock-Keil-Getriebe

Das ist bei einem Ritzel-Zahnstangen-Getriebe anders. Hier werden Öffnungswinkel von 90° erreicht. Das Prinzip gewährleistet außerdem, dass das Greifmoment über den gesamten Öffnungs- bzw. Schließwinkel gleich groß ist.

Welche Greifkräfte abhängig von der Kinematik erwartet werden können, wird nachfolgend in **Bild 3.82** an einigen typischen Hebelgetrieben gezeigt.

3.1 Mechanische Greifer

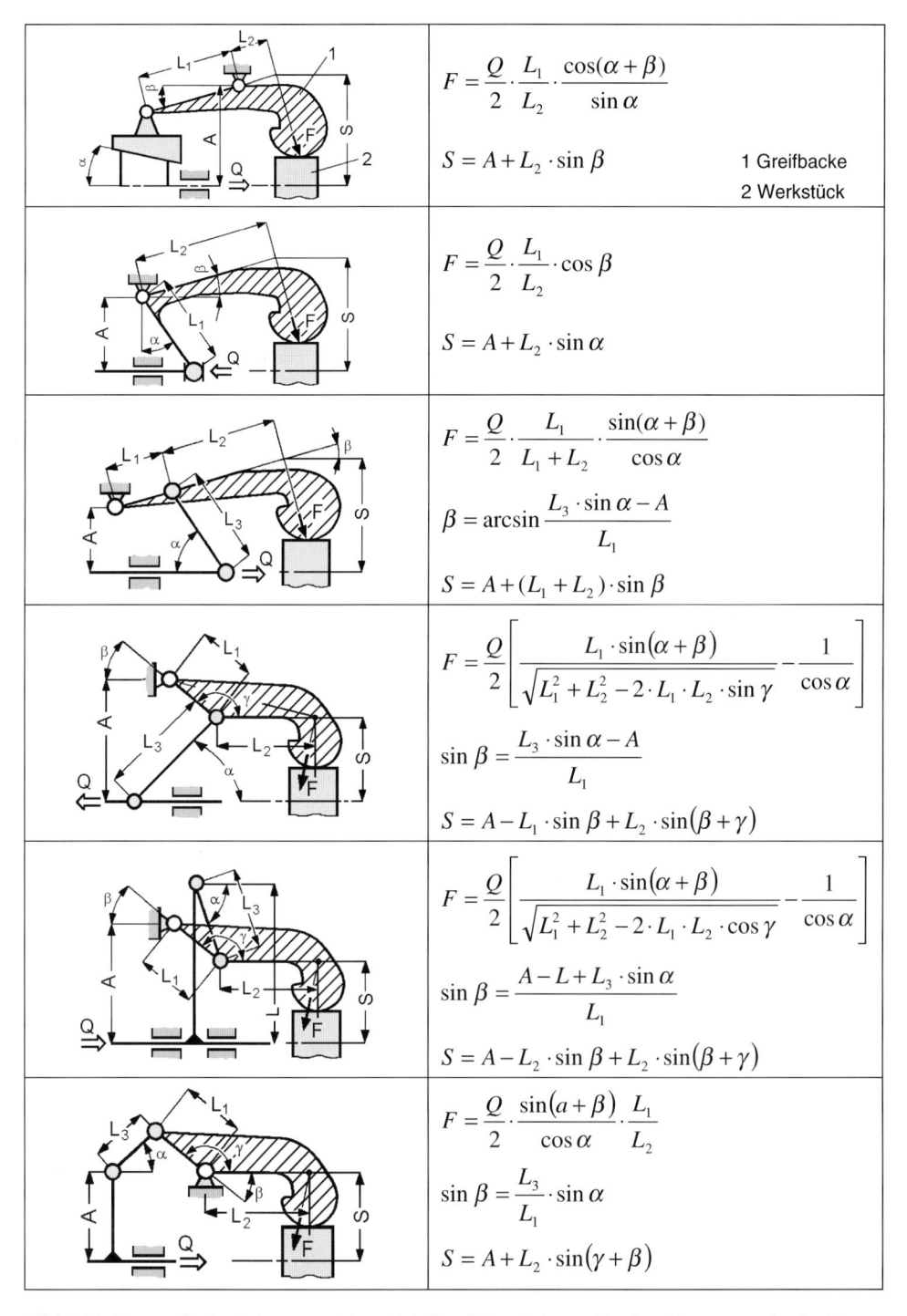

(Abb. 1: Greifbacke mit L$_1$, L$_2$, α, β; 1 Greifbacke, 2 Werkstück)	$F = \dfrac{Q}{2} \cdot \dfrac{L_1}{L_2} \cdot \dfrac{\cos(\alpha+\beta)}{\sin\alpha}$ $S = A + L_2 \cdot \sin\beta$ 1 Greifbacke 2 Werkstück
(Abb. 2)	$F = \dfrac{Q}{2} \cdot \dfrac{L_1}{L_2} \cdot \cos\beta$ $S = A + L_2 \cdot \sin\alpha$
(Abb. 3)	$F = \dfrac{Q}{2} \cdot \dfrac{L_1}{L_1 + L_2} \cdot \dfrac{\sin(\alpha+\beta)}{\cos\alpha}$ $\beta = \arcsin\dfrac{L_3 \cdot \sin\alpha - A}{L_1}$ $S = A + (L_1 + L_2) \cdot \sin\beta$
(Abb. 4)	$F = \dfrac{Q}{2}\left[\dfrac{L_1 \cdot \sin(\alpha+\beta)}{\sqrt{L_1^2 + L_2^2 - 2 \cdot L_1 \cdot L_2 \cdot \sin\gamma}} - \dfrac{1}{\cos\alpha}\right]$ $\sin\beta = \dfrac{L_3 \cdot \sin\alpha - A}{L_1}$ $S = A - L_1 \cdot \sin\beta + L_2 \cdot \sin(\beta+\gamma)$
(Abb. 5)	$F = \dfrac{Q}{2}\left[\dfrac{L_1 \cdot \sin(\alpha+\beta)}{\sqrt{L_1^2 + L_2^2 - 2 \cdot L_1 \cdot L_2 \cdot \cos\gamma}} - \dfrac{1}{\cos\alpha}\right]$ $\sin\beta = \dfrac{A - L + L_3 \cdot \sin\alpha}{L_1}$ $S = A - L_2 \cdot \sin\beta + L_2 \cdot \sin(\beta+\gamma)$
(Abb. 6)	$F = \dfrac{Q}{2} \cdot \dfrac{\sin(a+\beta)}{\cos\alpha} \cdot \dfrac{L_1}{L_2}$ $\sin\beta = \dfrac{L_3}{L_1} \cdot \sin\alpha$ $S = A + L_2 \cdot \sin(\gamma+\beta)$

Bild 3.82: Kinematische Schemata einiger Hebelgetriebe mit bogenförmiger Bewegung der Greifbacken

Die Konstruktion eines Greifers, der die Vorzüge des Winkelgreifers mit denen des Parallelbackengreifers vereint, wird in **Bild 3.83** gezeigt. Der Backenöffnungswinkel kann bis 180° groß sein. Auf den letzten Millimetern der Backenbewegung erzeugt eine Parallelbewegung eine hohe Greifkraft. Der Greifer spannt absolut zentrisch mit einer Wiederholgenauigkeit von ± 0,02 mm.

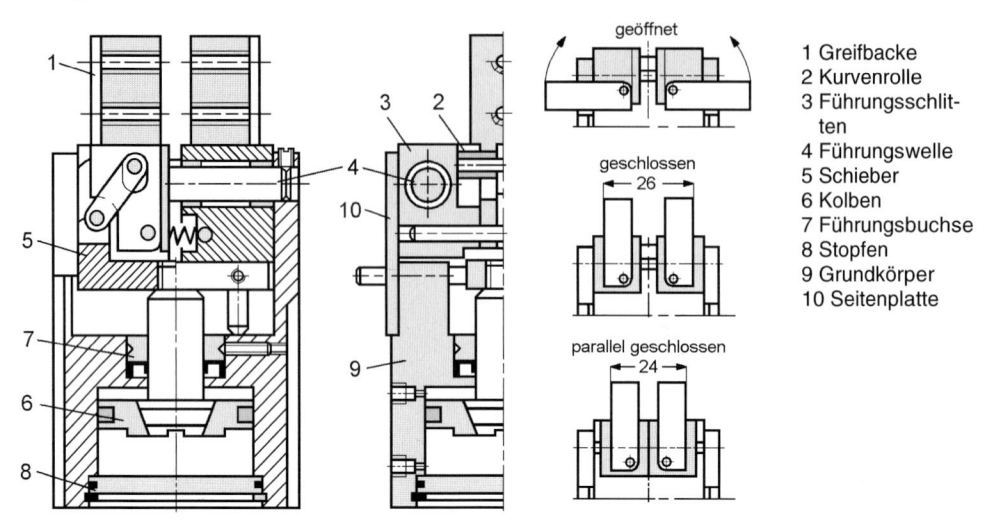

1 Greifbacke
2 Kurvenrolle
3 Führungsschlitten
4 Führungswelle
5 Schieber
6 Kolben
7 Führungsbuchse
8 Stopfen
9 Grundkörper
10 Seitenplatte

Bild 3.83: Mechanik des Winkel-Parallel-Greifers (*Gemotec-Patent*)

Man kann den Stopfen am Zylinder entfernen und dafür einen Greifkraft-Sicherungszylinder anbauen (siehe dazu Bild 9.4). Der Winkel-Parallelhub ist in einer Funktionseinheit zwangsgeführt. In der letzten Bewegungsphase kommt die Kniehebel-Konstruktion der Übertragungshebel zur Wirkung.

Winkelgreifer gibt es in den verschiedensten Ausführungen und Anwendungen, so z.B. Greifer mit nur einem bewegten Finger. In **Bild 3.84** wird ein hydraulischer Greifer dargestellt, bei dem ein Arbeitszylinder als Antrieb genügt. Auch Kniehebelspanner sind als Antrieb einsetzbar. Das sind Standardprodukte, die sich als Klemmgreifer gestalten lassen.

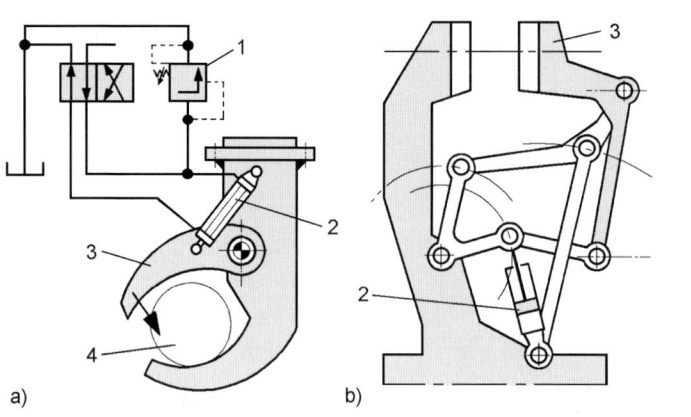

1 Druckbegrenzungsventil
2 Arbeitszylinder
3 Klemmfinger
4 Werkstück

Bild 3.84: Winkelgreifer mit einem bewegten Finger

a) hydraulischer Greifer
b) sechsgliedriges Greifergetriebe [3-14]

3.1 Mechanische Greifer

Beim Greifer nach **Bild 3.84b** wird die bewegte Greifbacke mit hoher Wiederholgenauigkeit durch eine Hebelmechanik geradlinig und achsenparallel geführt.

Sozusagen „Einfingergreifer" gibt es für weniger „gewichtige" Greifobjekte. In **Bild 3.85** ist ein solches Element einschließlich Anwendung dargestellt. Der kleine Hubkolben stellt einen einfachwirkenden Pneumatikzylinder dar. Er ist für das Öffnen des Fingers verantwortlich. Die Greifkraft wird von einer Druckfeder aufgebracht.

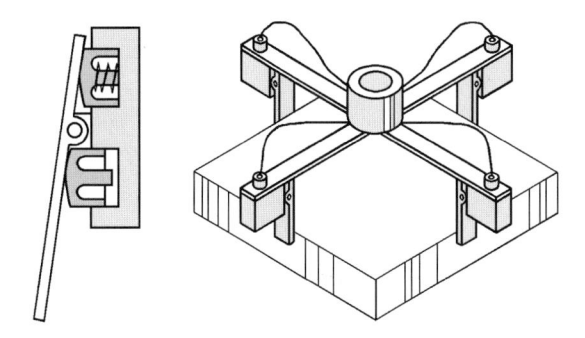

Bild 3.85: Einfacher pneumatischer Fingergreifer für leichte Teile

Beim Greifen langer Teile wird man mehrere Greifer gemeinsam einsetzen, wie es in **Bild 3.86** zu sehen ist. Das kann schon bei Teilen ab 200 mm Länge sinnvoll sein, denn die erforderliche Tragkraft je Greifer halbiert sich natürlich und ungünstige Drehmomente, die beim schnellen Manipulieren entstehen können, werden besser aufgenommen. Der Masseschwerpunkt des Teils sollte genau zwischen den beiden Greifern liegen.

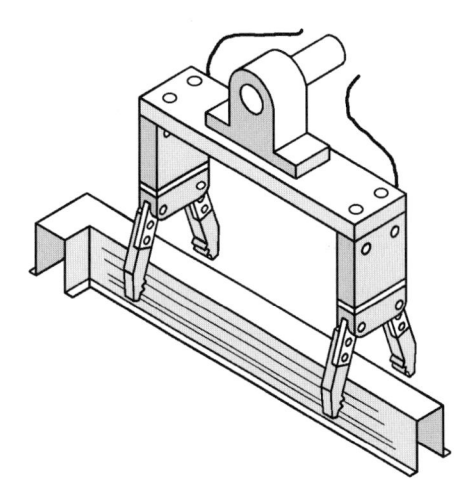

Bild 3.86: Mehrstellengreifer für lange Werkstücke

Schließlich gibt es viele Winkelgeifer mit speziellen Eigenschaften. In **Bild 3.87** ist zum Beispiel ein patentierter Greifer zu sehen, der Rundteile von der ebenen Fläche formpaarig aufnehmen kann. Das wird durch gefederte Backen (Torsionsfeder) erreicht, die beim Aufbringen der Greifkraft das Werkstück umschließen. Man muss natürlich auch sehen, dass jedes zusätzlich bewegte Teil und jede kleine Feder die Störanfälligkeit vergrößert. Hier gewinnen dann die Randbedingungen bezüglich der Einsatzumgebung an Gewicht.

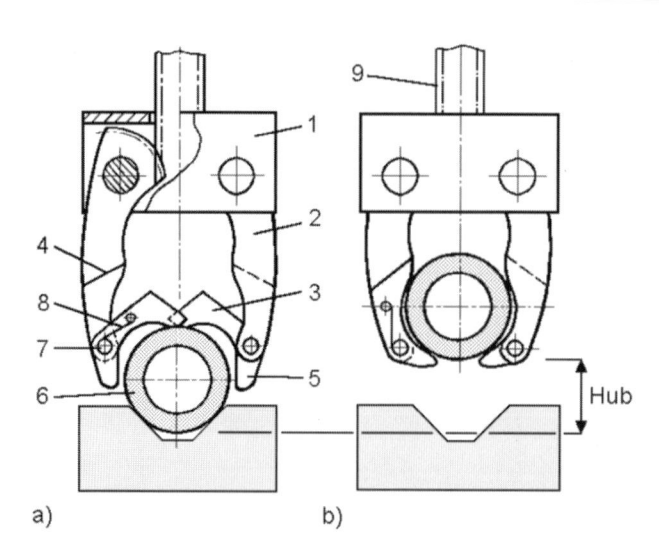

1 Greifergehäuse
2 Greiferfinger
3 Greifbacke
4 Backenanschlag
5 Halteklaue
6 Werkstück
7 Gelenkzapfen
8 Torsionsfeder
9 Zahnstange

Bild 3.87: Greifen von Rundteilen mit Abhebebewegung durch bewegliche Greifbacke

a) Greifer in Aufnahmeposition
b) Teil gegriffen und abgehoben

Viele Baggergreifer für Schüttgut sind übrigens als Winkelgreifer ausgebildet, damit der baggernde Effekt beim Schließen der Greifmulden zustande kommt. Der Antrieb kann hydraulisch und auch elektrisch erfolgen (Motorgreifer). Das **Bild 3.88** zeigt im Prinzip einen solchen Greifer, von denen es viele Ausführungen gibt.

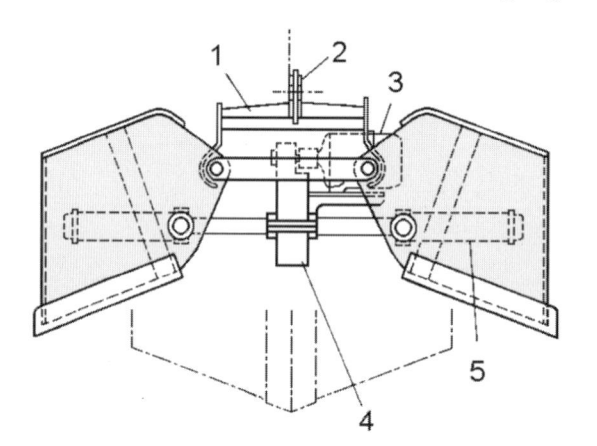

1 Greiferkopf
2 Aufhängung
3 Verschiebeläufer-Motor
4 Getriebekasten
5 Schließspindel mit Schutzrohr

Bild 3.88: Motorgreifer für Bagger

Ein anderer Greifer mit interessanter Fingerkinematik wird in **Bild 3.89** gezeigt. Man kann damit 25-kg-Säcke anfassen. Das bogenförmig angelegte Zahnstange-Ritzel-Getriebe lässt die Greiferfinger eine weiträumige Bewegung ausführen. Der Sack, der von einer Palette oder einem Förderer abzunehmen ist, wird zunächst formpaarig umschlossen. Am Ende der Bewegung werden die Finger mehr in der Art eines Klemmgriffs zusammengeführt. Dabei wird der Sack etwas gestaucht. Das verhindert ein Durchrutschen der Sackware bei variablem Füllungsgrad. Der Antrieb geschieht über Pneumatikzylinder. Der Zylinder ist pendelnd aufgehängt

Weitere Greiferkonstruktionen für das Anpacken von Sackware findet der Leser im Kapitel 10 (Bilder 10.28 bis 10.30).

3.1 Mechanische Greifer

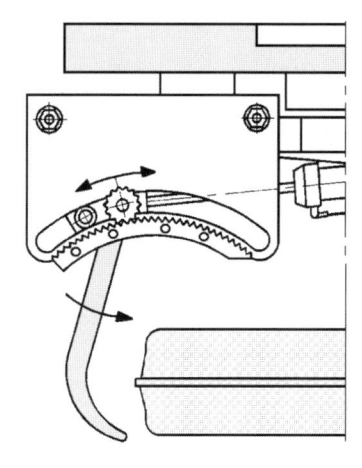

Bild 3.89: Sackgreifer für Palettierungsaufgaben (*Roteg*)

Das **Bild 3.90** zeigt einen Klemmgreifer für den Innengriff, bei dem die Greifkraft elektromagnetisch erzeugt wird. Der Aufbau ist mechanisch sehr einfach. Die Spreizbewegung kommt durch Keilwirkung zustande. Die Federstahlfinger kehren durch Eigenelastizität von allein in die Ausgangslage zurück. Man wird dieses Prinzip bei kleinen leichten Teilen benutzen und wenn auf Druckluft als Energieträger nicht zurückgegriffen werden kann.

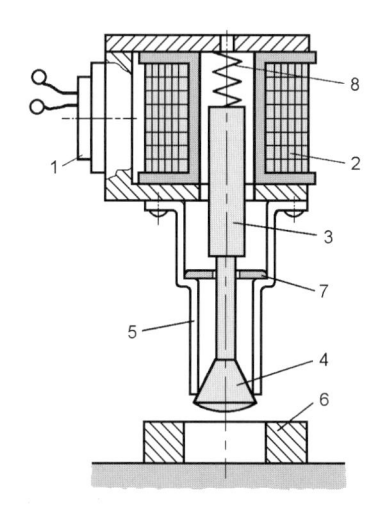

1 Greiferflansch
2 Elektromagnet
3 Anker
4 Spreizkegel
5 Finger
6 Greifobjekt
7 Anschlagscheibe
8 Druckfeder

Bild 3.90: Spreizfingergreifer mit Elektromagnetantrieb

3.1.2.4 Radialgreifer (zentrierende Greifer)

Radialgreifer, auch als Zentripetalgreifer, Zentrischgreifer oder Selbstzentriergreifer bezeichnet, sind meistens Dreifinger(-backen)–Greifer, die ein Greifobjekt auf die Achsmitte des Greifers ausrichten. Die Greiforgane können sich geradlinig oder bogenförmig schließen. In **Bild 3.91** sind einige Ausführungsbeispiele mit Hebel- oder Zahn- bzw. Schneckenradgetriebe dargestellt. Diese Beispiele zeigen bereits, dass verschiedene getriebetechnische Mittel einsetzbar sind, um eine zentrisch-schließende Bewegung zu erzeugen.

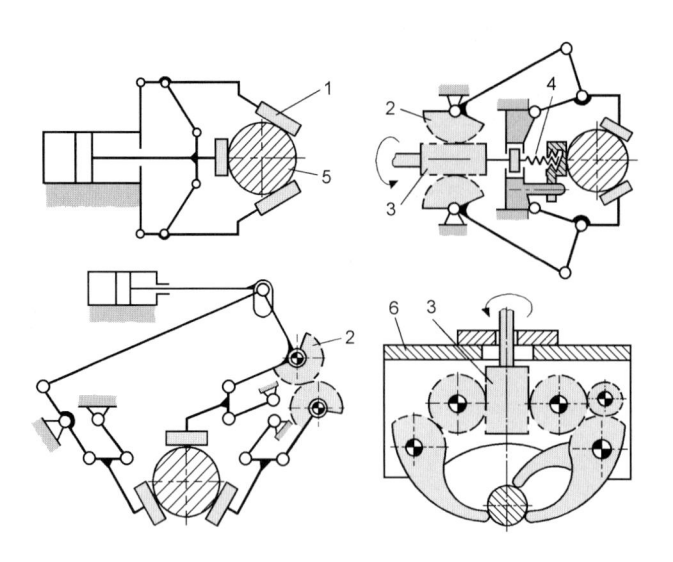

1 Greifbacke
2 Zahnsegment
3 Schnecke
4 Gewindetrieb
5 Werkstück
6 Gehäuse

Bild 3.91: Getriebeaufbau einiger Radialgreifer

Das sind folgende Maschinenbaukomponenten:
- Kulisse bzw. Bogenkulisse
- Kurvengetriebe
- Koppelgetriebe
- Koppelgetriebe mit Zahnradgetriebe kombiniert
- Kombinationen mit Schraubengetriebe
- Zahnradgetriebe mit Zwischenrad und Drehrichtungsumkehr für den dritten Greiferfinger

Das **Bild 3.92** zeigt einige weitere typische konstruktive Ausführungen. Der Antrieb erfolgt jeweils pneumatisch mit Kolben oder Drehflügel.

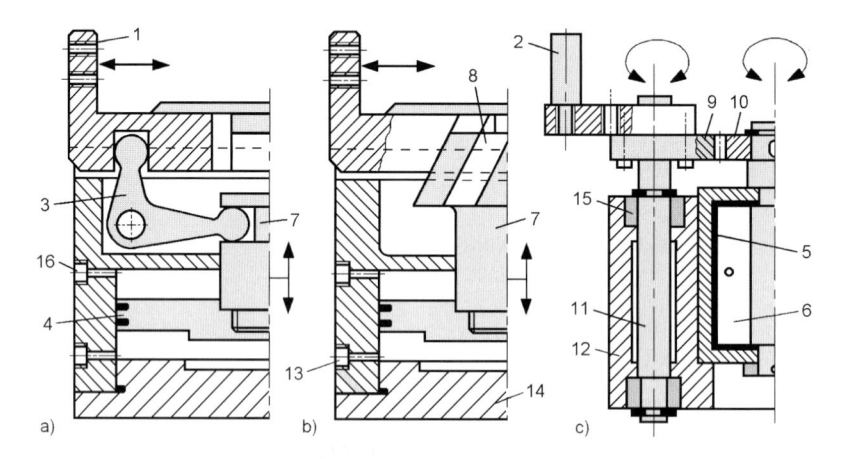

Bild 3.92: Konstruktionsprinzip einiger Radialgreifer mit mindestens drei Fingern
a) Winkelhebelmechanik, b) Keilhakenmechanik (vereinfacht), c) Zahnsegmentgetriebe, 1 Greifergrundbacke, 2 Greifstift, 3 Winkelhebel, 4 Kolben, 5 Dichtung, 6 Drehflügelantrieb, 7 Kolbenstange, 8 Keilhakengetriebe, 9 Zahnsegment, 10 Zahnrad, 11 Greiferfingerachse, 12 Gehäuse, 13 Druckluftanschluss: Öffnen, 14 Zylinderdeckel, 15 Lagerbuchse, 16 Druckluftanschluss: Schließen

3.1 Mechanische Greifer

Ein besonders großer Greifbereich wird mit dem Greifer nach **Bild 3.92c** erreicht. Die drei Finger schließen sich bogenförmig zur Greifermitte hin. Außerdem kann der Greifbereich verlagert werden, indem man die drei Greifstifte in eine andere Bohrung einsetzt. Der Schwenkwinkel des Drehflügels lässt sich in den beiden Endstellungen variabel begrenzen. Der Greifer ist ohne Umbau auch für den Innengriff einsetzbar.

Radialgreifer werden in der Regel zur Handhabung von runden Werkstücken bei der Beschickung von Maschinen und in der Montage eingesetzt.

3.1.2.5 Innengreifer

Innengreifer, die ein Werkstück in einer Bohrung meistens durch Klemmen festhalten, benötigen beim Einsatz wenig Freiraum, d.h. die Störkontur des Greifers ist klein. Das ist oft ein entscheidender Vorteil. Die Greifer sind mechanisch einfach. Es muss eine zum Greifdorn quer verlaufende Bewegung erzeugt werden, die die Greiforgane ausfahren lässt. Dafür gibt es viele konstruktive Lösungen. In **Bild 3.93** werden einige Ausführungsbeispiele gegenübergestellt.

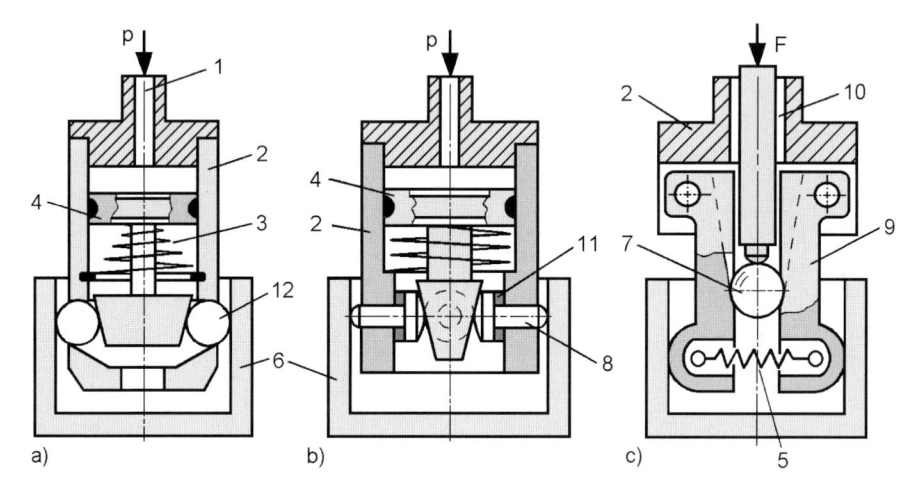

Bild 3.93: Konstruktive Ausführung von Innengreifern
a) Klemmring, b) Klemmstifte, c) Klemmbacken, 1 Druckluftanschluss, 2 Gehäuse, 3 Druckfeder, 4 Kolben, 5 Zugfeder, 6 Werkstück, 7 Kugel, 8 Klemmstift, 9 Klemmbacke mit Kegeltrichter, 10 Führungsbuchse, 11 Weichgummifeder, 12 O-Ring

Bei diesen Varianten wird die Keilwirkung ausgenutzt. Die Kraft wird pneumatisch oder durch andere extern angesetzte Antriebe aufgebracht, zum Beispiel durch einen Elektromagnet.

Bei der Konstruktion nach **Bild 3.94** sind drei Querschieber in den Grundkörper eingelassen, die sich bei einer Vertikalbewegung der zentralen Bundschraube in Spannrichtung verschieben. Der Greifer setzt beim Greifen zuerst auf dem Werkstück auf, dann erfolgt das Ausfahren der Querschieber. Die Greifbacken sind auswechselbar. Der Greifweg ist klein. Der Greifer ist somit besonders für schon bearbeitete Werkstücke verwendbar.

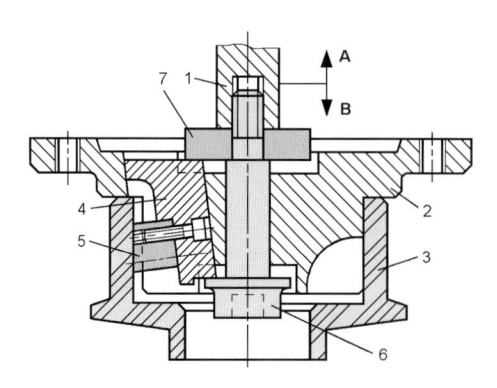

1 Kolbenstange eines Pneumatikzylinders
2 Grundkörper
3 Werkstück
4 Querschieber
5 Greifbacke
6 Bundschraube
7 gehärteter Ring

A Spannen
B Lösen

Bild 3.94: Innengreifer an einer Sondermaschine

Bei den Konstruktionen nach **Bild 3.95** ist für den Rückhub der Backen kein Kraftelement vorgesehen. Die Greifbacken werden bei Berührung mit der Kante der Bohrung, in die der Greifdorn eintaucht, zurückgeschoben. Ansonsten wird auch hier der Keileffekt in Form von keilförmigen Übertragungselementen ausgenutzt. Beide Lösungen unterscheiden sich aber durch die Wirkung der Druckluft auf das Greifen.

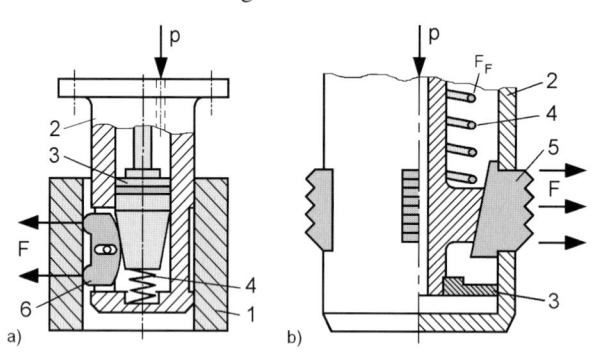

1 Werkstück
2 Dorngehäuse
3 Kolben
4 Druckfeder
5 Klemmbacke
6 Pendelbacke
F Klemmkraft
F_F Federkraft
p Druckluft

Bild 3.95: Greifdorne für den Innengriff
a) Spannen mit Druckluft
b) Lösen mit Druckluft oder Drucköl

Es gilt folgende Wahrheitstabelle:

Spannen mit Druckluft
(Lösen mit Feder)

p	1	0
F	1	0

Lösen mit Druckluft
(Spannen mit Feder)

p	1	0
F	0	1

Bei der Lösung nach **Bild 3.95a** ist die Klemmkraft über den Druck beeinflussbar. Bei der Anordnung nach **Bild 3.95b** nicht. Hier wird die Kraft F allein durch die Federkraft und die Keilschräge α bestimmt. Für die Keilwirkung gilt nach **Bild 3.96**:

$$F = F_F \cdot \frac{\sin(\alpha + \rho_2 + \rho_3) \cdot \cos \rho_1}{\cos(\alpha + \rho_1 + \rho_2) \cdot \cos \rho_3} \qquad (3.35)$$

$\mu = \tan \rho \qquad (\mu_1 = \tan \rho_1,\ \mu_2 = \tan \rho_2,\ \mu_3 = \tan \rho_3)$ \qquad (3.36)

μ \qquad Reibungskoeffizient
ρ \qquad Reibungswinkel

3.1 Mechanische Greifer

Bei gleichen Reibzahlen gilt

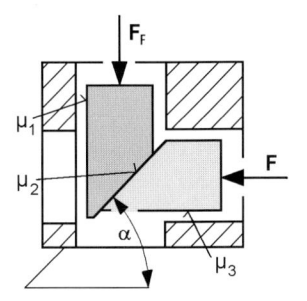

$$F = F_F \cdot tan\,(\alpha + 2 \cdot \rho) \tag{3.37}$$

Bild 3.96: Kraftübertragung mit Keilelementen

3.1.2.6 Greifer mit Selbsthemmung

Klemmgreifer lassen sich u.a. in solche einteilen, die selbsthemmend sind und in solche ohne Selbsthemmung (übliche Ausführung). Selbsthemmung ist hierbei jene Eigenschaft, dass sich geschlossene Greifbacken nicht von selbst öffnen, wenn auf das gegriffene Teil z.B. Fliehkräfte außermittig zu den Griffstellen wirken. Der Greifer ist gewissermaßen blockiert. Die Selbsthemmung kann passiv oder aktiv sein. Ein elektromechanisch angetriebener Backengreifer ist selbsthemmend, wenn die Steigung der Antriebsspindel unter Beachtung des Reibungskoeffizienten selbsthemmend ausgelegt ist. Das „Blockieren" geschieht hier aktiv. Ein Beispiel für einen spindelgetriebenen Backenhub zeigt das **Bild 3.97**.

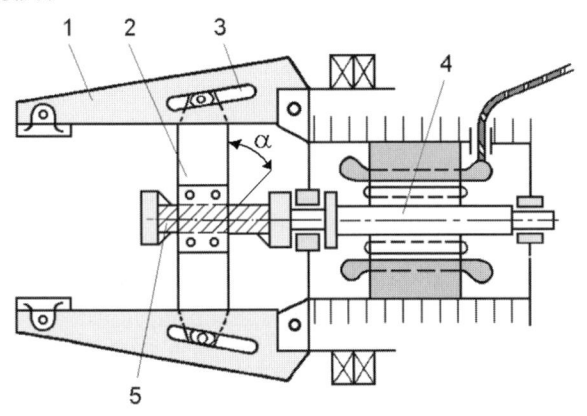

1 Greiferfinger
2 Übertragungsglied mit Mutter
3 Führung
4 Rotor des Motors
5 Gewindespindel
α Steigungswinkel

Bild 3.97: Patentierter Winkelgreifer mit elektromotorischem Antrieb

Die Spindel ist gegen eine Rückwärtsdrehung gesichert, wenn an der Mutter eine Kraft wirkt und der Steigungswinkel des Gewindes $\alpha \leq \rho$ ist. Hierbei gilt wiederum

$$\mu = tan\,\rho$$

μ Reibungskoeffizient Spindel/Spindelmutter
ρ Reibungswinkel

Steilgängige Spindeln mit großem Steigungswinkel α ergeben zwar kurze Greiferschließzeiten, sind aber nicht selbsthemmend.

In **Bild 3.98** werden Greifer mit Rollenkulisse dargestellt. Wird versucht mit einer Kraft F_G die geschlossenen Greifbacken aufzuziehen, dann entsteht am Zapfen eine Hebelkraft F_H. Diese Kraft zerlegt sich in die Komponenten F_{HY} und F_{HX}, denn der Antriebsschieber kann sich nur in Richtung der x-Achse bewegen. Die Kraft F_{HX} kann je nach Geometrie des Greiferfingers die Schließkraft verstärken oder schwächen. Eine Verstärkung würde die Greifbacken blockieren, d.h. es liegt Selbsthemmung vor. Der dargestellte Kräfteplan enthält noch nicht die Reibmomente, die in der Hebelachse auftreten und auch keine Reibungskräfte zwischen Rolle und Kulisse.

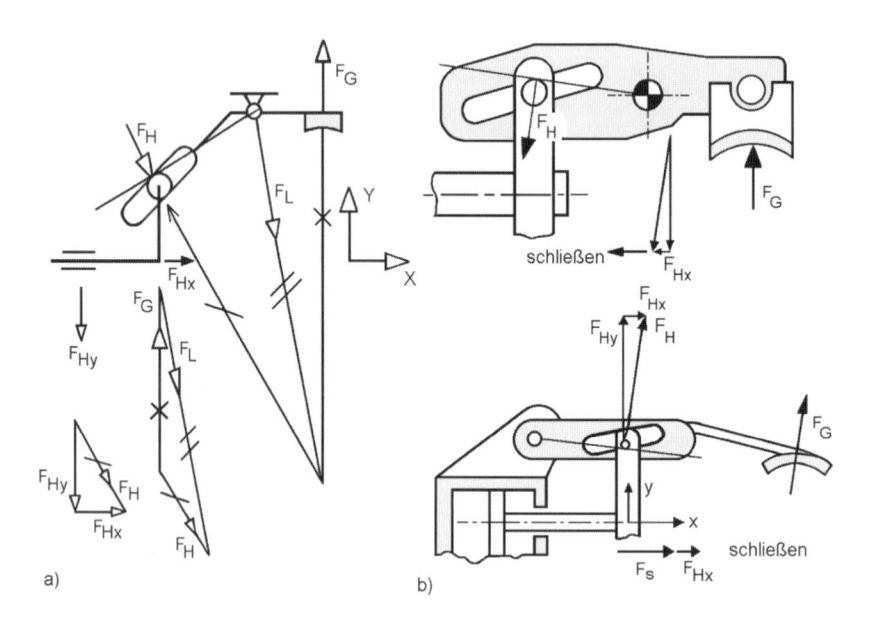

Bild 3.98: Klemmgreifer mit Rollenkulisse
a) Kräfteplan; Es liegt keine Selbsthemmung vor. b) Beispiele für Greifer mit Selbsthemmung

Winkelgreifer haben den Vorteil, dass sie die Finger weit öffnen können und dann den bewegten Komponenten einer Arbeitsmaschine nur wenig Störkontur bieten. Dadurch kann man eine ansonsten für den Rückhub des Greifers notwendige Lineareinheit einsparen. Um gegen Ende der Schließbewegung annehmbare Greifkräfte zu erreichen, werden oft Kniehebelgetriebe benutzt. Bei großen Greifern lässt sich die Mechanik gut unterbringen. Wird das Prinzip aber auf sehr kleine Greifer-Baugrößen angewendet, dann werden die Gelenke sehr zierlich und halten die Achslasten nicht mehr aus. Deshalb hat man den in **Bild 3.99** dargestellten Greifer mit einer Kurvenführung (Rollenkulisse) zur Erzeugung der Fingerbewegung ausgestattet. Das Kraft-Weg-Verhalten lässt sich nun in die Kurvenform legen, und zwar so, dass sich gegen Ende der Schließbewegung eine große Haltekraft einstellt, ohne jedoch schon Selbsthemmung zu erreichen. Kniehebeltypische Überlastprobleme werden vermieden. Die Greifbacken sind allerdings so zu bemessen, dass sie genau zu den Werkstückabmessungen passen.

3.1 Mechanische Greifer 143

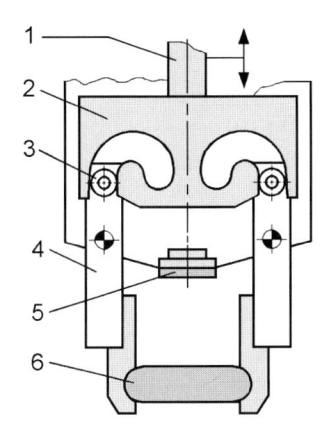

1 Verbindungsstange zum Pneumatikkolben
2 massives Kurvenstück
3 Führungsrolle
4 Greifbacke
5 einstellbarer, gedämpfter Anschlag
6 Werkstück

Bild 3.99: Winkelgreifer mit Rollenkulisse (*Montech*)

3.1.2.7 Wendegreifer

Aus verschiedenen technologischen Erfordernissen braucht man auch Greifer, die in der Lage sind, Greifobjekte im Greifer zu drehen. Man bezeichnet sie als Wendegreifer.

Greifer mit integrierten Drehachsen in den Greiforganen können die Möglichkeiten der Werkstückmanipulation erhöhen, ohne Beweglichkeiten der Handhabungseinrichtung einzubeziehen. Mit dem in **Bild 3.100** gezeigten Greifer kann die Orientierung eines gegriffenen Teils z.B. um ± 90° geändert werden. Oft wird die gesamte Drehmechanik komplett in den Finger eingebaut, einschließlich Motor. Es genügt meistens, wenn nur eine Greifbacke angetrieben wird und die gegenüberliegende nur passiv mitläuft. Die Schwenkwinkel-Endlage ist um ± 3° einstellbar und die Wiederholgenauigkeit erreicht z.B. 0,01°. Die Greiferschwenkbacken dienen vor allem dazu, ein stehendes Werkstück zu erfassen und dann nach der Drehung waagerecht in ein Spannfutter einzugeben.

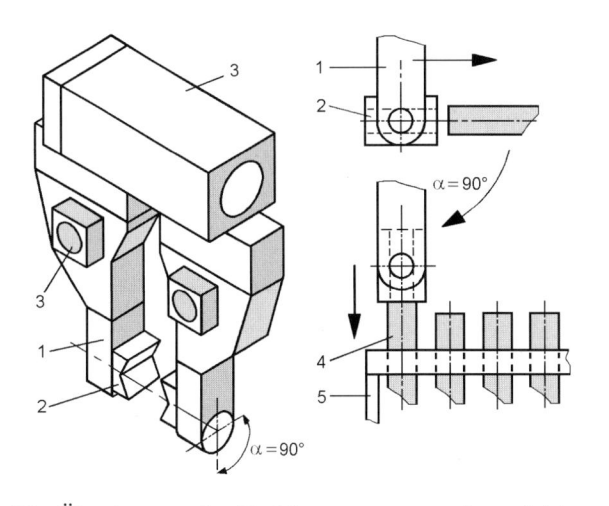

1 Greiferfinger
2 Greifbacke
3 Pneumatikzylinder
4 Werkstück
5 Werkstückmagazin

α Schwenkwinkel

Bild 3.100: Wendegreifer

Die Übertragung der Drehbewegung von einem Motor zur Schwenkbacke kann mit Zahnriemen oder Zahnrädern erfolgen. Der Schwenkmotor kann sich mit den Grundbacken bewegen oder sie sind fest am Gehäuse angebaut und die Bewegung wird über eine Keilwelle weitergeleitet. Das **Bild 3.101** zeigt einige Getriebelösungen.

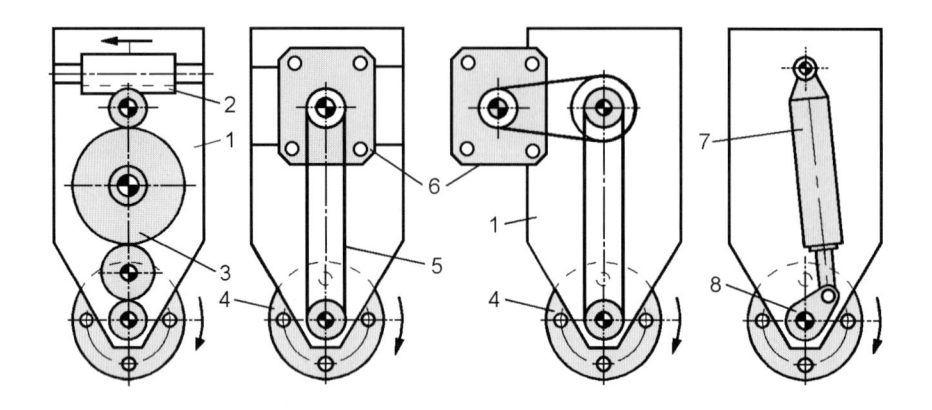

Bild 3.101: Backenantrieb für Wendegreifer
1 Fingergehäuse, 2 Pneumatikzylinder mit verzahntem Zylinder, 3 Zahnrad, 4 Drehplatte für Greifbacke, 5 Zahnriemen, 6 Motor (elektrischer Motor oder pneumatische Drehflügeleinheit), 7 Pneumatikzylinder, 8 Schwenkarm

Nicht immer genügt ein Schwenkwinkel von 90° oder 180°. Der in Bild 6.23 (Kapitel 6.6) dargestellte Greifer dient zum Beispiel einer anderen Aufgabe. Er lässt das Werkstück im Greifer rotieren. Damit kann man Teile im Greifer zum Beispiel vermessen oder Unrundheiten feststellen. Bei solchen Beweglichkeiten wirken stets auch Kräfte und Momente auf das kinematische System und auf das Greifobjekt, die zu Spannungen und Deformationen führen können. Deshalb muss der Kraftfluss beachtet werden. Er soll sich innerhalb des Greifers schließen, wie es in Bild 3.20 bereits gezeigt wurde.

3.1.2.8 Greifbackengestaltung

Greifbacken stellen den unmittelbaren Kontakt zu einem Werkstück her. Damit entstehen Wechselwirkungen bezüglich Formen, Sicherheit des Haltens, der Verkraftung von Toleranzen und der Anzahl von Greiforganen. Auch prozessbedingte Anforderungen können die Greifbackengestaltung beeinflussen, wie zum Beispiel Fügekräfte in der Montage.

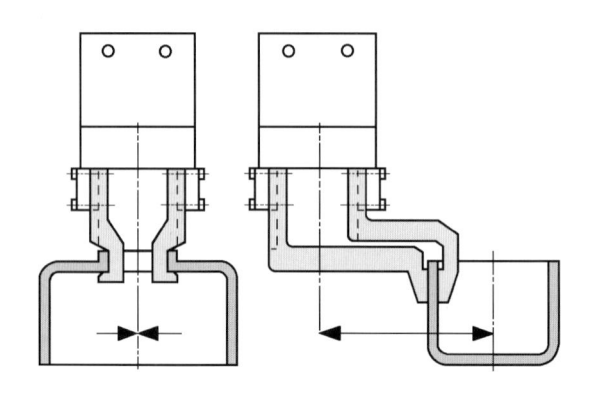

Das **Bild 3.102** zeigt zwei Backen- bzw. Fingerformen für einen Klemmgriff. Die abgewinkelten Finger sind im dargestellten Beispiel aus prozesstechnischen Gründen ausgewählt worden.

Bild 3.102: Greifbackenformen für den Innen- und Kombinationsgriff

3.1 Mechanische Greifer

Die Aufgabe kann auch darin bestehen, einen großen Werkstückdurchmesser-Bereich mit einem Backenpaar zu verkraften. Das wird in **Bild 3.103** gezeigt. Die Backen sind derart geformt, dass auch dünne Teile bei Dreipunktberührung noch sicher im Prisma gehalten werden.

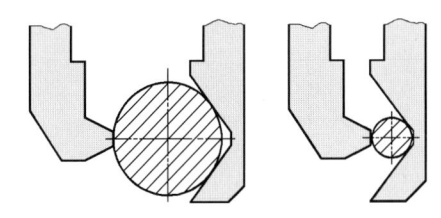

Bild 3.103: Greifbacken für einen großen Durchmesserbereich bei Rundteilen

Hat man lange Teile, dann kann es günstig sein, wenn man zusätzliche Stützauflagen für das Greifobjekt vorsieht. Das **Bild 3.104** zeigt dafür ein Beispiel. Diese Lösung ist besonders dann bedeutsam, wenn nicht genau im Masseschwerpunkt des Werkstücks gegriffen wird und dann unangenehme Kippmomente auf die Greiferfinger wirken, die versuchen die Greifbacken aufzudrücken.

In diesem Zusammenhang spielt einmal die Präzision des Greifers bzw. der Greifbacken eine wichtige Rolle und auch die Formgenauigkeit des Greifobjekts. Formfehler und Verlagerungen bei den Greifbacken können zu statisch unbestimmten Paarungen führen und die Greiferwiederholgenauigkeit beeinträchtigen..

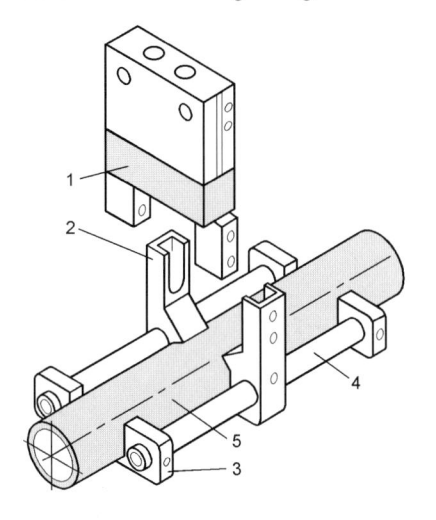

1 Parallelbackengreifer
2 Greifbacke
3 Stützauflage
4 Rohr
5 Werkstück

Bild 3.104: Greifbacken mit zusätzlichen Stützauflagen

Die Paarung von Objekt und Greiforganen bildet ein räumliches Gelenk und sollte im Hinblick auf eine eindeutige Position des Objektes bezüglich des Greifers statisch bestimmt sein. Der Grad $ü$ der Überbestimmtheit der Paarung lässt sich wie folgt berechnen:

$$ü = f + 6(k-1) - \sum_{i=1}^{k} f_i \qquad (3.38)$$

Der Überbestimmtheitsgrad kennzeichnet die Anzahl der zum statisch bestimmten Halten des Objekts erforderlichen Elementarbewegungen. In der Gleichung (3.38) bedeuten:

f Gelenkfreiheitsgrad, den die Paarung besitzen soll
k Anzahl der Teilgelenke
f_i Freiheitsgrad des i-ten Teilgelenks der k-Teilgelenke, in die sich die Paarung zerlegen lässt

Das **Bild 3.105** zeigt dazu zwei Beispiele.

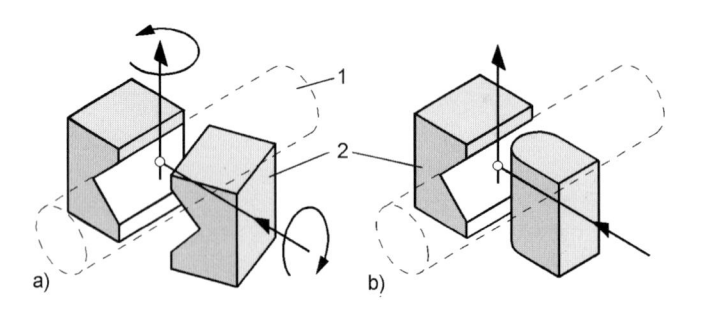

1 Welle
2 Greiforgan

Bild 3.105: Paarung von Greiforganen mit einem Greifobjekt

a) prismatische Greiforgane
b) Kombination von Prisma und Rundleiste

Im dargestellten Beispiel des **Bildes 3.105a** bildet die Welle mit den Greifprismen ein Drehschubgelenk mit $f = 2$. Man kann es in $k = 4$ Zylinderplattengelenke als Teilgelenke mit je $f_i = 4$ zerlegen (2 Drehungen, 2 Schiebungen). Daraus folgt:

$$\ddot{u} = 2 + 6(4-1) - (4 + 4 + 4 + 4) = 4$$

Das heißt, außer der Translationsbewegung der Greiforgane zueinander sind noch drei Elementarbewegungen erforderlich, damit die Paarung statisch bestimmt ist. Sie könnten beispielsweise durch ein Kugelgelenk zwischen einem der Greiforgane und seinem Zangenschenkel ermöglicht werden.

In **Bild 3.105b** besteht die Paarung Welle/Greiforgane aus 2 Zylinder-Plattengelenken und einem Zylinder-Zylindergelenk mit $f_3 = 1$. Hier ist $\ddot{u} = 2 + 6(3-1) - (4 + 4 + 5) = 1$; die Paarung ist statisch bestimmt. Allerdings tritt eine Punktberührung auf, die jedoch bei richtiger Formgebung des Greiforgans, d.h. günstiger Schmiegung, nicht zu einer unzulässigen Flächenpressung führen muss.

Der Begriff *Überbestimmtheit* ist nicht mit dem Begriff *Unfreiheit* zu verwechseln. Unfreiheiten ergeben sich aus Positionsabweichungen zwischen Greifobjekt und Greiforganen. Da solche Abweichungen bei der Positionierung des Greifers relativ zum zu greifenden Teil bzw. des gegriffenen Teils relativ zu seiner Aufnahme (z.B. Spannfutter) oft auftreten, sind zusätzliche Bewegungen unvermeidlich. Die Anzahl dieser Bewegungen längs der Achsen und um die Achsen des Bezugskoordinatensystems entspricht den fehlenden Freiheitsgraden, d.h. den Unfreiheiten u der kinematischen Kette, die die Aufnahme, das Objekt und die es berührenden (nicht spannenden) Greiforgane bilden. Es gilt

$$u = b - F \tag{3.39}$$

wobei

3.1 Mechanische Greifer

$$F = b \cdot (n-1) - b \cdot g + \left(\sum_{}^{g} f\right) - f_{id} \qquad (3.40)$$

- F Freiheitsgrad der kinematischen Kette
- b bei räumlicher Kette ist $b = 6$
- f Gelenkfreiheitsgrad
- f_{id} identischer Gelenkfreiheitsgrad
- g Gelenkanzahl
- n Anzahl der Glieder

Aus den Gleichungen (3.39) und (3.40) erhält man die Gleichung für die Anzahl der Unfreiheiten.

$$u = b \cdot (2 - n + g) - \left(\sum_{}^{g} f\right) + f_{id} \qquad (3.41)$$

Das **Bild 3.106** zeigt dazu als einfaches Beispiel das Greifen einer Welle, die noch zwischen Spitzen, d.h. mit dem Gelenkfreiheitsgrad $f = 1$ beweglich mit dem Bezugssystem verbunden ist. Zwischen Greifbacken und Welle ist eine Drehschubbewegung möglich mit $f = 2$, wobei die Drehung als identischer Freiheitsgrad auftritt, also $f_{id} = 1$ ist. Es gibt $n = 3$ Glieder und $g = 2$ Gelenke. Damit wird die Anzahl u der Unfreiheiten:

$u = 6 \, (2-3+2) - (1+2) + 1 = 4$

Was bedeutet das? Um Überbeanspruchungen infolge fehlender Freiheitsgrade zu vermeiden, müssen beim Greifer bestimmte Glieder nachgiebig ausgebildet werden. Oft setzt man dazu sich selbst einstellende Ausgleichseinheiten zwischen Greifer und Roboterflansch ein. Dadurch erreicht man, dass Abweichungen der Werkstückachse von ihrer theoretisch richtigen Lage beim Einspannvorgang selbsttätig ausgeglichen werden. Auch bei Greifobjekten mit größeren Toleranzen, wie z.B. bei Gussstücken, treten dann keine Verspannungen beim Greifen auf.

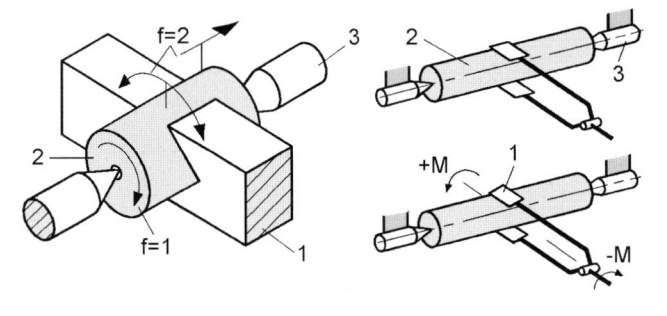

1 Greifbacke
2 Handhabungsobjekt
3 Spitzenlagerung

M Drehmoment

Bild 3.106: Unfreiheiten beim Greifen einer Welle

Nachgiebige Greifbacken lassen sich mit verschiedenen technischen Mitteln erreichen. Das sind:

- Elastische Backenbeläge
- Pendelbacken (ein- oder mehrachsig pendelnd)
- Formübernehmende und formbewahrende Backen

Das **Bild 3.107** zeigt dazu einige häufig benutzte Lösungen. Die Härte des elastomeren Belags ist nach der Greifaufgabe festzulegen. Solche Beläge erhöhen gleichzeitig den Reibungskoeffizienten und tragen damit auch zur Greifsicherheit bei.

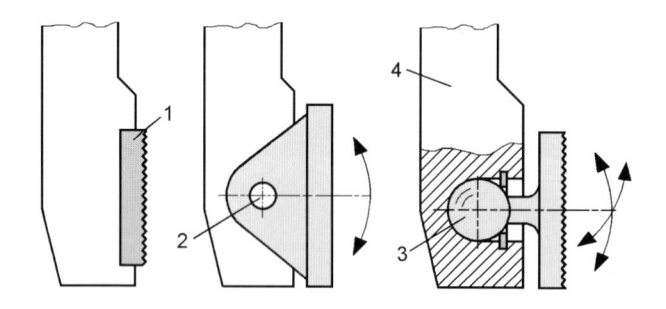

1 Elastomerbelag
2 Achse
3 Kugelgelenk
4 Greiferfinger

Bild 3.107: Nachgiebige Greifbacken

Der in **Bild 3.108** dargestellte Greiferfinger mit Backe ist als Gummi-Metall-Verbundkonstruktion ausgeführt. Damit werden Sollmaßdifferenzen am Greifobjekt ausgeglichen. Das ist bei solchen Greifern wichtig, die einen nichtkompensierenden Antrieb haben, z.B. eine Kurvenscheibe statt Pneumatikkolben. Die Federhärte des Gummikörpers hängt von der ausgewählten Gummihärte ab. Solche Greifer kommen zum Beispiel an Rundlaufautomaten zur Reinigung von Getränkeflaschen vor.

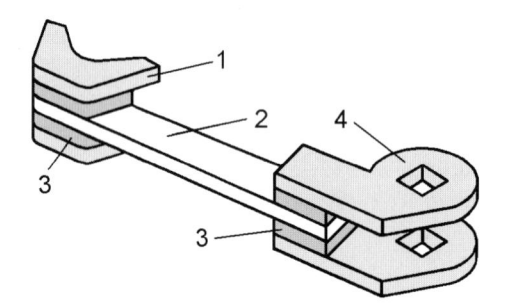

1 Greifbacke
2 Greiferfinger
3 vulkanisierte Gummischicht
4 Befestigung am Winkelgreifer

Bild 3.108: Greiferfinger mit elastischen Eigenschaften

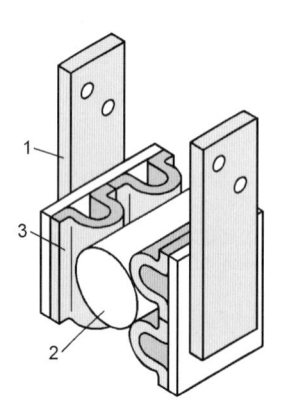

Mit dem in **Bild 3.109** gezeigten Backenpaar können Rundteile sowohl stehend als auch liegend aufgenommen werden. Bei Rundteilen entsteht ein Zentriereffekt wie bei einem Prismabacken.

1 Greiferfinger
2 Werkstück
3 Gummiformstück

Bild 3.109: Elastomeres Greifbackenpaar

3.1 Mechanische Greifer 149

In beiden Fällen ist ein werkstückschonender Griff mit genügendem Ausgleich vorhanden, wobei allerdings die Genauigkeit leidet.

Zunehmende Flexibilitätsanforderungen in der Fertigung verlangen auch Greifer, die insbesondere unterschiedliche Werkstückformen verkraften. Für dieses Problem gibt es viele technische Vorschläge, die aber oft für den rauen Werkstattbetrieb wenig tauglich sind. Eine Gliederung der Möglichkeiten enthält das **Bild 3.110**

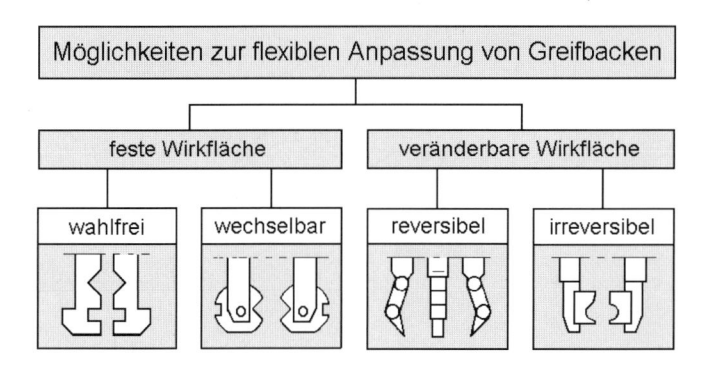

Bild 3.110: Gliederung der formanpassbaren Greiferbacken

Greifbacken mit mehreren objektbezogenen Greifstellen machen einen Greifer zu einem „Mehrstellengreifer". Man hat sie z.B. in der Getriebemontage schon mit bis zu 9 Greifstellen angewendet. Das hängt natürlich stark von der Form und Baugröße der Montageteile ab. Obwohl innerhalb des Montagezyklus flexibel, sind sie letztlich Komponenten einer Einzweckautomatisierung. Die Greifflächen werden seriell genutzt (siehe dazu auch Bild 2.49). Ein Greiferwechsel wird allerdings gespart. Um die Möglichkeiten eines Mehrstellengreifers zu untersuchen, bedient man sich heute der rechnerunterstützten Formüberdeckungsanalyse.

Manchmal gelingt es die Greifbacken so zu gestalten, dass man damit mehrere formverschiedene Teile anfassen kann. Das **Bild 3.111** zeigt ein einfaches Beispiel. Mit dem vertikalen Prisma A lassen sich stehende Rundteile anpacken, mit dem Waagerecht-Profil B horizontal orientierte Stangen. Auch die Flachbacke C ist nutzbar und die Kontur D ist für den Innengriff angepasst, um z.B. Ringe anzufassen. Das erspart an Montagestationen den Greiferwechsel. Es sind aber trotzdem Spezialgreifbacken. Beispiele mit wechselbaren Fingern bzw. Greifbacken werden im Kapitel 7 vorgestellt.

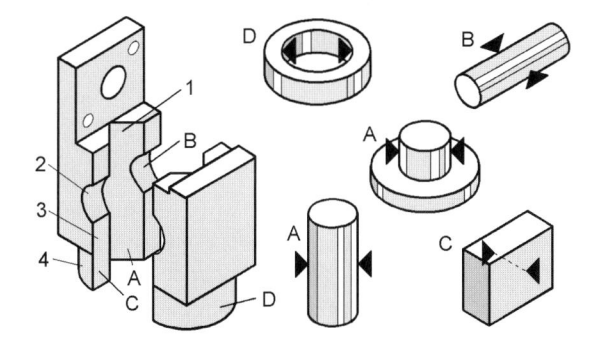

1 Prisma
2 Rundfläche
3 Flachbacke
4 Formelement für Innengriff

Bild 3.111: Multifunktionale Greifbacke und dazu passende Werkstückbeispiele

Die nächste große Gruppe von flexibel anpassbaren Greifern sind solche mit reversiblen, also rückgängig machbaren Backenformen. Was damit gemeint ist, wird aus **Bild 3.112** deutlich [3-15]. Es wird ein Abformvorgang gezeigt. Dieser läuft in zwei Schritten ab:

- Abtasten der Kontur
- Fixieren der Kontur mit Kraftschluss (Verriegeln)

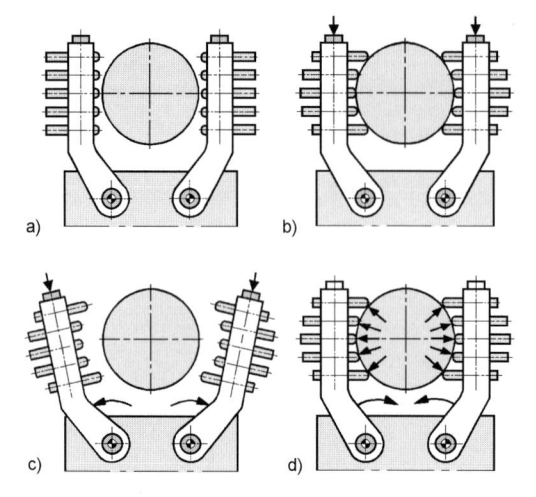

Bild 3.112: Greifer mit Abformelementen

a) Startsituation
b) Übernehmen der Form
c) Sichern der Form
d) Greifen eines Objekts

Obwohl das Abformen recht einfach aussieht und es auch ist, stellen Greifer mit vielen beweglichen Teilen kaum Effektoren dar, die für den rauen Werkstattbetrieb auf Dauer tauglich sind. Sie werden deshalb in der skizzierten Form kaum eingesetzt.

Konstruktiv eher brauchbar sind die Greifbacken nach **Bild 3.113**. Einmal werden Blechlamellen gegeneinander verschoben und dann geklemmt, zum anderen wird eine rutschsichere Verzahnung vorgesehen, um die Greifbacke wechseln und im Abstand verändert anbauen zu können.

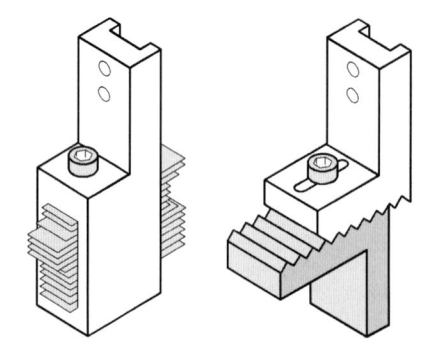

Bild 3.113: Einstellbare Greifbacken

Mit einer reversiblen Anpassung, die bei jedem Griff erneut abläuft, sind die folgenden Greifer versehen. Die in **Bild 3.114** vorgestellte Idee zeigt einen Greifer, dessen Greiferfinger als Kunststofflamellen gestaltet sind. Beim Greifen werden sie gegen das Objekt gezogen und passen sich der Form an. Es muss somit nur die Größenklasse des Objekts pas-

3.1 Mechanische Greifer

sen. Das Funktionsprinzip dieses Labormusters erinnert im weitesten Sinne an das Zusammenführen von Handflächen. Das Konzept dieses Greifers passt zu Servicerobotern, die nacheinander Werkzeuge mit Schaft und Haushaltgegenstände anpacken müssen.

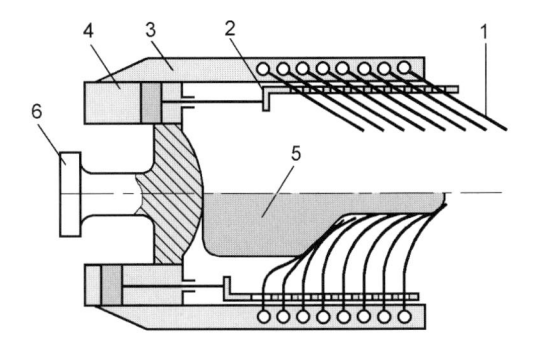

1 Federstahl- oder Kunststofflamelle
2 Schieber
3 Arm
4 Druckluftzylinder
5 Werkstück oder Werkzeug
6 Anschlussflansch

Bild 3.114: Lamellengreifer (*Uni Karlsruhe*)

Beim Greifen nach **Bild 3.115** sind die Greifbacken in sich nachgiebig. Sie können aber trotzdem die Greifkraft gut übertragen, weil die Backen im Innern mit einem Stahlband stabilisiert sind und sich insgesamt wie ein Pneumatikkolben verschieben lassen. Jede Backe ist ein hermetisch geschlossener Block. Die Deckflächen bestehen aus aufvulkanisiertem Gummi. Durch die große Berührungsfläche zum Objekt entsteht nur eine geringe Flächenpressung, was zum Beispiel bei der Handhabung von Holzformteilen vorteilhaft ist.

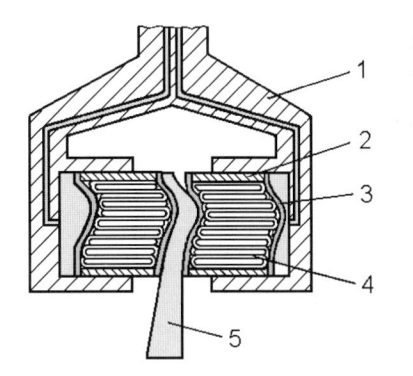

1 Grundkörper mit Backenführung
2 Greifbacke
3 elastische Deckfläche
4 gewundenes Federband
5 Werkstück

Bild 3.115: Greifer mit vielgliedrigen Backen (Patent B 25 J 15/00 626947, Russland);

Es gibt noch einige weitere Greifbackenideen, zum Beispiel mit Pulver gefüllte Beutel, die beim Anlegen von Vakuum das Backengebilde stabilisieren und versteifen, ähnlich wie beim vakuumverpackten Pulverkaffee.

Irreversible Greifbacken sind solche, die eine Form nur einmal übernehmen können. Wird sie nicht mehr gebraucht, muss sie zerstört werden, denn sie ist nicht mehr rückgängig zu machen. Die Backenformstücke bestehen aus plastischen Werkstoffen wie Silikonmasse (weich) oder Knetmasse aus Flüssigaluminium. Das Abformen geschieht manuell durch Gießen, Kneten oder Verschäumen. Einige Massen härten dann von selbst aus oder müssen thermisch nachbehandelt werden. Das **Bild 3.116** zeigt ein Beispiel mit Knetmasse. Zur Stabilisierung werden bei größeren Backen noch Armierungsstifte eingebracht. Das Abformen mit solchen Massen ist besonders bei Greifobjekten mit sphärischen Formelementen eine rationelle Methode.

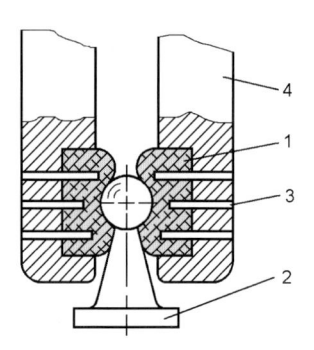

1 Plastische Masse
2 Werkstück
3 Armierungsstift

Bild 3.116: Abform-Greifbacke

Die Greifflächen einer Greifbacke können schließlich noch mit Belägen versehen werden, die die Reibung erhöhen oder prozessbedingten Anforderungen besser genügen. Für die Ausstattung von Greifbacken mit Gummiflächen gibt es fertige Matten, die in ein Bohrungsfeld einzuknöpfen sind. Ein Beispiel wird in **Bild 3.117** gezeigt. Auch geklebte Elastomer-Platten sind üblich. Ebenso gibt es auch Haftkissen, die aus einem elastomeren Kissen und einer Aluminium-Stützplatte bestehen.

Für die Handhabung heißer Werkstücke kann man die Kontaktflächen mit Duran-Glas bewehren (SiC-faserverstärktes Duran-Glas). Die maximale Einsatztemperatur liegt bei 1200 °C, die Biegezugfestigkeit bei 900 MPa und die Dichte bei 2,5 g/cm^3.

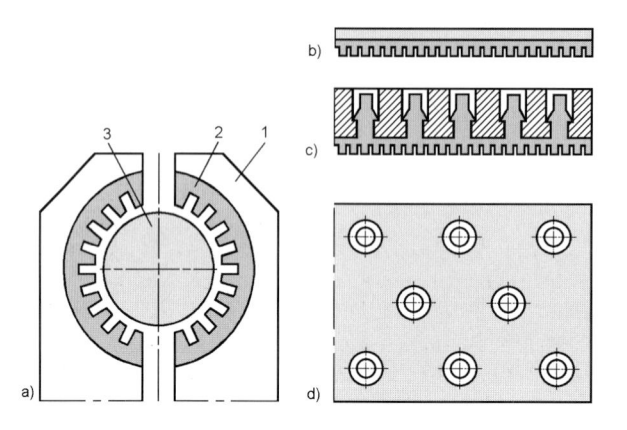

1 Greifbacke
2 Gummibelag
3 Werkstück

Bild 3.117: Gumminoppenleisten als Greifbackenbelag

a) Auskleidung für Rundteile
b) klebbare Leiste
c) knöpfbare Leiste
d) Backenfläche

Zur Erhöhung der Reibung kann auch das Prinzip der Mikroverhakung genutzt werden. Dazu werden Auflageplatten oder Schrauben mit Riefen, Spitzen sowie quadratische Greifbacken aus Werkzeugstahl (gehärtet) oder mit Hartmetalleinsatz (geriffelt) verwendet (**Bild 3.118**). Damit ist auch beim Auftreten von Kippmomenten ein gutes Halten der Teile, zum Beispiel große Blechformteile, gesichert. Allerdings können an der Oberfläche des Greifobjekts Eindruckmarken zurückbleiben. Das spielt bei der Handhabung von Ziehstücken keine Rolle, weil der Ziehrand ohnehin abgeschnitten wird. Ebenso unempfindlich sind meistens Gussteile und Rohteile, die noch eine Nachbearbeitung erfahren. Hartmetall-Greifbackeneinsätze lassen sich mit bis zu 30 000 N belasten und können bei Verschleiß einfach ausgetauscht werden

3.1 Mechanische Greifer

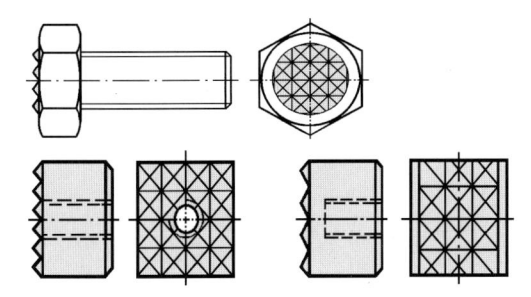

Bild 3.118: Greifbackenschraube und Klemmspitzeneinsätze für Greifbacken

Schließlich wäre noch auf Sonderbacken hinzuweisen, die nicht nur das Objekt halten, sondern auch noch eine technologische Aufgabe erfüllen. Ein solches Beispiel wird in **Bild 3.119** gezeigt. Die Anschlussfahnen des elektronischen Bauteils sind um 15° nach außen gebogen. Beim Greifen werden diese durch entsprechend gestaltete Greifbacken auf ein genaues Maß gedrückt, so dass die Abstände mit dem Bohrungsraster in der Leiterplatte genau übereinstimmen und die Montage durch Zusammenstecken erfolgen kann. Die Greifbacken sind also gleichzeitig eine Maßlehre.

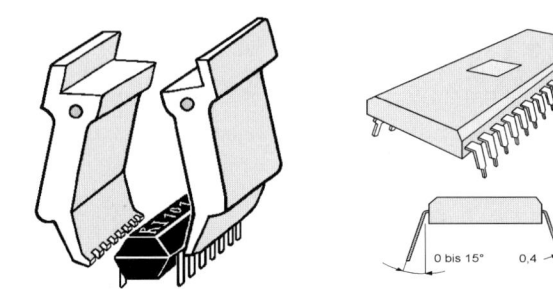

Bild 3.119: Greifen von elektronischen Schaltkreisen

Links: Greifbackenausführung bei gegebenem Elektronikbauteil
Rechts: Pins stehen im Winkel ab

Auch die Greifbackenbefestigung kann Besonderheiten aufweisen. Das **Bild 3.120** zeigt, wie man eine Greifbacke am Greiferfinger einstellen kann. So ist beim Kniehebelgreifer die Greifkraft sehr stark vom Greifweg abhängig. Deshalb wird der Greiffinger gegen einen gehärteten Stift verspannt, wie man es im Bild sieht. Durch Verstellen der beiden Befestigungsschrauben ist eine Korrektur desjenigen Punktes möglich, bei welchen der Greifkraftaufbau beginnt. Die Darstellung zeigt zwei verschiedene Befestigungsmöglichkeiten der Greifbacke am Finger bzw. an der Grundbacke.

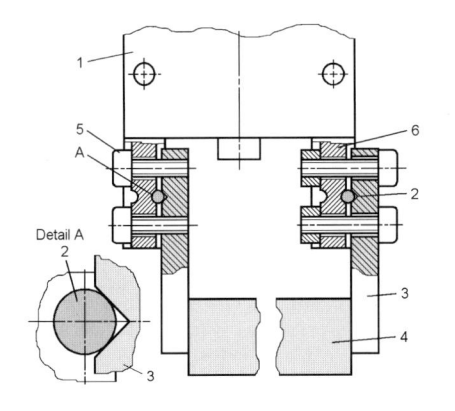

1 Greifer
2 Walzenlagerung (gehärteter Stift)
3 Greifbacke
4 Werkstück
5 Spannschraube
6 Greiferfinger

Bild 3.120: Justagemöglichkeit für Greifbacken

Ein besonderes Problem ist die Gestaltung von Greifern bzw. Greifbacken für sehr empfindliche Greifobjekte, wie zum Beispiel Zierglas, Agrarerzeugnisse, dünnwandige Hohlkörper oder ungebrannte Keramik. Man benötigt dafür Greifbacken, die sich der Form anpassen. Dann genügen geringe Kräfte, um das Teil im Greifer kraft-formpaarig zu halten.

Ein Weg besteht darin, flexible Greifbacken zu gestalten, die mit einem trockenen Pulver oder mit Granulat gefüllt sind. Bei einem Probegriff wird die Negativform im Greifbacken erzeugt und durch Anlegen von Vakuum bewahrt [3-16]. Man hat auch Füllungen der Backen mit elektrorheologischen [3-17] und magnetorheologischen Flüssigkeiten [3-18] vorgeschlagen. Diese Flüssigkeiten (*smart fluids*) können bei Einwirkung von Elektrizität oder Magnetismus einen festen Zustand annehmen. Einfache Greiferfinger [3-19] und vollständige Greifmittel [3-20] wurden bereits vorgestellt, obwohl die sehr hohen Spannungen (bis zu 3000 V pro mm) die praktische Nutzung schwierig gestalten werden.

Experimente wurden auch mit Kunststoffen (Polyvinylalkohol) durchgeführt, die bei Benetzung mit Wasser anschwellen und sich dabei einer Form anpassen können [3-21]. Vorläufig sind das aber noch Lösungen, die sich im Experimentalstadium befinden. Was ist noch möglich?

Die meisten Metalle, Gummis, Polymere und Weich-PVC u.a. zeigen ein inverses Verhalten zwischen E-Modul und Temperatur. Die Glasübergangstemperatur T_g (= Einfriertemperatur bzw. Erweichungstemperatur als Grenze zwischen den Zuständen fest und weichelastisch) ist in linearen Polymeren und Ko-Polymeren als *Mikro-Brown'sche-Wärmebewegung* in molekularen Längen von 20 bis 50 Atomen zu verstehen. Die Temperatur T_g ist somit die Temperatur, bei der die molekularen Ketten turnusmäßig Kräfte entwickeln können. Oberhalb der Glasübergangstemperatur T_g sind die Materialien weich und verformbar, unterhalb nimmt ihre Härte rasch zu, bis sie formbeständig und schließlich spröde werden. Sie sind in gewisser Weise den Formgedächtnislegierungen ähnlich, obwohl ihr Wirkprinzip völlig anders ist. Man kann sie aber als Formgedächtnispolymere [3-22] ansehen.

Besonders interessant ist die Möglichkeit, aus solchem Material „Formgedächtnisschäume" als dreidimensionale Körper herzustellen. Sie können für verschiedene zulässige Flächenpressungen und Glasübergangstemperaturen konzipiert werden, die größere Druckbereiche abdecken [3-23]. Das **Bild 3.121** zeigt den Verlauf der Gedächtnisschaum-Regenerationszeit als Funktion der Temperatur T.

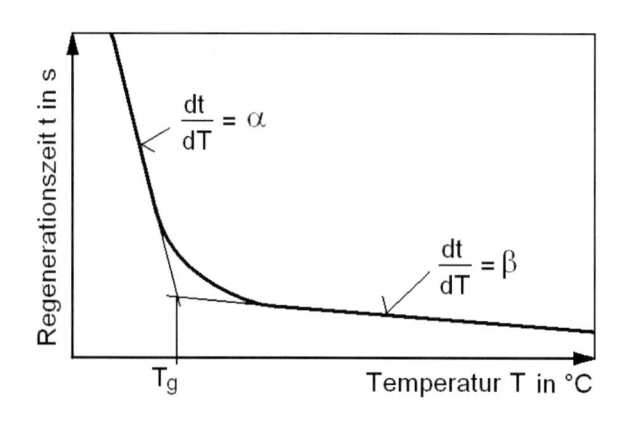

Bild 3.121: Gedächtnisschaum-Regenerationszeit als Funktion der Temperatur

3.1 Mechanische Greifer

Man sieht, dass solche Werkstoffe ein typisches Zeitverhalten aufweisen. Der Kurvenverlauf betrifft eine Formgedächtnisschaum-Probe mit einer T_g von 30 °C. Daraus resultiert eine Regenerationszeit die bei 63 % liegt, wobei sich die Asymptoten beider Kurvenstücke bei einer Temperatur T_g schneiden. Die Neigungen der Asymptoten ergeben den Ausdruck:

$$t = k(e^{-\alpha T} + e^{-\beta T}) \tag{3.42}$$

e *Euler'sche Konstante*
k Konstante, abhängig vom Formgedächtnismaterial

Die typischen Quotienten für α und β können je nach eingesetztem Polymer um eine bis zu zwei Größenordnungen variieren [3-24]. Für ein Formgedächtnispolymer kann der Elastizitätsmodul E bei gegebener Temperatur T nach der folgenden Beziehung berechnet werden, wobei E_g der Modul bei Glasübergangstemperatur und a_E eine Materialkonstante ist [3-25].

$$E = E_g \cdot e^{a_E((T_g/T)-1)} \tag{3.43}$$

Formgedächtnispolymere benötigen eine endliche Zeit für die Erwärmung und Abkühlung. Die thermische Leitfähigkeit ist geringer als bei Metallen. Sie haben aber den Vorzug als Schaum sehr luftdurchlässig zu sein, was natürlich die Zeit für die Erwärmung und Kühlung senkt [3-26]. Das **Bild 3.122** zeigt abgeformte Greifbacken an einem Klemmbackengreifer, die aus Formgedächtnispolymerschaum bestehen und die das Greifobjekt formpaarig halten. Im Beispiel ist das Greifobjekt eine sehr weiche und oberflächenempfindliche Frucht.

Bild 3.122: Greifbacken aus Polymerschaum mit thermisch gespeicherter Objektform

3.1.3 Klemmgreifer

Klemmgreifer halten die Greifobjekte durch reine Kraftpaarung. In diesem Kapitel werden jene Greifer vorgestellt, die die Haltekraft durch Federn oder Schwerkraftwirkung erzeugen.

3.1.3.1 Federklemmgreifer

Die Federklemmgreifer sind die wohl getriebetechnisch einfachsten Greifer. Sie werden gegen das Greifobjekt geschoben und halten dieses fest. Das Prinzip zeigt das **Bild 3.123**. Für eine vertikale Bewegung des Greifens errechnet sich die Greifkraft F_G zu

$$F_G = \frac{F_F \cdot a}{b} \tag{3.44}$$

F_F Federkraft
a, b Hebelabmessungen

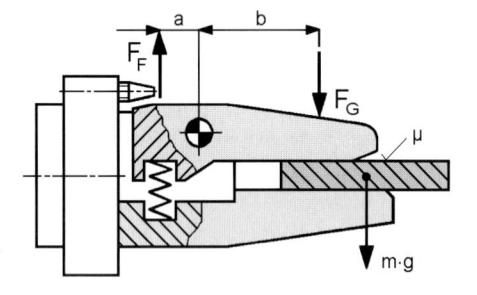

Bild 3.123: Prinzip des Federklemmers

Wird ein solcher Fingergreifer um 90° im Uhrzeigersinn gedreht und vertikal relativ langsam bewegt, so ergibt sich die erforderliche Federkraft F_F (ohne Sicherheitszuschläge) zu

$$F_F \geq \frac{m \cdot g \cdot b}{\mu \cdot 2 \cdot a} \tag{3.45}$$

Von Nachteil ist, dass keine Mechanik zum Freigeben des geklemmten Werkstücks vorhanden ist. Der Federklemmgreifer kann erst dann abgezogen werden, wenn die zu beschickende Spannvorrichtung das Werkstück bereits gespannt hat. Das wird in **Bild 3.124** an einem Beispiel demonstriert.

1 Federklemmgreifer
2 Bereitstellmagazin
3 Spannvorrichtung
4 Werkstück

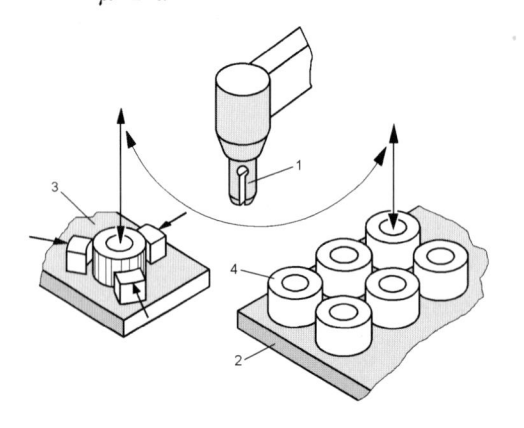

Bild 3.124: Beschickung einer Spannvorrichtung

3.1 Mechanische Greifer

Einige weitere Greifer dieser Art zeigt das **Bild 3.125**. Sie besitzen alle keinen eigenen mechanischen Antrieb.

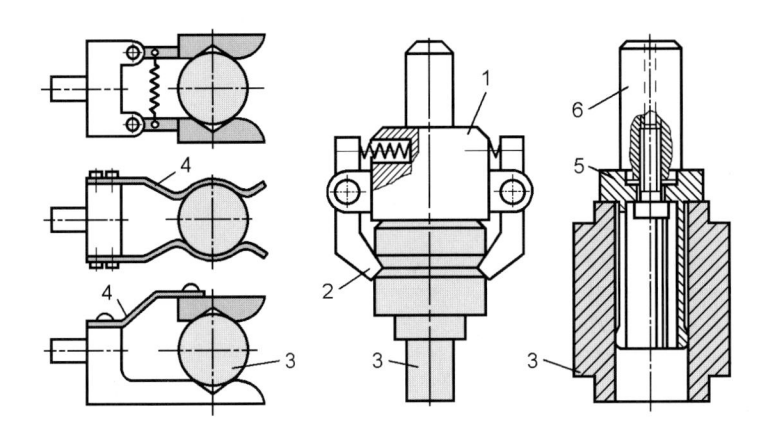

1 Grundkörper
2 Rasthebel
3 Werkstück
4 Feder
5 Außenspannzange
6 Einspannzapfen

Bild 3.125: Federklemmgreifer

Ein einfacher Greifer lässt sich auch mit Seitendruckelementen aufbauen, wie sie im Vorrichtungsbau verwendet werden. Ein birnenförmiges Druckstück ist in der Basis gefedert befestigt und lässt sich um den Winkel α auslenken. Der Spannweg ist klein. Je nach Baugröße der Elemente reicht die Federkraft von 10 bis 300 N (**Bild 3.126**). Der Greifer wird über das Greifojekt gepresst. Gesteuertes Freigeben ist nicht möglich. Das Objekt muss also am Zielort erst festgehalten werden, ehe der Greifer wieder abhebt.

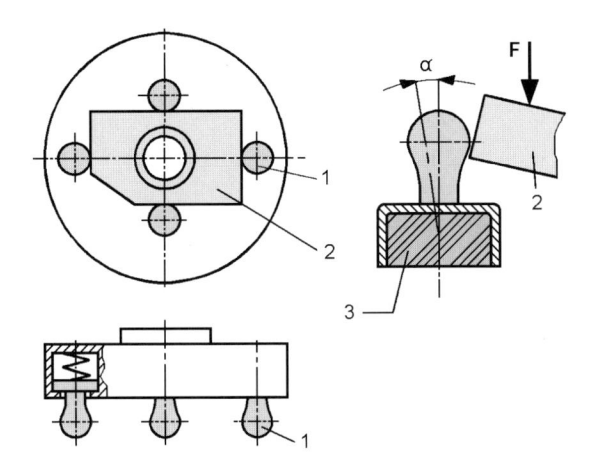

1 Seitendruckstück
2 Werkstück
3 Gummikörper oder Schraubenfeder

F Andrückkraft
α maximal möglicher Auslenkungswinkel

Bild 3.126: Klemmgreifer mit Seitendruckstücken

Beim Federklemmgreifer nach **Bild 3.127** wird ein Wälzlagerring zu einer anschließenden Montage aufgenommen und mit einer gefederten Kugel festgehalten. Eine gesondert angetriebene Abstreifhülse presst dann in der Montagestation den Ring vom Zentrierdorn des Greifers in das Montagebasisteil. Wird ein Presssitz realisiert, könnte auf die Abstreifhülse und die dazu erforderliche Bewegung verzichtet werden, weil beim Rückhub die Haltekugel zurückweichen kann und das Werkstück im Montagebasisteil verbleibt..

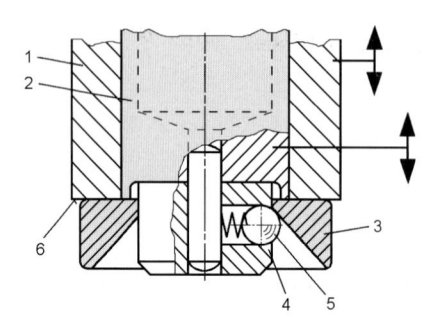

1 Abstreifhülse
2 Greifergrundkörper
3 Werkstück
4 Bördelrand
5 Kugel
6 Anlagefläche

Bild 3.127: Federklemmgreifer für Lagerringe

Federn lassen sich auch gewissermaßen als Greifbacke verwenden, wenn sie dazu mit einem linearen Antrieb kombiniert werden. Solche Greifer arbeiten werkstückschonend und können sich den Werkstückabmessungen anpassen. Die Greifkräfte sind nicht sehr groß, der Aufbau ist einfach. Da es sich um Materialgelenke handelt, die bei jedem Greifhub belastet werden, sind Lebensdauer und Genauigkeit begrenzt. Das **Bild 3.128** zeigt zwei Beispiele.

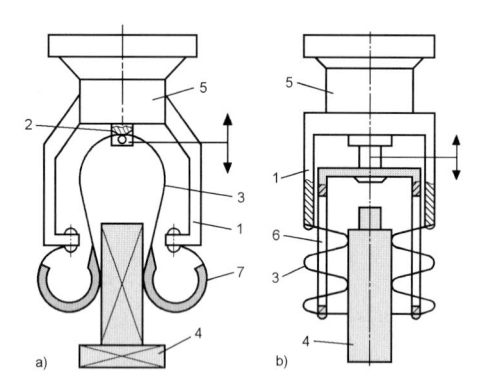

1 Gehäuse
2 Zugstange
3 flexibles Band
4 Werkstück
5 Antrieb
6 Bandfederführung
7 Aussteifung

Bild 3.128: Federklemmgreifer

a) Federbandschlaufe (Patent 571369, Russland)
b) Federbandmäander

Weitere interessante Greifer, die allerdings den Charakter von Sonderlösungen haben, werden in **Bild 3.129** gezeigt. Der Greifer nach **Bild 3.129a** greift mit elastischen Fingern, die Röhren mit elliptischen Querschnitt sind (siehe dazu auch Bild 3.172).

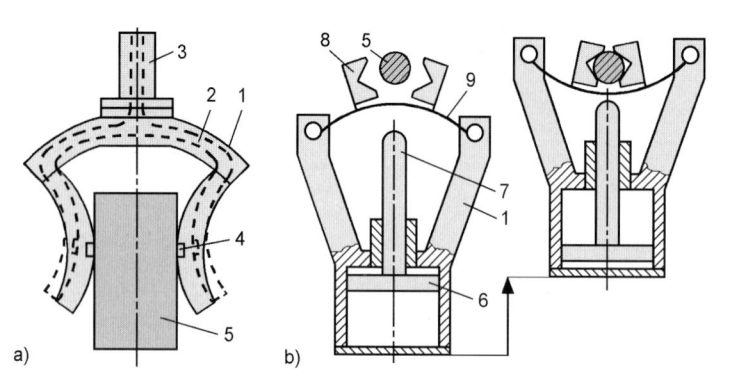

1 Greiferkörper
2 Kanal für die Druckluft
3 Greiferanschluss
4 Düse
5 Werkstück
6 Pneumatikzylinder
7 Öffnerstößel
8 Greifbacke
9 Flachfeder

Bild 3.129: Greifer mit Federelementen
a) getriebeloser Greifer, b) Schnappfedergreifer

3.1 Mechanische Greifer

Die Röhrenfinger verfügen über eine Ausströmdüse. Wird ein Druckmedium über die inneren Kanäle zugeführt, so strömt dieses aus der Düse ins Freie. Befindet sich zwischen den Düsen jedoch ein zu greifendes Werkstück, dann steigt der Druck in den Röhrenfingern an und sie biegen sich in Richtung Werkstück. Der Vorgang entspricht dem Aufbiegen einer *Bourdon'schen* Röhre, wie sie im Röhrenfedermanometer eingebaut ist.

Der Greifer nach **Bild 3.129b** nutzt das Prinzip eines Sprungschalters aus. Die Greiferbacken sind auf einer Flachfeder befestigt, die sich mit ihren Ösenenden am Greifergehäuse abstützen. Wird die nach außen gewölbte Feder gegen das zu greifende Teil gedrückt, dann überwindet die Feder den Totpunkt und die Greiferbacken „schnappen" zu. Um das Teil wieder freizugeben, muss ein Pneumatikzylinder mit einem Stößel die Flachfeder wieder in die Ausgangslage drücken. Es gibt also für die Greiforgane zwei stabile Lagen, in die sie schlagartig wechseln.

Das **Bild 3.130** zeigt einen weiteren Greifer mit Flachfeder-Fingern zum Greifen leichter Teile. Die Finger sind über ein Materialgelenk mit dem Gehäuse verbunden.

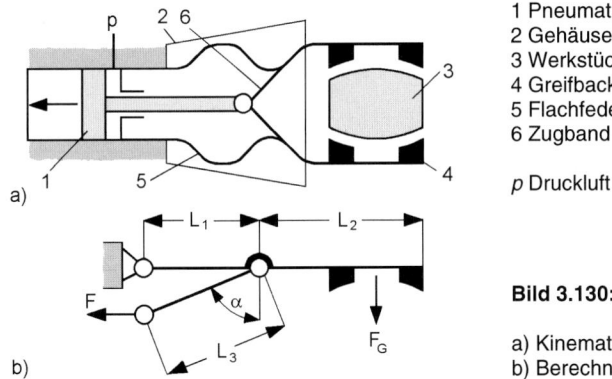

1 Pneumatikzylinder
2 Gehäuse
3 Werkstück
4 Greifbacke
5 Flachfeder
6 Zugband

p Druckluft

Bild 3.130: Klemmgreifer mit Flachfederfinger

a) Kinematisches Schema
b) Berechnungsansatz

Ein Pneumatikzylinder (oder auch ein Elektromagnet) bewirkt die Schließbewegung der Greifbacken. Das Öffnen geschieht ohne Antrieb durch die Federkraft. Die Zugbänder sind an geeigneter Stelle des Federfingers anzubringen. Einen ähnlichen Aufbau zeigt auch das Bild 3.90. Dort sind die Greiferfinger pinzettenartig ausgeführt.

3.1.3.2 Gewichtsklemmgreifer

Gewichtsklemmgreifer sind mechanische Zangengreifer, die über keinen Fremdantrieb verfügen, sondern Klemmkräfte durch geschickte kinematische Umlenkung von Gewichtskräften erzeugen. Die Greifkraft entsteht gewichtsabhängig. Sie werden üblicherweise vor allem an Hebezeugen und manuell geführten Manipulatoren eingesetzt. Der Aufbau solcher Greifer ist mechanisch einfach und in der Urform schon im 19. Jahrhundert als so genannte „Teufelskralle" bekannt. Man bezeichnet diese Greifer auch als „ungesteuerte Zangen". Sie werden oft zur Manipulation von Stabmaterial, Wellen, Hölzern, Kisten, Fässern, Rohren und gebündelten Stangen eingesetzt. Nach der Entlastung sorgt eine Feder für das Öffnen der Backen. In **Bild 3.131** werden dazu drei Beispiele gezeigt.

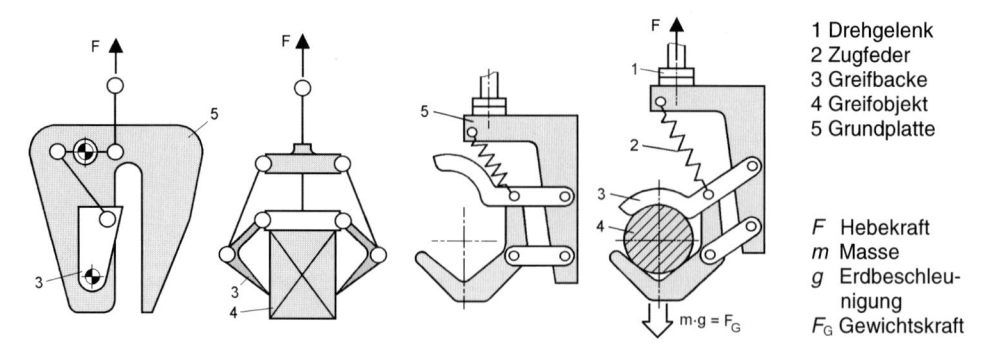

Bild 3.131: Zangengreifer mit Selbsthaltung durch Gewichtskräfte

Die Greifer sind robust und auch im Outdoor-Bereich einsetzbar. Sie zählen in der Transporttechnik und Logistik zu den Lastaufnahmemitteln. Theoretisch ist die Tragfähigkeit unbegrenzt, weil sich die Anpresskraft proportional zur Gewichtskraft des Greifobjektes einstellt. Praktisch ist sie natürlich durch die zulässige mechanische Beanspruchung der einzelnen Bauelemente begrenzt. Ist der Greifer entlastet, dann öffnen sich meistens die Greiferbacken durch integrierte Zugfedern.

Eine Greifklaue in der einfachsten Art wird auch in **Bild 3.132** gezeigt. Das Greifobjekt, vorzugsweise flache Platten, wird durch die Gewichtskraft $m \cdot g$ und die Reibungskraft F_R zwischen den Greifbacken verklemmt. Dazu sollen die wirksamen Kräfte einmal betrachtet werden.

Die Wirkung auf das Greifobjekt ergibt sich aus dem Momentengleichgewicht und den Klinkendrehpunkt. Bei der Greiferauslegung ist immer zu beachten, dass es auch rückwirkende Kräfte gibt, die von der Mechanik aufzunehmen sind.

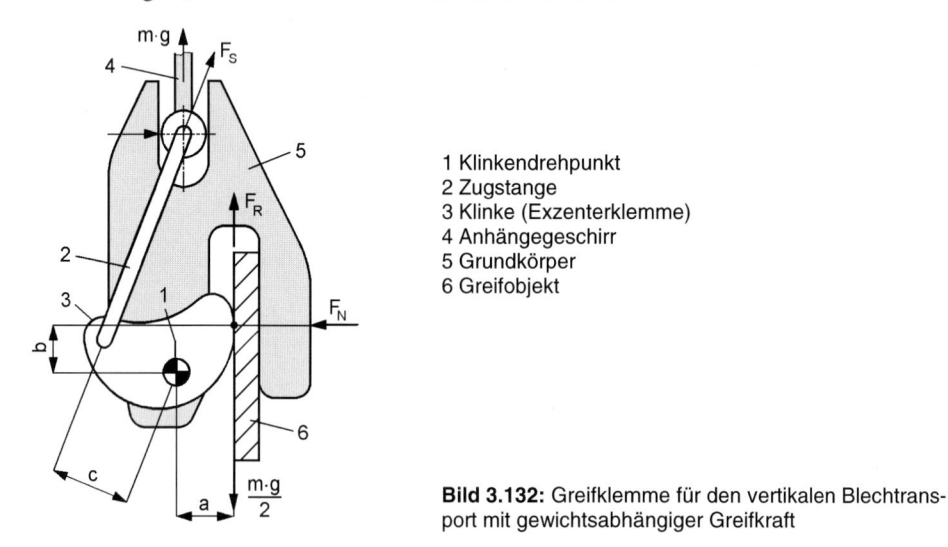

Bild 3.132: Greifklemme für den vertikalen Blechtransport mit gewichtsabhängiger Greifkraft

Für die Mechanik der Greifklaue gelten nun folgende Beziehungen:

3.1 Mechanische Greifer

$$F_N \cdot b - \frac{m \cdot g}{2} \cdot a - F_s \cdot c = 0 \qquad (3.46)$$

$$F_N = \frac{F_s \cdot c + \frac{m \cdot g}{2} \cdot a}{b} \qquad (3.47)$$

$$F_R = F_N \cdot \mu = 0{,}5 \cdot m \cdot g \qquad (3.48)$$

Es bedeuten:

F_N Normalkraft
F_s Stangenkraft
F_R Reibungskraft
μ Reibungskoeffizient Werkstück/Klinke ($\mu \approx 0{,}35$)

Ein anderer Scherengreifer ist in der Art einer Hebelzange gestaltet. Er wird in **Bild 3.133** dargestellt. Die Anpresskraft F_N der Greifbacken ist von der Öffnungsweite e der Zangenschenkel abhängig. Sicheres Greifen ist nur dann gegeben, wenn folgende Ungleichung erfüllt wird:

$$F_N \geq \frac{m \cdot g}{2 \cdot \tan \rho} \qquad (3.49)$$

ρ Reibungswinkel ($\mu = \tan\rho$)
F_R Reibungskraft
F_N Normalkraft

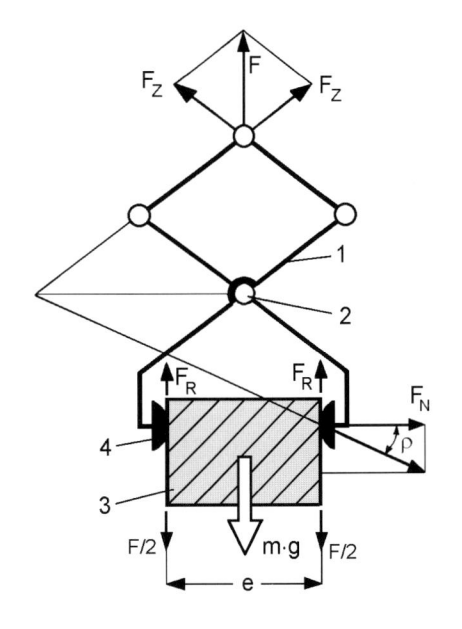

1 Hebelmechanik
2 Gelenk
3 Werkstück
4 Greifbacke

F   Gewichtskraft
F_R Reibungskraft
F_N Greif-, Normal-, Festhaltekraft

Bild 3.133: Kräfte an einer Hebelzange

Werden mit solchen oder ähnlichen Zangen mehrere Teile gleichzeitig angefasst, wie es in **Bild 3.134** gezeigt wird, dann darf einerseits die Flächenpressung nicht zu groß sein, andererseits muss aber gewährleistet sein, dass die Stücke sicher festhalten werden.

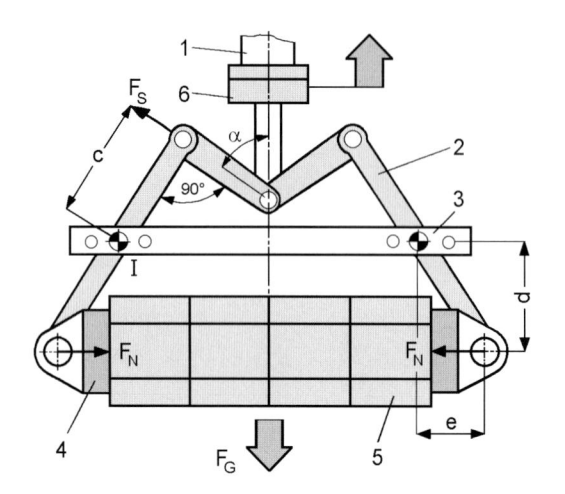

Bild 3.134: Greifzange

1 Hubstange
2 Zangenhebel
3 Traverse
4 Greifbacke
5 Greifobjekt, insgesamt vier
6 Greiferdrehachse

Die Greifkraft F_N ergibt sich aus den wirkenden Drehmomenten am Festpunkt I. Es gilt:

$$-F_S \cdot c + F_N \cdot d + \frac{F_G \cdot e}{2} = 0 \qquad (3.50)$$

Die Stangenkraft F_S ergibt sich zu

$$F_S = \frac{F_G}{2 \cdot \cos \alpha} \qquad (3.51)$$

Der Mindestwert für die Reibung μ zwischen Greifbacke und Objekt, der gefordert werden muss, errechnet sich zu

$$\mu = \frac{F_G}{2 \cdot F_N} \qquad (3.52)$$

F_G Gewichtskraft
α Hebelstellungswinkel
c, d, e geometrische Abmessungen

Nun zu einem anderen Problem: Beim Greifen von Teilen mit vier Kontaktpunkten, zum Beispiel bei einer abgesetzten Welle (zwei Greifdurchmesser), kann die Mechanik so ausgebildet werden, dass es zu einer Kraftverteilung kommt. Das ist beim Greifer nach **Bild 3.135** realisiert. Liegen die Greifbacken beim Schließen am großen Durchmesser an, kann sich das zweite Backenpaar trotzdem weiter schließen, bis das Greifobjekt an allen vier Griffpunkten gehalten wird. Der Ausgleich erfolgt ungesteuert auf rein mechanischem Wege durch ein Pendelstück.

3.1 Mechanische Greifer

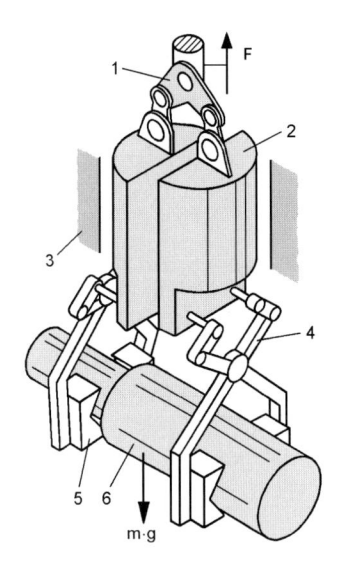

1 Pendelstück
2 Schieber
3 Schieber-Geradführung
4 Scherenfinger
5 Greifbacke
6 Werkstück

$m \cdot g$ Gewichtskraft
F Hebekraft

Bild 3.135: Prinzip eines Doppelzangengreifers mit selbsttätiger Durchmesseranpassung

Einige dieser Greifer verfügen auch über einen Rastmechanismus, der nach dem Absetzen einer Last die Greifbacken offen hält, auch wenn der Greifer angehoben wird. Beim erneuten Aufsetzen auf ein Greifobjekt wird die Arretierung selbsttätig aufgehoben. Das **Bild 3.136** zeigt ein Beispiel mit Ein- und Ausrastung.

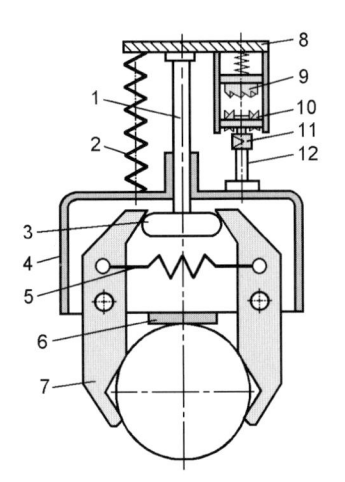

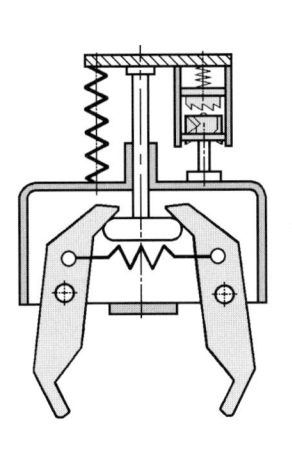

1 Stange
2 Druckfeder
3 Pilzkopf
4 Schiebeglocke
5 Zugfeder
6 Festanschlag
7 Greiffinger
8 Anschlussplatte
9 obere Buchse
10 untere Buchse
11 Dreieckzahnung mit Schaltklinke
12 Stange

Bild 3.136: Klemmgreifer mit Selbststeuerung

In **Bild 3.137** wird eine Greiferausführung für den Innengriff gezeigt. Kernstück ist ein Parallelogramm-Mechanismus, der über ein Gleitstück und einen Gelenkhebel an einem Greiferflansch befestigt ist. Um ein Werkstück, zum Beispiel ein Rohrstück, zu greifen, wird der Greifer ins Innere eingeführt. Beim Anheben spannen die Backen infolge der Gewichtskraft von selbst. Dabei stützt sich die Tragachse am Anschlussflansch über eine Kugel ab. Der Flansch wandert im Moment des Hebens etwas nach unten und das Gleitstück verschiebt sich. Beim Ablegen des Objekts sorgt die Druckfeder (5) dafür, dass sich die Spannbacken wieder öffnen.

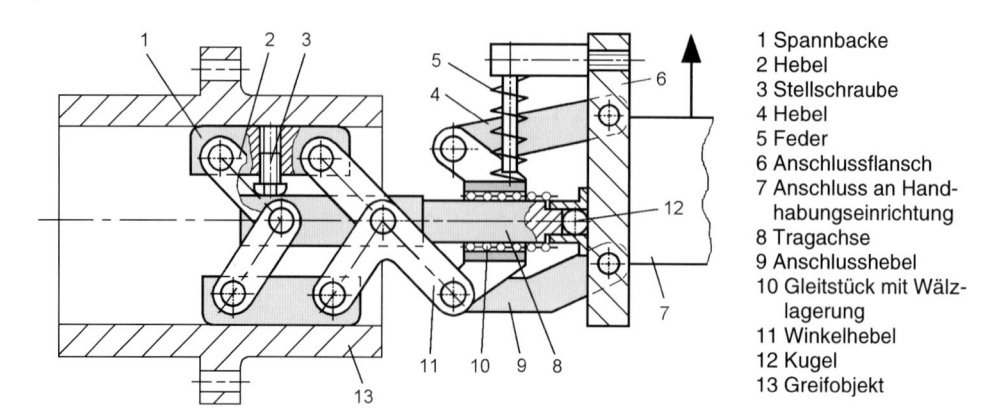

1 Spannbacke
2 Hebel
3 Stellschraube
4 Hebel
5 Feder
6 Anschlussflansch
7 Anschluss an Handhabungseinrichtung
8 Tragachse
9 Anschlusshebel
10 Gleitstück mit Wälzlagerung
11 Winkelhebel
12 Kugel
13 Greifobjekt

Bild 3.137: Backengreifer für den Innengriff (B 25 J 15/00, Patent 53-23584 Japan)

Das **Bild 3.138** zeigt die Hebelkonstruktion einer Vertikal-Coilzange. Sie wirkt über das Hebelwerk lastschließend, wobei das Halten reibpaarig geschieht. Hier geht also der Reibungskoeffizient mit ein, was besonders bei schmiermittelbehafteten Lasten zu beachten ist. Das Klemmkraft-Lastverhältnis kann zum Beispiel 4:1 oder 6:1 sein. Ein selbsttätiges mechanisches Schrittschaltwerk (nicht mit dargestellt) sorgt dafür, dass das Öffnen und Schließen im Wechsel ohne zusätzliche Bedienhandlungen beim Heben und Absetzen aufeinanderfolgend ablaufen.

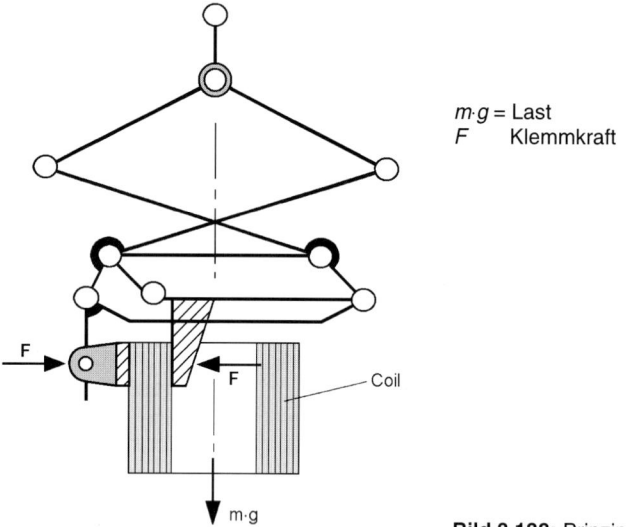

$m \cdot g$ = Last
F Klemmkraft

Bild 3.138: Prinzip einer Vertikal-Coilzange (*Pfeifer*)

Ebenfalls mit einer Hebelmechanik arbeitet der in **Bild 3.139** gezeigte Fassrandgreifer. Damit lassen sich stehende Metallfässer mit Wulstrand greifen, zum Beispiel 200-Liter-Stahl-Sickenfässer. Beim Herangehen an das Fass legt sich die Stütze an, ebenfalls die geöffneten Klauen. Beim Anheben packen diese den Rand. Beim Absetzen entriegeln sich die Klauenbacken wieder selbsttätig. Der Greifer kann an einer Hubeinheit mit starrer Achse befestigt werden. Es gibt auch noch andere Konstruktionen für Fassrandklammern.

3.1 Mechanische Greifer

Bild 3.139: Fassrandgreifer (*P&D Systemtechnik*)

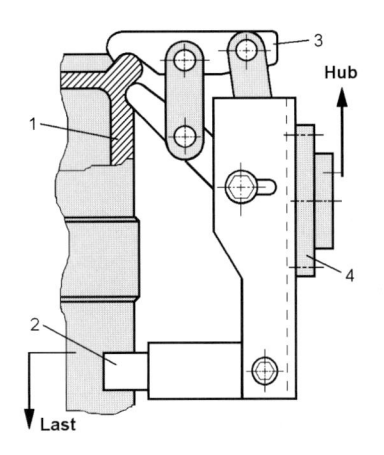

1 Fass
2 Stützbügel
3 Hebelwerk
4 Anschluss an die Handhabungseinrichtung

Schließlich werden noch einige weitere Beispiele für die konstruktive Ausführung von Gewichtsklemmgreifern in **Bild 3.140** gezeigt. Diese Greifer werden überwiegend an handgeführten Manipulatoren verwendet.

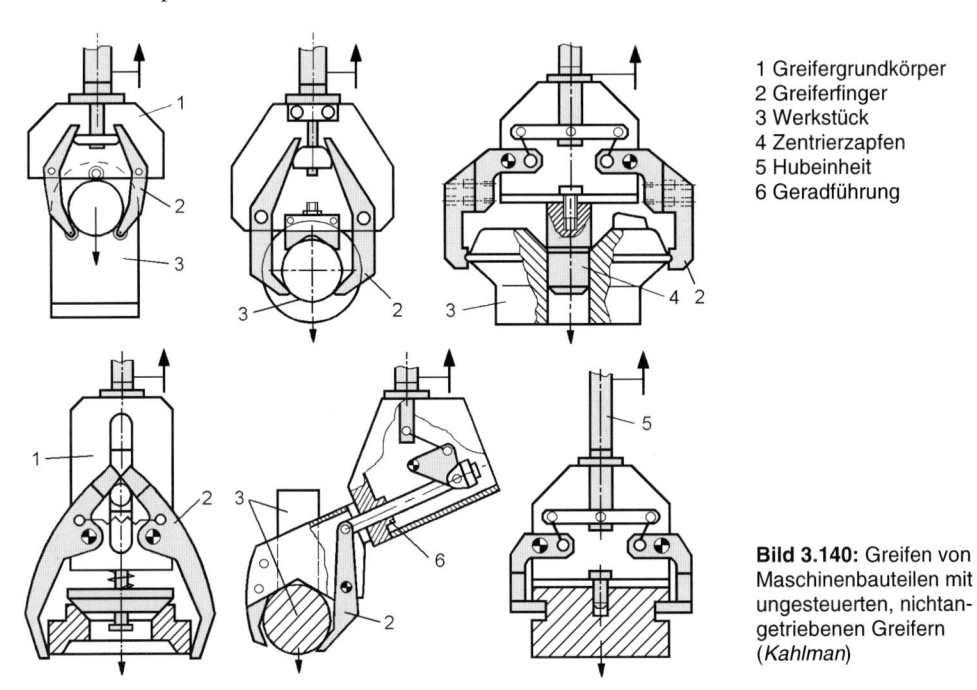

1 Greifergrundkörper
2 Greiferfinger
3 Werkstück
4 Zentrierzapfen
5 Hubeinheit
6 Geradführung

Bild 3.140: Greifen von Maschinenbauteilen mit ungesteuerten, nichtangetriebenen Greifern (*Kahlman*)

3.1.4 Fingergreifer

Als Fingergreifer sollen hier Greifer verstanden werden, die mehr als zwei Greiforgane haben und einen handähnlichen Aufbau aufweisen. Die Finger können starr sein und 3 bis 6 Finger besitzen oder es sind Gelenkfingergreifer mit gegliederten Fingern. Greifer mit vielen Gliederfingern haben sich bisher nur in Spezialfällen bewährt und stellen vorläufig keine Alternative für die allgemeine Fabrikautomatisierung dar.

3.1.4.1 Dreifingergreifer

Drei Finger bieten gute Möglichkeiten, das Werkstück im Greifer auf Achsmitte auszurichten, was z.B. mit Sauger- und Magnetgreifer nicht ohne weiteres möglich ist. Kinematisch fehlerfreies Greifen ist beim Dreipunkt-Griff meistens die beste Lösung, wenn sich die Kraftwirkungslinien in einem gemeinsamen Punkt treffen. Das ist bei achsensymmetrischen Werkstücken leicht erreichbar. Bei prismatischen Werkstücken ist das schwieriger.

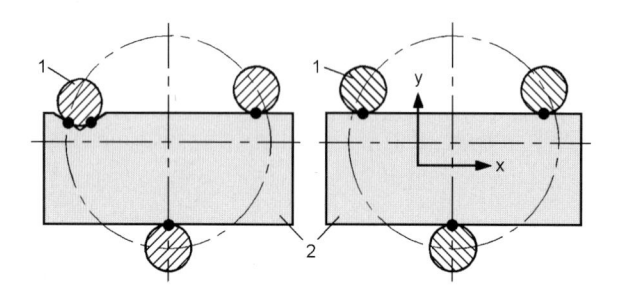

1 Greiferfinger
2 Werkstück

Bild 3.141: Greifpunkte an einem prismatischen Werkstück

a) Vierpunkt-Griff
b) Dreipunkt-Griff

Bei einem Vierpunkt-Kontakt (**Bild 3.141a**) ist das Werkstück im Greifer in zwei Achsrichtungen fixiert. Allerdings ist diese Möglichkeit werkstückseitig oft nicht gegeben. Dann wäre der Dreifingergriff nach **Bild 3.141b** zu verwenden. Eine Zentrierwirkung in x-Richtung kommt hier allerdings nicht zustande.

Greifer mit drei Greiforganen gibt es in verschiedenen Ausführungen. Wie in **Bild 3.142** dargestellt, können die Finger abhängig oder unabhängig voneinander bewegt werden, bogenförmig zentrierend schließen oder sich geradlinig zentrierend bewegen.

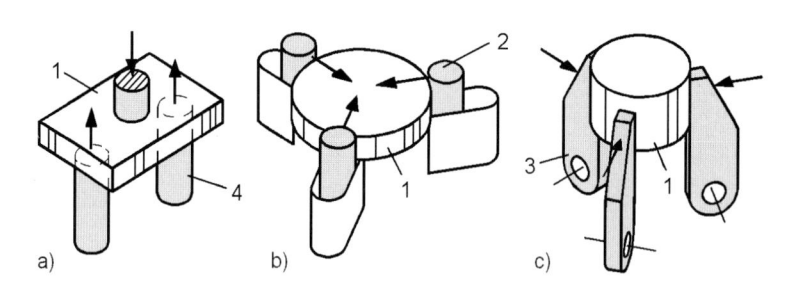

1 Werkstück
2 Schiebefinger
3 Schwenkfinger
4 Spannbolzen

Bild 3.142: Zugriffsvarianten beim Dreifingergreifer
a) Klauengriff, b) zentrierend wirkende Schiebefinger, c) auf Mitte schließende Schwenkfinger

Nachfolgend wird der prinzipielle Aufbau einiger Dreifingergreifer beschrieben. Das **Bild 3.143** zeigt einen 3-Finger-Greifer, dessen Finger über ein Mutter-Spindel-Getriebe bewegt werden. Ein Elektromotor treibt die im Winkel von 120° angeordneten Spindeln über ein Kegelradgetriebe an. Die Kegelräderanordnung gewährleistet auch die jeweils richtige Drehrichtung. Für den Greifer ist ein großer Greifbereich typisch.

3.1 Mechanische Greifer

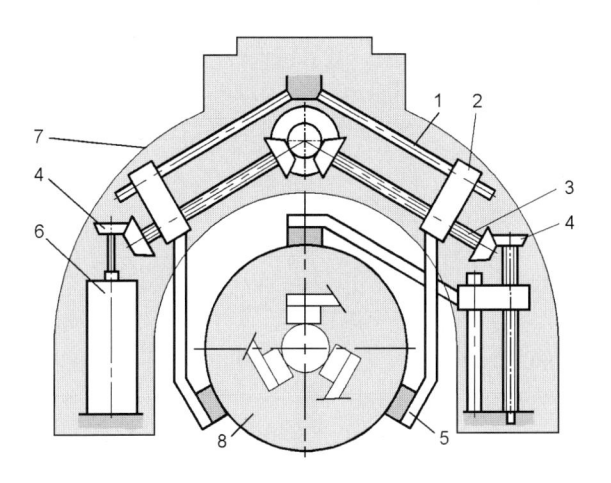

1 Geradführung
2 Spindelmutter
3 Spindel
4 Kegelradgetriebe
5 Greiferfinger
6 Elektromotor
7 Basisplatte
8 Werkstück

Bild 3.143: Dreifingergreifer mit Spindelgetriebe (nach *Yamatake Honeywell*)

Die in **Bild 3.144** gezeigten Greifer sind geschlossen, d.h. der Greifer muss über das Greifobjekt gesetzt werden. Ein seitlicher Zugriff ist nicht möglich. In beiden Fällen erfolgt die Übertragung der Antriebsbewegung über einen Ring, an den die Finger mechanisch angekoppelt sind. Diese schließen sich entweder geradlinig oder bogenförmig. Die Greifer sind für Montageoperationen gut geeignet, bei denen zum Beispiel Zahnräder über eine lange Welle gesteckt werden müssen.

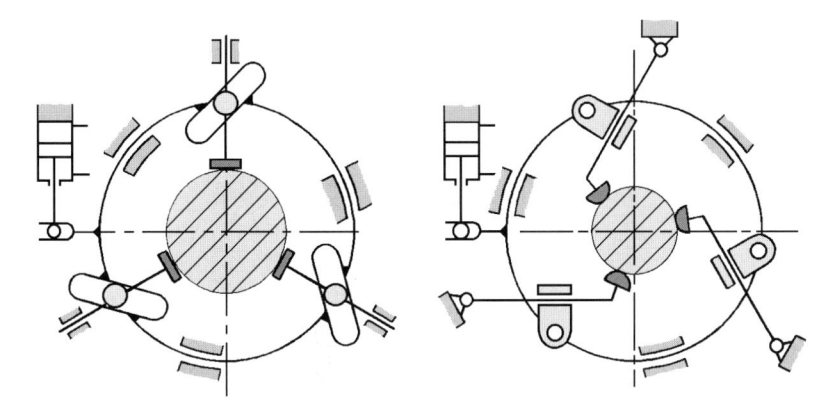

Bild 3.144: Getriebebeispiele für Dreifingergreifer

Mitunter werden auch Bowdenzüge (Zug-Druck-Elemente) eingesetzt, um die Antriebsbewegung zu den Greiferfingern zu leiten. Das ist eventuell bei großen Greifdurchmessern eine brauchbare und konstruktiv einfache Variante, vor allem dann, wenn der Greifer über lange Wellen und/oder Magazindorne geführt werden muss (Beispiel: Montage von Zahnrädern auf lange Getriebewellen). Die Finger schließen bei der Lösung nach **Bild 3.145a** bogenförmig. Die Schließbewegung wird mit einem Pneumatikzylinder erzeugt, das Öffnen besorgt eine Zugfeder. Im anderen Fall (**Bild 3.145b**) ist die Fingerbewegung geradlinig-zentrierend. Dazu wird ein Ring mit Schrägnuten verdreht, analog zur Lösung nach Bild 3.144 (links). Das Öffnen geschieht über einen Seilzug,

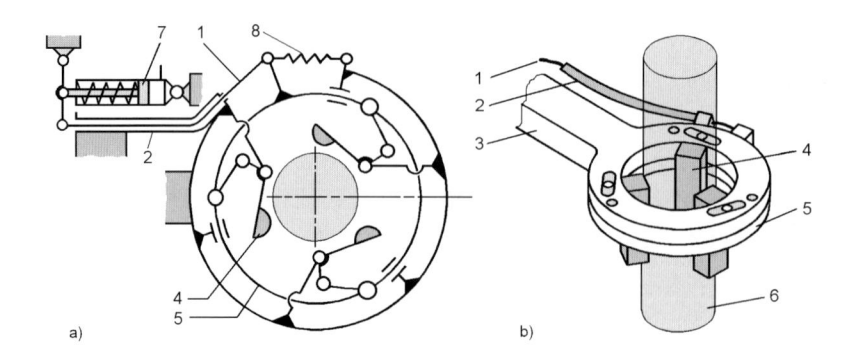

Bild 3.145: Antrieb von Greiferfingern mit Hilfe eines Bowdenzuges
a) kinematisches Beispiel, b) Greiferkonstruktion, 1 Zugseil, 2 Hülle, 3 Greifergrundkörper, 4 Greiffinger, 5 drehbarer Ring, 6 Werkstück, 7 Pneumatikzylinder, 8 Zugfeder

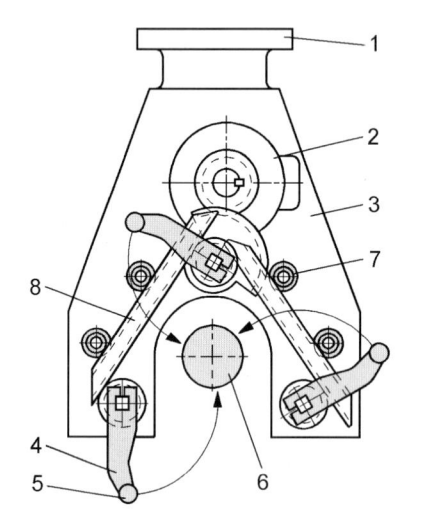

Der in **Bild 3.146** dargestellte 3-Finger-Greifer übt mit seinen Fingern eine zentrierende Wirkung auf das runde Greifobjekt aus. Zum Antrieb und zur Synchronisation der Finger sind diese über Ritzel- und Zahnstangen miteinander verkoppelt. Der Greifer verkraftet durch eine recht weiträumige Schwenkbewegung auch große Durchmesserunterschiede.

1 Greiferflansch
2 Motor
3 Greifergehäuse
4 Greiferfinger
5 auswechselbarer Greifbacken
6 Werkstück
7 Stützrolle
8 Zahnschiene

Bild 3.146: Dreifinger-Zentriergreifer

In **Bild 3.147** wird ein Greifer gezeigt, dessen Finger durch ein Kurvengelenk bewegt werden. Dem Kurvenstück ist eine Schubbewegung zu erteilen, zum Beispiel mit einem Pneumatikzylinder oder mit einem elektromechanischen Spindelantrieb.

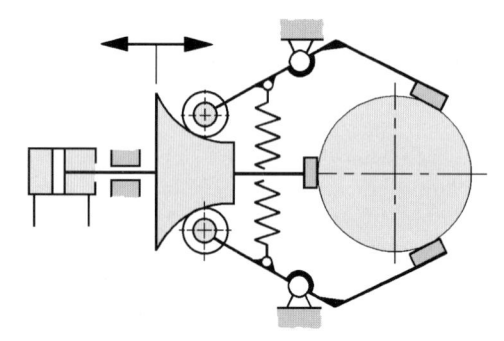

Bild 3.147: Dreifingergreifer mit Kurvengelenk

3.1 Mechanische Greifer

Dreifinger-Winkelgreifer kommen dem Spitzgriff der menschlichen Hand näher als andere Greiferlösungen und erreichen damit auch eine gute Zentrierwirkung. Ein Beispiel wird in **Bild 3.148** gezeigt. Wie bei allen Winkelgreifern schwenken die Finger weit zurück. Beim Beladen von Spannstellen kommt man dann eventuell ohne axialen Hub aus. Das wird besonders deutlich, wenn man auf diese Weise zum Beispiel ein Übergaberitual gestaltet, sozusagen die Geräte Hand in Hand arbeiten lässt. Die Winkelspanneinheit öffnet erst, wenn die Dreifingerhand zugepackt hat. Durch die schalenartigen Greifbacken ergibt sich auch eine geringere Flächenpressung als bei Prisma-Backengreifern, was besonders bei der Handhabung dünnwandiger, bruchgefährdeter oder oberflächenempfindlicher Werkstücke beziehungsweise Produkte ein wichtiges Entscheidungskriterium sein kann.

Werden hakenartige Greifbacken ausgebildet, dann kann das Hinterfassen von Bundteilen ausgeführt werden. Mit drei Fingern kann man auch beim Montieren in eine Ringnut des Fügeteils fassen, was ein Vorteil sein kann. Beim Einpressen der Montageteile kann nun formpaarig statt kraftpaarig gearbeitet werden. Das Teil wird an der Griffstelle geschont, die Greifkraft kann klein sein und die Fügekraft *F* verteilt sich gleichmäßig auf drei Kraftangriffspunkte.

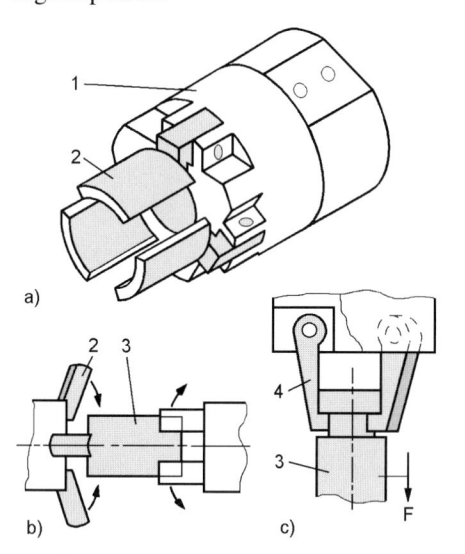

1 Grundgreifer
2 schalenförmige Greifbacke
3 Werkstück
4 Hakenbacke

F Fügekraft, die der Greifer aufbringt

Bild 3.148: Pneumatischer Dreifinger-Winkelgreifer

a) Ausführungsbeispiel
b) Übergabeablauf
c) Montageeinsatz

Bei geschickter Gestaltung der Greiferfinger lässt sich eine gewisse Angleichung an wechselnde Werkstückgrößen und -formen erzielen. In **Bild 3.149** werden dazu einige Beispiele vorgestellt. So lassen sich mit speziellen Greifbacken auch lange Teile anfassen. Allerdings ist dann die Achsmitte des Greifers nicht gleichzeitig die Achsmitte des Rundteils. Die Zentrierung erfolgt in einer parallelen Achse.

Für den Innengriff kleiner Teile hat man hier gehärtete Greifstifte vorgesehen. Diese können aber auch in andere vorbereitete Bohrungen des Fingers eingesetzt werden. So erhält man einen erweiterten Greifbereich, der zwar noch manuell eingestellt werden muss, aber immerhin vorhanden ist. Dabei müssen die Greifstifte nicht unbedingt konzentrisch benutzt werden. Es kann auch günstig sein, wenn man sie nach der Innenkontur des Objekts an den Griffstellen anordnet, z.B. um ein Gehäuseteil mit rechteckiger Öffnung zu greifen

(**Bild 3.149e**). Auch das Greifen in Lochbilder hinein, ist mit Greifstiften gut zu machen. Die wirksame Mindestgreiflänge der Stifte sollte wenigstens 5 mm betragen. Das gilt übrigens allgemein für mechanische Fingergreifer.

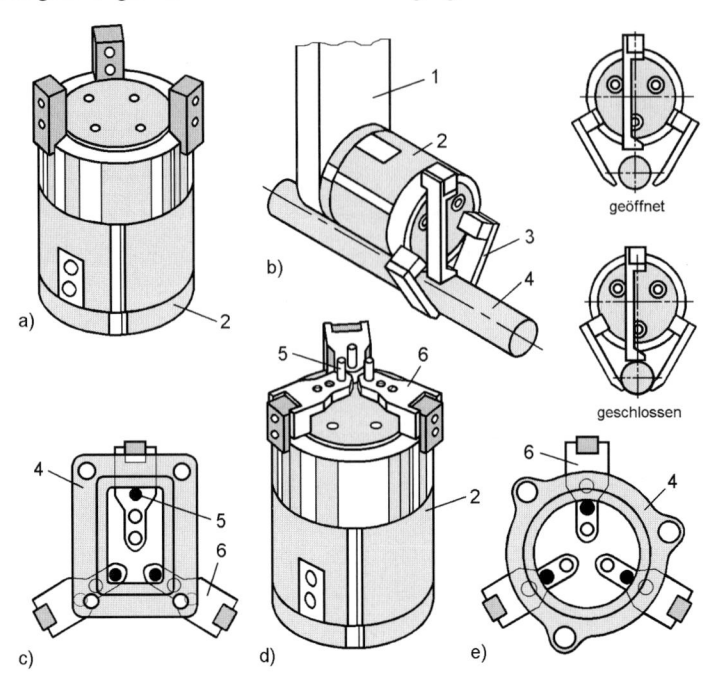

1 Arm der Handhabungseinrichtung
2 Dreifingergreifer
3 Sondergreifbacke
4 Werkstück
5 Greifstift
6 Greifbacke

Bild 3.149: Modifikation von Dreifinger-Standard-Greifern durch besondere Fingergestaltung
a) Grundgreifer, b) Greifbacken für den außermittigen Griff, c) nichtkonzentrisches Innengreifen eines Gehäuses, d) versetzbare Stifte als Greiforgan, e) konzentrisches Innengreifen eines Flanschringes

3.1.4.2 Vierfinger- und Vierpunktgreifer

Diese Greifer gewährleisten bei langen und quadratischen Objekten einen besseren und sicheren Griff gegenüber Greifern mit weniger Greiforganen. Man erreicht einen Vierpunktgreifer bereits, wenn man zwei einzelne Backengreifer kombiniert (**Bild 3.150**).

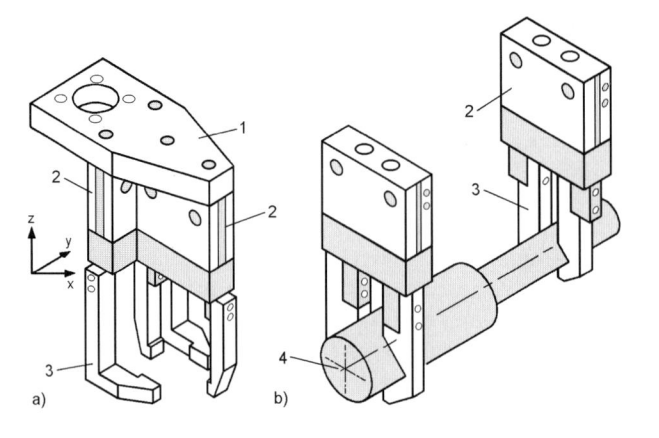

1 Flanschplatte
2 Parallelgreifer
3 Greifbacke
4 Werkstück

Bild 3.150: Vierfinger-Greiferkombinationen

a) Greifer für Rechteckteile
b) Greifer für lange Rundteile

3.1 Mechanische Greifer

Beim Greifer nach **Bild 3.150a** erhält einer der beiden Greifer seitlich auskragende Greifbacken. Diese Kombination führt beim Greifen eines Rechteckkörpers zur Zentrierung in der x- und y-Achse (Achsenzentrierung).

Im Beispiel nach **Bild 3.150b** ist der Vierpunktgriff der großen Länge des Greifobjekts geschuldet. Ein Zweibackengreifer müsste für diese Aufgabe sehr kräftig ausgeführt sein, damit er Kippmomente aufnehmen kann, wenn der Masseschwerpunkt des Objekts nicht genau zwischen den Greifbacken liegt.

Für große und schwere Objekte wird man hydraulische Greiferantriebe bevorzugen. Der in **Bild 3.151** dargestellte Greifer nimmt große Rundteile am Innendurchmesser auf. Die einfahrende Kolbenstange des Hydraulikzylinders bewirkt das Auseinanderfahren der Greiforgane gegen die Innenflächen des zu greifenden Hohlteils, das überdies eine gewölbte Innenform aufweist. Beim Absetzen der Last wird der Hebelmechanismus entlastet, so dass die Greifbacken leichter eingefahren werden können.

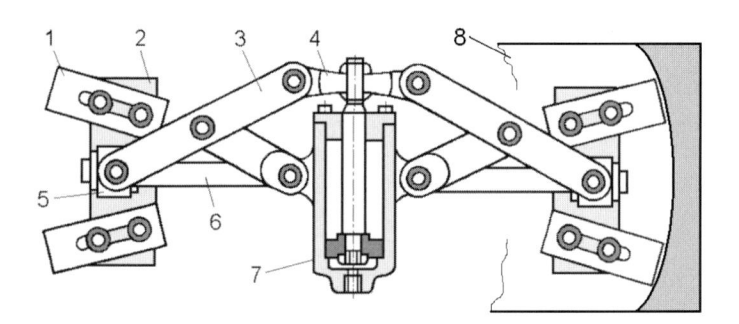

1 Greifbacke
2 Befestigungsplatte
3 Hebel
4 Anschlussstück
5 Gleitstück
6 Führungsstange
7 Hydraulikzylinder
8 Greifobjekt

Bild 3.151: Patentierter Innengreifer mit hydraulischem Antrieb

Der in **Bild 3.152** skizzierte Vierpunktgreifer wird als Lochgreifer eingesetzt. Der Antrieb geschieht über eine nichtsynchronisierte Gummimembran, die zur Spreizung der vier Segmente führt, wenn ein Druck von 4 bis 6 bar anliegt. Die Greifkraft kann gegen Energieausfall durch ein Drucksicherungsventil erhalten werden. Der Backenhub ist allerdings ziemlich klein, das Greifmoment mit 4 Nm ist jedoch groß.

1 Gehäuse
2 Greifbacke
3 Befestigungsschraube

Abmessungen in mm

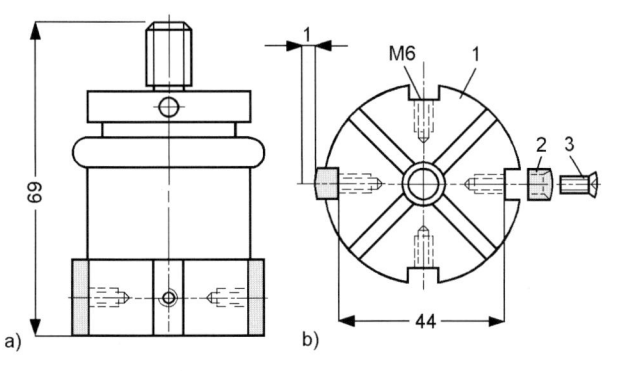

Bild 3.152: Vierpunktgreifer (*Sommer-automatic*)
a) Außenansicht, b) Ansicht von unten

3.1.4.3 Gelenkfingergreifer

Die menschliche Hand dient wegen ihrer universellen Einsatzfähigkeit immer wieder als Vorbild für anthropomorphe Fingergreifer. Gelenkfingergreifer sind der Versuch, auf technischen Weg Greiferhände (oft als „Mechanische Hände" bezeichnet) zu erreichen, deren Flexibilität dem natürlichen Vorbild etwas näher kommt. Dabei sind schwierige technische Probleme zu überwinden, insbesondere beim Antrieb der Fingerglieder.

Multifingergreifer mit beweglichen Fingergliedern sollen Manipulationsaufgaben bewältigen, die eine bestimmte Geschicklichkeit erfordern. Sie werden deshalb oft als „geschickte Hände" (*dextrous hands*) bezeichnet. Solche Hände werden seit den frühen 1980er Jahren untersucht, so z.B. eine Dreifingerhand (Daumen und zwei Gelenkfinger) durch die *Universität Bologna (Italien)* [3-27] oder die *MIT/Utah-Hand* [3-28]. Einige Entwicklungsschritte wurden bereits in Kapitel 1.4 dargelegt. Manche Entwürfe hat man weiterentwickelt, um sie auch industriell einzusetzen, z.B. an ferngesteuerten Manipulatoren, bei Wartungsarbeiten in gefährlichen Umgebungen oder für die Bewältigung medizinischer Aufgaben [3-29]. Die Forschung wird für solche Hände seit Jahren intensiv betrieben [3-30] [3-31].

Hochsensorisierte Gelenkfingerhände bringen es auf große Datenmengen, die laufend von der Steuerung verarbeitet werden müssen. Das behindert natürlich auch die industrielle Applikation. Spezialisierte Einzweckgreifer sind demgegenüber fast immer schneller und billiger als die Universallösungen.

Bei den Gelenkfingergreifern werden die Greiforgane, die das Objekt berühren, durch ein System von gelenkig miteinander verbundenen Festkörpergliedern bewegt. Damit ist es möglich, formpaarige Griffe zu realisieren. Meistens handelt es sich um mechanische Finger. In seltenen Fällen können es auch pneumatische Beugefinger auf der Basis von Membrankomponenten sein.

Die Greif- und Manipulationsmöglichkeiten einer Gelenkfingerhand wird in starkem Maße von der kinematischen Struktur bestimmt. Als optimale Anzahl wurden drei Gelenke je Finger gefunden. Das entspricht der Darstellung in **Bild 3.153c**.

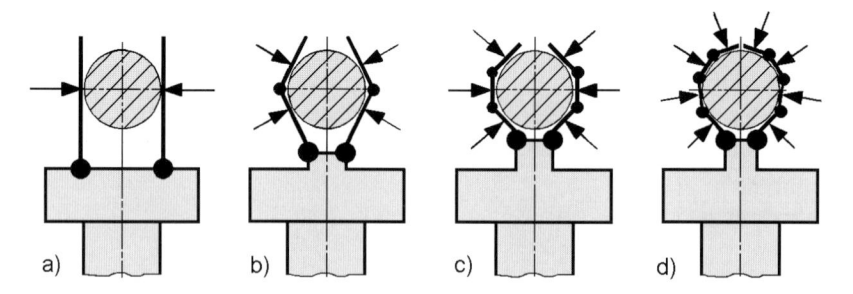

Bild 3.153: Mehrgliedrige Fingergreifer erhöhen den Formschluss
a) einfacher Winkelgreifer, b) Finger mit 2 Gelenken, c) dreigliedriger Finger, d) vier Fingergelenke

Das Erfassen bis zum festen Griff geschieht in mehreren Phasen. Diese sind für einen Finger mit drei Gelenken in **Bild 3.154** dargestellt [3-32]. Weitaus mehr Greifvarianten sind möglich, wenn weitere Finger hinzugenommen werden, z.B. bei einer Dreifinger-Greif-

3.1 Mechanische Greifer 173

hand. Im Beispiel wird das Teil formpaarig gegriffen. Dabei werden weniger große Greifkräfte gebraucht, wie beim kraftpaarigen Griff. Dieser ist aber auch möglich. Das wird in Bild 3.163 an typischen Handkonfigurationen gezeigt.

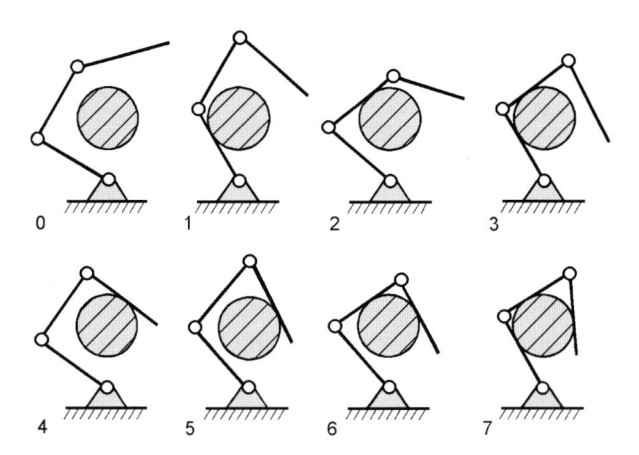

Bild 3.154: Acht Stufen, in denen ein Finger mit drei Gelenken ein Teil anfasst.

Für alle Gelenkfingergreifer gilt, dass die Antriebselemente komplizierter werden, wenn mehrere Freiheitsgrade hintereinander geschaltet sind, denn dann müssen die Antriebselemente über die einzelnen Freiheitsgrade hinweg betätigt werden. Die Antriebe direkt an die Fingergelenke anzubauen ist wegen der Baugröße bisheriger Antriebe nicht möglich. Bei der Hintereinanderschaltung von Freiheitsgraden darf es außerdem nicht passieren, dass Teile des Mechanismus einen „toten Punkt" erreichen und dadurch andere Gelenke nicht mehr voll bewegungsfähig sind. Es ist also notwendig, auch bei den Gelenkfingergreifern nach einem Minimum an Aufwand zu streben. So sind bei der in **Bild 3.155** gezeigten Drei-Finger-Hand nicht alle Gelenke frei programmierbar. Sie ist für Montagearbeiten gedacht.

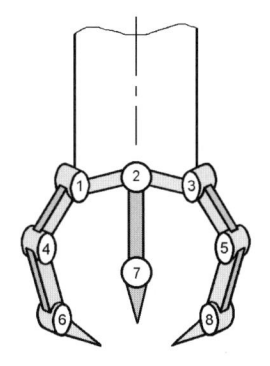

Gelenk Nr.	Bewegungsart	Kommentar
1, 3		Fingerwurzel und Daumen
4, 2, 5		frei programmierbar
6, 7, 8		zwangsgesteuerte Gelenke

Bild 3.155: Gelenkschema einer Drei-Finger-Hand für Montagearbeiten [3-33]

Das jeweils vorderste Gelenk ist nicht unabhängig, sondern wird vom nachgeschalteten Gelenk zwangsgesteuert. Der Sinn besteht darin, für runde Griffe auch noch einmal die Spitze proportional abzuknicken, statt steifer Kontur des Fingers. Zwei auf gleicher Seite angeordnete Finger können um ihre Grundphalanx gedreht werden, so dass auch ein Spitzgriff möglich wird. Ebenso lässt sich ein gemeinsamer Hakengriff ausführen.

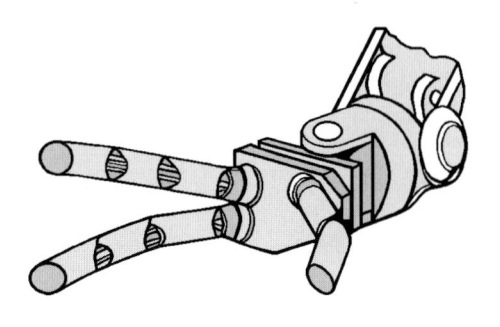

Mehrgliedrige Fingergreifer werden vornehmlich als Drei- und Fünffingergreifer ausgebildet, wobei die Dreifingergreifer steuerungstechnisch besser beherrschbar sind. Das **Bild 3.156** zeigt eine 25 Jahre alte Entwicklung aus Japan.

Bild 3.156: Dreifinger-Gelenkgreifer als gelenkige Experimentierhand mit F = 11 [1-24]

Das **Bild 3.157** zeigt ein anderes Beispiel für eine Fingermechanik. Stößt beim Bewegen des Fingers das Endglied auf die Tischfläche, dann verschiebt sich die Gelenkkette derart, dass trotzdem die Bewegung auf das Zielobjekt weiter ausgeführt wird. In der Endphase erfolgt das Festhalten des Objekts. Der Gelenkfinger kann als multifunktional und adaptiv bezeichnet werden,

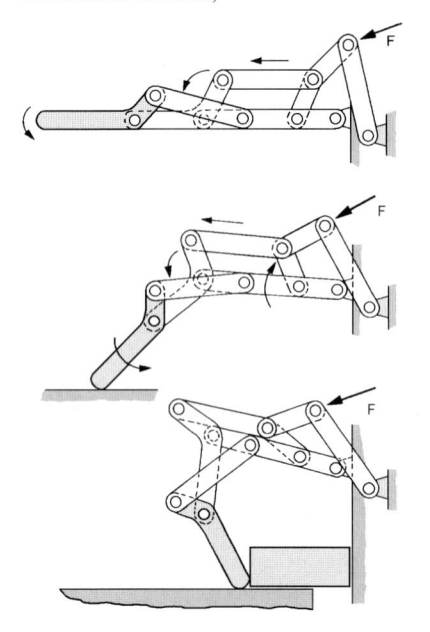

F Antriebskraft

Bild 3.157: Greiferfinger (*Mechanical Arm* nach *Ido*)

Das **Bild 3.158** zeigt einen Vielfinger-Greifmechanismus (*Universität Bologna*, 1985), mit dem es möglich ist, unförmige Objekte mit vielen Fingern zu fixieren. Der Prototyp war mit 20 Fingern ausgestattet und man erreichte ein Haltemoment von 0,54 Nm [3-34].

Das Anwendungsgebiet mehrgliedriger Fingergreifer wird durch die relativ kleinen Greifkräfte, die sich aus der konstruktiven Gestaltung der Verbindungsstellen der Fingerglieder ergibt, begrenzt. Als Verbindungselemente der einzelnen Glieder werden meistens Drehgelenke genutzt.

Es muss aber nicht immer jedes Fingerglied einzeln angesteuert werden. Einige Greifer krümmen ihre Glieder beim Formgriff gleichmäßig und voneinander abhängig, wie es bereits in Bild 3.155 erläutert wurde.

3.1 Mechanische Greifer 175

Bild 3.158: Multifingergreifer (*MIP 2 Gripper*)

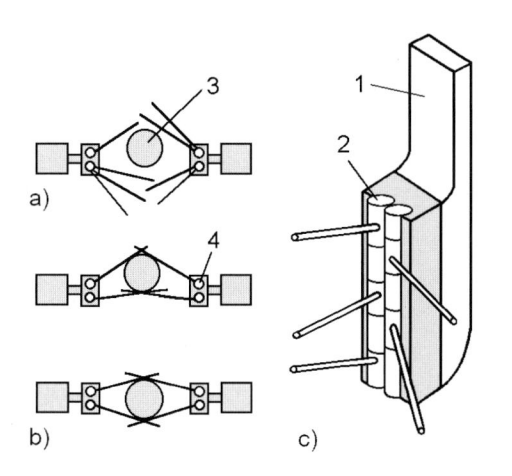

1 Grundkörper
2 beweglicher Finger
3 Werkstück
4 Fingergelenk

a) Beginn des Greifvorganges
b) gegriffenes Teil
c) Greiforgan

Solche Lösungen sollen nun betrachtet werden. Mit dem in **Bild 3.159** gezeigten Greifer lassen sich Teile mit unförmiger Innenkontur greifen. Durch die Form der segmentierten Fingerglieder kommt es zum Spreizen der Finger, wenn am Zugseil eine Spannkraft aufgebracht wird. Damit sich die Finger im Ausgangszustand zur Mitte hin schließen, sind an den Fingerspitzen kleine Dauermagnete angebracht. Die Hand ist zwar einfach, aber man kann die Finger nicht einzeln ansteuern. Damit ist die Ablegposition nur grob definierbar.

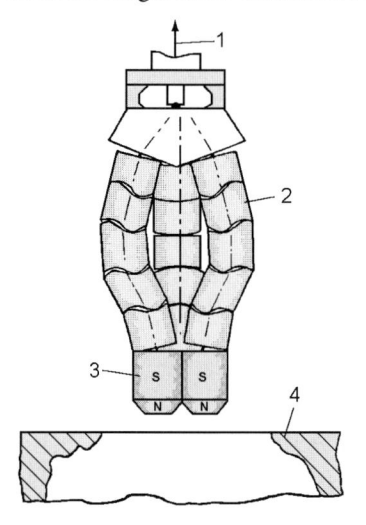

1 Zugseil
2 Fingerelement
3 Dauermagnet
4 Greifobjekt

Bild 3.159: Spreizfingergreifer mit Seilzugantrieb

Für den Formgriff sind Greifer mit Gliederfingern günstig, die das Werkstück umschließen. Dazu wird in der **Bild 3.160** eine Lösung gezeigt. Es lassen sich räumlich orientierte Teile aufnehmen, etwa auf einer Fläche ungeordnet vorliegende Objekte. Der Greifer besteht aus einem ansetzbaren unbeweglichen Anlagefinger und einem Gliederfinger, der von einem Hydraulikzylinder angetrieben wird. Am Grundkörper ist ein zweiseitiger Hebel in L-Form befestigt. Er treibt das zweite Fingerglied an, wenn die Kolbenstange des Arbeitszylinders ausfährt. Dabei bewegt sich der L-Hebel um die erste Gelenkachse. Die Fingerglieder sind an ihren Enden verzahnt und übertragen die Bewegungen von Glied zu Glied. Das führt zur Krümmung des Fingers in Richtung des festen Anlagefingers.

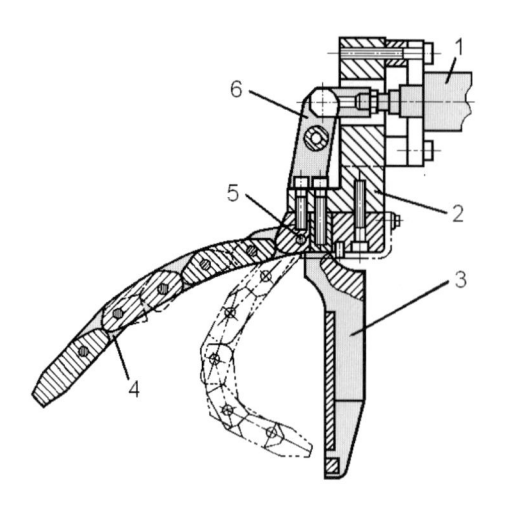

1 Hydraulikzylinder
2 Basiskörper
3 fester Finger
4 Gelenkfinger
5 Achse
6 Hebel

Bild 3.160: Gelenkfingergreifer (Patent B 25 J 15/02, 2354861, Frankreich)

Viele Versuchsgreifer bedienen sich der Seilzüge, um Greiforgane so zu bewegen, dass sich ein formumschließender Griff ergibt. Das **Bild 3.161** zeigt eine sehr einfache Lösung für einen flexiblen Finger. Die Finger sind als konische Drahtfeder ausgeführt, die über ein außermittig angekoppeltes Seil gekrümmt werden und dabei das Objekt umschließen. Freigegeben wird das Objekt durch Lösen der Spannung und dem dann folgenden Aufrichten der Druckfedern. Es sind mit einen solchen Mechanismus nur kleine Greifkräfte erreichbar.

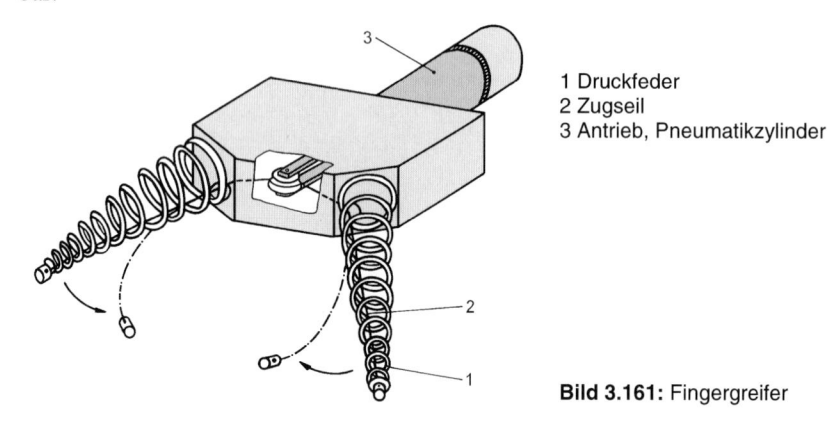

1 Druckfeder
2 Zugseil
3 Antrieb, Pneumatikzylinder

Bild 3.161: Fingergreifer

Ebenfalls mit Zugseilen ist die in **Bild 3.162** skizzierte Greifhand ausgestattet. Sie besitzt im Gegensatz zu den anderen Konstruktionen eine Handfläche, die in Verbindung mit den Fingern das sichere Ergreifen geometrisch unterschiedlicher Objekte ermöglicht. Zusätzlich zu den drei konventionellen Gliedern besitzt jeder Finger an seiner Basis ein viertes Glied. Dieses Element, das als inverses Gelenk bezeichnet wird, entspricht der Überdehnung des ersten Gliedes der menschlichen Hand. Eine vorgespannte Feder und ein mechanischer Anschlag sind an jedem Fingergelenk angebracht. Die Federn bestimmen die relativen Bewegungen der Glieder und bringen die Finger in ihre Ruhestellung zurück. Jedes Fingerglied wird durch einen Draht betätigt, der sowohl die Fingergliedposition, als auch die Spannung während der Fingerbewegung verändert.

3.1 Mechanische Greifer

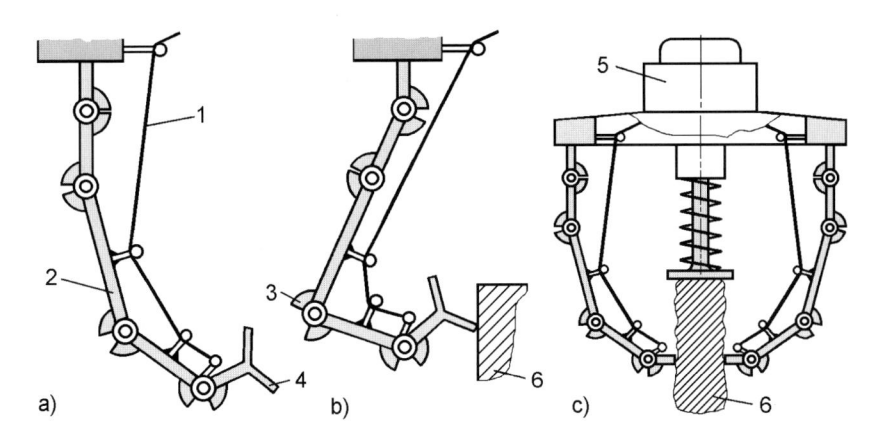

Bild 3.162: Mechanische Hand mit flexibler Handfläche [3-35]
a) Annäherung an das Objekt, b) Berührung des Objekts, c) Ergreifen des Objekts
1 Zugseil, 2 Fingerglied, 3 Gelenk, 4 Greifbacke, 5 Motor, 6 Greifobjekt

Bild 3.162a zeigt einen Finger, der sich einem Objekt nähert, und (b) zeigt, wie sich die Konfiguration verändert, wenn das Objekt erfasst wird. Drei Finger werden in Verbindung mit einer federgespannten Handfläche eingesetzt. **Bild 3.162c** zeigt nur zwei Finger, in der Praxis wird man jedoch drei Finger symmetrisch um die Handfläche anordnen. Wird ein Objekt zwischen die Finger gestellt, nimmt ein optischer Sensor sein Vorhandensein wahr, was die Schrittmotoren aktiviert. Die Drähte werden angezogen, so dass die Finger das Werkstück berühren, es zusammen mit der Handfläche ergreifen und hochheben. Wenn die Spannung des Positionssensors auf der Handfläche eine vorgegebene Schwelle übersteigt, werden die Motoren gestoppt. Werkstücke mit einem Gewicht von bis zu 100 N und unterschiedlicher Form können von dieser speziellen Hand aufgegriffen werden.

Immer wieder werden auch Gelenkfingerhände vorgeschlagen, deren Finger in der Grundanordnung verschiebbar sind. Das **Bild 3.163** zeigt ein Beispiel. Der Sinn besteht darin, dass man mit einer solchen Hand unterschiedliche Griffe ausführen kann, je nach dem, welche Objekte angefasst werden sollen.

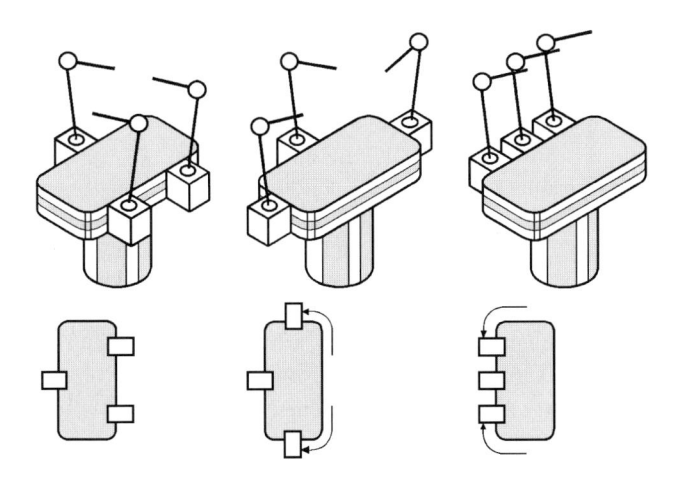

Bild 3.163: Die *Barret-Hand* mit drei Fingern und ihre Konfigurationen

Das Prinzip der Barret-3-Finger-Hand wurde weiterentwickelt und bereits 1988 in einen modularer Mehrfingergreifer umgesetzt (*W.T. Townsend, Barret Technology, Inc.*). Greifkraft und Greifgeschwindigkeit sind regelbar. Ein Greiffinger kann maximal 5 N Greifkraft aufbringen.

Für einen Einsatz im Weltraum hat die NASA (USA) 1999 eine anthropomorphe Fünffingerhand entwickelt, die Robonautenhand. Sie hat den Freiheitsgrad 22, wovon 14 Gelenke gesteuert werden können. Es wurden Materialien und Bauteile verwendet, die extreme Temperaturveränderungen aushalten und Reinraumanforderungen (keine Ausgasungen) genügen.

Oft wird bei solchen Händen das Objekt gegen die Grundplatte (Handfläche) gespannt. Bei anderen Gelenkfingergreifern erfolgt das Halten zwischen den Fingern (**Bild 3.164**). Hier ist zwischen dem formpaarigen Griff zu unterscheiden, bei dem sich die Finger der Objektform anschmiegen und dem kraftpaarigen Griff, bei dem das Objekt allein durch pure Reibungskräfte festgehalten wird.

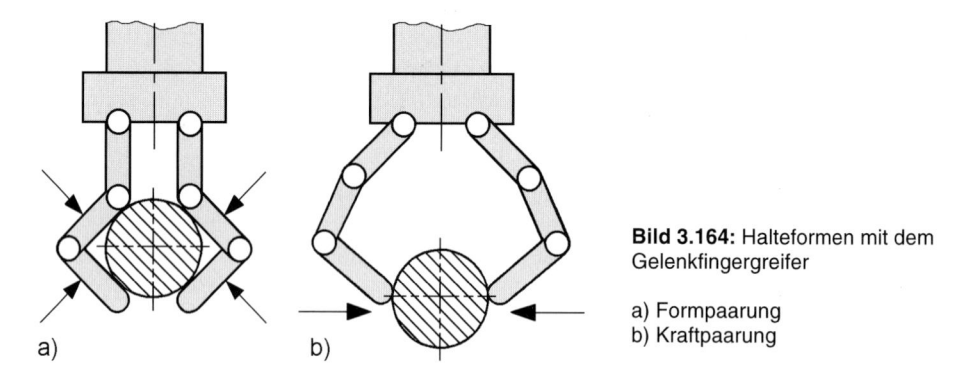

Bild 3.164: Halteformen mit dem Gelenkfingergreifer

a) Formpaarung
b) Kraftpaarung

Im industriellen Bereich überwiegen aber heute einfache Zangengreifer. Deren Zustände OFFEN und GESCHLOSSEN lassen sich leicht beschreiben und somit problemlos in einem Programm unterbringen. Bei mehrgliedrigen Fingergreifern sind in der Regel weitaus komplizierte Steueralgorithmen nötig. Das liegt vor allem daran, dass die Finger mit Sensoren ausgerüstet werden, deren Signale verarbeitet werden müssen.

3.1.4.4 Gelenklose Fingergreifer

Die nachfolgend beschriebenen Greifer haben keine mechanischen Gelenke, sondern eine stoffkohärente Greiferstruktur. Sie verfügen also über Materialgelenke. Das führt zu deutlich weniger Einzelteilen und macht einen Greifer preiswert. Allerdings ist die Tragfähigkeit solcher Greifer nicht sehr groß, wie man bereits am nachfolgend beschriebenen Greifer für empfindliche und unförmige Werkstücke (**Bild 3.165**) sieht. Der Spreizfingergreifer schließt seine Finger, wenn Saugluft anliegt, die mit der integrierten Venturidüse aus der angeschlossenen Druckluft erzeugt wird. Der Greifer öffnet sich durch die Gummivorspannung. Die Klemmkraft ist klein und beträgt bei geschlossenen Fingern etwa 8 N.

3.1 Mechanische Greifer 179

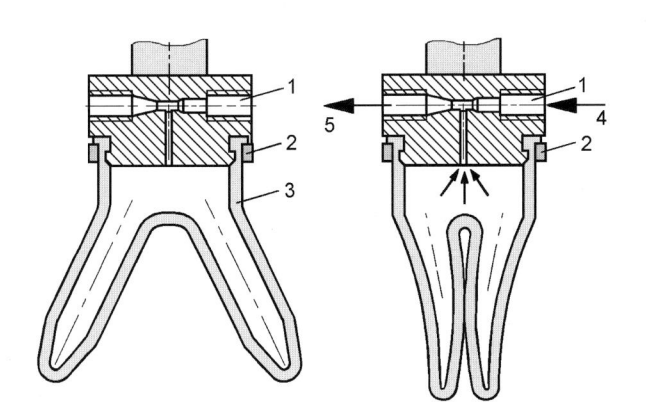

1 Venturidüse
2 Spannring
3 Doppelfinger aus Neopren
4 Druckluftanschluss (Betriebsdruck minimal 2 bar, maximal 8 bar)
5 Abluft

Bild 3.165: Spreizfingergreifer (*Sommer-automatic*)

Die industrielle Bedeutung des Greifers ist gering, auch weil die Greifgenauigkeit (Wiederholgenauigkeit ± 0,1 mm) durch die Weichheit des Werkstoffs und die Beweglichkeit der Greiforgane eingeschränkt ist. Der Griff ist aber sehr werkstückschonend, allerdings nicht abdruckfrei. Das gilt auch für den nächsten Greifer.

Das **Bild 3.166** zeigt das Prinzip eines Schlauchfingergreifers, bei dem die Finger in Kammern aufgeteilt sind. Durch Variation des Druckes in unmittelbar parallelen Kammern, kommt es zum Beugen der Finger. Der Greifer ist nur für relativ leichte Teile einsetzbar, weil das Halten auch mit Abrieb verbunden ist. Das senkt die Lebenserwartung.

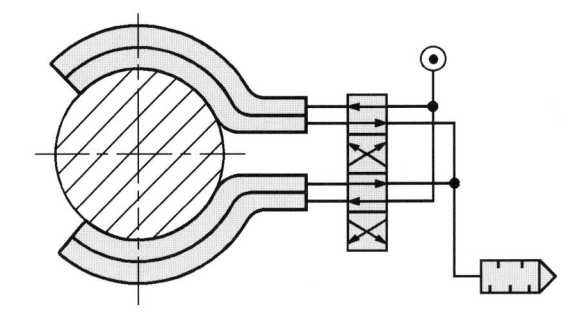

Bild 3.166: Prinzip eines Greifers auf der Basis von Schlauchfingern mit mehreren Kammern [3-36]

Sollen größere Greifkräfte erzeugt werden, könnte man die Greiferfinger auf einem Stahlring befestigen, der dann mit hydraulischer Kraft derart verformt wird, dass die aufgesetzten Finger eine bogenförmige Greifbewegung ausführen. Das Prinzip ist aus **Bild 3.167** entnehmbar. Der Greifbereich kann durch eine Anpassung der Greiforgane festgelegt werden. Die Anwendung des Prinzips ist wohl eher selten. Zwar ist die Gelenkstruktur einfach, aber trotzdem wird ein hochwertiger Antrieb benötigt.

Elastische Finger, wie in **Bild 3.168** dargestellt, passen sich der Werkstückform im Rahmen der Beugemöglichkeit unter Druckbeaufschlagung an. Dabei wird das Greifobjekt vor Beschädigungen geschützt. Die Finger haben an der Greiffläche ein biegsames, aber nicht dehnbares Band. Dieses Band und die Faltenstruktur bewirken unter Druck die Fingerbeugung. Zum Wiederaufrichten der Finger kann sich im Innern eine verstärkende Drahtfeder befinden.

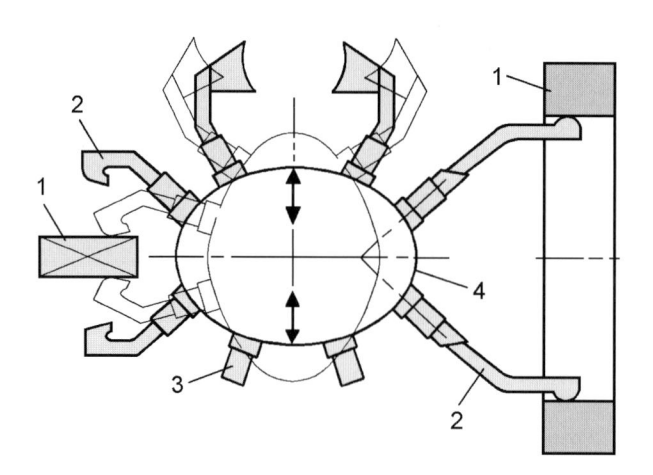

	1 Werkstück
	2 Greiferfinger
	3 Fingerhalterung
	4 deformierbarer elastischer Ring

Bild 3.167: Greiferprinzip mit Materialgelenkstruktur

Auch ein Außenskelett ist möglich, ohne dass die Gelenkigkeit und die Spannweite eingeschränkt werden. Die Anwendung der Finger taugt nur für leichte Teile. Die Greifkraft kommt bei einem Innendruck von 1 bis 2 bar nicht über 25 N hinaus.

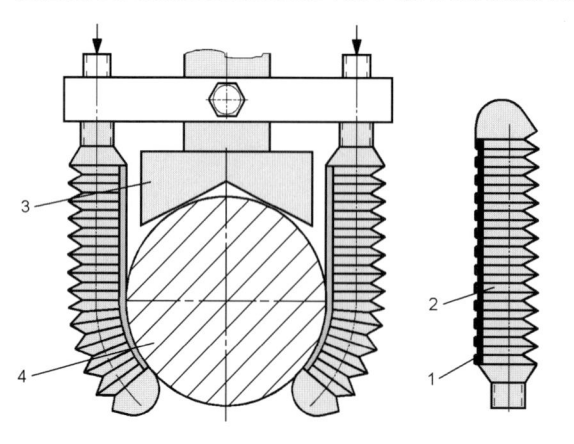

1 nicht dehnbares Band
2 Gummifaltenstück
3 Prismaauflage
4 Werkstück

Bild 3.168: Pneumatischer Beugefinger (*Sommer-automatic*)

Links: Gegriffenes Rundteil
Rechts: Gestreckter Finger

Beispiel

Welche Kraft F entwickelt der in **Bild 3.169** dargestellte Elastomerfinger?

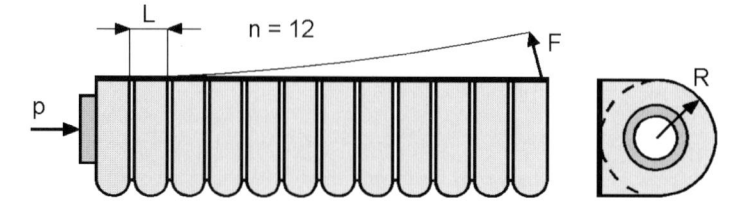

Bild 3.169: Elastomerfinger
n Anzahl der Fingerelemente (Faltenzahl), L Breite der Fingerelemente, R Fingerradius

3.1 Mechanische Greifer

Gegeben sind: $R = 1$ cm, $L = 3$ cm, $p = 3$ bar (300 kN/m²)

$$F = \frac{2 \cdot \pi \cdot p \cdot R^3}{L^2 \cdot (n^2 + n)} \quad (3.53)$$

Setzt man die Zahlenwerte in (3.53) ein, so ergibt sich

$$F = \frac{2 \cdot \pi \cdot 300 \ kN/m^2 \cdot 10^{-6} m^3 \cdot 1000 \ N/kN}{0{,}03^2 \ m^2 \cdot (12^2 + 12)} = 13{,}42 \ N/m$$

Das ist die im Mittel je Meter Länge erzeugte Kraft, mit der sich der Finger biegen kann. Es wird bei der Gleichung (3.53) eine proportionale Beziehung zwischen Greifkraft und pneumatischem Druck unterstellt. Elastizität und Nachgiebigkeit des Werkstoffes werden vernachlässigt. Ein Vergleich der Kräfte zwischen vertikalem und horizontalem Griff wird in **Bild 3.170** vorgenommen.

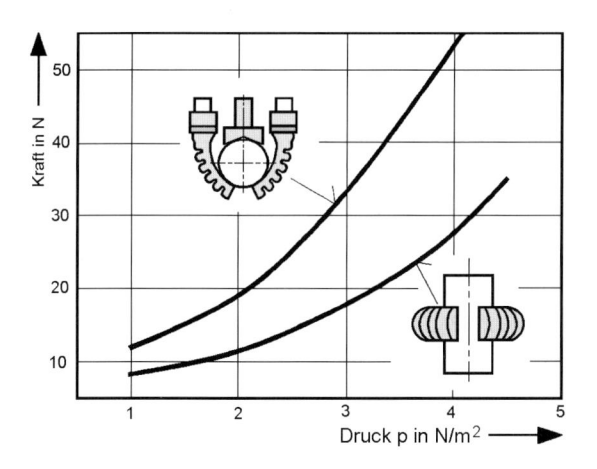

Bild 170: Kraftwirkungen an elastomeren Beugefingern

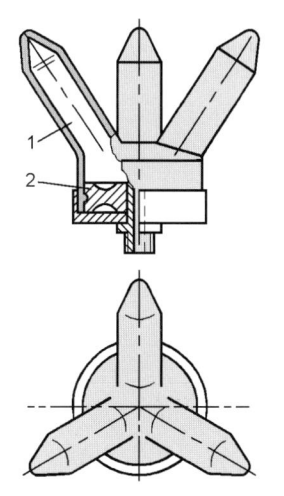

Der in **Bild 3.171** dargestellte Spreizfinger besitzt drei Finger, die sich unter Vakuum zur Greifermitte hin bewegen und so ein Werkstück umfassen. Das Vakuum darf maximal −800 Millibar betragen. Der Greifer wird für das Anfassen leichter und oberflächenempfindlicher Werkstücke verwendet. Der Aufbau des Greifers ist extrem einfach. Das Gummiformstück kann als Verschleißteil betrachtet werden.

Bild 3.171: Dreifinger-Spreizgreifer (*Fipa*)

Röhrenfedern in der Art einer *Bourdon'schen* Röhre, wie sie in Manometern verwendet wird, lassen sich ebenfalls als Torsionsaktor verwenden, um Klemmgreiferbacken zu bewegen. Der Querschnitt der Röhre ist oval oder elliptisch. Das **Bild 3.172** zeigt eine Handlingeinheit, die nach diesem Prinzip aufgebaut ist. Zu sehen ist ein Auslegerarm, der bogenförmig schwenken kann. Unter Druck bewegt sich das freie Ende kreisförmig nach außen. Auch jeder Greiferfinger kann sich bewegen und öffnet unter Druck, d.h. die Finger biegen sich auf. Die Größe der Bewegung ist eine Funktion des Innendruckes.

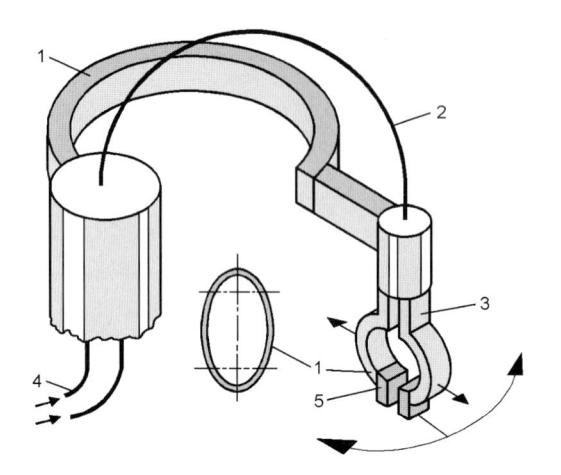

1 Röhrenfeder
2 Druckluftleitung
3 Greifer
4 Druckluftzufuhr
5 Greifbacke

Bild 3.172: Handlingeinheit mit Antrieben auf der Basis *Bourdon'scher Röhren*

Diese Konstruktion verfügt nur über Materialgelenke und gibt deshalb auch keine Partikel an die Umgebung ab. Sie ist ein besonders reinraumtaugliches Wirkprinzip. Die Komponenten können außerdem mit einer nicht ausgasenden Oberflächenbeschichtung versehen werden.

Anstelle einzeln ansteuerbarer Greiferfinger kann auch eine stoffkohärente Gesamtgreiferstruktur gestaltet werden. Dazu zeigt das **Bild 3.173** ein Beispiel. Der Innendruck in der Rohrfeder erzeugt eine Aufweitung zur Kreisform und damit ein Schließen der Greifbacken. Die Rohrfedern können verschiedene Querschnitte haben. Die Wanddicke hängt vom Innendruck ab, mit dem die Rohrfeder beaufschlagt werden soll, zum Beispiel von 0,6 bis 6 bar.

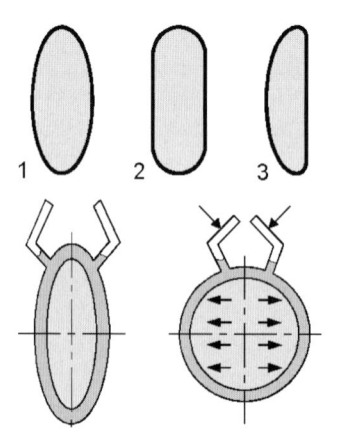

1 Spitzoval
2 Flachoval
3 Flachbogen

Bild 3.173: Stoffkohärente Greiferstruktur

3.1 Mechanische Greifer

3.1.5 Umfassungsgreifer (Umschlingungsgreifer)

Darunter sind Greifer zu verstehen, die ein Werkstück relativ weitgehend umfassen. Man kann zwei Varianten unterscheiden:

- Geschlossene Umfassung: Der Greifer hält ein hindurch gestecktes Objekt fest.
- Teilweise Umfassung: Die Werkstücke werden rüsselartig umschlungen. Sie müssen nicht durchgesteckt werden.

Das **Bild 3.174** zeigt einen Umfassungsgreifer, bei dem zwei Ringe mit riemenartigen elastischen Elementen verbunden sind. Die Haltekraft entsteht, wenn die beiden Ringe gegeneinander verdreht werden. Die Kunststoffelemente schnüren sich dabei ein. Beim Halten bilden sie einen Doppelkegel. Der Greiferdurchmesser kann zwischen 15 und 200 mm liegen. Der Vorgang ähnelt dem Schließvorgang einer Irisblende, wie man das von alten Fotoapparaten her kennt.

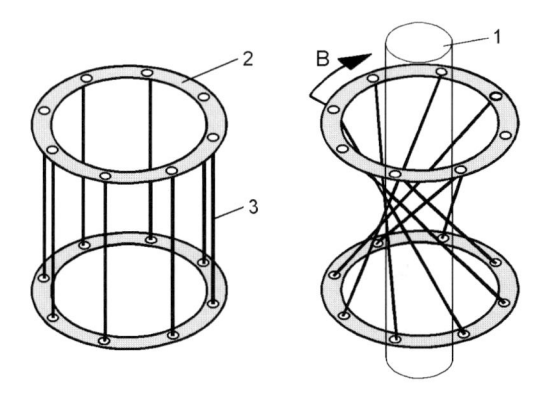

1 Werkstück
2 verdrehbarer Ring
3 Halteelement aus Kunststoff

B Schließbewegung

Bild 3.174: Prinzip des Umfassungsgreifers (*KNIGHT*)

Mit dem Greifer können Langhalsflaschen, offene Kunststoffsäcke, Drehteile, Glasrohre und Glasampullen, auch Werkstücke mit polierter oder lackierter Oberfläche, sehr schonend gegriffen werden. Die Greifgegenstände müssen nicht unbedingt rund sein. Die anschmiegsamen Elemente verkraften auch Objekte mit beliebiger Außenform. Nachteilig ist, dass der seitliche Zugriff durch die rundum geschlossene Bauform nicht ausgeführt werden kann. Das Auf- oder Hineinstecken lässt sich leider nicht umgehen.

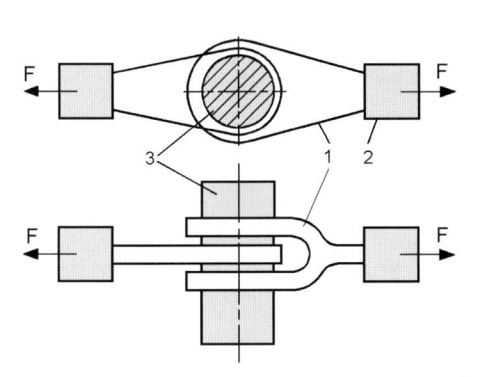

Statt rotatorischer Antriebe zur Erzeugung einer Spannkraft kann auch eine Linearbewegung wie bei einem Parallelbackengreifer Verwendung finden. Ein Vorschlag für die Gestaltung elastischer Greiforgane wird in **Bild 3.175** unterbreitet.

1 Spannband
2 Zugbacken
3 Werkstück
F Spannkraft

Bild 3.175: Umfassung eines Objektes mit Hilfe eines umschlingenden Haltebandes

Das Objekt wird beim Greifen auf Greifermitte ausgerichtet. Das Halteband kann aus Kunststoff oder Federbandstahl bestehen.

Die Firma *KUKA InnoTec* hat einen Greifer für Gepäckstücke entwickelt, bei dem die Greifobjekte und das Greiforgan mittels Bändern gemeinsam umreift wird. Die angelegten Bänder werden gespannt, so dass das Gepäckstück gewissermaßen mit dem plattenförmigen Greiforgan verzurrt ist. Für das Anlegen der Bänder bedient man sich einer Umreifungsmaschine. Nach der Objektmanipulation wird das Band am Zielort zerschnitten, aufgewickelt und später als Abfall weggeworfen.

Die Umschlingung eines Objekts wie mit einem Rüssel oder Tentakel wird mit dem „Softgreifer" in idealer Weise realisiert. Die Fingerglieder halten das Objekt jeweils sanft mit gleicher Greifkraft. Das **Bild 3.176** zeigt den grundsätzlichen Aufbau. Die einzelnen Fingerglieder werden mit Seilen (Greifseil 1, Freigabeseil 2) über Rollen angetrieben. Liegt das erste Fingerglied am Objekt an, bewegt sich das folgende Glied weiter auf das Objekt zu. Beim Öffnen muss am Freigabeseil gezogen werden, wobei das Greifseil entspannt ist. Für die Greifseil- und Rollenanordnung sind unterschiedliche Varianten möglich [3-37].

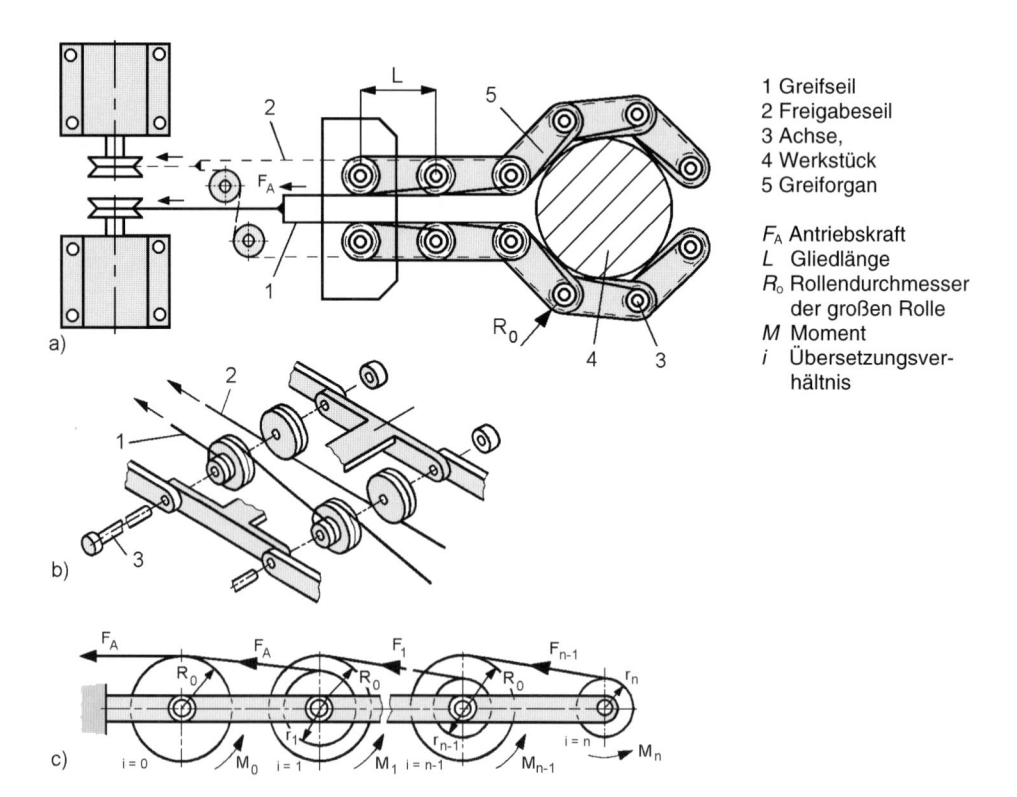

1 Greifseil
2 Freigabeseil
3 Achse,
4 Werkstück
5 Greiforgan

F_A Antriebskraft
L Gliedlänge
R_o Rollendurchmesser der großen Rolle
M Moment
i Übersetzungsverhältnis

Bild 3.176: Schematische Darstellung eines Softgreifers mit zwei fünfgliedrigen Fingern [3-38]
a) schematische Darstellung, b) prinzipieller Aufbau, c) Greifseil- und Rollenanordnung

3.1 Mechanische Greifer

Werden Doppelrollen mit unterschiedlichen Radien verwendet, dann verbindet ein Greifstück die Rollen mit dem Radius r_i und R_{i-1} (**Bild 3.176c**).

Unter der Voraussetzung $R_i = R_o$ können nach Wahl von R_o die Rollenradien

$$r_i = \frac{(n-i)^2 + (n-i)}{(n-(i-1))^2 + (n-(i-1))} \cdot R_o \quad \text{für } i = 1 \text{ bis } n \qquad (3.54)$$

berechnet werden. Für die Werte der Greifmomente M_i um die Gelenke i gilt unter der Voraussetzung, dass die Gliedlängen L = konst. sind, mit $i = 0$ bis n näherungsweise folgende Gleichung:

$$M_i = \frac{qL^2}{2}[(n-i)^2 + (n-i)]. \qquad (3.55)$$

Die mit einem Softgreifer erzeugte und über die gesamte Greiflänge gleichmäßig verteilte Greifkraft entspricht unter Vernachlässigung von Reibungseffekten der statischen Streckenlast q:

$$q = \frac{2 \cdot F_A \cdot R_o}{L^2 \cdot (n^2 + n)}. \qquad (3.56)$$

Beispiel

Wie groß ist die gleichmäßig verteilte Greifkraft q, wenn der Radius R_o = 10 mm, die Gliedlänge L = 30 mm, die Anzahl der Glieder 10 und die Antriebskraft F_A = 100 N ist?

$$q = \frac{2 \cdot 100 \cdot 10}{30^2 (10^2 + 10)} = \underline{0{,}02 \, N/mm}$$

Der Softgreifer kann auch in Verbindung mit festen Anlageprismen verwendet werden. Dazu zeigt das **Bild 3.177** eine Anwendung.

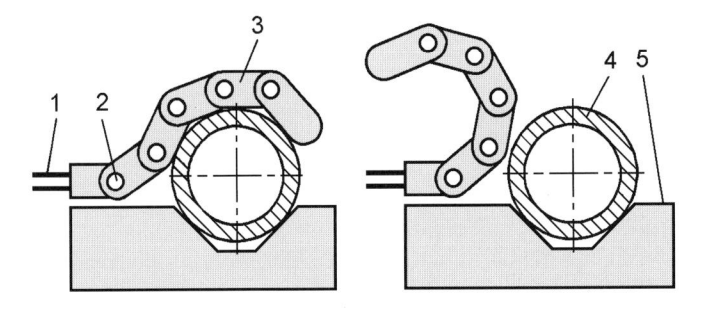

1 Zugseil
2 Gelenk
3 Fingerglied
4 Werkstück
5 Prismabacke

Bild 3.177: „Halber" Softgreifer

Das **Bild 3.178** zeigt eine weitere Variante eines Umschlingungsgreifers [3-39]. Es wird ebenfalls mit einem Spann- und einem Löseseil gearbeitet. Das Greiforgan besteht aus relativ kurzen und gelenkig zu einer Kette verbundenen Klemmstücken, durch die die Seile hindurchgeführt werden.

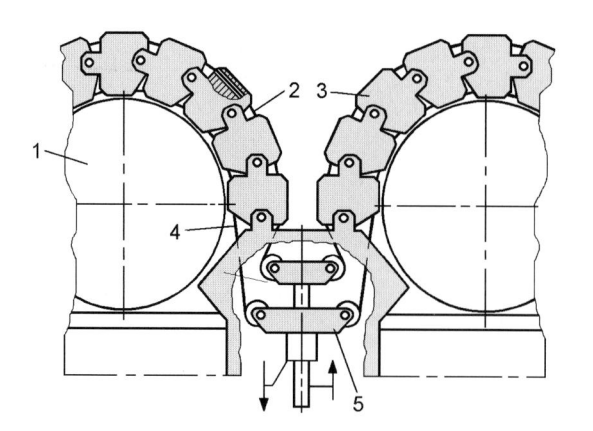

Bild 3.178: Umfassungsgreifer mit seilgetriebenen Elementen (1984)

1 Objekt
2 Freigabeseil
3 Fingerglied
4 Spannseil
5 Spann- bzw. Freigabemechanismus

Direkt als Spannband (auch Kette) sind die Umfassungsorgane bei den Konstruktionsvarianten nach **Bild 3.179** ausgebildet. Die Haltekraft wird entweder durch Aufwickeln oder Ziehen am Band erzeugt. In beiden Fällen wird die Oberfläche des Greifobjekts schonend behandelt.

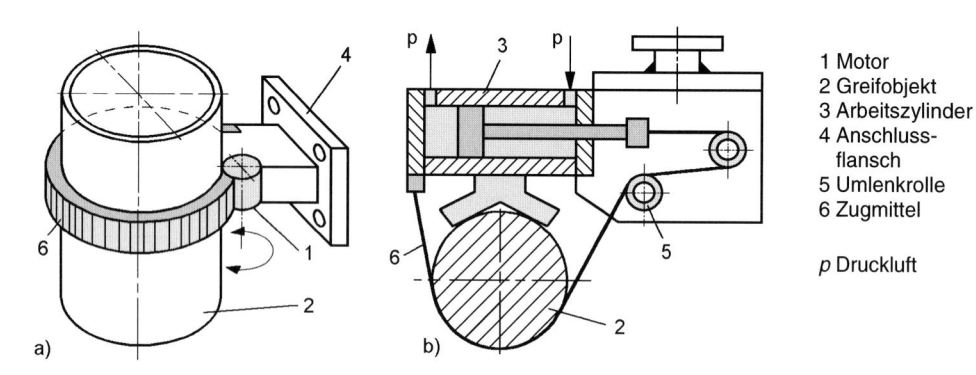

1 Motor
2 Greifobjekt
3 Arbeitszylinder
4 Anschlussflansch
5 Umlenkrolle
6 Zugmittel

p Druckluft

Bild 3.179: Umfassungsgreifer mit flexiblen Bändern
a) Halten mit zum Beispiel Zahnriemen, b) Halten mit Textilgurt

Wenn der Mensch die Finger zu einem Griff formt, können u.a. folgende Griffarten entstehen (siehe dazu auch Bild 1.13):

- Spitzgriff, zum Beispiel Halten eines Bleistiftes
- Zangengriff, zum Beispiel Halten einer Keksschachtel
- Hohlgriff, zum Beispiel Tragen einer Henkeltasche

Beim Hohlgriff umschließen die Finger den Gegenstand, in der Regel von einer Seite aus beginnend. Der Hohlgriff ist auch auf andere Art möglich. Er lässt sich mit dem Röhrengreifer nach **Bild 3.180** realisieren. Er ist sehr einfach aufgebaut. Eine Gummimembran dehnt sich aus und klemmt die hineingehaltenen Teile. Die Membran passt sich der Werkstückform an. Damit kann man Leuchtstoffröhren, Glühlampen, Faserfilmente und Gläser ebenso greifen, wie Eier oder unsymmetrische eckige Halbzeugprofile. Allerdings muss auch dieser Greifer über das Greifobjekt gestülpt werden können.

3.1 Mechanische Greifer

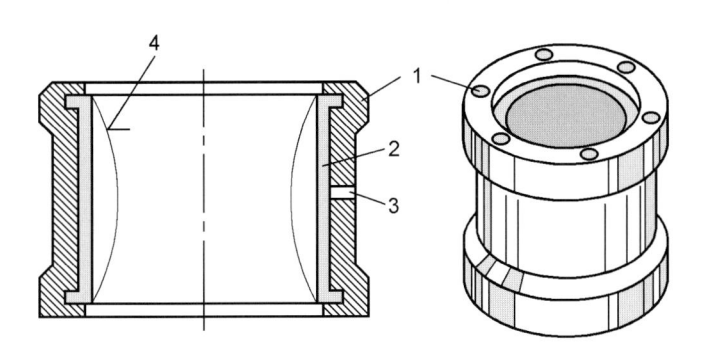

1 Gehäuse
2 Gummimembran
3 Druckluftanschluss
4 Membran in gewölbtem Zustand

Bild 3.180: Gummimembrangreifer (*Sommer-automatic*)

Eine solche Handhabung trifft auch auf den Rahmengreifer zu, der in **Bild 3.181** gezeigt wird. Er wird zum Beispiel in der Gießerei für das Entnehmen von Sandkernen aus der Form verwendet. Die Haltebacken sind auf das Greifobjekt abgestimmt.

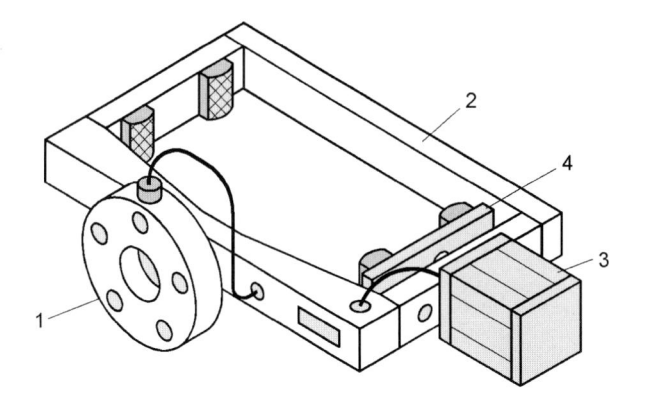

1 Anschlussflansch
2 Rahmen
3 Pneumatikzylinder
4 Druckplatte

Bild 3.181: Rahmengreifer für Sandkerne (*IPR*)

3.1.6 Verhakende Greifer

Darunter sollen solche Greifer verstanden werden, deren Greiforgane durch „Kneifen" oder „Einstechen" in das Objekt eine zeitweilige kraft-formpaarige Verbindung herstellen. Als Greifobjekte kommen vor allem Textilien, Fasermatten, Schaumstoffe und eventuell auch landwirtschaftliche Naturprodukte in Frage. Diese Art des Greifens hat bereits eine lange Geschichte in der mechanisierten Handhabung von Textilien und Kleidungsstücken [3-40]. Neuere Studien [3-41] konzentrieren sich auf die Verwendung solcher Greifmittel in der Robotik. Ein Beispiel ist die Anwendung verzahnter Schienen, die auf die Objektoberfläche aufsetzen und dann gegeneinander verschoben werden (**Bild 3.182**). Die textile Fläche wird dann durch Kneifwirkung gehalten. Das ist natürlich eine starke Belastung des Gewebes, die in vielen Fällen nicht akzeptiert werden kann, weil Oberflächenschäden eintreten können.

Eine andere Lösung ist der „CluPicker", dessen Prinzip aus **Bild 3.183** erkennbar ist [3-42]. Ein geriffeltes Rad setzt auf dem Textillagenstapel auf und schiebt die oberste Textillage gegen einen Fuß (siehe dazu auch Bild 3.194).

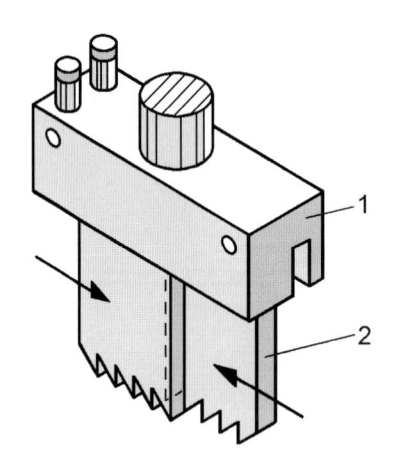

1 Pneumatikantrieb
2 gezahnte Schiene

Bild 3.182: Greifen mit Kneifwirkung

Es entsteht ein Kneifeffekt, mit dem das Objekt geklemmt wird. Der Spalt zwischen Rad und Fuß und auch die Kontaktkraft sind einstellbar [3-43].

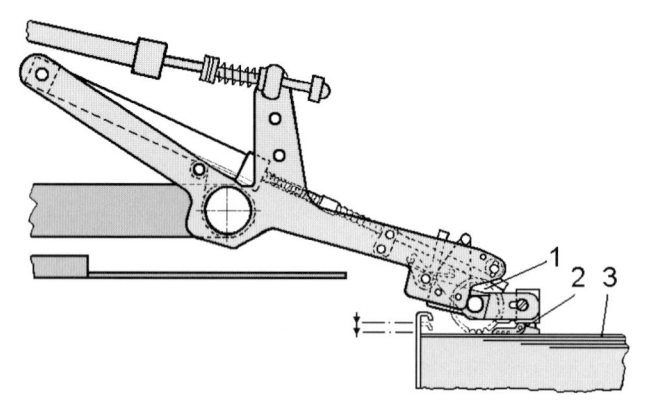

1 Rändelrad
2 Fuß
3 Textilstapel

Bild 3.183: CluPicker-Mechanismus

Als eindringendes Element wird auch die Hechel verwendet. Das ist ein mit Nadelspitzen besetztes kammartiges Werkzeug, das auch als Zylinder ausgebildet sein kann. Greiforgane mit Hecheln werden für die Stoff- und Ledermanipulation verwendet [3-44]. Gegeneinander rotierende Hecheln hat man auch verwendet, um die Kante einer Stoffbahn zu erfassen [3-45]. Anstelle von Hecheln, die das **Bild 3.184** in verschiedenen Größen abbildet, lassen sich auch Silikongummiwalzen einsetzen, die durch Reibungseffekte flexible Flachobjekte erfassen und durch Kneifen festhalten.

Bild 3.184: Hecheln in Walzenausführung

3.1 Mechanische Greifer

Greifobjekte sind auch immer öfters technische Textilien aus innovativen Werkstoffen, die im Streben nach Leichtbauweise entwickelt werden. Ihre automatische Handhabung ist allerdings nicht einfach. Das liegt im Material begründet und betrifft folgende Eigenschaften:

- Biegesteifigkeit ist gering
- Haarigkeit der Oberfläche
- Flächenhaftkraft behindert das Abnehmen vom Stapel
- Luftdurchlässigkeit
- Dehnung bzw. Dehnbarkeit.

Die Anforderungen an den Greifer sind groß. Verlangt werden:

- keine Beschädigungen beim Greifen
- ausreichend große Haltekraft
- wenig Spezialisierung auf bestimmte Textilien
- Flexibilität bezüglich der Greifobjektgröße
- hohe Greifzuverlässigkeit (größer als 99 %)
- kurze Greifzeiten

Die Greifobjekte werden meistens gestapelt (zu 95 %) bereitgestellt. Das Entstapeln wird behindert durch elektrostatische Aufladungen, Faser- und Fadenverhakungen an der Schnittkontur (Kantenhaftkräfte) und wenn man an Saugergreifer denkt, die Luftdurchlässigkeit der Gebilde. Für das Greifen von z.B. Teppichmaterialien werden Nadelgreifer eingesetzt. Dafür kann man drei Greifvarianten definieren.

- Aufsetzen der Nadelführungsplatte; Nadeln sind vollständig eingezogen; schräges Ausfahren der Nadelpakete in verschiedene Richtungen je Paket (siehe Bild 3.187)
- Wie beschrieben, jedoch mit sich kreuzenden Nadeln (siehe Bild 3.188)
- Aufsetzen der Nadelführungsplatte; die leicht schrägen Nadeln sind bereits ausgefahren; dann Auseinanderfahren der Nadelhalteleisten. Dieses Prinzip wird in **Bild 3.185** dargestellt (Backenhub = $(d_2 - d_1)/2$).

Die Haltekraft hängt entscheidend vom Einstechwinkel der Nadeln, dem Abstand der Nadeln und deren Anzahl ab.

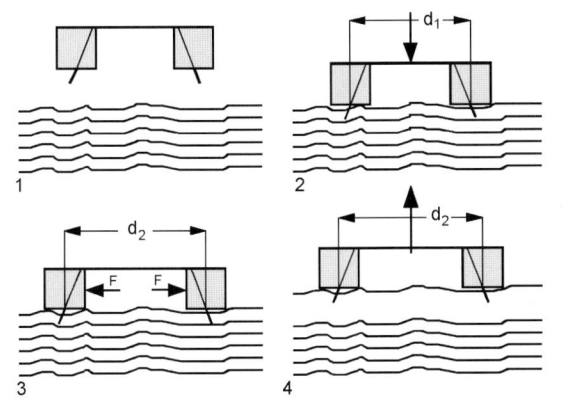

1 Anfahren an Stapel
2 Aufsetzen und Einstechen
3 Spreizen der Nadelbacken
4 Abheben vom Stapel

F Spannkraft

Bild 3.185: Ablauf beim Greifen textiler Gebilde mit dem Nadelgreifer

Die Haltekraft F_H für textile Flächenteile an einem Nadelgreifer ergibt sich aus folgender Gleichung (**Bild 3.186**):

$$F_H = \sigma \cdot A_N \cdot n_N \qquad \text{in N} \tag{3.57}$$

$$\sigma = \frac{E_{Z6\%} \cdot d}{2 \cdot s \cdot \sin \alpha_N} \tag{3.58}$$

$$A_N = \frac{d^2 \cdot \tan\left(\dfrac{\gamma}{2}\right)}{\sin \alpha_N} \tag{3.59}$$

σ	Spannung in N/m²
A_N	tragende Querschnittsfläche einer Nadel in m²
$E_{Z6\%}$	E-Modul textiler Flächengebilde bei 6 % Dehnung in N/m²
d	Textildicke in m
s	Nadeleinstechabstand in m
n_N	Nadelanzahl
α_N	Nadeleinstechwinkel
γ	Keilwinkel der Nadelspitze in Grad

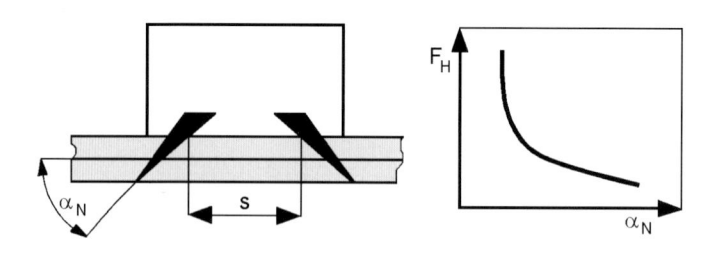

Bild 3.186: Hauptgrößen am Nadelgreifer

Nadelgreifer fahren zum Beispiel 10 bis 40 feine Nadeln in mehreren gegenläufigen Richtungen aus. Die Nadeln haben einen Durchmesser von zum Beispiel 0,69 mm, sind poliert und an der Spitze etwas gerundet, um das textile Material zu schonen. Die Eindringtiefe ist auf Hundertstel-Millimeter an einem Einstellring genau einstellbar und liegt im Bereich von 0 bis 2 mm. Das **Bild 3.187** zeigt den konstruktiven Aufbau eines Nadelgreifers. Der Antrieb erfolgt pneumatisch über einen Kolben. Ein Keilschieber bewirkt das Ausfahren der vier Nadelfelder. Bei dünnen Stoffen ist es günstig, wenn Blasluft zwischen den Nadeln und durch das festgehaltene Gewebe strömt, um das Vereinzeln der Stofflagen zu unterstützen.

Durch die mechanische Wirkungsweise ist der Nadelgreifer oftmals nur bedingt verwendbar. Bei sichtbaren Textilien (Oberstoffen) kann eine Beschädigung der Oberflächenstruktur durch Einstiche oft nicht akzeptiert werden. Weist das textile Material eine zu große Dehnung auf, dann werden keine ausreichend hohen Haltekräfte erzeugt. Der Nadelgreifer scheidet dann ebenfalls aus. Ebenso kann das inflexible Einstellen der Nadeltiefe ein Hinderungsgrund sein. Bei sich ändernden Gewebedicken kann dann ein zuverlässiges Abnehmen der obersten Lage eines Stoffstapels nicht mehr gewährleistet werden.

3.1 Mechanische Greifer

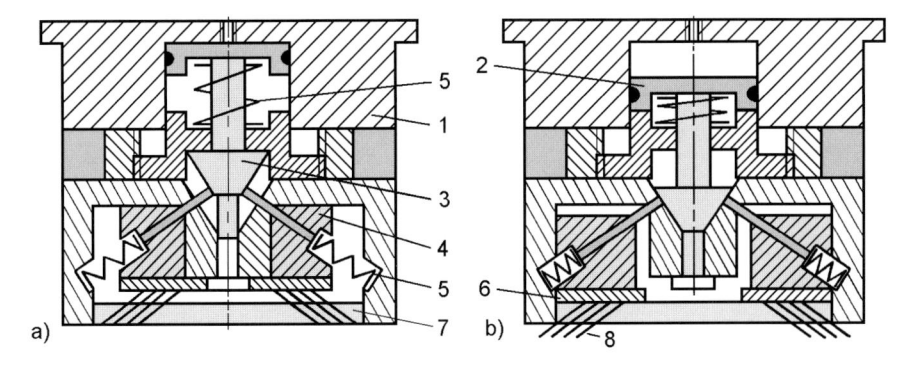

Bild 3.187: Aufbau eines Nadelgreifers
a) Nadeln in Ausgangsstellung, b) Nadeln ausgefahren
1 Greifergehäuse, 2 Kolben, 3 Druckkegel, 4 Drucksegment, 5 Druckfeder, 6 Nadelhalteplatte, 7 Nadelführungsplatte, 8 Nadel

Außer Zuschnitten aus Stoff werden auch andere Gegenstände mit vergleichbaren Eigenschaften mit Nadeln angepackt. Das sind zum Beispiel Wellpappe mit Schaumstoff, hinterspritzte Teile und Filze. Das **Bild 3.188** zeigt einen Greifer für Schaumstoffe, Flies oder andere poröse Werkstoffe. Gegenüber dem Stoffgreifer verfügt er über weniger, aber dickere und längere Nadeln, zum Beispiel vier Nadeln im Winkel von 30° mit einem einstellbaren Nadelhub von 0 bis 6 mm und einer Nadeldicke bis 3 mm Durchmesser.

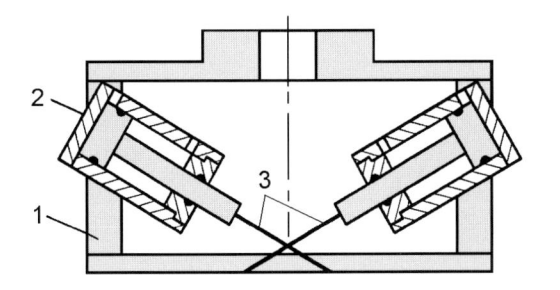

1 Gehäuse
2 Pneumatikzylinder
3 Nadel

Bild 3.188: Schaumstoffgreifer

Der in **Bild 3.189** dargestellte Nadelgreifer besteht nur aus wenigen Einzelteilen. Er dient vor allem zum Greifen von Kunststoffteilen, die gerade die Spritzgieß- oder Schaumstoffmaschine verlassen. Die Nadelhalteplatte wird von einem kleinen Standard-Pneumatikzylinder bewegt, der auf einem Grundkörper aufgebaut ist. Man sieht, dass ein Nadelgreifer auch aus Standardbauteilen zusammengesetzt werden kann. Im Beispiel sind es Komponenten aus einem Greiferbaukasten, der auf die Erfordernisse der Kunststoffindustrie zugeschnitten ist (siehe dazu Bild 3.354).

Man hat auch schon Nadelgreifer mit hohlen Nadeln hergestellt. Damit ist ein interessanter Effekt zu erreichen. Beim Greifen von Polymer-Verpackungsbeuteln mit Inhalt kann mit dem Einstich in den Beutel auch die überschüssige Luft abgesaugt werden, so dass sich das Volumen des Packgutes verkleinert und eine höhere Packungsdichte für den Transport realisierbar ist [2-4].

Für das Greifen von Textilien hat sich in der letzten Zeit auch der Gefriergreifer als wirkungsvolle Alternative zum Nadelgreifer gezeigt (siehe dazu Kapitel 3.5.3).

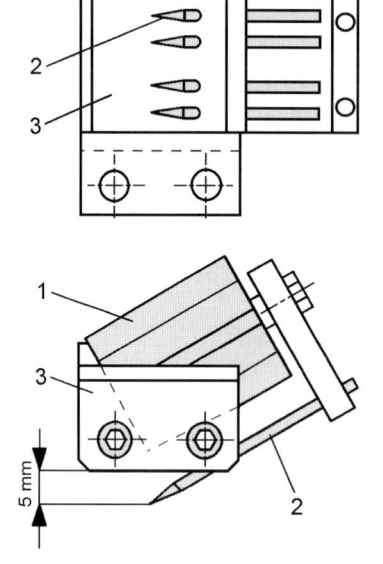

1 Pneumatikzylinder
2 Nadel
3 Grundkörper

Bild 3.189: Nadelgreifer (*ASS*)

Eine andere Greiferart, bei der ebenfalls in das Material eingestochen wird, sind die Kratzengreifer [3-46] [3-47]. Die Kratze ist in der textilen Fertigung ein weitverbreitetes und in vielen Modifikationen eingesetztes technologisches Werkzeug. Die dünnen Draht-Häkchen sind gewissermaßen beweglich im Trägermaterial gelagert. Das Greifgut wird nur angestochen und nicht durchstochen. Ein Beispiel wird in **Bild 3.190** gezeigt.

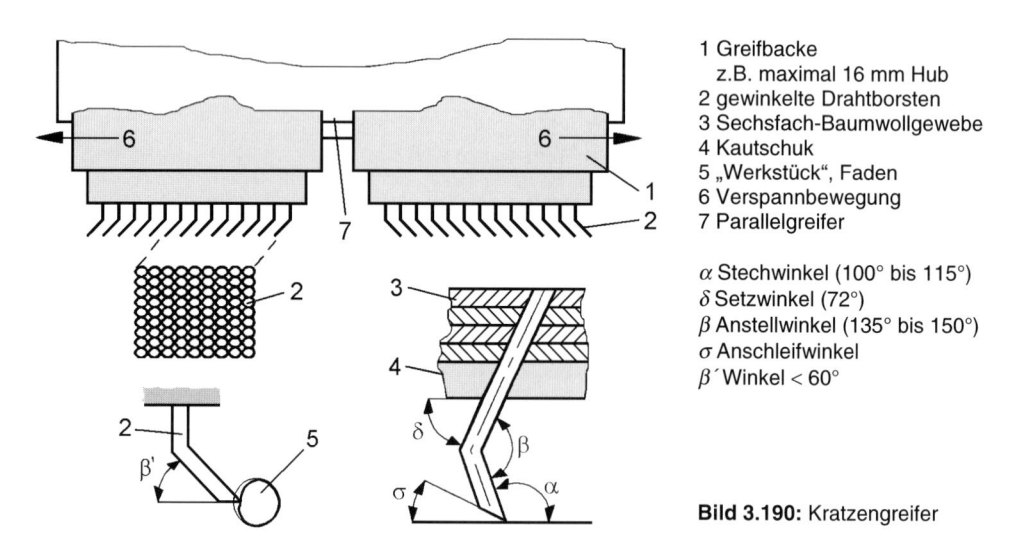

1 Greifbacke
   z.B. maximal 16 mm Hub
2 gewinkelte Drahtborsten
3 Sechsfach-Baumwollgewebe
4 Kautschuk
5 „Werkstück", Faden
6 Verspannbewegung
7 Parallelgreifer

α Stechwinkel (100° bis 115°)
δ Setzwinkel (72°)
β Anstellwinkel (135° bis 150°)
σ Anschleifwinkel
β' Winkel < 60°

Bild 3.190: Kratzengreifer

Das Basisgerät ist ein Parallelbackengreifer, dessen Grundbacken je ein Kratzenfeld tragen. Nach dem Aufsetzen führen die Backen einen Greifhub aus, der dem Innengriff entspricht. Die Drahthäkchen mit einer Stärke von 0,3 bis 0,5 mm tauchen dabei in die Textilstruktur ein. Ein Greifkraftdiagramm wird für diesen Vorgang in **Bild 3.191** gezeigt.

3.1 Mechanische Greifer

Greifkraft in cN

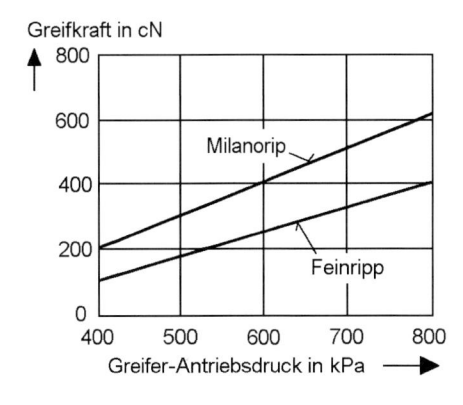

Bild 3.191: Greifkraftdiagramm für einen Kratzengreifer

Die Haftkraft F_H wird für textile Flächenstücke beim Kratzengreifer wie folgt berechnet:

$$F_H = F_{VK} \cdot \left(\sin \alpha_K \cdot \cos \alpha_K - \mu_G \cdot \sin^2 \alpha_K \right) \quad \text{in N} \tag{3.60}$$

$$F_{VK} = \frac{d \cdot b_K \cdot E_{Z6\%}}{2 \cdot \varepsilon (F_N, \chi)} \cdot n_K \quad \text{in N} \tag{3.61}$$

Es bedeuten:

b_K	Verspannweg der Kratzenenden in m
n_K	Kratzenanzahl
ε	Dehnung in Prozent
$E_{z6\%}$	E-Modul textiler Flächengebilde bei 6 % Dehnung in N/m²
F_{VK}	Verspannkraft des Kratzengreifers in N
μ_G	Reibungskoeffizient (Gewebe)
α_K	Kratzeneindringungswinkel in Grad
χ	Winkel zur Kettrichtung eines Gewebes in Grad

Welche Textileigenschaften bei der Auswahl eines Greifprinzips und allgemein im Handhabungsprozess beachtet werden sollten, geht aus der folgenden Übersicht hervor [3-123]:

	Materialart	Bindungsart	Flächengewicht	Dicke des Textils	Benetzbarkeit	Haarigkeit, Textur	Fadendichte	Lagenhaftkraft	Biegesteifigkeit	Schrägverzug	Dehnung	Reibung
Krafteinleitungsprinzip	●	◐	◐	◐	◐	●	◐	◐	○	○	○	◐
Vorschub-/Zustellkinematik	◐	◐	●	○	●	●	◐	●	○	○	○	○
Größe der Auflagefläche	○	○	○	○	●	○	◐	◐	○	●

Legende:
- ● Einfluss groß
- ◐ Einfluss mittel
- ○ Einfluss gering

3.1.7 Aufwälzgreifer

Diese Art von Greifern wird meistens beim vollautomatischen Kommissionieren von breit gefächerten Artikelgruppen eingesetzt. In diesem Bereich sind stark unterschiedliche Massen, Abmessungen, Formen, Festigkeiten, Elastizitäten, Verpackungsarten und Gebinde, grobe Lagetoleranzen und die Bereitstellung im Packmusterverband typisch. Die Handhabungsoperationen sind im Logistik-Bereich häufig anzutreffen.

Das Aufwälzgreifen beruht auf dem Prinzip des schlupflosen Unterfahrens des Greifgutes [3-48]. Der Greifer berührt das Greifgut stirnseitig mit einer rotierenden Friktionsrolle oder einem umlaufenden Friktionsriemen. Durch Reibschluss steigt das Greifobjekt am Greifer auf. Der Greifer wird nachfolgend bewegt, so dass es nun zum Unterfahren des Greifgutes kommt. Das wird in **Bild 3.192** schematisch dargestellt.

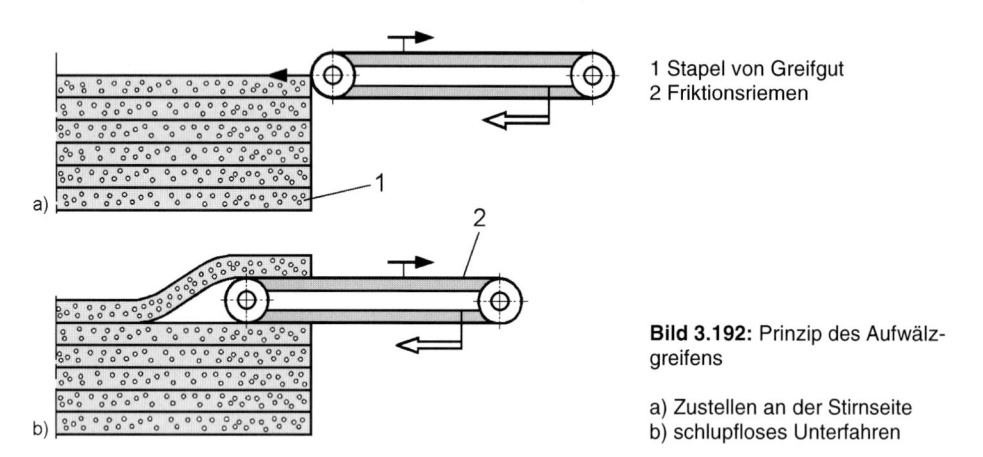

1 Stapel von Greifgut
2 Friktionsriemen

Bild 3.192: Prinzip des Aufwälzgreifens

a) Zustellen an der Stirnseite
b) schlupfloses Unterfahren

Das Prinzip wird auch für die Kommissionierung großflächiger biegeschlaffer Objekte mit geringer Höhe im Verhältnis zu Länge und Breite verwendet, wie zum Beispiel Schaumstoffmatten.

Um auch starre Artikel wie Kartonverpackungen oder Flaschenkästen greifen zu können, wird der Greifer um Gegenhalter und Kipphilfen ergänzt. Das wird in **Bild 3.193** an zwei Beispielen gezeigt. Diese Hilfen benötigen allerdings weitere gesteuerte Antriebe und Führungen. Auf dem Weg zu mehr Universalität können dann noch das Einmessen der zu greifenden Artikel, die sensorische Überwachung des Greifens, das Ablesen von Barcode-Labels und Strategien zur automatischen Fehlerbehandlung zum Funktionsinhalt werden. Alternative technische Lösungen für das Aufnehmen von Kartons sind in Bild 10.4 und Bild 10.7 zu sehen.

Das Prinzip des Aufwälzgreifens lässt sich für spezielle Greifaufgaben abwandeln, so zum Beispiel für das Greifen von sehr leicht beweglichen dünnen Folien oder Produkten aus solchen Folien. Nachfolgend werden dazu zwei Beispiele gezeigt. Typisch ist, dass beide Greifer mit rotierenden Walzen arbeiten, die entweder mit Borsten besetzt oder mit einem Reibbelag umhüllt sind. Dabei kommt es zu einer Faltung des Materials.

3.1 Mechanische Greifer

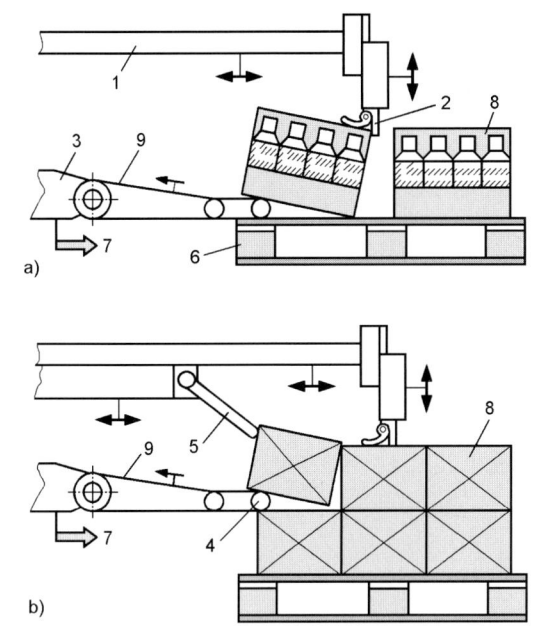

1 Gegenhalter
2 Verriegelungselement
3 Aufwälzgreifer
4 Friktionsrolle
5 Kipphilfe
6 Transportpalette
7 Unterfahrbewegung
8 Greifgut
9 Förderband

Bild 3.193: Aufwälzgreifer für starre Greifobjekte

a) Aufwälzgreifer für Flaschengebinde
b) Greifer für Kartonagen

Beim Greifer nach **Bild 3.194** setzt der Greifer mit einer Halteleiste auf dem Stapel auf. Dann fährt der Arm mit der Rotorbürste vor und wälzt das Material gegen die Halteleiste. Das nunmehr gefaltete Material wird vom Stapel abgehoben. Das Durchwölben zur Falte ist wichtig, damit nur die oberste Folie entnommen wird und eventuell anhaftende Folien abfallen.

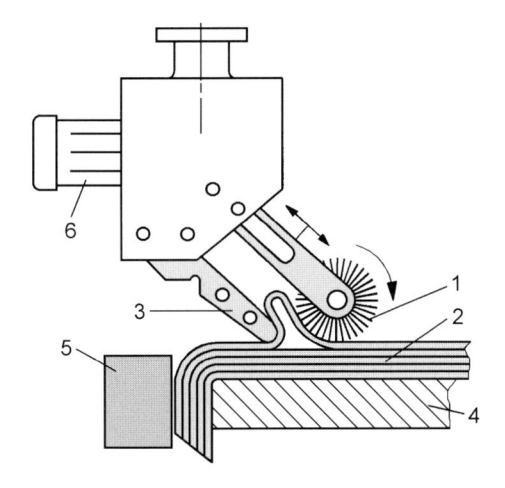

1 Rotorbürste
2 Lagenstapel
3 Gegenhalteleiste
4 Tischfläche
5 Anschlagfläche
6 Motor

Bild 3.194: Greifer für textile Gebilde [3-49]

Im nächsten Beispiel wird das Prinzip beibehalten, jedoch werden zwei gummierte Walzen als aktive Greiforgane eingesetzt. Nach dem Abheben vom Stapel werden die Rollen am Ablageort zurückgedreht. Die Walzen können auch, um eine Mikroverhakung mit dem Greifobjekt herzustellen, Stachelwalzen sein (**Bild 3.195**).

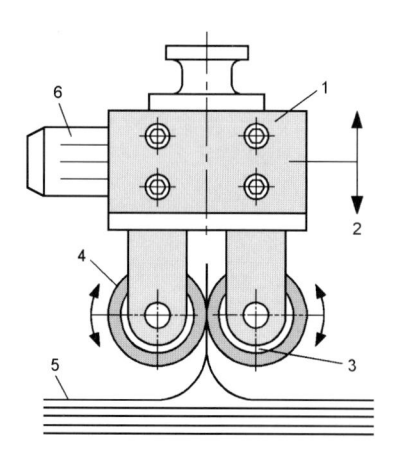

Bild 3.195: Aufwälzgreifer für Folien und Tragebeutel aus Folie

1 Greifergehäuse
2 Anfahrbewegung
3 Greifrolle
4 Gummibeschichtung
5 Folienstapel
6 Motor

Wird als Kneif-Klemmtechnik der Einsatz von Walzen erwogen, dann muss einmal das flächige Greifobjekt ausreichend flexibel sein und zum anderen muss die Objektbreite W im Verhältnis zum Walzenradius R stehen. Die Relation wird gemäß **Bild 3.196** wie folgt angeben:

$$W = 2 \cdot R(1 - \sin \alpha) \tag{3.62}$$

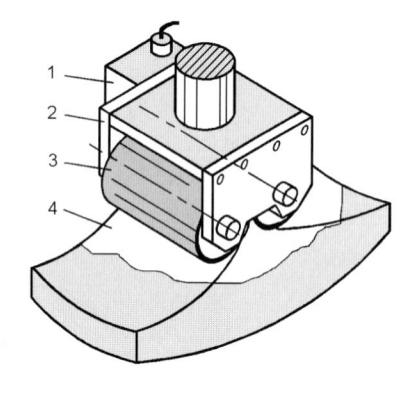

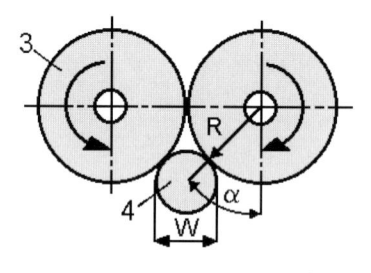

1 Getriebemotor
2 Gehäuse
3 Silikongummiwalze
4 Greifobjekt

Bild 3.196: Aufwälzgreifer mit Kneifeffekt
links: Einsatzbeispiel; rechts: Greifgeometrie

Um den Griff zu verbessern, wird besonders bei etwas steiferem Objektmaterial die Walzenoberfläche aufgeraut, zum Beispiel durch Rändeln oder Beschichten mit geeigneten Materialien. Nach dem Drehen der Walzen um 90° entsteht die resultierende Kraft F_r als Vektorsumme aus Hebekraft F_1 und Kneifkraft F_P (Quetschkraft). Es ist somit

$$\vec{F}_r = \vec{F}_1 + \vec{F}_P \tag{3.63}$$

Im einzelnen ergeben sich folgende Gleichungen

$$F_P = \mu \cdot F_r \cdot \cos \alpha \quad \text{und} \tag{3.64}$$

$$F_1 = \mu \cdot F_r \cdot \sin\alpha - m \cdot g \qquad (3.65)$$

Man kann μ mit 0,1 für die Reibung zwischen Walze und Objektoberfläche ansetzen. Der Faktor $\mu \cdot F_r$ muss deutlich größer sein als $m \cdot g$ (m = Objektmasse), ehe der Roboter das Greifobjekt von der Auflage hochhebt. Die resultierende Kraft F_r kann mit (3.64), (3.65) und (3.66) wie folgt berechnet werden:

$$F_r = \sqrt{F_P + F_1} \qquad (3.66)$$

Mit der in **Bild 3.196 (links)** skizzierten Greifvorrichtung lassen sich besonders gut lose in einem Folienbeutel verpackte Kleinteile anfassen und manipulieren. Da nur die Beutel- bzw. Sackoberfläche in Kontakt mit den „Greifwalzen" steht, ist der eigentliche Inhalt handhabetechnisch nicht von Bedeutung. Die Masse, die bewältigt werden kann, hängt wesentlich vom Reibungskoeffizienten μ ab. In der Praxis kommt häufig eine Materialpaarung mit Polymeren und besonderem Silikongummi zustande, bei einem Reibungskoeffizienten von mehr als 0,9. Bei der Paarung Stahl auf Stahl erreicht man höchstens $\mu = 0,6$ [3-50]. Die Kneifkraft lässt sich mit zusätzlichen Druckfedern noch erhöhen und zwar über die Kraft hinaus, die zum Fangen der Sackoberfläche zwischen den Walzen entsteht. Die Anwendung des Kneifwalzenprinzips für verschiedene Gutarten wird in [3-51] erläutert.

3.1.8 Werkzeuggreifer

Der Werkzeugwechsel wird an NC-Maschinen automatisch durchgeführt. Dafür werden problemangepasste Greifer gebraucht, die das Werkzeug aus einem Scheiben-, Ketten- oder Reihenmagazin entnehmen und in die Arbeitsspindel der Maschine einsetzen. Das Greifen kann erfolgen

- durch ein maschinenintegriertes Greifsystem (radial zum Werkzeugschaft oder axial greifend) oder
- durch einen Industrieroboter, der ansonsten auch die Werkstücke greift.

Werkzeuggreifer finden am Maschinenwerkzeug eine stets einheitliche Griffstelle vor, weshalb keine Flexibilität erforderlich ist. Für das Sichern des Werkzeugschafts in den Greifbacken können vorhandene Formelemente wie umlaufende Griffrillen oder Greifernuten (tangierend) ausgenutzt werden.

Bei dem in **Bild 3.197** dargestellten Greifer wird die Orientierung des Werkzeugs durch eine Nut gesichert. Nach dem Anfahren in die Greifposition werden die bogenförmigen Segmentbacken in einer Führungsnut verschoben, so dass eine formpaarige Verbindung mit der Ringnut am Werkzeugschaft hergestellt wird.

Werkzeugwechsler werden oft auch als Doppelgreifer (Revolverprinzip oder Parallelgreiferanordnung) ausgebildet, weil dann beim Abholen eines nicht mehr benötigten Werkzeugs bereits das neue Werkzeug mitgebracht werden kann. Das verkürzt die Span-zu-Span-Zeit der Maschine. In **Bild 3.198** wird der Werkzeugwechsel gezeigt.

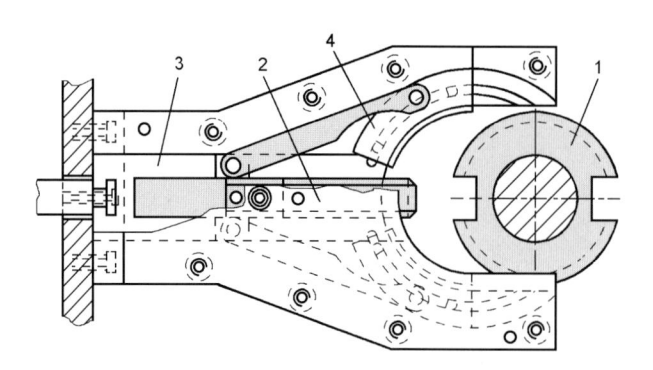

1 Werkzeug
2 fester Anschlag
3 Antrieb
4 Greifbacke

Bild 3.197: Zangengreifeinheit für eine Werkzeugwechseleinrichtung

Der Greifer sichert den Werkzeugschaft allein formpaarig. Nach dem Eintauchen der U-förmigen Greiforgane rastet eine Klinke ein und sichert das Werkzeug. Die Entriegelung geschieht allein durch die Stirnpassfeder an der Arbeitsspindel der NC-Maschine.

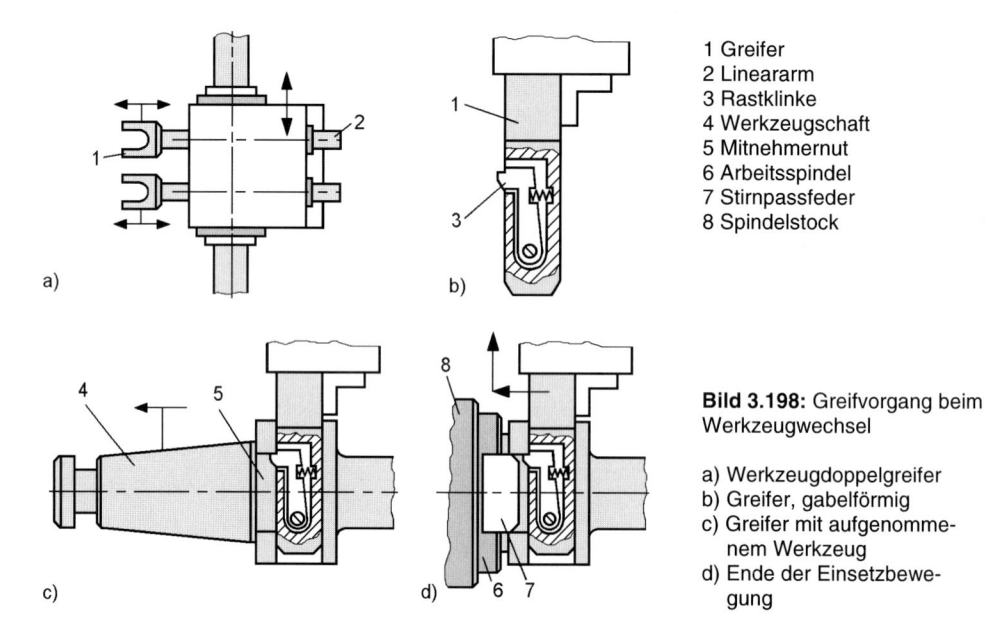

1 Greifer
2 Lineararm
3 Rastklinke
4 Werkzeugschaft
5 Mitnehmernut
6 Arbeitsspindel
7 Stirnpassfeder
8 Spindelstock

Bild 3.198: Greifvorgang beim Werkzeugwechsel

a) Werkzeugdoppelgreifer
b) Greifer, gabelförmig
c) Greifer mit aufgenommenem Werkzeug
d) Ende der Einsetzbewegung

Es gibt natürlich auch Werkzeuggreifer, die eine kraftpaarige Sicherung vornehmen. Sie sind dann in der Art der Zangengreifer ausgeführt. Weil Maschinenwerkzeuge ziemlich schwer sein können, muss die Tragfähigkeit der Werkzeuggreifer mitunter bis zu 30 kg Masse und mehr betragen. Deshalb werden auch hydraulische Greiferantriebe vorgesehen. Der Wechsel ist in wenigen Sekunden vollzogen.

Manchmal lassen sich die Greiferbacken auch so gestalten, dass sowohl Werkstücke als auch Werkzeuge ohne Greiferwechsel angefasst werden können. Das ist in **Bild 3.199** zu sehen. Hier wurde die Griffstelle an den Werkzeugen vereinheitlicht. Voraussetzung sind Griffflächen im gleichen Abmessungsbereich wie bei den Werkstücken. Die Werkzeuge werden im Beispiel auch vom Roboter geführt und nicht in die Spindel einer Arbeitsmaschine eingesetzt.

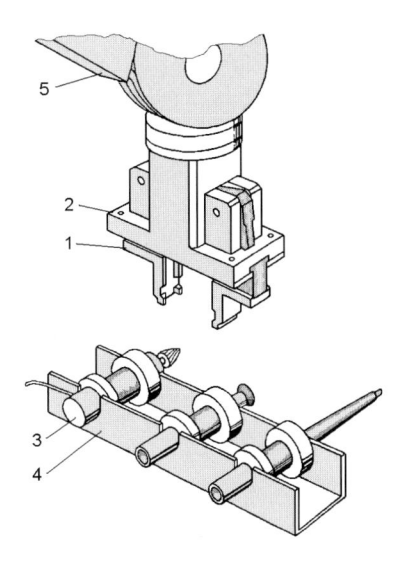

1 Greifbacke
2 Greifer
3 Werkzeug
4 Reihenmagazin
5 Industrieroboter

Bild 3.199: Greifer für Werkzeuge und Werkstücke

3.2 Pneumatische Greifer

3.2.1 Überdruckgreifer

Als pneumatische Überdruckgreifer werden in diesem Buch alle Greifer verstanden, die mit Drücken arbeiten, die über dem Umgebungsluftdruck liegen und die ohne mechanische Zwischengetriebe auf das Greifobjekt wirken. Das sind im wesentlichen Greifer, die mit Membranen ausgestattet sind oder die den Druck eines Luftstrahls ausnutzen.

Umrechnung von Druckgrößen

10^5 Pa	= 1 bar
1 MPa	= 10 bar
1 bar	= 14,5 psi (= lbf/in^2)
1 bar Überdruck	= 14,5 psi (g)
1 bar	= 10197 mm WS
1 bar	= 750,062 Torr (mm Hg)
1 bar	= 0,1 MPa = 100 000 N/m^2

3.2.1.1 Lochgreifer

Lochgreifer halten das Werkstück mit Hilfe expandierender Elemente nach dem Eintauchen in eine Bohrung des Greifobjekts. Das können zum Beispiel Noppen auf einer Gummimembran sein, wie bei dem in **Bild 3.200** dargestellten Greifer, die in einen metallischen Grundkörper eingebaut sind. Der Greifbereich ist klein, weil die Noppen nur einen kleinen Hub ausführen können. Leerhübe sind zu vermeiden, weil die Membran ohne Gegenkraft überdehnt wird und Schaden nehmen kann.

a) b) c)

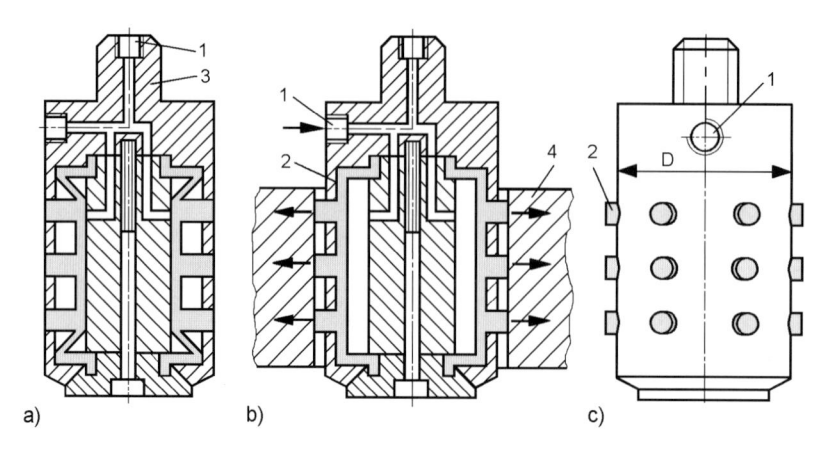

Bild 3.200: Gummi-Lochgreifer (*Sommer-automatic*)
a) entspannt, b) gespannt, c) Außenansicht mit ausgefahrenen Noppen
1 Druckluftanschluss, 2 Gummikörper, 3 Aluminiumgehäuse, 4 Greifobjekt

Der Greifer besteht aus sehr wenigen Teilen. Die ausfahrenden Noppen sorgen für einen großen Reibungskoeffizienten und können eine große Haltekraft erzeugen. Der Greifer ist besonders für Werkstücke mit bereits feinbearbeiteten Bohrungen geeignet. Es sind folgende Baugrößen üblich (Auszug):

Dorndurch- messer D in mm	max. Spanndurch- messer (innen) in mm	Noppenaus- fahrkraft in N	Dornlänge in mm	Masse in kg
15	17,5	100	42	0,03
34,5	39	300	56	0,12
70,5	81	1500	92	0,67
119,5	135,5	3500	145	1,2

Die Haltekraftangaben beziehen sich auf einen Betriebsdruck von 6 bar. Die Wiederholgenauigkeit liegt bei 0,2 mm, weil die Noppenbewegungen nicht synchronisiert sind.

Der in **Bild 3.201** gezeigte Greifer besteht aus einem sechskantigen Grundkörper, in den pneumatische Druckelemente eingebaut sind. Wird die Druckluft eingeschaltet, kommt es zu einem Membranhub von etwa 3 mm. Die Rückstellung der Membranen geschieht durch Eigenelastizität des Materials.

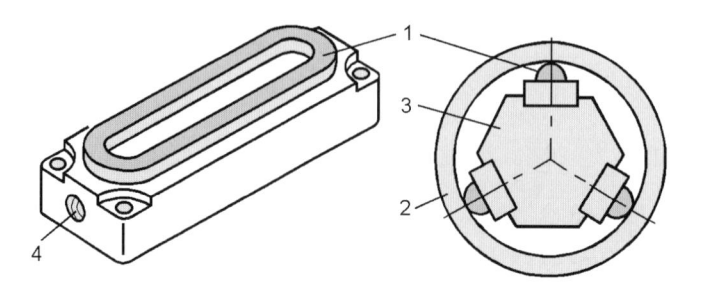

1 Druckelement (*Festo*)
2 Werkstück
3 Greifergrundkörper
4 Druckluftanschluss

Bild 3.201: Innengreifer auf der Basis von Druckelementen

3.2 Pneumatische Greifer

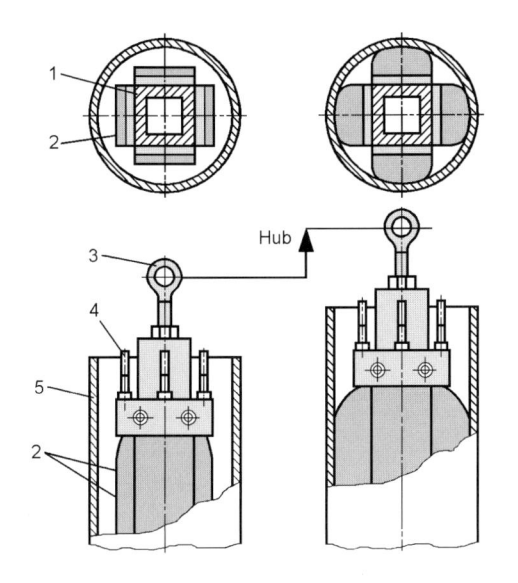

Auch Druckluftkissen in Leistenform werden für den Innengriff eingesetzt, so zum Beispiel für das Heben von Rohren, wie es in **Bild 3.202** zu sehen ist. Die Kissen werden an einem Innenkörper befestigt. Nach dem Aufblasen kommt es zu einer reibpaarigen Verbindung und das Greifobjekt kann gehoben werden. Druckluftkissen sind gegen Spitzen und scharfe Kanten sehr empfindlich. Als Kissenmaterial werden vorrangig eingesetzt:

- Polyamidgewebe
- Aramid/Polyester
- Nyloncord.

Bild 3.202: Innengreifer auf der Basis von Druckluftkissen (*STIITS*)
1 Innenkörper, 2 Druckluftkissen, bis 7 bar belastbar, 3 Anhängeöse, 4 Druckluftanschluss, 5 Greifobjekt, zum Beispiel ein Steinzeugrohr für Abwasser

Diese Art von Greifern wird an Ketten-, Seilhebezeugen und handgeführten Manipulatoren in Industrie und Bauwesen eingesetzt.

Die klassische Bauform eines Innengreifers, der als Greiforgan einen aufblasbaren Balg besitzt, wird in **Bild 3.203** gezeigt. Er darf mit einem Speisedruck von maximal 2 bar belastet werden. Man setzt solche Greiftechnik zum Beispiel für die Handhabung von Hohlglas oder von Kunststoffteilen mit Bohrungen ein. Der je Baugröße ausnutzbare Greifdurchmesserbereich ist hier etwas größer als bei der Konstruktion nach Bild 3.200. Beispiele für die technischen Abmessungen sind:

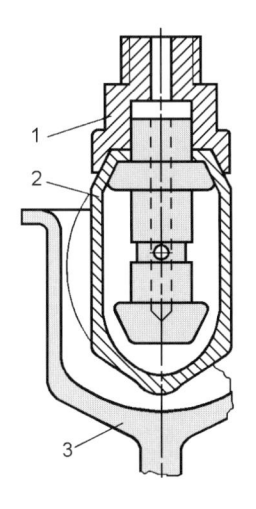

Anschluss-gewinde	Greifdurch-messer in mm	Gesamt-länge in mm
M10	17 bis 25	101
M12	27 bis 40	120
M16	37 bis 50	120
M20	47 bis 65	128

1 Grundkörper
2 Gummibalg
3 Greifobjekt

Bild 3.203: Pneumatischer Innengreifer (*FIPA*)

Das nächste Beispiel zeigt einen Lochgreifer, der aus einer Außenspannzange besteht und für dessen Antrieb ein Fluidmuskel einsetzt wurde. Zwar wird hier mit den Segmenten der Spannzangen ein „Zwischengetriebe" benutzt (Materialgelenkstruktur), aber die Lösung ist sehr einfach und es werden enorme Greifkräfte wirksam (**Bild 3.204**).

Zur Funktion:

Ein Spreizkegel erzeugt beim Aktivieren des Fluidmuskels die Greifkraft F_G und hält das Werkstück fest. Allerdings darf die Kegelneigung nicht zur Selbsthemmung führen, weil die Federkraft der mehrfach geschlitzten Spannzange als Rückstellkraft gebraucht wird. Der Hub des Muskels kann recht klein sein, die hohe Startkraft ist erwünscht. Der Spannhub der Zangensegmente ist gering und liegt meistens im Bereich von nur 0,2 bis 0,3 mm.

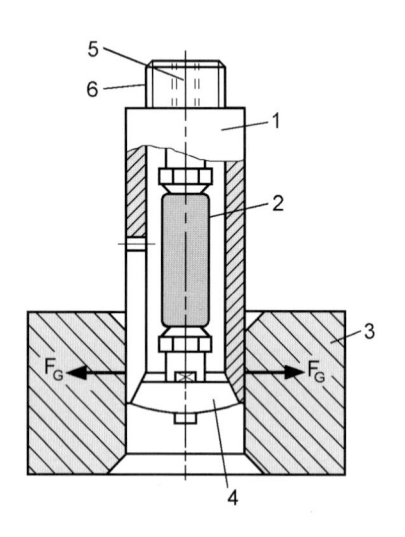

1 Spannzange
2 Fluidmuskel
3 Werkstück
4 Spreizkegel
5 Druckluftzufuhr
6 Einschraubgewinde

F_G Greifkraft

Bild 3.204: Lochgreifer nach dem Spannzangenprinzip

3.2.1.2 Zapfengreifer

Die Zapfengreifer packen ein Werkstück an einem runden, gut zugänglichen Ansatz, in der Regel, indem sie zum Zapfen eine Form-Kraftpaarung herstellen. Die eigentlichen Spannelemente sind dem Werkstück angepasst und umschließen dieses oder es sind einzelne Elemente in Kombination. Beide Fälle werden im Beispiel vorgestellt (**Bild 3.205, 3.206**).

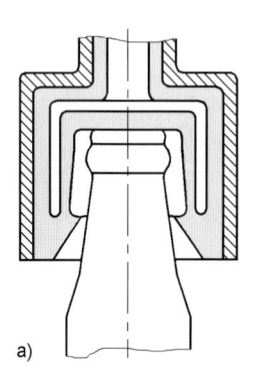

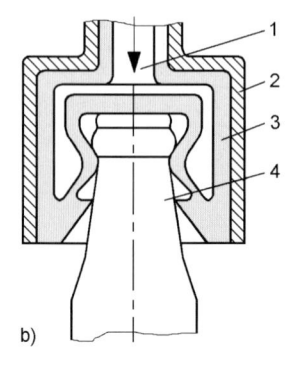

1 Druckluft
2 Metallgehäuse
3 Gummi-Formeinsatz
4 Flaschenhals

Bild 3.205: Flaschengreifer

a) entspannter Zustand
b) gespannter Zustand

3.2 Pneumatische Greifer

Typische Greifobjekte sind Flaschen, stehende Wellen, abgesetzte Kurzdrehteile und in der Form ähnliche Objekte. Der in **Bild 3.205** dargestellte Flaschengreifer nutzt die Formanpassungsfähigkeit eines druckbeaufschlagten Gummiformkörpers als Greiforgan aus. Der Formeinsatz stützt sich nach außen gegen die umschließende Metallhülse ab. Kleinere Form- und Abmessungsfehler werden problemlos verkraftet. Der Halteeffekt wird kraft- und formpaarig bewirkt.

Der Greifer nach **Bild 3.206** ist ein Rahmen mit eingebauten Druckelementen. Diese Gummielemente führen bei Druckbeaufschlagung einen Hub von etwa 3 bis 5 mm (je nach Baugröße) aus. Sie sind handelsüblich. Man kann sie auch so anordnen, dass z.B. ein Sechskantzapfen angepackt werden kann. In die Gummioberfläche kann eine Metallplatte eingeknöpft werden, um den Verschleiß durch Abrieb vom Gummibalg fernzuhalten (siehe dazu auch Bild 3.212 und 3.201). Das Druckelement wird mit 6 bar Druckluft betrieben.

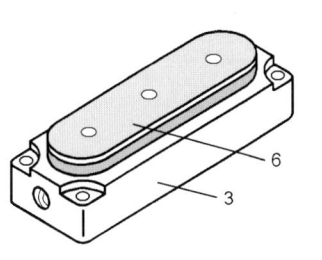

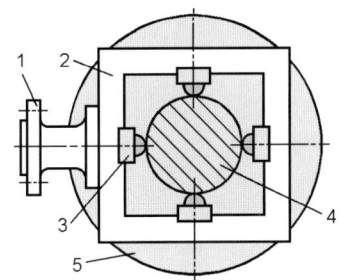

1 Greiferflansch
2 Rahmen
3 Druckelement
4 Werkstückzapfen
5 Werkstück
6 Druckplatte

Bild 3.206: Zapfengreifer auf der Basis pneumatischer Druckelemente
Rechts: Draufsicht
Links: Druckelement

3.2.1.3 Membrangreifer

Diese Greifer besitzen Greiforgane, die in irgendeiner Weise dünnwandige und biegeweiche Membranen besitzen. Unter Druck dehnen sie sich aus, schmiegen sich an Greifobjekte an und halten diese fest. Typische Bauelemente dieser Art sind Druckschläuche, Druckluftkissen, -leisten und andere hohle Gummiformelemente. Das **Bild 3.207** zeigt ein erstes Beispiel.

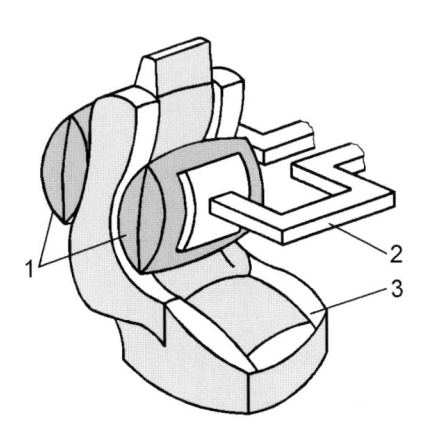

Pneumatische Industriekissen bestehen aus dem Trägermaterial Aramid mit einer Nyloncord-Gewebeeinlage. Der Aufbau eines Greifers für mehrachsig geformten Körper ist sehr einfach. Allerdings ist ein solcher Klemmgriff nicht positionsgenau. Man verwendet solche Greifer vor allem an handgeführten Manipulatoren. Die Druckkissen sind abrieb- und rutschfest. Der Betriebsüberdruck liegt im Bereich von 2 bis 6 bar. Bei 6 bar erzeugt ein Kissen von 30 x 30 cm eine Kraft von 43700 N.

Bild 3.207: Greifen unförmiger Gegenstände mit dem Druckkissen (*VETTER*)
1 Druckkissen, 2 Greiffinger, 3 Greifobjekt

Auch mit Schläuchen lassen sich Greifer für zylindrische und leicht kegelige Rundteile gestalten. Beispiele sind in **Bild 3.208** zu sehen. Das Prinzip ist einfach, jedoch unterliegen die Schläuche einem Abrieb, der die Lebensdauer stark einschränkt.

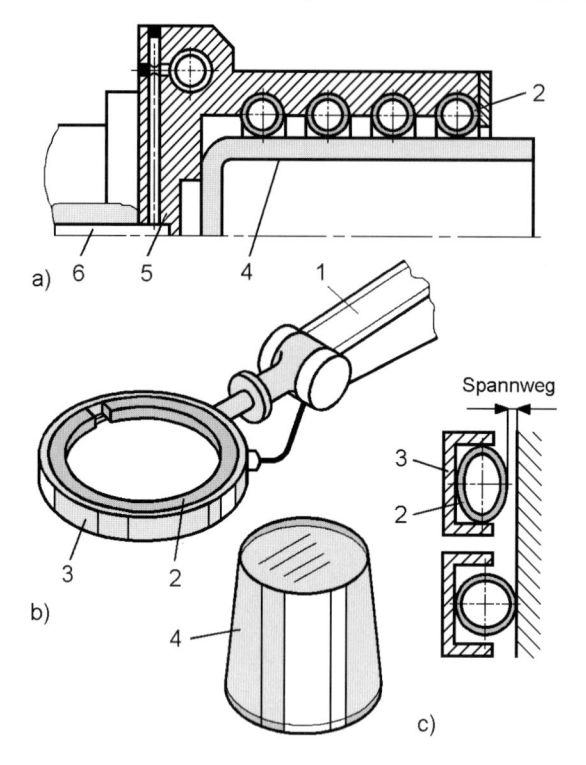

1 Industrieroboter
2 Membranelement, Gummischlauch
3 Stützring
4 Greifobjekt
5 Grundkörper
6 Druckluftanschluss

Bild 3.208: Schlauchbasierte Greiferkonstruktionen

a) Greifen von Rundteilen [3-52]
b) Schrumpfringgreifer [3-53]
c) Spannvorgang

Das gilt auch für die in **Bild 3.209** dargestellten Greifer. Die Druckluftkissen vertragen weder Gratkanten noch körnig-spitzen Schmutz und spitzzackige Berührungsflächen. Beim Greifer nach **Bild 3.209a** ist in den Greifern ein Barcodeleser eingebaut. Damit können die Inhaltsangaben und andere Daten bei jedem Paket gelesen und zur Registrierung automatisch weitergegeben werden. Der Greifer ist für einen Manipulator gedacht.

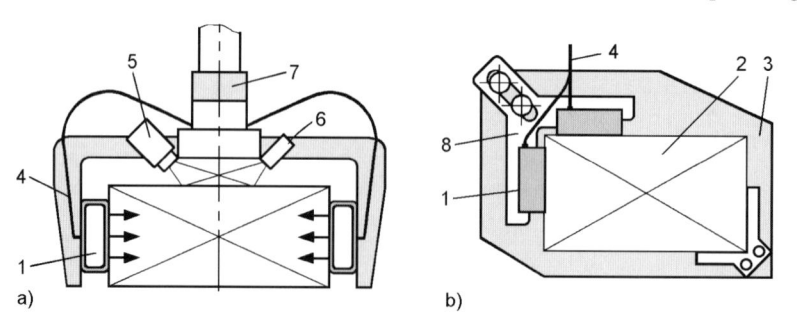

Bild 3.209: Klemmgriff mit Druckluftkissen (*PRONAL*)
a) Prinzipaufbau, b) Größeneinstellung, 1 Kissen, 2 Greifobjekt, 3 Rahmen, 4 Druckluftleitung, 5 Kamera (Barcodeleser), 6 Beleuchtung, 7 Drehgelenk, 8 einstellbarer Winkel

3.2 Pneumatische Greifer

Ein interessanter Greifer ist weiterhin der in **Bild 3.210** dargestellte Flaschengreifer. Als Spannelement dienen Druckluftkissen in Leistenform. Beim Absenken des Greifers auf mehrere Reihen von Flaschen setzen sich die drucklosen Kissen zwischen die Flaschenhälse. Unter Druck schmiegen sich die Kissen an die Flaschenköpfe und halten sie kraftformpaarig. Der technische Aufwand für den Greifer ist verglichen mit der doch anspruchsvollen Greiferaufgabe sehr klein (siehe dazu auch Bild 10.40).

Es gibt natürlich viele weitere problemangepasste Greifer, bei denen Membranen in unterschiedlicher Weise verwendet werden.

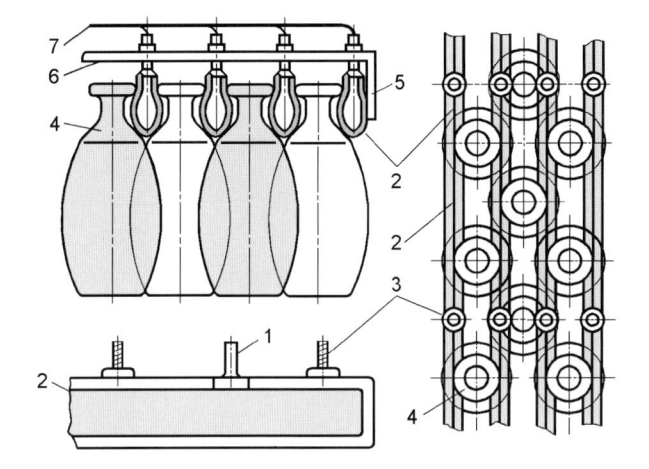

1 Anschlussstutzen für Druckluft
2 Druckluftkissen in Leistenform
3 Befestigungsgewindestück
4 Greifobjekt Flasche
5 feste Anlage für Gummikissen
6 Greifergrundplatte
7 Druckluftleitung

Bild 3.210: Flaschengreifer (*Pronal, Frankreich*)

Zwei weitere Beispiele enthält das **Bild 3.211**. Ein Gummibalg stellt hier unter Druck eine regelrechte Einbettung eines empfindlichen Werkstücks her. Die Positionsgenauigkeit solcher Greifer ist allerdings nicht groß. Das gilt auch für den Greifer nach **Bild 3.211b**. Hier sorgt eine Zugstange für das Ausbauchen eines Gummikörpers, der schließlich das Werkstück innen festhält.

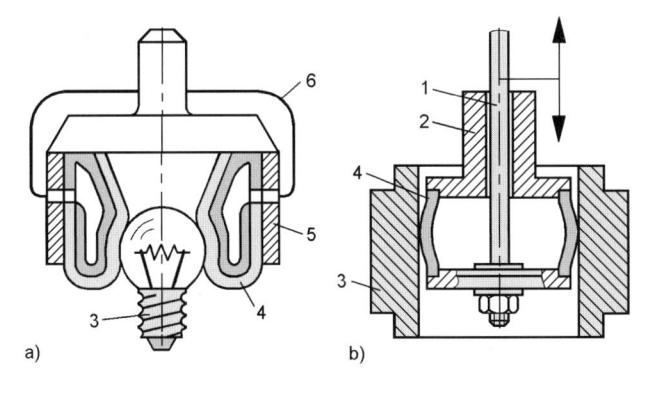

1 Zugstange
2 Gehäuse und Führung
3 Werkstück
4 Gummikörper
5 Hüllzylinder
6 Druckluftleitung

Bild 3.211: Greifer mit nachgiebigen Formelementen

a) Greifen empfindlicher Formteile
b) Membran-Lochgreifer

Man kann auch die in **Bild 3.212** vorgestellten und bereits erwähnten Spannmodule als aktive Elemente für Greifer verwenden. Sie sind sehr einfach und die vorgespannte Membrane stellt sich von selbst zurück. Die Berührungsfläche mit dem Greifobjekt kann mit einer

Metallplatte versehen werden, die gleichzeitig als Verschleißteil leicht zu wechseln ist. Da diese Elemente sehr schnell reagieren und keine Endlagendämpfung besitzen, ist der Griff ins „Leere" zu vermeiden. Die Membran besteht aus Polyurethan. Für den länglichen Modul kann man von folgenden Leistungsdaten ausgehen:

Druckmembranfläche in mm	Hub in mm	Spannkraft nach 1 mm Hub
3 x 16	3	95 N
4,9 x 50	4	350 N
9,5 x 161	5	1690 N

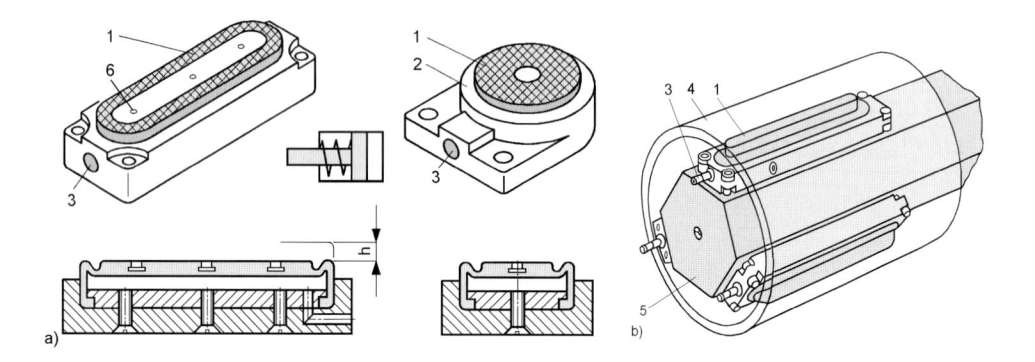

Bild 3.212: Spannmodul (*Festo*)
a) Modul, b) Innengreifer, 1 Membran, 2 Gehäuse, 3 Druckluftanschluss, 4 Greifobjekt, 5 Greifdorn, 6 Bohrungen für einknöpfbare Druckplatte, h Spannhub

3.2.1.4 Luftstrahlgreifer

Luftstrahlgreifer halten ein Objekt im Greifer mit Hilfe des Strahldrucks. Das Werkstück wird zwar mechanisch zum Beispiel in einer Bohrung geführt (Zentrierstifte, Anschläge) aber nicht mechanisch geklemmt. Das Prinzip wird in **Bild 3.213** gezeigt. Der Staudruck des Luftstrahls, der gegen eine Fläche wirkt, erzeugt folgende Kraft:

$$F = \frac{\rho}{g} \cdot \dot{V} \cdot v \cdot \sin\beta \cdot 0{,}01 \quad in \ N \tag{3.67}$$

$\dot{V}$ sekundliche Durchflussmenge in l/s
v Strömungsgeschwindigkeit in m/s
β Abstrahlwinkel in Grad
ρ Dichte der Luft in kg/m^3 ($\rho = 1{,}199$ kg/m^3)
g Erdbeschleunigung in m/s^2

Auf der Basis dieses physikalischen Prinzips wurden verschiedene Greifer entwickelt, die besonders für sehr leichte Montageteile wie Unterlegscheiben geeignet sind. Das **Bild 3.213** zeigt einige Ausführungsbeispiele.

3.2 Pneumatische Greifer

Bild 3.213: Prinzip des Luftstrahlgreifers

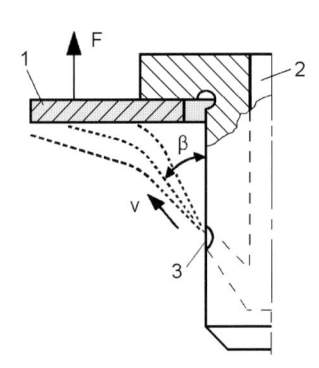

1 Werkstück
2 Aufnahmedorn
3 Düsenbohrung

v Ausströmgeschwindigkeit

Es sind auch Mehrfachgreifer möglich (**Bild 3.214c**), bei denen die Greifdorne bereits auf die Abstände am Montagebasisteil eingerichtet sind. Wird die Druckluft abgeschaltet, gibt der Greifer die Teile frei. Diese Art von Greifern enthalten kein einziges bewegtes Teil. Im Greifer entsteht sozusagen bereits eine vorgefügte Baugruppe aus Scheibe und Mutter.

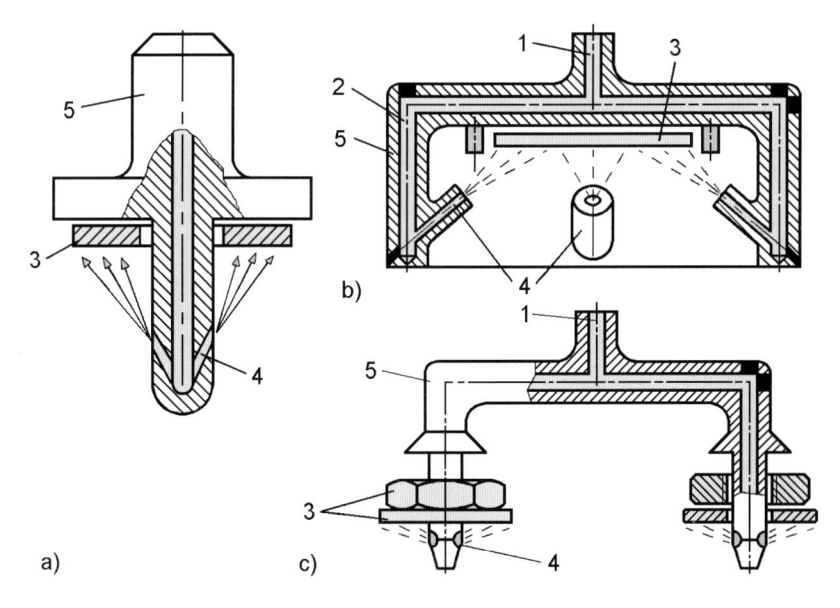

Bild 3.214: Luftstrahlgreifer für Scheiben und Muttern
a) Scheibengreifer, b) Plattengreifer, c) Doppelgreifer, 1 Druckluftzufuhr, 2 Druckluftkanal, 3 Fügeteil, 4 Strahldüse, 5 Grundkörper

Mit ringförmig angeordneten Düsen lassen sich auch Scheiben ohne Mittelbohrung festhalten (**Bild 3.214b**). Man kann sogar Orientierungsvorgänge im Luftstrahlgreifer ausführen. Das ist im Beispiel nach **Bild 3.215** zu sehen. Das Werkstück hat einen Ansatz (Nase), der in eine definierte Lage (am Anschlagstift anliegend) gebracht werden muss. Dazu sind im Boden des Gehäuses schräge Düsenbohrungen eingebracht, die dem Werkstück einen Drehimpuls vermitteln. Das Teil dreht sich, gewissermaßen luftgelagert, bis zum Anschlag und ist damit vollständig geordnet. In dieser Orientierung erfolgt dann der automatische Montagevorgang.

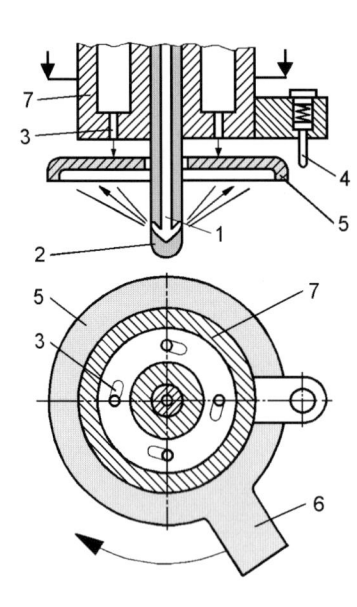

1 Druckluftzufuhr
2 Greifdorn
3 schräg gebohrte Luftdüse
4 Anschlagstift
5 Werkstück
6 Nase am Werkstück
7 Gehäuse

Bild 3.215: Luftstrahlgreifer mit Orientierungsfunktion

3.2.2 Unterdruckgreifer

Darunter versteht man im wesentlichen Vakuumsauger, die ein Objekt mit Flächenkräften festhalten und nicht mit punktuell wirkenden Klemmkräften. Für die auch als Saugergreifer bezeichneten Effektoren wird ein Grobvakuum benötigt, das im Bereich von 10^5 bis 10^2 festgelegt ist. Andere unterscheidbare Bereiche sind das Fein-, Hoch- und Ultrahochvakuum. Im allgemeinen orientiert man auf 70 % Vakuum für Saugergreifer. Das bedeutet 0,7 bar Vakuum und 0,3 bar Absolutdruck.

Die Umrechnung von Vakuumprozentangaben (DIN 28400) kann nach der folgenden Tabelle vorgenommen werden. Ein Vakuum von 60 % entspricht zum Beispiel einem Druck von – 608 Millibar.

Umrechnungstabelle									
Restdruck absolut in mbar	900	800	700	600	500	400	300	200	100
relatives Vakuum in %	10	20	30	40	50	60	70	80	90
Druck in bar	-0,101	-0,203	-0,304	-0,405	-0,507	-0,608	-0,709	-0,811	-0,912
Druck in N/cm^2	-1,01	-2,03	-3,04	-4,05	-5,07	-6,08	-7,09	-8,11	-9,12
Druck in kPa	-10,1	-20,3	-30,4	-40,7	-50,7	-60,8	-70,9	-81,1	-91,2

3.2 Pneumatische Greifer

Unterdruckgreifer lassen sich sowohl für sehr große und schwere Greifobjekte einsetzen als auch für Kleinstbauteile in der Halbleiterbranche und Mikromontage [3-126]. Das Prinzip ist sehr einfach. Ein Zentrieren des gegriffenen Objekts erfolgt normalerweise nicht. Sehr feine Saugbohrungen können sich bei der Kleinstteilehandhabung allerdings leicht mit Schmutzpartikeln zusetzen.

3.2.2.1 Vakuumerzeugung

Das für den Betrieb von Unterdruckgreifern erforderliche Vakuum kann auf folgende Weise erzeugt werden:

- Vakuumpumpen und Gebläse
- Vakuumsaugdüsen nach dem Venturiprinzip (Ejektoren)
- Saugbälge, insbesondere bei Haftsaugern
- Pneumatikzylinder

Das **Bild 3.216** zeigt das Prinzip dieser Geräte.

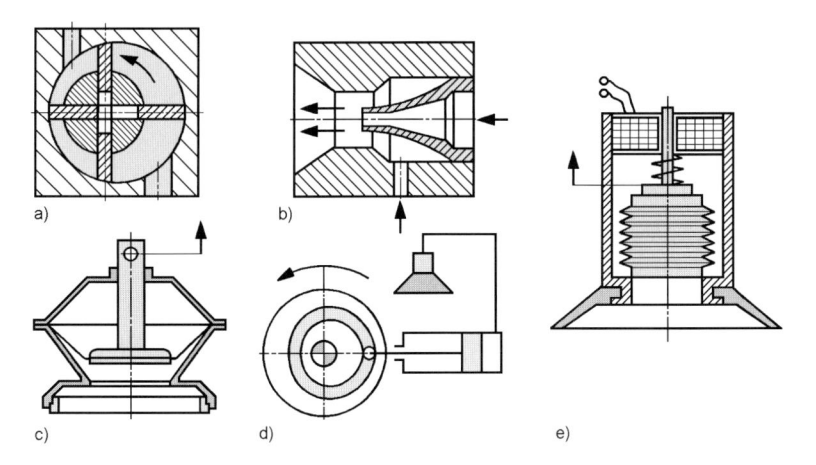

Bild 3.216: Möglichkeiten zur Unterdruckerzeugung
a) Drehschieberpumpe oder andere Pumpen, b) Saugdüse, c) Haftsauger mit Balgmembran, d) Kolbensaugsystem, e) Haftsauger mit Elektromagnetantrieb

Die Verwendung von **Vakuumpumpen** hat folgende Vorteile:

- hoher Unterdruck möglich
- niedrige Betriebskosten, wenig Geräuschentwicklung

Nachteilig sind die höheren Anschaffungskosten und die Kosten für weiteres Zubehör, z.B. Luftbehälter. Es gibt Firmen, die nicht nur eine zentrale Druckluftleitung haben, sondern auch eine Vakuum-Hausleitung, zum Beispiel in der Glühlampenindustrie. Dann sind dezentrale Vakuumerzeuger nicht erforderlich.

Vakuumgebläse erzeugen nur vergleichsweise geringe Unterdrücke, wie man aus dem Vergleich in **Bild 3.217** entnehmen kann. Allerdings erreichen sie ein hohes Saugvermögen. Damit sind sie vor allem dort gut einsetzbar wo poröse Werkstücke zu greifen sind, deren Luftdurchlässigkeit ausgeglichen werden muss.

Vakuumsaugdüsen haben folgende Vorteile:

- einfacher Aufbau; keine bewegten Teile und dadurch geringe Anschaffungskosten
- keine Zusatzeinrichtungen erforderlich; schnelle Ansprache
- in den Greifer direkt integrierbar und weitgehend störungsfrei

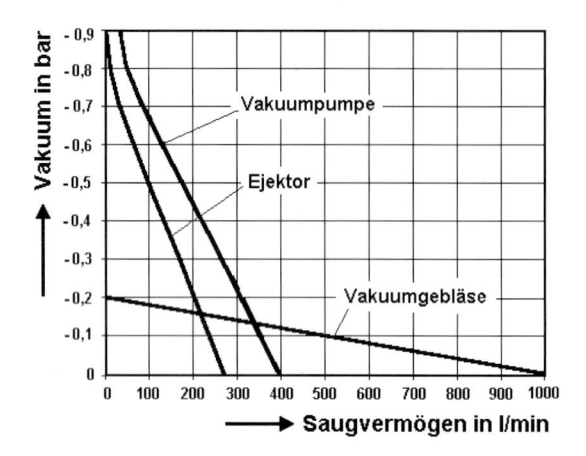

Bild 3.217: Leistungsvergleich typischer Vakuumerzeuger

Nachteilig sind die höheren Betriebskosten durch den Druckluftverbrauch und die erforderliche Schalldämpfung. Die Saugdüse muss nach der Spitzenlast ausgelegt werden, da kein Saugluftspeicher vorhanden ist. Saugluft entsteht im Ejektor, wenn die Druckluft die Querschnittsverengung an der Treibdüse passiert. Die Verengung bewirkt eine Erhöhung der Strömungsgeschwindigkeit. Danach expandiert die Luft und strömt über die Empfängerdüse ab. Wird der Abluftkanal gesperrt (**Bild 3.218**), dann kommt es zu einem Abblaseffekt. Wird die Druckluft abgeschaltet, dann wird der Sauger über die Abluftdüse belüftet.

Das Venturi-Prinzip der Ejektoren geht auf *Giovanni Battista Venturi* (1746 bis 1822) zurück, einem italienischen Physiker. Er arbeitete vor allem an Problemen der Hydrodynamik und Hydraulik und gab die nach ihm benannte Düse mit stromlinienförmiger Verengung an. Sie wird übrigens auch als Messdüse zum Bestimmen der Durchflussmenge nach der *Bernoulli'schen* Gleichung verwendet.

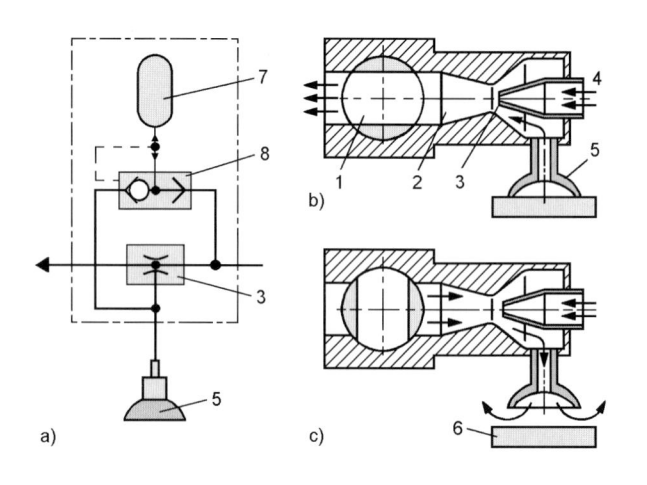

1 Sperrventil
2 Empfängerdüse
3 Treibdüse
4 Druckluftzufuhr
5 Sauger
6 Werkstück
7 Speicher
8 Belüftungsventil

Bild 3.218: Ejektor mit Abblasfunktion
a) integriertes Speichervolumen
b) Kombination mit Sperrventil
c) Umschaltung auf Abblasen

3.2 Pneumatische Greifer

Die Ejektoren können auch mehrstufig und mehrfach parallel angelegt werden. Der Mehrstufenejektor (Mehrkammerejektor) ist eine Serienschaltung mehrerer Saugdüsen (**Bild 3.219b**). Er zeichnet sich durch ein hohes Saugvermögen, durch hohe Volumenströme und schnelles Ansprechverhalten aus. Daraus ergeben sich kürzere Evakuierungs- und damit kürzere Zykluszeiten beim Handhaben. Außerdem ist sicheres Halten auch bei dynamischen Bewegungsabläufen besser gewährleistet. Das gilt speziell bei Platten oder Objekten aus porösen Werkstoffen, die man sonst nicht ohne weiteres mit Vakuum halten kann.

Allgemein gilt in der Vakuumtechnik, dass die Evakuierungszeit überproportional zunimmt, je höher das Vakuum angestrebt wird. Für eine wirtschaftliche Arbeitsweise sollte das Vakuum deshalb nur so groß wie unbedingt nötig erzeugt werden. Auch der Energieeinsatz steigt übrigens ab etwa 60 % Vakuum überproportional an.

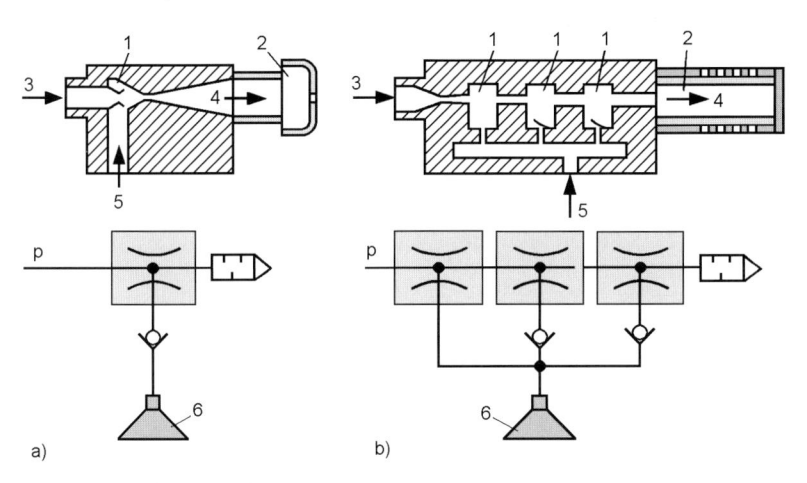

Bild 3.219: Aufbau des Ejektors
a) Einstufenejektor, b) Mehrstufenejektor, 1 Querschnittseinschnürung an der Treibgasdüse, 2 Schalldämpfer, 3 Treibgas, Druckluft, 4 Abluft, 5 Vakuum, 6 Sauger, p Druck

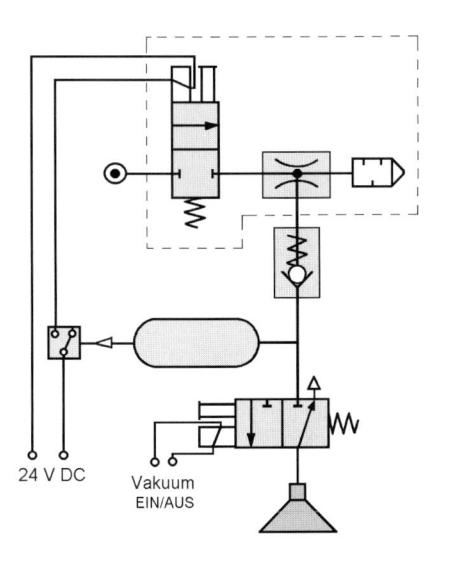

Benötigt man kurzzeitig ein größeres Saugvermögen, kann man das mit einem Druckspeicher realisieren. Damit wäre praktisch ein zusätzliches Vakuum „reserviert". Wie das im Pneumatikplan aussieht, kann man aus **Bild 3.220** entnehmen.

Bild 3.220: Schaltbild für ein Vakuumsystem mit erhöhtem Saugvermögen mit Hilfe eines Druckspeichers

Bei luftdurchlässigen oder etwas porösen Materialien wie zum Beispiel Teebeutel oder Filterfließpapier wird ein sehr hohes Saugvermögen gebraucht. Eine Möglichkeit besteht neben der Verwendung von Vakuumpumpen (hohe Kosten) in der Parallelschaltung mehrerer Saugdüsen. Eine solche Schaltung wird in **Bild 3.221** gezeigt. Diese Technik ist einfach und praktisch wartungsarm.

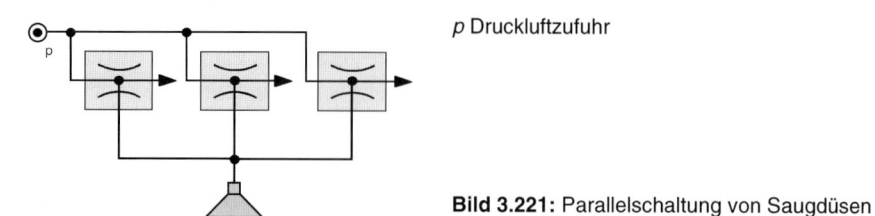

p Druckluftzufuhr

Bild 3.221: Parallelschaltung von Saugdüsen

Ejektoren die Druckluft speichern und diese beim Ablegen als Druckstoß wieder freigeben, werden auch als „Saugkopf" bezeichnet. Sie gewährleisten schnelles und sicheres Ablösen angesaugter Teile. Diese Hilfsfunktion, wie auch der gesamte Ejektor, sind wartungsfrei. Mit einem anschließbaren Zusatzvolumen lässt sich der Abwurfimpuls vergrößern.

Oft werden große Saugergreifer aufgebaut, die aus mehreren einzelnen Scheibensaugern bestehen, zum Beispiel für das Greifen großformatiger Blechformteile. Dafür wird in **Bild 3.222** die gesamte pneumatische Schaltung gezeigt.

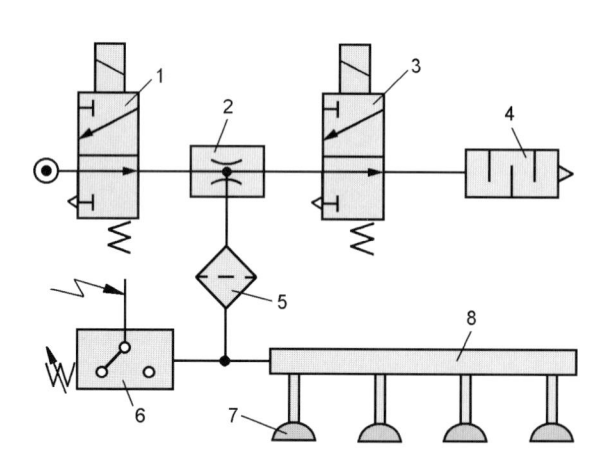

1 Wegeventil zur Druckluftschaltung
2 Ejektor
3 Wegeventil zur Abluftsteuerung
  (Umschalten auf Abblasen)
4 Schalldämpfer
5 Ansaugfilter
6 Druckschalter für Vakuum
7 Sauger
8 Verteiler

Bild 3.222: Beispiel für einen Vakuumkreis auf der Basis eines Ejektors

Die Sauger sind an einem Verteiler befestigt. Verteiler sind Blöcke mit vielen abgehenden Anschlüssen und zwei Sammelanschlüssen, von denen einer im allgemeinen mit einem Blindstopfen verschlossen wird.

Bei den **Haftsaugern** erzeugt eine Hand- oder Hebekraft das Vakuum, indem Membranen nachgeben und dabei ihren Hohlraum vergrößern. Man hat aber auch schon Haftsauger entwickelt (patentiert), die beim Anziehen eines Elektromagneten einen Faltenbalg auseinanderziehen. Der Raum unter dem Sauger vergrößert sich, ein Unterdruck entsteht und das Werkstück wird festgehalten. Weil bei diesen Saugern kein Leckageausgleich möglich ist,

3.2 Pneumatische Greifer

werden sie nur bei sehr glatten Werkstückoberflächen eingesetzt, zum Beispiel beim Handhaben von Glasscheiben, Metall- und Kunststoffplatten. Die Rautiefe sollte kleiner als 5 Mikrometer sein.

Kolbensaugsysteme werden gelegentlich zum Beispiel an Montageautomaten eingesetzt. Sie produzieren über eine Leitung im Takt der Maschine nacheinander Vakuum und Abblasluft. Hub und zeitlicher Ablauf sind in einer Steuerkurve als Information gespeichert. Mit einem Kolbensauger wird die Maschine von einem Saugluft- oder Drucklufterzeuger (Saugluft durch Ejektor) unabhängig. Ein Leckageausgleich ist auch hier in der Regel nicht möglich und nicht vorgesehen.

Beim Heben großflächiger Werkstücke sind meistens mehrere Sauger notwendig. Das Vakuum muss dann an mehrere Stellen verteilt werden. Der Leitungsdurchmesser sollte nicht zu klein sein, weil dadurch der Strömungswiderstand steigt, aber auch nicht zu weit, weil sich dadurch die Ansaugzeiten verlängern. Auch in der Natur steht die Aufgabe, die erforderlichen Lebenssäfte bis zur letzten Baumspitze zu transportieren. Dazu ist durch Evolution ein optimiertes Gefäßsystem entstanden.

Vor einer gleichartigen Aufgabe steht der Techniker, der die Leitungen für ein Saugersystem bemessen muss. Es geht also um den Strömungswiderstand im Schlauch. Stellen wir uns ein Gewächs mit Saugern vor, wie es **Bild 3.223** zeigt, dann sind die Schläuche im Durchmesser unter Beachtung der angegebenen Faktoren auszulegen. Jede weitere Verzweigung ist um den Faktor 1,42 kleiner zu gestalten.

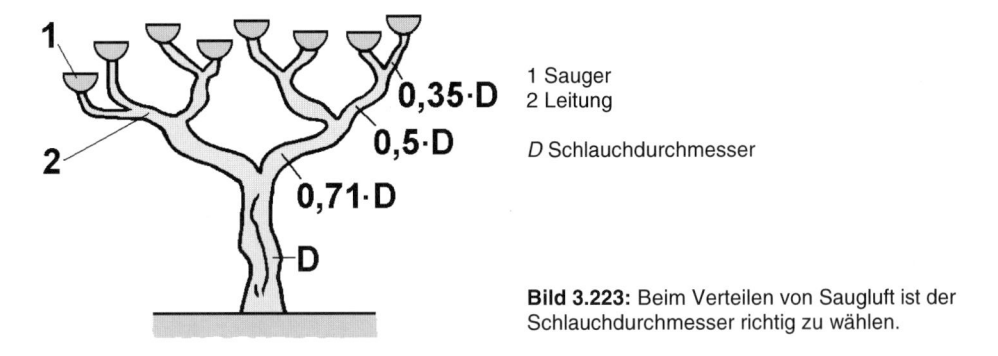

Bild 3.223: Beim Verteilen von Saugluft ist der Schlauchdurchmesser richtig zu wählen.

1 Sauger
2 Leitung

D Schlauchdurchmesser

Strömungsventile bieten zusätzliche Sicherheit bei Vakuuminstallationen, wenn in einer Gruppe von Saugern einer oder mehrere nicht belegt sind, zum Beispiel wenn der Saugergreifer ungenau aufgesetzt wird oder das Greifobjekt eine unebene Haltefläche hat (Umreifungsband, Querleiste u.ä.). Ist ein Vakuumsauger defekt oder sitzt er nicht sauber auf der angesaugten Fläche, dann wird ein Schwimmer durch den Luftstrom gegen eine Dichtkante gedrückt und sperrt diesen ab. Durch eine kleine Düsenbohrung im Schwimmerboden strömt nur noch wenig Luft nach, was den Unterdruck im System kaum verschlechtert. Dadurch wird auch vermieden, zu große, überdimensionierte Pumpen einzusetzen, um die ansonsten vorhandene Leckluft abzuführen, damit das Vakuumniveau gehalten werden kann. Das Problem wird zunächst in **Bild 3.224** anschaulich demonstriert. Der nicht dichtende Sauger wird infolge größerer Strömungsgeschwindigkeit durch die Verschlusskugel vom Vakuumkreislauf abgetrennt.

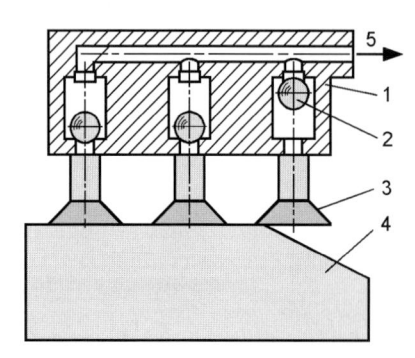

Bild 3.224: Prinzip des automatischen Abschaltens eines nicht belegten Saugers

1 Gehäuse
2 Kugel als Flugkörper
3 Sauger
4 Werkstück
5 Vakuum

Solche Strömungsventile sind heute Standardbauteile mit Gewindeanschluss, wie man es in **Bild 3.225** sehen kann. Sie werden auch als Vakuumsaugventil bezeichnet.

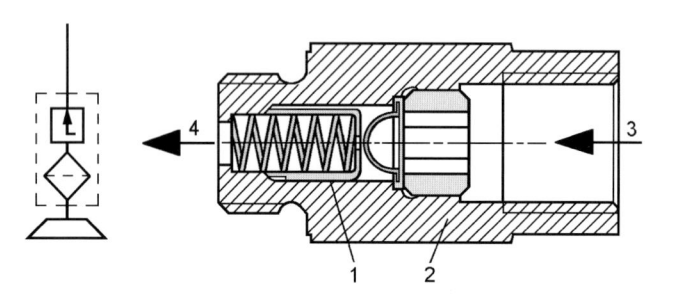

1 Schwimmer
2 Grundkörper
3 Saugerseite
4 Schlauchanschlussseite

Bild 3.225: Schnitt durch ein Vakuumsaugventil (*Festo*)

Bezieht man diese Ventile in die Darstellung des pneumatischen Kreislaufs mit ein, dann ergibt sich zum Beispiel das in **Bild 3.226** gezeigte Schema.

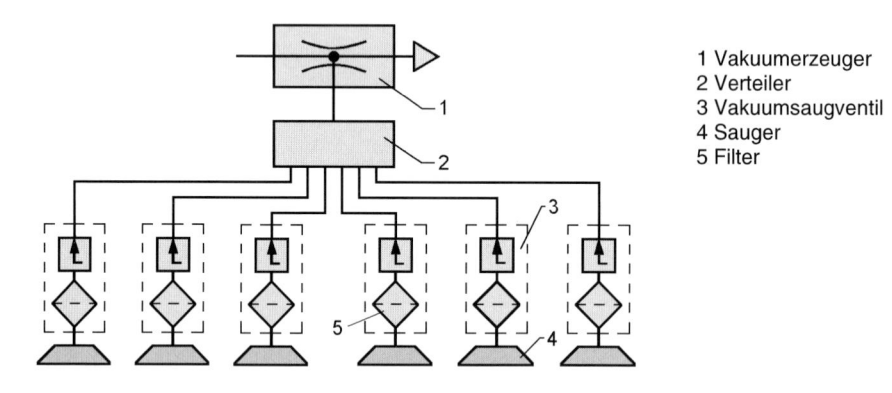

1 Vakuumerzeuger
2 Verteiler
3 Vakuumsaugventil
4 Sauger
5 Filter

Bild 3.226: Funktionsschema für den Saugeranschluss über Vakuumsaugventile

Ein komplettes Vakuumsystem wird abschließend in **Bild 3.227** dargestellt. Als Vakuumerzeuger kann wahlweise ein Ejektor (Einstufen-, Mehrstufenejektor) oder ein elektrischer Saugluftlieferant (Pumpe, Gebläse) eingesetzt werden. Ein Sicherheitsspeicher kann das Vakuum kurzzeitig bei einem Strom- bzw. Pumpenausfall aufrechterhalten. Außerdem verkürzt jedes zusätzliche Speichervolumen die Ansaugzeit erheblich, weil das System auf kurzzeitig auftretende Spitzen im Durchfluss reagieren kann.

3.2 Pneumatische Greifer

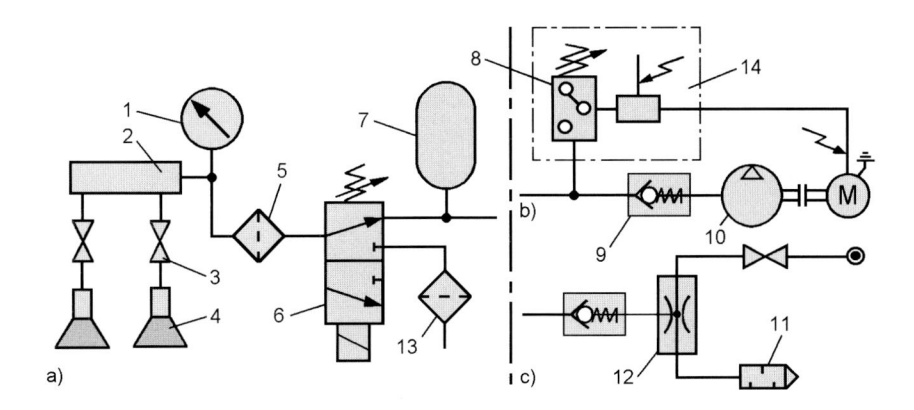

Bild 3.227: Vakuumschaltplan mit zwei Bereitstellungsvarianten
a) Vakuumverbraucher, b) elektrische Vakuumerzeugung, c) pneumatische Vakuumerzeugung, 1 Vakuummeter, 2 Verteiler, 3 Absperrventil, 4 Scheibensauger, 5 Vakuumfilter, 6 elektrisches Vakuumsteuerventil, 7 Sicherheits-Vakuumspeicher, 8 Druckschalter, 9 Rückschlagventil, 10 Vakuumpumpe, 11 Schalldämpfer, 12 Ejektor, 13 Belüftungsfilter, 14 unterdruckabhängige Motorsteuerung

3.2.2.2 Vakuumsauger

Vakuumsauger werden in den verschiedensten Formen vielfältig eingesetzt, weil Sie technisch einfach sind, große Kräfte aufbringen können, das Greifobjekt schonen und in der Haltekraft gut steuer- und regelbar sind. Die Haftflächen sind zu- und abschaltbar. Sie müssen mehr oder weniger beweglich angebracht werden, damit sich die Dichtlippen dem Objekt gut anpassen können. Eine Feldanordnung mehrerer beweglich aufgehängter Sauger erlaubt auch die Anpassung an großflächig gewölbte Flächen, wie sie zum Beispiel an Karosseriebauteilen vorkommen. Verschlissene Sauger lassen sich rasch auswechseln. Oft wird ein Schnellwechsel auch durch konstruktive Details unterstützt. Vakuumsauger weisen folgende prinzipielle Einschränkungen auf:

- Die maximale Greifkraft ist durch den Umgebungsluftdruck und die maximal zugängliche Grifffläche begrenzt.
- Eine greiferinterne Manipulation von Objekten ist nicht möglich.
- Die höchste Arbeitstemperatur von Saugern aus NBR (Nitril-Kautschuk) liegt bei 130 °C, aus Silikon bei 280 °C und aus FKM (Fluor-Kautschuk) bei 300 °C. Man hat aber auch Saugplatten aus Hochtemperatur-Silikon mit einer Spezialfilzauflage entwickelt (*FIPA-Vakuumtechnik*), die bis 550 °C einsetzbar sind. Diese Materialien sind auf eine Stahlplatte vulkanisiert. Der Filz sorgt für einen nahezu abdruckfreien Griff, was besonders in der Glasindustrie ein sehr großer Vorteil ist.

Soll ein Werkstück mit dem Vakuumsauger gehoben werden, muss eine Festhaltekraft F zur Verfügung stehen. Obwohl die Greifkraft oft als Entwurfsparameter verwendet wird, ist der Anpressdruck des Werkstücks gegen die Saugerfläche für einen allgemeinen Vergleich verschiedener Haftprinzipe besser geeignet, weil er vom Oberflächenzustand unabhängig ist. Den Anpressdruck σ errechnet man aus der folgenden Gleichung:

$$\sigma = \frac{F - m \cdot (g + a)}{A} \tag{3.68}$$

A Greiffläche
g Erdbeschleunigung
a Beschleunigung der Handhabungseinrichtung

Der Energieverbrauch ergibt ein Bild der relativen Leistung des Systems. Für den Volumendurchfluss Q gilt:

$$Q = \frac{dV}{dt} = \frac{P}{\sigma} \tag{3.69}$$

Je größer Q ist, desto geringer ist die Energieeffizienz des Greifers. Die Anfangsströmung beim Greifen Q_0 unterscheidet sich vom Zustand während des Haltens, bei dem Q_S wirksam ist. Die Reaktionszeiten für Greifen und Freigeben können mit der Zeitkonstante τ ausgedrückt werden. Für den einfachen Scheibensauger gilt grob

$$F = (p_0 - p_u) \cdot A \tag{3.70}$$

p_0 atmosphärischer Druck, von der geografischen Höhe abhängig
p_u Druck im abgedichteten Saugraum
A theoretische Fläche des Saugers, Greiffläche

In der Praxis wird Vakuum von 10 % (– 0,101 bar) bis 90 % (– 0,912 bar) verwendet. Ein Unterdruck > 60 % ist aber mit überproportionalen Kosten verbunden und möglichst zu vermeiden.

Die Haltekraft ist eine Funktion der Größe der Saugfläche. Es müssen alle auf das Greifobjekt wirkenden Kräfte berücksichtigt werden. Zunächst sollen zwei Standardfälle unterschieden werden (**Bild 3.228**): Das sind:

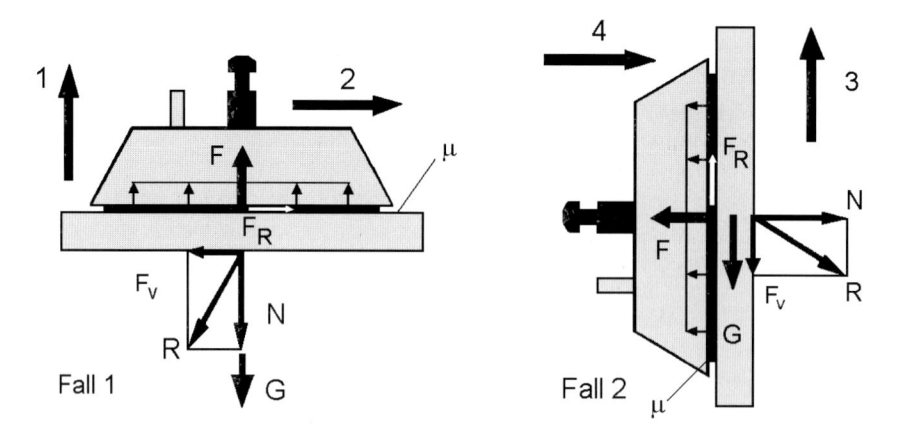

Bild 3.228: Halten der Last mit Vakuum
F Festhaltekraft, Saugkraft, F_v Tangentialkraft, F_R Reibungskraft, G Gewichtskraft des Objekts, N Normalkraft, R Resultierende, μ Reibungskoeffizient zwischen Last und Sauger, 1 bis 4 Bewegungsrichtungen je Anwendungsfall

Fall 1: Die Saugfläche ist horizontal ausgerichtet.
Fall 2: Der Saugteller wird vertikal ausgerichtet.

Aus den Kraftwirkungen wird dann die **Haltekraft** berechnet. Für das Lasthalten ist erforderlich, dass die resultierende Haltekraft größer als die jeweilige Abreißkraft sein muss. Beim langsamen Heben eines Objekts mit der Gewichtskraft G genügt die Beachtung der statisch wirksamen Kräfte. Eine Gleichung die vom Kräftegleichgewicht ausgeht reicht jedoch nicht aus, denn das Objekt soll ja mit einer gewissen Kraft gegen den Sauger gepresst werden und das geht über den Ausgleich der bloßen Gewichtskraft hinaus.

Allgemein gilt für den Fall 1 (Vertikalbewegung):

$$G = (p_0 - p_u) \cdot A \cdot n \cdot \eta \cdot z \cdot \frac{1}{Si} \qquad (3.71)$$

A   theoretische Fläche des Saugers
G   Nutzlast; Gewichtskraft des Objekts; Gesamtbelastung der Saughaltung
n   Verformungsbeiwert. Besonders weiche Lippen (glockenförmiger Sauger) verformen sich bei Druckabfall stark, wobei die wirksame Saugfläche schrumpfen kann (n = 0,9 bis 0,6).
p_0 atmosphärischer Druck; Er ist von der geografischen Höhe abhängig.
p_u Druck im abgedichteten Saugraum.
Si   Sicherheitsfaktor gegen Abfallen. Der reine Gleichgewichtszustand genügt nicht. Das Greifobjekt muss mit einer bestimmten Kraft an den Sauger gepresst werden. Si = 2 bis 3.
z   Anzahl von Saugern.
η Wirkungsgrad des Systems, der Leckverluste berücksichtigt

Der Durchmesser d eines kreisrunden Saugers ermittelt sich (vereinfacht) aus der nachfolgenden Gleichung, wenn eine langsame Vertikalbewegung angenommen wird:

$$d = 11{,}3 \sqrt{\frac{m \cdot Si}{p_u \cdot z}} \quad \text{in mm} \qquad (3.72)$$

m   Masse des Werkstücks in kg
p_u maximaler Unterdruck in bar

Die Ergebnisse sind theoretische Werte, weil die Oberflächenbeschaffenheit, der Verschmutzungsgrad, die Biegefestigkeit des Greifobjekts und die Art der Saugerausführung keine Berücksichtigung finden.

Bei der Gleichung (3.72) ist der Reibungskoeffizient μ noch nicht interessant. Er geht erst bei horizontalen Querbewegungen oder den um 90° gedrehten Greifer (Fall 2) in die Berechnung der Kräftesituation ein. Beim schnellen Bewegen von Werkstücken, die mit einem Sauger aufgenommen wurden, genügt es nicht, nur mit den statischen Kräften zu rechnen. Es sind auch die dynamischen Wirkungen mit einzubeziehen. Dadurch ergeben sich resultierende Kräfte, die in ihrer Wirkungslinie beliebig vorkommen können. In **Bild 3.229** sind einige häufig vorkommende Fälle nochmals zusammenfassend in einer Tabelle dargestellt.

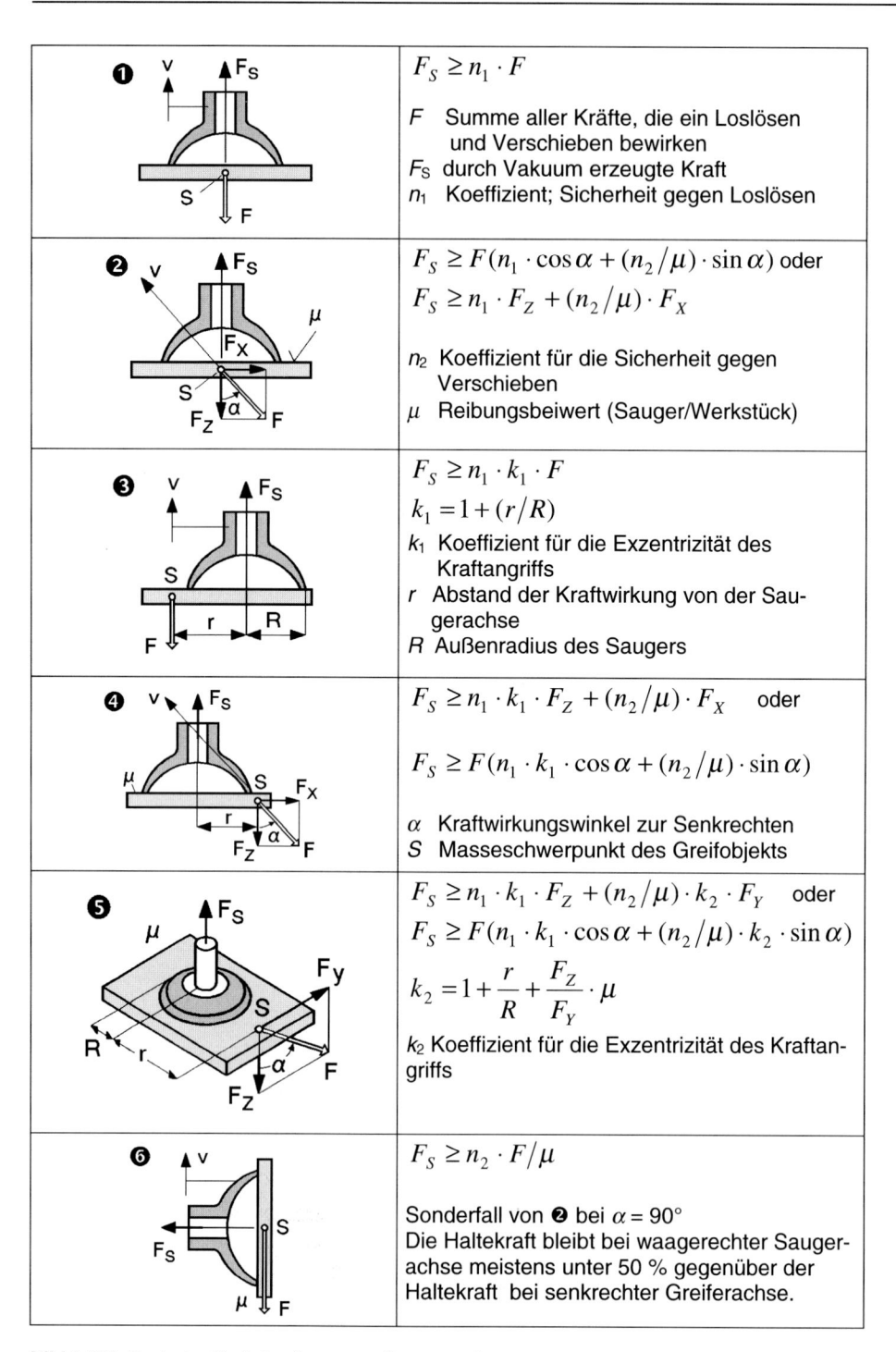

①	$F_S \geq n_1 \cdot F$ F Summe aller Kräfte, die ein Loslösen und Verschieben bewirken F_S durch Vakuum erzeugte Kraft n_1 Koeffizient; Sicherheit gegen Loslösen
②	$F_S \geq F(n_1 \cdot \cos\alpha + (n_2/\mu) \cdot \sin\alpha)$ oder $F_S \geq n_1 \cdot F_Z + (n_2/\mu) \cdot F_X$ n_2 Koeffizient für die Sicherheit gegen Verschieben μ Reibungsbeiwert (Sauger/Werkstück)
③	$F_S \geq n_1 \cdot k_1 \cdot F$ $k_1 = 1 + (r/R)$ k_1 Koeffizient für die Exzentrizität des Kraftangriffs r Abstand der Kraftwirkung von der Saugerachse R Außenradius des Saugers
④	$F_S \geq n_1 \cdot k_1 \cdot F_Z + (n_2/\mu) \cdot F_X$ oder $F_S \geq F(n_1 \cdot k_1 \cdot \cos\alpha + (n_2/\mu) \cdot \sin\alpha)$ α Kraftwirkungswinkel zur Senkrechten S Masseschwerpunkt des Greifobjekts
⑤	$F_S \geq n_1 \cdot k_1 \cdot F_Z + (n_2/\mu) \cdot k_2 \cdot F_Y$ oder $F_S \geq F(n_1 \cdot k_1 \cdot \cos\alpha + (n_2/\mu) \cdot k_2 \cdot \sin\alpha)$ $k_2 = 1 + \dfrac{r}{R} + \dfrac{F_Z}{F_Y} \cdot \mu$ k_2 Koeffizient für die Exzentrizität des Kraftangriffs
⑥	$F_S \geq n_2 \cdot F/\mu$ Sonderfall von ② bei $\alpha = 90°$ Die Haltekraft bleibt bei waagerechter Saugerachse meistens unter 50 % gegenüber der Haltekraft bei senkrechter Greiferachse.

Bild 3.229: Typische Kraftsituationen am Saugergreifer
a lineare Beschleunigung, *S* Masseschwerpunkt, *v* Geschwindigkeit

3.2 Pneumatische Greifer

Die verschiedenen Kraftsituationen können sich aus der Überlagerung von Verfahrbewegungen ergeben. Man sieht, dass beim Querverschieben und bei senkrechter Stellung der Saugfläche eine weitere Größe wichtig wird. Es ist der Reibungskoeffizient μ. Bei Glas, Stein und Kunststoff (sauber, trocken) kann man von $\mu = 0{,}5$ ausgehen. Bei feuchten und öligen Flächen kann er bis auf $\mu = 0{,}1$ absinken.

Es ist ratsam, jeweils Versuche dazu durchzuführen. Bei geölten Blechen kann es Probleme geben. Die Bleche können vom Sauger „wegschwimmen". Die Saugerlippen durchdringen dann den Ölfilm nicht. Statt des *Coulomb'schen* Reibungsgesetzes ist dann die Flüssigreibung maßgebend.

Beispiel

Ein Scheibensauger hat einen Durchmesser von 5 cm. Der Unterdruck betrage 0,1 bar. Eine vereinfachte Berechnung ergibt folgendes:

$$F = \left(100\,\frac{kN}{m^2} - 10\,\frac{kN}{m^2}\right) \cdot \frac{0{,}05^2 \cdot m^2 \cdot \pi}{4} \approx 180\,N \qquad (3.73)$$

Der Anpressdruck ist

$$\sigma = \frac{F}{A} = \frac{180}{0{,}00196} = 92\,kN \cdot m^{-2}$$

Geht man davon aus, dass der Sauger eine symmetrische Kegelform mit $H = 2 \cdot r$ hat, so ergibt sich ein zu evakuierendes Volumen von

$$V_c = \frac{\pi \cdot r^2 \cdot h}{3} = \frac{\pi \cdot 2{,}5^2 \cdot 2 \cdot 2{,}5}{3} = 32{,}7 \cdot 10^{-6}\,m^3 \qquad (3.74)$$

Bei einer Greifzeit von 1,0 s wird der Durchfluss nach (3.77) von $Q \approx 33 \cdot 10^{-6}$ m³/s erforderlich, was einen Leistungsverbrauch ergibt von

$$P = Q \cdot \sigma = 33 \cdot 10^{-6}\,\frac{m^3}{s} \cdot \frac{92\,kN}{m^2} = 3036\,\frac{kNm}{s} \cdot 10^{-6} = 3\,Watt$$

Dieses Ergebnis ist ein theoretisches Abbild. Es berücksichtigt keine Leckverluste und auch nicht die Evakuierung der Zuleitungsschläuche bzw. –rohre. Die Greifzeit ist für schnelles Handhaben sehr wichtig. Deshalb sollte eine Venturidüse oder ein Vakuum-Zuschaltventil in unmittelbarer Nähe des Saugers angeordnet werden. Zugunsten schnellen Greifens kann der Greiferwirkungsgrad in den Hintergrund treten, wenn es der Zeitgewinn beim Handhabungszyklus rechtfertigt [3-54].

Der Durchfluss Q kann auch in Bezug zur Öffnungsweite A_a, zum Druckunterschied und zur Luftdichte ρ ausgedrückt werden [3-55]. So ergibt sich

$$Q = A_a \cdot \sqrt{\frac{\sigma}{\rho}} \tag{3.75}$$

Die Evakuierungszeit t hängt von der Änderung der Durchflussrate ab, die mit einem Anfangswert Q_0 beginnt. Es lässt sich somit schreiben:

$$\frac{dQ}{dt} = \frac{d^2V}{dt^2} = Q_0 \cdot e^{-t/\tau} \tag{3.76}$$

Nach einer Integration und Umstellung ergibt sich

$$Q = \tau \cdot Q_0 \cdot e^{-t/\tau} + k \tag{3.77}$$

wobei die Zeitkonstante τ die Elastizität des Saugermaterials berücksichtigt, die Öffnungsweite, die Luftleitungsabmessungen u.a. Die Integrationskonstante k repräsentiert den Durchfluss Q_S im stationären Betrieb, der sich nach dem Ansaugvorgang einstellt. Zum Beispiel hat ein kegelförmiger Sauger mit 100 mm Durchmesser ein Volumen von $1{,}3 \cdot 10^{-4}$ m^3. Bei einer Durchmesseröffnung von 10 mm, einem Druckunterschied von 50 kN/m^2 und einer Luftdichte bei 20 °C von 1,2 kg/m^3 [3-56] ergibt sich nach (3.75) eine Strömungsrate von 0,016 m^3/s. Eine relativ lange Zeitkonstante, in der das Volumen evakuiert werden muss, ist 10 ms. Wenn die Durchflussrate während des Festhaltens Q_S nur 10 % dieses Wertes ist, ergibt sich für den Greifer eine Energieverschwendung von 80 W.

Im allgemeinen will der Anwender bei gegebenen Parametern die erforderliche Saugergröße ermitteln.

Beispiel

Für den in **Bild 3.230** dargestellten Fall ist der erforderliche Saugerdurchmesser zu bestimmen. Wegen der Größe der Blechtafel wird von vornherein auf eine Anzahl von sechs Scheibensaugern orientiert. Die Tafel soll relativ langsam senkrecht gehoben werden. Es wird eine zweifache Sicherheit Si angenommen.

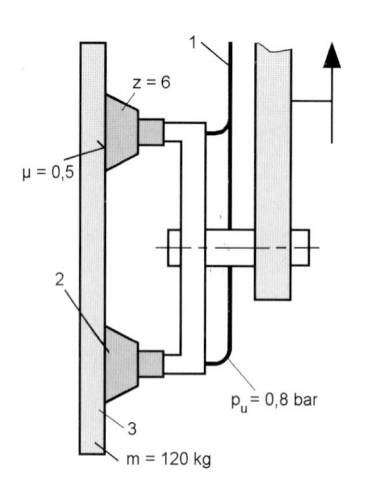

1 Vakuumleitung
2 Vakuumsauger
3 Werkstück, Produkt

Bild 3.230: Heben einer Last mit Vakuumsauger

3.2 Pneumatische Greifer

Damit ergibt sich für den Saugerdurchmesser d:

$$d = 11{,}3 \cdot \sqrt{\frac{m \cdot Si}{p_u \cdot z \cdot \mu}} \qquad (3.78)$$

Mit den eingesetzten Zahlenwerten erhält man:

$$d = 11{,}3 \cdot \sqrt{\frac{120\,kg \cdot 2}{0{,}8\,bar \cdot 6 \cdot 0{,}5}} = \underline{113\,mm}$$

Es werden sechs Sauger mit Durchmesser 120 mm ausgewählt. Die Oberfläche der Platte muss schmutzfrei und trocken sein. Bei feuchten und öligen Oberflächen kann der Reibungskoeffizient beträchtlich absinken, wie die folgende Tabelle zeigt.

Art des Saugers	Oberflächenzustand	Reibungskoeffizient bei Rautiefe	
		$Ra = 0{,}05\,\mu m$	$Ra = 1{,}5\,\mu m$
steif	ölfrei	0,85	-
leicht verformbar	ölfrei	0,45	0,65
steif und leicht verformbar steif	geölt mit Bohremulsion	0,15	0,35
	geölt mit Kühlmittel	0,05	0,25
leicht verformbar	geölt mit Kühlmittel	0,025	0,15

Außerdem kann im Einzelfall die geographische Höhe des Einsatzortes eine gewisse Rolle spielen, denn der Luftdruck hängt von der Höhe der Luftsäule über dem jeweiligen Flächenelement ab. Der Normaldruck bezieht sich immer auf die Meereshöhe (= 0 Meter = NN Normalnull) und beträgt 1013 mbar (DIN 1343). Mit steigender geographischer Höhe nimmt somit auch die Tragkraft von Vakuumhaltesystemen ab. Es gilt folgender Zusammenhang:

Höhe über NN	relative Tragfähigkeit
0 bis 250 m	100 %
250 bis 500 m	96 %
500 bis 750 m	92 %
750 bis 1000 m	88 %
1000 bis 1250 m	84 %
1250 bis 1500 m	80 %

Von den vielen Saugerausführungen werden in **Bild 3.231** einige vorgestellt. Es gibt Sauger, die der Werkstückform angepasst sind und die nur für das eine Greifobjekt verwendet werden können und solche, bei denen die Haftflächen in mehrere Teilflächen strukturiert sind, weil die Objekte zum Beispiel Bohrungen enthalten. Eine Aufteilung der Ansaugflächen kann auch aus Sicherheitsgründen von Vorteil sein.

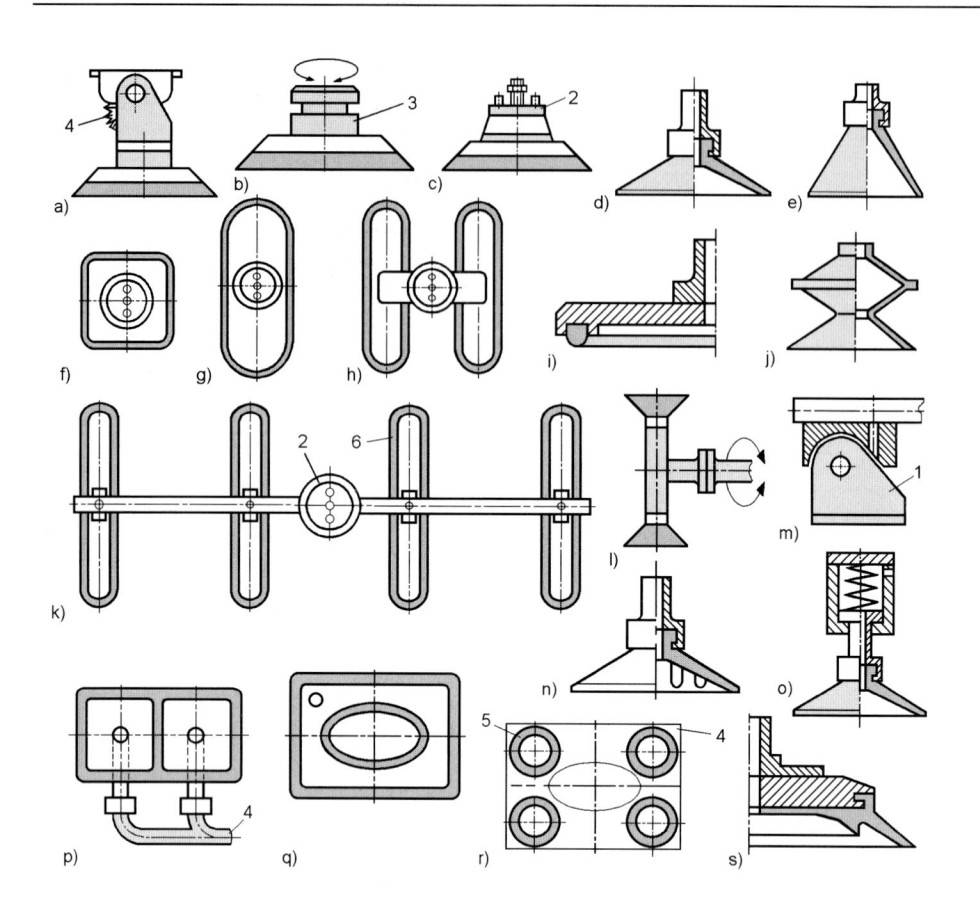

Bild 3.231: Typische Saugerausführungen in der Draufsicht und im Schnitt
a) Sauger mit Schwenkachse, b) Sauger mit 360° axialer Dreheinheit, c) einfacher Saugerfuß, d) Flachsauger, e) Tiefsauger, f) Sauger in Rechteckform (Draufsicht), g) Ovalsauger, h) Doppel-Ovalsauger, i) Sauger mit Zellgummidichtung, j) Faltenbalgsauger, k) Großteil-Saugerkombination, l) Doppelsauggreifer, m) Formstücksauger, n) Stützrippensauger, o) Hubsauger, p) geteilte Saugplatte, q) Ringflächensauger, r) Einzelsauger-Kombination, s) Doppellippensauger, 1 Werkstück, 2 Befestigungsflansch, 3 Drehgelenk, 4 Vakuumschlauch, 5 Saugnapf

Für großflächige Objekte kann man Ovalsauger einsetzen oder man ordnet verteilt einige Scheibensauger an. Die Faltenbalgsauger gibt es mit 1½ bis 3½ Falten. Sie werden für empfindliche Objekte eingesetzt und wenn am Werkstück leichte Höhenunterschiede auszugleichen sind. Ein interessanter Effekt ist der elastische Vertikalhub s, der beim Faltenbalgsauger ausgenutzt werden kann, um Werkstücke aus flachen Werkstückaufnahmen herauszuziehen. Eine gesonderte Hubeinheit kann da mitunter eingespart werden. Das wird in **Bild 3.232** gezeigt.

Das Evakuieren eines Faltenbalgsaugers kann man in zwei Phasen unterteilen:

- Der Sauger sitzt ohne Einfluss von äußeren Kräften auf dem Werkstück auf.
- Das Vakuum wird zugeschaltet. Das Werkstück wird angesaugt und je nach Unterdruck und Werkstückgewichtskraft wird ein Gleichgewichtszustand erreicht.

3.2 Pneumatische Greifer

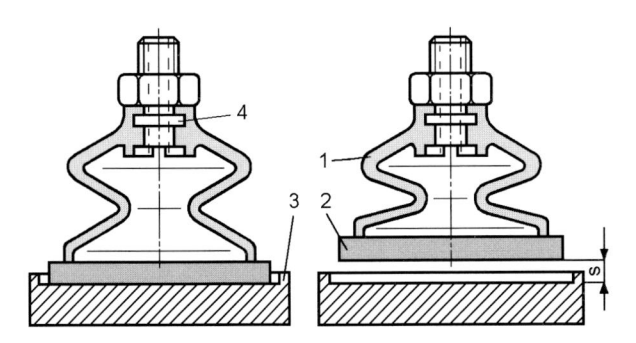

1 Sauger
2 Greifobjekt
3 Werkstückaufnahme
4 Metallinnenteil

s Hub

Bild 3.232: Phasen beim Evakuieren eines Faltenbalgsaugers

Auch andere Bauformen zeigen eine typische Charakteristik, was bei der Auswahl des richtigen Saugers zu berücksichtigen ist. Einen groben Überblick liefert das **Bild 3.233**. Kriterien sind die übertragbaren Kräfte beim Bewegen in vertikaler und/oder horizontaler Richtung, die Nachgiebigkeit beim Senkrechthub und der Restvolumenstrom als Merkmal der Dichtheit der Sauglippen.

Bauform \ Kriterium	Vertikal	Horizontal	V.-Hub	Restvol.
A	◐	◐	●	◔
B	●	◐	●	◐
C	◔	◐	◕	●
D	◐	○	◔	○

A Flachsauger
B Stützrippensauger
C Doppellippensauger
D Faltenbalgsauger

Vollkreis = sehr gut
Leerkreis = sehr schlecht
Vertikal = übertragbare Vertikal-Kraft
Horizontal = übertragbare Horizontalkraft
V.-Hub = elastischer Vertikalhub
Restvol. = Restvolumenstrom

Bild 3.233: Einsatzeigenschaften von typischen Vakuumsaugern

Die **Bauform A** zeigt trotz relativ einfacher Konstruktion bei allen Kriterien gute Ergebnisse. Die vergleichsweise große Flexibilität in senkrechter Richtung bei zunehmender Vertikalkraft beschränkt die Anwendung nur in wenigen Fällen.

Einsatz: Glatte Werkstücke wie z.B. Blechtafeln, Kartons, Glasscheiben, Sperrholzplatten, beschichtete Spanplatten.

Bei der **Bauform B** können sehr große Vertikalkräfte wirken, weil der Saugraum auch bei hohem Unterdruck erhalten bleibt, unterstützt durch Abstandshalter und kleine schmale Dichtlippen. Stützrippen machen den Saugnapf steifer und vergrößern damit auch die Haltekraft.

Einsatz: Dünne Bleche aus Stahl, Messing oder Aluminium, auch Teile mit leicht rauer (verzunderter) Oberfläche.

Bei der **Bauform C** ergibt die doppelte Dichtung einen sehr kleinen Restvolumenstrom. Das aufwendige Dichtungssystem braucht aber mehr Platz und schränkt damit den wirksamen Saugelementedurchmesser ein.

Einsatz: Teile mit stark strukturierter Oberfläche wie z.B. Ornamentglas, Riffelblech, gebrochener Naturstein.

Die **Bauform D** ist durch die geringen übertragbaren Vertikalkräfte charakterisiert, die mangelnde geometrische Stabilität und einen sehr großen elastischen Vertikalhub. Das schränkt die Anwendbarkeit für viele Handhabungsaufgaben ein.

Einsatz: Unebene Werkstücke oder wenn ein Höhenausgleich benötigt wird, großflächige und biegeschlaffe Teile.

In der folgenden Tabelle wird eine kleine Materialübersicht für Vakuumsauger gegeben.

Materialart	Temperatur in °C	Verschleißfestigkeit	Beständigkeit gegen		Bemerkungen
			Öl und Fett	Wetter, Ozon	
Nitrilkautschuk	-40 bis 70	gut	sehr gut	genügend	kälteflexibel, wasserbeständig bis 70 °C
Silikonkautschuk	-70 bis 200	genügend	gut	sehr gut	abdruckarm wenn farblos, weiß, beige
Naturkautschuk	-40 bis 80	sehr gut	nicht empfohlen	genügend	hohe Standzeit, abdruckarm wenn farblos
Polyurethan	-25 bis 80	sehr gut	sehr gut	sehr gut	hohe Standzeit, sehr abdruckarm
Fluorkautschuk	-20 bis 200	gut	sehr gut	sehr gut	hoch chemikalienbeständig, sehr abdruckarm
Chloropren	-40 bis 90	sehr gut	gut	gut	besonders witterungsbeständig
Polyvinylchlorid	-20 bis 85	sehr gut	genügend	genügend	sehr hohe Standzeit
Äthylen-/Propylen-/Dien-Kautschuk	-40 bis 130	genügend	genügend	sehr gut	heißdampf- und chemikalienbeständig

Einige technische Details sollen etwas näher betrachtet werden. Das **Bild 3.234** zeigt einen Sauger mit Abschäleinsatz. Dadurch werden im Greifobjekt, zum Beispiel ein Dünnblech, Scherspannungen erzeugt. Damit erreicht man eine bessere Trennung von dünnen beölten Blechen bis etwa 3 mm Dicke.

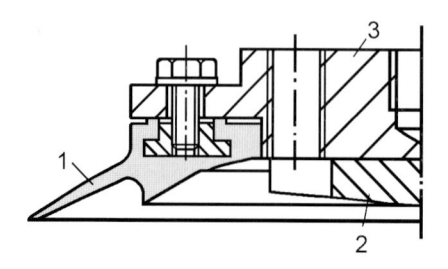

1 Sauger
2 Abschäleinsatz
3 Grundkörper

Bild 3.234: Saugerausführung mit Abschäleinsatz

3.2 Pneumatische Greifer

Damit wird der Gefahr einer Doppelblechaufnahme entgegengewirkt. Nach dem Ansaugen liegt das Blech in Saugermitte auf. Die Dichtlippe bewegt sich aber weiter nach oben, weil das Vakuum permanent anliegt. So kommt es zum Durchwölbeeffekt des Bleches, der allerdings nur im Randbereich zu verzeichnen ist.

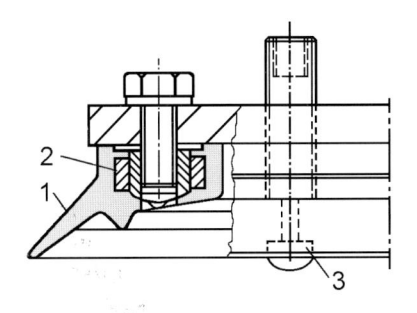

Damit sich das Vakuum von selbst beim Aufsetzen auf ein Objekt zuschaltet, muss ein Tastventil eingebaut werden. Ein Beispiel wird dazu in **Bild 3.235** gezeigt. Die Tasterspitze ragt etwa 2 mm über den Rand des Scheibensaugers hinaus.

1 Sauger
2 Befestigung
3 Taster

Bild 3.235: Sauger mit Tastventil

Steht eine geschlossene Fläche als Ansaugfläche nicht zur Verfügung, was z.B. bei einem Zahnrad mit Nabenbohrung der Fall wäre, muss ein Ringflächensauger verwendet werden. Das ist ein Sauger, dessen Kernbereich durch einen Stöpsel abgedeckt ist, wie es in **Bild 3.236** skizziert wurde. Der Stöpsel verfügt über Leitkanäle für den Durchtritt des Vakuums.

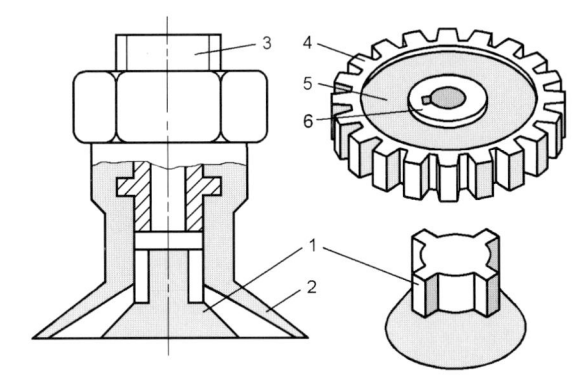

1 Gummikern
2 Sauger
3 Gewindestück
4 Greifobjekt
5 Grifffläche
6 innere Abdeck-Ringfläche

Bild 3.236: Ringflächensauger (*Sommer-automatic*)

Für das Ansaugen von Papierzuschnitten und Folien hat man Sauger entworfen, die über Stützrippen in mehreren konzentrischen Kreisen verfügen (**Bild 3.237**). Das schafft eine gleichmäßige Anlage der flächigen Objekte, ohne dass sie sich stark deformieren oder gar in die Zwischenräume gesaugt werden. Innere Abstützungen sind auch erforderlich, wenn man ein Einbeulen oder Tiefziehen bei dünnen Stahl- oder Aluminiumblechen < 0,5 mm Dicke verhindern will. Diese Sache soll etwas näher betrachtet werden.

Beim Aufnehmen dünner forminstabiler Flächengebilde kann es zum „Totsaugen" kommen, wenn das Material in die Saugöffnung hineingezogen wird, wie man es in **Bild 3.238** sehen kann. Man braucht dann Sauger mit entsprechender Stützrippengestaltung oder Platten mit Saugbohrungen. Die Verformung wird ansonsten örtlich so stark, dass es zur lokalen Abdichtung kommt. Deshalb werden für solche Fälle Niederdruck-Flächengreifer empfohlen, z.B. ein Schaumblock mit geeigneter durchgehender Porosität und seitlicher Abdeckung, um einen Leckluftbruch zu vermeiden.

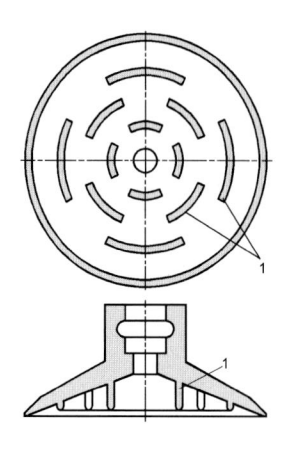

Bild 3.237: Sauger mit Stützrippen
1 Stützrippe

Der Betrieb von Saugern mit niedrigem Unterdruck begünstigt das Auftreten von Undichtigkeiten zwischen Greifer und Bauteil und damit von Leckströmung. Die Ursache sind die im Vergleich zu Saugnäpfen geringeren Kräfte zwischen Bauteil und Sauger, die geringere gegenseitige Anpassung sowie die Schwierigkeit, bei nicht formstabilen Teilen eine 100prozentige Übereinstimmung mit der Greiferform zu erzeugen.

Weitere Hinweise zum Greifen mit Niederdruck findet der Leser in der Literatur [3-112] und [3-113].

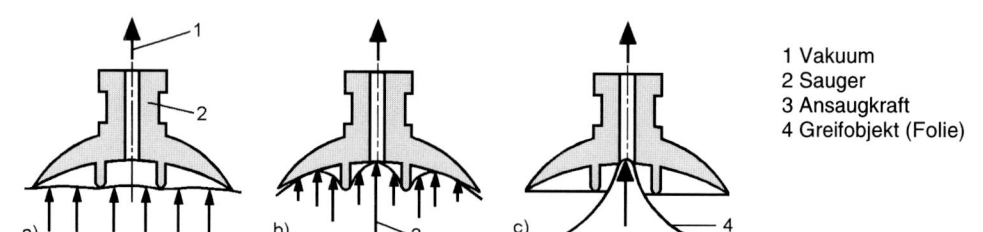

1 Vakuum
2 Sauger
3 Ansaugkraft
4 Greifobjekt (Folie)

Bild 3.238: Versagen von Saugnäpfen bei forminstabilen Greifobjekten
a) Ansaugphase, b) Ausbildung einer inneren Abdichtung, c) Versagen

In **Bild 3.239** wird ein Saugergreifer gezeigt, dessen Saugfläche aus vielen feinen Saugbohrungen besteht. Mehrere Saugplatten lassen sich dann zu einem Greifer für großflächige Greifobjekte zusammensetzen. Ein solcher Greifer wird dann allerdings ziemlich sperrig.

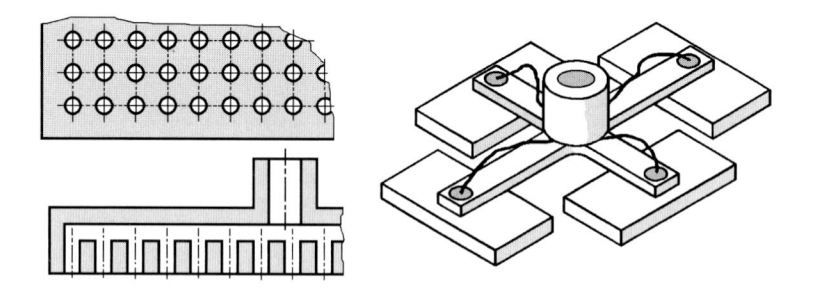

Bild 3.239: Niederdruckgreifer (*Sommer automatic*)

Bei schnellen Bewegungen kann es vorkommen, dass sich die Werkstücke an den Saugerlippen verlagern. In solchen Fällen kann man die Position mit Anschlägen, die in der Beschleunigungsrichtung wirksam sind, sichern. Das **Bild 3.240** zeigt zwei Beispiele.

3.2 Pneumatische Greifer

In **Bild 3.240a** wird ein Zentrierdorn benutzt, um die genaue Position beim Ansaugen und dem nachfolgenden Manipulieren zu gewährleisten. Im anderen Fall ist lediglich ein Anschlag vorgesehen, der das Werkstück bei schneller horizontaler Bewegung abstützt.

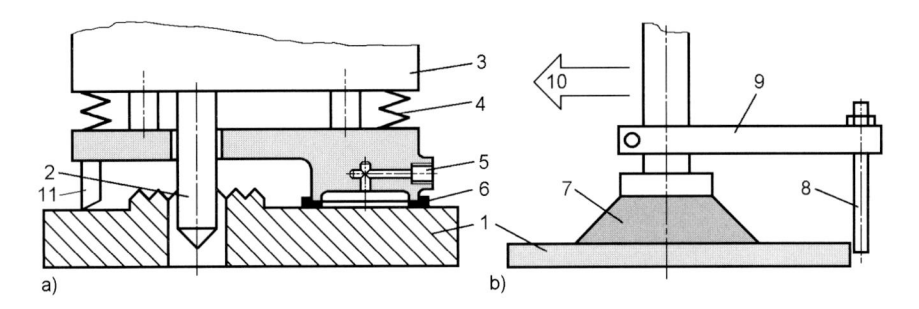

Bild 3.240: Vakuumgreifer mit Zentrier- bzw. Anschlagelementen
a) Saugplattengreifer, b) Flachsauger, 1 Werkstück, 2 Zentrier-, Suchdorn, 3 Grundkörper, 4 Druckfeder, 5 Saugluftanschluss, 6 Dichtung, 7 Sauger, 8 Stiftanschlag, 9 Haltearm, 10 Beschleunigungsrichtung, 11 Stützanschlag

Mit der Anwendung von Vakuumsaugern ist beim Aufnehmen dünner Bleche die Gefahr verbunden, dass ein zweites Blech „anklebt". Eine wirksame Methode ist das Durchwölben des Bleches, damit anhaftende Doppelbleche absprengen. Man kann das durch eine geeignete Ausführung des Saugergreifers unterstützen. Einige Möglichkeiten zeigt das **Bild 3.241** (siehe auch Bild 3.234).

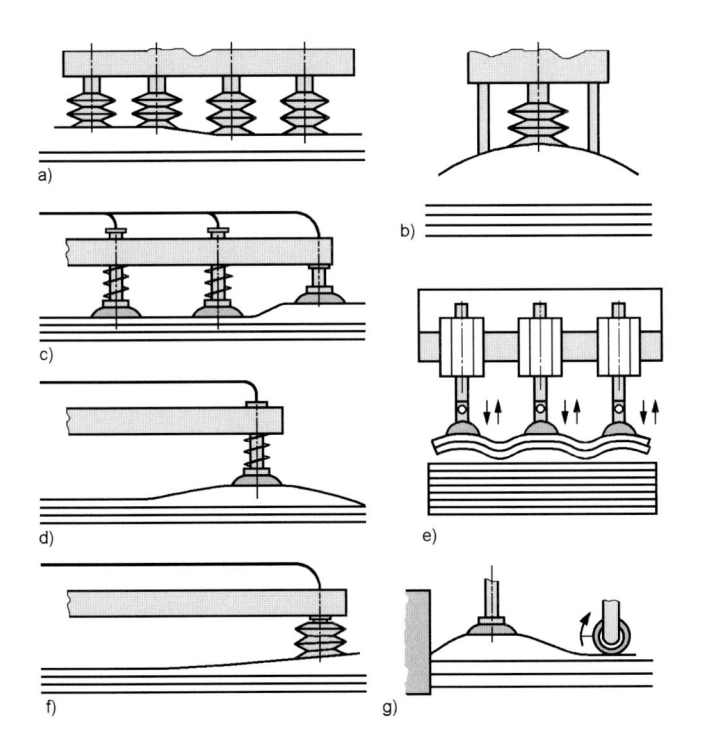

Bild 3.241: Abspreizen von Blechen beim Anfassen mit dem Sauger

a) Variation des Unterdruckes
b) Ansaugen gegen Anschläge
c) Kombination von starren und gefederten Saugern
d) Ansaugen am Randbereich
e) Durchwölben mit pneumatischen Kurzhubeinheiten
f) Anheben am Außenrand
g) Aufwölben vor dem Ansaugen mit Reibwalze

Die Befestigung der Vakuumsauger an einer Handhabungseinrichtung kann auf verschiedene Weise erfolgen: einstellbar-fest, vertikal-gefedert, beidseitig gefedert, winkelbeweglich-vertikal-gefedert. Einige Beispiele zeigt das **Bild 3.242**.

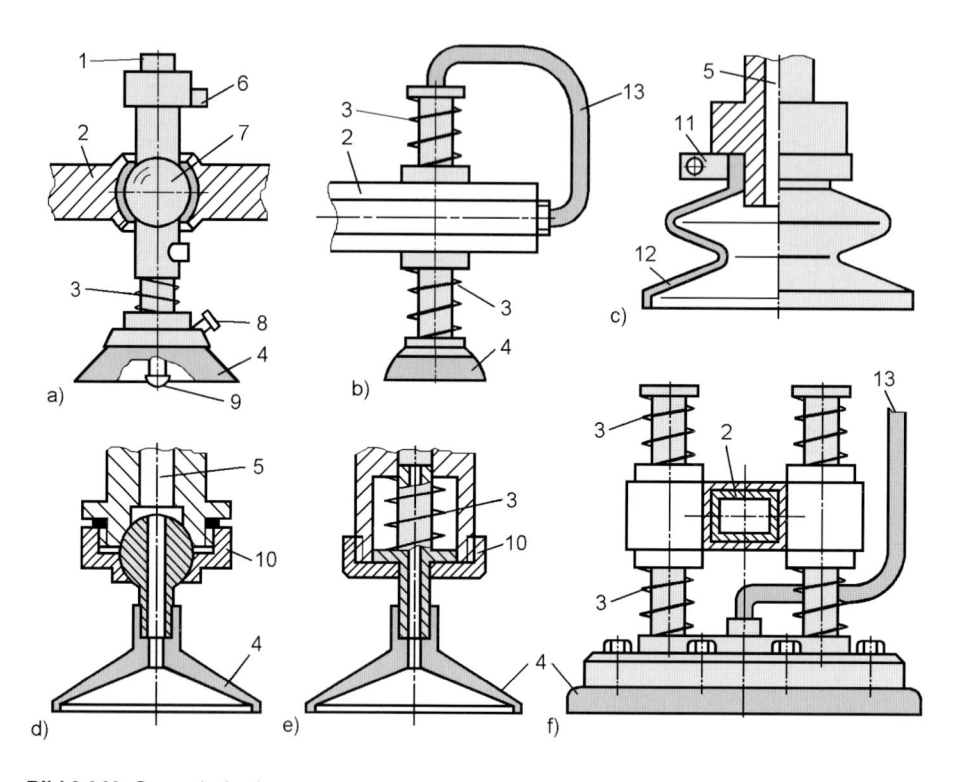

Bild 3.242: Saugerbefestigungen
a) kugelbewegliche Befestigung, b) beidseitige Federung, c) Faltensauger mit Schellenklemmung, d) Scheibensauger mit klemmbarem Kugelgelenk, e) innen gefederter Scheibensauger f) Doppelführung bei großen Scheibensaugern, 1 Druckluftanschluss, 2 Traverse, 3, Druckfeder, 4 Scheibensauger, 5 Vakuumleitung, 6 Venturidüse, 7 Winkelfehlerausgleich, 8 Sauger-Schnellwechseltaste, 9 Aufsetz-Vakuumschalter, 10 Überwurfmutter, 11 Klemmring, 12 Faltenbalgsauger, 13 Vakuumschlauch

Durch die Federung wird zum einen ein sehr schonendes Aufsetzen auf das Handhabungsobjekt und eine Sicherung gegen Überhub erreicht. Zum anderen wird eine optimale Lastverteilung beim Transportieren sichergestellt. Das ist besonders bei biegenschlaffen und welligen Teilen ein Vorteil. Bei großen Scheibensaugern ist es besser, wenn man eine doppelte Führung für den Federhub vorsieht.

Es gibt übrigens bei Baukastensystemen umfangreiches Zubehör für die Befestigung von Klemmgreifern, Vakuumsaugern und Sensoren. Damit lassen sich aufgabengerechte Greifer zusammenstellen. Das **Bild 3.243** zeigt ein Beispiel. Der Greifer besitzt eine integrierte Drehachse und ist als Effektor eines Industrieroboters konzipiert. Die Auslegerkonstruktion besteht aus Aluminiumprofilen oder Rohren. Statt Aluminium als Basis für einen Großraumgreifer hat man auch schon Kohlefaser-Verbundwerkstoffe eingesetzt. Der Greifer wird dadurch leichter und die Steifigkeit des Werkstoffs bewirkt den Abbau von Schwing-

3.2 Pneumatische Greifer

gungen während des Handhabungsprozesses. Positioniervorgänge, wie zum Beispiel das Einlegen eines Blechteiles in ein Werkzeug, können dann exakter und schneller ausgeführt werden.

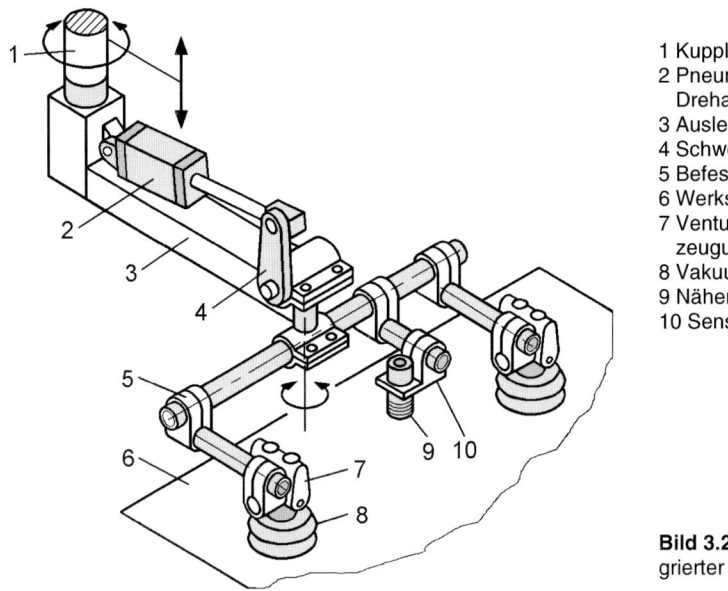

1 Kupplung,
2 Pneumatikzylinder für den Drehachsenantrieb
3 Auslegerbaum
4 Schwenkmechanik
5 Befestigungskomponenten
6 Werkstück, Blechtafel
7 Venturidüse zur Sauglufterzeugung
8 Vakuumsauger
9 Näherungsschalter
10 Sensorhalter

Bild 3.243: Greifer mit integrierter Drehachse (*Bilsing*)

Eine gute Anpassung an zum Beispiel gewölbte Blechformteile ist erreichbar, wenn die Sauger an einstellbaren bzw. kugelbeweglichen Aufnahmen befestigt sind. Ein Beispiel zeigt das **Bild 3.244**. Nach der Anpassung an das Greifobjekt werden hier die Kugelgelenke geklemmt und sind dann nicht mehr beweglich.

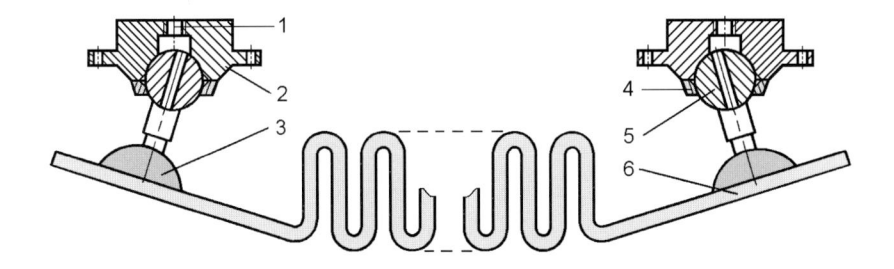

Bild 3.244: Saugergreifer am Kugelgelenk
1 Saugluftanschluss, 2 Befestigungsflansch, 3 Sauger, 4 Klemmkalotte, 5 Kugelzapfen, 6 Werkstück

Einige Greifer hat man auch mit einer leicht verstellbaren Anordnung der Vakuumsauger ausgestattet. Eine interessante Konstruktion ist in **Bild 3.245** als Schema skizziert. Die Sauger sind an beweglichen Armen befestigt, die man rasch manuell in eine andere Raststellung bringen kann. Damit ist es möglich, die Sauger passend zur verfügbaren Griffläche am Objekt auf größten Abstand zueinander, auf den kleinsten Raum oder auf Linie einzustellen.

Damit lassen sich balkenartige Stücke, Fässer und Korpusteile, wie sie im Möbelbau vorkommen, anpacken. Die Konstruktion zielt auf eine vielseitige Verwendung im Werkstatt- und Versandbereich.

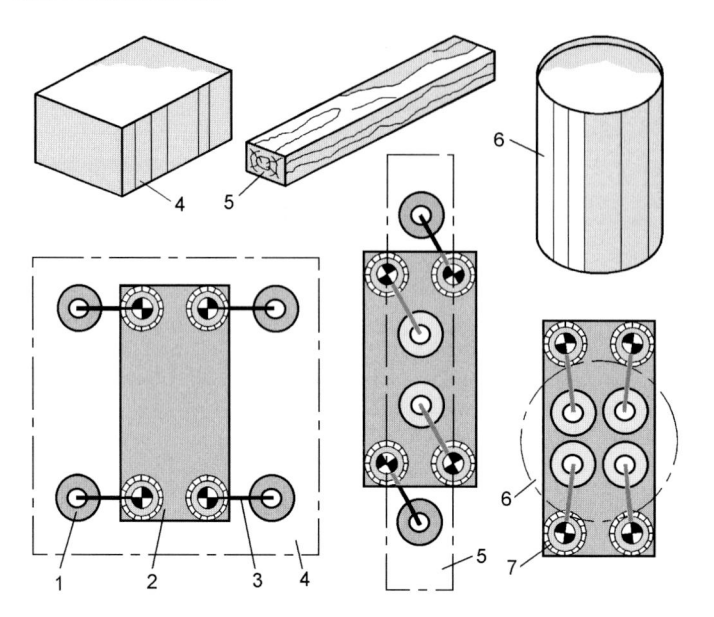

1 Scheibensauger
2 Basisplatte, Traverse
3 Schwenkarm
4 Greifobjekt
5 Holzbalken
6 Fass
7 Armrastschiene

Bild 3.245: Prinzip eines Vakuumgreifers mit schwenkbaren Armen (*Schmalz*)

Eine etwas ältere Idee für einen flexibel verwendbaren Saugergreifer wird in **Bild 3.246** vorgestellt. Es ist eine Matrixanordnung von vertikal beweglichen Einzelsaugern. Die Oberfläche der Teile kann stark strukturiert sein, weil sich die außerdem raumbeweglichen Saugnäpfe anpassen können.

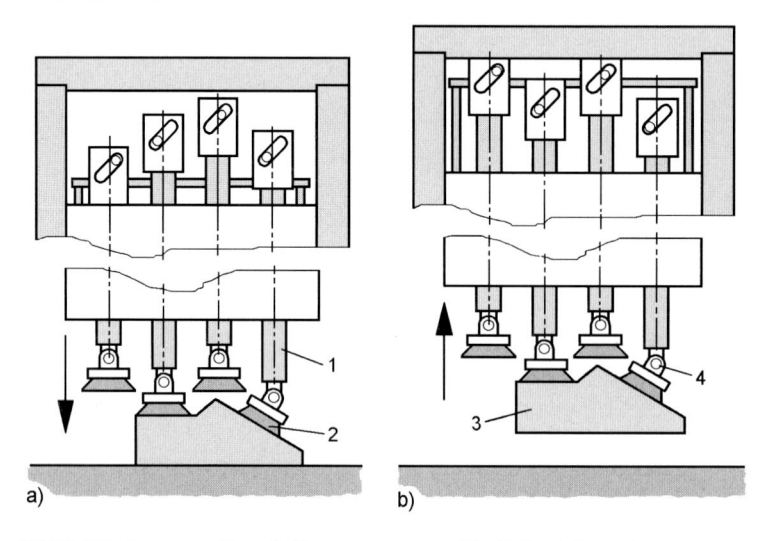

Bild 3.246: Saugergreifer mit Konturanpassung (*R. Tella, J. Birk, R. Kelley*)
a) Anfahren und Aufsetzen der Sauger, b) Abheben,
1 Führungsstange, 2 Sauger, 3 Werkstück, 4 Kreuzgelenk

3.2 Pneumatische Greifer

Diese Bauart ist zum Beispiel auch für Kommissionierroboter in Lagerbereichen günstig. Werden einzelne Sauger nicht belegt, dann bricht das Vakuum keineswegs zusammen, denn man kann Ventile einbauen, die die betroffenen Sauger selbsttätig schließen (siehe Bild 3.225). Im Beispiel werden die wirksamen Sauger außerdem zurückgezogen, so dass sie nicht weiter stören. Wichtig ist die kugelbewegliche Aufhängung der Saugnäpfe.

Auf ein anderes Problem ist der in **Bild 3.247** dargestellte Saugergreifer zugeschnitten. Er verfügt über mehrere Scheibensauger, die so angeordnet sind, dass man im Haufwerk vorliegende Flachteile auch aus den Ecken einer Boxpalette aufnehmen kann. Der Saugergreifer ist an einem handgeführten Manipulator befestigt und wird nach Sicht geführt.

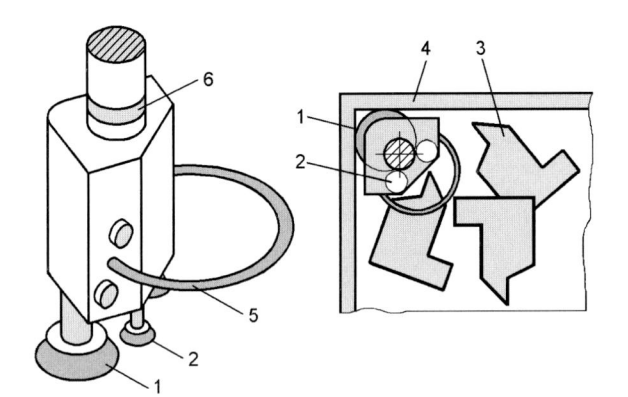

1 Sauger für das Greifen in die Ecke der Boxpalette
2 Zuschaltung kleiner Sauger zur Erhöhung der Haftkraft
3 Werkstück
4 Boxpalette
5 Handgriff zur Balancerführung
6 Drehgelenk

Bild 3.247: Saugergreifer für den Griff in die Kistenecke (rechts Draufsicht)

Die kleineren Sauger werden nach dem Ansaugen zugeschaltet, weil sonst bei größeren Teilen und einem Griff weit entfernt vom Masse-Schwerpunkt der Greifobjekte Kraftmomente wirksam werden, die das Teil eventuell vom Sauger abkippen lassen.

Schließlich ist auch das Druckluft- bzw. Saugluftmanagement eine Überlegung wert. Es geht um das Zuschalten der Luft für das Evakuieren bzw. um das möglichst schnelle Belüften der Sauger. Müssen lange Zuleitungen von einer Vakuumpumpe bis zum Saugerkopf belüftet werden, dann dauert das natürlich viel länger. Aber auch hier kann man einen „Kurzschluss" zur Atmosphäre einbauen. Das wird in **Bild 3.248** gezeigt. Beim Aufsetzen des Saugers und beim Halten des Werkstücks ist das Kopfstück „eingefahren". Wird die Saugluft abgeschaltet, dann genügt schon ein geringes Absinken des Druckes, damit die Feder das Kopfstück herausschiebt. Dabei wird die Umluftbohrung frei und beschleunigt so den Druckausgleich. Die Ansprechschnelligkeit ist eine Funktion der Größe des Durchlassquerschnittes im Ventil oder vergleichbarer Öffnungen zur Umluft. Sie sollten also möglichst groß sein.

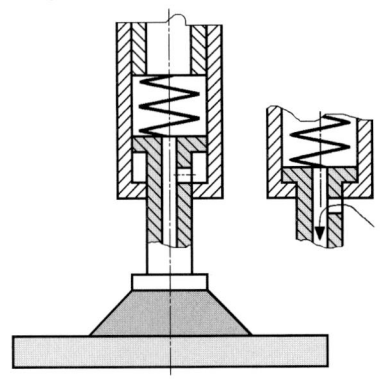

Bild 3.248: Saugerkopf mit „Kurzschlussbohrung" zur Umgebungsluft

Ein anderer Fall ist das automatische Zuschalten des Vakuums. Der in **Bild 3.249** dargestellte Saugerkopf ist federnd befestigt. Beim Aufsetzen auf das Werkstück verschiebt sich der Innenkolben, so dass die für die Saugwirkung erforderlichen Kanäle verbunden werden. Die Venturidüse liegt dann im Luftstrom und erzeugt ein Vakuum. Gleichzeitig hilft die Druckluft, den Kolben in der oberen Stellung zu halten.

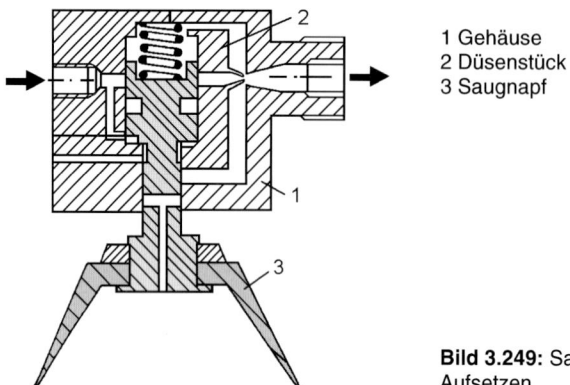

1 Gehäuse
2 Düsenstück
3 Saugnapf

Bild 3.249: Saugerkopf mit Selbstzuschaltung beim Aufsetzen

Richtiges Vakuummanagement dient auch zur Verbesserung des Wirkungsgrades. Vergleicht man verschiedene Ejektoren, die ein- oder mehrstufig sein können, so zeigt sich, dass der Wirkungsgrad η (p_u) umso schlechter wird, je größer das erforderliche Vakuum ist. Es gilt

$$\eta(p_u) = \frac{1}{1 + \dfrac{t(p_u) \cdot Q}{V}} \qquad (3.79)$$

$t(p_u)$ Evakuierungszeit (in Sekunden) eines Volumens V auf einen Unterdruck p_u (bar)
Q Luftverbrauch der Vakuumdüse
V zu evakuierendes Volumen in Liter

Die Wirkungsgradkurve wird in **Bild 3.250** dargestellt.

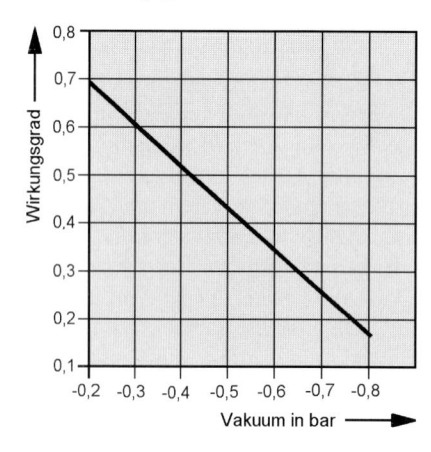

Bild 3.250: Wirkungsgrad (Vakuum) bei p_{nenn}

3.2 Pneumatische Greifer

Bei der Handhabung von Blechformteilen in der Automobilindustrie müssen häufig Großflächengreifer eingesetzt werden. Der Wirkungsgrad solcher Saugergreifer wird wesentlich vom „Vakuum-Management" geprägt. Das **Bild 3.251** zeigt, wie die Steuerung abläuft. Man sieht, dass die Druckluft zur Vakuumerzeugung erst wieder zugeschaltet wird, wenn der Unterdruck einen Schwellenwert unterschreitet.

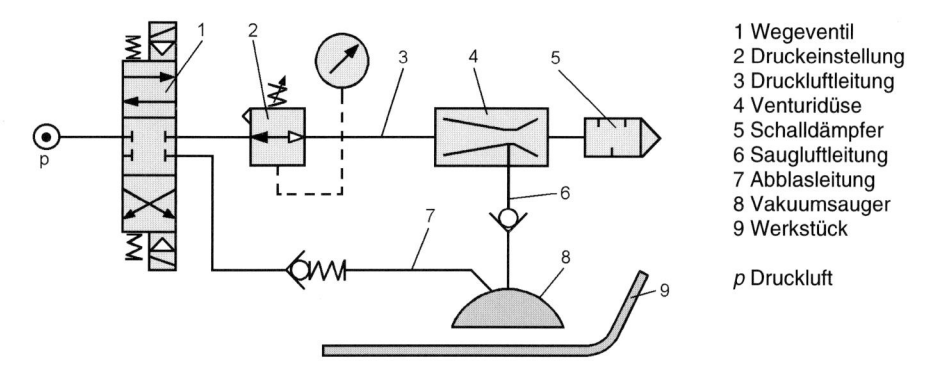

1 Wegeventil
2 Druckeinstellung
3 Druckluftleitung
4 Venturidüse
5 Schalldämpfer
6 Saugluftleitung
7 Abblasleitung
8 Vakuumsauger
9 Werkstück

p Druckluft

Bild 3.251: Vakuummanagement bei einem Großflächengreifer

Ist der Handhabungszyklus beispielsweise nach 20 s abgeschlossen, dann wird das Abblassystem kurzzeitig aktiviert. Das ist besonders bei der Handhabung von zerbrechlichen oder sehr leichten Teilen unabdingbar.

Bei motorisch erzeugtem Vakuum kann über einen Druckschalter der Erzeuger automatisch abgeschaltet werden, wenn ein Vakuumgrenzwert erreicht ist. Dadurch wird Energie gespart. Die Vakuumsteuerung dazu wird in **Bild 3.252** an einem Handhabungsablauf von 20 s dargestellt. Man sieht im Diagramm **Bild 3.252b**, dass etwa alle 5 Sekunden der Vakuumerzeuger kurz zugeschaltet wird, um den eingestellten Grenzwert zu halten. Das Umschalten auf Blasluft muss nicht zwingend vorgesehen werden. Es verkürzt aber die Zeit beim Ablegen des Greifobjekts.

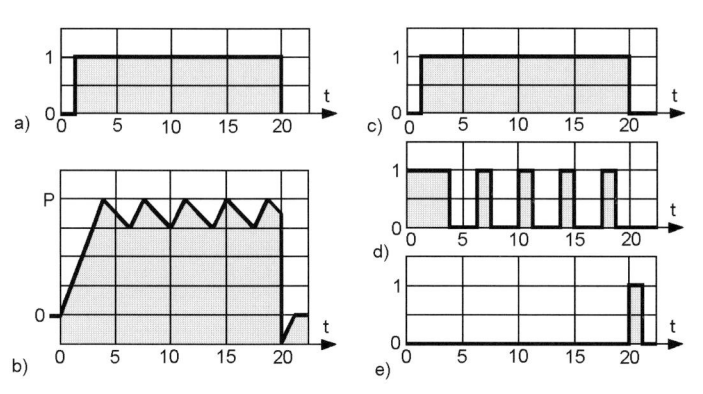

Bild 3 252: Vakuumsteuerung bei einem Greifer mit elektromotorisch erzeugtem Vakuum
a) Steuersignal für Vakuum EIN-AUS, b) automatisches Nachregeln des Vakuums zum Ausgleich von Leckageverlusten, c) Abfragesignal für die Teileanwesenheit am Saugergreifer, d) Steuersignal zur Nachregelung des Vakuums, e) gesteuertes Abblasen des Teils vom Sauger, 1 EIN, 0 AUS, t Zeit in Sekunden

Die Bauform einer Saugerplatte, bei der der Anwender die Form des Saugfeldes selbst festlegen kann, wird in **Bild 3.253** gezeigt. Die Vakuumgreifplatte ist im Rasternutsystem angelegt.

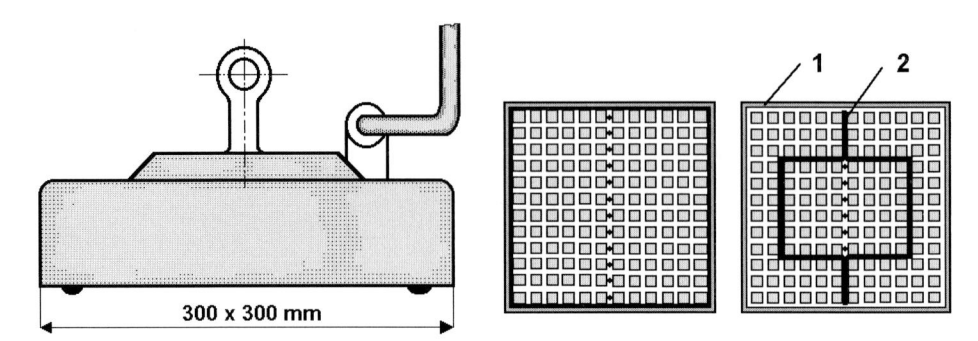

Bild 3.253: Rasternutsystem-Vakuumgreifer (*HS Vacuum System, Zürich*)
1 Saugplatte mit Rillenraster, 2 Dichtgummi

Je nach zur Verfügung stehender Griffläche am Werkstück wird eine Dichtschnur so in die Nuten der Saugplatte eingelegt, dass sich die Werkstückkontur bzw. die Ansaugfläche ergibt. Man kann auf diese Weise Löcher und Schlitze im Werkstück vom Ansaugvorgang ausschließen. Wird die gesamte Saugfläche ausgenutzt, so ergibt sich bei dreifacher Sicherheit eine Tragkraft bis zu maximal 200 kg. Man kann auch mehrere Platten zu größeren Greifeinheiten zusammenstellen.

Berechnungsbeispiel

Wie viele Faltenbalg-Sauger n sind erforderlich, um eine Autobus-Frontscheibe aufzunehmen und sie dann aus der Waagerechten in die Senkrechte zu schwenken (**Bild 3.254**)?

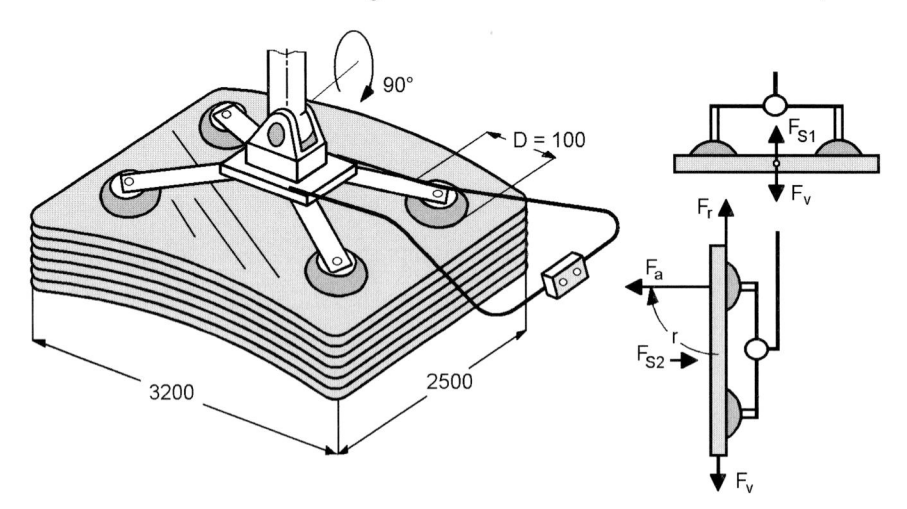

Bild 3.254: Handling von Autobus-Frontscheiben
Masse m = 120 kg, Beschleunigung gleichförmig mit 90° in t = 3 Sekunden, Reibbeiwert für Saugnapf/Scheibe μ = 0,7

3.2 Pneumatische Greifer

Lösung

Zunächst werden die statischen Belastungen bei horizontaler und vertikaler Lage berechnet. Bei waagerechter Lage der Sauger entspricht die Vertikalkraft F_v der Gewichtskraft.

$$F_v = m \cdot g = 120 \ kg \cdot 9{,}81 \ m/s^2 = 1177 \ N$$

Erforderliche Saugkraft F_{S1} bei einem Sicherheitsfaktor von $Si = 2$:

$$F_{S1} = F_v \cdot Si = 1177 \ N \cdot 2 = 2354 \ N$$

Wird in der waagerechten Lage schnell gehoben, müsste man noch Trägheitskräfte hinzurechnen. Wenn die Scheibe die senkrechte Lage eingenommen hat, muss die Reibungskraft F_r um einen Sicherheitsbetrag größer sein als die Vertilkalkraft F_v:

$$F_v \leq F_{S2} \cdot \mu = F_r \tag{3.80}$$

Die Vertikalkraft F_v ändert sich bei einer Drehung der Scheibe nicht und ist $F_v = \underline{1177 \ N}$. Die erforderliche Saugkraft F_{S2} erhält man bei $Si = 2$ zu

$$F_{S2} = \frac{F_v \cdot Si}{\mu} = \frac{1177 \ N \cdot 2}{0{,}7} = 3363 \ N$$

Die Saugkraft F_{S2} ist größer als F_{S1} und muss deshalb für weitere Berechnungen zugrunde gelegt werden. Zusätzlich wirkt bei der Schwenkbewegung aber noch ein dynamischer Kraftanteil. Dieser Anteil ist umso größer, je schneller geschwenkt wird. Die maximale Beschleunigungskraft durch die Rotationsbewegung tritt an der äußeren Saugnapfreihe auf. Etwas vergröbert kann man sagen, dass der Schwenkweg s folgende Größe annimmt:

$$s = \frac{r \cdot \pi}{2} = 1{,}6 \ m \cdot \frac{\pi}{2} = 2{,}51 \ m$$

Daraus ergibt sich die Beschleunigung a wie folgt:

$$a = 2 \cdot \frac{s}{t^2} = 2 \cdot \frac{2{,}5 \ m}{3^2 \cdot s^2} = 0{,}56 \ m/s^2$$

Berechnung der Beschleunigungskraft F_a

$$F_a = m \cdot a = 120 \ kg \cdot 0{,}56 \ m/s^2 = 67 \ N$$

Jetzt kann man die Gesamtsaugkraft F_{ges} berechnen. Es ergibt sich

$$F_{ges} = F_a + F_{S2} = 67 \ N + 3363 \ N = 3430 \ N$$

Nun ist nur noch die Anzahl n der benötigten Sauger auszurechnen. Wählt man einen Saugerdurchmesser von 100 mm aus und legt ein Vakuum von $p_u = -0{,}7$ bar zugrunde (das entspricht einem Vakuum von 70 %), bedeutet das nach dem Diagramm in **Bild 3.255** eine Haltekraft von 397 N.

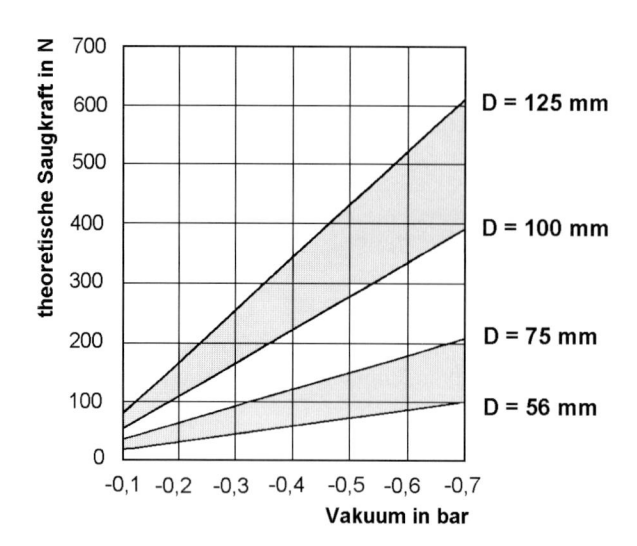

Bild 3.255: Theoretische Saugkraft als Funktion des Vakuums

D Saugerdurchmesser
D = 125 mm
D = 100 mm
D = 75 mm
D = 56 mm

Hierbei ist berücksichtigt, dass der wirksame Saugerdurchmesser kleiner ist (Faktor 0,85) als der Nenndurchmesser. Das ergibt sich aus dem Unterdruck und der Nachgiebigkeit (Weichheit) der Dichtlippen. Dieser Faktor kann im Bereich von 0,6 bis 0,9 liegen. Die theoretischen Haltekräfte aus dem Diagramm sind wie folgt berechnet:

$$F = \frac{(D \cdot 0{,}85)^2 \cdot \pi}{4} \cdot p_u = \frac{(0{,}1 \cdot 0{,}85)^2 \cdot \pi}{4} \cdot 10^5 \cdot 0{,}7 = \underline{397\ N}$$

Wie viele Sauger *n* müssen nun im Beispielfall eingesetzt werden? Es sind:

$$n = F_{ges} / F_S = 3430 / 397 = 8{,}6 \quad \textit{Stück}$$

Es werden 9 Sauger mit einem Nenndurchmesser von *D* = 100 mm gewählt.

In vielen Fällen ist die Gewichtskraft eines Objektes konstant und man legt sie für die Berechnung des Greifers zugrunde. Die Last kann aber auch unvorhersehbar variabel sein und die Nennlast sogar übersteigen. Dann helfen möglicherweise adaptive Greifer, die es auch bei den Vakuumsauger-Greifern gibt.

Adaptive Greifer sind so beschaffen, dass sie die Greifkraft an die Last anpassen können. Das kann auf elektro-mechanischem oder fluidischem Weg erreicht werden. Das **Bild 3.256** zeigt einen adaptiven Vakuumgreifer.

Beim Kontakt des Saugtellers mit dem Greifobjekt wird das Vakuum zugeschaltet. Damit kann eine definierte Nennlast gehoben werden. Der Saugteller ist aber auch über eine Leitung mit einem Zylinder verbunden. Zeigt sich, dass die Nennlast durch die Objektlast übertroffen wird, dann entsteht im Zylinderraum ebenfalls ein Unterdruck, der den von der Vakuumpumpe erzeugten Druck übersteigt. Dadurch erhöht sich nun das Vakuum unter dem Saugteller, so dass auch die größere Last am Sauger haften bleibt.

3.2 Pneumatische Greifer

Bild 3.256: Adaptiver Vakuumgreifer [3-57]

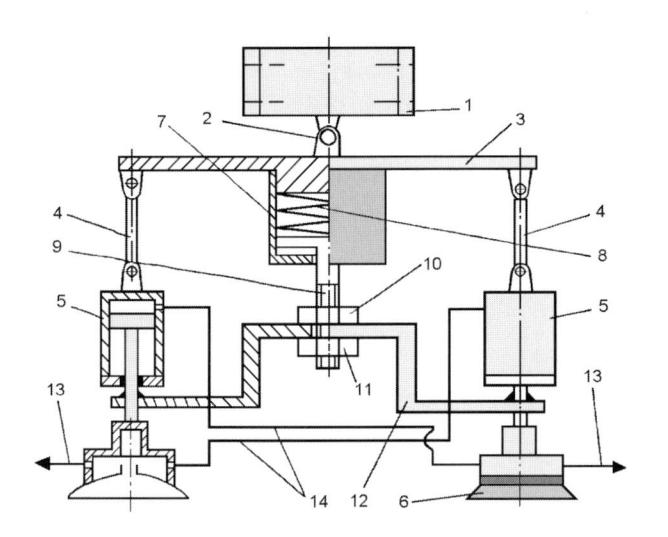

1 Anschlussflansch
2 Gelenkbolzen
3 Traverse
4 Gelenkstange
5 Pneumatikzylinder
6 Scheibensauger
7 Federkammer
8 Zugfeder
9 Gewindebolzen
10 Mutter
11 Gegenmutter
12 Tragarm
13 Saugluftleitung
14 Vakuum-Verbindungsleitung

Für eine objektbezogene Greifkraft lassen sich noch weitere Modifikationen dieses Prinzips finden. In jedem Fall müssen aber auch die übrigen Bestandteile des Greifers für die höhere Belastung ausgelegt sein.

Das allgemeine Konstruktionsprinzip des adaptiven Vakuumgreifers wird in **Bild 3.257** gezeigt. Der adaptive Teil des Vakuumgreifers beginnt wirksam zu werden, wenn sich die Masse des Greifobjekts um den Wert ΔG vergrößert, z.B. durch eine momentane Wasseraufnahme (Baubetonplatte + Regenniederschlag). Beim Anheben des Greifers wird die Zugfeder um die Länge dL_o gedehnt. Dabei ändert sich die Lage des Saugtellers nicht.

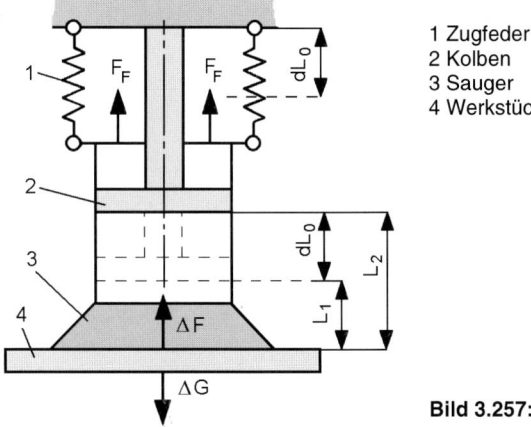

1 Zugfeder
2 Kolben
3 Sauger
4 Werkstück

Bild 3.257: Prinzip des Haftgreifers

Der Kolben bewegt sich ebenfalls um den Betrag $dL_o = L_2 - L_1$. Das Vakuum erhöht sich im Zylinder und in der Saugerkammer. Die Haltekraft nimmt um den Wert ΔF zu.

$$\Delta F = k_i \cdot A \cdot (p_2 - p_1) \tag{3.81}$$

k_i Koeffizient der wirkenden Saugkraft

A Saugtellerfläche
p_1, p_2 Unterdruck im Zylinder vor und nach der Lasterhöhung

Für das Halten der Last ergibt sich folgende Bedingung

$$\Delta F + F_F \geq \Delta G \tag{3.82}$$

Für die Federkraft gilt hierbei

$$F_F = \lambda \cdot dL_0 \tag{3.83}$$

λ Federkonstante der Zugfeder

Damit kann man auch schreiben

$$k_i \cdot A \cdot (p_2 - p_1) + \lambda \cdot dL_0 \geq \Delta G \tag{3.84}$$

Bei konstanter Temperatur gilt, weil das Volumen des Zylinders konstant bleibt, auch

$$p_1 \cdot V_1 = p_2 \cdot V_2 \tag{3.85}$$

V_1, V_2 Volumen des Zylinders vor und nach der Lasterhöhung

Gleichzeitig gilt, weil auch der Querschnitt des Zylinders konstant ist, die Gleichung

$$p_1 \cdot L_1 = p_2 \cdot L_2 \tag{3.86}$$

Nach Umformung der Gleichung (3.84) ergibt sich somit

$$k_i \cdot A \cdot \left(\frac{p_1 \cdot L_1}{L_1 + dL_o} - p_1 \right) + \lambda \cdot dL_o \geq \Delta G \tag{3.87}$$

Bei Vorgabe der Lasterhöhung kann nun die Verschiebung des Zylinderkolbens bestimmt werden und im weiteren auch die restlichen Abmessungen des Greifers.

Noch ein Wort zu den Vakuumschaltventilen. Soll Vakuum geschaltet werden, ist folgendes zu beachten:

- Der geringen Druckdifferenz geschuldet, sollte das Ventil einen guten Durchfluss gewährleisten (höherer Durchflusswert als das Saugvermögen erforderlich).
- Die den Unterdruck schaltenden Ventile müssen vakuumtauglich sein.
- Wird die Betriebsluft einer Vakuum-Saugdüse über ein externes Ventil geschaltet, sollte sich die Dimensionierung des Ventils nicht am Anschlussgewinde der Saugdüse orientieren. Entscheidend ist hier der maximale Luftverbrauch.
- Als Saugerwerkstoff kommen Polyurethan (PUR), Perbunan (NBR) und Silikon (SI) zum Einsatz. Sie sind für verschiedene Umgebungseinflüsse unterschiedlich beständig (siehe dazu auch die Tabelle auf Seite 224).

3.2 Pneumatische Greifer

Kriterium	PUR	NBR	SI
Temperaturbereich	-20 °C bis +60 °C	-20 °C bis +89°C	-40 °C bis +200 °C
Lebensdauer	sehr hoch	gut	befriedigend
Zugfestigkeit	25 N/mm^2	16 N/mm^2	10 N/mm^2
Ölbeständigkeit	sehr gut	sehr gut	sehr gut
Wasserbeständigkeit	sehr gut	sehr gut	bedingt beständig

3.2.2.3 Haftsauger

Vakuum-Haftsauger sind solche, bei denen das Vakuum nicht durch eine Vakuumpumpe oder eine Vakuumsaugdüse bereitgestellt wird, sondern durch Anpressen eines Scheibensaugers mit relativ weichen Dichtlippen gegen eine glatte Fläche. Das Anpressen kann durch eine Handkraft oder die Gewichtskraft des Objektes geschehen. Die Haftsauger brauchen somit keine weitere Betriebskraft und sie funktionieren auch bei leicht gewölbten Oberflächen. Das Lösen von Saugern erfolgt durch einen Druckluftimpuls beim Umschalten auf die Umluft. Leckageverluste können nicht ausgeglichen werden. Vom Standpunkt der Sicherheit sind diese Greifer vom Ausfall des Energienetzes unabhängig und somit sicher. Bei einem Saugtellerdurchmesser von z.B. 63 mm und bei geschliffener Oberfläche des Objektes erreicht man beim Aufpressen des Saugers von Hand eine Haltekraft von 140 N. Mit Kipphebel-Saughebern können Lasten von 25 bis 100 kg bei 2facher Sicherheit aufgenommen werden. Das **Bild 3.258** zeigt den prinzipiellen Aufbau eines Haftsaugers. Um das Teil zu lösen, zum Beispiel eine Glasscheibe, wird das Schieberventil betätigt.

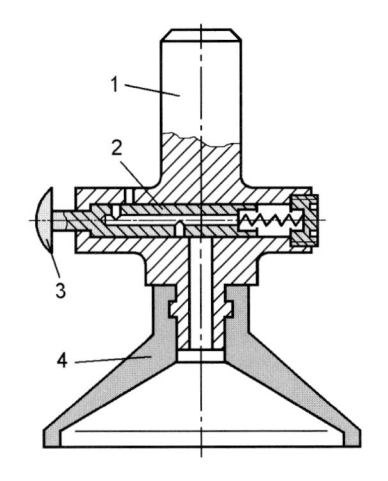

1 Einspannzapfen und Grundkörper
2 Ventilschieber, handbetätigt
3 Bedienknopf
4 Scheibensauger

Bild 3.258: Prinzip des Haftsaugers

Das Lüften des Saugers kann auch fernbetätigt erfolgen, wenn dafür ein zusätzlicher Aktor eingebaut wird. Bei der Konstruktion nach **Bild 3.259** wurde ein Elektromagnet eingesetzt. Beim Aufpressen des Saugers wird der Innenkolben nach oben gedrückt, so dass die Luft entweichen kann. Beim Lösen wird der Innenkolben durch Magnetkraft angehoben, worauf der Luftkanal mit der Umgebung kurzgeschlossen wird.

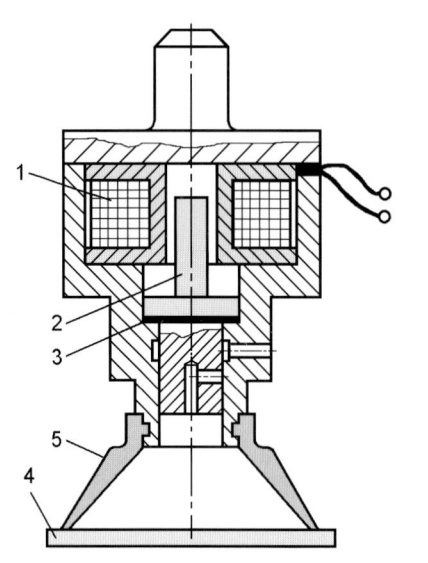

1 Zugmagnet
2 Kolben
3 Dichtring
4 Greifobjekt
5 Sauger

Bild 3.259: Haftsaugergreifer mit Magnetlüftung

Eine andere konstruktive Ausführung mit einem Handhebelventil wird in **Bild 3.260** gezeigt. Das Prinzip ist hier nicht anders. Unter dem Sauger entsteht ein Vakuum, wenn er auf das Objekt aufgepresst wird. Der Ventilkegel ist federbelastet und wird per Hand gelüftet, wenn das Objekt freigegeben werden soll.

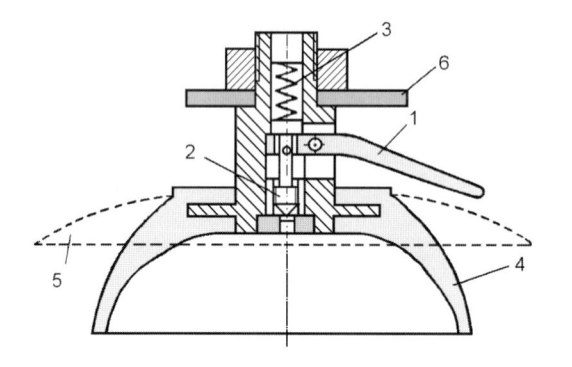

1 Belüftungshebel
2 Ventilkegel
3 Druckfeder
4 Sauger
5 Formänderung des Saugers im angepressten Zustand
6 Arm der Handhabungseinrichtung

Bild 3.260: Haftsauger mit Ventilhebel

Als Vakuumerzeuger kann auch die Schwerkraft herangezogen werden. Einige Konstruktionen werden in **Bild 3.261** gezeigt. Zu unterscheiden sind Balg- bzw. Rollbalg- und Kolbensysteme. Nach dem Aufsetzen des Saugers wird mit dem Hebezeug eine vertikale Kraft F_H aufgebracht, die zur Volumenvergrößerung unter dem Sauger führt. Dadurch entsteht ein Unterdruck, der das Teil festhält. Beim Aufsetzen der Last wird dieser Zustand wieder aufgehoben und das Teil löst sich. Solche Greifer werden gern im Outdoor-Bereich oder in Lagern verwendet, weil eine Energieleitung für die Erzeugung einer Haltekraft nicht benötigt wird. Man muss aber einige Forderungen an die Objektoberflächen stellen. Poröse, unebene, staubige und stark verzunderte Griffflächen am Handhabungsgut sind für solche Greifer nicht geeignet.

3.2 Pneumatische Greifer

1 Dichtring bzw. Dichtlippe
2 Gummimembran
3 Gummiring
4 Signalgeber
5 Hubkolben
6 Werkstück
7 Kolben-Zugstange
8 Zwischenring

F_H Hubkraft
m Masse
g Erdbeschleunigung

Bild 3.261: Ausführungsbeispiele für Haftsauger mit Schwerkraftantrieb

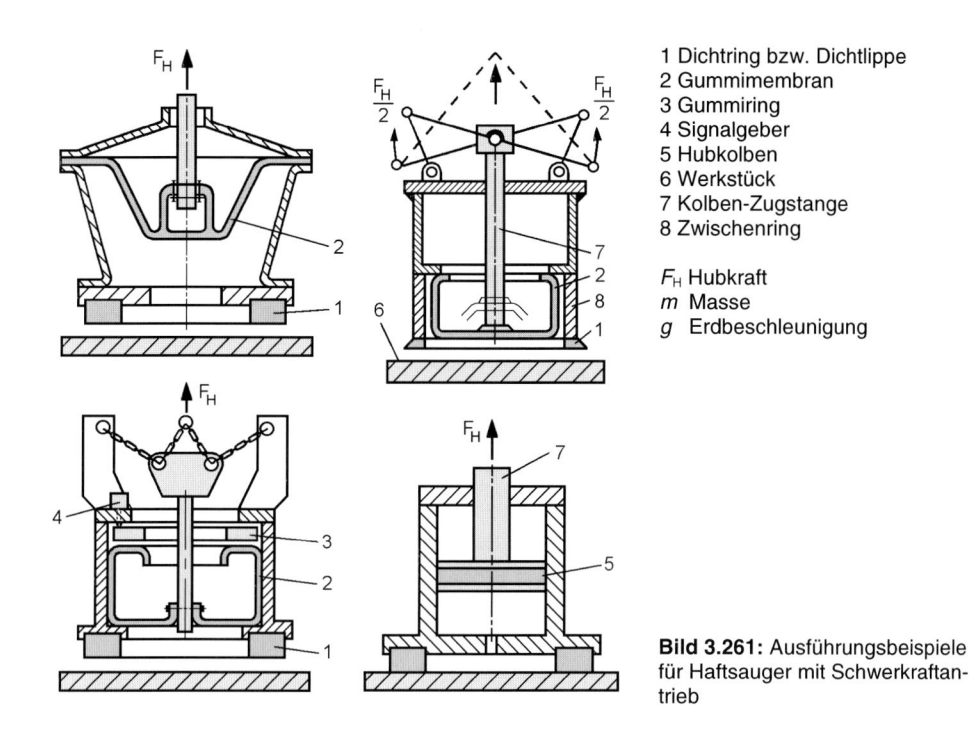

Die erreichbaren Haltekräfte kann man in erster Näherung aus dem Diagramm nach **Bild 3.262** entnehmen. Die Angaben gelten für geschliffene Griffflächen mit einer Rauigkeit von ≤ 5 μm.

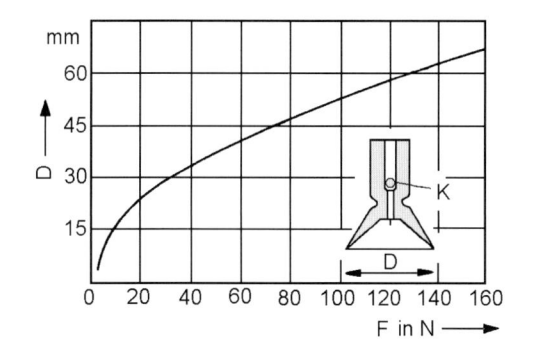

D wirksamer Saugdurchmesser
F Haftkraft
K Kugelverschluss

Bild 3.262: Saugverhalten von Haftsaugern

3.2.2.4 Luftstromgreifer

Wird ein Körper durch einen Luftstrahl angeblasen und befindet sich der Körper relativ nahe der Düse, entsteht ein Ansaugeffekt der als aerodynamisches Paradoxon bezeichnet wird. Durch die Stromlinienverengung zwischen Bauteil und Greifer ergibt sich ein Unterdruck, der das Werkstück gegen ein Luftpolster unterhalb des Greifers drückt. Dieser Effekt bildet sich nur dann aus, wenn eine Gegenplatte vorhanden ist, so dass sich zwischen

Greifobjekt und Düse ein Spalt ausbilden kann. Das **Bild 3.263** zeigt ein Beispiel für einen Luftstromgreifer (auch als *Bernoulli-Greifeinheit* bezeichnet), zum Beispiel für das Halten von Waferscheiben [3-58], bei dem diese Bedingungen eingehalten sind.

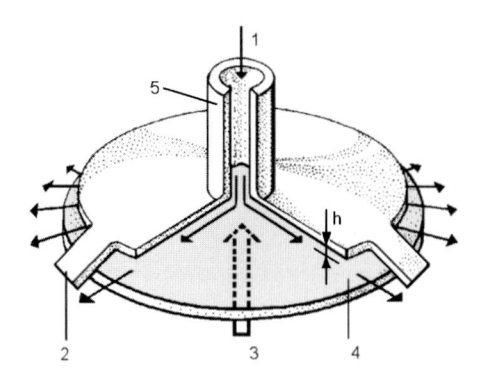

1 Druckluft
2 Zentrierelement
3 Haltekraft
4 Werkstück
5 Düse
h Spalthöhe

Bild 3.263: Luftstromgreifer

Der physikalische Effekt des Anströmparadoxons kann mit Hilfe des analytischen Zusammenhangs nach *Bernoulli* begründet werden. Es gilt für den pneumatischen Kraftschluss:

$$\rho \frac{v_1^2}{2} + p_{Düse} = 2 \cdot \rho \frac{v_2^2}{2} + p_{Spalt} \qquad (3.88)$$

v_1 Strömungsgeschwindigkeit in der Düse
v_2 Strömungsgeschwindigkeit der Luft im Spalt
$p_{Düse}$ Druck in der Düse
p_{Spalt} Druck im Spalt
ρ Dichte der Luft

Unter der Annahme der Massenkontinuität folgt aus der Gleichung (3.88) der analytische Zusammenhang für den Druck im Spalt wie folgt:

$$p_{Spalt} = p_{Düse} + \frac{m^2}{2 \cdot b^2 \cdot \rho} \left(\frac{1}{d^2} - \frac{1}{2 \cdot h^2} \right) \qquad (3.89)$$

m Masse
b Düsenbreite
h Spalthöhe
d Düsendurchmesser

Sinkt nun der Druck im Spalt unter den Umgebungsdruck, resultiert daraus eine anziehende Haltekraft, die das Objekt nahe der Düsenplatte festhält. Es können auf diese Weise dünne (leichte) empfindliche Teile in Scheibenform gehalten werden. Dieses Prinzip wird auch für das Aufnehmen großer Papier- oder Folienscheiben verwendet. Der Luftstrom muss während des gesamten Handhabungsvorganges aufrechterhalten werden. Für dieses Prinzip gibt es verschiedene Modifikationen. So zeigt das **Bild 3.264** einen Luftstromgreifer, bei dem zusätzlich eine Schrägstrahldüse eingebracht ist. Diese erzeugt einen kleinen

3.2 Pneumatische Greifer

Kraftimpuls in Richtung des Anschlags. Damit wird das Greifobjekt an der Düsenplatte ausgerichtet und gelangt in eine definierte Position.

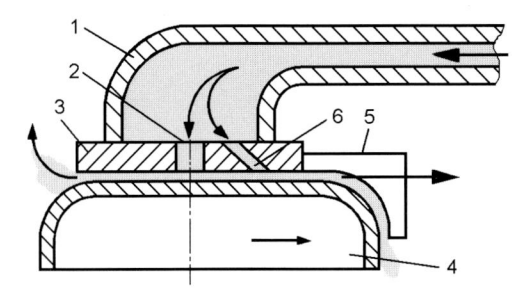

1 Luftkanal
2 Düse
3 Düsenplatte
4 Werkstück
5 Anschlagnase
6 Schrägstrahldüse

Bild 3.264: Luftstromgreifer mit Ausrichtdüse

Bei der Greiferkonstruktion nach **Bild 3.265** erfolgt die Wirkung auf das Greifobjekt nur indirekt. Die ausströmende Luft erzeugt zwischen den Blattfedern einen Unterdruck, so dass sich die Greifbacken schließen und das Werkstück festhalten. Außerdem entsteht an der Lochplatte eine gewisse Sogwirkung, die den Halteeffekt unterstützt. Die erzeugbaren Greifkräfte sind allerdings gering. Grundsätzlich sind die Luftstromgreifer äußerst einfach aufgebaut und enthalten keine beweglich gelagerten Einzelteile.

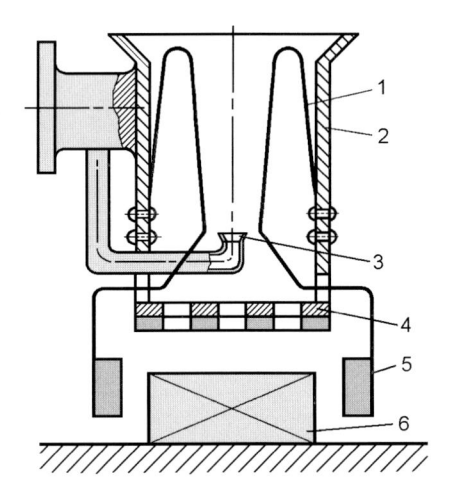

1 Blattfeder
2 Greifergehäuse
3 Düse
4 Lochplatte
5 Greifbacke
6 Greifobjekt

Bild 3.265: Backengreifer mit Luftstromantrieb

Ein anderer, wenn auch sehr schwieriger Anwendungsbereich wäre das Greifen textiler Flächengebilde mit einer bestimmten Luftdurchlässigkeit vom Stapel, wobei natürlich auch ein Vereinzeln inbegriffen ist. Das **Bild 3.266** zeigt dazu einen Greifkopf. Der Erfolg hängt davon ab, wie groß die Porosität ist, ob weitere Teile mechanisch anhaften können (Haarigkeit), Flächenmasse des Werkstoffs und Dicke, Eigenschaften der Luft (Dichte, Druck, Geschwindigkeit), geometrische Abmessungen des Stapels und andere Einflussgrößen.

Die Berechnung dieses Systems ist nicht einfach. In [3-59] wird eine Unterteilung in die Teilsysteme „Massestrom" und „Filterströmung" empfohlen. Zur Lösung der sich ergebenden gekoppelten Differentialgleichungen wird eine ingenieurmäßige Lösungsmöglichkeit mit Hilfe der Elektroanalogie gesehen.

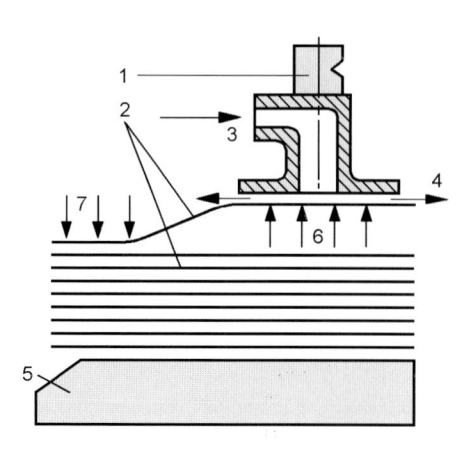

1 Greiferkopf
2 textiles Flächengebilde
3 Druckluftzufuhr
4 ausströmende Luft
5 luftundurchlässiger Tisch
6 Unterdruckbereich
7 atmosphärischer Druckbereich

Bild 3.266: Vereinzeln von porösen textilen Flächenstücken

3.3 Elektrische Haftgreifer

3.3.1 Magnethaftgreifer

3.3.1.1 Permanentmagnetgreifer

Diese Greifer sind überaus einfach aufgebaut. Speziell gestaltete Magnete können in einem mechanischen Schaltmechanismus eingebaut sein, wie man es in **Bild 3.267** sehen kann. Damit lässt sich der magnetische Fluss aufgabengerecht lenken [3-60] [3-61], also schalten. Damit wird das Objekt freigegeben (**Bild 3.267b**).

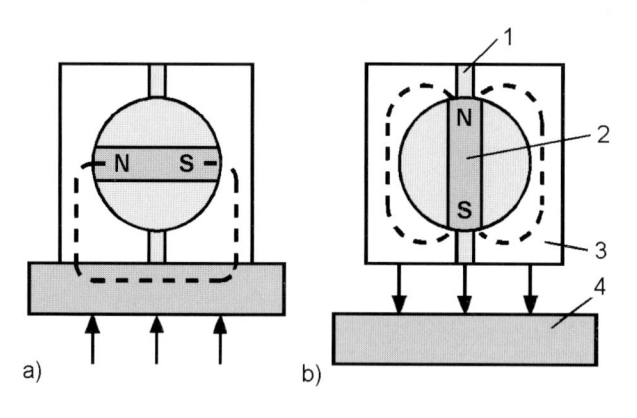

1 unmagnetisches Material
2 Permanentmagnet
3 ferromagnetisches Gehäuse
4 Greifobjekt

Bild 3.267: Mechanische Magnetfluss-Lenkung

a) Objekt gegriffen
b) Objekt freigegeben,

Ein anderer Weg wäre das Abdrücken des Werkstückes gegen die Magnetkraft. Dafür muss der Greifer aber mit einem gesonderten Abdrückmechanismus versehen sein. Das **Bild 3.268** zeigt dazu eine einfache Ausführung als Beispiel. Daraus ergeben sich aber auch einige prinzipbedingte Nachteile: Die Teile springen den Magnet an, was zu Positionsverlagerungen führt und beim Abdrücken kommt es zu weiteren Positionsungenauigkeiten. Außerdem hängt die Haftkraft stark vom Luftspalt ab. Das trifft allerdings auch auf Elektromagnetgreifer zu.

3.3 Elektrische Haftgreifer

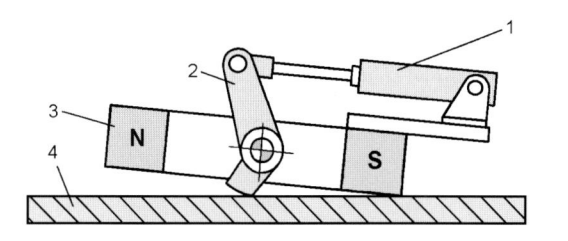

1 Pneumatikzylinder
2 Abdrückhebel
3 Magnet
4 Werkstück

Bild 3.268: Prinzip eines Permanentmagnetgreifers

Das **Bild 3.269** zeigt die Konstruktion eines Dauermagnetgreifers für Blechzuschnitte. Die Magnete sind hier gefedert, damit sie sich am Blech gleichmäßig plan anlegen können. Weil das Magnetfeld nicht abschaltbar ist, muss ein Abdrückelement vorgesehen werden. Das Abdrücken geschieht zwangsweise am Ort des Ablegens. Eine Stellschraube setzt auf einen externen festen Anschlag auf und bewegt damit den Hebel, an dem die Abdrückplatte befestigt ist. Das Halten von Teilen am Magneten ist nicht sehr genau. Beim Aufnehmen und beim Trennen vom Magneten treten meistens Lageänderungen auf, wenn nicht besondere Vorkehrungen getroffen werden.

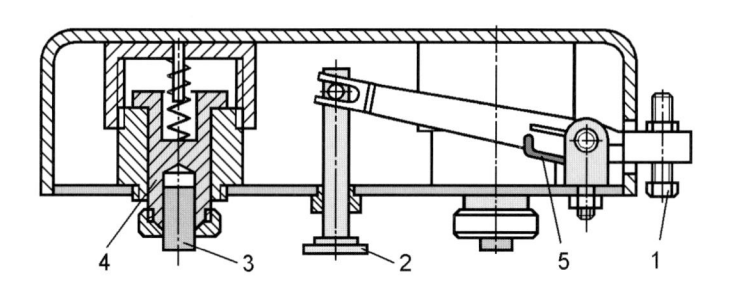

1 Einstellschraube für Abdrückhebel
2 Abdrückplatte
3 Permanentmagnet
4 gefederte Führungshülse zum Höhenausgleich
5 Torsionsfeder

Bild 3.269: Aufbau eines Dauermagnetgreifers

In **Bild 3.270** werden einige Greifmagnete (Flachhaftgreifer) gezeigt, die in verschiedenen, meist zylindrischen, Bauformen handelsüblich sind. Nur eine Fläche ist als magnetische Anziehungsfläche ausgebildet. Durch diese Konstruktionsart wird die weitere Streuung des Magnetfeldes eingeschränkt, so dass Werkstücke oder Maschinenteile in der Umgebung des Greifmagneten nicht magnetisiert werden.

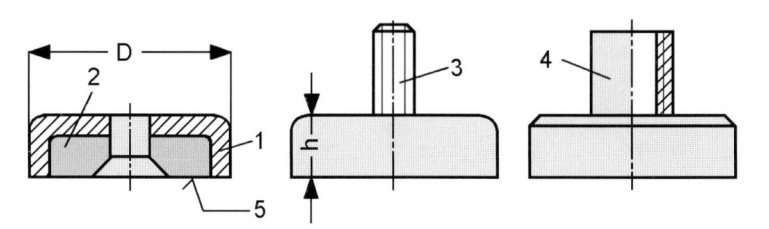

1 Weicheisentopf
2 Permanentmagnet
3 Gewindestift
4 Gewindebuchse
5 Haftfläche

Bild 3.270: Dauermagnetformen (*Welter*)

Greifmagnete behalten ihre magnetische Kraft nahezu unbegrenzt bei. Nur durch höhere Temperaturen und externe Magnetfelder kann die Magnetfeldstärke negativ beeinflusst werden. Keramische Magnete sind bis etwa 100 °C einsetzbar. Zur Orientierung werden nachfolgend die erreichbaren Haftkräfte angegeben (Bauform gemäß Bild 3.270).

Durchmesser D in mm	Höhe h in mm	Haftkraft in N
10	4,5	4
16	4,5	20
32	7,0	80
40	8,0	110
50	10,0	200
63	14	320
100	22	900

AlNiCo Greifmagnete halten Temperaturen sogar bis 450 °C aus. Samarium-Kobalt-Magnete sind klein und stark und dürfen bis etwa 200 °C beansprucht werden. Für Einsätze z.B. in der chemischen Industrie können die Magneten zum Schutz noch mit einem Spezialfilm beschichtet werden.

In **Bild 3.271** wird ein Permanentmagnetgreifer für dünne Bleche gezeigt, der für verschiedene Betriebsweisen ausgelegt werden kann. Alle Anstrengungen sind dabei darauf gerichtet, eventuell anhaftende Doppelbleche loszuwerden.

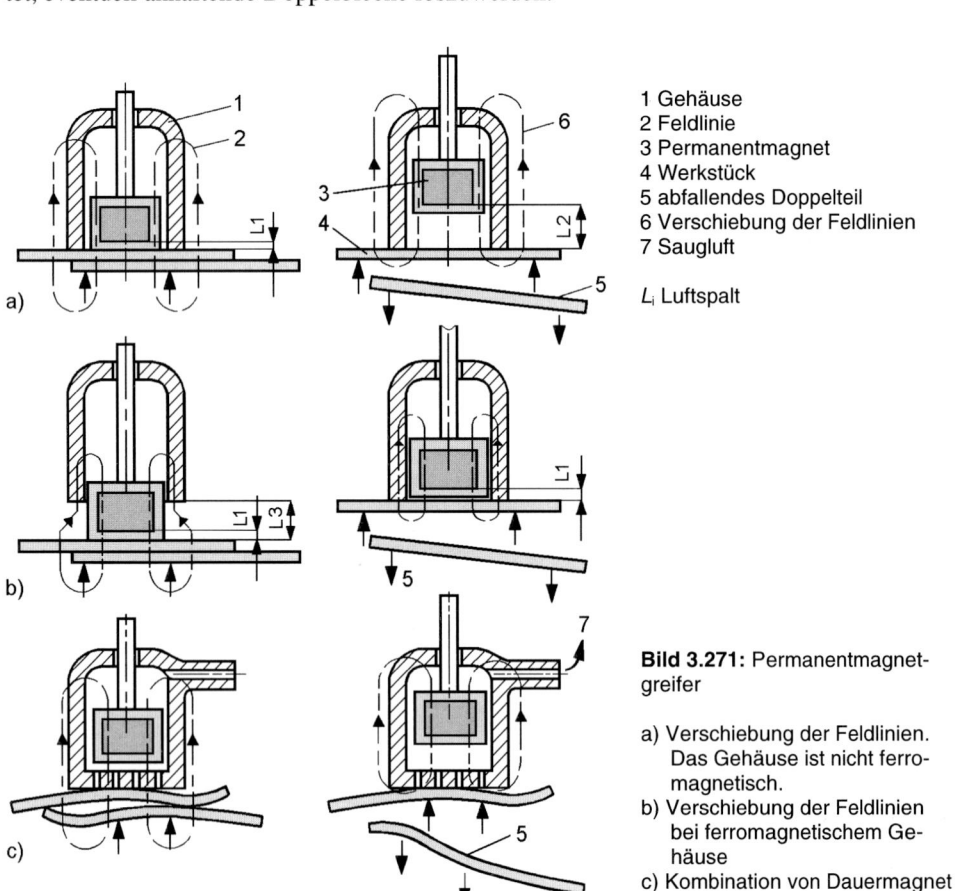

1 Gehäuse
2 Feldlinie
3 Permanentmagnet
4 Werkstück
5 abfallendes Doppelteil
6 Verschiebung der Feldlinien
7 Saugluft

L_i Luftspalt

Bild 3.271: Permanentmagnetgreifer

a) Verschiebung der Feldlinien. Das Gehäuse ist nicht ferromagnetisch.
b) Verschiebung der Feldlinien bei ferromagnetischem Gehäuse
c) Kombination von Dauermagnet und Vakuum

3.3 Elektrische Haftgreifer

Bei der Lösung nach **Bild 3.271a** wird der Magnet auf den Blechstapel aufgesetzt. Dann wird er angehoben, wobei sich die Feldlinien derart verschieben, dass ein zweites Blech abfällt. Das Greifergehäuse ist aus Aluminium oder Messing.

Ist das Gehäuse ferromagnetisch, dann werden die Feldlinien im Gehäuse geführt. Interessant sind Kombinationen von Magnetfeldern und Vakuum. Dieser Weg wird bei der Lösung nach **Bild 3.271c** beschritten. Der Magnet wird zurückgefahren und gleichzeitig wird das Vakuum zugeschaltet. Das Blech, das auch etwas verwölbt sein darf, wird schließlich nur noch vom Vakuum gehalten. Ein Doppelblech fällt in jedem Fall ab. Das ist eine sichere Variante.

Um das „Anspringen" von Werkstücken an den Magneten zu verhindern, kann man das Magnetfeld verschieben, wie bereits in Bild 3.271 vorgestellt. Das geschieht bei dem in **Bild 3.272** dargestellte Permanentmagnetgreifer pneumatisch. Der Greifer setzt zunächst auf das Werkstück auf. Das Magnetfeld ist in dieser Phase noch nicht wirksam. Dann wird der Kolben bewegt. Der Magnet hält nun das Greifobjekt. Eine Anpassung des Polschuhs ist ebenfalls möglich. Man kann das Lösen des Werkstücks vom Magneten noch unterstützen, wenn der Zylinderboden mit Blasdüsen versehen wird. Wenn das „Anspringen" des Werkstücks beim Annähern des Greifers nicht stört (führt aber zu geringerer Positioniergenauigkeit), dann muss der Pneumatikzylinder nicht doppeltwirkend sein. Der Kolbenabwärtshub wird dann durch eine Druckfeder realisiert. Der Zylinder dient dann nur zum Lösen des Objekts vom Greifer, indem das Magnetfeld (der Magnet) hochgefahren wird.

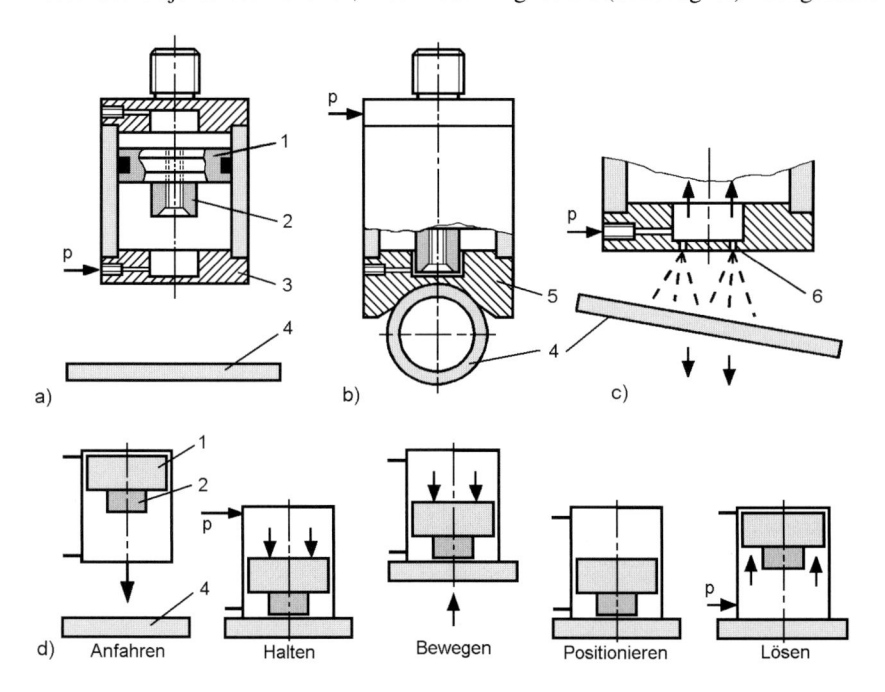

Bild 3.272: Dauermagnetgreifer mit verschiebbarem Magnetfeld
a) Magnetgreifer im Schnitt, b) Zylinderboden als Formaufnahme, c) Lösen vom Magneten mit gleichzeitigem Abblasen, d) Handhabungssequenz, 1 Kolben, 2 Dauermagnet, 3 Messingdeckel, 4 Werkstück, 5 Formplatte aus Messing, 6 Messing-Düsenplatte, p Druckluftzufuhr

3.3.1.2 Elektromagnetgreifer

Elektromagnetgreifer halten ein Werkstück durch intermolekulare Kräfte, die beim Einschalten des Stromes entstehen. Sie haben den Vorteil, dass sie elektrisch gesteuert werden können. Die Festhaltekraft F kann bei einem ferromagnetischen Werkstück wie folgt bestimmt werden:

$$F = B \cdot I \cdot l \quad \text{in N} \tag{3.90}$$

F	Haltekraft in N
B	Flussdichte in Vs/m^2
I	Strom durch die Spule in A
l	Länge der magnetischen Feldlinien in den Windungen der Spule in m

Das **Bild 3.273** zeigt den Aufbau eines Topfmagneten.

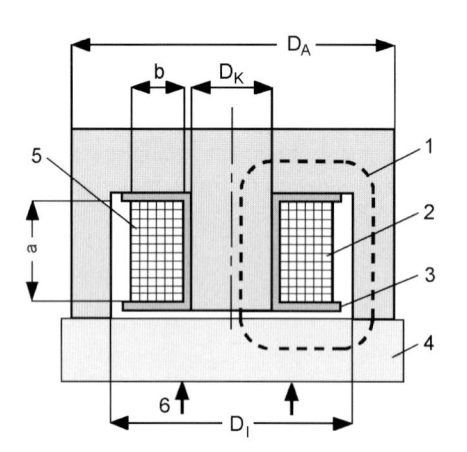

1 Umlaufweg der magnetischen Feldlinien
2 Spule mit n-Windungen
3 Spulenkörper
4 ferromagnetisches Werkstück
5 Wickelquerschnitt $a \cdot b$
6 Festhaltekraft

Bild 3.273: Elektrischer Topfmagnet

Die Flussdichte B erhält man aus folgender Beziehung

$$B = \mu_0 \cdot \mu_r \cdot H = \frac{\Phi}{A} \tag{3.91}$$

μ_0	Permeabilität an Luft ($4 \cdot \pi \cdot 10^{-7}$ H/m)
μ_r	relative Permeabilität
H	magnetische Feldstärke in A/m
Φ	magnetischer Fluss in V·s
A	Feldquerschnitt in m^2

Die Gleichung (3.91) geht davon aus, dass die Beziehung zwischen B und H linear ist. Tatsächlich kann eine erhebliche Hysterese existieren, besonders wenn der magnetische Kern eine Sättigung erreicht. Darauf soll aber nicht weiter eingegangen werden.

Die Feldstärke H ergibt sich aus der folgenden Gleichung:

3.3 Elektrische Haftgreifer

$$H = \frac{w \cdot I}{p} \qquad (3.92)$$

w   Windungszahl der Spule
p   Feldlinienlänge in m

Kombiniert man die Gleichungen (3.90) bis (3.92) miteinander, so lässt sich schreiben:

$$F = \frac{\mu_0 \cdot \mu_r \cdot w \cdot I^2 \cdot l}{p} \qquad (3.93)$$

Der Quotient aus Kraft F und Feldquerschnitt A ergibt die Beziehung für den Festhaltedruck σ wie folgt (μ ist Produkt aus μ_0 und μ_r)

$$\sigma = \frac{\mu \cdot w \cdot I^2 \cdot l}{p \cdot A} \qquad (3.94)$$

Das gilt nur in jenen Fällen, wo die relative Permeabilität μ_r des Greifobjektes gleich groß ist, wie die vom Magnetkern. Während bestimmte *Permalloys* (magnetisch sehr ansprechbare Nickel-Eisen-Legierung) ein μ_r von 70 000 haben können, bringen es Objektmaterialien wie Eisen auf ein μ_r im Bereich von 1000 [3-62]. Die Gleichung (3.94) gibt den maximal verfügbaren Festhaltedruck an, ohne dabei Inhomogenitäten in der Objektpermeabilität oder im Oberflächenprofil zu berücksichtigen. Als Beispiel wird in **Bild 3.274** die Magnetisierungskurve für ein Greifobjekt aus Grauguss gezeigt, als Funktion von Flussdichte B und magnetischer Feldstärke H.

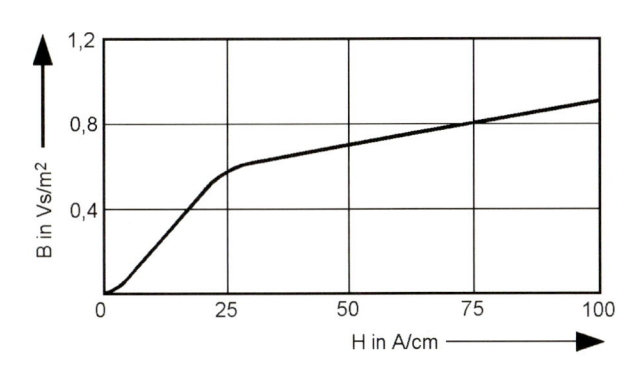

Bild 3.274: Magnetisierungskurve für Grauguss

Beispiel

Für einen Magnetgreifer von 5 cm Durchmesser und einer Spule mit w = 2000 Windungen soll die Greifkraft F bestimmt werden. Weitere technische Angaben sind:

- Länge l der magnetischen Feldlinien l = 6 cm
- Feldlinienlänge p = 12 cm (enthalten sind 2 cm durch das Greifobjekt)
- Permeabilität des Kerns μ_r = 20 000
- Gleichstromversorgung 24 V und 1 A
- relative Permeabilität von Eisen μ_r = 1 000

$$F = \frac{4 \cdot \pi \cdot 10^{-7} \cdot 2 \cdot 10^3 \cdot 1^2 \cdot 6 \cdot 10^{-2} \cdot 2 \cdot 10^4}{12 \cdot 10^{-2}} = 25\ N$$

Ist die Feldlinienlänge 2 cm bei $\mu_r = 1\ 000$ und 10 cm bei $\mu_r = 20\ 000$, so reduziert sich die Festhaltekraft auf F'

$$F' = \frac{R_1}{R_2} \cdot F \qquad (3.95)$$

wobei sich der magnetische Widerstand wie folgt ergibt

$$R = \frac{p}{\mu \cdot A} \qquad (3.96)$$

Nimmt man an, dass die Feldlinienlängen die gleichen sind (was nicht immer zutrifft), so erhält man

$$F' = \frac{\dfrac{12}{20000}}{\dfrac{10}{20000} + \dfrac{2}{1000}} = 0{,}24 \cdot 25 = 6\ N$$

Der Energieverbrauch berechnet sich aus

$$P = I^2 \cdot R \qquad (3.97)$$

Setzt man nun (3.94) und (3.97) in (3.91) ein, so ergibt sich für den „Fluss" Q folgende Beziehung

$$Q = \frac{P}{\sigma} = \frac{R \cdot p \cdot A}{\mu \cdot w \cdot l} \qquad (3.98)$$

Interessant ist, dass Q die gleiche Dimension wie bei der Vakuumhafttechnik aufweist, obwohl das Q nun nicht mehr den Sinn eines Volumenstromes hat. Er ist aber als Bild zur Darstellung und zum Vergleich der relativen Greiferleistung zu gebrauchen und stellt das Verhältnis von Energieverbrauch und Druck dar.

Für den Magnetkern kann bei gegebenem Feldquerschnitt A der totale magnetische Fluss Φ abgeleitet werden. Es gilt:

$$\phi = B \cdot A = \frac{\mu \cdot w \cdot I \cdot A}{p} \qquad (3.99)$$

Damit kommt man zu einer Gleichung für die Induktivität L einer Spule wie folgt:

3.3 Elektrische Haftgreifer

$$L = \frac{w \cdot \phi}{I} = \frac{\mu \cdot w^2 \cdot A}{p} \qquad (3.100)$$

und der elektrische Widerstand R mit einem spezifischen Widerstand ρ und der Querschnittsfläche A_c wird

$$R = \frac{\rho \cdot L \cdot w}{A_c} \qquad (3.101)$$

Aus den Beziehungen (3.100) und (3.101) kann man nun die Zeitkonstante τ für den Greifer ermitteln.

$$\tau = \frac{L}{R} \qquad (3.102)$$

Der Stromfluss durch den elektromagnetischen Greifer nach erfolgtem Einschalten ergibt sich aus der folgenden Gleichung

$$I = I_s \left(1 - e^{-t/\tau}\right) \qquad (3.103)$$

I_S Einschaltstrom

Der Einschaltstrom ist für den Energieverbrauch gemäß (3.97) verantwortlich. Damit kommt man zu einem Durchfluss Q wie folgt:

$$Q = Q_S \cdot \left(1 - e^{-t/\tau}\right) \qquad (3.104)$$

Der Stromabfall und die entsprechende Strömungsrate lässt sich mit den folgenden Gleichungen ermitteln:

$$I = I_S \cdot e^{-t/\tau} \qquad (3.105)$$

$$Q = Q_S \cdot e^{-t/\tau} \qquad (3.106)$$

Um die Schaltung vor einer großen rückwirkenden elektromagnetischen Kraft zu schützen, können besondere schaltungstechnische Vorkehrungen notwendig werden.

Will man nach Gleichung (3.93) die Haltekraft erhöhen, so ist der Stromfluss zu erhöhen, was aber nach (3.97) zu einer erhöhten Verlustleistung führt. Wird die Anzahl der Windungen erhöht, verbessert sich zwar die Haltekraft, aber auf Kosten einer höheren Induktivität (3.100) und in der Folge wird die Zeitkonstante länger (3.102). Aus der Gleichung (3.101) kann man sehen, dass die Windungszahl w direkt proportional zu R ist. Ist die Anzahl der Windungen größer, dann muss die Querschnittsfläche für eine gegebene Spulengröße kleiner sein. Das grenzt den zulässigen Strom ein, ist aber oft wirkungsvoller als den Strom einfach bei einer Spule mit weniger Windungen zu steigern. Spulen mit vielen Windungen sind teurer, was in der Praxis einen einschränkenden Faktor darstellt.

Setzt man die Betrachtungen zu den Beispielsangeben fort, so erhält man eine Vorstellung für den „Durchfluss" Q. Die Zeitkonstante τ soll ebenfalls ermittelt werden, wenn ein Eisenobjekt gegriffen wird. Der elektrische Widerstand der Spule ist $R = U/I = 24\ \Omega$. Nach Gleichung (3.97) wird $P = I^2 \cdot R = 24$ W. Für einen Greifdurchmesser von 5 cm ergibt sich eine Haftfläche A von $A = \pi \cdot r^2 = 19{,}6$ cm^2. Damit wird der Haftdruck $\sigma = 6/(19{,}6 \cdot 10^{-4}) = 3061$ N/m^2. Der Durchfluss als relative Leistung Q wird damit $Q \approx 24/3061 \approx 0{,}008$ m^3/s. Die maximale Induktivität ist nun nach (3.100) berechenbar zu

$$L = \frac{4 \cdot \pi \cdot 10^{-7} \cdot 2 \cdot 10^4 \cdot 4 \cdot 10^6 \cdot 1{,}96 \cdot 10^{-4}}{12 \cdot 10^{-2}} = 164\ H = 164\ Vs/A$$

Wenn aber ein Eisenobjekt verwendet wird, dann ergibt sich nach (3.95)

$L = 0{,}24 \cdot 164 = 39{,}4$ H.

Die Zeitkonstante τ wird damit nach (3.102)

$$\tau = \frac{39{,}4}{24} = 1{,}64\ s$$

Nach dem Einschalten des elektrischen Stromes werden 1,64 Sekunden benötigt, bis der magnetische Fluss voll aufgebaut ist. Ebenso wird diese Zeit nochmals für das Freigeben gebraucht. Das ist normalerweise kein Problem. In der Montageautomatisierung und bei schnellen Pick-and-Place Geräten sind diese Zeiten aber oft unakzeptabel. Die Werte für τ berücksichtigen übrigens nicht die Wirkung von Restmagnetismus. Dieser Effekt macht sich besonders bei kleinen Objekten bemerkbar und vor allem dann, wenn der Greifer mit Gleichstrom betrieben wird. Eine Gegenmaßnahme ist die Anbringung einer etwa einige hundert Mikrometer dicke Polymerfolie auf der Greifoberfläche.

Weitere Darlegungen zur Auslegung von Elektromagnetgreifern finden sich in [3-63] und [3-64].

Die Vorteile des Elektromagnetgreifers sind:

- Einfacher Aufbau; keine mechanischen Antriebe erforderlich; kleine Baugröße
- Unkomplizierte Energiezuführung (bei Dauermagneten keine)
- Unabhängigkeit von der Lage der Schwerachse des Greifobjekts durch Kraftpaarung über eine gewisse Länge
- Kein Kraftverlust durch Reibung in Getrieben und Gelenken
- Für verschiedene Greifobjekte einsetzbar, da nicht durch strenge Formpaarung nur auf ein Objekt zugeschnitten
- Von Ferne steuerbar

Nachteile sind vor allem folgende:

- Nur bei Eisenwerkstoffen einsetzbar
- Haften („Kleben") nach dem Abschalten durch Restmagnetismus (Remanenz). Das wird mit Vorgabe eines geringen Luftspaltes durch Beschichten der Polflächen ver-

3.3 Elektrische Haftgreifer

hindert. Möglich ist auch die elektronische Abmagnetisierung gegen das Anziehen von Kleinteilchen
- Ablösen des Greifobjekts vom Greifer bei Stromausfall; Sicherheits-Energie muss vorrätig gehalten werden. Bei Dauermagneten trifft das nicht zu. Allerdings sind dann Ausstoßer bzw. Abdrückmechanismen erforderlich.
- Relativ große Masse
- Ohne Hilfsmittel ist eine genaue Position der Teile am Magneten nicht erreichbar. Zentriereffekte erfordern Zentrierhilfen und gewährleisten nicht die gleiche Genauigkeit wie z.B. Dreifingergreifer.
- Griffunsicherheit bei dünnen Teilen (Doppelblech haftet an). Für die Handhabung von Blechen sind Vakuumgreifer universeller und sicherer als Magnete.
- Es gibt Werkstücke, die anschließend entmagnetisiert werden müssen. Vollständige Entmagnetisierung wird u.a. mit stützpunktgeregelter Durchflutungskurve zum Erzeugen des Entmagnetisierungsimpulses erreicht. Die Energiespitze wird nur für wenige Millisekunden aufgebaut.

Nachfolgend sollen einige konstruktive Ausführungen vorgestellt werden. Ein einfacher Greifer für die Aufnahme von Zahnrädern wird in **Bild 3.275** gezeigt. Die erreichbare Haftkraft am Magneten hängt von verschiedenen Faktoren ab. Das sind:

- Größe der Auflagefläche (Kontaktfläche) des Werkstücks,
- Werkstoffeigenschaften,
- Rauigkeit der Auflagefläche (Luftspalt),
- Prozentuale Belegung der magnetischen Haftfläche und
- Magnetische Feldstärke des Haftmagneten.

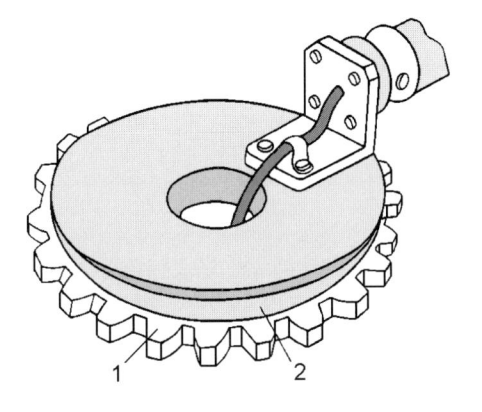

1 Werkstück
2 Elektromagnet

Bild 3.275: Elektromagnetgreifer für Zahnräder [3-65]

Werkstücke mit verschiedenen magnetischen Kennlinien ergeben bei gleichen Haftmagneten unterschiedliche Haftkräfte. Hierbei ist die Sättigungsinduktion eines Werkstoffes mitbestimmend für die obere Grenze der erreichbaren Haftkraft. Auskunft erteilt das Diagramm in **Bild 3.276**. Technisch reines Eisen ist mit dem Korrekturfaktor $f_w = 1$ angesetzt. Beimengungen von Kohlenstoff, Chrom, Nickel, Mangan, Molybdän, Kupfer u.a. vermindern die magnetische Leitfähigkeit. Außerdem ist zu beachten, dass auch bei gehärteten Werkstücken eine Haftkraftverminderung eintritt. Je höher der Härtegrad, desto schlechter die magnetische Leitfähigkeit.

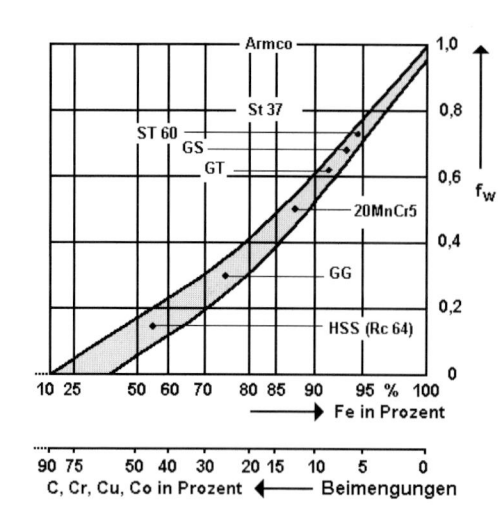

Bild 3.276: Abhängigkeit der magnetischen Haftkraft vom Werkstoff

f_w Korrekturfaktor
GG Gusseisen
GT Temperguss
GS Stahlguss
St Stahl

Beim Anfassen von sehr dünnen Blechen besteht die Gefahr, dass die Feldlinien durchtreten und ein zweites Blech packen. Um das zu verhindern wird beim Greifer nach **Bild 3.277** mit zwei Wirkprinzipen gearbeitet. Zunächst wird das Blechteil mit Vakuum angesaugt. Es genügt ein geringer Unterdruck. Nach dem Abheben wird das Magnetfeld zugeschaltet, so dass die Manipulation mit großen Beschleunigungen erfolgen kann. Damit lässt sich die Aufnahme von Doppelblechen vermeiden.

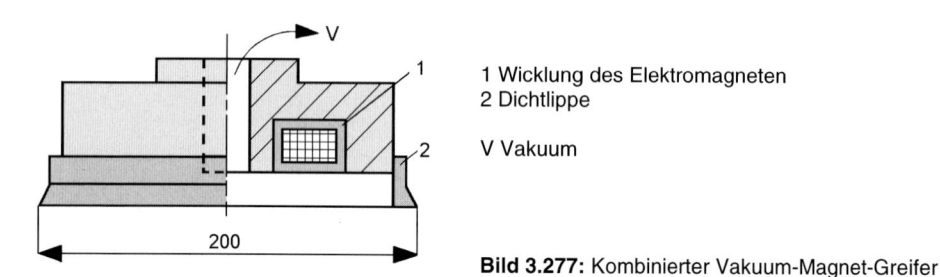

1 Wicklung des Elektromagneten
2 Dichtlippe

V Vakuum

Bild 3.277: Kombinierter Vakuum-Magnet-Greifer

Eine interessante Anwendung ist das Greifen von Eisen-, Edelstahl- und Aluminiumblechen ohne Greiferwechsel. Bei Stahlblechen addieren sich die Vakuum- und Magnethaltekräfte, bei leichteren Aluminiumblechen wirkt allein das Vakuum. Beim Ablegen von Eisenblechen hält die Magnetkraft das Objekt und ein Abblasventil baut inzwischen einen Überdruck auf. Schaltet man nun den Magnet aus, dann wird das Greifobjekt im Bruchteil einer Sekunde abgeworfen. In Firmen, die Bleche verarbeiten, kann man damit 90 bis 95 % aller Bleche ohne Umrüsten greifen, statt 75 %, die mit dem Vakuumsauger allein greifbar wären (*Goudsmit-Magnetics*).

Eine andere Lösung wird in **Bild 3.278** vorgeschlagen. Der Stift drückt gegen das oberste Blech und wölbt es etwas durch, so dass anklebende Bleche die Haftung verlieren und abfallen. Nachteilig ist natürlich, dass man zwei Energiearten benötigt, die außerdem gesteuert werden müssen. Beim Ablegen des Blechteils kann der Stift das Lösen vom Magnet unterstützen.

3.3 Elektrische Haftgreifer

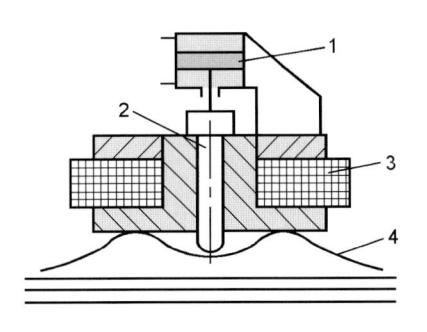

1 Kurzhubzylinder
2 Abdrückstift
3 Magnet
4 Blechteilestapel

Bild 3.278: Magnetgreifer mit Stift zum Durchwölben des Bleches

Die Elektrolastmagneten werden besonders für kleinere Platinen als Gleichstrommagneten ausgebildet. Ein Ausführungsbeispiel wird in **Bild 3.279** gezeigt. Nachteilig ist, dass man eine zusätzliche Gleichstromquelle benötigt. Um bei Ausfall der Energieversorgung das Abstürzen der Last zu vermeiden, sind außerdem Pufferbatterien erforderlich. Im Kern des Magneten ist auch hier ein Abdrückbolzen angeordnet, der nach dem Abschalten der Magnetkraft ein noch leicht „anklebendes" Blechteil (Restmagnetismus) absprengt. Die Federkraft ist einstellbar. Der Restmagnetismus lässt sich durch elektrische Gegenpolung vermeiden. Kern und Gehäuse sollen aus einem Teil bestehen, um parasitäre Luftspalte zu vermeiden. Jeder Luftspalt erhöht bekanntlich den magnetischen Widerstand erheblich und vermindert dadurch die magnetische Haftkraft. Ebenso sollen alle Querschnitte senkrecht zum Induktionsfluss gleichgroße Flächen aufweisen. Auch die Werkstückdichte hat großen Einfluss auf das Magnetfeld.

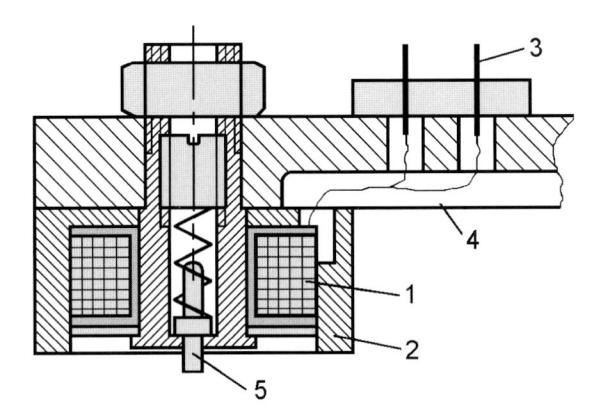

1 Wicklung
2 Gehäuse aus Stahl C15
3 Energieanschluss
4 Anschluss an eine Handhabungseinrichtung
5 Abdrückstift

Bild 3.279: Elektromagnetgreifer

Mit wachsender Blechdicke steigt übrigens die Tragfähigkeit eines Elektromagneten. Der sich einstellende Induktionsfluss wird durch die Sättigungsinduktion des Werkstückwerkstoffs begrenzt. Eine günstige Stromdichte ist ein Wert von 4 Ampere je Quadratmillimeter.

Durch besondere geometrische Gestaltung der Polschuhe des Magneten kann man auch Werkstücke mit besonders definierter Gestalt anfassen. Dazu zeigt das **Bild 3.280** zwei Beispiele. Der Elektromagnet ist gefedert. Nach dem Einschalten des Magneten wird die Aufnahmeposition auch magnetisch arretiert. Beim Ablegen wirken die Federn als Werkstückabstreifer.

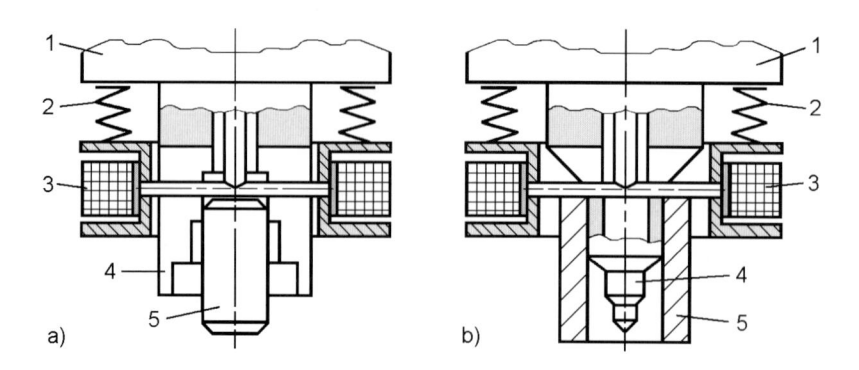

Bild 3.280: Elektromagnetgreifer mit angepassten Werkstückaufnahmen
a) Außengriff, b) Innengriff, 1 Greiferflansch, 2 Druckfeder, 3 Magnetspule, 4 Werkstückaufnahme, 5 Werkstück

Das **Bild 3.281** zeigt einige weitere Anpassungen der Polschuhe an das Greifobjekt. Die Magnetspulen und der Grundaufbau sind einheitlich. Die Greiferangriffsfläche ist aus Eisen oder einer Eisenlegierung. Bohrungen und Durchbrüche beeinträchtigen die Haltekraft nicht wesentlich, wenn sie nicht den überwiegenden Anteil der Fläche ausmachen. Späne führen zu Luftspalten, die die Haltekraft mindern.

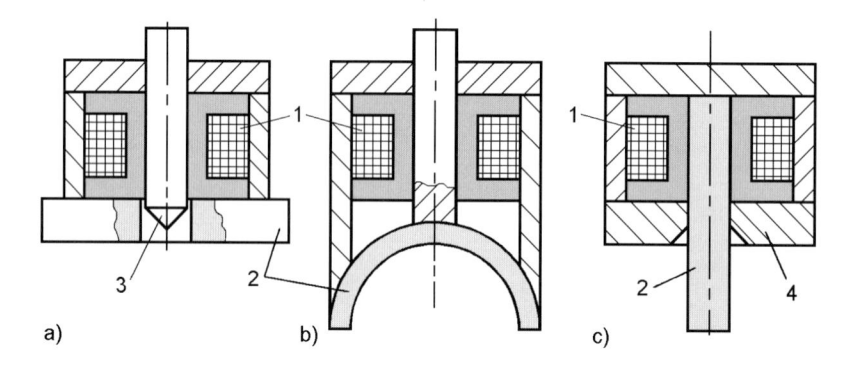

Bild 3.281: Elektromagnetgreifer für besondere Anwendungen
a) Zentrierspitze, b) Polschuh für gewölbte Objekte, c) Zapfengreifer, 1 Magnetspule, 2 Werkstück, 3 Zentrierstift, 4 Führungsplatte

Um auch den Magnetgreifer in der Werkstückform flexibel zu machen, hat man bereits in den 1970er Jahren entsprechende Ideen entwickelt. Der in **Bild 3.282** gezeigte Magnetpulvergreifer stammt aus Japan und wurde für das Aufnehmen von Gussstücken verwendet. Das Besondere des Greifers sind seine flexiblen Backen, die sich der Form des Werkstücks von selbst anpassen. Die Backen haben eine kissenähnliche Form und müssen die Feldlinien zum Greifobjekt durchlassen. Als Material für die Pulverkissen ist Leder, Kunstleder oder Stahlfasergewebe verwendbar. Nachteilig ist natürlich die Verletzbarkeit der elastischen Hülle durch spitze Gegenstände. Vielleicht lebt diese oft und gern zitierte Idee eines Tages unter Verwendung magnetischer Flüssigkeiten und neuer robuster Beutelwerkstoffe wieder einmal auf.

3.3 Elektrische Haftgreifer

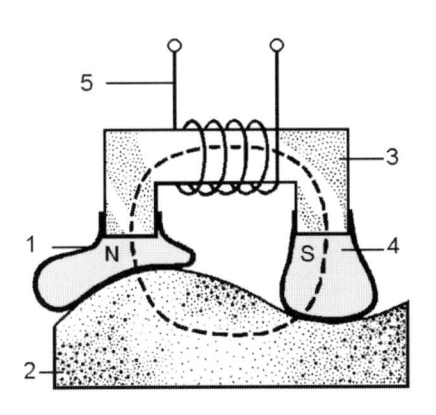

1 elastische Hülle
2 Greifobjekt
3 Magnetkern (Joch)
4 Eisenpulver oder magnetische Flüssigkeit
5 Anschlussleitung

N Nordpol
S Südpol

Bild 3.282: Magnetpulvergreifer (*Shinko-Electric, Japan*)

Bei dem in **Bild 3.283** gezeigten Greifer wird die Flexibilität dadurch erreicht, dass man die Polschuhe in einzeln bewegliche Elemente aufgelöst hat. Sie können sich beim Aufsetzen auf das Objekt anpassen, ehe die Magnetkraft eingeschaltet wird. Dann werden auch die Stäbe in ihrer Position fixiert. Man kann den Magneten mit 12 oder 24 V betreiben (Gleichspannung). Der Einsatz eines solchen Profil-Hebemagneten ist nur an dickem Material zulässig, welches sich beim Hebevorgang nicht biegen oder dehnen kann.

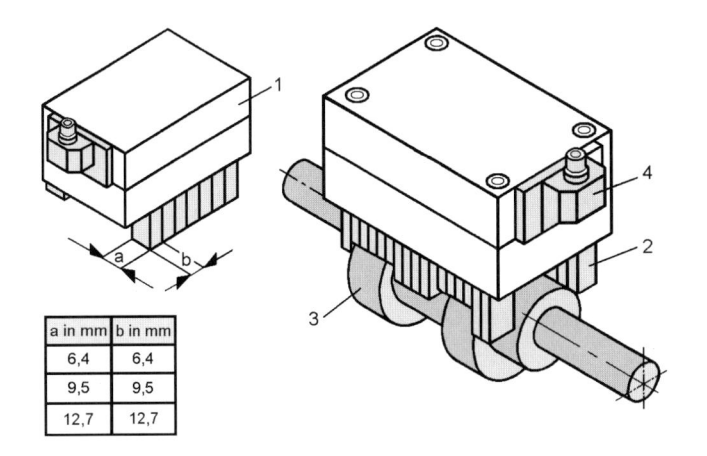

1 Magnetgehäuse aus Edelstahl
2 stabartige Polschuhe
3 Greifobjekt
4 Energieanschluss

a in mm	b in mm
6,4	6,4
9,5	9,5
12,7	12,7

Bild 3.283: Profilmagnet-Greifer (*Knight*)

Magnetgreifer können auch für das Halten mehrerer verschiedener Objekte oder von einem Objekt, das während eines Prozesses in verschiedenen Orientierungen vorliegt, ausgelegt werden.

Dazu zeigt das **Bild 3.284** ein Beispiel. Das Handhabeobjekt kann stehend oder liegend angefasst werden. Man hat den Greifer, bestehend aus Halbringen, die mit je vier Permanent-Elektro-Haftmagneten bestückt sind, mit entsprechenden Kontaktflächen versehen. Die Kontaktflächen sind jeweils die Gegenkontur zu den Griffflächen am Handhabeobjekt. Das Freigeben der Last erfordert das gleichzeitige Betätigen der Lösetaster (Zweihandschaltung), um Fingerquetschgefahren beim Absetzen auszuschließen. Weitere Greiferausführungen und die technischen Grundlagen der Balancertechnik finden sich in [3-66].

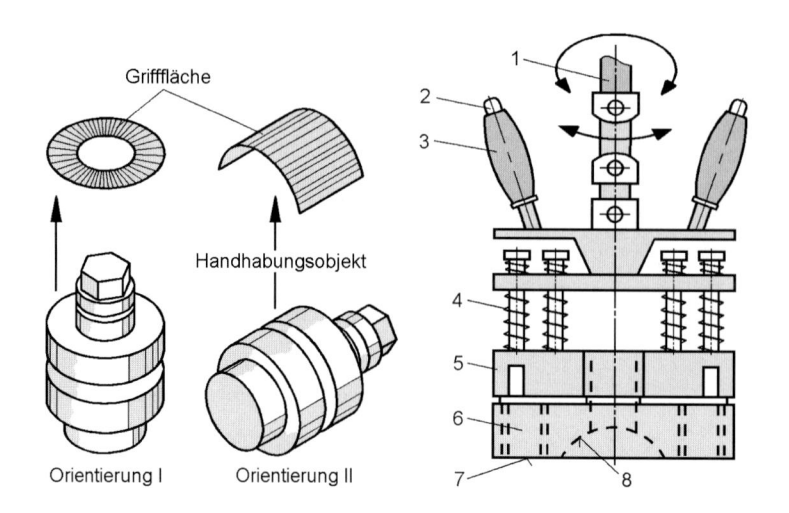

Bild 2.284: Manipulator-Magnetgreifer mit angepassten Polflächen (*Schmidt-Handling*)
1 Flachriemenbalancer, 2 Taster für Lösen in Zweihandausführung, 3 Handgriff, 4 Aufsetzfeder, 5 Magnetgreifer, 6 Permanent-Elektro-Haftmagnet, 7 Greiffläche bei Orientierung I, Greiffläche bei Orientierung II

Zur Ergänzung der Ausrüstung von Magnetgreifern gehören eine batteriegepufferte Stromversorgung, welche die Aufrechterhaltung der Haltekraft selbst bei einem plötzlichen Netzausfall sicherstellt sowie eventuell eine Entmagnetisierungseinrichtung. Der Ausfall der Netzversorgung muss zur automatischen Stillsetzung der Handhabungseinrichtung führen. Außerdem muss eine optische bzw. akustische Warnung ausgegeben werden. Die Restladung der Batterie muss überwacht werden, damit das Unterschreiten der Mindestgrenze bemerkt wird. Diese Maßnahmen sind besonders bei manuell geführten Manipulatoren mit Magnetgreifer unerlässlich.

3.3.1.3 Permanent-Elektromagnetgreifer

Häufig werden auch Permanent-Elektro-Haftmagnete verwendet, wie sie in **Bild 3.285** gezeigt werden. Das sind Haftsysteme mit offenem magnetischen Kreis zum Halten von

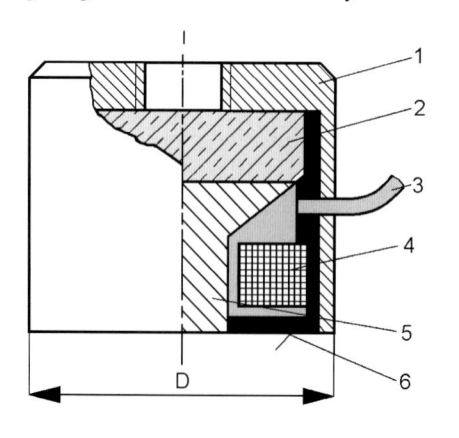

1 Gehäuse, Glocke
2 Permanentmagnet
3 Anschlussleitung
4 Erregerwicklung
5 Weicheisenkern
6 magnetische Haftfläche

D = 20 bis 150 mm

Bild 3.285: Permanent-Elektro-Haftmagnet (*Binder*)

3.3 Elektrische Haftgreifer

ferromagnetischen Werkstücken sowie einer Erregerwicklung, die im eingeschalteten Zustand das Permanentmagnetfeld an der Haftfläche neutralisiert und dann das Abnehmen des Werkstücks erlaubt. Damit beim gegriffenen Teil kein Restmagnetismus zurückbleibt, kann man Schaltungen einsetzen, die beim Ablegen ein Gegenfeld aufbauen.

Man setzt solche Magnete vor allem dann ein, wenn lange Haftzeiten erforderlich sind und nur für kurze Zeit keine Haltekraft benötigt wird. Bei einem Stromausfall bleibt die Haftkraft erhalten. Die Resthaftkraft nach dem Abschalten beträgt maximal 3 % der Nennhaftkraft. Es gibt die Permanent-Elektrohaftmagnete im runden oder stabförmigen Gehäuse, wie das in **Bild 3.286** zu sehen ist.

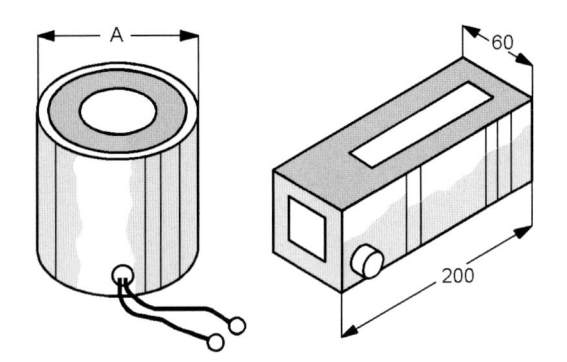

A Durchmesser 20...150 mm

Bild 3.286: Ausführungsbeispiele für Permanent-Elektrohaftmagnete

Durchmesser *A* in mm	20	35	55	70	90	105	150
Nennhaftkraft in N	40	160	420	720	1200	1600	3500

3.3.2 Elektroadhäsive Greifer

Elektrostatische Körper können eine Haftkraft erzeugen, die als Elektroadhäsion bekannt ist [3-67]. Berechnungen geben eine Vorstellung von den erzeugbaren Kräften. Das elektrostatische Äquivalent zu den einfachen pneumatischen Saugern und Dauermagneten ist das Elektret als elektrischer Isolator mit entgegengesetzten elektrischen Ladungen an zwei gegenüberliegenden Flächen [3-68]. Obwohl Elektrete eine elektrostatische Kraft zeigen, ist diese für den praktischen Gebrauch zu klein. Die einfachste Methode ist, die Kraft zu nutzen, die von einem Dielektrikum gegenüber einem externen Körper ausgeübt wird.

Seit den 1990er Jahren wurden besonders in den USA und Japan verstärkt elektrostatisch arbeitende Greif- und Haltevorrichtungen (*Chucks*) für Silizium-Wafer entwickelt und in der Halbleiterindustrie (Dünnschichttechnik) für das Substrathandling eingesetzt. Es werden aber auch Vakuumhalteplatten dafür verwendet.

3.3.2.1 Elektroadhäsives Greifen elektrisch leitender Objekte

Das **Bild 3.287** zeigt die elektrische Schaltung eines elektroadhäsiven Greifers, wobei eine Hochspannung von mehreren tausend Volt anzulegen ist. Aus der Sicht der verfügbaren

Kraft entspricht die Anordnung im Grunde einem einzelnen Kondensator. In diesem Fall ist das Greifobjekt selbst an eine Seite der Spannungsquelle angeschlossen und zwar über die zentrale Elektrode. Sie muss aus Sicherheitsgründen geerdet sein.

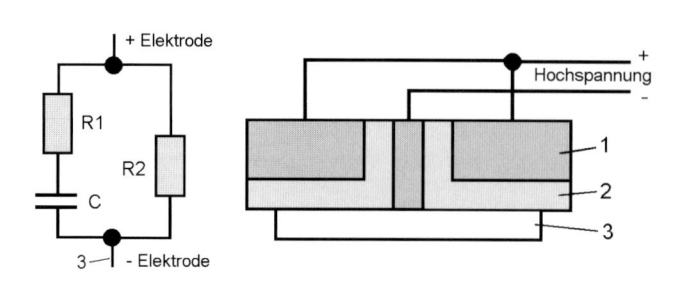

1 Elektrode
2 Dielektrikum
3 elektrisch leitfähiges Objekt

Bild 3.287: Schnitt durch einen elektrostatischen Greifer

Zwischen den Feldgrößen E und D besteht die Beziehung

$$D = \varepsilon_0 \cdot E + P_m = \varepsilon_0 (1 + \chi_e) \cdot E = \varepsilon \cdot E \tag{3.107}$$

D	elektrische Verschiebungsdichte in A·s/m²
E	elektrische Feldstärke in V/m
χ_e	$\chi_e = \varepsilon_0 - 1$; elektrische Suszeptibilität (Maß für die Magnetisierbarkeit eines Stoffes)
P_m	elektrische Polarisation

Wie beim elektromagnetischen System stellt ε in der folgenden Gleichung die Dielektrizitätskonstante dar, als Produkt von ε_0 (Feldkonstante in Luft) und ε_r Dielektrizitätszahl.

$$C = \varepsilon \cdot \frac{A}{d} = \varepsilon_0 \cdot \varepsilon_r \cdot \frac{A}{d} \tag{3.108}$$

A	Haftfläche zwischen Greifer und Objekt im m²
d	Dicke des Dielektrikums in m
C	Kapazität in F

Die Haftkraft F ergibt sich aus der Energiegleichung $W = 0{,}5 \cdot C \cdot U^2$ zu

$$F = \frac{\varepsilon_0 \cdot \varepsilon_r \cdot A \cdot U^2}{2 \cdot d^2} \tag{3.109}$$

U angelegte Spannung in V

Stellt man (3.108) um und setzt das Resultat für ε in (3.109) ein und dividiert durch die Kontaktfläche A, so ergibt sich als Anhaftdruck σ

$$\sigma = \frac{C \cdot U^2}{2 \cdot A \cdot d} \tag{3.110}$$

Der stationäre Energiezustand ergibt sich als elektrische Leistung P aus

3.3 Elektrische Haftgreifer

$$P = \frac{U^2}{R2} \tag{3.111}$$

Daher erhält man analog zur Gleichung (3.108) für den „Fluss" (elektrische Ladung)

$$Q = \frac{P}{\sigma} = \frac{2 \cdot A \cdot d}{C \cdot R2} \tag{3.112}$$

Die Gleichung (3.112) stellt analog zur Gleichung (3.69) die volumetrische Strömungsrate dar, die das Verhältnis von Energieverbrauch zu wirkendem Anhaftdruck σ darstellt.

Das Durchschlagspotential von trockener Luft ist etwa 3000 Volt/mm und im Vakuum ist es mehr als das Doppelte [3-69]. Es ist höher als die meisten Dielektrika aus polymeren Materialien, so dass ein Potential-Differenzbetrag von 3000 V über eine Dicke des Dielektrikums von 1 mm vorhanden ist. Wird die Spannung erhöht, steigt die Festhaltekraft und es können sich Veränderungen im Dielektrikum ergeben [3-70]. Es ist festzustellen, dass ε beträchtlich kleiner ist als das elektromagnetische Gegenstück μ, weshalb der verfügbare Festhaltedruck entsprechend kleiner ist.

Um nun eine ähnliche Vorstellung von der Zeitkonstante τ zu erhalten, kann man die Gleichung (3.113) verwenden

$$\tau = C \cdot R \tag{3.113}$$

wobei die Kapazität C die mit der Gleichung (3.108) ermittelte Größe ist.

Im Beispiel nach **Bild 3.287** sind zwei Widerstände $R1$ und $R2$ vorhanden. Im Betrieb wirkt C anfangs wie ein Kurzschluss und der kleine Widerstand $R1$ bestimmt nach (3.113) die Zeitkonstante τ. Bei der Entladung sind die Widerstände $R1 + R2$ im Strompfad und für R in der Gleichung (3.111) zu verwenden. Da der Widerstand $R1$ normalerweise im Vergleich zu $R2$ sehr klein ist, kann er vernachlässigt werden.

Untersuchungen haben gezeigt, dass die gemessene elektroadhäsive Kraft fast immer kleiner als die errechnete Kraft ist [3-67]. Ursache dafür ist, dass es meist nicht zu einem vollständigen und idealen Kontakt zwischen Greif- und Objektoberfläche kommt. Ausgleichende Dielektrika oder solche mit flüssiger Konsistenz wurden zur Verbesserung in der Literatur [3-20] [3-71] vorgeschlagen.

Beispiel

Die Greiffläche betrage im Elektrodenbereich 20 cm^2 und das Dielektrikum hat eine Dielektrizitätskonstante von $\varepsilon_r = 4$. Die angelegte Spannung U beträgt 3000 V. Weiterhin gilt:

$\varepsilon_0 = 8{,}85 \cdot 10^{-12}$ F/m (F/m = N/V^2)
$A = 20 \cdot 10^{-4}$ m^2
$d = 0{,}001$ m

Für die Greifkraft F ergibt sich nach (3.109) folgende Rechnung:

$$F = \frac{8{,}85 \cdot 10^{-12} \cdot 4 \cdot 20 \cdot 10^{-4} \cdot 9 \cdot 10^6}{2 \cdot 10^{-6}} \approx 0{,}32 \; N$$

und weil $\sigma = F/A$, ergibt sich ein Anhaftdruck von $\sigma = 160 \; N/m^2$. Das ist viel weniger als bei einem vergleichbar dimensionierten elektromagnetischen Greifer. Um eine Vorstellung von der Wirkung der Zeitkonstante τ nach (3.113) zu erhalten, ist zunächst die Kapazität zu bestimmen:

$$C = \frac{8{,}85 \cdot 10^{-12} \cdot 4 \cdot 20 \cdot 10^{-2}}{0{,}001} = 71 \; pF$$

Wird wie beim Elektromagnetgreifer (Kapitel 3.3.1.2) von $\tau = 0{,}5$ ausgegangen, dann wird

$$R = \frac{\tau}{C} = \frac{0{,}5}{71 \cdot 10^{-12}} = 7 \; G\Omega$$

Der Energieeinsatz ergibt sich nach der Gleichung (3.111) wie folgt

$$P = \frac{U^2}{R} = \frac{3^2 \cdot 10^6}{7 \cdot 10^9} = 1{,}3 \; mW$$

Für die elektrische Ladung Q erhält man nun in Anlehnung an die Gleichung (3.112)

$$Q = \frac{P}{\sigma} = \frac{1{,}3 \cdot 10^{-3} \; W}{160 \; N/m^2} = 8{,}1 \cdot 10^{-6} \; m^3/s$$

Obwohl die Festhaltekraft bei Elektroadhäsion deutlich niedriger ist als beim magnetischen Haften, besteht der große Vorteil, dass viele Objektwerkstoffe angepackt werden können, gleichgültig ob ferromagnetisch oder nicht. Elektroadhäsion kommt für leichtes Blattformgut, Metallfolie, Polymerflachformgut, textile Flächengebilde und ähnliche Faserstoffe zur Anwendung [3-82]. Man hat festgestellt, dass Elektroadhäsion ideal für die Handhabung von feinen optischen und elektrooptischen Mikrobauteilen einsetzbar ist, wo andere Greiftechniken die hohe Qualität der Bauteile beeinträchtigen könnten.

Mit Elektroadhäsion lassen sich auch Objekte aus Kohlenstofffasern, Polymeren und Halbleitermaterial greifen [3-72]. Das wird im nächsten Kapitel erläutert.

3.3.2.2 Elektroadhäsives Greifen elektrisch nichtleitender Objekte

Bei dieser Art der Elektroadhäsion ist die Krafterzeugung anders als beim Greifen elektrisch leitender Objekte. Die Kraftberechnung ist schwierig [3-73], weil es homogene dielektrische Materialien und homogene elektrische Körper praktisch nicht gibt. Eine wichtige Rolle spielt die elektrische Polarisation, von der es zwei Arten gibt:

- Permanente Polarisation durch Dipolelemente im molekularen Aufbau
- Polarisation in Folge eines angewendeten elektrischen Feldes

3.3 Elektrische Haftgreifer

Die elektrische Polarisation P_m ist die über eine bestimmte Fläche verteilte elektrische Ladung. Nach Gleichung (3.114) gilt:

$$P_m = \alpha_0 \cdot E \tag{3.114}$$

α_0 molekulare Polarisierbarkeit von Dipolen
E wirkendes elektrisches Feld in V/m

Weil verschiedene Arten der Polarisation gleichzeitig stattfinden, kann man sie nicht mit der dielektrischen Konstante $\varepsilon_0 \cdot \varepsilon_r$ gleichsetzen [3-74]. Man kann die exponentielle zeitabhängige Gleichung (3.115) schreiben:

$$P_m = k \cdot E \cdot e^{-t/\tau} \tag{3.115}$$

k Konstante (mit dem dielektrischen Verlustfaktor verwandt)
e *Euler'sche Konstante*; 2,7182
τ dielektrische Relaxationszeit
t Zeit

Die Gleichung (3.115) zeigt, dass nach dem Abschalten des elektrischen Feldes E die Polarisation exponentiell abnimmt. Nach dem *Faraday'schen Gesetz* gilt

$$\vec{F} = \vec{q}_m \times \vec{E} \tag{3.116}$$

oder in Form eines Hebedruckes σ

$$\vec{\sigma} = \vec{P}_m \times \vec{E} \tag{3.117}$$

wobei q die elektrische Ladung durch molekulare Polarisation ist. Es wird aber nur der senkrecht wirkende Flächendruck σ genutzt, so dass sich als skalare Größe ergibt:

$$\sigma = \frac{F}{A} = \frac{q \cdot E}{A} \tag{3.118}$$

Der Leistungsverbrauch ist $P = I \cdot U$ oder mit der elektrischen Feldstärke E für eine gegebene Dielektrikumsdicke d:

$$P = I \cdot E \cdot d = \frac{q \cdot E \cdot d}{t} \tag{3.119}$$

Mit der Beziehung $Q = P/\sigma$ wird nun

$$Q = \frac{dA}{t} \tag{3.120}$$

Die meisten Polymere haben dielektrische Konstanten zwischen den Werten 2 und 5 [3-70], die dielektrischen Relaxationszeiten jedoch können vom Bruchteil einer Sekunde für Polyamide und Polystyrol mit bis zu mehreren tausend Sekunden variieren, für Substanzen mit höherem molekularen Gewicht, wie zum Beispiel PVC, PTFE und hochverdichtetes Polyäthylen [3-75].

Elektroadhäsive Kräfte dringen nicht so tief in das Objektmaterial ein und erzeugen eine Oberflächenkraft, wie sie sehr gut zum Vereinzeln von Bogen in der Papierverarbeitung und bei textilen Flächenstücken verwendbar ist [3-76]. Experimente zeigen, dass bei Feldern im Bereich von 3 kV/mm kohäsive Kräfte für die meisten Textilien, Polymere und Leder im Bereich von 15 bis 100 N/m^2 liegen [3-73]. Bei um 90° gedrehtem Greifer wirken Scherkräfte zwischen Greiffläche und Objekt, die aber um eine Größenordnung fester halten. Deshalb sind zylindrische elektroadhäsive Greifvorrichtungen den einfachen ebenen Greifplatten überlegen, wenn die flexiblen Objekte aufgerollt werden können. Bei einer vollen 360° Rotation wird das Objekt sehr sicher gehalten. Die Zusammenhänge zwischen Festhaltedruck (Druckspannung) und scherender Kraftwirkung (Schubspannung) werden in der nachfolgenden Tabelle [3-71] [3-77] für verschiedene Werkstoffe aufgeführt.

Material	Festhaltedruck σ in N/m^2	
	Druckspannung	Schubspannung
Aluminiumfolie	200	> 1000
unidirektionale Kohlenstofffaser	60	150
Kohlenstofffaser, gewebt	20	40
Glasfaser, gewebt	20	60
Viskose (Reyon), gewebt	27	100
Baumwolle, gewebt	15	150
Baumwolle, gestrickt	20	60
Leder, glatt	93	> 1000
Polyvinylchloridfolie	40	600

Wenn die Objekte Dielektrika sind, kann der elektrische Widerstand größer als 10^9 Ω sein. Das führt zu einem beträchtlich kleineren Fluss Q als bei anderen Hafttechniken, aber zu einer erhöhten Zeitkonstante. Die Greif- und Freigabezeiten lassen sich mit der Gleichung (3.113) bestimmen. Beim Greifen von elektrisch nichtleitenden Objekten wird die Ladung beim Lösen nicht so rasch abgebaut. Es verbleibt also eine Restladung. Dem kann man aber mechanisch und auch elektrisch begegnen. Ein zusätzlicher Widerstand parallel zum Greifer verkleinert die Zeitkonstante entsprechend (3.115), wenngleich auch auf Kosten eines erhöhten Leistungsverbrauches und zu einem deshalb niedrigeren Wirkungsgrad. Um den Lösevorgang zu unterstützen, können beispielsweise gefederte Abdrücker in die Greiffläche eingebaut werden. Mit Greifzylinder gegriffene Teile werden beim Lösen wieder abgerollt (siehe dazu Bild 10.36).

Der Greifeffekt kann unterstützt werden, wenn sich die Greiffläche dem Objekt flexibel anpassen kann und flüssig ist oder aus weichen Silikongummi-Dielektrika besteht [3-78]. Es kommt dann zu einem idealen Kontakt der Berührungsflächen, der allerdings zu Problemen beim Lösen des Objekts führen kann.

Für den Aufbau elektrostatischer Ladungen ist völlig trockene Luft nicht besonders gut. Die Anfangshaltekraft ist bei etwas Feuchtigkeit im allgemeinen besser [3-79].

Werden die Hafttechniken „Saugen", „magnetisches Halten" und „elektrostatisches Halten" in wichtigen Parametern gegenübergestellt, ergibt sich folgende Übersicht:

Methode des Haftens	geeignete Objekteigenschaften	typischer Anpressdruck in N/m²	ständiger Volumendurchfluss in m³/s	Zu- und Abnahme der Zeitkonstante
Vakuum	relativ formbeständig, unporöse Oberfläche	50 000	$> 10^4$	10 ms, < 1 s
Magnetfeld	ferromagnetische Werkstücke	100 000	$\approx 10^3$	> 20 ms
Elektrostatik (1)	relativ flache Teile, elektrisch leitfähig	200	$\approx 2 \cdot 10^{-3}$	1 ms; 10 ms
Elektrostatik (2)	fast alle Werkstoffe, flache, leichte Teile	50	$\approx 2 \cdot 10^{-5}$	100 ms; > 1 s

(1) Greifen elektrisch leitfähiger Teile, (2) Greifen nichtleitender Teile

Die Obergrenze beim **Vakuumsauger** liegt bei etwa 100 kN/m², wobei der halbe Wert für die Praxis realistischer ist. Ebenheit und Porösität der Oberfläche kann die Anwendung stark einschränken. Vakuum arbeitet schnell, ist preisgünstig und auch in explosionsgefährdeter Umgebung einsetzbar. Nachteilig ist, dass ein gegriffenes Werkstück nicht zur Greifermitte zentriert wird und die Wiederholgenauigkeit deutlich kleiner ist, im Vergleich zu den mechanischen Backengreifern.

Magnetadhäsion ist anwenderfreundlich und erfordert nur einfache elektrische Schaltungen. Der erzeugte Anpressdruck ist sehr hoch und wird hauptsächlich durch die relative Permeabilität vom Objektmaterial begrenzt. Die Erwärmung durch den Spulenwiderstand führt zu größerem Energieverbrauch. Die Anwendung beschränkt sich auf ferromagnetische Werkstücke.

Elektroadhäsion kann nur für flache und leichte Teile eingesetzt werden. Die Greifobjekte müssen nicht eisenhaltig sein und dürfen eine poröse oder zarte Beschaffenheit aufweisen. Beim Greifen von Isolierstoffen ist der Wirkungsgrad durch den sehr niedrigen Energiebedarf sehr hoch, jedoch ist der Festhaltedruck klein. Der Einsatz wird in der Handhabung von leichten Bogen, Folien und Filmen gesehen.

3.4 Manipulatorgreifer

Manipulatoren sind Vorrichtungen oder Geräte, die durch eine Energie angetrieben werden, die nicht von Lebewesen ausgeht und den Bediener in die Lage versetzt, ihn bei der Handhabung von körperlichen Objekten zu unterstützen. Ursprünglich kommen die handgeführten Manipulatoren aus der Kerntechnik. Dort musste man radioaktive Materialien in den „heißen" Zellen aus der Ferne handhaben. Der erste unilaterale Manipulator mit mechanischer Kraftübertragung und elektrisch angetriebenem Manipulatorarm wurde 1947 am *Argonne national Laboratory* (ANL) in *Idaho Falls* (USA) entwickelt. Er war Vorläufer für die mechanischen Master-Slave-Manipulatoren und die späteren Kraftmanipulatoren mit Tastersteuerung.

Ein Manipulator wird durch die Bedienung einer Steuerung geführt, die mit dem Lastaufnahmemittel verbunden ist und/oder durch direkte und fortlaufende Führung der Last. Für die Aufnahme der Last wird ein Lastaufnahmemittel oder ein Greifer benötigt. Die anhängende Last wird beim Balancer im Moment der Lastaufnahme automatisch gegen die Schwerkraft ausgeglichen, sodass sie in einen Schwebezustand kommt.

Zu unterscheiden sind:

- Balancer (handgesteuerter bzw. –bewegter Manipulatorarm)
- Master-Slave Manipulatoren (manuell geführt)
- Kraftmanipulatoren (per Knopftaster gesteuert)

In der Anwendung sind folgende Aspekte typisch:

- Relativ wenige Handhabungen je Zeiteinheit, dafür aber oft Handhabungsmassen von vielen hundert Kilogramm Masse
- Die Umgebungsbedingungen sind oft schwierig, wie zum Beispiel Platzmangel in Lagerbereichen, explosionsgefährdete Räume oder sperrige und in der Form bizzare Greifobjekte.

Alle Manipulatoren benötigen Greifer oder ähnliche Effektoren (Lastaufnahmemittel), um wirksam werden zu können. In **Bild 3.288** sind einige Ausführungsbeispiele dargestellt.

Es gibt außerdem viele Sondergreifer mit und ohne integrierten und steuerbaren Handachsen. Die damit auszuführenden Arbeiten sind oft gröber als solche im Maschinenbau und da handgesteuerte Geräte nach Sicht geführt werden, spielen Greif- und Wiederholgenauigkeit häufig eine nur untergeordnete Rolle. Es ist durchaus üblich, Greifer für Balancer mit Handachsen zum Wenden, Drehen und/oder Schwenken von Objekten auszurüsten. Diese Objektbewegungen lassen sich wie folgt definieren:

Wenden: Drehen oder Schwenken eines Objekts um eine körpereigene oder körperferne Achse, um die Unterseite des Objekts zur Oberseite zu machen. Es ist immer eine 180°-Bewegung.

Drehen: Bewegen eines Körpers aus einer bestimmten in eine andere bestimmte Orientierung um eine durch einen körpereigenen Bezugspunkt verlaufende Achse. Die Position des körpereigenen Bezugspunktes bleibt dabei unverändert.

Schwenken: Drehen eines Objekts in eine neue Position und Orientierung durch Bewegen um eine körperferne Achse.

Anmerkungen zu den dargestellten Manipulatorgreifern: Muschelschalengreifer werden für das Aufnehmen von Schüttgut, Abfall, Steine und Erde verwendet. Im Offshore-Bereich gibt es auch Anwendungen im Unterwasserbereich. Große Klemmbackengreifer mit hydraulischem Antrieb sind beispielsweise für Abbrucharbeiten und Schwerlastobjekte aktuell. Es gibt Greifer, die vor allem für das Verlegen von Rohren konzipiert wurden. Hakengreifer lassen sich wie ein Kranhaken verwenden, können aber bei geeigneter Ausbildung der Greiforgane auch noch andere Funktionen wahrnehmen.

3.4 Manipulatorgreifer

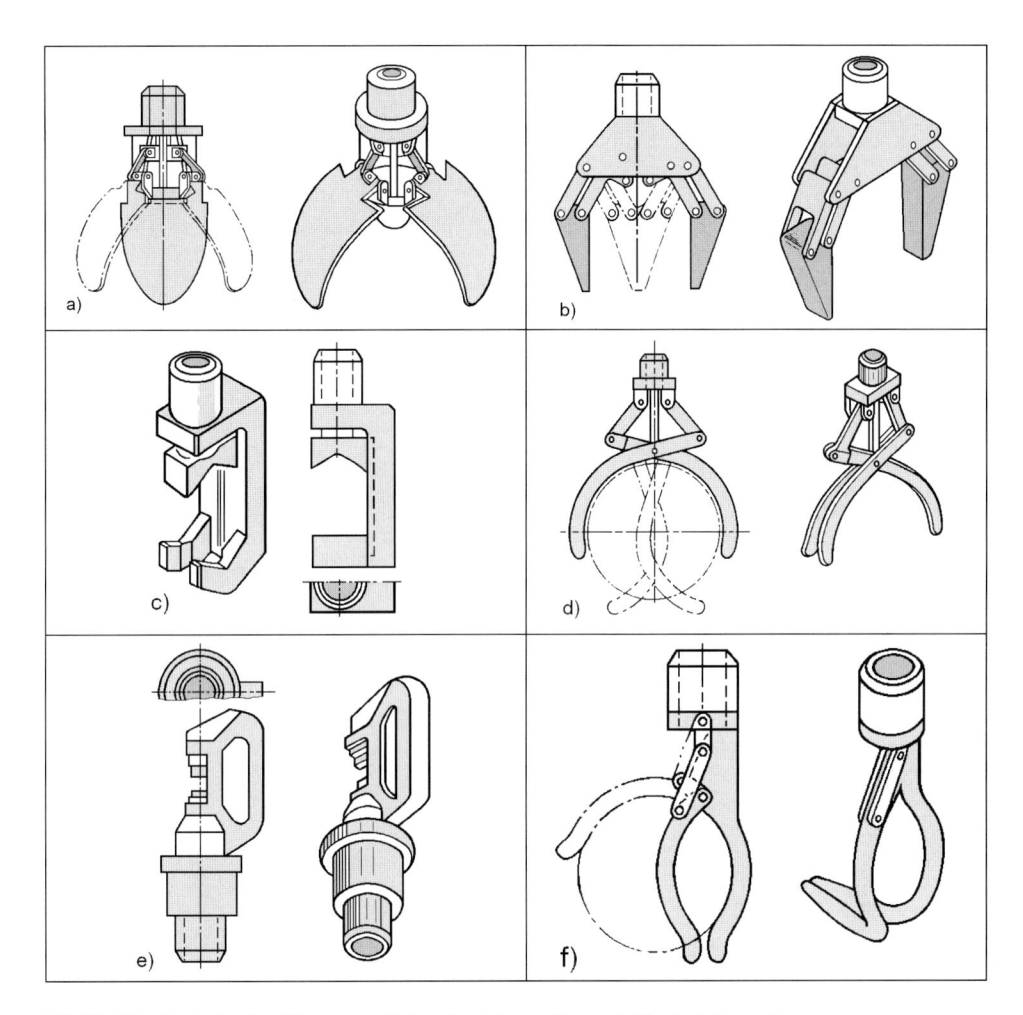

Bild 3.288: Typische Ausführungen für Manipulatorgreifer und Manipulatorwerkzeuge
a) Muschelschalengreifer, b) Parallelgreifer, c) Haken- und Rohrgreifer, d) Dreifingergreifer, e) Kabelschneider, f) Hakengreifer in der Art von Prothesenhaken, die als Klemmgreifer und als Hakengreifer einsetzbar sind

Das **Bild 3.289** zeigt nun einige Greifer für die Stückgut- und Pakethandhabung mit Hilfe von Saugluft. Das können auch Beton- oder Holzbauteile sein. Ausführlichere Darstellungen sind in [3-66] enthalten.

Viele Anwendungen findet man vor allem in der Automobilindustrie. Dort sind die Greifer in starkem Maße auf die Greifobjekte zugeschnitten. Das sind zum Beispiel Fahrzeugräder, Cockpits, Auspuffanlagen, Fahrzeugsitze, Zylinderköpfe und Karosserieteile wie Türen und Heckklappen. Mit Saugern ausgerüstete Greifer können als Mehrfachgreifer ausgebildet werden. Bei einer Winkelanordnung von Saugern besteht die Möglichkeit, Lagergut von einem lückenlosen Stapel abzunehmen. In der Möbelindustrie werden Schränke und andere Korpusmöbel in der Fertigung und im Versand manipuliert.

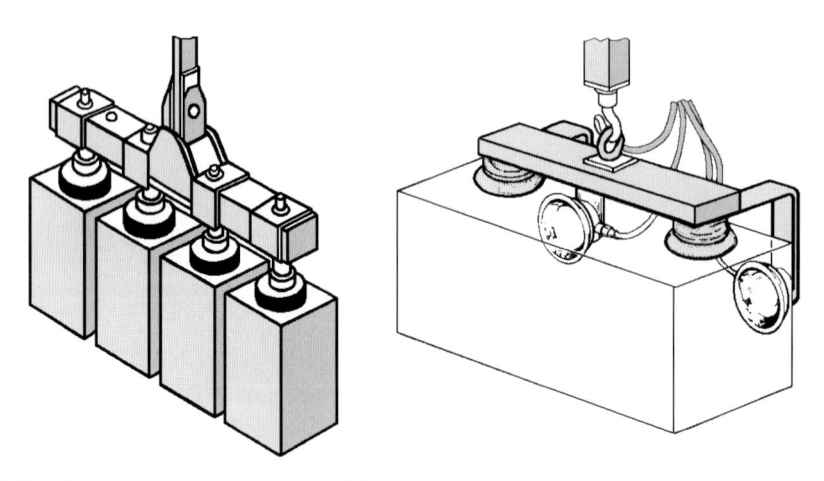

Bild 3.289: Saugergreifer für handgeführte Manipulatoren

In **Bild 3.290** wird ein Balancergreifer im Halbschnitt gezeigt, der für die Handhabung von Zylinderköpfen eingerichtet wurde. Der Greifer setzt mit Zentrierglocken auf das Gussteil auf. Dabei öffnen sich auch die Halteklauen. Beim Anheben haken sie sich unter einen Vorsprung am Objekt. Der Greifer arbeitet also lastuntergreifend [3-80].

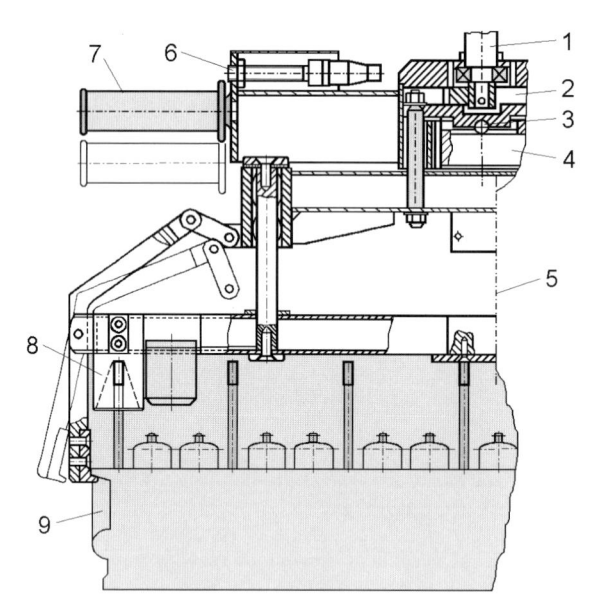

1 Anschluss an Balancer
2 manuell drehbar um 340°
3 Druckkugel
4 Kraftmessdose
5 Schwerpunktachse des Zylinderkopfes
6 Infrarotsensor oder Druckknopftaster
7 Bediengriff
8 gehärteter Zentrierkonus
9 Werkstück, Zylinderkopf

Bild 3.290: Greifer für die Handhabung von Zylinderköpfen (*Schmidt-Handling*)

In der Fertigungstechnik, im Handwerk, in Bauwesen und in Lagerbereichen werden vorzugsweise handgeführte Manipulatoren eingesetzt, die auch als Balancer oder Ausgleichsheber bezeichnet werden. Im einfachsten Fall sind die Greifer handbedient. Das ist wenig komfortabel, hat aber den Vorteil, dass keinerlei Leitungen bis zum Greifer geführt werden müssen. Das **Bild 3.291** zeigt einen Greifer für das Heben von Kisten mit Rand oder mit Einrastöffnungen. Die Greiferfinger lassen sich verriegeln, so dass versehentliches Öffnen

3.4 Manipulatorgreifer

unterbunden wird. Den gesamten Greifer kann man außerdem in die waagerechte Position schwenken. Er hat also auch eine Handgelenkachse. Diese Position ist ebenfalls verriegelbar und wird durch manuelles Bewegen um 90° erreicht.

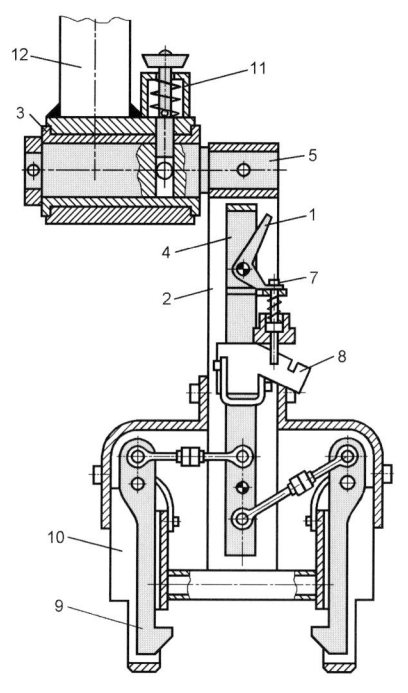

1 Entriegelungstaste
2 Anschlussbrücke
3 Rohr
4 Bediengriff
5 Achse
6 Blattfeder
7 Rastbolzen
8 Fixierrastung
9 Greifbacke
10 Gehäuse
11 Winkeleinsteller
12 Anschluss an Hebezeug, zum Beispiel an einen Starrarm-Balancer

Bild 3.291: Hakengreifer mit rein manueller Bedienung

Auch eher unförmige Stücke lassen sich mit einem antriebslosen Greifer anpacken. Das wird in **Bild 3.292** an einen Beispiel gezeigt. Der Greifer kann z.B. für gepresste Schrottpakete, gebündelte Altpappe oder textile Abfallballen eingesetzt werden. Die Greifbacken sind deshalb mit Spitzen versehen, um eine gute formpaarige Verhakung mit dem Greifobjekt sicherzustellen. Am Bediengriff muss eine gewisse Handkraft aufgebracht werden. Handbetätigte mechanische Greifer werden aber auch für die Manipulation hochwertiger Greifobjekte verwendet, wenn die Stückzahlen keine andere Technisierung aus wirtschaftlicher Sicht möglich machen.

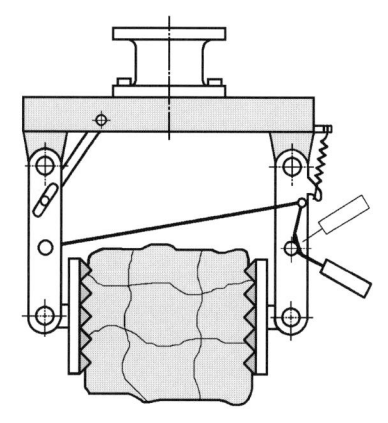

Bild 3.292: Handbetätigter Greifer für ballenartige Abfallpakete

3.5 Miniatur- und Mikrogreifer

Nach 1950 trat in der Technik eine dramatische Reduktion der Baugröße von Komponenten ein. Gedruckte Leiterplatten und später die integrierten elektronischen Schaltungen machten den Umgang mit Kleinstteilen erforderlich. In der Folge entsteht dann die Mikrorobotik, für die entsprechende Greiforgane gebraucht werden.

In der Mikrowelt stellt sich das Verhältnis der Kräfte völlig anders dar als in der gewohnten makroskopischen Umgebung. Je kleiner die Bauteile werden, umso geringer wird die Bedeutung der Schwerkraft im Vergleich zum Einfluss von Störkräften, wie elektrostatische Anziehungskräfte, Adhäsionskräfte sowie ferromagnetische, intermolekulare und atomare Anziehungskräfte (**Bild 3.293**). Das macht sich übrigens schon bei der automatischen Handhabung von Schrauben der Größe M1 bemerkbar. Ein zehnmal kleineres quaderförmiges Teil hat eine tausendmal kleinere Gewichtskraft. Gleiches gilt für die Beschleunigungskräfte [3-118]. In der Praxis bedeutet das, dass es zum Beispiel leichter ist, ein Objekt zu greifen als es anschließend beim Ablegen wieder loszuwerden. Es muss möglicherweise in der Spannstelle gehalten werden, damit sich die Greiforgane lösen können. Man braucht deshalb neue Greiferlösungen. Da die Griffflächen am Objekt unter Umständen sehr winzig sind, können auch sehr schnell unzulässige hohe Flächenpressungen auftreten. Es muss also auch gelingen, extrem geringe Kräfte feinfühlig aufzubringen.

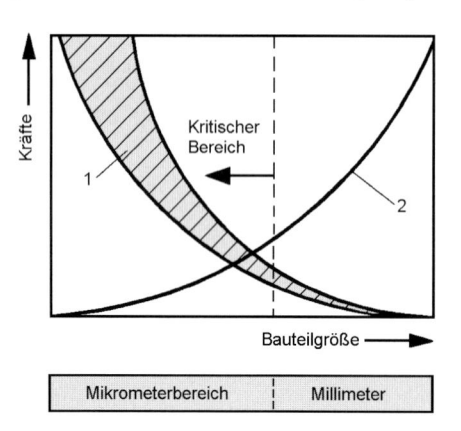

Bild 3.293: Kräfteproblematik beim Handhaben von Kleinstbauteilen

1 Störkräfte
2 Gewichtskräfte

3.5.1 Mechanische Klemmgreifer

Fast alle Greiferhersteller haben ihr Sortiment hin zu kleinen Backengreifern erweitert. Diese Greifer bauen auf bekannten Konstruktionen auf. Das ist problematisch, weil sich mechanische Getriebe nicht in beliebiger Weise verkleinern lassen. Gelenke und Hebel halten dann nur sehr kleinen Kräften stand [3-81].

Das **Bild 3.294** zeigt einen miniaturisierten Backengreifer. Seine Außenabmessungen sind 25 x 32 mm. Die Greifbacken sind trotz der Kleinheit kugelgeführt. Sie werden von einer Kulissenplatte bewegt, die ihrerseits pneumatisch in Gang gesetzt wird. Durch die geringe Reibung in der Backenführung können die Finger relativ lang sein. Ihre Stellung kann

3.5 Miniatur- und Mikrogreifer

sensorisch abgefragt werden. Dieser Greifer kann als Präzisionsgreifer bezeichnet werden. Die Grundbacke ist mit aufgabengerechten Greiffingern auszustatten.

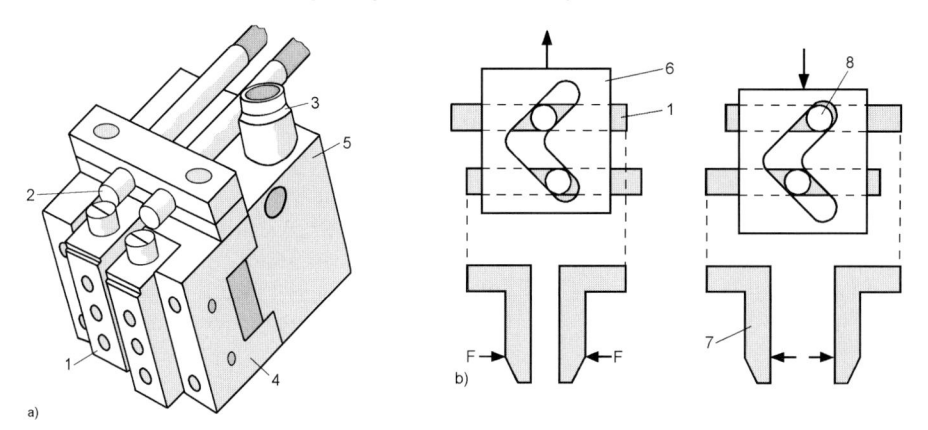

Bild 3.294: Doppeltwirkender Miniaturgreifer hoher Präzision (*Montech*)
a) Gesamtansicht, b) Antriebsprinzip, 1 Grundbacke, kugelgeführt, 2 Näherungssensor, 3 Luftanschluss, 4 Grundkörper, 5 Pneumatikantrieb, 6 Kulissenplatte, 7 Greiffinger, 8 Rolle, *F* Greifkraft

Mit pinzettenartigen Fingern arbeitet der in **Bild 3.295** dargestellte Dreifingergreifer. Die Greiffinger ähneln doppellagigen Blattfedern und stellen Materialgelenke dar, um die kleine Schwenkbewegungen beim Greifen ausgeführt werden. Der Antrieb kann pneumatisch oder elektromagnetisch erfolgen, je nach Greifermodell. Man kann damit kleine empfindliche Teile mit hohen Taktfrequenzen greifen. Der Fingerhub lässt sich stufenlos begrenzen.

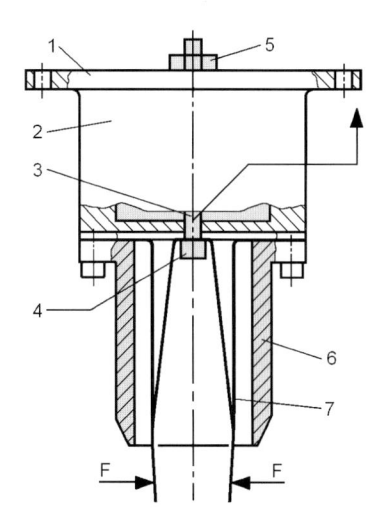

1 Anschlussflansch
2 Antrieb
3 Zugstange
4 Befestigungsschraube
5 Hubeinstellung
6 Schutzhülse
7 Flachfederfinger

F Greifkraft

Bild 3.295: Prinzip eines Miniatur-Dreifingergreifers mit einfacher Kinematik (*Schunk*)

In letzter Zeit wird auch das Sortiment der elektrisch betätigten Greifer erweitert. Sie sind zwar etwas langsamer als die pneumatischen Artgenossen, haben aber den Vorteil, ohne Druckluftleitung auszukommen. Ein solcher Miniaturgreifer wird in **Bild 3.296** skizziert. Die „Greifstifte" lassen sich für den Innen- und Außengriff verwenden. Statt der 4 Greiforgane kann man auch einen Zweibacken-Parallelgreifer gestalten. Im Vergleich zur Baugröße ist der Gesamtöffnungshub mit 10 Millimeter relativ groß. Der Greifer wird mit vier zierlichen Schrauben der Größe M2 eingebaut. Greifkraft und Geschwindigkeit der Greiferfinger lassen sich mit einem Potentiometer einstellen.

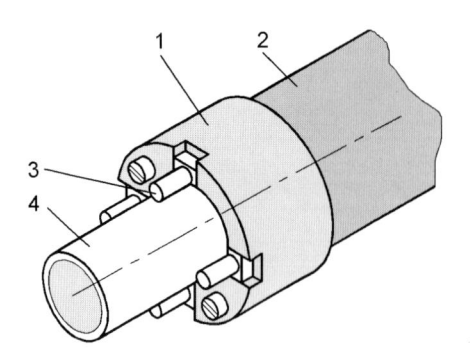

1 Gehäuse
2 Motor
3 Greifstift
4 Werkstück

Bild 3.296: Elektrischer Miniaturgreifer mit 30 Millimeter Durchmesser und 24 V-DC-Motor (*phd*)

Ein immer stärker interessierendes Feld ist die Medizin mit miniaturisierter Gerätschaft. Minigreifer, die eigentlich mehr Zange als Greifer sind, werden in der minimal invasiven Chirurgie benötigt, zum Beispiel bei Gehirnoperationen. Für die Anwendung in der Laparoskopie (Endoskop zur Untersuchung der Bauchhöhle) und Chirurgie sind die atraumatischen Greifer gedacht. Bei diesen Greifern sind alle Kanten an der äußeren Kontur und insbesondere die der Greifbacken gerundet, geglättet und poliert, so dass das Einklemmen von durchblutetem Gewebe keine Blutung verursachen kann. Solche Greifzangen können auch aus einem Stück gearbeitet sein. Ein Beispiel wird in **Bild 3.297** skizziert. Der Greifer besteht aus einem nur 0,63 mm dicken Draht aus einer Nickel-Titan-Legierung, einer so genannten Formgedächtnislegierung (SMA *Shape Memory Alloy*). Das Öffnen und Schließen der Zangenschenkel geschieht durch Temperaturveränderung. Der Greifer besitzt eine gerippte Backenstruktur, die besseres Greifen und Festhalten von Gewebeproben während eines Eingriffs sicherstellt. Die Backenform wird durch Mikrostrukturierung des Drahtes eingebracht.

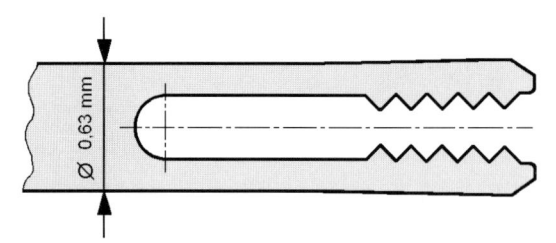

Bild 3.297: Minigreifer (Greifzange) auf der Basis einer Nickel-Titan-Legierung (Formgedächtnislegierung) für chirurgische Anwendungen

Um die Greifer zu positionieren, braucht man dazu auch miniaturisierte Arme, zum Beispiel mit einer Vielgelenkstruktur. Die Verkleinerung von Konstruktionen ist in der Mechanismentechnik allerdings nicht so einfach möglich, weil insbesondere die Drehgelenke dabei so zart und filigran werden, dass sie nichts mehr aushalten. Es können plastische Verformungen auftreten und die sind natürlich von Übel, weil sich dadurch das Gelenkspiel inakzeptabel erhöht. In **Bild 3.298** wird ein Gelenkarm und der dazugehörige Winkelgreifer gezeigt. Der Arm ist nach dem Prinzip der zwangsläufigen Nacheinanderschaltung einfacher viergliedriger Teilgetriebe entstanden. Der Endeffektor überstreicht eine Schirmfläche, wenn der Arm zusätzlich in der Grundphalanx drehbar ist. Der dargestellte Gelenk-

3.5 Miniatur- und Mikrogreifer

arm ist gestreckt nur 42 Millimeter lang, bei einem Systemdurchmesser von 9,2 Millimeter. Der Winkelgreifer besitzt den gleichen Durchmesser und kommt auf acht Millimeter Länge. Man kann ihn beispielsweise stereolithografisch herstellen. Die ungewohnte Drehgelenkgestaltung (bewegbarer Backen, Armglieder) ähnelt nicht nur biologischen Vorbildern, sondern ist tatsächlich den ineinandergewachsenen Kugelschalen eines Krebsarmes mit Greifscheren nachgestaltet. Der Greifer wird übrigens über eine Drahtseele angetrieben, die gleichzeitig auch die Greiferdrehungen um die Längsachse überträgt.

Eine Anwendung kann man sich auch in der industriellen Endoskopie vorstellen. Dann sind ein Videochip samt Kaltlicht-Beleuchtung als Endeffektor anzubauen. Auch Glasfaser-Lichtleiter lassen sich im Kern durch die Gelenke des Armes hindurchführen. Damit wäre dann ein Blick um die Ecke möglich, beispielsweise in Hohlräume zur Inspektion von Schadensfällen. Eine 10 Millimeter-Zugangsöffnung würde genügen.

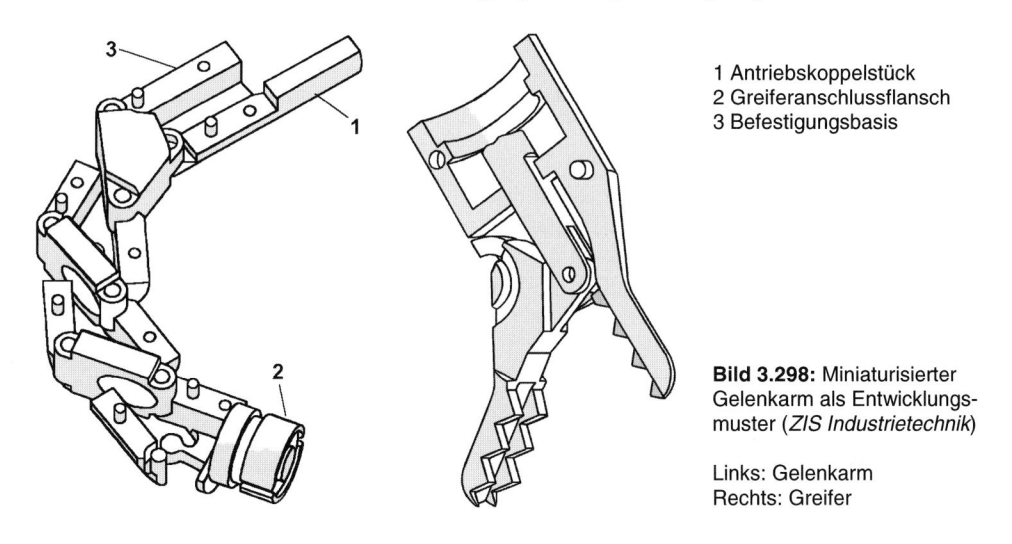

1 Antriebskoppelstück
2 Greiferanschlussflansch
3 Befestigungsbasis

Bild 3.298: Miniaturisierter Gelenkarm als Entwicklungsmuster (*ZIS Industrietechnik*)

Links: Gelenkarm
Rechts: Greifer

In Japan experimentierte man übrigens mit flexiblen Aktuatoren, die aus einer nylonfaserverstärkten Silikongummiröhre bestehen. Diese hat drei interne parallele Kammern, die mit einem Gas oder einer Flüssigkeit gefüllt sind. Durch Variation des Druckes in den Kammern kommen sanfte Bewegungen in beliebiger Richtung zustande (siehe dazu auch Bild 3.166).

In der Mikromontage müssen Montagegenauigkeiten von 0,1 bis 20 Mikrometer realisiert werden. Sie sind viel höher als bei der Uhrenherstellung. Das ist mit marktgängigen Robotern meistens nicht erreichbar. Deshalb braucht man Fügeeinrichtungen, die die Feinpositionierung übernehmen. Der Bewegungsablauf kann dann in Grob- und Feinbewegung unterteilt und auch verschiedenen Funktionsträgern zugewiesen werden. In **Bild 3.299** wird ein 6D-Hexapod-Antrieb mit Piezo-Stapeltranslatoren vorgeschlagen, der in Verbindung mit einem Lasertriangulationssystem den Effektor präzise in die Montageposition führt. Damit kann man mit Standardrobotern in den Bereich der Präzisionsmontage vordringen. Die sechs Aktoren können Schiebungen in drei Achsen und Drehungen um drei Achsen im Feinbereich ausführen, bis die genaue Position erreicht ist.

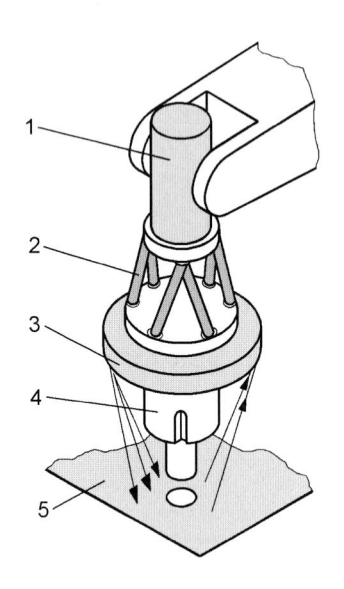

1 Handgelenkachse
2 Piezo-Stapeltranslator
3 Greiferflansch mit integriertem Lasertriangulationssystem
4 Greifer
5 Montagebasisteil

Bild 3.299: Vorschlag für eine 6-dimensionale Mikropositioniereinrichtung (*iwb München*)

Es gibt auch Vorschläge, auf der Basis von stoffschlüssigen Gelenken eine miniaturisierte Effektorplattform zu gestalten (**Bild 3.300**). Es werden drei Schubbewegungen von externen Antrieben bis zur Plattform übertragen. An den Enden greifen Gelenke aus Memory-Metall (SMA) an. Die praktische Realisierung ist schwierig, weil auch bei extremen Schwenkwinkeln bestimmten Belastungen standgehalten werden muss. Der Kernbereich der Struktur bleibt frei, um Instrumente, Lichtleitkabel u. a. hindurchführen zu können.

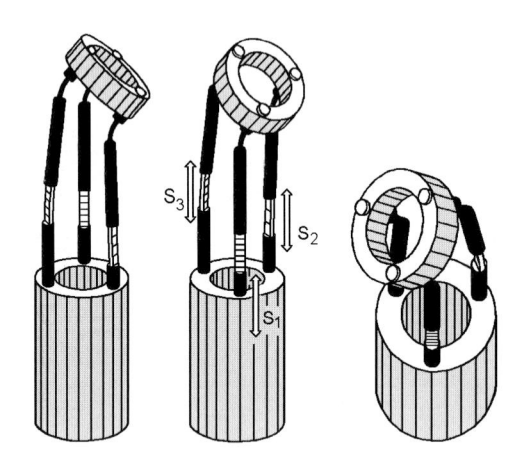

S Schubbewegungen

Bild 3.300: Miniaturisierte Greifkopf-Plattform mit Materialgelenken (nach *Müglitz*)

Mechanische Kleinstgreifer kann man mit zunehmender Kleinheit nicht mit herkömmlichen Dreh- und Schubgelenken ausstatten, weil dafür der Bauraum fehlt und weil bei ihrer Miniaturisierung die Funktion nicht mehr sichergestellt ist. Deshalb hat man den in **Bild 3.301** dargestellten Greifer mit Biegefedern entworfen, so dass er aus einem Stück hergestellt werden kann [3-114]. Er basiert auf einem gegenläufigen Viergelenkgetriebe. Die beiden Backen vollführen stets eine entgegengesetzte Bewegung und zentrieren daher das Handhabungsobjekt auf Greifermitte.

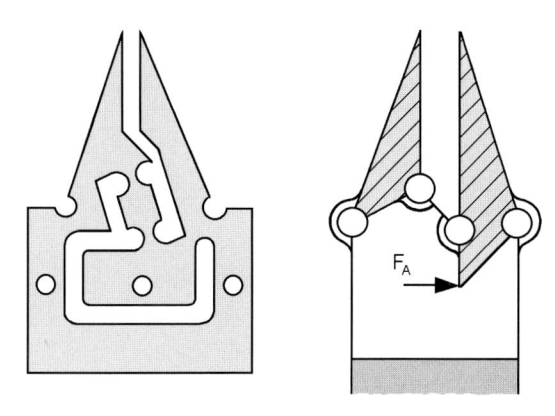

3.5 Miniatur- und Mikrogreifer

Bild 3.301: Zentrierender Greifer mit Festkörpergelenken und kinematischem Ersatzmodell

F_A Antriebskraft

Das in **Bild 3.302** gezeigte Greifergetriebe lässt sich auch zum Parallelbackengreifer erweitern. Das wird in **Bild 3.302a** skizziert.

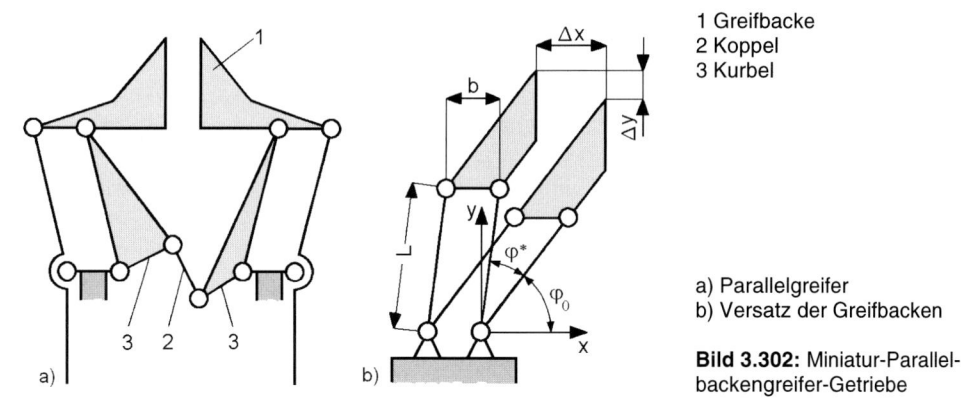

1 Greifbacke
2 Koppel
3 Kurbel

a) Parallelgreifer
b) Versatz der Greifbacken

Bild 3.302: Miniatur-Parallelbackengreifer-Getriebe

Die Auslegung der Greiferkinematik soll so erfolgen, dass der Versatz des Arbeitspunktes Δy durch die Kreisschiebung so klein wie möglich ist (**Bild 3.302b**). Es gelten für den Zusammenhang von Greifweg Δx und Versatz Δy folgende Beziehungen [3-115]:

$$\Delta x = |L \cdot \cos \varphi_0 - L \cdot \cos(\varphi_0 + \varphi^*)| \qquad (3.121)$$

$$\Delta y = |L \cdot \sin \varphi_0 - L \cdot \sin(\varphi_0 + \varphi^*)| \qquad (3.122)$$

Es bedeuten:

L \quad Länge des Greiffingers
φ_0 \quad Winkel des Fingers zur x-Achse

Wenn man von einem kleinen Winkel φ^* ausgeht und die Ausdrücke umformt, so erhält man schließlich

$$\Delta y = \frac{\Delta x}{\tan \varphi_0} \qquad (3.123)$$

Der Versatz Δy ist am kleinsten, wenn der Winkel $\varphi_0 = 90°$ ist. Die Länge L der Greifarme ergibt sich aus

$$L_{\min} = \frac{\Delta x}{\varphi^*_{\max} \cdot \sin \varphi_0} \qquad (3.124)$$

Der Abstand b beeinflusst die kinematischen Eigenschaften nicht.

Die dargestellten Gebilde werden als nachgiebige Mechanismen (*Compliant Mechanisms*) bezeichnet. Die Gelenke werden als Material- oder Festkörpergelenke bezeichnet. Beim Entwurf der Gelenke sind folgende Besonderheiten zu beachten:

- Die Anzahl der Gelenke soll so klein wie möglich sein.
- Die Gelenke und damit der gesamte Greifer entwickeln eine Rückstellkraft.
- Der Momentanpol wandert bei Festkörpergelenken mit zunehmendem Drehwinkel.
- Damit brauchbare Greifwege zustande kommen, müssen die Gelenke einen Schwenkwinkel von wenigstens 10° zulassen.
- Die Gelenke müssen ständiges Biegen aushalten. Spritzgegossene Führungsgelenke aus Polypropylen erreichen mehr als 1 Million Lastspiele.
- Nicht alle bekannten Greiferkinematiken lassen sich als Festkörpergelenk ausbilden, besonders Schubgelenke sind schwierig darzustellen.

Der Antrieb kann z.B. mit Linearaktoren aus Formgedächtnislegierungen gestaltet werden. Sie ermöglichen Wege bis zu 5 % der Aktorlänge und Stellkräfte bis etwa 150 N/mm² Zugspannung im Dauerbetrieb. Bei Piezostaplern werden Stellwege von nur 0,3 % der Staplerlänge erreicht. Bei dem in **Bild 3.303** gezeigten Greifer hat man eine Gelenkstruktur aus einer Siliziumscheibe von 240 Mikrometer Dicke herausgearbeitet. Die Finger liegen frei und sind über elastische Mikrogelenke mit einem Piezotranslator verbunden. Dessen Längenänderungen von einigen Mikrometern wird über die Winkelhebel auf das 10- bis 50-fache vergrößert. Die Greifbackenform lässt sich vielfältig auf das Greifobjekt abstimmen. Das Lösungsprinzip bietet gute Möglichkeiten, eine Funktionserweiterung von Mikrogreifsystemen durch eine Integration sensorischer Fähigkeiten zu erreichen.

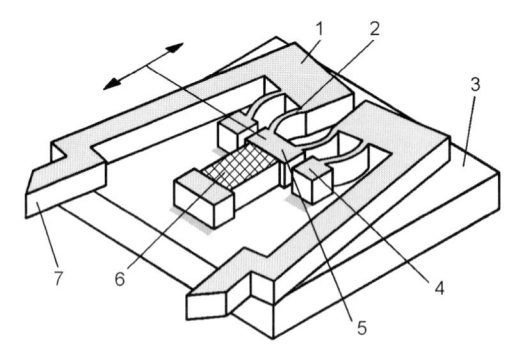

1 Greiferfinger
2 elastisches Gelenk
3 Substrat
4 Befestigungsteil
5 Koppelglied
6 Piezotranslator
7 Greiffläche

Bild 3.303: Siliziumgreifer mit Piezotranslatorantrieb (*TU Ilmenau*)

Das **Bild 3.304** zeigt reinraumtaugliche Greifer für die Montage von Miniatur- und Mikrobaugruppen mit kleinen äußeren Abmessungen. Als Antrieb hat man SMA-Draht eingesetzt, eine NiTi-Legierung [3-119]. Solche Drähte lassen sich übrigens nicht löten. In den

3.5 Miniatur- und Mikrogreifer

Anwendungen wird damit eine Zugkraft erzeugt, wenn sie über eine charakteristische Temperatur hinaus erhitzt werden. Die Längenänderung liegt bei etwa 3 %. Die Zugkraft führt zum Schließen der Greifbacken. Die Gelenke an bewegten Teilen sind wegen der Kleinheit als Materialgelenke ausgebildet. Von Vorteil ist, dass diese Antriebe hilfsenergiefrei arbeiten, wenn man von außen die erforderliche Erwärmung sicherstellt. Der Greifweg ist natürlich klein. Beim Greifer nach **Bild 3.304c** beträgt er maximal 1mm. Die Greifbacken sind also der Werkstückgröße anzupassen.

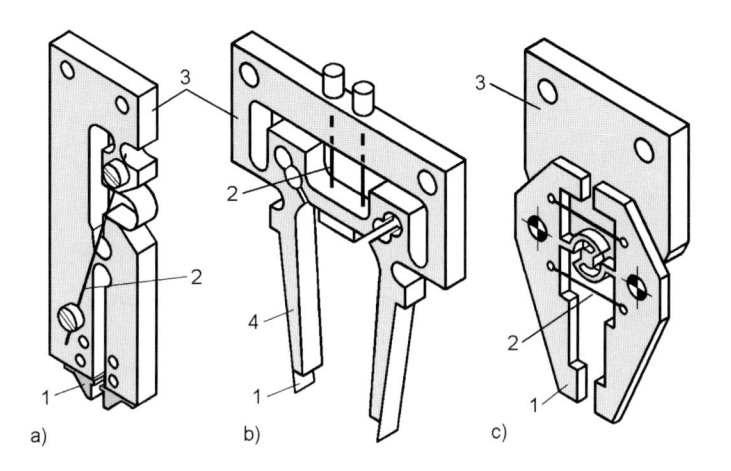

1 Greifbacke
2 SMA-Draht mit z.B. 0,1 mm Durchmesser
3 Grundkörper
4 Finger

Bild 3.304: Greifer mit Formgedächtnisantrieb
a) Schnappgreifer, Masse 5 Gramm (*Universität Dresden*), b) Mikrogreifer (*Universität Budapest*), c) doppeltwirkender Antrieb

Um die Dynamik von Miniaturgreifern mit Formgedächtnisantrieb zu erhöhen, wird in [3-116] ein Differentialaktorprinzip vorgeschlagen. Dabei arbeiten zwei NiTi-Aktoren gleicher Stellkraft gegeneinander, wie das in **Bild 3.305** schematisch dargestellt ist (nur eine Greifbacke gezeigt).

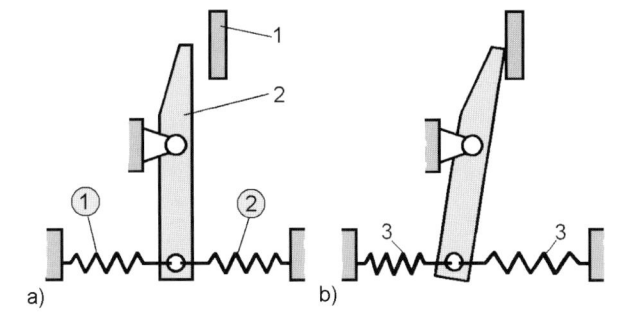

1 Greifobjekt
2 Greiferfinger
3 Formgedächtnisantrieb

a) Greifer offen
b) Greifer geschlossen

Bild 3.305: Arbeitsprinzip eines Differentialaktorsystems

Der Greifzyklus lässt sich wie folgt beschreiben:

- Greifer offen; beide Aktoren (1) und (2) sind kalt
- Aktor (1) beheizt; Greifer geschlossen. Die Schließzeit ist eine Funktion des Heizstromes.

- Aktor (1) und (2) beheizt = Greifer offen; Die Zeit für das Öffnen hängt nur von der Schnelligkeit der Heizung von Aktor (2) ab, aber nicht vom Abkühlen des Aktors (1).
- Abkühlen beider Aktoren, ehe ein neuer Greifzyklus beginnt.

Ein Differentialaktor von 0,1 mm Durchmesser besitzt eine Abkühlzeit von etwa 1 s. Für kurzzyklische Handhabungsvorgänge im Dauerbetrieb ist der Formgedächtnisantrieb weniger geeignet. Der Aktor kann nach entsprechend langer Nutzung ausfallen, weil er bricht oder weil der physikalische Effekt verloren geht.

Elektroadhäsive Greifer wurden in Kapitel 3.3.2 ausführlich behandelt. Hier soll nochmals eine Greiferausführung gezeigt werden, bei der eine elektrisch isolierte, kammartig ineinandergreifende Struktur als Greifbackenantrieb dient (**Bild 3.306**).

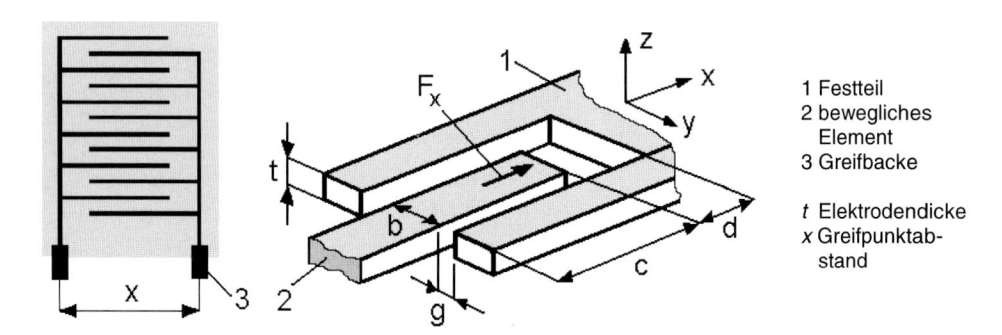

Bild 3.306: Elektrostatischer Greifer in Kammbauweise

Wenn man ein elektrisches Potential zwischen den Greifpunkten anlegt, entsteht eine elektrostatische Anziehungskraft. Wird die Versorgungsspannung U getrennt und werden die Elektroden kurzgeschlossen, dann wird das Objekt wieder freigegeben. Dem Prinzip liegt folgende physikalische Situation zu Grunde:

Bei einer effektiven Querschnittsfläche von $A_1 = b \cdot t$ erhält man die Kapazität C_x zu

$$C_x = \frac{\varepsilon_0 \cdot \varepsilon_r \cdot b \cdot t}{d} \qquad (3.125)$$

Weil die gespeicherte Energie e in der Kapazität C_x

$$e = \frac{C_x}{2} \cdot U^2 = F_x \cdot d \qquad \text{ist,} \qquad (3.126)$$

wird folglich die Kraft F_x

$$F_x = \frac{\varepsilon_0 \cdot \varepsilon_r \cdot b \cdot t \cdot U^2}{2 \cdot d^2} \qquad (3.127)$$

Besteht die Struktur aus mehreren parallelen Elektrodenpaaren (Bild 3.306, links), dann muss die Kraft F_x mit der Anzahl n multipliziert werden. Bei einer Bewegung in der x-

3.5 Miniatur- und Mikrogreifer

Richtung wirkt auch eine Rückstellfederkraft $F_s = k \cdot x$, wobei k die Federkonstante (Elastizität) des Materials ist. Gleichgewicht der Kräfte, d.h. wenn $F_x = F_s$ ist, tritt auf bei

$$x = \frac{\varepsilon_0 \cdot \varepsilon_r \cdot b \cdot t \cdot U^2}{2 \cdot k \cdot d^2} \tag{3.128}$$

Bei einer effektiven Längsquerschnittsfläche von $A_2 = c \cdot t$ erhält man die Kapazität C_y zu

$$C_y = \frac{\varepsilon_0 \cdot \varepsilon_r \cdot c \cdot t}{d} \tag{3.129}$$

Weil die gespeicherte Energie e in der Kapazität C_y

$$e = \frac{C_y}{2} \cdot U^2 = F_y \cdot g \tag{3.130}$$

wird folglich die Kraft F_y

$$F_y = \frac{\varepsilon_0 \cdot \varepsilon_r \cdot c \cdot t \cdot U^2}{2 \cdot g^2} \tag{3.131}$$

Die Kapazität C_y tritt normalerweise 2mal auf, je einmal nach jeder Elektrodenseite. Deshalb werden die Kräfte in der y-Richtung ausgeglichen. Trotzdem wird, während das bewegliche Element sich in x-Richtung bewegt, die resultierende Gesamtkraft eine Vektorquantität von F_x und F_y sein.

In **Bild 3.307** wird ein Greifer im Prinzip gezeigt, bei dem Piezoelektronik und Elektrostatik gemeinsam genutzt werden. Das hat folgenden Grund: Das Ablösen eines Objekts von der „Greiffläche" kann ein Problem sein. Wegen den von *Van-der-Waals-Bindungen* erzeugter unerwünschter Adhäsion durch Oberflächenspannungen und Verunreinigungen, kann der Freigabevorgang behindert sein. Hinter der elektroadhäsiven Haftoberfläche befindet sich deshalb ein Piezoaktor, der das Ablösen des Objekts durch kleine mechanische Schwingungen unterstützt [3-83].

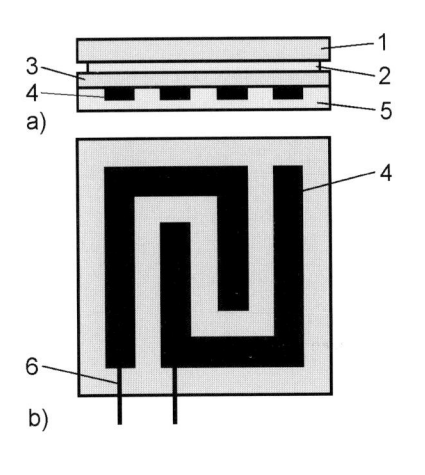

1 Piezoaktor
2 akustische Ankopplung
3 elektroadhäsives Substrat
4 Elektrode
5 Dielektrikum
6 Hochspannungszuführung

a) Seitenansicht
b) Unterseite

Bild 3.307: Elektroadhäsiver Greifer

Die akustische Kopplung kann problematisch sein. Ist die Dämpfung im akustischen Resonator zu klein, kann passieren, dass das Objekt sofort wieder freigegeben wird, nachdem es aufgenommen wurde. In einem Applikationsfall hat man zum Beispiel eine halbsphärische Linse mit einem Durchmesser von 900 μm gegriffen

3.5.2 Flüssig-adhäsive Greifer

Bei Greifern dieser Art spielen Flüssigkeiten und Klebstoffe die entscheidende Rolle bei der Erzeugung von Haftkräften. Eine Möglichkeit ist die Ausnutzung kapillarer Kräfte [3-120]. Vorteile dieses Greifprinzips sind:

- Greifen auf der Oberfläche möglich; nur eine Grifffläche erforderlich
- Selbstzentrierung der Teile unter dem Greifer
- Bei kleinen Greifobjekten und Spalten höhere Haltekräfte als beim Saugergreifer
- Beim Halten ist keine Energiezufuhr erforderlich.
- Die Greifkräfte werden nie größer als die Gewichtskräfte des Objekts.

Das Halten mit einem Flüssigkeitstropfen wird in **Bild 3.308** dargestellt. Kapillare Kräfte entstehen, wenn sich ein Tropfen in einem Spalt ausbreitet.

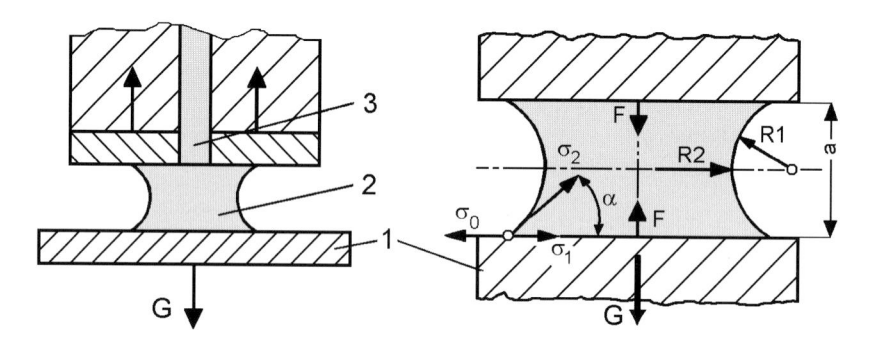

Bild 3.308: Prinzip des Kapillargreifers (Greifer und Flüssigkeitsbrücke)
1 Greifobjekt, 2 Flüssigkeit, 3 Dispenserbohrung, $R1$ Radius des Meniskus, $R2$ Radius des Tropfens, a Spaltabstand, α Kontaktwinkel, F Kräfte des Tropfens, G Gewichtskraft des Objekts, σ_0 Grenzflächenspannung Gas/Festkörper, σ_2 Oberflächenspannung des Tropfens

Wölbt sich der Meniskus aufgrund des Kontaktwinkels nach innen, entstehen Zugkräfte, mit denen Objekte gegriffen werden können. Das Ablegen geschieht durch einen Stößel, also mechanisch, oder durch Verdampfung (thermisch). Das **Bild 3.309** zeigt die Phasen eines Greifvorganges [3-84]. Zähflüssige Medien ergeben größere Kräfte als weniger viskose Flüssigkeiten. Werden rasch verdunstende Mittel, wie zum Beispiel Äthanol, eingesetzt, kann das für das Freigeben ein großer Vorzug sein. Die Verhältnisse an einer sich ausbildenden Flüssigkeitsbrücke wurden bereits in Bild 3.308 (links) skizziert und in [3-85] untersucht. Es wurde bei der Analyse von einer Kombination von Kapillar- und Kohäsionskräften ausgegangen.

3.5 Miniatur- und Mikrogreifer

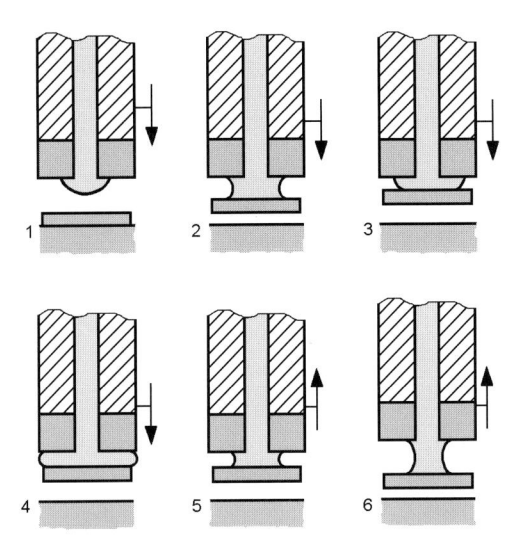

Bild 3.309: Greifvorgang beim Aufnehmen eines Objekts mit Flüssigkeitstropfen

Dafür gilt:

$$F = p_K \cdot \pi \cdot a^2 \cdot \psi_0^2 + 2 \cdot \pi \cdot \gamma \cdot a \cdot \psi_0 \qquad (3.132)$$

a	Spaltweite
γ	Oberflächenspannung in N/m
p_K	kapillarer Druck in N/m^2
$a \cdot \psi_0$	Radius der Flüssigkeitsbrücke

Nach [3-84] ergibt sich p_K aus folgender Beziehung

$$p_K = \gamma \cdot \left(\frac{1}{R1} + \frac{1}{R2} \right) \qquad (3.133)$$

Damit erhält man die besser handhabbare Gleichung

$$F = \pi \cdot R2 \cdot \gamma \cdot \left(\frac{R2}{R1} + 3 \right) \qquad (3.134)$$

Die Oberflächenspannung γ kann für Äthanol und ähnliche Lösungsmittel mit etwa 0,226 N/m angenommen werden. $R2$ wird normalerweise größer als $R1$ sein. Die Greifkraft erhöht sich, wenn das Produkt aus $R2 \cdot \gamma$ steigt. Man erhält Werte für F in der Größenordnung von mehreren zehn mN bei Spaltabmessungen a im Millimeter- und Submillimeter-Bereich, wie Experimente zeigten [3-86]. Die Anwendung in der Praxis hängt davon ab, ob man verdunstetes Lösungsmittel aus Gründen des Umweltschutzes verkraften kann. Setzt man Wasser als Flüssigkeit ein, läuft der Verdunstungsprozess zu langsam bis zur Objektfreigabe ab.

Man kann den Kapillargreifer in der Mikrosystemtechnik zum Handhaben kleinster Bauteile einsetzen, wie z.B. kleine Zahnräder, Mikrolinsen und elektronische Komponenten.

Eine genaue Platzierung in der Mikromontage ist ebenso möglich, wie die Beschickung von Test- und Prüfgeräten oder die Entnahme von Proben.

Zu den flüssigadhäsiven Greifern können auch solche mit chemischen Haftmitteln gezählt werden. Dafür wurde bereits 1941 ein Patent für eine Papierbogenzuführung erteilt [3-87] und für Textilien 1961 [3-88]. In beiden Fällen wurden Klebebänder eingesetzt. Eine später ausgeführte Vorrichtung wird in **Bild 3.310** gezeigt.

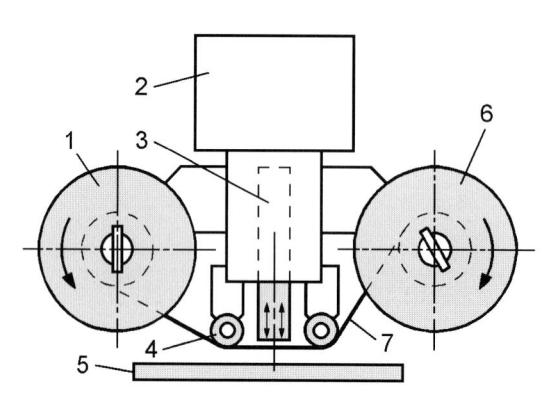

1 federgebremste Abwickelspule
2 pneumatischer oder elektromagnetischer Kurzhubantrieb
3 Druckstößel
4 Klebebandführung
5 flaches Greifobjekt
6 angetriebene Aufwickelspule
7 Klebeband

Bild 3.310: Greifmechanismus mit Klebeband

Ist das Objekt unter der Andruckplatte platziert, drückt ein Metallschuh das Band gegen das Objekt. Zum Freigeben des Objekts fährt der Schuh zurück und gleichzeitig rückt das Band weiter und stellt eine unbenutzte Haftfläche für den nächsten Griff bereit. Als Haftmittel hat man schon die verschiedensten Stoffe eingesetzt. Nach Gebrauch ist die „abgelaufene" Klebebandrolle durch eine neue zu ersetzen. Fortschritte in der Polymerchemie haben zu Dauer-Haftmitteln geführt, die sich weniger schnell verbrauchen. Bei sauberen Objektoberflächen sind mehrere hundert „Greifvorgänge" erreichbar, ehe das Band gereinigt werden muss. Der Grundaufbau von Adhäsionsgreifern ist meist ziemlich einfach, aber oft werden mechanische Abwurfvorrichtungen gebraucht, die den technischen Aufwand vergrößern.

Untersuchungen zur Klebrigkeit von verschiedenen Gummimischungen, Polyisobutylenen und styrolbutadienen Gummisorten wurden schon 1966 und 1968 [3-89] [3-90] [3-91] durchgeführt.

Für eine Verwendung in der Greiftechnik muss sich die Haftkraft beim schnellen Zugriff sofort ausbilden und wenigstens einige Sekunden Bestand haben. Auch sollte sich das Klebeband ohne Haftkraftverlust mit Wasser reinigen lassen, wenn sich die Haftkraft allmählich verringert. Nach [3-92] lässt sich die Kraftwirkung F wie folgt quantifizieren:

$$F = a \cdot N^{-k} \tag{3.135}$$

a \quad Konstante für die Oberflächenbeschaffenheit und –verunreinigungen
N \quad Anzahl der Objektfreigaben nach dem Greifen
k \quad stoffabhängige Konstante

Die Konstante k geht bei einer sauberen Objektoberfläche gegen Null. Tests haben ergeben, dass dann bis zu 30 000 Klebehaftvorgänge ausführbar sind, bevor die Klebebandstel-

3.5 Miniatur- und Mikrogreifer

le zu ersetzen ist [3-93]. Der Anpressdruck variiert je nach Rauheit der Objektoberfläche. Im allgemeinen wird ein Anpressdruck von 3 kN/m² erforderlich.

$$\sigma_0 = \sigma_i \cdot e^{-N \cdot t_0} \tag{3.136}$$

e *Euler'sche Konstante*; 2,7182
σ_0 zeitabhängiger Erhaltungsdruck
σ_i Anfangsdruck
t_0 Greifzeit

In der Anfangskontaktphase ergibt sich σ_i als Quotient von Druckkraft F zur Haftfläche A zu

$$\sigma_i = \frac{F}{A} \tag{3.137}$$

Der Greiferdruck führt zu einer Quetschung d der Klebeschicht. Das Volumen an aktiver Klebemasse ist das Produkt $A \cdot d$, dessen Formänderung den folgenden Leistungsverbrauch benötigt:

$$P = \frac{A \cdot d \cdot \sigma_i}{t_i} \tag{3.138}$$

Dividiert man diese Beziehung durch die Gleichung (3.136), so ergibt sich folgender Ausdruck für Q

$$Q = \frac{P}{\sigma_0} = \frac{A \cdot d \cdot e^{N t_0}}{t_i} \tag{3.139}$$

Bei einem perfekten Haftmittel geht σ_i gegen Null, womit Q zu Null wird. Q wird für ein relativ hartes (zähes) Mittel kleiner sein als für ein weicheres Mittel. Mit weichem Elastomer beschichtete Walzen sind für Robotergreifer zur Textilhandhabung geeignet. So wie t_i zunimmt, nimmt dann auch Q ab; erhöht sich t_0, so nimmt Q zu.

Die Anwendung von Klebebändern als Greiforgan hat zwei wesentliche Nachteile:
- Es wird eine relativ große Schaltmechanik für den Bandtransport gebraucht.
- Das Auswechseln eines verbrauchten Bandes zwingt zu einer Pause im Produktionsablauf. Eine gute Alternative wäre der Schnellwechsel einer kompletten Bandkassette, zum Beispiel durch den Roboter selbst.

Klebebandgreifer, wie bereits in Bild 3.310 gezeigt, wurden bei verschiedenen integrierten Nähsystemen von *Pfaff* und *Dürkopp* [3-94] eingesetzt. Ein ähnlicher Mechanismus mit kontinuierlichem Bandbetrieb und Saugluftwirkung für eine beschränkte Haltezeit wird in [3-95] beschrieben.

In **Bild 3.311** wird ein Greifer gezeigt, der für viele Stoffarten eingesetzt werden kann. Der Greifer setzt zunächst mit der Glocke auf einen Stapel von Stofflagen auf. Dann fährt die Dauerhaftfläche vor und haftet am Stoff. Das gegriffene Teil wird jetzt abgehoben und zwischen 90° und 120° rotiert, damit sich das Greifobjekt von eventuell anhaftenden weiteren Stofflagen trennt (vereinzelt). Sogar Gestricke werden zu 98 % der Fälle erfolgreich vereinzelt [3-93].

In der hohlen Kolbenstange liegt ein Vakuum an, das durch einen Drucksensor (3) kontrolliert wird. Aus dem Druckverlust nach einem Greifvorgang-Versuch stellt der Sensor fest, ob ein, zwei oder noch mehr Lagen von Stoff anhaften. Werden mehrere Stoffstücke festgehalten, kann der Handhabungsvorgang abgebrochen und ein neuer Versuch gestartet werden. Der Vakuumanschluss wird also für das eigentliche Greifen nicht gebraucht, sondern dient nur Kontroll- und damit Steuerzwecken. Für die Signalaufbereitung gibt es verschiedene Lösungen, Sensoren und sogar Schaltkreise [3-96] [3-97].

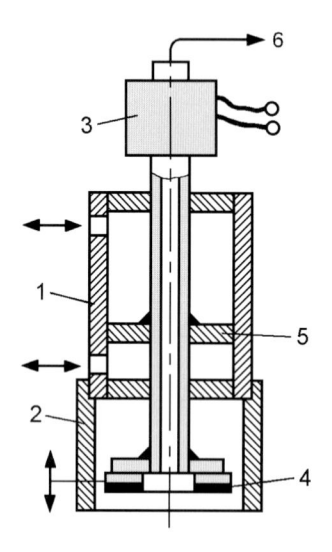

1 doppeltwirkender Zylinder
2 Glocke
3 Differenzdrucksensor
4 Dauer-Klebefläche
5 Kolben
6 Vakuumleitung

Bild 3.311: Stoffgreifer mit Dauer-Klebefläche zum Vereinzeln von Stoffzuschnitten

Das **Bild 3.312** zeigt den Greifer im Einsatz. Für das kontrollierte Ablegen sind verschiedene Wege gangbar [3-98] [3-92]. Das sind das Abdrücken vom Greiforgan, das Abdrücken oder das Zurückziehen der Dauer-Klebefläche sowie das Festhalten durch externe mechanische Hilfsmittel am Ablageort.

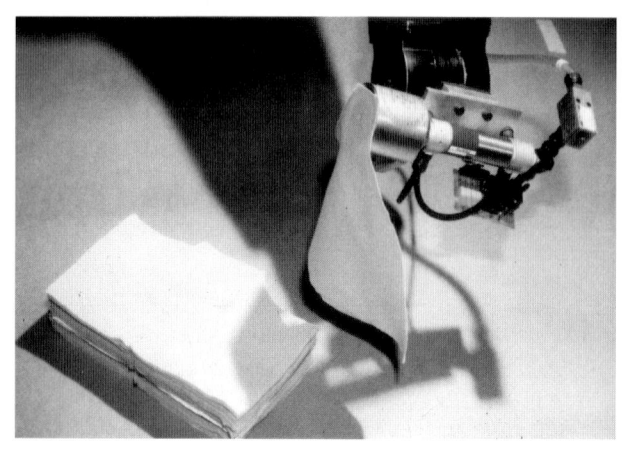

Bild 3.312: Greifer zum Vereinzeln von Stofflagen

3.5 Miniatur- und Mikrogreifer

Der Greifer schwenkt dann weg und das Greifobjekt bleibt am Zielort zurück. Die erstgenannte Methode erlaubt das freie Lösen des Objekts, ohne dass man dazu eine Auflage benötigt. Möglich ist auch der genau umgekehrte Ablauf wie beim Greifen: Absetzen am Zielort ⇒ Festhalten des Objekts gegen eine Unterlage mit der glockenförmigen Hülse ⇒ Zurückziehen des Klebstoffelements ⇒ Abheben des Greifers aus der Zielposition. Die klebeaktive Fläche muss nicht unbedingt Kreisringform haben. Es lassen sich auch je nach Objektform andere aktive Flächenelemente ausbilden.

Oft werden die Stoffe auf Schwingtischen abgelegt und dort noch orientiert [3-99]. Diese sind sehr glatt und poliert und folglich gute Kandidaten für eine chemische Adhäsion. Das kann dazu führen, dass sich Haftmittel absetzt und die Tischfläche kontaminiert. Das macht außerdem den Greifer funktionsuntüchtig. Deshalb wird empfohlen, das Haftmittel im Greifkopf auf einer leicht konkaven Vertiefung aufzubringen.

Bei großen Textillagen ist der mehr oder weniger punktuelle Griff nicht brauchbar. Für das Vereinzeln und die unverzerrte Aufnahme mit anschließendem Abheben sind Greifwalzenvorrichtungen besser. So wurde ein System entwickelt [3-100], bei dem durch Löcher in der Oberfläche einer Walze die klebrige Seite eines Bandes herausragt, was aber eine aufwendige Mechanik zur Folge hat.

Bei der Abnahme von einem Textillagenstapel ist überdies zu beachten, dass es im Stoff Verhakungen von Fasern längs der Schnittkanten gibt und Kohäsionskräfte durch Faserverbindungen in der Fläche zur nächsten Lage zu überwinden sind [3-76]. Das Entfernen einer mit Walze gegriffenen Stofflage kann wegen der Haftwirkung nur mit einer mechanischen Hilfskraft bewältigt werden. Eine geeignete Ausführung wird in **Bild 3.313** im Prinzip gezeigt.

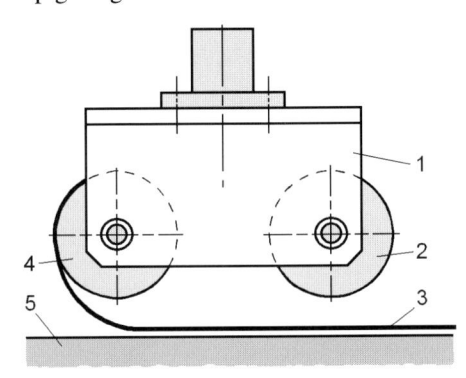

1 Roboter-Endeffektor
2 nichtadhäsive Walze
3 zu vereinzelnde rechteckige Gewebefläche
4 kleberüberzogene Walze
5 Arbeitsfläche

Bild 3.313: Haftgreifzylinder mit Ablösemechanismus

Beim Aufnehmen wird die Haftwalze über die Stofflage gerollt und die nicht beschichtete Walze spielt nur eine passive Rolle. Beim Freigeben (Freirollen) drückt die nicht beschichtete Walze die Stofflage gegen die Unterlage, so dass sich die Stofflage beim Bewegen des Greifers von der Haftwalze wieder abschält.

Verschiedene Stoffe haben eine gewisse Steifigkeit und entwickeln nach dem Durchwölben eine Federkraft, die sie zur Auflagefläche zurückschnellen lässt. Strickwaren sind da geschmeidiger, so dass man das Ablösen eventuell durch Luftdüsen oder Bürsten unterstützen muss. Das **Bild 3.314** zeigt dazu eine Anordnung im Schema. Hat man ein Haftmittel mit sehr kurzer Haltezeit, dann kommt man auch ohne solche Hilfen aus.

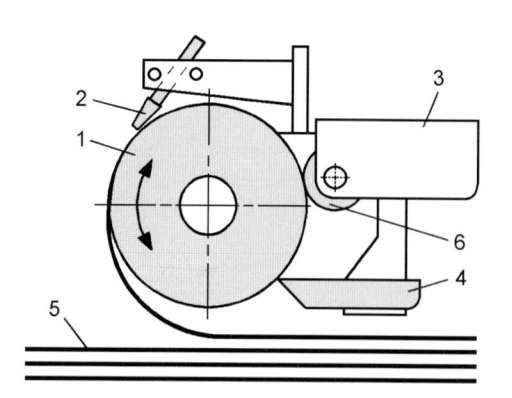

1 klebstoffbeschichtete Haftwalze
2 pneumatische oder mechanische Austragshilfe
3 Wassertank und Reinigungsapparatur
4 Sammelbehälter
5 Gewebeflächenstapel
6 rotierender Schwamm

Bild 3.314: Konzept zur Haftwalzenreinigung

Weil sich auf der Haftoberfläche verschiedene Partikel absetzen, kann eine Reinigung erfolgen, um die Haftfähigkeit zu erhalten. Experimente mit vinyl-basierten Haftmitteln haben gezeigt, das ein mit warmen Wasser getränkter rotierender Schwamm, eine gute Methode ist. Die Reinigungsumlaufzeit kann weniger als 3 s betragen.

3.5.3 Thermisch-adhäsive Greifer

Das Greifen mit einem Kälte- bzw. Gefriergreifer erfolgt derart, dass ein Wassernebel oder Wassertropfen auf das Objekt aufgebracht wird. Das erfolgt mit einer integrierten Düse oder mit Hilfe eines Dosiersystems genau an der gewählten Greifstelle. Dann erfolgt das Anfrieren durch ein Kühlelement, das eine Temperatur von etwa − 10 °C erzeugt. Das Kühlelement kann flächig ausgebildet sein, um beispielsweise textile Gebilde zu greifen oder punktförmig-spitz, um sehr kleine Teile an einem einzigen kleinen Punkt anzufrieren. Das **Bild 3.315** zeigt zwei Ausführungsbeispiele.

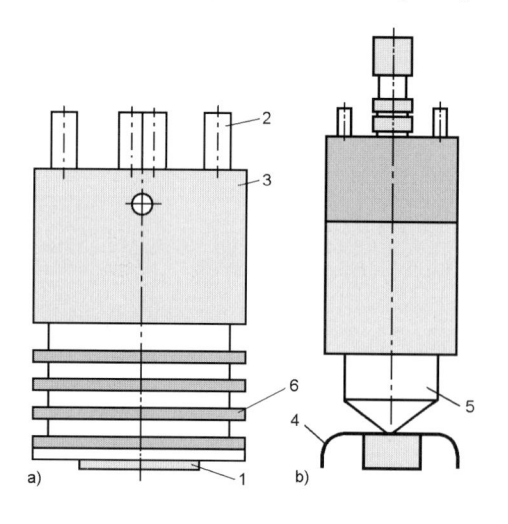

1 Peltiermodul
2 Medien- und Steuerleitungsanschluss
3 Gehäuse
4 Werkstück
5 Kältekontaktelement
6 Kühlrippen

a) Flächengreifer (*NAISS*)
b) Punktgreifer (*AFT*),

Bild 3.315: Gefriergreifer (Ausführungsbeispiele)

Das Durchfrieren der geringen Wassermenge ist in weniger als 1 Sekunde abgeschlossen. Das Kühlelement liefert nicht nur Kälte, sondern ist gleichzeitig auch die Greiffläche.

3.5 Miniatur- und Mikrogreifer

Zum Ablegen des Objekts muss das Eis aufgetaut werden. Das geschieht mit Hilfe von Druckluft oder einer Widerstandsfolie. Der Ablösevorgang ist ebenfalls kürzer als eine Sekunde. Die Sprühmenge kann zum Beispiel 0,1 ml je Greifzyklus betragen. Als Kühlelement wird bei kleinen Greifobjekten, normalerweise sind das Mikrokomponenten, ein Peltier-Modul eingesetzt. Bei größeren Objekten arbeiten diese Module zu langsam.

Für schnelles Greifen lässt sich zum Kühlen auch flüssiges Kohlendioxyd oder Flüssigstickstoff verwenden. Ein erstes Patent zur Textilhandhabung auf diese Art stammt aus dem Jahre 1971 [3-101], ähnliche Systeme sind später entstanden [3-102].

Die Haltekraft ist überraschend groß, viel attraktiver als bei einem Vakuumsauger entsprechender Größe bzw. Kleinheit und mit 1 N/mm^2 etwa 50- bis 100-mal größer. Das sich bildende Eis wirkt wie eine Klebeschicht (Flüssigkeitsbrücke) und verhindert überdies eine direkte Berührung mit dem Greifer. Soll das Teil wieder losgelassen werden, genügt eine kurzzeitige Erwärmung. Weil bei den kryotechnischen Greifern keine Klemmkräfte wirken, wird am Werkstück auch keine Deformation oder Beschädigung hervorgerufen. Damit kann man sehr weiche, zerbrechliche oder speziell oberflächenbehandelte Teile greifen. Das können Teile aus der Schmuck- und Uhrenindustrie, der Halbleitertechnik oder allgemein der Mikromontage sein. Sogar biologisches Material mit zarten Strukturen kann beschädigungsfrei gehandhabt werden, wie zum Beispiel beim Extrahieren von Gewebe. Dafür gibt es dann handgeführte Greifer in der Art einer Gefrierpinzette.

Gefriergreifer lassen sich nach [3-103] sehr gut für das Greifen von technischen Textilien einsetzen. Das zeigt auch ein Vergleich der verschiedenen Greifprinzipe nach **Bild 3.316** In dieser Übersicht werden typische Eigenschaften gegenübergestellt.

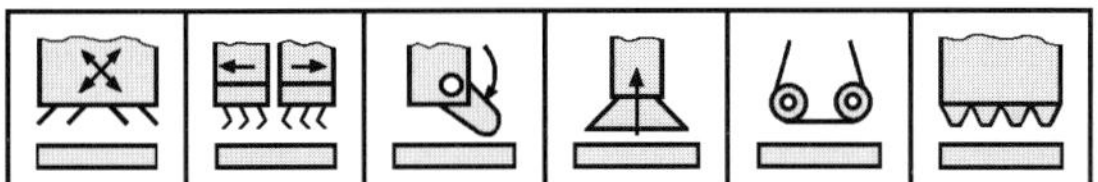

	Nadel-greifer	Kratzen-greifer	Klemm-greifer	Sauger-greifer	Klebe-greifer	Gefrier-greifer
Greifzuverlässigkeit	◐	◐	○	◐	○	●
schadenfreier Zugriff	○	○	○	●	●	●
Haltekraft	●	◐	◐	◐	○	●
Materialflexibilität	◐	◐	◐	○	◐	◐
Werkstückflexibilität	◐	◐	◐	○	○	●
Greifgeschwindigkeit	●	◐	●	◐	◐	◐
Umgebungsunabhängigkeit	●	●	●	○	◐	◐

Bild 3.316: Vergleich einiger Greifprinzipe hinsichtlich ihrer Eignung für das Greifen textiler Gebilde
Vollkreis = sehr geeignet, Leerkreis = ungeeignet

Für große Textilstücke werden mehrere Gefriergreifer in einer parallelen Anordnung eingesetzt. Das **Bild 3.317** zeigt dazu ein Beispiel. Die Greifobjekte können dabei durchaus mehrfach gekrümmt sein. Beim Abtauen mit Druckluft sorgt diese gleichzeitig mit dafür, das Greifobjekt vom Greifer abzustoßen. Bei einem Durchmesser des Greifkopfes von 50 mm beträgt die Haltekraft eines Kopfes etwa 70 N. Nach dem Lösen trocknet die Greifstelle ohne irgendwelche Rückstände ab [3-104].

Die Qualität einer Gefriergreifverbindung hängt vor allem vom Dispersionsgrad ab, mit dem das Medium Wasser auf das Werkstück aufgebracht wird.

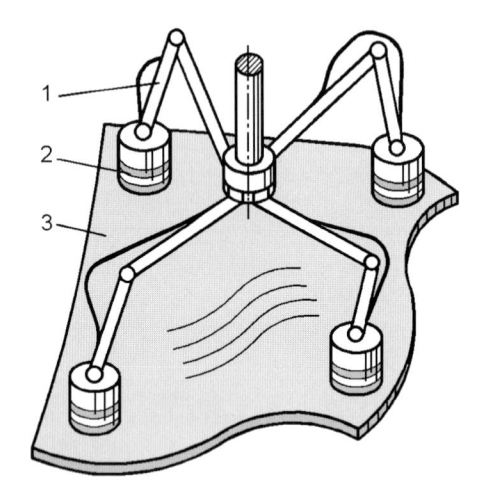

1 starrer, aber einstellbarer Arm
2 Gefriergreifer
3 Textil-Formgebilde

Bild 3.317: Hydroadhäsives Greifsystem mit mehreren Greifköpfen

Da spielen die Benetzungsfähigkeit des textilen Materials und die Rauigkeit der Kontaktfläche des Peltiermoduls eine wichtige Rolle. Es bildet sich eine Dreiphasengrenzelinie aus und es kommt zu einem Spannungsgleichgewicht der Oberflächenspannungen der einzelnen Phasen (Flüssigkeit-Gas; Gas-Festkörper; Festkörper-Flüssigkeit).

Nicht nur bei textilen Flächengebilden kann der Gefriergreifer eingesetzt werden, sondern auch bei Glasfaser- und Kohlefasergeweben, bei Aramidgeflechten oder Bekleidungstextilien. Auch formstabile luftundurchlässige Bauteile wie Folien lassen sich greifen. Das aufgesprühte Wasser benetzt nur die oberste Lage und hinterlässt keine Spuren.

Die Adhäsionskraft F_{ad} mit der ein Greifobjekt gehalten wird erhält man nach [3-105] aus folgender Gleichung:

$$F_{ad} = \frac{W_{sl}^{ad} \cdot A_r}{\delta} = \frac{\sigma_{lg}(1+\cos\Theta) \cdot A_r}{R_Z} \quad \text{in N} \tag{3.140}$$

$\sigma_{sl}, \sigma_{lg}, \sigma_{gs}$	Grenzflächenspannung in N/m²
δ	Schichtdicke in m
Θ	Kontaktwinkel im Dreiphasenpunkt (Dampf, Flüssigkeit, Festkörper)
W_{sl}^{ad}	Adhäsionsarbeit in J/m²
A_r	resultierende Wirkfläche in m²
R_Z	gemittelte Rautiefe in m; Rauigkeit

3.5 Miniatur- und Mikrogreifer

Die Verhältnisse beziehen die *Young'sche Gleichung* für Grenzflächenspannung ein, was auch durch die Skizze in **Bild 3.318** erklärt wird.

$$\cos\Theta = \frac{\sigma_{gs} - \sigma_{sl}}{\sigma_{lg}}$$

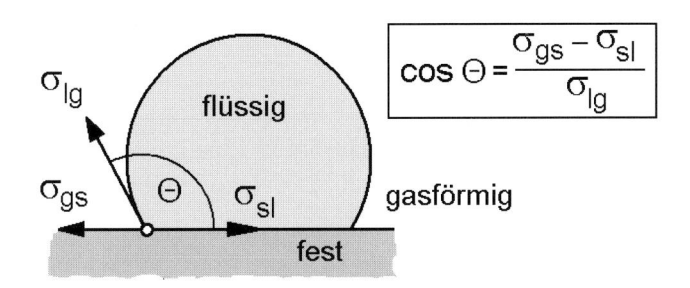

Bild 3.318: Erklärung zur *Young'schen Gleichung*

Für thermische Greifköpfe lässt sich die eingesetzte thermische Energie e wie folgt angeben:

$$e = m \cdot s \cdot \Delta T \tag{3.141}$$

m Masse des Wassertröpfchens
s spezifische Wärme von Wasser (4184 kJ/kgK)
ΔT Temperaturänderung bis zum Einfrieren des Wassers

Die Leistung P ergibt sich aus folgender Gleichung

$$P = \frac{m \cdot s \cdot \Delta T}{t_r} + P_V \tag{3.142}$$

t_r Zeit, die für das Einfrieren des Wassers gebraucht wird
P_V Leistungsverlust

Der Leistungsverlust P_V ist von der Gefriermethode abhängig, so zum Beispiel $I^2 \cdot R$ bei Peltierelementen.

So erfordert zum Beispiel eine Wassermenge von 1 mg, um sie in 1 Sekunde bei einer Temperaturänderung von 50 °C einzufrieren, eine Leistung von 0,215 Watt (bei Vernachlässigung einiger Effekte wie Kristallisation, Energieabstrahlung u.a.).

Die thermische Leitfähigkeit der Luft bei 300 K beträgt etwa 2,68 W/mK [3-106]. Das ist eine Größenordnung mehr als bei den meisten Stoffen, weshalb die Schmelzzeit des Wassertröpfchens im wesentlichen durch den Greifkopf und die thermische Leitfähigkeit der Luft diktiert wird.

Wird mit Flüssig-Stickstoff oder Flüssig-Kohlendioxyd gekühlt, so sind diese Verbrauchsmaterialien relativ preiswert, aber Lagerung und Zuführung sind aufwendig. Deshalb haben sich die elektrischen Peltier-Module gut etablieren können. Das Umpolen dieser Elemente zum Zweck der Erwärmung, um damit das Auftauen zu bewirken, wird allerdings nicht praktiziert, weil es zu Prozesszeiten kommen würde, die für den industriellen Einsatz zu lang sind.

3.5.4 Miniatur-Vakuumgreifer

Besonders in der Elektronikbranche und dort in der Einzelteilmontage (SMD-Technik, Hybridtechnik, Packaging von Einzelhalbleitern) werden Vakuumgreifer diverser Bauarten (**Bild 3.119**) eingesetzt. Sie übernehmen häufig die Bauteile von einem Klebeband und positionieren sie auf dem Basisteil. Der Montageprozess ist in der Mikromechanik ohne ein Greifhilfsmittel nicht denkbar. Die Positioniergenauigkeit beträgt bis zu 50 µm.

Mikro-Vakuumgreifer bestehen aus Glaskapillaren und können bis zu einem Spitzendurchmesser von 10 µm eingesetzt werden. Die Spitze ist angeschliffen und feuerpoliert.

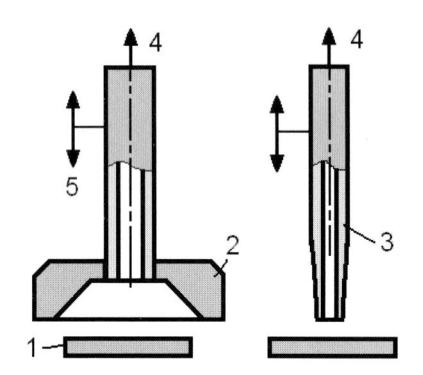

1 Elektronikkomponente, Chip
2 Aufnahmekopf (Wolframcarbid) mit Selbstzentrierwirkung
3 Vakuumpipette
4 Vakuum
5 Anfahrbewegung

Bild 3.319: Vakuumgreifer für Kleinstteile

Die Anforderungen an Vakuumgreifer für mikromechanische Bauelemente werden in [5-6] wie folgt formuliert:

- Das Greifobjekt muss während des Fügevorganges beobachtbar sein, damit auf Bauteiltoleranzen reagiert werden kann (Fügen mit optischer Positionsrückmeldung).
- Der Griff soll mit möglichst geringem Druck bei großem Öffnungsquerschnitt am Lufteintritt erfolgen. Zum Halten eines Siliziumquaders von 1 mm Kantenlänge und 0,25 mm Dicke ist eine Kraft von etwa 5 µN erforderlich.
- Das Bauteil soll möglichst im Schwerpunkt oder symmetrisch zum Schwerpunkt gegriffen werden.
- Die verfügbare Griffläche soll optimal ausgenutzt werden.
- Es soll eine definierte Greifkraft an einer definierten Stelle aufgebracht werden.

Es wurden u.a. Vakuumgreifer entwickelt, deren Ansaugöffnung mit einem optisch transparenten Sieb abgedeckt ist, so dass eine Beobachtung mit einer axial dahinter angebrachten CCD-Kamera eingerichtet werden kann. Aus den Bilddaten lassen sich dann im Vergleich mit Referenzbildern Positions- und Orientierungskorrekturen vor dem eigentlichen Fügen ausführen. Das entspricht einer „Genau-Montage" nach Sicht.

Die Vorteile von Saugergreifern bei der Handhabung von mikromechanischen Bauelementen sind vor allem:

- Feinfühlige Einstellbarkeit der Greifkraft
- Leichte Umrüstbarkeit auf andere Greifobjektformen und –größen
- Kleinste Bauteile lassen sich sicher halten und wieder absetzen

3.6 Spezialisierte Greifer

3.6.1 Kombinationsgreifer

Kombinationsgreifer sind eigentlich Mehrzweckgreifer, bei denen verschiedenartige Greiforgane zu einer Greifeinheit zusammengestellt werden. In **Bild 3.320** wird ein solcher Greifer vorgestellt. Er besitzt zwei Paar Greiforgane für den Innengriff, die gemeinsam öffnen und schließen. Einmal werden damit in der Palette magazinierte Werkstücke gegriffen und zur Drehbearbeitung auf eine Futterteildrehmaschine gebracht.

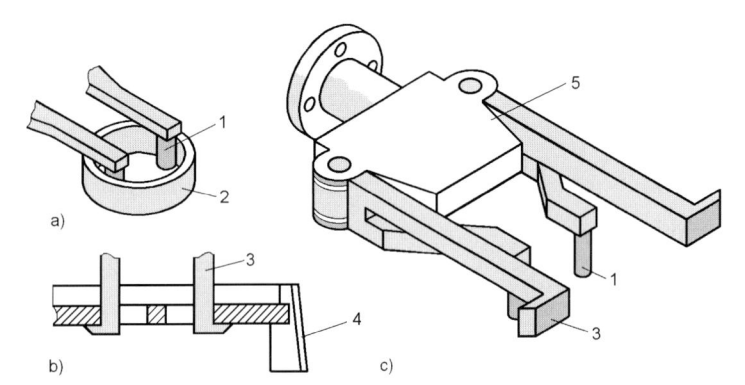

1 Zapfen für Innengriff
2 Werkstück
3 Hakenfinger für Palettengriff
4 Palette
5 Grundgreifer

Bild 3.320: Mechanischer Backengreifer für die Maschinenbeschickung
a) Greifen eines Werkstücks, b) Greifen einer Palette, c) Gesamtansicht

Das lange Paar Greiforgane dient dagegen zur Manipulation von leeren Paletten. Dazu ist der Palettenboden mit entsprechenden Greiföffnungen zu versehen. Der Vorteil besteht darin, dass man eine längere bedienfreie Zeit erreicht, weil der Roboter in der Lage ist, geleerte Paletten selbst anzufassen und wegzustellen. Dadurch werden die Werkstücke der nächsten Palette des Stapels zugänglich. Es ist ein Spezialgreifer, der für diesen besonderen Zweck zugeschnitten wurde.

Das **Bild 3.321** zeigt ein anderes Ausführungsbeispiel. Es ist ein 4-Finger-Backengreifer.

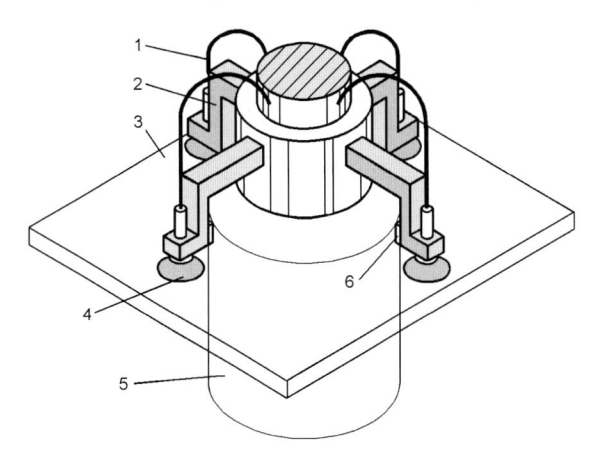

1 Saugluftleitung
2 Greiferfinger
3 Werkstück (Flachteil)
4 Sauger
5 Werkstück (Rundteil)
6 Greifbacke

Bild 3.321: Kombinationsgreifer

Er kann den Außengriff mit seinen zentrierend wirkenden Greifbacken ausführen, zum Beispiel das Palettieren von Dosen. Die Greiferfinger sind zusätzlich mit Saugern ausgestattet. Damit besteht wahlweise auch die Möglichkeit, Flachteile auf der ebenen Fläche aufzunehmen. Das könnte zum Beispiel eine Stapelzwischenlage aus Pappe oder Sperrholz sein, die in einem Palettierzyklus nach und nach aufzulegen wäre.

Saugergreifer werden auch gern in Kombination mit anderen Greifern für „Hilfsfunktionen" verwendet. Das soll ein weiteres Beispiel zeigen. In **Bild 3.322** geht es um das Stapeln von Textilfaserspulen. Die Spulen werden innen mit einem Dorngreifer gegriffen und auf der Palette abgelegt. Für die nächste Stapeletage muss eine Zwischenplatte aufgelegt werden. Auch das besorgt die Handhabungseinrichtung. Sie holt die Zwischenlagen von einem gesonderten Stapel ab. Dafür werden Sauger verwendet, die zur Benutzung nur für diesen Vorgang zeitweilig ausgefahren werden. Dadurch kommt man ohne Greiferwechselsystem aus. Die Kombination lässt sich bei Verwendung von Pneumatikzylindern mit hohler Kolbenstange relativ einfach erstellen.

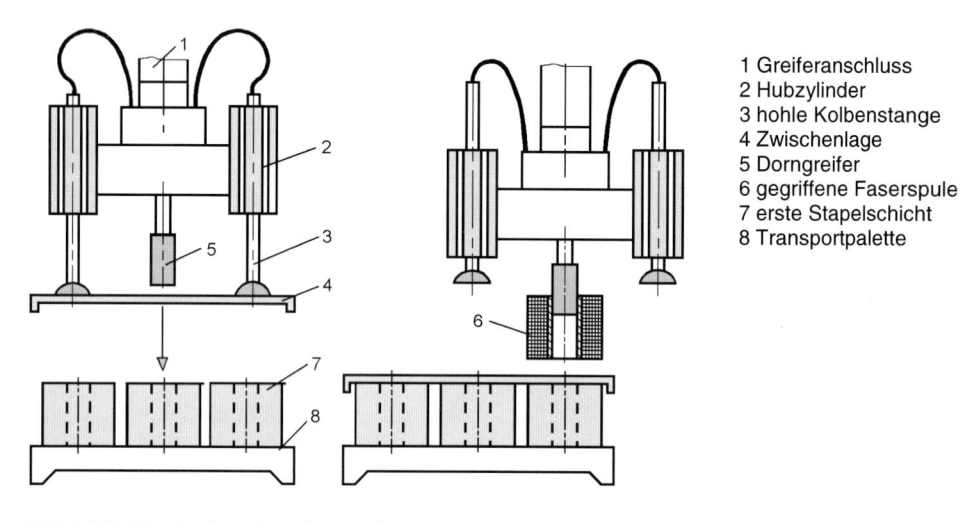

1 Greiferanschluss
2 Hubzylinder
3 hohle Kolbenstange
4 Zwischenlage
5 Dorngreifer
6 gegriffene Faserspule
7 erste Stapelschicht
8 Transportpalette

Bild 3.322: Mehrlagiges Stapeln von Textilfaserspulen mit einem Kombinationsgreifer

3.6.2 Doppel- und Mehrfachgreifer

Doppelgreifer sind zwei einzeln und unabhängig voneinander ansteuerbare Einzelgreifer, die meist mit einer Dreh- oder Schwenkeinheit verbunden oder auf einer gemeinsamen Platte befestigt sind.

- **Doppelgreifer** greifen zwei Objekte zeitlich und funktionell unabhängig voneinander.
- **Mehrfachgreifer** greifen mehr als zwei Objekte gleichzeitig.
- **Zweifachgreifer** greifen zwei Objekte gleichzeitig.

In **Bild 3.323** ist ein Beispiel zu sehen. Es wurden zwei Winkelgreifer zu einem Greifkopf verbunden. Die Greifer werden pneumatisch betrieben, wahlweise sind auch Hydraulikgreifer möglich. Dann ergeben sich zwar größere Greifkräfte, jedoch verlängern sich die

3.6 Spezialisierte Greifer

Zykluszeiten im Vergleich mit der Pneumatikvariante. Die Greifbacken sind beweglich gelagert, so dass sie sich an das Werkstück anpassen können. Je eine Seite ist als Doppelfinger ausgebildet. Damit wird eine Daumenfunktion imitiert. Doppelgreifer werden eingesetzt, um Roh- und Fertigteile bei der Ausführung von Beschickungsaufgaben gleichzeitig bewegen zu können. Das spart Zeit, weil je Beschickungszyklus zwei Leerfahrten zwischen Magazin und Spannstelle eingespart werden können, denn beim Abholen eines Fertigteils kann bereits der neue Rohling mitgebracht werden. Je größer der Abstand zwischen den Bedienpositionen, desto größer wird auch die Zeiteinsparung im Vergleich zum Einzelgreifer.

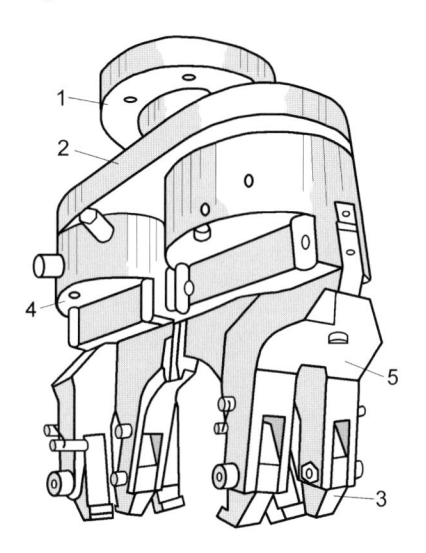

Die greifertechnischen Komponenten sind heute soweit entwickelt, dass man kompakte Mehrteilegreifer mit mehreren Funktionen zusammensetzen kann. Solche Greifer können z.B. bei der Gestaltung von Montagezellen vorteilhaft sein.

1 Greifkopfflansch
2 Greiferbrücke
3 bewegliche Greifbacke
4 Zwei-Backen-Winkelgreifer
5 Doppelfinger

Bild 3.323: Winkelgreifer zum Doppelgreifkopf kombiniert (*Röhm*)

Das **Bild 3.324** zeigt einen solchen Greifer. Er kann eine Gelenkwelle und das Gelenkgehäuse (17 kg) als Greifobjekte aufnehmen. Dafür wurden drei Parallelgreifer kombiniert.

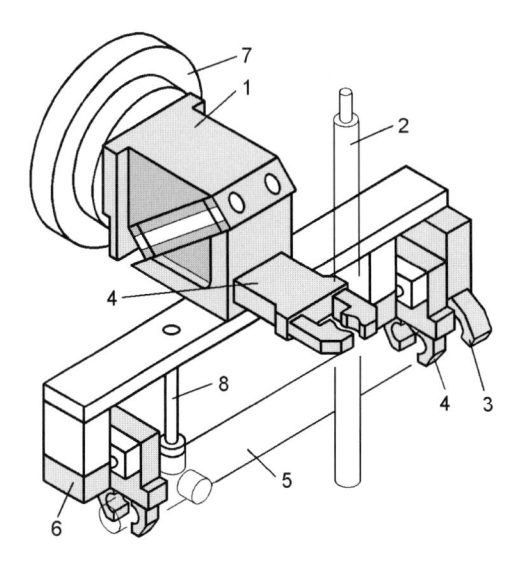

1 Schwenkkopf
2 Gelenkwelle
3 Winkelgreifer
4 Parallelgreifer
5 Gelenkwellengehäuse
6 Kurzhubeinheit
7 Kollisionsschutzsystem
8 Stützauflage

Bild 3.324: Kompakter Mehrteilegreifer (*Schunk*)

Sie bewirken die Haltefunktionen und ein Winkelgreifer ist für die Ausrichtung des Gehäuses um seine Längsachse eingesetzt. Nach dem Ausrichten werden die Backengreifer mit Kurzhubeinheiten zu den Greifstellen hinbewegt, damit sie zupacken können. Ein Schwenkkopf kann außerdem die gesamte Greifeinheit in der schrägen Drehachse um 180° drehen. Damit wird eine andere Orientierung der Greifteile im Raum möglich.

In **Bild 3.325** wird ein Greifer gezeigt, der drei gleichartige Teile mit einem Klemmgriff aufnehmen kann. Der Antrieb ist pneumatisch. Der Greifer besteht aus zwei bügelförmigen Schiebern, die direkt angetrieben werden. Die eine Schiene trägt alle rechten Greiferbacken, die andere alle linken. Wird die Druckluft zugeschaltet, öffnen sich alle Greifer. Das Halten wird durch Federkraft besorgt. Die Greifbacken lassen sich in variabler Anzahl und an beliebigen Stellen des Bügelschiebers anschrauben. Der Greifhub ist für alle Greifer gleich groß. Zum Zweck des Ausgleichs von Werkstücktoleranzen sollten die Greifflächen mit einem elastischen Belag ausgestattet werden oder es wird rein formpaarig gegriffen.

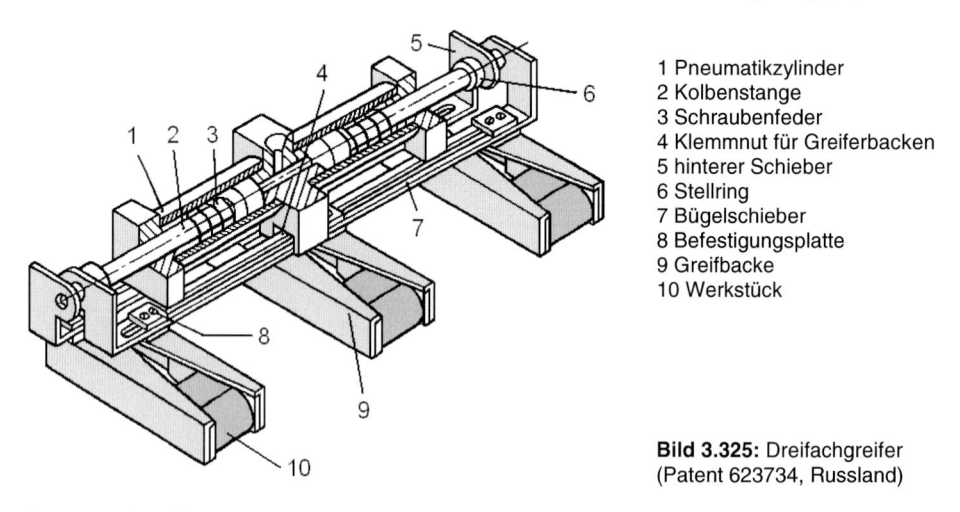

1 Pneumatikzylinder
2 Kolbenstange
3 Schraubenfeder
4 Klemmnut für Greiferbacken
5 hinterer Schieber
6 Stellring
7 Bügelschieber
8 Befestigungsplatte
9 Greifbacke
10 Werkstück

Bild 3.325: Dreifachgreifer
(Patent 623734, Russland)

Ein Doppelgreifer mit ungewöhnlicher Schwenkeinheit wird in **Bild 3.326** (vereinfacht) vorgestellt. Die Greifer werden durch ein Winkelhebelsystem stets parallel zur Grundlinie geführt.

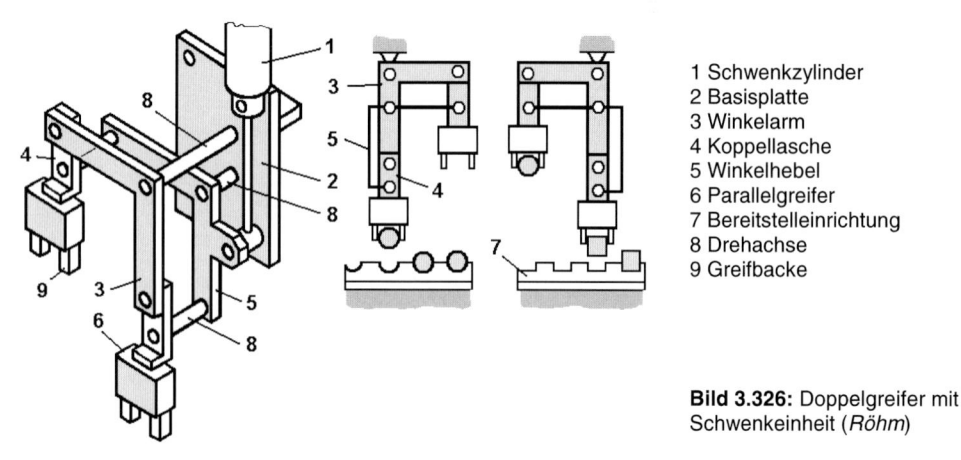

1 Schwenkzylinder
2 Basisplatte
3 Winkelarm
4 Koppellasche
5 Winkelhebel
6 Parallelgreifer
7 Bereitstelleinrichtung
8 Drehachse
9 Greifbacke

Bild 3.326: Doppelgreifer mit Schwenkeinheit (*Röhm*)

3.6 Spezialisierte Greifer

Damit ist auf kleinem Raum das positionsgenaue, synchrone Bewegen von Roh- und Fertigteilen ohne zusätzliche Achsbewegung des Handhabesystems möglich.

Die Greifer könnten auch mit Drehbacken ausgestattet sein, mit denen gegriffene Werkstücke um 90° oder 180° gedreht werden können. Für den Einsatz wird im Vergleich mit Revolvergreifern entscheidend sein, welche Störkontur das gesamte Greifsystem erzeugt. Auf jeden Fall lässt sich der gezeigte Greifer sehr schmal bauen. Die ausschließliche Verwendung von Drehgelenken in der Mechanik ist auch fertigungstechnisch von Vorteil.

In **Bild 3.327** wird das Prinzip eines Mehrfachgreifers gezeigt, der vier Objekte greifen kann und dann den Abstand der Einzelgreifer zueinander verändert. Das können z.B. Keramikziegel sein, die einen bestimmten Abstand auf dem Förderband haben. Nach dem Greifen bewegen sich die Schiebeblöcke nach innen, so dass die Teile am Ablagepunkt, z.B. eine Flachpalette, dicht aneinander liegen. Auch der umgekehrte Ablauf wird technologisch gebraucht. Für die Verstellung kann ein Servomotor am Schwenkflügel angreifen. Im Beispiel wird dafür ein Fluidmuskel eingesetzt. Der Abstand der Schiebeblöcke und damit der Greifobjekte wird dann über den Druck eingestellt. Statt der Zugfeder kann auch ein zweiter Muskel vorgesehen werden.

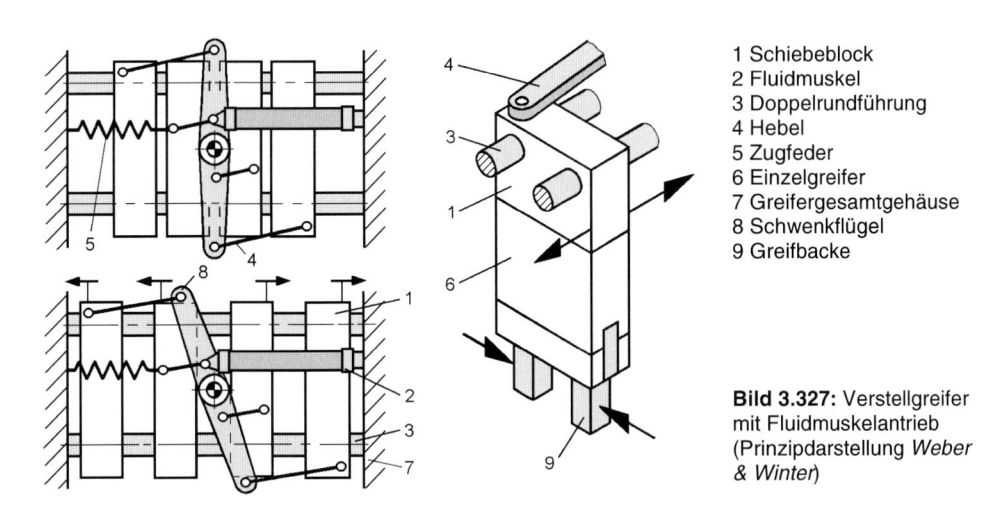

1 Schiebeblock
2 Fluidmuskel
3 Doppelrundführung
4 Hebel
5 Zugfeder
6 Einzelgreifer
7 Greifergesamtgehäuse
8 Schwenkflügel
9 Greifbacke

Bild 3.327: Verstellgreifer mit Fluidmuskelantrieb (Prinzipdarstellung *Weber & Winter*)

3.6.3 Revolvergreifer

Revolvergreifer greifen mehr als zwei Objekte zeitlich und funktionell unabhängig voneinander. Sie stellen eine sinnvolle Alternative zur Verwendung von Greiferwechselsystemen dar. Sie werden hauptsächlich in der automatischen Montage eingesetzt und sind für die Manipulation relativ kleiner und leichter Werkstücke gedacht. Sie sind technisch eine Kombination mehrerer Einzelgreifer mit einer speziellen Handgelenk-Bewegungseinheit. Die Anordnung kann sehr unterschiedlich sein. Das **Bild 3.328** zeigt einige Ausführungen im Prinzip. Das Weiterschalten auf den folgenden Greifer dauert oft nicht länger als eine Sekunde. Es wird vom Anwenderprogramm ausgelöst. Der Vorteil des Revolvergreifers besteht darin, dass dieser in der Peripherie mit Montageteilen „aufgeladen" wird, während das Montagebasisteil seine Position ändert und ein neues Basisteil vom Fördersystem bereitgestellt wird. Während der eigentlichen Montage fallen keine Zeiten für Holen von Bauteilen aus der Peripherie an. Roboterleerfahrten sind somit weitgehend entbehrlich.

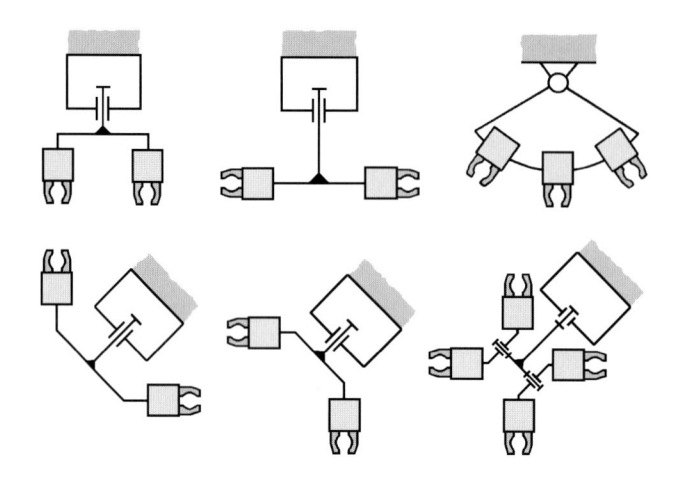

Bild 3.328: Konfiguration von Revolvergreifern

Üblicherweise tragen Revolvergreifer 2 bis 6 Einzelgreifer. Zusammen mit den aufgenommenen Werkstücken ergibt sich eine ziemliche Sperrigkeit und eine unangenehm große Störkontur. Das ist zum Beispiel beim Greifer in **Bild 3.329** gut zu erkennen.

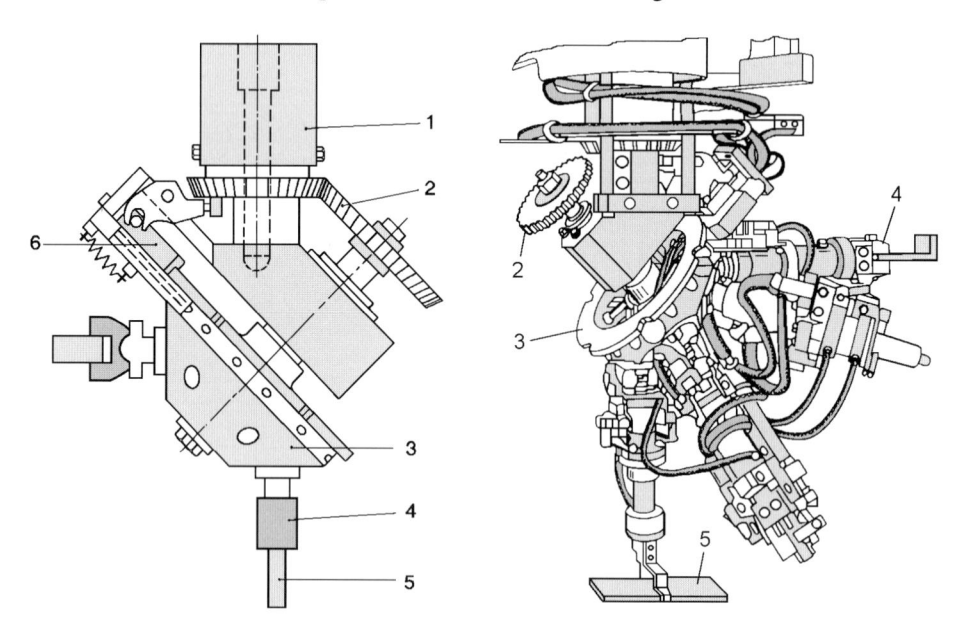

Bild 3.329: Revolvergreifer mit sechs Einzelgreifern bzw. Fügewerkzeugen (*Sony*)
1 Anschlussstück, 2 Kegelradgetriebe, 3 Kronenrevolver, 4 Greifer, 5 Montageteil, 6 Rastmechanismus

3.6 Spezialisierte Greifer

Das Besondere bei diesem Greifer ist, dass die Handdrehachse zusätzlich zum Weitertakten des Revolvers verwendet wird. Dazu dockt das Kegelrad am Greifer kurzzeitig am Kegelrad der Drehachse an. Je Greiferplatz stehen mehrere Elektro- und Druckluftanschlüsse zur Verfügung. Wann immer möglich, greift man die Teile nicht an der Außenkontur, die sich bei Produktänderungen meistens ändert, sondern innen an Bohrungen oder speziell angebrachten „Greifbohrungen". Wenn sich solche Bohrungen auch in ähnliche Teile oder Teile eines Nachfolgesortiments einbringen lassen, minimiert dieses die Anzahl der notwendigen Greifer bzw. deren Umbau bei einem Modellwechsel.

Für sehr kleine Montagebauteile zeigt das **Bild 3.330** zwei Ausführungen pneumatisch angetriebener Greifer. Der Pneumatikkolben wirkt bei dieser Konstruktion mit seinen Innen- bzw. Außenkegelflächen direkt auf die Greifbacken. Im Befestigungsflansch ist eine Hubkompensation von 5 mm (vertikal) untergebracht. Der Greifer ist vor allem für einen Einsatz in der feinmechanischen Industrie und in der Elektronikbranche vorgesehen. Die einfache Konstruktion führt zu einem sehr guten Preis-Leistungs-Verhältnis und zu einer Lebensdauer von mehr als zwanzig Millionen Schaltspielen.

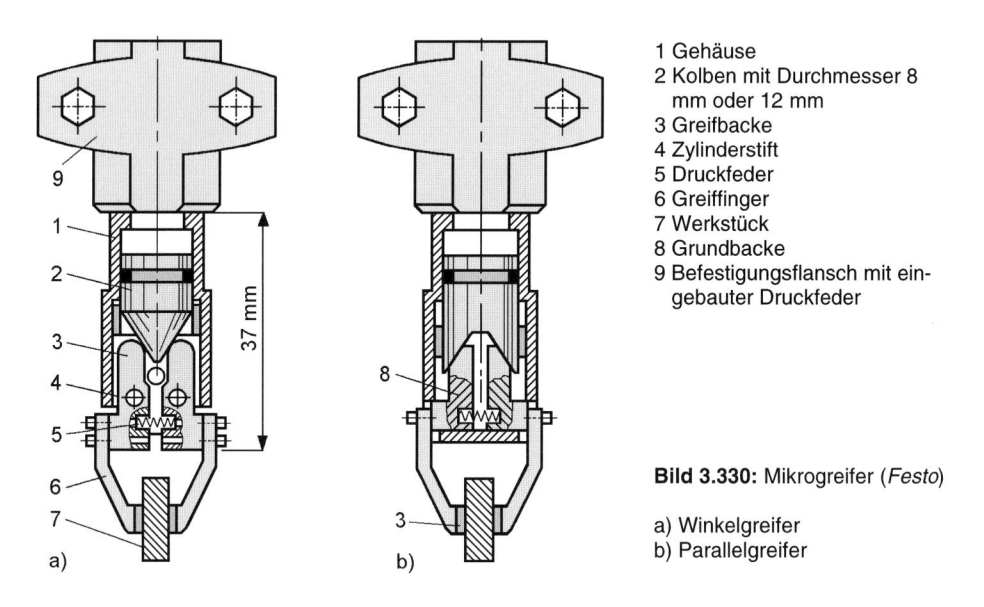

1 Gehäuse
2 Kolben mit Durchmesser 8 mm oder 12 mm
3 Greifbacke
4 Zylinderstift
5 Druckfeder
6 Greiffinger
7 Werkstück
8 Grundbacke
9 Befestigungsflansch mit eingebauter Druckfeder

Bild 3.330: Mikrogreifer (*Festo*)

a) Winkelgreifer
b) Parallelgreifer

Das **Bild 3.331** zeigt eine einfache Aufbauvariante eines Revolverkopfgreifers, der aus zwei orthogonal aufeinanderstehenden 180° Schwenkeinheiten besteht. Jeder der 4 Greifer kann in die geforderte Arbeitslage gebracht werden. Der Vorteil dieser Konstruktion besteht im kleinen Kollisionsraum.

Die Einsatzgrenzen von Revolvergreifern sind hauptsächlich durch die Größe der Handhabungsobjekte und den dadurch größeren Trägheitskräften gegeben, weil ständig mehrere Greifer bewegt werden müssen und weil der Kollisionsraum wesentlich größer ist, als bei einem Einzelgreifer. Beim Weiterschalten großer Revolver kann es wegen der großen Störkontur zu zusätzlichen Steuerungsproblemen kommen. Weil der Masseschwerpunkt oft außerhalb der „normalen" Mitte liegt, können zusätzliche Trägheitsmomente zu Instabilitäten und Schwingungen führen.

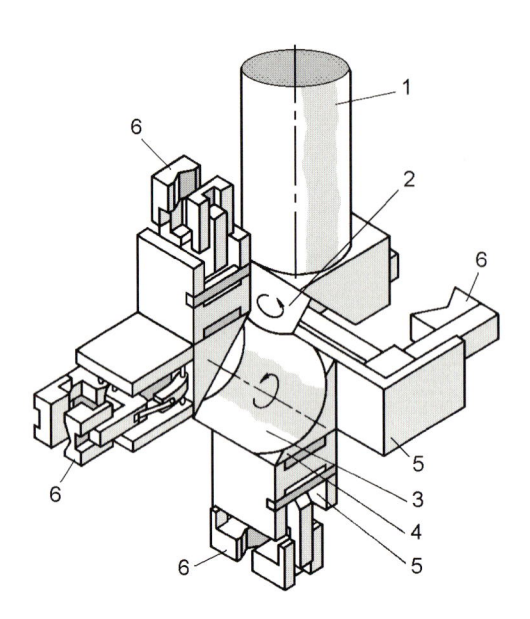

1 Roboteranschluss
2 Schwenkeinheit
3 zweite Schwenkeinheit
4 Greiferflansch
5 Zangengreifer
6 Greifbacke

Bild 3.331: Revolvergreifer mit 2 Drehantrieben [3-107]

Die technische Alternative zum Revolvergreifer sind Greiferwechselsysteme, die aber die Zykluszeiten verlängern. Das **Bild 3.332** zeigt ergänzend eine Aufbauvariante mit waagerechter Drehachse. Alle Greifer werden mit Druckluft betrieben. Auch hier muss am Montageort genügend Freiraum vorhanden sein, damit Kollisionen mit der Montagebaugruppe ausgeschlossen sind.

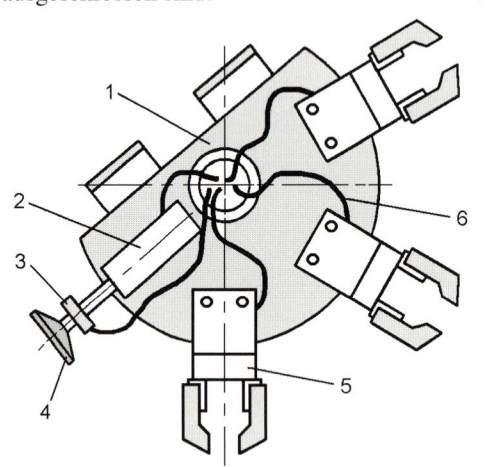

1 Basisscheibe
2 Hubzylinder
3 Ejektor
4 Vakuumsauger
5 Parallelbackengreifer
6 Druckluftleitung

Bild 3.332: Revolvergreifer für die Montageteilhandhabung

Um schnell montieren zu können, zum Beispiel SMD-Komponenten in der Leiterplattenbestückung, hat man den in **Bild 3.333** dargestellten Revolvergreifer entwickelt. Kleine Pneumatiksauger wurden ringförmig angeordnet, z.B. 12 oder 18 Sauger. Der Greifer wird in der Peripherie mit Bauelementen aufgeladen. Er wird dann vom Roboter zum Montagebasisteil (Leiterplatte) gebracht, um die Montage auszuführen. Das Beladen des Greifers wird in der Zeit durchgeführt, in der das Transfersystem das nächste Basisteil heranbringt, positioniert und spannt.

3.6 Spezialisierte Greifer

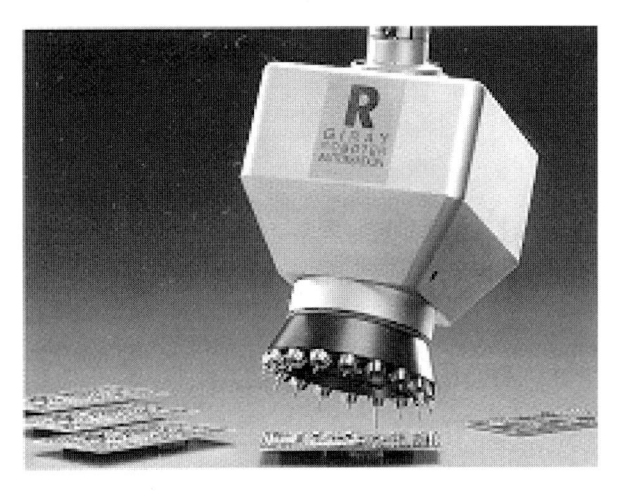

Bild 3.333: Revolvergreifer für SMD-Bauteile (*Giray Roboter Automation*)

An Stelle von Revolvergreifern mit schweren Dreheinheiten hat man auch schon Greifköpfe entworfen, deren Greiforgane, zum Beispiel Sauger, sich per Programm einstellen lassen. In **Bild 3.334** wird eine solche Greifeinheit gezeigt, bei der rein mechanisch über Riemen- und ein Zahnstange-Ritzel-Getriebe die Greifeinheit in eine bestimmte Position gebracht werden kann. Der gesamte Greifkopf besteht zum Beispiel aus vier solcher Greifeinheiten und er wurde für die Handhabung von unterschiedlich großen Leder-Zuschnitten gebaut [3-111]. Jede Greifeinheit kann innerhalb einer gegebenen kreisförmigen Fläche platziert werden. Die Greifeinheiten sind auf einer Basisplatte montiert, die ihrerseits am Roboterflansch befestigt ist. Die Verstellbewegungen erzeugt ein elektrischer Schrittmotor. Er kann eine Umdrehung in 200 Winkelschritte auflösen, bei einer Geschwindigkeit von 5000 Schritten je Sekunde. Die Greifeinheit kann in 40 ms in die entsprechende Position gebracht werden. Für die Durchquerung des gesamten Verstellbereiches sind 8,5 Umdrehungen der Greifeinheit erforderlich.

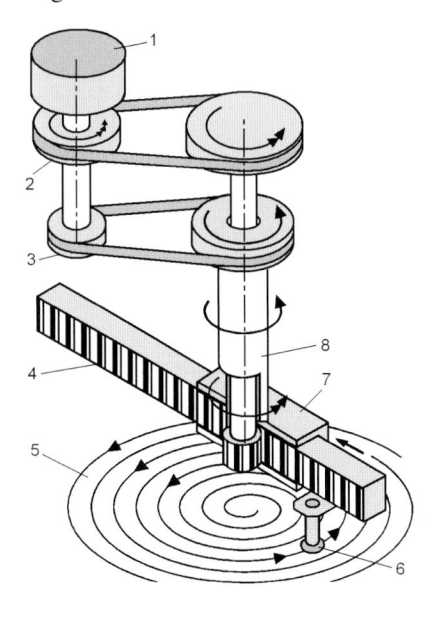

1 Schrittmotor
2 Zahnriemengetriebe
3 Verschiebeantrieb
4 Zahnstange
5 Verstellbereich
6 Greifer, im Beispiel ein Sauger
7 Zahnstangenführung
8 konzentrische Hohlwellen

Bild 3.334: Fügekopfeinheit mit Greiforganverstellung

3.6.4 Montagegreifer

Greifer, die in der Lage sind, eine Montageoperation greiferintern durchzuführen, werden als Montagegreifer bezeichnet. Es gibt sie nicht so oft. Am häufigsten geht es um das Zusammenstecken von Bauteilen zu einer Baugruppe. Ein Beispiel zeigt das **Bild 3.335**. Die Bauteile werden nacheinander mit einzeln steuerbaren Greiforganen aufgenommen und dann im Greifer gefügt. Die Fügekräfte sind klein. Pressoperationen sind nur mit speziellen Greifern ausführbar.

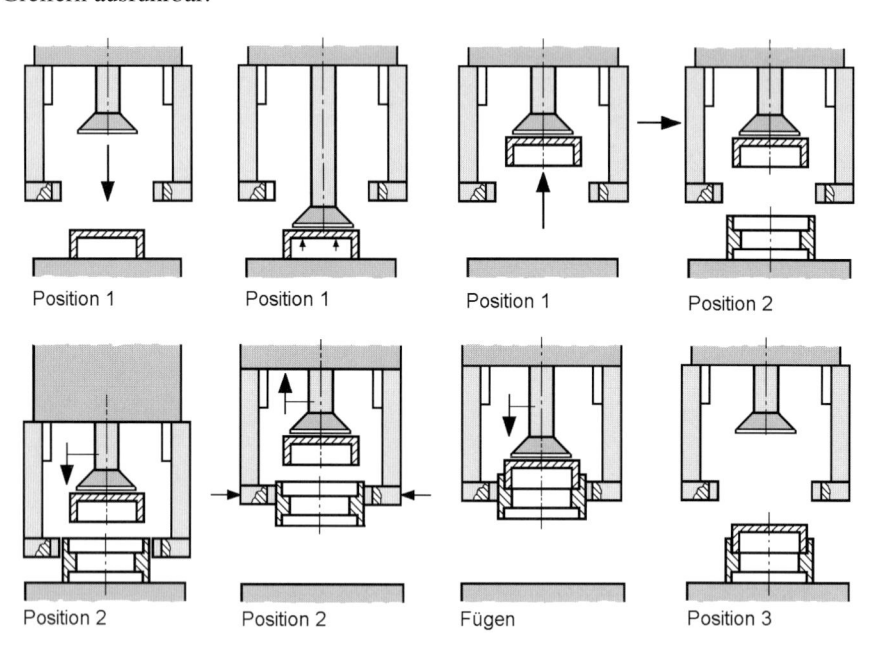

Bild 3.335: Ablauffolge beim Zusammensetzen zweier Bauteile im Greifer

In **Bild 3.336** wird gezeigt, wie eine Schalterbaugruppe mit einem Greifer, der über integrierte Funktionen verfügt, zusammengebaut wird.

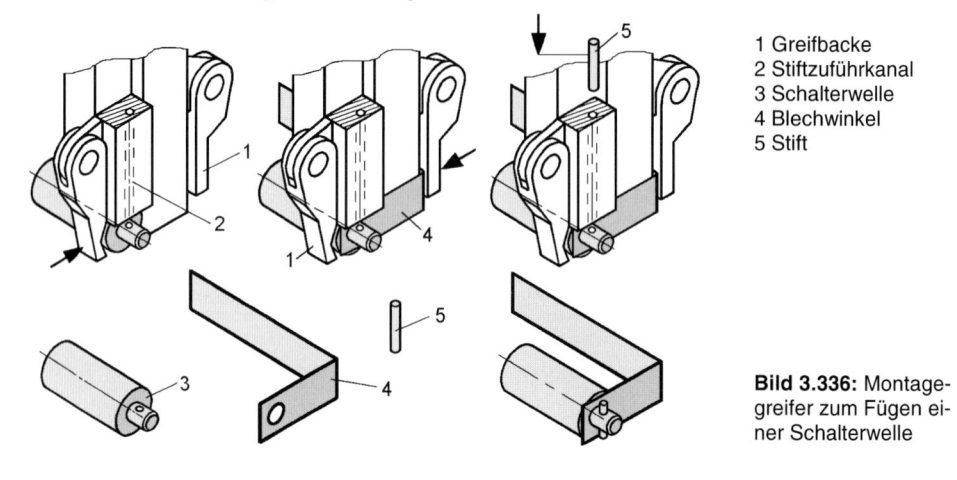

1 Greifbacke
2 Stiftzuführkanal
3 Schalterwelle
4 Blechwinkel
5 Stift

Bild 3.336: Montagegreifer zum Fügen einer Schalterwelle

3.6 Spezialisierte Greifer

Zuerst wird die Welle aufgenommen und mit einer Greifbacke geklemmt. Dann wird der Blechwinkel erfasst, wobei er bereits auf dem Wellenende steckt. Im Innern des Greifers befindet sich eine Stiftzuführ- und Stifteindrückeinheit, die den Stift einsetzt. Zum Schluss wird die fertige Baugruppe in einem Magazin abgelegt.

Ein anderer Sonderfall sind O-Ringe zum Abdichten von Maschinenteilen in technischen Strukturen. Auch dafür gibt es verschiedene Montageverfahren. Es ist nicht einfach, den leicht verformbaren O-Ring im Innern einer Bohrung zu platzieren. Bekannterweise ist der Ring im Durchmesser größer als die Bohrung, durch die er erst mal hindurch muss. Wir wollen uns dazu den in **Bild 3.337** gezeigten Greifer betrachten [3-108]. Er ist natürlich nicht nur Greifer, sondern gleichzeitig auch Fügewerkzeug. Der Ring wird aus einer Zuführeinrichtung aufgenommen und im Greifer vorübergehend zur L-Form verzerrt. Dann taucht der Greifer bis zur Tiefe b in das Werkstück ein. Beim „Entspannen" der L-Form springt der Ring in die Nut. Wichtig ist, dass bei der ganzen Prozedur keine Oberflächenbeschädigungen am Ring auftreten, weil dieser dann nicht dauerhaft dichtet. Es gibt auch noch andere Verfahren und Werkzeuge.

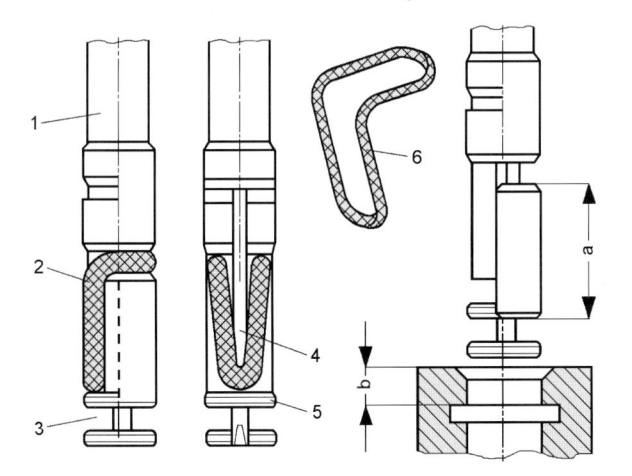

1 aktives Element
2 in L-Form eingespannter Ring
3 weitere Aufnahmenut für das Setzen von Ringen in größerer Nuttiefe b
4 Spannhaken
5 halbkreisförmige Scheibe
6 O-Ring in L-Form

a von der Ringgröße abhängiger Abstand

Bild 3.337: L-Form-Greifer zum Setzen von O-Ringen

3.6.5 Blechteilegreifer

Automatisches Handhaben von Blechteilen haben die Techniker schon immer im Visier, weil scharfe Gratkanten zu Handverletzungen führen, weil bei großen Teilen mehrere Werker zupacken müssen und weil die Rationalisierung letztendlich kostendämpfend wirkt. Industrietaugliche und bewährte Greiftechnik ist marktgängig und Basis vieler Vorhaben, die mittlerweile auch bei kleineren Stückzahlen mit Erfolg realisiert werden. Auf einige technische Möglichkeiten beim Greifen soll eingegangen werden.

Das Greifen von Blechen weist einige Besonderheiten gegenüber anderen Greifobjekten auf. Das sind folgende:

- Blechteile können oft nur am Rand angefasst werden, besonders bei Blechformteilen.
- Blechteile sind oft befettet und weisen dann einen nur geringen Reibungskoeffizienten auf.

- Dünne Blechtafeln können beim Abheben aneinanderhaften, weshalb eine Doppelblechkontrolle notwendig ist.
- Blechformteile u.ä. mit bereits geschliffenen Oberflächen sind sehr empfindlich gegenüber Oberflächenschäden.
- An wenigen Stellen gegriffene großformatige Bleche wölben sich durch und verlagern sich möglicherweise am Greifer.

Blechteilegreifer können sehr groß ausfallen, wenn die Teile groß sind, wie es in der Automobilindustrie üblich ist. Mit flächig verteilten Saugern ausgestattete Arme werden deshalb auch als „Saugerspinne" bezeichnet. Das **Bild 3.338** zeigt dazu ein erstes Beispiel.

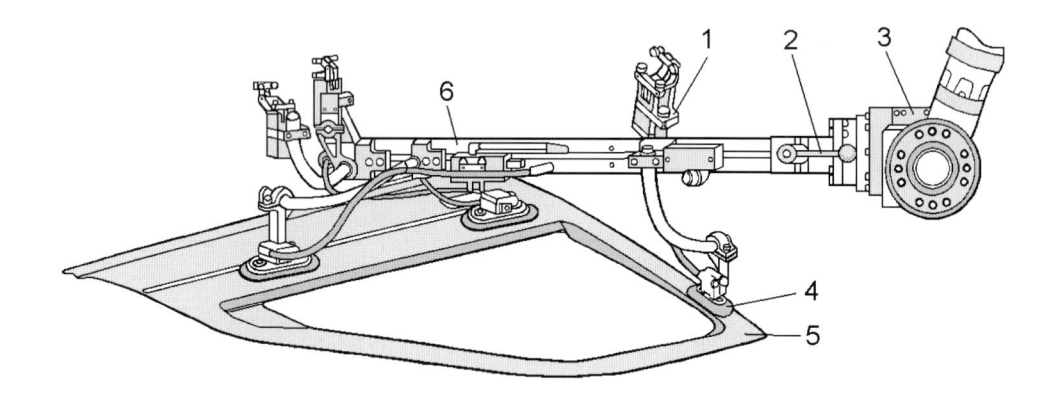

Bild 3.338: Greiferkombination für große Blechteile
1 Klemmgreifer, 2 Wechselvorrichtung, 3 Roboter-Handgelenk, 4 Vakuumsauger, 5 Blechformteil, 6 Auslegerarm

Der Arm des Greifers kann um 180° gedreht werden, so dass wahlweise die Klemmbackengreifer oder die Vakuumsauger zum Einsatz gelangen. Die Klemmbacken werden benutzt, wenn der Zuschnitt in das Ziehwerkzeug einzulegen ist. Alle Komponenten des Greifers sind modular angebildet, so dass man sich der Werkstückform anpassen kann.

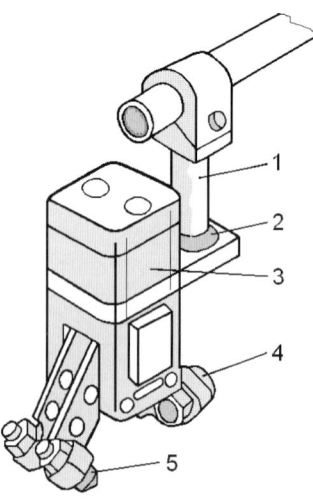

Das **Bild 3.339** zeigt einen Klemmgreifermodul. Die Befestigung über ein Kugelgelenk gewährleistet das Einrichten einer beliebigen Winkelstellung, was bei Blechformteilen mit Freiformflächen in der Regel unerlässlich ist. Die Klemmspitzen und –schrauben sind auch gegen andere Elemente austauschbar, z.B. gegen Einsätze aus Hartmetall mit Riffelzahnung [3-109].

1 Montagearm
2 Kugelgelenk, feststellbar
3 Hubzylinder für Backenantrieb
4 Druckschraube
5 gehärtete Spitze

Bild 3.339: Klemmgreifermodul

3.6 Spezialisierte Greifer

Einstellmöglichkeiten in alle Richtungen zeichnen auch den Vakuumsaugermodul gemäß **Bild 3.340** aus. Weil der Sauger als Verschleißteil betrachtet werden muss, ist er schnell wechselbar. Dazu ist ein Rastknopf vorhanden, der bei Betätigung den Sauger sofort freigibt.

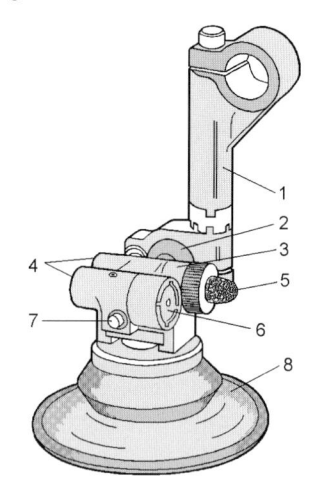

1 Haltearm
2 Kugelkopf
3 Schalldämpfer
4 Druckluftanschluss
5 Abblaseinrichtung
6 Ejektor
7 Wechselknopf für Sauger
8 Scheibensauger

Bild 3.340: Vakuumsaugermodul

Es gibt auch Klemmgreifer, die nach dem Prinzip der Schere arbeiten. Von Vorteil ist, dass man hier bei kleinen Antriebsbewegungen große Backenöffnungen erreichen kann. Zur Schonung der Ziehteile können die Greifbacken mit Kunststoff belegt sein. In **Bild 3.341** sieht man zwei Ausführungsbeispiele. Die Greiffinger können so geformt sein, dass sie Teile mit Bord, selbst Hochbordteile, packen können. Beim Greifen am Ziehrand kann man auch verzahnte Meißelbacken für den rutschfesten Griff einsetzen.

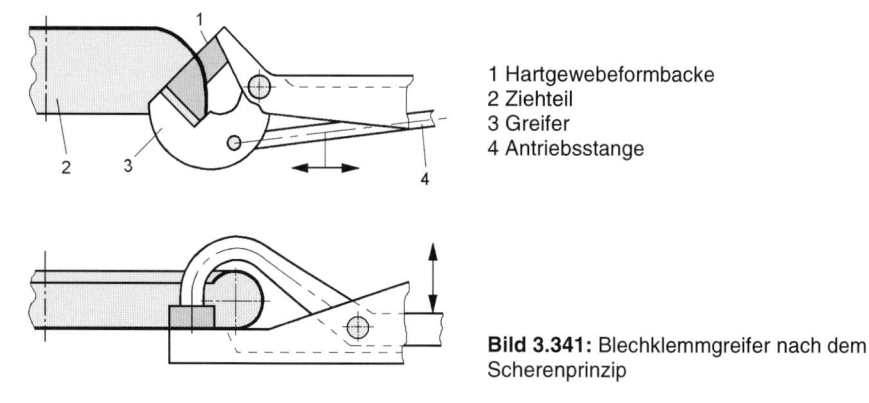

1 Hartgewebeformbacke
2 Ziehteil
3 Greifer
4 Antriebsstange

Bild 3.341: Blechklemmgreifer nach dem Scherenprinzip

Einen großen Öffnungswinkel weist der in **Bild 3.342** gezeigte Klemmgreifer auf. Um die Teile am Rand zu packen, genügt es, wenn nur eine Greifbacke beweglich ist. Der Antrieb des Greiferfingers geschieht über eine federverspannte Kurbelschleife. Die Haltekraft wird also durch die Druckfeder aufgebracht. Der Pneumatikzylinder bewegt den Greiferfinger lediglich über den Totpunkt dieser Mechanik. Im geöffneten Zustand des Greifers wird die bewegliche Greifbacke durch die Druckfeder in der Endstellung gehalten (arretiert).

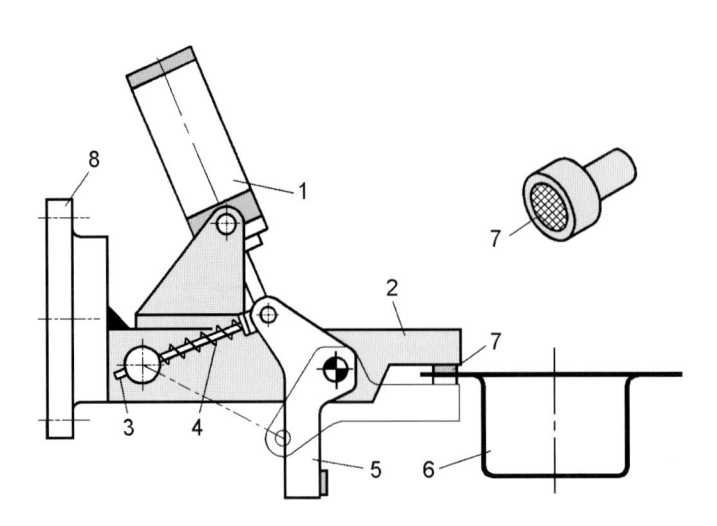

1 Pneumatikzylinder
2 feststehende Greifbacke
3 Federführungsstange
4 Druckfeder
5 Greifbacke
6 Werkstück
7 Hartmetalleinsatz für
   Greifbacke
8 Greiferflansch

Bild 3.342: Klemmgreifer für Blechteile

Das **Bild 3.343** zeigt einen sehr robusten Spannmodul, der auch als Greifer einsetzbar ist. Es gibt sie für den Betrieb mit Druckluft und Drucköl. Die Kinematik lässt sich so ergänzen, dass man auch problembezogene Anwendungen realisieren kann. Im oberen Beispiel bewegen sich die Greifbacken alle gleichzeitig auf das Werkstück zu. Es ist möglich, den Greifbacken so zu führen, dass er in einen gebogenen Blechträger hineingreifen kann. Bei anderen Freiraumverhältnissen ändern sich die Anbauteile und damit nötigenfalls auch die Kinematik. Der Grundgreifer bleibt dabei unverändert. Solche Greifer werden hauptsächlich für schwere Werkstücke bzw. für die Bewältigung großer Kraftmomente eingesetzt.

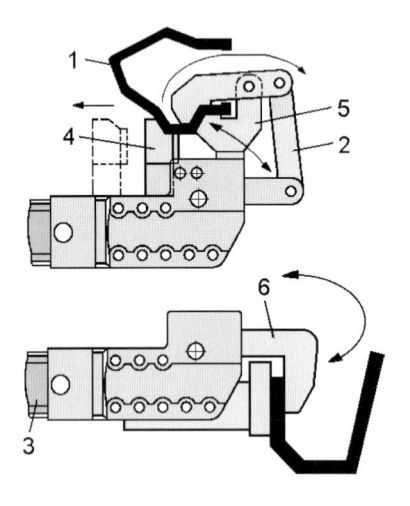

1 Werkstück
2 Hebelmechanik
3 Arbeitszylinder
4 Anlagebacken
5 Greifbacke
6 Schwenkarm

Bild 3.343: Greifen von Blechprofilen

Ein interessanter Greiferantrieb sind handelsübliche Kniehebelspanner. Die typische Bauform wird in **Bild 3.344** gezeigt. Ein weit öffnender Spannarm trägt am Ende zum Beispiel eine Druckschraube oder eine speziell angepasste Greifbacke. Die Öffnungsweite ist einstellbar. Der Arm wird über einen „halben" Kniehebel angetrieben. Dabei stützt sich der Stangenkopf am Gehäuse ab.

3.6 Spezialisierte Greifer

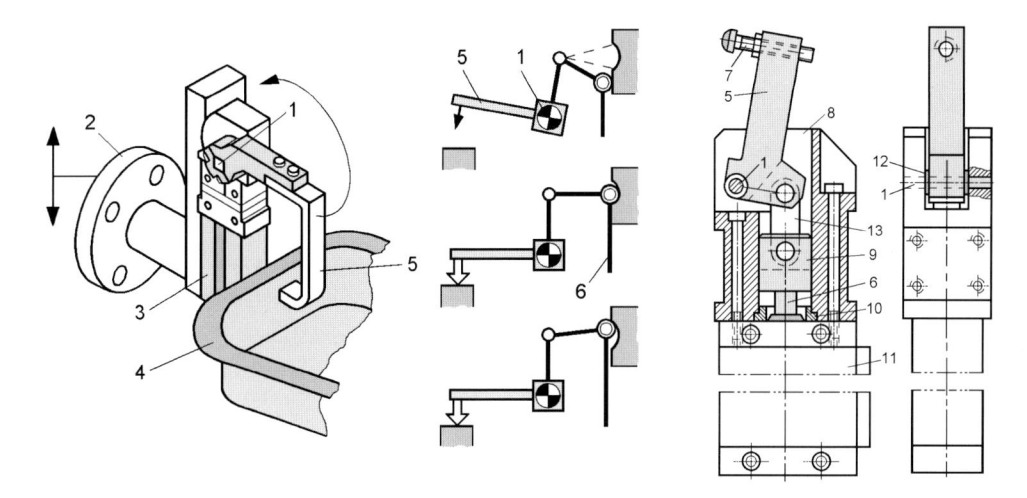

Bild 3.344: Greifen großer Blechteile mit Kniehebelspanner
1 Spannwelle, 2 Greiferflansch, 3 Kniehebelspanner, 4 Werkstück, 5 Spannarm, 6 Kolbenstange, 7 Druckschraube, 8 Aluminiumgehäuse, 9 geführter Stangenkopf, 10 Buchse, 11 Pneumatikzylinder, 12 Scheibe, 13 Verbindungslasche

In der Tabelle werden einige Daten zu handelsüblichen Spannern (*Festo*) nach Bild 3.344 aufgeführt. Die Momentangaben beziehen sich auf einen Betriebsdruck von 6 bar.

Kolbendurchmesser in mm	25	40	50	63
Minimales Spannmoment in Nm	35	120	250	450
Minmales Haltemoment in Nm	90	320	800	1500

Beim Spannen durchläuft die Mechanik den Totpunkt, in dem die Spannkraft theoretisch unendlich groß wird. Das wird durch eine elastische Verformung abgefangen. In der Über-Totpunktlage (bei + 4° der Verbindungslasche) stellt sich dann das Haltemoment ein, mit dem das Werkstück festgehalten wird. Der Greifer ist damit selbsthemmend, wie auch der in **Bild 3.345** vorgestellte Zangengreifer.

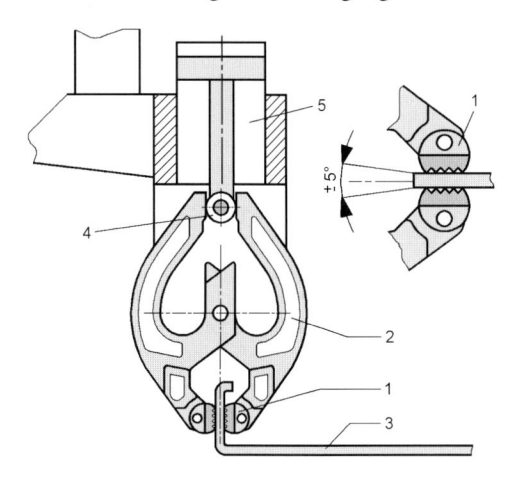

1 Greifbacke
2 Greifarm
3 Greifobjekt
4 Rolle
5 Arbeitszylinder

Bild 3.345: Pneumatisch angetriebener Zangengreifer (*BTM, Frankreich*)

Beim Schließen der ungewöhnlich geformten Greifarme wirkt deren Innenseite als Kurve, auf der eine Rolle läuft. Am Ende der „Spannkurve" kommt es zum gegenseitigen Verspannen der Arme unter großer Kraft. Beim Öffnen treibt die Rolle dagegen die Greifarme am prismenähnlichen Innenstück der Arme auseinander. Die eigenartige Form der Zangenarme ist also funktionsbedingt. Für die Arme hält der Hersteller ein umfangreiches Sortiment austauschbarer Greifbacken bereit, die pendelnd befestigt sind.

Eine ähnliche Charakteristik weist der in **Bild 3.346** dargestellte Greifer auf. In **Bild 3.346a** ist er noch nicht mit Greifbacken ausgestattet. Man kann den Greifer mit Öffnungswinkel 0°, 22°, 45° und 75° für jeden der beiden Greiffinger bekommen. Der modulare Aufbau erlaubt eine große Variantenvielfalt.

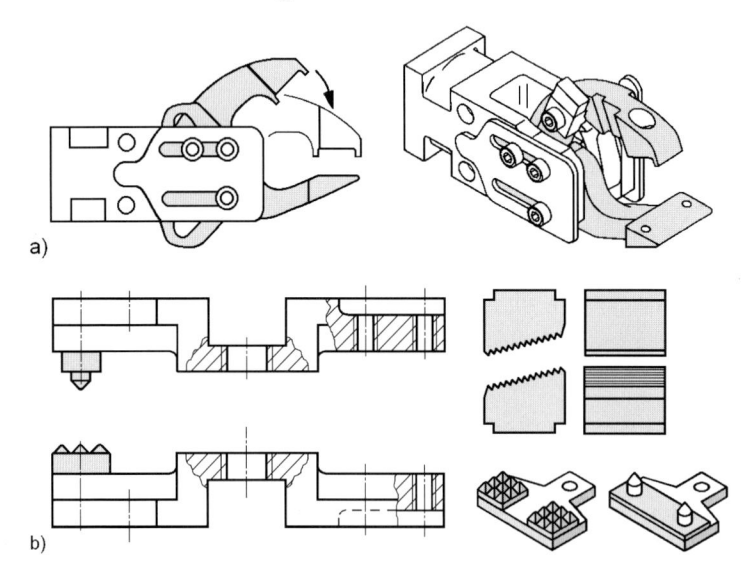

Bild 3.346: Blechklemmgreifer mit großem Öffnungswinkel (*phd, USA*)
a) Greifer ohne Greifbacken, b) Beispiele für Greifbacken (Greiferzähne)

Als Greifbacke stehen wahlweise Flachbacken, Backen mit Spitze bzw. Doppelspitze, Backen mit Diamantschliff aber auch Urethan-Backen für schonendes Zupacken zur Verfügung (**Bild 3.346b**). Beim Greifen von Blechteilen aus Umformwerkzeugen kann man zum Beispiel den unteren Finger unbeweglich lassen (0°-Winkel) und den oberen Finger um 75° schwenken.

Das **Bild 3.347** zeigt nochmals den Aufbau einer „Saugerspinne" aus Baukastenbestandteilen. Der Auslegerarm ist über ein handbedientes Wechselsystem an den Roboterarm angeschlossen. Solche weit ausladenden Greifer vergrößern natürlich auch den Aktionsradius des Roboters erheblich. Die Kammern im Aluminiumprofil des Auslegerarms werden üblicherweise zur Durchleitung von Druckluft benutzt, die am Ejektor des Saugermoduls benötigt wird.

Bei der Handhabung von Blechen kann es zur Aufnahme eines anhaftenden zweiten Bleches kommen. Das Einlegen von Doppelblechen in Umformwerkzeuge kann zu schweren Maschinenschäden führen und muss deshalb verhindert werden.

3.6 Spezialisierte Greifer

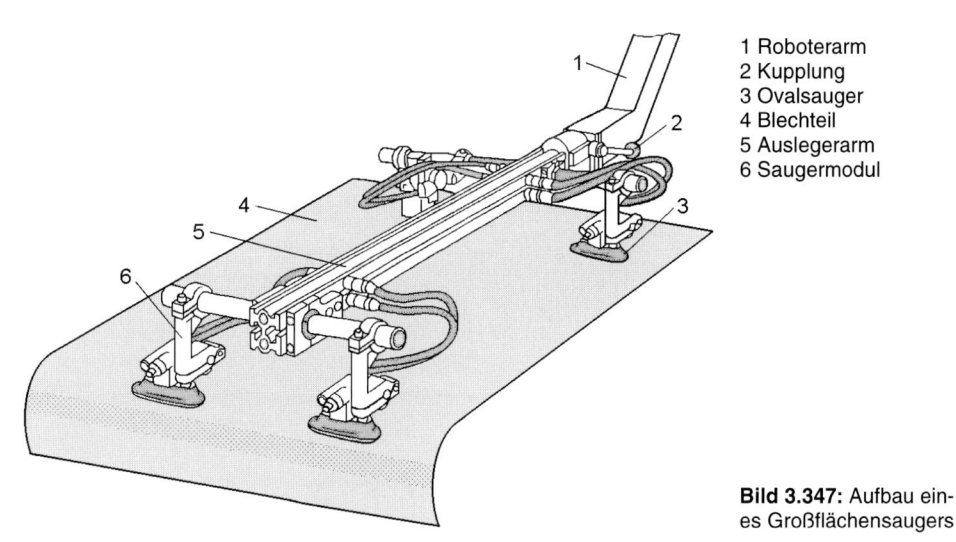

1 Roboterarm
2 Kupplung
3 Ovalsauger
4 Blechteil
5 Auslegerarm
6 Saugermodul

Bild 3.347: Aufbau eines Großflächensaugers

Dafür gibt es verschiedene Möglichkeiten:

- Anbau von Sensoren, die elektromagnetische Eigenschaften messen
- Abspreizen von im Stapel vorliegenden Blechen am Rand mit Hilfe von Spreizmagneten („Aufschwimmen" des obersten Bleches)
- Durchwölben des Bleches beim Greifen, so dass Doppelbleche abgesprengt werden (siehe dazu Bild.3.241)
- Prüfen der Blechdicke mit einer Lehre, also rein mechanisch

Für den letztgenannten Fall zeigt das **Bild 3.348** eine Lösung. Die Dickenschablone ist einstellbar und schwenkt nach der Kontrolle weg, um beim Einlegen der Platine in das Werkzeug nicht zu stören.

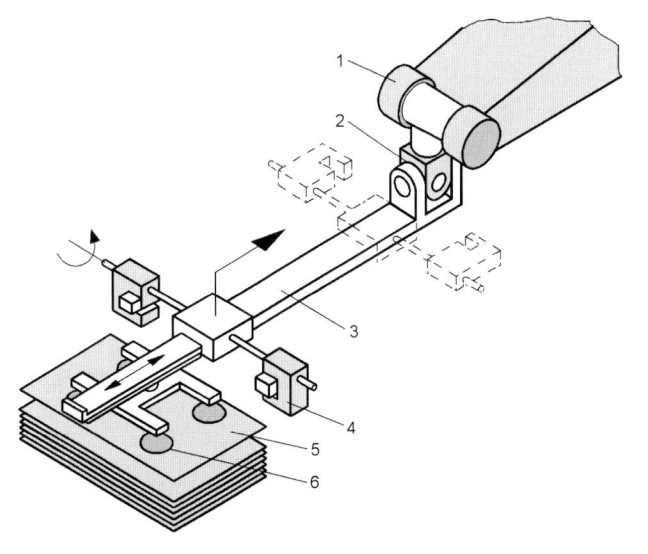

1 Industrieroboter
2 Handgelenk
3 Linearschiebeeinheit
4 einstellbare Blechdickenlehre
5 gegriffener Blechzuschnitt
6 Vakuumsauger

Bild 3.348: Doppelblechkontrolle mit Dickenlehre (*Englert*)

3.6.6 Transfergreifereinrichtungen

In der Umformtechnik werden Pressen eingesetzt, die ein Werkstück in mehreren Stufen herstellen. Dazu müssen die Teile von Werkzeug zu Werkzeug transportiert werden. Bei großen Stufenpressen ist eine Transfergreifereinrichtung bereits Bestandteil der Presse. Bei kleineren Pressen oder Sonderlösungen kann eine Mehrfachgreifeinrichtung unter Verwendung pneumatischer Standardbauteile vorgesehen werden, wie in **Bild 3.349** zu sehen ist. Dazu hat man einige Einzelgreifer auf einer Transferschiene befestigt. Gelegentlich kann man die Querhubachse einsparen, wenn weit öffnende Winkelgreifer eingesetzt werden. Die Einzelwerkzeuge in der Presse sind so beschaffen, dass sich nach dem Arbeitshub eine geschlossene ebene Fläche ergibt, so dass die Teile in der Regel nicht abgehoben werden müssen. Besteht aber diese Notwendigkeit, dann wäre noch eine vertikale Kurzhubachse als Achse 1 zu installieren.

Transfergreifereinrichtungen sind somit Weitergabeeinrichtungen mit mechanischen Greifern, Saugern oder Magneten, die sowohl zur inneren Verkettung von Arbeitsstellen in einer großen Presse als auch zur Verkettung mehrerer Einzelmaschinen zu einer Linie eingesetzt werden. Alle Werkstücke werden gleichzeitig gegriffen und um einen linearen Transportschritt weitergegeben. Greiferschienen und Greifer sollen möglichst massearm sein, um kurze Zykluszeiten zu ermöglichen. Man unterscheidet 1- und 2-Schienen Systeme (**Bild 3.350**).

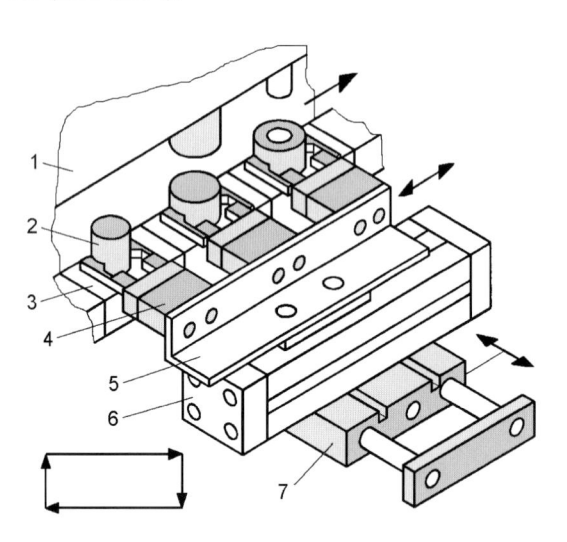

1 Presse
2 Werkstück
3 Werkzeugunterteil
4 Greifer
5 Transferschiene
6 Lineareinheit
7 Kurzhubeinheit

Bild 3.349: Zweiachsige Transfergreifereinrichtung

Das 1-Schienen-System zeichnet sich durch wenig bewegte Masse und Längshübe bis 3000 mm aus. Dabei werden Verfahrgeschwindigkeiten von z.B. 2 bis 5 m/s erreicht. Typisch ist die Verwendung von Vakuumsaugern. Man gliedert die Systeme in Laufwagen- und Stangenprinzip [3-110].

- **Laufwagenprinzip**
  Nur die Laufwagen mit den Greifern bewegen sich. Zur Bewegungsübertragung werden Synchronriemen oder Stahlbänder eingesetzt. Die Greiferarme sind abnehmbar.

3.6 Spezialisierte Greifer

- **Stangenprinzip**
  Die Greifarme werden mitsamt des Hubbalkens ständig in zwei Achsen bewegt. Man verwendet verdrehsteifes Aluminiumprofil als Balken.

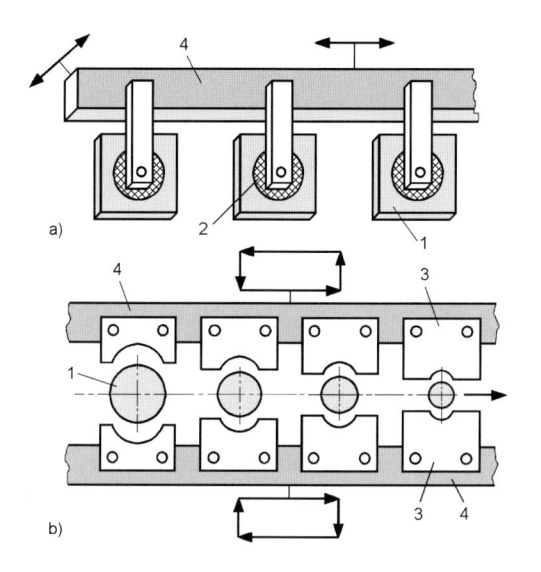

1 Werkstück
2 Sauger
3 Greifbacke
4 Schiene

Bild 3.350: Transfergreifereinrichtungen
a) 1-Schienen-System
b) 2-Schienen-System

Ausführungsbeispiele sind in **Bild 3.351** zu sehen. Bei den 2-Schienen-Systemen werden die Werkstücke zwischen Greiferbacken aufgenommen und in konstanten Schritten transportiert.

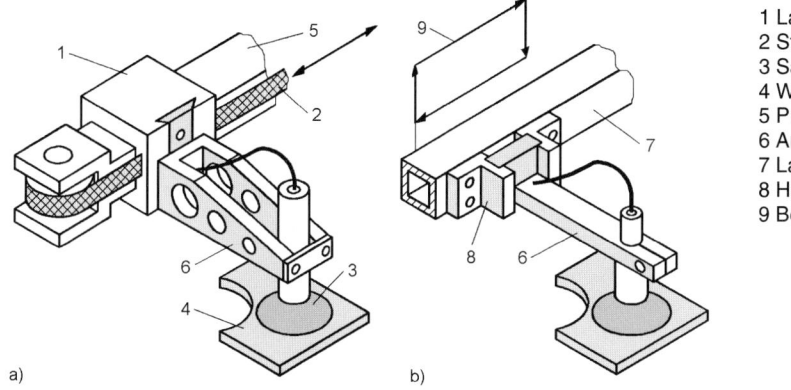

1 Laufwagen
2 Stahlband
3 Sauger
4 Werkstück
5 Profilschiene
6 Arm
7 Laufschiene
8 Halterung
9 Bewegungszyklus

Bild 3.351: Verschiedene Ausführungen von Hubbalken-Transfergreifereinrichtungen
a) Laufwagenprinzip, b) Stangenprinzip

Die Greifbacken sind jeweils den Werkstückabmessungen anzupassen, weil es nur einen konstanten Schließhub gibt. Oft genügt es, wenn die Teile nur im Formschluss gepackt werden. Für Blechteile, die am Rand angefasst werden können, setzt man Backengreifer ein, wie in **Bild 3.352** einer dargestellt ist. Um einen festen Griff zu erreichen, werden verschiedene Klemmspitzen eingesetzt, auch in Kombination mit Flachbacken.

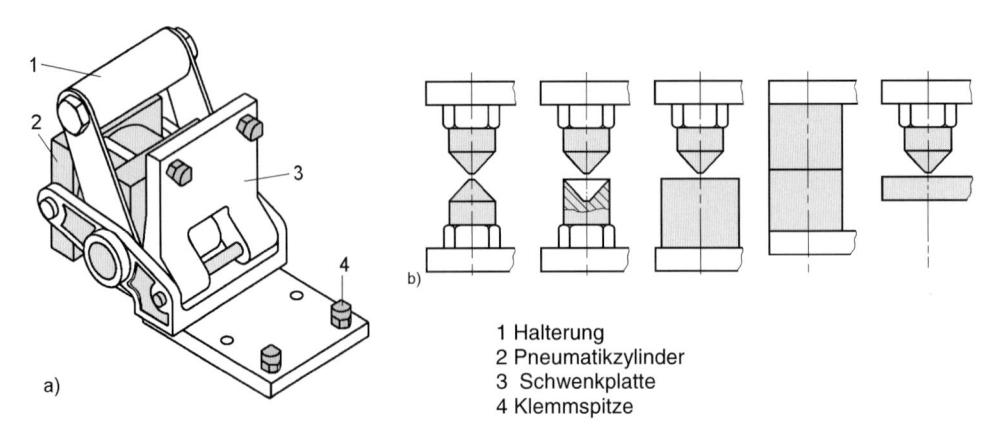

Bild 3.352: Transferpresse-Klammergreifer (*Bilsing*)
a) Gesamtansicht, b) Klemmbacken-Kombinationen

1 Halterung
2 Pneumatikzylinder
3 Schwenkplatte
4 Klemmspitze

3.7 Greifer aus Baukastensystemen

Während man beim Kompaktgreifer nach kleinstem Bauvolumen und großer Steife strebt, steht bei Baukastenlösungen die möglichst vielfältige Kombinierbarkeit von Greiferbaugruppen im Vordergrund. Das Ziel ist, auf ein Spektrum von Anforderungssituationen möglichst schnell reagieren zu können. Kerngedanke ist die Zerlegung einer Gesamtfunktion in mehrere Teilfunktionen und deren Realisierung aus kombinierfähigen Bausteinen.

Der Auflösungsgrad kann sehr unterschiedlich sein. In **Bild 3.353** werden schematisch einige Greiferkonfigurationen gezeigt, wobei allerdings der eigentliche Greifer nur wenig zerlegt ist.

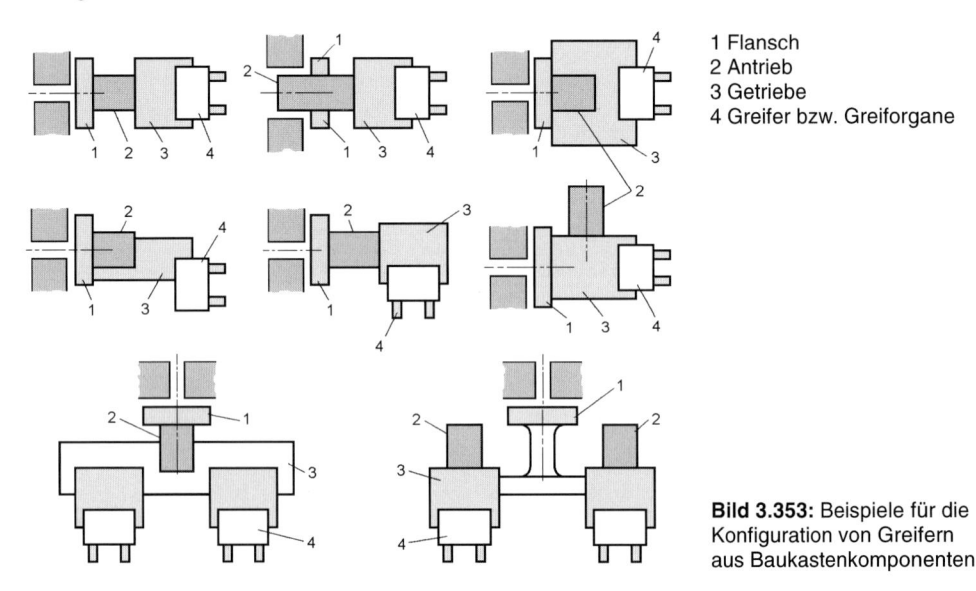

1 Flansch
2 Antrieb
3 Getriebe
4 Greifer bzw. Greiforgane

Bild 3.353: Beispiele für die Konfiguration von Greifern aus Baukastenkomponenten

3.7 Greifer aus Baukastensystemen

Baukästen für Greiferhände sind besonders dort interessant, wo ein häufiger Wechsel der Greifobjekte vorkommt. Das ist z.B. Beim Entnehmen von Teilen aus Spritzgießmaschinen der Fall. Weil diese Teile oft sperrig und in der Form bizarr sein können, werden bei solchen Greifern auch verschiedene Greifprinzipe in Kombination verwendet. Man nimmt tragende Basiskomponenten und stellt damit aufgabengerechte Multigreifer zusammen. Das **Bild 3.354** zeigt vereinfacht einige dieser Komponenten für ein Teilespektrum bis 1 kg Masse (*ASS*).

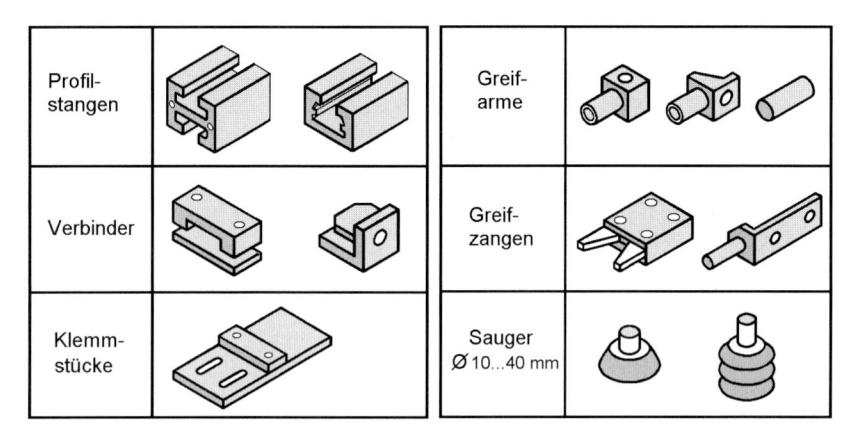

Profil-stangen		Greif-arme	
Verbinder		Greif-zangen	
Klemm-stücke		Sauger Ø 10...40 mm	

Bild 3.354: Baukasten für Roboterhände

Das Prinzip der Modularität bietet sich beim Klemmgreifer an und hat für den Hersteller wie Anwender gleichermaßen Vorteile. Insbesondere sind es die Finger, die man unifizieren kann. Dazu muss eine passende Schnittstelle zum Antrieb geschaffen werden. Das **Bild 3.355** zeigt einen Leichtbaugreifer mit passiv beweglichen Gelenkfingern.

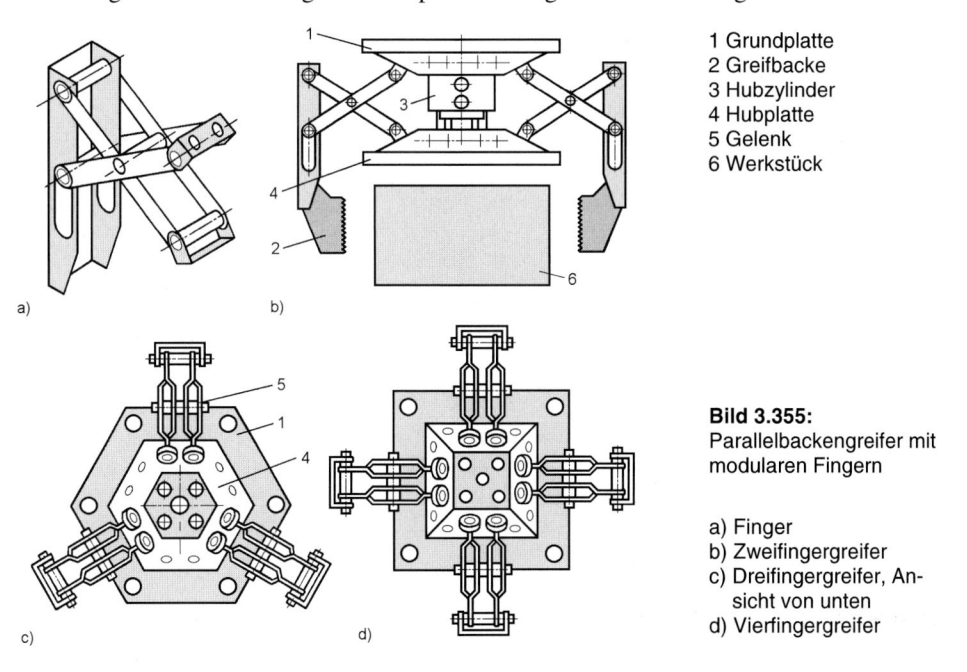

1 Grundplatte
2 Greifbacke
3 Hubzylinder
4 Hubplatte
5 Gelenk
6 Werkstück

Bild 3.355:
Parallelbackengreifer mit modularen Fingern

a) Finger
b) Zweifingergreifer
c) Dreifingergreifer, Ansicht von unten
d) Vierfingergreifer

Die Präzision des Greifers ist allerdings prinzipbedingt gering. Die Greifobjekte sollten weniger als 2 kg Masse haben. Der Leistungsfaktor (Greifkraft zu Greifermasse) ist dagegen günstig. Die Finger können als Randelement einer Grundplatte beliebig angeordnet werden. Im Zentrum der Hubeinheit ist ein pneumatischer Kurzhubzylinder installiert.

Am besten eignen sich modulare Konzepte mit einem abgestimmten Sortiment von Funktionsträgern, aufeinander abgestimmten Schnittstellen (mechanisch, energetisch, informationell) und im Detail ausgereiften, wartungsarmen und zuverlässigen Modulen (**Bild 3.356**). Wichtig sind folgende Module:

- Grundgreifer
- Backen, in der Regel dem Werkstück angepasst
- Drehmodul
- Kurzhubmodul
- Schwenkmodul
- Greiferwechselsystem
- Ausgleicheinheit für die Kompensation von Positions- und Winkelfehlern
- Überlast- und Kollisionsschutzmodul
- Mehrachsiger Kraftsensor

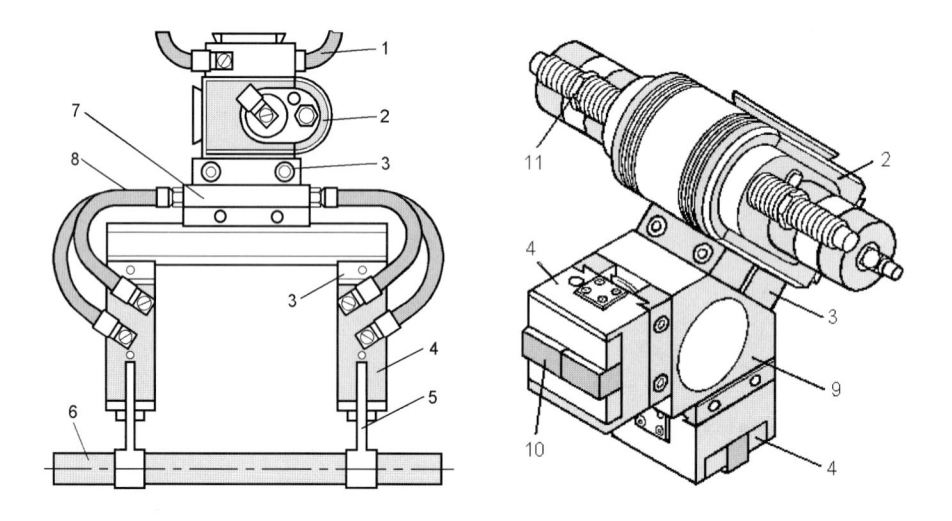

Bild 3.356: Greifer aus modularen Greifeinheiten (*Montech*)
1 Druckluftleitung, 2 Dreheinheit, 3 Klemmelement, 4 Greifer, 5 Greiferfinger, 6 Werkstück, 7 Druckluftverteiler, 8 Schlauchverbindung, 9 Anschlusswinkel, 10 Grundbacke, 11 Dämpfer

Für Greifer, die bevorzugt für die Maschinenbeschickung eingesetzt werden, benötigt man häufig noch eine Andrückvorrichtung, die das Objekt in der Spannstelle zum „satten" Anliegen bringt, ehe die Spannkraft aufgebracht wird. Diese Funktion kann durch ansetzbare oder greiferintegrierte Andrücker erfüllt werden (siehe dazu Bild 2.57). Schwenkmodule können auch als Drehbasis eingesetzt werden, wenn man einen Doppelgreifer gestalten will, wie man es in Bild 3.356 (rechts) sehen kann.

4 Handachsen und Kinematik

Handachsen sind Baugruppen, die einem Greifer durch Schwenkbewegungen, Drehungen oder Schubbewegungen eine Orientierung im Raum ermöglichen. Diese Achsen können mit dem Greifer eine kompakte Einheit darstellen oder sie werden durch modulartige Gestaltung bedarfsgerecht angebaut. Beim Industrieroboter sind die Handgelenkachsen gewöhnlich Bestandteil der letzten Achse der kinematischen Kette. Im Bereich der Sondermaschinenausrüstung und der Manipulatoren sind Handachsen aber auch oft Bestandteil eines spezialisierten Greifers.

Die ersten Handgelenkstrukturen wurden Mitte der 1940er Jahre am *Argonne National Laboratory* für das Manipulatorhandling radioaktiver Materialien entwickelt. Für den Industrieroboter befasste man sich in den 1960er Jahren in Verbindung mit der Konstruktion von Arbeitsorganen für das Farbspritzen und Lichtbogenschweißen mit mehrachsigen Handgelenken. Für Roboter lassen sich dreiachsige Handgelenke in zwei Kategorien einteilen und zwar abhängig von der Orientierung ihrer Achsen in

- Beugen – Schwenken – Drehen   (*pitch – yaw – roll*)
- Drehen – Beugen – Drehen   (*roll – pitch – roll*)

Für die Bezeichnung der drei Freiheitsgrade orientierte man sich an der nautischen Terminologie, die aber auch mit der menschlichen Hand korrespondiert (**Bild 4.1**).

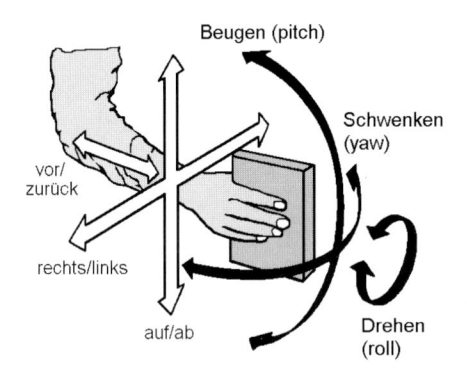

Eine ausführliche Darstellung zu konstruktiven Gestaltungsmöglichkeiten von Handachsengelenken ist in [4-1] enthalten.

Bild 4.1: Körpersprachliche Grundformen der Bezeichnung von Beweglichkeiten der Handgelenkachsen

4.1 Kinematische Notwendigkeiten und Konstruktion

Greifer bzw. Grundgreifer lassen sich mit Handachsen aufrüsten, um Prozessanforderungen besser genügen zu können. Die Orientierung im Raum kann durch drei Winkel beschrieben werden. Zur Einstellung einer beliebigen Orientierung sind folglich Beweglichkeiten im Freiheitsgrad 3 erforderlich. Das bedeutet, dass auch 3 Antriebe dafür vorhanden sein müssen. Oft kommt man allerdings mit einer oder mit zwei Handachsen aus. Das **Bild 4.2** gibt einen ersten Überblick über die Anordnung von Handachsen.

Handachsenstruktur	RR	RT	RTR	RRT	
Achsenkonfiguration (Auswahl)					
Drehwinkel	0°...100°	90°	+90°...-90°	180°	360°	beliebig
Achsenantrieb	manuell	pneumatisch		hydraulisch	elektromotorisch	
Bewegungsausführung	einzeln nacheinander	gleichzeitig überlagert			gleichzeitig mechanisch verkoppelt	

Bild 4.2: Technische Charakteristik typischer Handgelenkachsen
R Rotationsgelenk, T Torsionsgelenk

Alle Handgelenkstrukturen lassen sich einer der in **Bild 4.3** dargestellten kinematischen Strukturen zuordnen. Differenzierend ist hier die Orientierung der Drehachsen im Raum zugrunde gelegt worden.

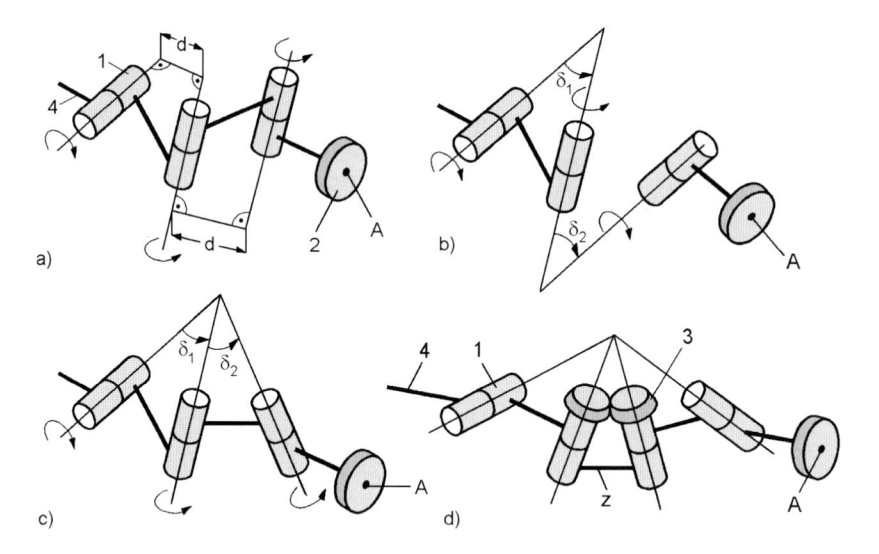

Bild 4.3: Kinematische Strukturen von Handgelenken mit 3 Drehachsen ($F = 3$)
a) Handgelenk mit sich kreuzenden Achsen, b) Handgelenk mit sich paarweise schneidenden Achsen, c) Achsen schneiden sich in einem Punkt, d) Struktur mit sich in einem Punkt schneidenden Achsen und zusätzlicher Verzweigung der kinematischen Kette, 1 Drehgelenk, 2 Greiferanschlussflansch, 3 Kegelrad, 4 Roboterunterarm, A = TCP des Flansches, δ Kreuzungs- bzw. Schnittwinkel, d Kreuzungsabstand, z zusätzliches Glied

Die drei Drehachsen kreuzen sich oder schneiden sich entweder paarweise oder alle drei in einem Punkt. Im Hinblick auf möglichst einfache Steueralgorithmen für die Positionierung

4.1 Kinematische Notwendigkeiten und Konstruktion

des Greiferanschlussflansches im Arbeitsraum wird der Variante mit einem gemeinsamen Schnittpunkt der drei Drehachsen und zwei gleichen Schnittwinkeln (δ_1, δ_2) der Vorzug gegeben.

Im allgemeinen Fall nach **Bild 4.3a** ergibt sich im Punkt A ein Arbeitsraum bezüglich des Gliedes 4. Form und Maße sind von den kinematischen Abmessungen der Handgelenkkette und den Drehwinkeln der Achsen abhängig. In der Praxis begrenzen auch Energie- und Signalleitungen die Bewegungsbereiche. Der Handgelenkaufbau unterscheidet sich konstruktiv vor allem durch die Art und Weise, wie man die Getriebebestandteile auf engstem Raum und mit spielarmen Lagerungen unterbringen konnte.

Bei der Konstruktion nach **Bild 4.3d** wurde ein zusätzliches Glied z in die offene kinematische Kette eingefügt und die beiden Nachbarglieder wurden über ein Kegelradgetriebe miteinander verkoppelt. Aus einer Antriebsdrehung resultiert dann eine zwangsläufige Drehung des nachfolgenden Gliedes um eine momentane Drehachse. Werden solche Verzweigungen mehrfach angewendet, ergibt sich ein rüsselartiges Handgelenk, wie man es in **Bild 4.4** an einer praktisch ausgeführten Konstruktion sehen kann (siehe dazu auch Bild 3.298).

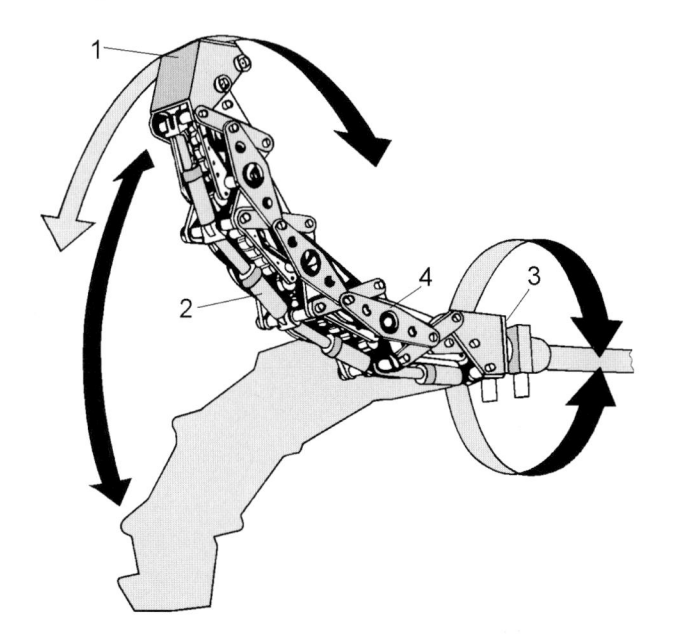

1 Anschlussflansch für Endeffektor
2 fluidischer Gelenkantrieb
3 Anschlussflansch für Handhabungseinrichtung
4 mechanische Gelenkkette

Bild 4.4: Rüsselartige Handgelenkstruktur mit dem Freiheitsgrad 2 (*Nitro-Nobel-Mec.*)

Baukastensysteme ermöglichen auch bei den Handachsen eine Kombination nach den technologischen Erfordernissen. Für diesen Fall zeigt das **Bild 4.5** einige Aufbauvarianten im Schema. Die Kopplung dieser Komponenten wird im Beispiel jeweils mit Schwalbenschwanz-Klemmelementen vorgenommen. Im Kleinlastbereich sind solche Koppelelemente durchaus schwingungssicher. Wie man sieht, lassen sich sowohl rotatorische wie translatorische Zusatzachsen ansetzen. Auch Doppel- und Revolvergreifer sind so gestaltbar. Klemmverbindungen haben den Vorteil, dass ohne mechanische Bearbeitung Veränderungen in der Feinposition oder der Austausch vorgenommen werden kann.

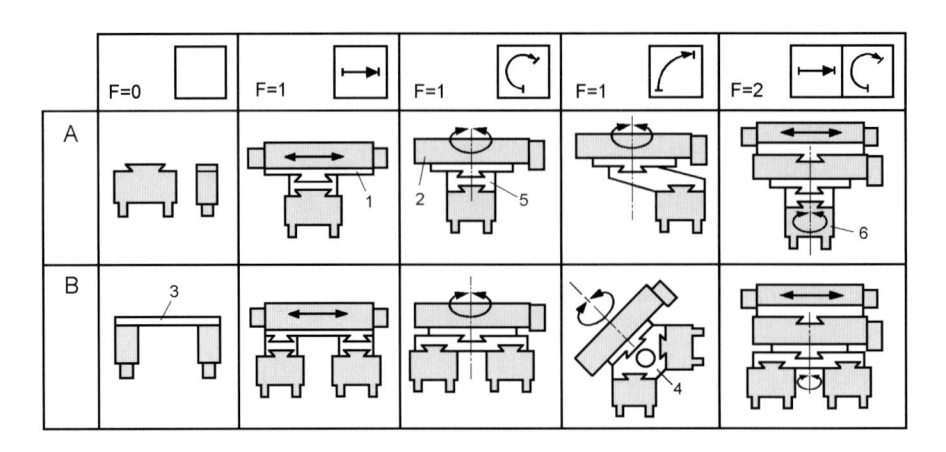

Bild 4.5: Kinematische Aufrüstung eines Grundgreifers
A Einfachgreifer, B Doppelgreifer, F Freiheitsgrad, 1 Kurzhubeinheit, 2 Schwenkeinheit, 3 Verbindungsplatte, 4 Winkel, 5 Klemmverbinder, 6 Greifer

Es kommt öfters vor, dass ein Greifer über einen Schwenkarm mit einer Dreheinheit verbunden wird. Bei der Auswahl der Dreh- bzw. Schwenkeinheit muss die Baugröße so ausgewählt werden, dass die außermittige Belastung verkraftet wird. Die Hersteller bieten dazu Leistungsdiagramme an, aus denen man die zulässigen Werte für Massenträgheitsmoment, Schwenkwinkel und Schwenkzeit entnehmen kann. Dazu muss man vorher das Massenträgheitsmoment für die an den Drehantrieb anzubauenden Komponenten berechnen. In **Bild 4.6** wird hierfür ein typischer Fall als Beispiel angenommen.

ρ_{Stahl} = 7850 kg/m³

$\rho_{Aluminium}$ = 2700 kg/m³

Vollzylinder

$J_{Z1} = D^4 \cdot L \cdot \pi \cdot \dfrac{\rho}{32}$

in kgm²

Quader
bei geringer Plattendicke h

$J_S = h \cdot b^3 \cdot a \cdot \dfrac{\rho}{12}$

in kgm²

Punktmasse, reduziert

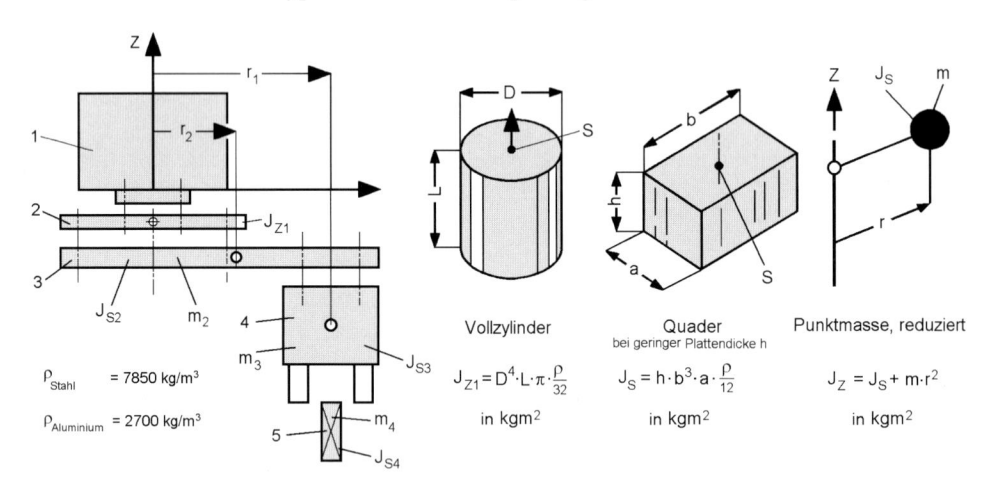

$J_Z = J_S + m \cdot r^2$

in kgm²

Bild 4.6: Dreheinheit mit Schwenkarm und Greifer
1 Drehantrieb, 2 Zwischenscheibe, 3 Schwenkarm, 4 Klemmgreifer, 5 Werkstück, S Masseschwerpunktachse, m Masse, r Radius, J Trägheitsmoment, ρ spezifisches Gewicht

Bei der Berechnung des Massenträgheitsmomentes muss man beachten, dass sich im Beispiel nur die Zwischenscheibe mit mittigem Schwerpunkt direkt auf der Drehachse befindet, wenn sie nicht schon integrierter Bestandteil des Drehantriebes ist. Für alle nicht auf

4.1 Kinematische Notwendigkeiten und Konstruktion

der Z-Achse befindlichen Massen nimmt man Punktmassen im Abstand des Massenschwerpunktes an und reduziert das Trägheitsmoment auf die Drehantriebsachse. Nur dann dürfen Trägheitsmomente addiert werden. Dieses Verfahren bezeichnet man als den „*Satz von Steiner*". Danach gilt für das Flächenträgheitsmoment:

$$J = J_x + A \cdot a^2 \quad \text{in cm}^4 \qquad (4.1)$$

J_x Flächenträgheitsmoment in cm^4
a Abstand der beiden Achsen in cm
A Fläche in cm^2

Das Gesamt-Massenträgheitsmoment J_{ges} der angebauten Bauteile ergibt sich ganz allgemein für den Beispielfall zu

$$J_{ges} = J_{Z1}\,(Scheibe) + J_{Z2}\,(Arm) + J_{Z3}\,(Greifer) + J_{Z4}\,(Werkstück)$$

J_z Massenträgheitsmoment, bezogen auf die Z-Asche

Da man aber einige Momente auf die Z-Achse umrechnen muss, erhält man folgende Gleichung

$$J_{ges} = J_{Z1} + J_{S2} + m_2 \cdot r_2^2 + J_{S3} + m_3 \cdot r_1^2 + J_{S4} + m_4 \cdot r_1^2 \qquad (4.2)$$

J_S Massenträgheitsmoment bezogen auf den Schwerpunkt S des Körpers

Mit dem Rechenergebnis J_{ges} kann man nun in einem Leistungsdiagramm des Herstellers je nach Schwenkwinkel, zum Beispiel 180°, ablesen, welche Schwenkzeit erreichbar, d.h. zulässig ist. Im Beispiel wäre dann noch nachzuprüfen, ob die durch die Massen entstehenden Schwerkräfte vom Drehantrieb vertragen werden. Die Lager dieser Einheit sind für eine definierte Belastung ausgelegt, die ebenfalls nicht überschritten werden darf. Die zulässige Achslast in der Z-Achse (im Beispiel) findet man auch als Katalogwert.

Beispiel

Welche Belastung muss die Handdreheinheit aushalten, die in der in **Bild 4.7** gezeigten Anwendung eingesetzt wird?

Abmessungen:

$D = 50$ mm, $L = 6$ mm, $L1 = 145$ mm, $L2 = 25$ mm, $L3 = 80$ mm,
$b = 22$ mm, $d = 40$ mm, $h = 6$ mm, ρ Stahl $= 7850$ kg/m^3, $\rho_{Alu} = 2700$ kg/m^3

Anmerkung: Die Zusammensetzung von Stahl- und Aluminiumbauteilen, wie hier als Beispiel angenommen, ist nicht immer empfehlenswert. Die thermischen Ausdehnungskoeffizienten weichen stark voneinander ab und über die Zeit können sich auch wegen der Tendenz $FeO_2 + Al \rightarrow Fe + AlO_2$ Nachteile ergeben. Kombinationen von Metall mit Kunststoff sind da in der Regel weniger problematisch, wenn es die Festigkeitswerte zulassen.

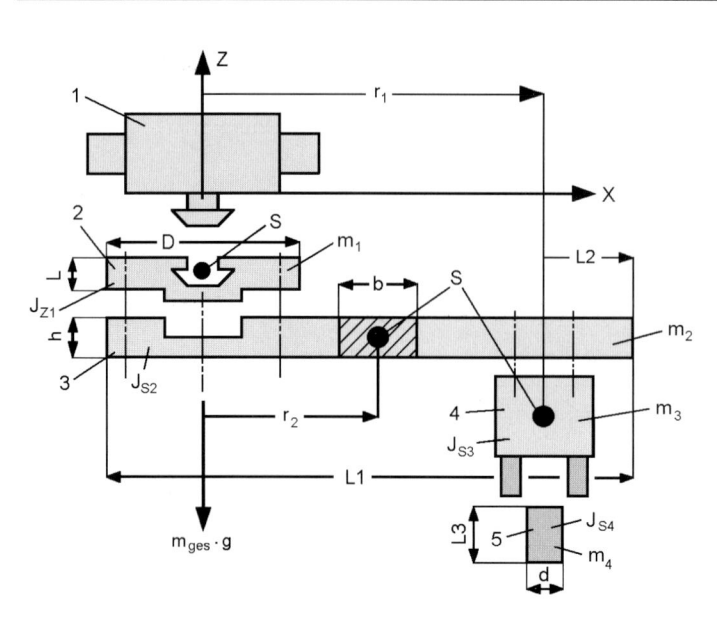

1 Dreheinheit
2 Adapterscheibe (Stahl)
3 Arm (Aluminium)
4 Greifer
5 Werkstück (Stahl)

S Masseschwerpunkt

Bild 4.7: Aufgabenstellung als Beispiel

Zunächst sind die Einzelträgheitsmomente bezogen auf die Z-Achse zu bestimmen. Einige kleine Formmerkmale an den Bauteilen, wie z.B. Gewindebohrungen, werden vernachlässigt. Auch die Greiferfinger sollen bei der Berechnung unbeachtet bleiben. Das Massenträgheitsmoment J_{s3} des Greifers ist aus dem Greiferkatalog des Herstellers zu entnehmen.

$$J_{Z1} = \frac{\pi \cdot D^4 \cdot L \cdot \rho}{32} = \frac{3{,}14 \cdot 0{,}05^4 \, m^4 \cdot 0{,}006 \, m \cdot 7850 \, kg}{32 \, m^3} = 2{,}87 \cdot 10^{-5} \, kgm^2$$

$$J_{S2} = \frac{h \cdot L_1^3 \cdot b \cdot \rho}{12} = \frac{0{,}006 \, m \cdot 0{,}145^3 \, m^3 \cdot 0{,}022 \, m \cdot 2700 \, kg}{12 \, m^3} = 9 \cdot 10^{-5} \, kg \, m^2$$

$$J_{S3} = 4{,}4 \cdot 10^5 \, kgm^2$$

$$J_{S4} = \frac{\pi \cdot d^4 \cdot L3 \cdot \rho}{32} = \frac{3{,}14 \cdot 0{,}04^4 \, m^4 \cdot 0{,}08 \, m \cdot 7850 \, kg}{32 \, m^3} = 14{,}71 \cdot 10^{-5} \, kg \, m^2$$

Weil nur das Trägheitsmoment der Adapterscheibe mit J_{Z1} bereits auf die Drehachse Z bezogen ist, müssen die anderen Trägheitsmomente, die ja auf ihre Achse durch den Masseschwerpunkt berechnet wurden, nun noch nach dem *Satz von Steiner* behandelt werden. Dann erst sind die Trägheitsmomente addierbar. Dazu wird jeweils die Masse der Bauteile benötigt. Es gilt:

$$m_1 = \frac{D^2 \cdot \pi}{4} \cdot L \cdot \rho = \frac{0{,}05^2 \, m^2 \cdot 3{,}14}{4} \cdot 0{,}006 \, m \cdot \frac{7850 \, kg}{m^3} = 0{,}0924 \, kg$$

$$m_2 = L1 \cdot b \cdot h \cdot \rho = 0{,}145\,m \cdot 0{,}022\,m \cdot 0{,}006\,m \cdot \frac{2700\,kg}{m^3} = 0{,}0516\,kg$$

$m_3 = 0{,}185\,kg$ (entnommen aus jeweiligem Greiferkatalog)

$$m_4 = \frac{d^2 \cdot \pi}{4} \cdot L \cdot \rho = \frac{0{,}04^2\,m^2 \cdot 3{,}14}{4} \cdot 0{,}08\,m \cdot \frac{7850\,kg}{m^3} = 0{,}7887\,kg$$

Für das Gesamtträgheitsmoment gilt nun nach der Gleichung (4.2)

$$J_{ges} = 2{,}87 \cdot 10^{-5} + 9 \cdot 10^{-5} + 0{,}0516 \cdot \left(\frac{0{,}145 - 0{,}025 - 0{,}025}{2}\right)^2 + 4{,}4 \cdot 10^{-5} + \ldots$$

$$\ldots + 0{,}185 \cdot (0{,}145 - 0{,}025 - 0{,}025)^2 + 14{,}71 \cdot 10^{-5} + 0{,}7887 \cdot 0{,}095^2 = 0{,}0092\ kgm^2$$

Zu prüfen wäre noch, ob die Dreheinheit die Gewichtskräfte in der Z-Achse überhaupt aushält. Die zulässige Lagerbelastung ist aus dem Katalog der Dreheinheiten zu entnehmen. Es gilt:

$$F_Z = m_{ges} \cdot g \tag{4.3}$$

$$m_{ges} = m_1 + m_2 + m_3 + m_4 \tag{4.4}$$

Mit den Vorgaben des Beispiels erhält man schließlich:

$$m_{ges} = 0{,}0942\,kg + 0{,}0516\,kg + 0{,}185\,kg + 0{,}7887\,kg = 1{,}117\,kg$$

$$F_Z = 1{,}117 \cdot g = 1{,}117\,kg \cdot 9{,}81\ m/s^2 = 10{,}96\,N$$

4.2 Dreh- und Schwenkeinheiten

Die Handachsenantriebe können getriebemäßig miteinander verkoppelt sein, so dass der Steuerrechner bei einem dreiachsigen Handgelenk alle drei Antriebe ansprechen muss, wenn sich der Greifer um einen bestimmten Betrag drehen soll. Das Handgelenk hat also den Freiheitsgrad 3. Solche Achsen sind in vielen Fällen Bestandteil des Roboters. Bei handgeführten Manipulatoren (Balancern) ist das Grundgerät in der Regel ohne Handachsen ausgeführt. Dann sind die technologisch erforderlichen Beweglichkeiten in die Greifeinheit zu legen.

Es ist aber auch möglich, die Bewegungen hardwareseitig zu entkoppeln, indem ein Ausgleichsgetriebe zwischengeschaltet wird. Jede der drei Drehbewegungen wird dann jeweils nur von einem dafür zuständigen Antriebsmotor erledigt. Die prinzipiellen Strukturen zeigt das **Bild 4.8**.

Bild 4.8: Prinzipielle Struktur von Handgelenkachsen aus der Sicht der Bewegungsverkopplung

a) verkoppelte Bewegungen
b) entkoppelte Bewegungen

1 Winkelmesssystem
2 Tachogenerator
3 Elektromotor
4 Reduziergetriebe
5 ergänzende Getriebestufe
6 Greifer

i_i Übersetzungsverhältnis

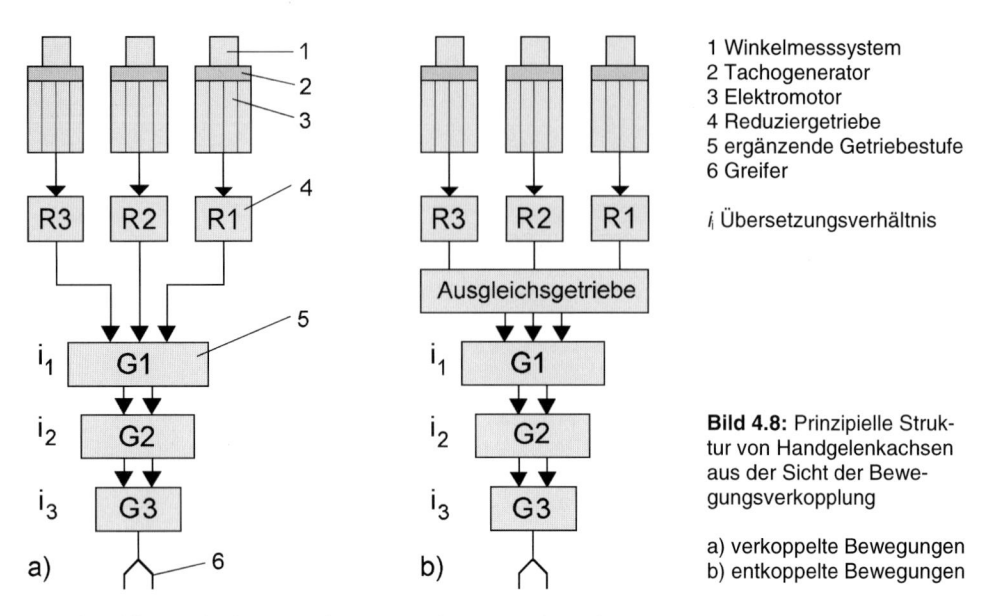

Für eine kinematische Kopplung bei einem zweiachsigen Handachsengetriebe zeigt das **Bild 4.9** ein Differenzialgetriebe. Handschwenken und Handdrehen sind verkoppelt. Verursachen die Antriebe eine Drehung der Zahnräder Z_1 und Z_2 in der mathematisch gleichen Richtung und mit dem selben Betrag der Winkelgeschwindigkeit, bewegt sich Z_3 und damit die Greifhand aus der Zeichenebene heraus (Handschwenken). Bei gleichem Betrag der Winkelgeschwindigkeiten mit unterschiedlichem Vorzeichen rotiert die Hand allein um die Längsachse (Handdrehen). Bei beliebigen Drehungen der Zahnräder sind dann die Schwenk- und Drehbewegung überlagert.

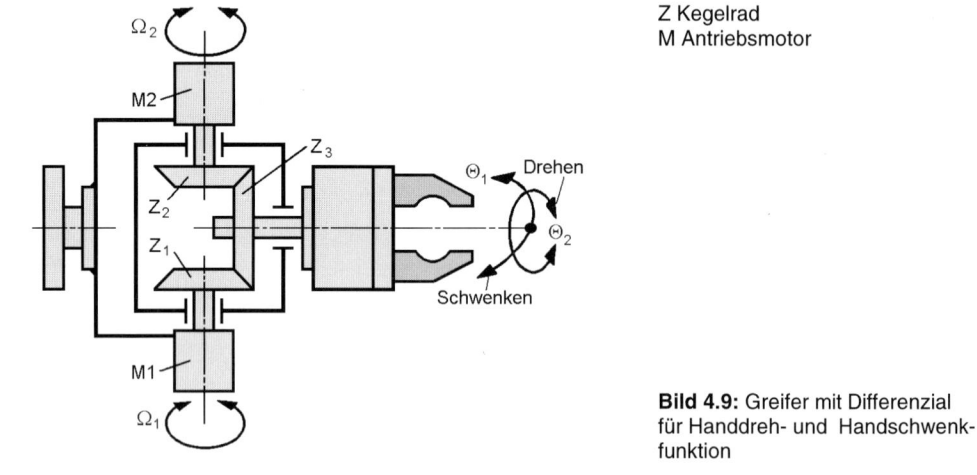

Z Kegelrad
M Antriebsmotor

Bild 4.9: Greifer mit Differenzial für Handdreh- und Handschwenkfunktion

Wenn die Zahnradpaare die Untersetzung u besitzen und nur die zwei Gelenke Handdrehen und Handschwenken vorhanden sind, gilt für das Beispiel mit kinematischer Kopplung nach [4-2] folgende Beziehung:

4.2 Dreh- und Schwenkeinheiten

$$\dot{\theta}_1 = \frac{1}{u} \cdot \Omega_1 - \frac{1}{u} \Omega_2 \qquad (4.5)$$

$$\dot{\theta}_2 = \frac{1}{u} \cdot \Omega_1 + \frac{1}{u} \cdot \Omega_2 \qquad (4.6)$$

$$\dot{q} = S_G \cdot \overline{\Omega} = \frac{1}{u} \begin{bmatrix} 1 & -1 \\ 1 & 1 \end{bmatrix} \cdot \overline{\Omega} \qquad (4.6)$$

$\dot{\theta}$ Gelenkwinkelgeschwindigkeit
S_G Getriebematrix
$\overline{\Omega}$ Vektor Motorwinkelgeschwindigkeit
u Getriebefaktor, Untersetzung
θ Gelenkwinkel
$\dot{q}$ Geschwindigkeitsvektor
Ω Winkelgeschwindigkeit

Ein hardwareseitig entkoppeltes Handachsengetriebe wird in **Bild 4.10** gezeigt. Es sind 3 Handdrehachsen vorhanden, mit den Winkelgeschwindigkeiten $\dot{\theta}_1$ bis $\dot{\theta}_3$.

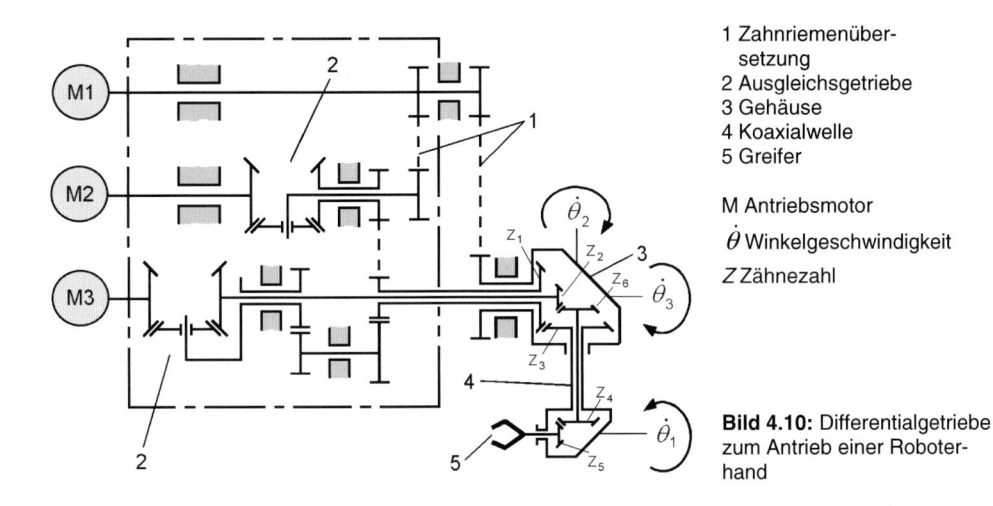

1 Zahnriemenübersetzung
2 Ausgleichsgetriebe
3 Gehäuse
4 Koaxialwelle
5 Greifer

M Antriebsmotor
$\dot{\theta}$ Winkelgeschwindigkeit
Z Zähnezahl

Bild 4.10: Differentialgetriebe zum Antrieb einer Roboterhand

Soll sich beispielsweise die Koaxialwelle (4) mit der Geschwindigkeit $\dot{\theta}_2$ relativ zum Gehäuse (3) drehen, dann rollt auch Rad Z_5 auf Rad Z_4 ab, was eine nicht beabsichtigte Greiferrotation ($\dot{\theta}_1$), hervorrufen würde. Um das zu vermeiden, muss sich Rad Z_4 bei eingeschaltetem Motor M2 synchron mit der Koaxialwelle (4) drehen. Dazu muss das Rad Z_1 mit dem Rad Z_4 verkoppelt sein, bei gleichgroßem Übersetzungsverhältnis. Über ein Differenzialgetriebe wird erreicht, dass sich Z_1 und Z_4 synchron drehen, wobei die Motoren M1 und M3 stillstehen [4-3].

In der Praxis gibt es natürlich viele einfachere Ausführungen, insbesondere, wenn eine einzige Drehachse genügt. Das **Bild 4.11** zeigt einen Saugergreifer mit Schwenkachse für einfache Pick-and-Place Aufgaben. Er besteht fast vollständig aus handelsüblichen Komponenten. Die Ausführung ist ziemlich identisch mit dem Rechenbeispiel aus Kapitel 4.1.

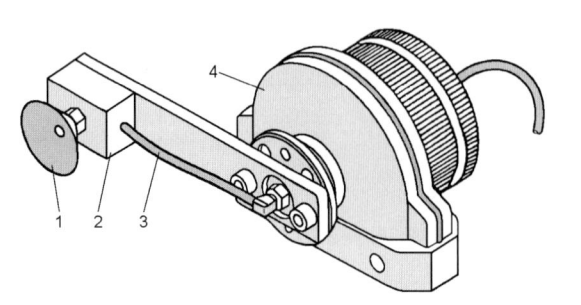

1 Sauger
2 Ejektor
3 Druckluftleitung
4 pneumatischer Schwenkantrieb

Bild 4.11: Schwenksaugereinheit (*Festo*)

Ein weiterer Anwendungsfall soll folgen. Es ist ein Saugergreifer, der an einem Seilbalancer oder Elektrokettenzug befestigt ist. Die Greifobjekte werden in der Horizontallage aufgenommen. Eine elektromotorische Schwenkachse kann den Greifer um 90° oder 180° bewegen (**Bild 4.12**).

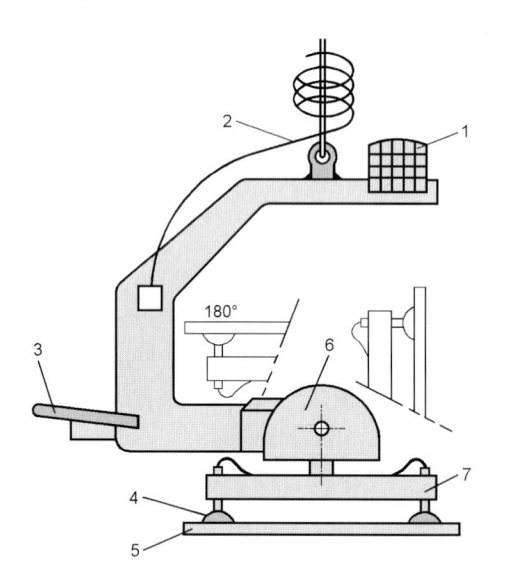

1 Vakuumpumpe
2 Elektrokabel
3 Führungsgriff des Manipulators
4 Sauger
5 Werkstück
6 Elektrogetriebemotor
7 Traverse

Bild 4.12: Saugergreifer mit 180° Schwenkachse

Auch Zwischenstellungen sind ansteuerbar, z.B. für das Ablegen der Platte (Glasscheibe, Sperrholzplatte u.a.) in ein stehendes Lager. Dafür braucht man eine leichte Schräglage von etwa 82°. Die Saugluft wird unmittelbar „vor Ort" erzeugt. Günstig ist, wenn zwischen Vakuumerzeuger und Vakuumverbraucher noch ein Vakuumspeicher eingeordnet wird. Er verhindert bei Energieausfall das plötzliche Lösen des angesaugten Werkstücks, dient aber auch zur Deckung des Spitzenbedarfs im Moment des Ansaugens. Dadurch kann auch die Pumpe etwas kleiner gewählt werden. Mitunter wird die Traverse – ein Aluminium-Hohlprofil - gleich als Vakuumspeicher ausgenutzt.

In letzter Zeit haben sich einige Greifer am Markt behauptet, die zusätzlich eine Fingerdrehachse aufweisen. Das **Bild 4.13** zeigt eine solche Ausführung. Als Anwendungsbereich kommt der Fall „Teil stehend aus Magazin entnehmen" und dann „Teil waagerecht in Spannmittel einstecken" in Frage. Grundlage der Konstruktion ist ein bewährter Parallelgreifer, dem ein pneumatischer Schwenkantrieb aufgesattelt wurde.

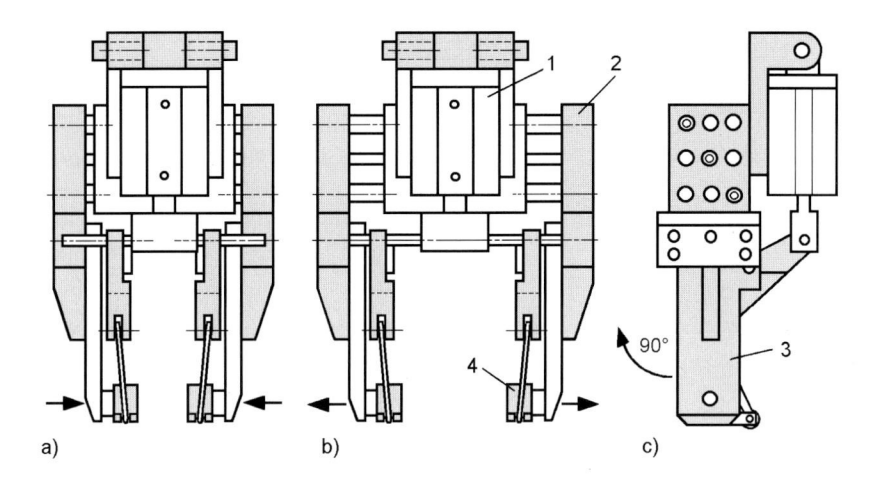

Bild 4.13: Drehschwenkgreifer (*IPR*)
a) Greifer geschlossen, b) Greifer offen, c) Seitenansicht, 1 Pneumatikzylinder, 2 Parallelbackengreifer, 3 Greiferfinger, 4 Greifbacke

4.3 Linearachsen

Eine Kombination von Kurzhub- bzw. Linearachse und Greifer ist selten, weil die Schiebebewegungen von der Handhabungseinrichtung mit erledigt werden können, vor allem wenn diese freiprogrammierbar ist. Eine interessante Konstruktion ist aber der Hubsauger (**Bild 4.14**). Zugeschaltetes Vakuum wird hier für zwei Funktionen ausgenutzt. Der Greifer setzt auf dem Objekt auf und saugt das Objekt an. Dann wird noch der Kolben angesaugt, so dass ein Hub zustande kommt. Für das Entnehmen von flachen Teilen z.B. aus Magazinen oder Formnestern kann durch diesen Greifer eine Linearachse eingespart werden.

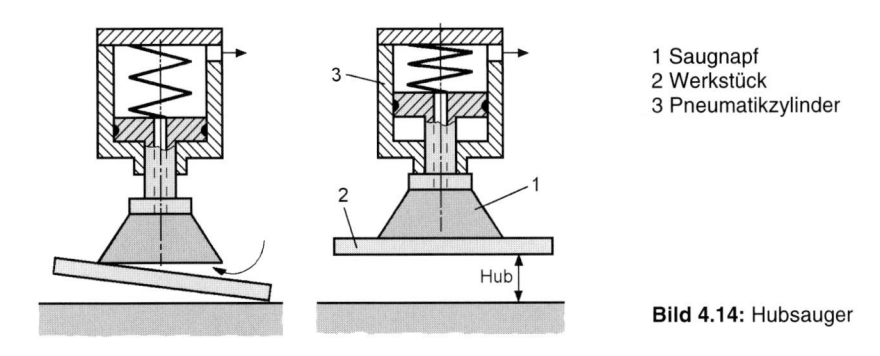

1 Saugnapf
2 Werkstück
3 Pneumatikzylinder

Bild 4.14: Hubsauger

Die Notwendigkeit einer Feinpositionierachse im oder am Greifer ergibt sich auch aus der Handhabung immer kleiner werdender Greifobjekte. Je mehr man jedoch in Größenordnungen der Kleinstteile-Handhabung vorstößt, desto dringlicher werden genauere Positionierverfahren. In **Bild 4.15** wird das Prinzip des zweistufigen Positionierens als Ausweg im Schema gezeigt. Dem schnellen Bewegen in die Grobposition mit Hilfe des Führungsgetriebes eines Roboters, folgt ein Feinpositionieren nach Sicht auf das Objekt. Das erfordert natürlich eine zusätzliche gesteuerte Einheit und ein Sichtsystem. Es gibt auch Positionieroptiken, die sich vor dem Fügen zwischen die Fügepartner bewegen und beide nach oben und unten vermessen. Nach dem Feinausrichten erfolgt das Fügen. So werden Genauigkeiten von weniger als 5 Mikrometer erreicht. Die große Genauigkeit ist mit dem Roboterarm und vorprogrammierter Zielposition schon allein aus Gründen der Steuerung bei der Wiederholgenauigkeit nicht erreichbar. Greifer mit einer Positionsfeineinstellung machen aus einer Zufallslage eine Genaulage, was ohne Teilevermessung allerdings nicht machbar ist.

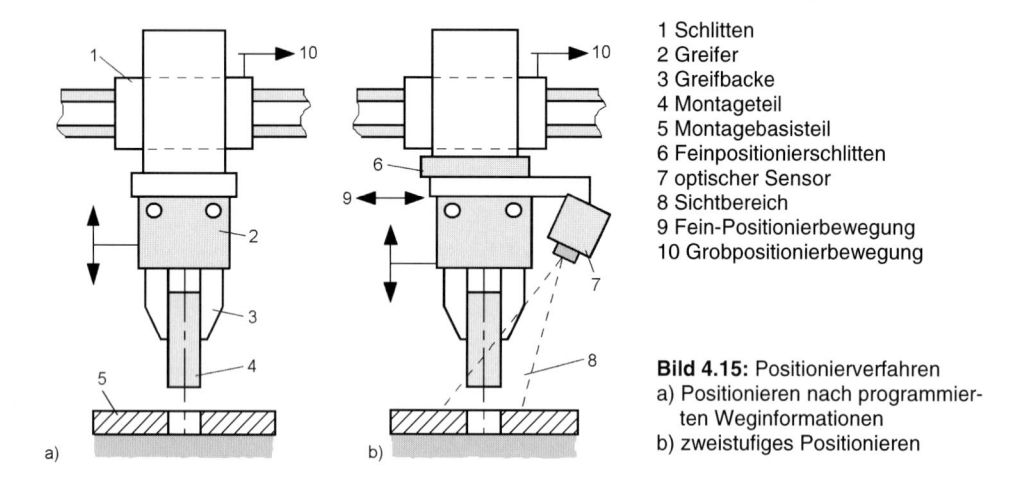

1 Schlitten
2 Greifer
3 Greifbacke
4 Montageteil
5 Montagebasisteil
6 Feinpositionierschlitten
7 optischer Sensor
8 Sichtbereich
9 Fein-Positionierbewegung
10 Grobpositionierbewegung

Bild 4.15: Positionierverfahren
a) Positionieren nach programmierten Weginformationen
b) zweistufiges Positionieren

4.4 Verbindungstechnik und Medienführung

Die Kopplung eines Greifers mit einer Handhabungsmaschine kann auf unterschiedliche Art erfolgen. Ausgenommen manuelle und automatische Wechselsysteme (siehe Kapitel 7) geschieht das durch

- Schraubenverbindungen bei Nutzung des Anschraubbildes (siehe Bild 1.8). Als Zentrierung dienen Passstifte, Zentrierabsätze und Zentrierhülsen, je nach Flanschgestaltung.
- Klemmverbindungen durch Klemmschienen (Beispiel siehe Bild 3.347 und 3.356) oder durch eine Rundschaftklemmung

Je nach Anschraubbild des Greifers kann sich die Zwischenschaltung einer Adapterplatte notwendig machen. Diese weist auf einer Seite das Bohrbild des DIN-ISO-Flansches auf und auf der anderen Seite eine gerätespezifische Geometrie.

4.4 Verbindungstechnik und Medienführung

Neben der mechanischen Verbindung mit dem Roboterflansch müssen auch Medien bis zum Greifer geführt werden. Das geschieht über Leitungen oder über ringförmige Drehdurchführungen für die Druckluft (**Bild 4.16**). Es können mehrere unabhängige Druckluft- und Abluftkanäle sein.

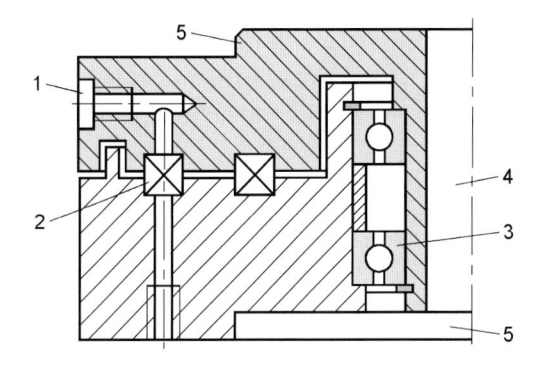

1 Medienanschluss
2 Ringkanal mit spezieller Dichtung
3 Wälzlagerung
4 hohler Mittendurchgang
5 Zentrierbund

Bild 4.16: Ringförmige Drehdurchführung

Die Mittenbohrung dient dazu, um Leitungen und Kabel hindurchführen zu können. Die Abdichtung muss reibungs- und verschleißarm sein. Die Anschlüsse können beidseitig axial oder radial angebracht sein. Die Drehbeweglichkeit wird nicht durch Anschläge begrenzt. Bei mittig hindurchgeführten Kabeln und Schläuchen ist der Drehwinkel aber meistens auf weniger als 360° einzuschränken, damit sich die Leitungen nicht aufwickeln können. Die Luftkanäle sind im allgemeinen auch für Vakuum geeignet.

Die Elektrodurchführung kann ebenfalls mit integriert sein. Dazu sind dann ein oder mehrere Schleifringe erforderlich. Das betrifft sowohl elektrische Signale, zum Beispiel 10 elektrische Signale bei maximal 60 V und 1 A, als auch die Energieversorgung von Werkzeugen mit elektromotorischem Antrieb.

Das **Bild 4.17** zeigt nochmals eine handelsübliche Drehdurchführung für Druckluft. Sie ist für Endlosdrehungen des Greifers oder eines druckluftbetriebenen Werkzeuges geeignet. Es gibt auch hier Drehdurchführungen für mehr als zwei Druckluftkanäle.

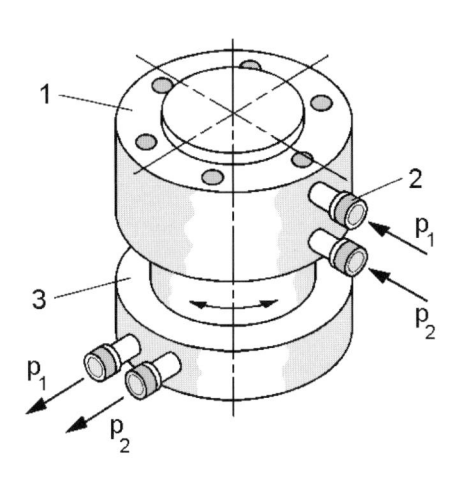

1 Iso-Anschlussflansch
2 Anschluss für Druckluftleitung
3 Greiferflanschp

p Druck

Bild 4.17: Drehdurchführung für Druckluft

5 Greifersteuerung

Für die Steuerung eines Endeffektors in einem Arbeitsraum ist in der Regel die Steuerung der übergeordneten Handhabungsmaschine, zum Beispiel die Robotersteuerung, zuständig. Das kann auch in Verbindung mit Sensoren erfolgen, die in den Greifer eingebaut sind.

Der Steuerung der Komponente „Greifer" kommt die Überwachung der Bewegungsabläufe zwischen Greifer und Objekt entsprechend des vorgegebenen Programms sowie die Synchronisation aller Einzeloperationen zu. Folgende Greiferfunktionen sind je nach Anforderungsprofil zu überwachen bzw. zu steuern:

- Greifkraft und Greifweg (Greifbackenbewegungen)
- Greifgeschwindigkeit
- Werkstückanwesenheit nach dem Griff
- Position und Orientierung des Objekts zwischen den Greifbacken
- Angreifende Kräfte und Momente während der Manipulationsabläufe
- Vermessen von Werkstückdetails (Sonderfall)
- Erkennen des Greifortes (kamerageführtes Greifen)
- Greifertemperatur (bei Einsatz in Heißbereichen)

Bei Mehrfingergreifern, die beispielsweise feinfühlige Montageoperationen ausführen sollen, die nicht in fest vorgegebenen Bahnen ablaufen und wegen ihrer Komplexität bisher nur vom Menschen ausgeführt werden können, benötigt man intelligente Steuerungsansätze. Nur dann ist adaptives dynamisches Greifen mit ständiger Auswertung des Finger-Objekt-Kontakts erreichbar [5-1] bis [5-3].

5.1 Steuerung pneumatisch angetriebener Greifer

Die Steuerung pneumatischer Greifer beschränkt sich auf das Öffnen und Schließen der Greifbacken, das Aktivieren von Zusatzfunktionen, wie zum Beispiel Drehen der Greifbacken, oder Zuschalten von Handgelenkachsen und in seltenen Fällen auch die Variation des Druckes, um die Greifkraft zu beeinflussen.

Die Ansteuerung unterscheidet sich bei einfach- und doppeltwirkenden Pneumatikzylindern. Außerdem ist zu beachten, ob bei Energieausfall die Greifkraft erhalten werden soll oder nicht. In **Bild 5.1** werden einige Beispiele für Standardlösungen gezeigt, wobei von elektrisch betätigten 5/2-Wegeventilen ausgegangen wurde.

Beim Greifer nach **Bild 5.1a** wird eine begonnene Greiferbewegung nach dem Wiedereinschalten zu Ende geführt. Bei der Schaltung nach **Bild 5.1c** bleibt das gegriffene Werkstück bei NOT-AUS bzw. Energieausfall gespannt. Bei der Schaltung nach **Bild 5.1d** besteht zusätzlich die Möglichkeit, die Geschwindigkeit über Drosselrückschlagventile einstellen zu können.

Die Bezeichnung der Anschlüsse an den Wegeventilen ist nach DIN 5590 festgelegt (1 (P) Druckluftanschluss; 4, 2 (A, B) Arbeits- bzw. Ausgangsleitungen; 5, 3 (R) Entlüftungen; 12, 14 (Pz) Steueranschlüsse). Man unterscheidet in monostabile und bistabile Wegeventi-

5.1 Steuerung pneumatisch angetriebener Greifer

le. Bistabile Ventile behalten die Schaltstellung auch nach Wegnahme des Signals bis zum Gegensignal bei. Bei monostabilen Ventilen, die meistens eine integrierte Rückstellfeder enthalten, wird nach Wegnahme des Signals der Ventilkolben wieder in die Ausgangslage zurückbewegt.

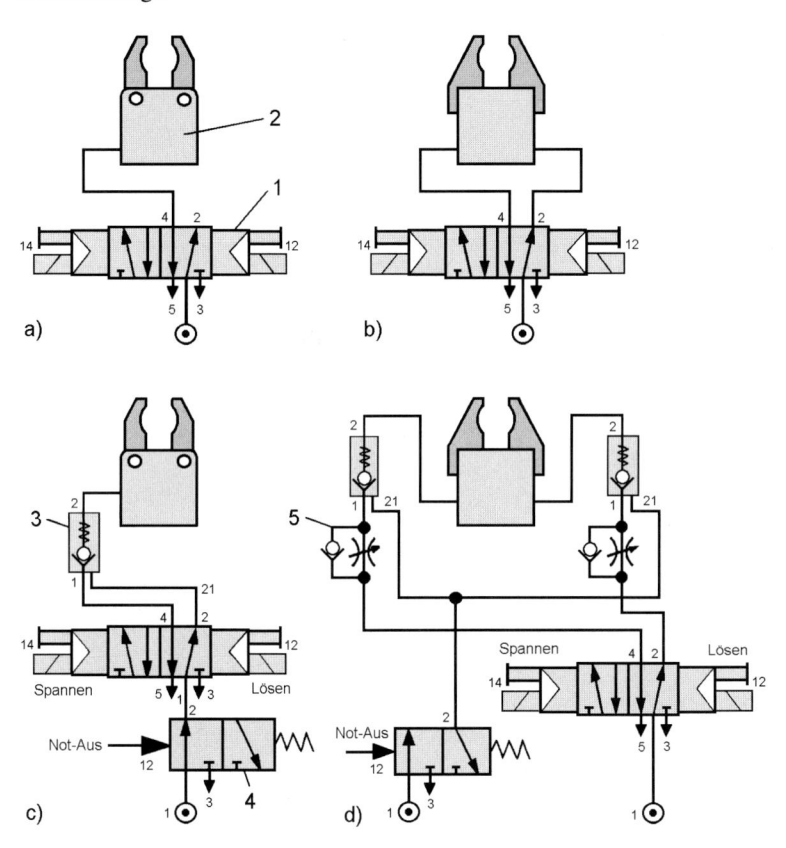

Bild 5.1: Ansteuerung pneumatisch angetriebener Zangengreifer
a) Grundschaltung ohne Greifkraftsicherung, b) doppelt wirkender Greiferantrieb, c) Greifkraft bleibt bei Energieausfall erhalten, d) Greifer mit einstellbaren Geschwindigkeiten, 1 elektrisch betätigtes 5/2-Wegeventil, 2 Greifer, 3 Rückschlagventil, 4 NOT-AUS Ventil, pneumatisch gesteuertes 3/2 Wegeventil mit Federrückstellung, 5 Drosselrückschlagventil zur Geschwindigkeitsregulierung

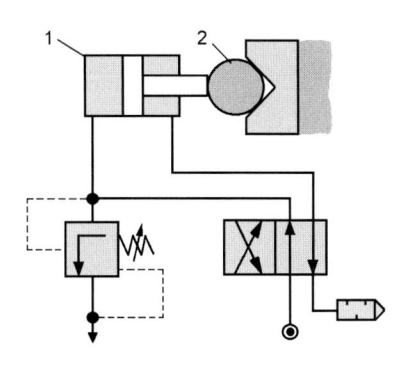

Um die Greifkraft festzulegen, kann eine Begrenzung des Druckes vorgenommen werden. Das Schaltschema wird in einer einfachsten Form in **Bild 5.2** gezeigt. Die leichte Regulierbarkeit ist ein Vorzug fluidischer Antriebe.

1 Arbeitszylinder
2 Greifobjekt

Bild 5.2: Greifkraftbegrenzung

5.2 Steuerung elektrischer Greifer

In die Steuerung von Greifvorgängen wurden im Jahre 1967 erstmals Sensoren mit einbezogen. Allerdings waren 1948 bei Telemanipulatoren mit Kraftrückkopplung bereits Sensoren erforderlich geworden. Ein Greifer mit Multisensoren wurde 1986 in einem Forschungsprojekt verwirklicht [5-4]. Man hatte einen Ultraschallsensor mit einem Bildsensor kombiniert eingesetzt, wie es in **Bild 5.3** zu sehen ist.

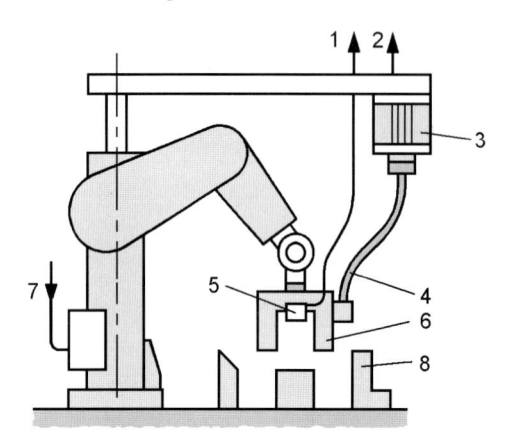

1 Ultraschall-Signaldaten
2 Bilddaten
3 Kamera
4 Glasfaserbündel
5 Ultraschallsensor
6 Greifer
7 Roboter-Steuerdaten
8 Greifobjekt

Bild 5.3: Greifer mit Zwei-Sensoranwendung (1986)

Durch ein Glasfaserbündel wird eine fest installierte Kamera zum Auge-Hand-System. Die Bilddaten gehen an ein Bildverarbeitungssystem, welches die Position des Teiles in x-y-Richtung bestimmt und es auch identifiziert. Das Ergebnis geht an einen Strategierechner, der die weiteren Aktionen vorgibt. Der Ultraschallsensor dient der Abstandsmessung zum Objekt. Mit diesem Ergebnis kann dann der richtige Abstand des Lichtleiterbündels zur Szene eingestellt werden, damit ein scharfes Bild entsteht. Somit kann auch die Höhe des Greifobjekts ausgemessen werden. Mit einer Sensormatrix, zum Beispiel 16 taktile Sensoren in der Greifbackenfläche, lässt sich ermitteln, welche Position die Berührungspunkte im Greifer haben. Man kann dazu eine Funktionstabelle mit logischen Operatoren aufstellen, aus der sich dann Schlussfolgerungen für Korrekturbewegungen des Roboters ableiten lassen. Das soll an einem Beispiel demonstriert werden.

Demonstrationsbeispiel

Zu welchen Korrekturbewegungen muss ein Robotergreifer veranlasst werden, wenn beim Greifen eines Werkstücks mit Kugelzapfen die Mitte der Greifbacken nicht getroffen wird?

Der Greifer wird in **Bild 5.4** gezeigt. Die Greifbackenmitte wird durch die Sensorelemente 6-7-10-11 repräsentiert. Bei ungenauem Griff reagieren die sensiblen Elemente am Rand. Dann soll der Greifvorgang durch Ausgabe eines Steuersignals W mit veränderter Position wiederholt werden. Dazu werden folgende Festlegungen getroffen:

R   Korrektur um 1 Sensorabstand nach rechts (R = 1)
L   Korrektur nach links   (L = 1)
O   Korrektur nach oben   (O = 1)
U   Korrektur nach unten   (U = 1)

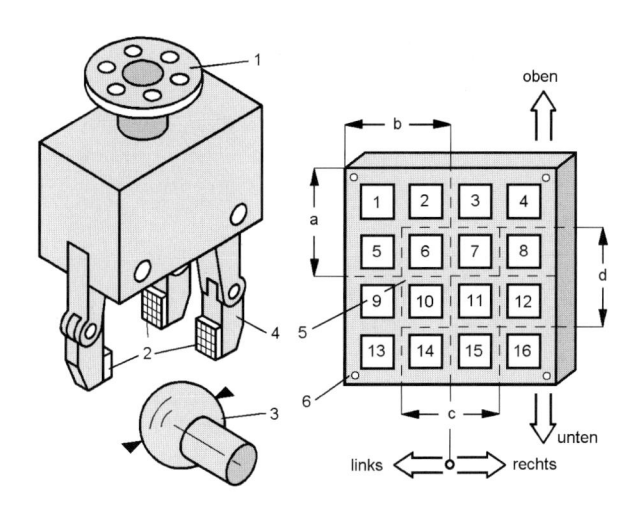

5.2 Steuerung elektrischer Greifer

1 Anschlussflansch
2 4x4 Tastmatrix
3 Greifobjekt
4 Finger
5 mittlere Sensoren
6 Sensoranordnung

Bild 5.4: Taktil sensorisierter Robotergreifer mit 3 Fingern [5.5]

Die Sensorelemente sind in die Felder a, b, c und d eingeteilt (codiert). Damit lassen sich folgende Schaltfunktionen aufschreiben:

$\overline{W} = c \wedge d$ (Die Mitte wird getroffen. Kein Schaltsignal)

$W = c \vee d$ (Die Mitte wird verfehlt. Eine Korrektur beim Greifen wird nötig.)

$R = b \wedge c$ (Ein Feld nach rechts)

$L = b \wedge d$ (Korrektur nach links)

$O = a \wedge d$ (Korrektur nach oben)

$U = a \wedge d$ (Ein Feld nach unten)

Somit kann man zu nachfolgender Funktionstabelle kommen (0 = nein, keine Aktion und 1 = ja, Aktion):

a	b	c	d	Sensor Nr.	W	R	L	O	U
0	0	0	0	16	1	1	0	0	1
0	0	0	1	12	1	1	0	0	0
0	0	1	0	15	1	0	0	0	1
0	0	1	1	11	0	0	0	0	0
0	1	0	0	13	1	0	1	0	1
0	1	0	1	9	1	0	1	0	0
0	1	1	0	14	1	0	0	0	1
0	1	1	1	10	0	0	0	0	0
1	0	0	0	4	1	1	0	1	0
1	0	0	1	8	1	1	0	0	0
1	0	1	0	3	1	0	0	1	0
1	0	1	1	7	0	0	0	0	0
1	1	0	0	1	1	0	1	1	0
1	1	0	1	5	1	0	1	0	0
1	1	1	0	21	1	0	0	1	0
1	1	1	1	6	0	0	0	0	0

Interpretation

Wird zum Beispiel das Sensorelement 13 berührt, liegt dieser Punkt im Feld b. Eine Korrektur ist erforderlich (W = 1) und zwar um ein Feld nach links (L = 1) und um ein Feld nach unten (U = 1). Dann liegt der Berührungspunkt beim erneuten Greifen im Feld der mittleren Sensoren ($c = 1, d = 1, b = 1$). Das bedeutet aber jetzt W = 0, also ist keine weitere Korrektur erforderlich.

In vielen Fällen sind aber viel einfachere Aussagen genügend. Man will nur wissen, wurde ein Teil überhaupt gegriffen und ist es das richtige Teil gewesen. Letzteres ist beim Greifen runder Teile leicht möglich, wenn eine Aussage zum Greifdurchmesser aus der Fingerstellung abgeleitet wird.

Etwas anders ist das bei komplexen Gelenkfingerhänden mit anthropomorpher Struktur. So wurde die GIFU-Fünffingerhand [5-7] neben 6-achsigen Kraft-Momenten-Sensoren in jeder Fingerspitze auch mit einer taktilen Sensorfolie an der Innenseite der kompletten Hand ausgerüstet. Die Sensorfolie besteht aus 624 taktilen Elementen, den so genannten Taxeln, wovon sich 312 in der Handfläche, 72 im Daumen und jeweils 60 in den Fingern befinden. Die Hand entspricht etwa der Größe einer großen Männerhand.

Anstelle taktiler Sensoren werden zunehmend visuelle Verfahren (Kameras) eingesetzt, um Position und Orientierung eines gegriffenen Teils am Greifer zu erkennen. Das kann zum Beispiel ein Sauger für das Handhaben von elektronischen Komponenten mit integrierter CCD-Kamera sein [5-6].

Zur Kontrolle und für Steuerungszwecke werden also Informationen über die Fingerstellung benötigt. Das sind im einfachsten Fall nur die Endpositionen. Eine Aussage über die Art des gegriffenen Teiles bekommt man, wenn auch Zwischenstellungen detektiert werden können (**Bild 5.5**).

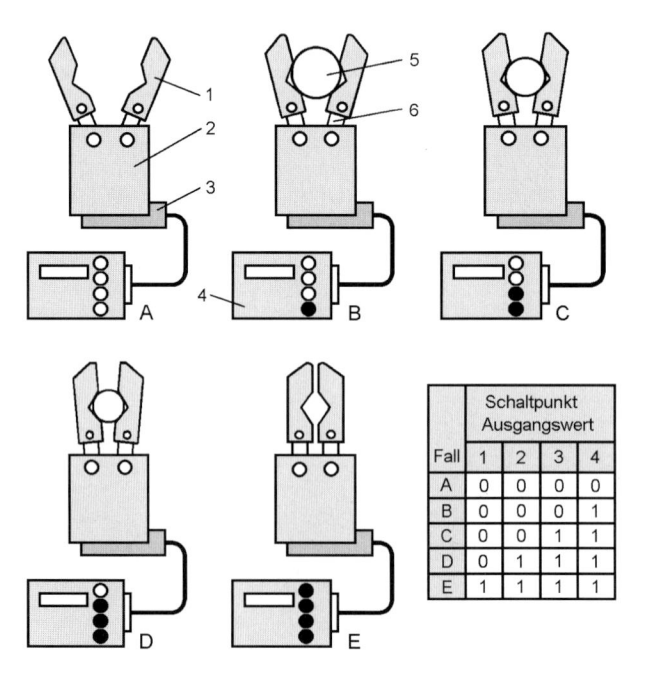

1 Greifbacke
2 Greifer
3 Hall-Effekt-Fühlersatz
4 Schaltpunktmodul
5 Werkstück
6 Greiferfinger

A bis E Greifbackenstellungen

	Schaltpunkt Ausgangswert			
Fall	1	2	3	4
A	0	0	0	0
B	0	0	0	1
C	0	0	1	1
D	0	1	1	1
E	1	1	1	1

Bild 5.5: Fingerstellungskontrolle

5.2 Steuerung elektrischer Greifer

Aus der Fingerstellung kann dann mehr oder weniger genau auf den Werkstückdurchmesser an der Greifzone geschlossen werden. Im Beispielfall lassen sich fünf Winkelstellungen erfassen. Meistens kann man am Schaltpunktmodul Durchmessereinstellungen vornehmen.

Weil sich Prothetik mit ihren Handprothesen und die Industriegreiftechnik in vielen Details nahe stehen, wird in **Bild 5.6** eine Prothesenhand gezeigt [5-8]. Die Antriebstechnik der 3-gliedrigen Finger und des Daumens ist in die Hand integriert.

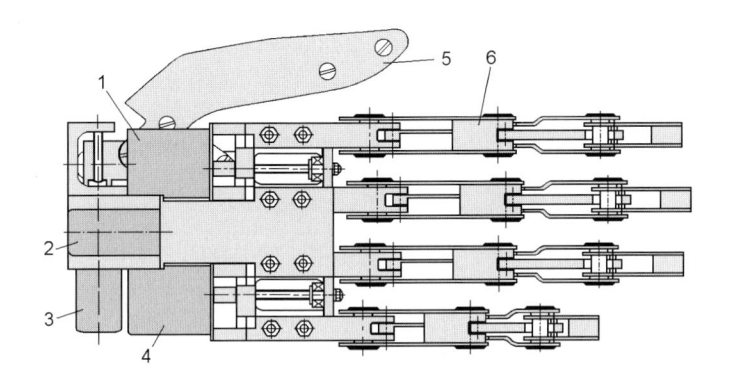

1 Zeigefingerantrieb
2 Daumen ein und aus
3 Daumen von Seite zu Seite
4 Antrieb der Finger 3 bis 5
5 Daumen
6 Gelenkfinger

Bild 5.6: Auslegung einer 5-Finger-Prothesenhand

Die Konstruktion und das Lösen der Hand wird durch Elektromyogramme (EMG) gesteuert, die von noch vorhandenen Nervenenden des jeweiligen Handmuskels abgenommen werden. Sicheres Greifen eines Gegenstandes erfordert eine Kraftreflexion. Zur Regelung der Greifkraft kann man beispielsweise zwei Regelkreise einsetzen, die die entsprechende Greifstellung und die Greifkraft überwachen. Rutschsensoren an den Greifflächen geben die Greifkraft vor. Durch die EMG-Signale lassen sich die entsprechenden Stellglieder (Greifbewegung des Daumens, der anderen Finger) koordinieren. Das **Bild 5.7** zeigt ein Schema der Steuerung. Die Hand ist auch zum Beispiel als Endeffektor für einen 3-achsigen Roboter für Armamputierte einsetzbar.

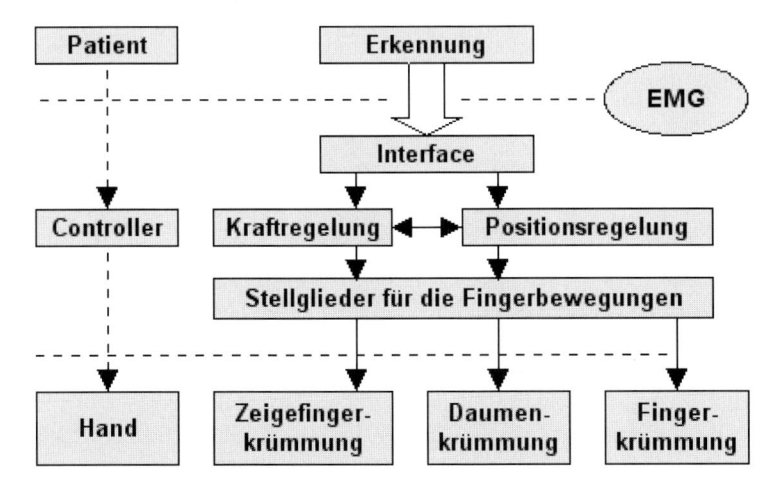

Bild 5.7: Kraftregelung der Handprothese [5-8]

6 Greifersensorik

Nimmt man die Hand eines Menschen als Vorbild für eine Sensorisierung von Greifern, dann ist ein Nachbau nicht möglich und aus industrieller Sicht auch nicht sinnvoll. Die Hand verfügt über viele spezialisierte Rezeptoren. Das sind:

- **Fingerkuppe:** Je cm^2 sind etwa 140 *Meissner'sche Tastkörperchen* vorhanden. Sie reagieren auf Zu- und Abnahme leichten Druckes.
- *Vater-Pacini´sche Lamellenkörperchen*: Sie reagieren auf Beschleunigungen des Druckreizes.
- **Hautoberfläche:** *Merkel'sche Tastzellen* reagieren auf Druck und Verformung.
- **Handinnenfläche:** Es sind etwa 17 000 *Ruffini-Körperchen* vorhanden, die auf Dehnungen der Haut reagieren.

Außerdem gibt es noch viele „freie" Nervenenden, die ebenfalls Sensoraufgaben erledigen, wie zum Beispiel die Detektion von Wärme oder Kälte. Haarfollikelrezeptoren stellen zusätzliche Mehrzweckfühler dar. Fast alle dieser „Nervensensoren" sind jedoch logarithmisch und reagieren nur auf Parameteränderungen. Die Übersprechungen zwischen den Sensorelementen sind erheblich. Menschliche „Sensoren" wären somit nur selten als Vorbild für exakte Messungen geeignet.

Auf eine Mindestausstattung mit technischen Sensoren kann man in der Handhabungstechnik nur bei sehr einfachen Greifaufgaben verzichten. Am vordringlichsten ist eine Kontrolle von Fingerstellungen, wie bereits in Kapitel 5.2 erwähnt.

6.1 Wahrnehmungsarten

Im Zusammenhang mit der Greiftechnik lassen sich drei Arten der Wahrnehmung nennen. Diese sind:

- Erkennung der Anwesenheit von zu greifenden Objekten durch eine Abstandsmessung oder durch eine Auswertung von Annäherungseffekten; ohne Erfassung geometrischer Details
- Erfolgskontrolle, ob das Greifobjekt richtig gegriffen bzw. freigegeben wurde (siehe dazu auch Bild 6.20)
- Wahrnehmung von Objektposition und Orientierung. Das ist oft mit einer mehrdimensionalen Beobachtung einer Szene oder eines Gegenstandes verbunden.

Werden durch eine umfassende Gestaltung der Peripherie stets gleiche Greif- und Ablagebedingungen garantiert, kann die sensorische Ausrüstung des Greifers bzw. des Roboters klein gehalten werden. Verfügt die umgebende Technik über keinerlei Wahrnehmungsvermögen, dann müssen Roboter und Greifer zu Wahrnehmungen fähig sein, wenn es die Aufgabenstellung erforderlich macht. Die wichtigsten Sensorarten sollen deshalb unter dem Aspekt des Greifens kurz besprochen werden. Ausführliche Darstellungen finden sich in [6-1].

6.2 Tastsensorik

Tastsensoren reagieren auf Berührung. Wird ein Kontakt festgestellt, geht eine Information an die Steuerung, um zum Beispiel eine Hubbewegung des Armes der Handhabungseinrichtung zu beenden. Im einfachsten Fall genügt dafür bereits ein Binärsensor. Binärsensoren melden das Erreichen eines Grenzwertes, zum Beispiel das Aufsetzen des Saugers auf das oberste Teil eines Plattenstapels. In der Folge wird dann das Vakuum eingeschaltet und die Handhabeaktion eingeleitet. Das Prinzip wird in **Bild 6.1** dargestellt. Ein Tastsensor (oder ein Näherungssensor) kann auch direkt in den Saugergreifer integriert sein.

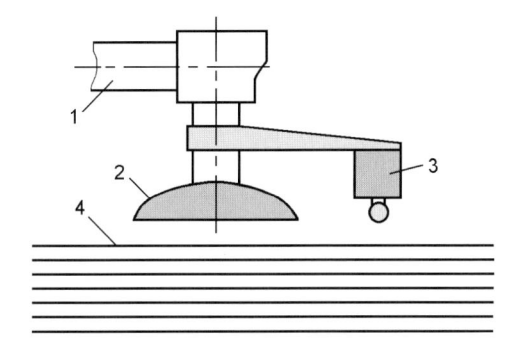

1 Roboterarm
2 Vakuumsauger
3 Binärsensor
4 Plattenstapel

Bild 6.1: Vakuumsauger mit Binärsensor

Das Ertasten eines Greifobjekts ist auch pneumatisch feststellbar. Das **Bild 6.2** zeigt Tastfühler, die an den Greiferbacken angebracht sind. Der Fühler besteht aus einer dicht gewickelten Drahtfeder, die bei einer Auslenkung nicht mehr gasdicht ist und deshalb eine Veränderung des Innendruckes bewirkt. Diese Druckveränderung wird ausgewertet.

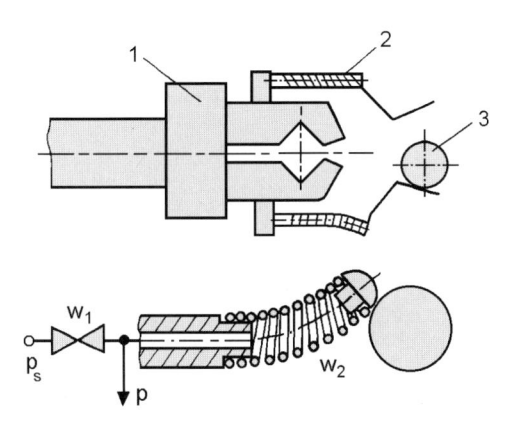

1 Grundgreifer
2 Tastfühler (eng gewickelte, gasdichte Feder)
3 Werkstück

W_1 fest eingestellter Widerstand
W_2 veränderlicher Widerstand
p Messdruck
p_s Speisedruck

Bild 6.2: Pneumatischer Tastfühler an Greifbacken

Wesentlich anspruchsvoller ist der Vorschlag für einen Tastsensor mit optischer Abnahme der bei Druck entstehenden Verformungen eines Messgitters (**Bild 6.3**). Er dient zum Aufbau eines taktilen Feedback-Systems, weil er dann beispielsweise bei der minimal invasiven Chirurgie Verwendung finden könnte. Die Fingerkuppe besteht aus flexiblem Material und wird am Operationsort erst aufgeblasen. Die Oberfläche der Kuppe ist mit einem Streifenmuster versehen und dient als Verformungskörper. Ein Tastereignis führt zu einer Deformation des Streifenmusters (Messgitter). Diese Deformation wird optisch beobachtet. Dazu sind in der Basis der Fingerkuppe Beleuchtung und Minikamera untergebracht. Das Tastereignis ist damit nach Ort und Stärke digital vorhanden und kann rückwärts in die Hand des Operateurs übertragen werden, so dass sich dort beim Operateur ein Vor-Ort-Gefühl bezüglich seiner Finger einstellt (*force feedback*). Im eingeklappten Zustand hat der Greifer bzw. Tastfinger einen Durchmesser von 9,8 mm, so dass er durch eine Trokarhülse (chirurgisches Instrument, dünne Röhre) hindurchgeführt werden kann.

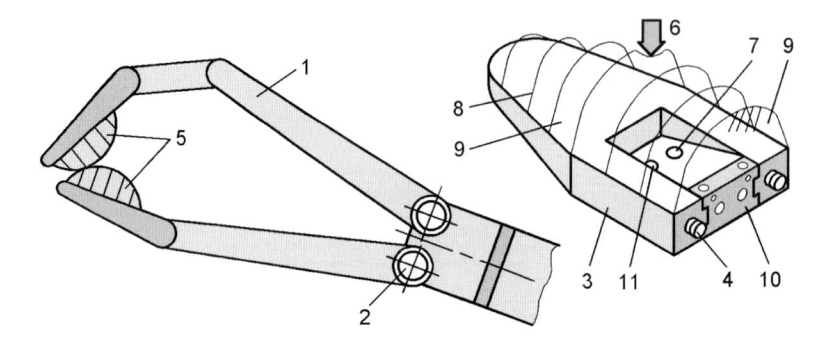

Bild 6.3: Zweifingerhand mit sensorisierten Fingerspitzen (Idee nach *Geisen*)
1 Gelenkfinger, 2 Gelenk, 3 Fingerkuppenbasis, 4 Koppelelement, 5 Fingerkuppe, aufgeblasen, 6 Tastereignis, 7 Linse der Kamera, 8 Linienraster, 9 flexible Hülle, Membrane, 10 CCD-Kamera gesamt, 11 Beleuchtung

Moderne taktile Arrays sind Feldanordnungen von piezoresistiven, kapazitiven oder auch infrarot-optischen Komponenten in verschieden hohen Auflösungen. Die folgende Tabelle [6-2] führt einige handelsübliche Tast-Arrays auf.

Parameter	Anbieter von taktilen Sensorarrays			
	Siemens	Veridicom	Harris	Thomson-CSF
Prinzip	kapazitiv	kapazitiv	kapazitiv	optisch
Sensorbereich	13 x 13 mm	15 x 15 mm	14 x 14 mm	2 x 17,5 mm
Pixelanzahl	256 x 256	300 x 300	144 x 144	40 x 350
Auflösung	500 dpi	500 dpi	520 dpi	500 dpi
Speisespannung	5 V	3,3 V	5 V	5 V
Leistungsverbrauch	etwa 30 mW	< 100 mW	-	280 mW
Ansprechempfindlichkeit	< 0,5 s	< 1 s	< 2 s	etwa 1 s
Datenformat	Bitmap	TIF	Bitmap	Bitmap

Bei einer Berührung mit einem Greifobjekt entsteht ein digitaler Abdruck. Mit entsprechender Software erhält man dann Aussagen zu Konturverlauf, Größe, Ort und eventuell Orientierung. Je besser das Tastarray auflöst, desto mehr Feinheiten des Objekts sind erkennbar.

6.3 Näherungssensoren

Im Jahre 1960/61 wurden erstmals nach Vorschlägen von *M. Minski* und *C. Shannon* (1958) von *H. Ernst* am MIT (USA) Sensoren in einen Greifer eingebaut. Als zu lösende Modellaufgabe stand das automatische Einsammeln von Würfeln, die auf einer Fläche verstreut auslagen. Dieser erste Greifer mit „Künstlicher Intelligenz" ist in **Bild 6.4** dargestellt. Was damals noch im Labor stattfand, will man heute in der Fertigung nutzen. Insbesondere bei komplexen Montageaufgaben, wo mehrere, sich hinsichtlich Größe, Form, Masse und Werkstoff unterscheidende Einzelteile innerhalb eines Montagezyklus zu greifen und zu montieren sind, kommt man meist ohne sensorisierte Greifer nicht aus. Intelligente und kontrollierte selbstständige Greifaktionen sind letztlich nur mit Hilfe einer umfangreichen Sensorisierung möglich.

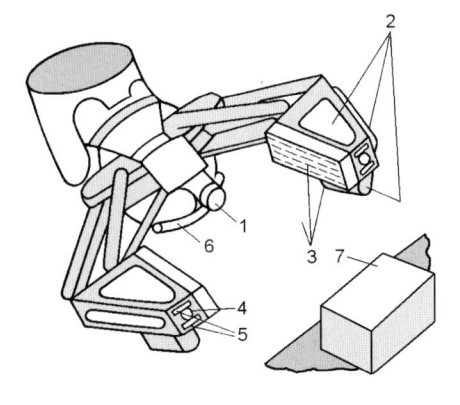

1 Annäherungssensor
2 taktile Sensoroberfläche
3 druckempfindliche Sensoren
4 Fotodiode zur Erkennung einer Objektannäherung
5 Drucksensor
6 Sensor, der die Berührung nach unten (Tischfläche) erkennt
7 Greifobjekt

Bild 6.4: Sensorisierter Greifer des *Ernst-Armes* (*MIT* 1960/1961)

Eine wichtige Rolle spielen in der Handhabungs- und Montagetechnik die Näherungssensoren.

Näherungssensoren sind berührungslos arbeitende Sensoren, die ein Signal abgeben, aus dessen Informationen eine Aussage über den momentanen Abstand zu einem Objekt abgeleitet werden kann. Die Signalankopplung kann induktiv, kapazitiv, fluidisch, optisch oder akustisch erfolgen.

Näherungssensoren liefern eine Ja-Nein-Aussage, je nach Abstand zum zu detektierenden Objekt. Als Grundprinzipe kommen infrage:

- Induktiv; geeignet für elektrisch leitende Objekte. Problematisch ist die Erkennung einiger Legierungen und von Kohlenstofffaser-Teilen. Bei sehr dicken leitfähigen Objekten, z.B. mehrere Millimeter dickes Kupfer oder Silber, kann es auch Schwierigkeiten geben.
- Kapazitiv; geeignet für praktisch alle Materialien mit nur wenigen Ausnahmen
- Optisch reflektierend; einsetzbar für optisch reflektierende Objekte; problematisch ist die Erkennung von Teilen mit rauer oder spiegelnder Oberfläche
- Optisch durchstrahlen; verwendbar für undurchsichtige Teile, weniger gut geeignet für einige Gläser und Kunststoffteile

- Akustisch reflektierend; für schallreflektierende Teile einsetzbar, aber nicht geeignet für Schaumstoffe und einige Textilfaserstücke

Das Prinzip von induktiven Näherungssensoren wird in **Bild 6.5** gezeigt. Man kann sie in die Funktionsgruppen Oszillator, Auswerteeinheit und Ausgangsstufe einteilen. Sie arbeiten berührungslos, sind verschleißfrei, schalten schnell und ohne Prellen und sind damit langlebig. Wird im Abstand s ein Metallteil in das austretende hochfrequente Wechselfeld gebracht, entsteht im Objekt ein Wirbelstrom, der diesem Feld entgegenwirkt und den Oszillator bedämpft. Die Stromaufnahme ändert sich dadurch, was die nachgeschaltete Auswerteeinheit erkennt und als elektrisches Signal ausgibt.

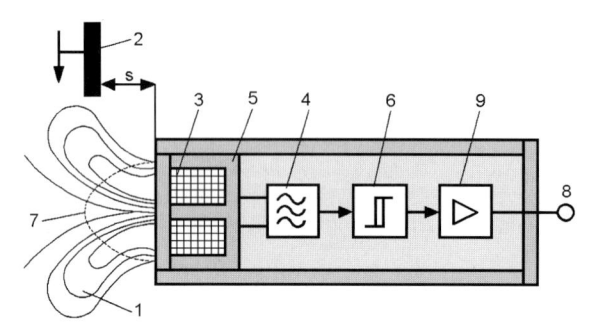

1 magnetische Feldlinien
2 Metallgegenstand
3 Schwingkreisspule
4 Oszillator
5 Ferritkern
6 Komparator
7 Ansprechlinie
8 Ausgangssignal
9 Endstufe

s etwa 1 mm bis 75 mm Abstand

Bild 6.5: Prinzip des induktiven Näherungssensors

Kapazitive Näherungssensoren sind ebenfalls berührungslose Schalter. Sie werden in zylindrischen oder quaderförmigen Gehäusen angeboten, an deren Stirnseite die aktive Fläche angeordnet ist. Sie reagieren auf eine Veränderung der Schwingungsfrequenz eines Oszillators durch Veränderung des Dielektrikums in der Umgebung des Sensorkondensators und damit auf eine Kapazitätsänderung. Das Prinzip wird in **Bild 6.6** dargestellt. Die Kompensationselektrode dient zum Ausgleich von Schmutzablagerungen und Feuchtigkeitsniederschlag. Mit elektrisch leitenden Objekten lassen sich größere Schaltabstände erreichen als mit nichtleitenden Gegenständen.

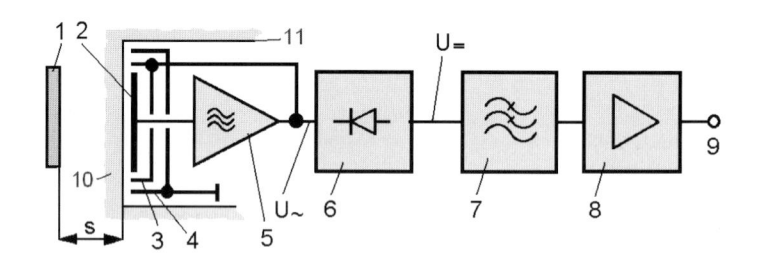

Bild 6.6: Blockschaltbild eines kapazitiven Sensors
1 Objekt, 2 Sondenelektrode, 3 Kompensationselektrode, 4 Abschirmbecher, 5 Oszillator, 6 Gleichrichter, 7 Störimpulsausblendung, 8 Endstufe, 9 Ausgangssignal, 10 Schmutzablagerung, 11 Gehäuse

Optische Näherungssensoren sind allgemein bekannt. Das Prinzip eines reflektierend arbeitenden Systems zeigt das **Bild 6.7**. Es gibt Anordnungen, bei denen der Hintergrund

6.3 Näherungssensoren

ausgeblendet ist. Damit wird nur ein eng abgegrenzter Abstandsbereich beobachtet. Was davor oder dahinter liegt, wird nicht ausgewertet. Ein Reflexsignal zeigt die Objektanwesenheit als JA-NEIN-Signal an.

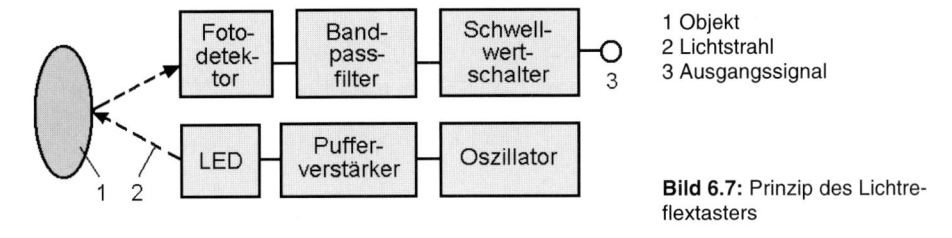

Bild 6.7: Prinzip des Lichtreflextasters

1 Objekt
2 Lichtstrahl
3 Ausgangssignal

Bei hochglänzenden Teilen treten allerdings Probleme auf. Man muss dann bei Reflexionslichtschranken einen Trick anwenden. Man nimmt Licht, welches nach der Schwingungsrichtung „sortiert" ist, so genanntes polarisiertes Licht. Die Lichtwellen schwingen üblicherweise in allen möglichen Ebenen. Trifft das Licht auf einen Retroreflektor (Reflexfolie, Tripelreflektor), dann wird die Polarisationsebene um 90° gedreht. Damit ist das Licht markiert und „falsches" Reflexlicht, das seine Polarisation nicht verändert hat, wird von der Auswertung ausgeschlossen (**Bild 6.8**). Als Polarisationsfilter werden spezielle linear oder zirkular polarisierende Folien verwendet. Der Filter unmittelbar vor dem Empfänger hat praktisch die Funktion eines Analysators.

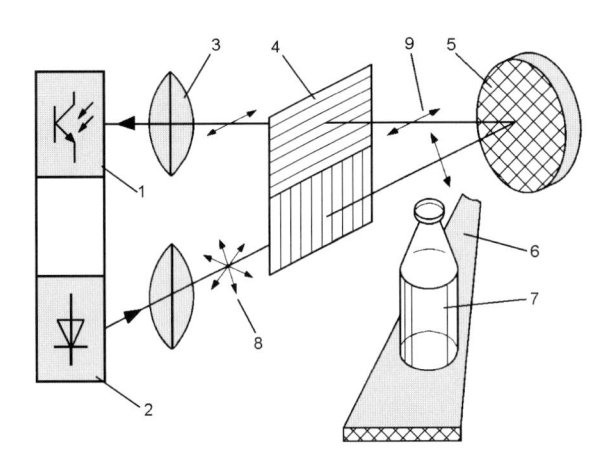

1 Empfänger
2 Sender
3 Optik
4 Polarisationsfilter
5 Retroreflektor
6 Bandförderer
7 Objekt
8 Schwingungsrichtungen
9 Polarisationsebene, um 90° gedreht

Bild 6.8: Prinzip von Optosensoren, die mit polarisiertem Licht arbeiten

Der tastende Lichtstrahl kann auch über Lichtwellenleiter zum Objekt gelenkt werden. Das **Bild 6.8** zeigt dazu ein Beispiel. Die drei Lichtwellenleiter werden bis in die Fingerspitzen des Greifers geführt und tasten ein definiertes Feld mit Lichtstrahlen ab. Aus der reflektierten Lichtstärke aller Lichtwellenleiter kann eine Aussage über den tatsächlichen Ort des Greifobjektes innerhalb eines Grobbereiches abgeleitet werden. Beim Nachführen des Roboterarmes ändert sich das reflektierte Licht. Diese schon etwas ältere Sensoranwendung eignet sich nur für die Detektion im Nahbereich des Greifers.

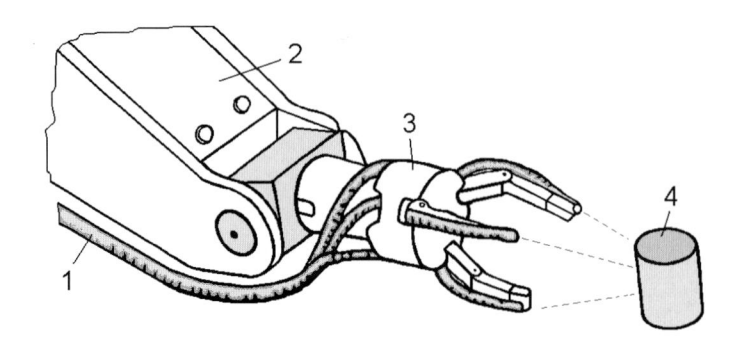

1 Lichtwellenleiter
2 Roboterarm
3 Dreifingergreifer
4 Werkstück

Bild 6.8: Objektortung mit Reflexlichttaster

In der gleichen Art kann man einen Zweibackengreifer gegenüber einem Greifobjekt zentrieren. Das geschieht bei der Anordnung nach **Bild 6.9** ebenfalls durch einen Intensitätsvergleich des Lichtes. Es sind zwei Anwesenheitssensoren angebaut. Beide Sensoren arbeiten als Reflexlichttaster mit relativ großem Öffnungswinkel. Es werden die vom Objekt gestreuten Lichtintensitäten für die Zentrierung auf Objektmitte ausgenutzt. Herrschen auf dem Objekt in beiden Strahlkegeln annähernd gleiche Reflexionsverhältnisse, ist die Zentrierung erreicht, wenn bei beiden Sensoren gleiche Ausgangssignalamplituden auftreten. Für optisch spiegelnde Objekte gibt es Probleme, wenn der Spiegelwinkel nicht eingehalten werden kann.

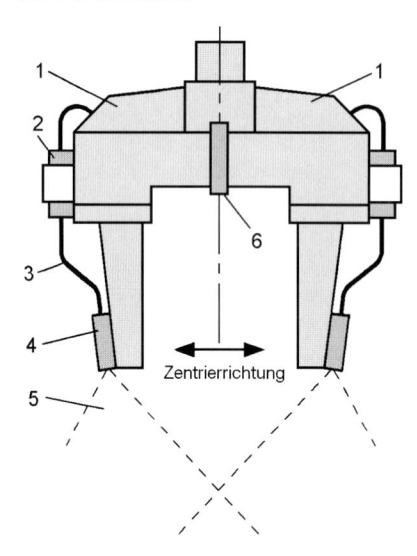

1 Elektronik
2 Anpassung
3 Lichtwellenleiter
4 Sensor
5 Beobachtungsbereich
6 zentraler Sensor

Bild 6.9: Greiferzentrierung mit Reflexlichttastern und Intensitätsauswertung des reflektierten Lichtes

Das **Bild 6.10** zeigt die Anordnung von LED-Fotodioden-Paaren in den Greifflächen eines Parallelgreifers. Im statischen Zustand kann man mit ihnen neben der Anwesenheitskontrolle eine grobe Information über die Werkstückabmessungen erhalten. Die erreichbare Genauigkeit hängt dabei von der Anzahl der Lichtschranken ab. Wird der Greifer senkrecht zu den Lichtschranken bewegt, lässt sich der Eintritt des Objekts in den Strahl sehr genau bestimmen. Hierdurch sind auch exakte Objektvermessungen oder Lagebestimmungen mit einer oder mit wenigen Zeilen möglich, wenn mittels des inneren Messsystems des Industrieroboters der vom Greifer zurückgelegte Weg zwischen Eintritt und Austritt des

6.3 Näherungssensoren

Werkstücks aus einem Strahl bestimmt werden kann. Damit ist das Werkstück innerhalb des Greifers zentrierbar. Zur Vermeidung der Lichteinstreuung auf benachbarte Fotodioden werden die einzelnen Zeilen zyklisch mit der für die geforderte Genauigkeit notwendigen Taktfrequenz abgefragt

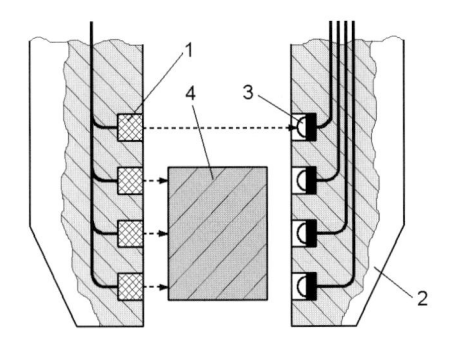

1 Leuchtemitterdiode
2 Greifbacke
3 Fotodiode
4 Greifobjekt

Bild 6.10: Optische Detektion von Objekten zwischen Greiferbacken

Zur Anwesenheitskontrolle sind Winkellichtschranken gut einsetzbar, die am Greifer montiert werden können. Eine Winkellichtschranke ist eine Einweglichtschranke, bei der Sender und Empfänger jeweils am Ende des Schenkels eines Befestigungswinkels angeordnet sind. Das flache Winkelgehäuse enthält bereits die gesamte Elektronik. Eine diagonale Blickrichtung ist besonders in der Handhabungstechnik gut zu gebrauchen, weil die optische Achse aus allen drei Raumrichtungen anfahrbar ist. Eine Anwendung zeigt das **Bild 6.11**. So kann bei der Anordnung an einem Vakuumgreifer das Heranfahren an die obere Stapellage exakt erfasst werden. Nach dem Abheben kann die Lichtschranke erneut abgefragt werden, ob der Griff erfolgreich ausgeführt wurde. Die Winkelbauform erleichtert den Anbau und erübrigt aufwendiges Justieren von Sender und Empfänger. Der Anschluss geschieht über eine einzige Kabelverbindung.

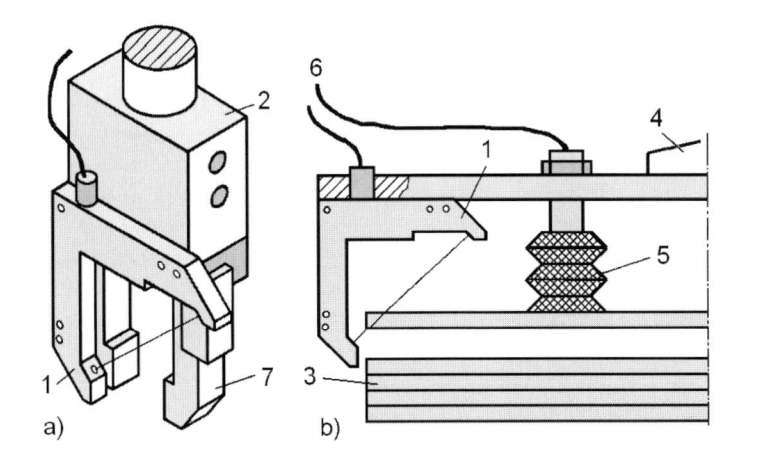

1 Winkellichtschranke
2 Greifer
3 Plattenstapel
4 Vakuumtraverse
5 Faltenbalgsauger
6 Anschlussleitung
7 Greifbacke

Bild 6.11: Detektion von Handhabungsobjekten mit der Winkellichtschranke (*di-soric*)
a) nachgerüsteter Parallelgreifer, b) Anwesenheitskontrolle am Vakuumgreifer

6.4 Messende Sensoren

Ein wichtiger Parameter ist bei Greifvorgängen die genaue Kenntnis des Abstandes zu einem Greifobjekt. Damit kann die Robotersteuerung die Position des Greifziels aus der Programmvorgabe jeweils aktuell korrigieren. Außerdem ist die Messung des Greifbackenabstandes von Interesse, weil aus den Daten auf die Abmessungen des Objekts und letztlich auf seine Identität geschlossen werden kann. Mit Entfernungsmess-Sensoren kann ein Greifer auch über ein strukturiertes Objekt geführt werden. Es ergibt sich dann ein Abbild des Objekts, das mit den Mitteln der Bildverarbeitung ausgewertet werden kann. Die Integration einer CCD-Kamera in den Greifer ist natürlich auch möglich, wird aber bisher selten ausgeführt, weil sich mit greiferexternen Kameras die Aufgabe oft besser lösen lässt.

Für Entfernungsmessungen mit greiferbasierten Sensoren sind akustische Echozeitmessungen und die Lasertriangulation üblich. Akustische Sensoren zur Entfernungsmessung können zum Beispiel nach dem in **Bild 6.12** gezeigten Blockschaltbild arbeiten.

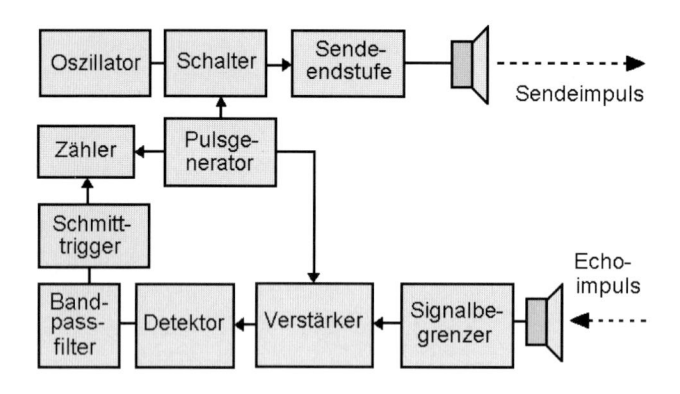

Bild 6.12: Blockschaltbild eines akustischen Sensors (Zweikopfsystem)

Der Sensor kann als Einkopf- oder Zweikopfsystem ausgebildet werden. Das Einkopfsystem (Sender = Empfänger) hat den Nachteil, dass nach dem Senden eines Ultraschallimpulses bis zum möglichen Echoempfang die Totzeit (Ausschwingen des Wandlers) abgewartet werden muss. Erst wenn die empfangene Echospannung betragsmäßig größer als die Amplitude des ausschwingenden Wandlers ist, kann das Echo erkannt werden. Deshalb hat ein solcher Wandler einen verbotenen Nahbereich, innerhalb dessen Grenzen kein Schallecho detektiert werden kann. Bei Objektabständen von 1 bis 6 m kann der Nahbereich bei 0,2 bis 0,6 m liegen. Das entspricht einer Ausschwingzeit von etwa 1 ms bei einem 1-Meter-System und 5 ms bei einem 6-Meter-System. Der Nahbereich kann stark reduziert werden, wenn man ein Zweikopfsystem verwendet, bei dem zwei getrennte Ultraschallwandler zum Senden und Empfangen eingesetzt werden. Einweg-Ultraschallsensoren haben praktisch keinen Blindbereich. Es ist jedoch zu beachten, dass die maximale Sendeempfindlichkeit des Senders und die maximale Empfangsempfindlichkeit des Empfängers exakt bei derselben Frequenz liegen. Die Abstandsmessung kann nach dem Pulsecho-Verfahren oder dem Prinzip der Relativmessung durch Differenzbildung erfolgen. Das wird in **Bild 6.13** deutlich gemacht.

6.4 Messende Sensoren

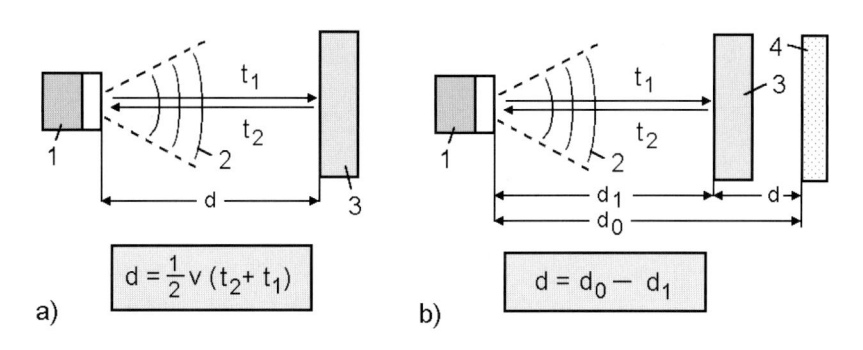

Bild 6.13: Abstandsmessverfahren mit dem Ultraschallsensor
a) Pulsecho-Verfahren, b) Relativmessung durch Differenzbildung, 1 Sensor, 2 Sendeimpuls, 3 Objekt, 4 Referenzobjekt, *d* Objektabstand, *t* Schalllaufzeit, *v* Schallgeschwindigkeit

Die Auflösung des Abstandes, also die kleinste erkennbare Abstandsänderung Δs, ergibt sich näherungsweise aus der folgenden Gleichung:

$$\Delta s = 2 \cdot \lambda = \frac{2 \cdot v}{f} \tag{6.1}$$

λ Schallwellenlänge
f Ultraschallfrequenz

Die Ausbreitungsgeschwindigkeit des Schalls ist temperaturabhängig. Temperaturänderungen der Luft werden bei vielen Ultraschallsensoren automatisch erkannt und intern (teilweise) kompensiert. Die Schallgeschwindigkeit der Luft erhöht sich um einen Wert von etwa 0,17 % pro °C.

Vertiefende Fachtexte zur Ultraschalltechnik finden sich in [6.3].

Bei der Abstandsmessung mit Lasertriangulation (Triangulation = Festsetzung eines Netzes von gleichseitigen Dreiecken zur Vermessung) wird ein Laserstrahl auf das Objekt gerichtet. Der reflektierte Strahl gelangt auf den Empfänger. Dieser stellt mit dem Objekt und dem Lichtsender ein Dreieck dar. Daraus kann die unbekannte Größe, der Abstand zum Objekt, berechnet werden. Das geometrische Prinzip wird in **Bild 6.14** etwas genauer gezeigt. Stellt der Empfänger eine Auslenkung x fest, dann kann man daraus auf die Distanz d des Messobjektes schließen. Für die dargestellte Geometrie gilt folgende Gleichung:

$$d = B \cdot \frac{H \cdot \tan \alpha - (x + x_0)}{H + (x + x_0) \cdot \tan \alpha} \tag{6.2}$$

Im Beispiel ist als Empfänger ein positionsempfindlicher Halbleiter (PSD) eingesetzt. Ein Lichtstrahl, der auf diesen Halbleiterstreifen fällt, erzeugt einen Fotostrom, der zu beiden Seiten abfließt. Bei gleicher Last an den Enden (Kanten) des Linienhalbleiters teilen sich der Fotostrom I_0 in zwei Kantenströme I_1 und I_2 auf, aus denen die Messposition x bestimmt wird.

Bild 6.14: Geometrie beim Triangulationssensor

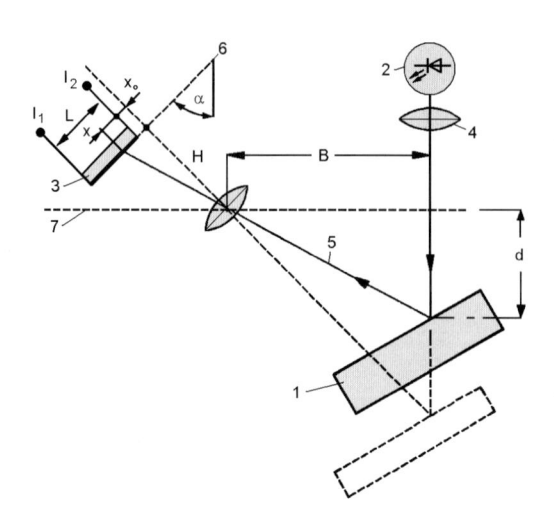

Legende:
1 Objekt
2 Lichtsender
3 PSD-Element, Empfänger
4 Fokussierung
5 ausgewählter Messstrahl
6 Bildebene
7 Referenzebene

B Basisabstand
d Objektabstand
H Bildweite
x laterale Auslenkung des Bildpunktes in der Bildebene

Wählt man die Geometrie derart, dass $\alpha = 90°$ und $x_0 = 0$ ist, dann ergibt sich aus der Gleichung (6.2) folgendes:

$$d = H \cdot B \cdot \frac{1}{x} \qquad (6.3)$$

Mit dem PSD-Element (*position sensing detector*) als Empfänger erhält man aus der Gleichung (6.3)

$$d = \frac{H \cdot B \cdot (I_2 + I_1)}{L \cdot I_1} \qquad (6.4)$$

Durch Messung der Ströme kann somit die Entfernung d bestimmt werden.

In der Montage mit dem Roboter ist die Kraft-Momenten-Messung eine wichtige Seite zur Steuerung und Beobachtung des Montageprozesses (Fügeoperationen ohne Verklemmen oder Verkeilen, Überlast-Überwachung, Kollisionserkennung). Für die Wahrnehmung ist eine Berührung zwischen Fügeteil und Montagebasisteil unbedingt erforderlich. Die dabei auftretenden Verhältnisse wurden über viele Jahre etwa seit Mitte der 1980er Jahre durch die Forschung untersucht [6-4], einschließlich der Roboter-Kraftregelung bei „hartem" Umgebungskontakt [6-18].

Kraft-Momenten-Sensoren werden üblicherweise zwischen Greifer und Roboterflansch angeordnet. Sie sind Verformungskörper, die in der ursprünglichen Ausführung die in **Bild 6.15** gezeigte Form hatten. Mit dem Sensor sind drei Kraft- und drei Momentenkomponenten erfassbar. Die Richtungsempfindlichkeit wurde im Beispiel durch Freifräsen eines Aluminiumzylinders an verschiedenen Stellen erreicht. An exponierten Stellen der Speichen sind DMS aufgeklebt [6-5]. Es gibt viele ähnliche Ausführungen, die sich aber meistens nur in der Gestaltung des Verformungskörpers und deren Einordnung in eine Greiferstruktur unterscheiden.

6.4 Messende Sensoren

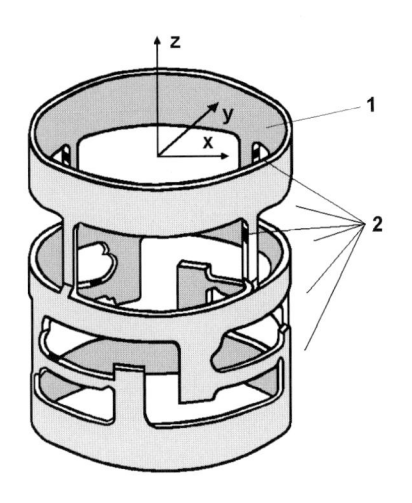

1 Verformungskörper, etwa 3 Zoll Durchmesser
2 Dehnungsmessstreifen (DMS)

x, y, z Sensorkoordinatensystem

Bild 6.15: Sechskomponenten-Sensor zur Kraft-Momenten-Messung

Die Kraft-Momenten-Sensoren werden zwischen Greifer- und Roboterflansch eingebaut, wie man es aus dem **Bild 6.16** erkennen kann. Hier sind es die Stabglieder als nachgiebige Struktur, deren Stauchungen und Dehnungen mit Sensoren erfasst werden.

$$\begin{bmatrix} F_x \\ F_y \\ F_z \\ M_x \\ M_y \\ M_z \end{bmatrix} = \frac{1}{2L} \begin{bmatrix} -R & 2R & -R & -R & 2R & -R \\ 2\sqrt{3}\cdot R & 0 & -2\sqrt{3}\cdot R & 2\sqrt{3}\cdot R & 0 & -2\sqrt{3}\cdot R \\ 2h & 2h & 2h & 2h & 2h & 2h \\ 0 & -\sqrt{3}\cdot hR & -\sqrt{3}\cdot hR & \sqrt{3}\cdot hR & \sqrt{3}\cdot hR & 0 \\ 2hR & -hR & -hR & -hR & -hR & 2hR \\ -\sqrt{3}\cdot R^2 & \sqrt{3}\cdot R^2 & -\sqrt{3}\cdot R^2 & \sqrt{3}\cdot R^2 & -\sqrt{3}\cdot R^2 & \sqrt{3}\cdot R^2 \end{bmatrix} \cdot \begin{bmatrix} F_a \\ F_b \\ F_c \\ F_d \\ F_e \\ F_f \end{bmatrix}$$

Bild 6.16: Greifkraft- und Drehmomentsensor an einer Handgelenkverbindung
1 Roboterarm, 2 Greifer, 3 Flanschscheibe, 4 Kraftsensor, F Kraft, M Moment, R Radius der Kraftangriffspunkte, h Abstand der Anlenkpunkte, L Länge eines Stabgliedes

Zwischen der generalisierten Kraft und den gemessenen Einzelkräften F_a bis F_f bestehen die in der Matrizengleichung angegebenen Beziehungen [6-6] bis [6-9] und [6-16].

Eine weitere Sensorausführung zeigt das **Bild 6.17**. Es ist ein sechsachsiger Kraft-Momenten-Sensor in Speichenradbauweise. Der Sensor kann auch in eine Griffkugel eingebaut sein, so dass man diese Ausführung als Eingabegerät verwenden kann (rechte Darstellung). Der aktive Teil der Mechanik besteht aus zwei verschieden großen Flanschringen zur Einleitung von *actio* und *reactio* und einem Verbindungsblock, der beide Flansche durch 4 radiale und 4 axiale Biegebalken miteinander verbindet. Der Greifer wird am kleinen Ring angebaut.

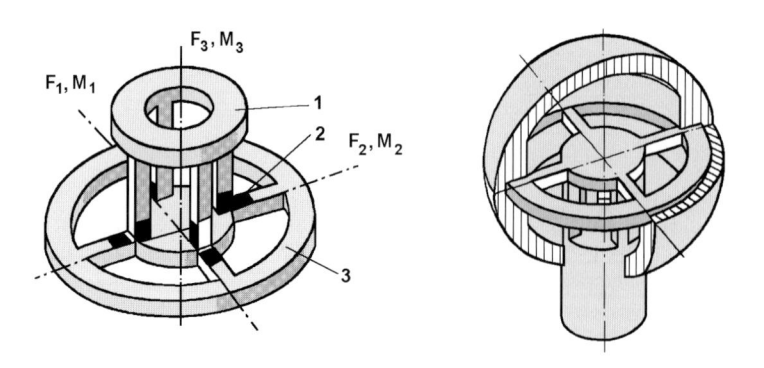

Bild 6.17: Kraft-Momenten-Sensor in Speichenradbauweise (*DLR*)
1 Verformungskörper, 2 Dehnungsmessstreifen, 3 Basisring, F_i Kraft, M_i Moment

Beim Beanspruchen des Sensors werden die Dehnungsmessstreifen mehr oder weniger gedehnt oder gestaucht, wodurch sich ihr elektrischer Widerstand ändert. Es sind acht Paare von DMS angebracht. Über eine 6 x 8-Matrix-Vektor-Multiplikation (6 = 3 Kräfte, 3 Momente; 8 = 8 Dehnungen) werden die vom Sensor abgegebenen Signale in Werte für Kräfte und Momente umgewandelt. Das geschieht im Rechner. Daraus werden dann die Weginformationen für die Korrektur der programmierten Dreh- und Schiebeachsenbewegungen des Roboters generiert.

Ein Sechskomponenten-Kraft-Momenten-Sensor, der auf optoelektronischer Basis arbeitet, wird in **Bild 6.17** vorgestellt [6-10]. Der Vorteil dieser Lösung besteht darin, dass der Sensor unempfindlich gegenüber Temperatur, Alterung, elektromagnetischen Feldern, Verschmutzungen und Bauelementetoleranzen ist.

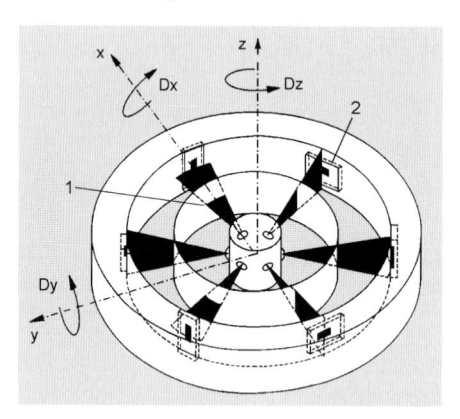

1 Schlitzblende
2 optischer Detektor (PSD)

D Winkelbewegung
x, y, z Sensorkoordinatensystem

Bild 6.17: Prinzipaufbau eines optoelektronischen Kraft-Momenten-Sensors (*DLR*)

Die Hauptbestandteile sind ortsfeste Leuchtdioden, bewegliche Schlitzblenden und ortsfeste positionsempfindliche Detektoren (PSD). Innen sind im Winkel von je 60° sechs LEDs angeordnet, mit Blickrichtung zum Außenzylinder. Sie beleuchten sechs beweglich installierte Schlitzblenden. Diese sind mechanisch mit einer Maschinenstruktur verbunden, die die hier angreifenden Kräfte und Momente wahrnehmen. Bei einer Bewegung der Schlitzblenden wird der von den LEDs ausgesandte Lichtstrich verändert, d.h. die sechs PSD-Detektoren werden mehr oder weniger stark belichtet. Durch die symmetrische Anordnung

6.4 Messende Sensoren

der Einzelmodule werden räumliche Auslenkungen in x-, y- und z-Richtung und die korrespondierenden Rotationen Dx, Dy und Dz in elektrische Spannungen umgewandelt. Diese werden entsprechend den kartesischen Raumkoordinaten über eine serielle Schnittstelle abgebildet.

In vielen Fällen genügt eine Greifkraftmessung direkt am Greiferfinger, indem man diese mit Sensoren ausrüstet. Zur Bestimmung der Greifkraft F_G kann man die Verformung der Greiferfinger beim Spannen, also beim Zugreifen, ermitteln. Das **Bild 6.18** zeigt dazu zwei Möglichkeiten. Einmal wird die Deformation des Fingers mit Dehnungsmessstreifen gemessen, im anderen Beispiel (linker Finger) wird die Greifkraft auf eine Distanzmessung zurückgeführt. Damit ergibt sich die Greifkraft F_G aus einer Abstandsänderung von Sensor zum Greiferfinger.

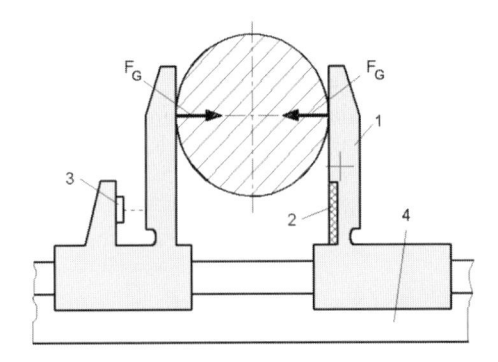

1 Finger
2 Dehnungsmessstreifen
3 Distanzsensor
4 Greifergehäuse

Bild 6.18: Prinzip der Deformationsmessung mit Distanzwandler (links) oder mit Dehnungsmessstreifen (rechts)

Piezoresistive Sensoren lassen sich ebenfalls konstruktiv gut und platzsparend unterbringen. Das sind Dehnmessstreifen, die in Halbleitertechnologie (Dünnfilmtechnik) auf eine Membrane oder ein Biegeelement aufgebracht sind. Ein Beispiel wird im **Bild 6.19** skizziert.

resistive Schicht

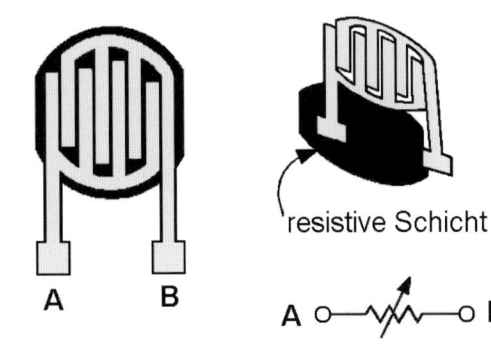

Bild 6.19: Force Sensing Resistor (*Interlink*)

Metall-DMS gelten unter den piezoresistiven Typen als die genauesten. Der Einfluss der Temperatur auf den Nullpunkt und die Ausgangsspannung sind sehr klein, Hysterese und Langzeitstabilität sind hervorragend. So ist zum Beispiel die Kennlinie zwischen 0,15 N und 100 N nahezu eine Gerade, auch noch nach zum Beispiel 10 Millionen Messvorgängen [6-11].

6.5 Erfassung von Fingerstellungen

In der Handhabungs- und Montagetechnik kann man in der Regel nicht darauf vertrauen, dass die vorgesehene Greifaktion auch tatsächlich mit Erfolg stattgefunden hat. Besonders in der Montage muss sichergestellt sein, dass das Fügeteil in das Montagebasisteil eingegangen ist, weil meistens nur dann die Fortsetzung der Montage freigegeben werden darf. Um das zu kontrollieren, kann man die Funktion des Greifers überwachen oder den Erfolg des Greifvorganges. Was damit gemeint ist, wird in **Bild 6.20** gezeigt.

Bei der funktionsbestätigenden Kontrolle wird lediglich das Schließen der Greifbacken überwacht, also die Funktionsfähigkeit des **Greifers** an sich. Das Quittungssignal reicht dann aus, um zum Beispiel die Montage fortzusetzen.

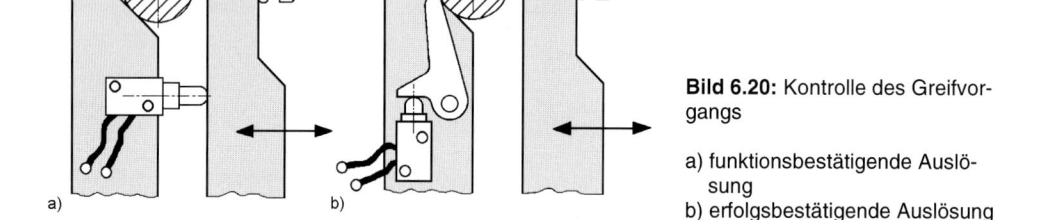

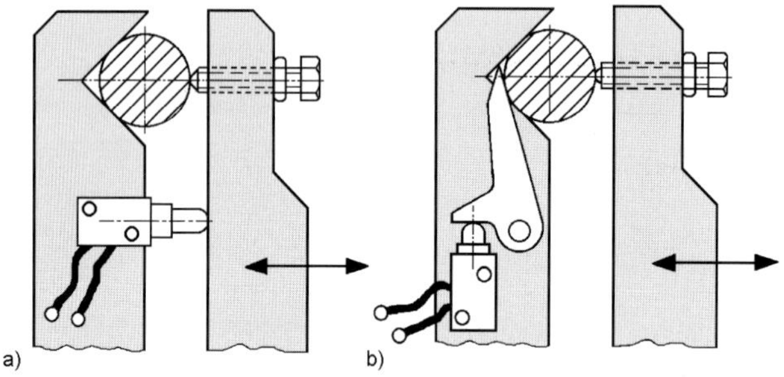

Bild 6.20: Kontrolle des Greifvorgangs

a) funktionsbestätigende Auslösung
b) erfolgsbestätigende Auslösung

Bei der erfolgsbestätigenden Auslösung muss tatsächlich ein Werkstück erfasst sein, um den Folgeablauf in Gang zu halten. Es wird also die Funktion des **Greifens** überwacht. Aus Verschleiß- und Zuverlässigkeitsgründen werden heute solche Abtastvorgänge natürlich entgegen der plakativen Darstellung berührungslos ausgeführt.

Bei einem pneumatisch angetriebenen Greifer kann man zum Beispiel den Kolbenhub mit einem Hallsensor erfassen. Das wird in **Bild 6.21** dargestellt. Damit lassen sich auch Zwischenstellungen halbwegs genau feststellen. Im Kolben des Antriebs ist ein Magnet eingebaut, dessen Magnetfeld von außen wahrgenommen wird [6-12].

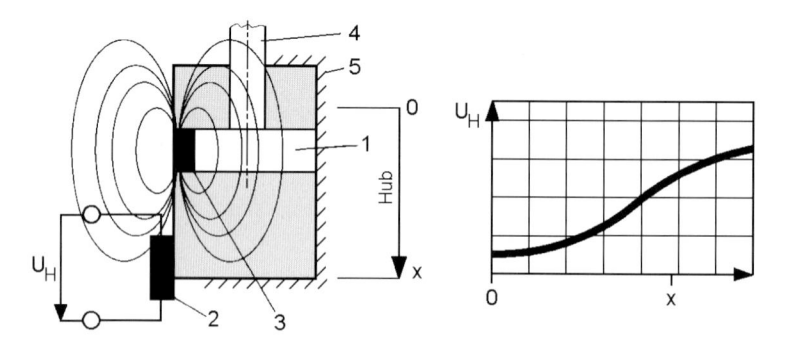

Bild 6.21: Prinzip der Greifpositionsüberwachung mit dem Hallsensor (*Festo*)
1 Pneumatikkolben für den Greifbackenantrieb, 2 Hallsensor, 3 Dauermagnet, U_H Hallspannung, x Kolbenhub

Die Hallspannung, die sich ergibt, ist dann eine Funktion der Wegposition. Der Messwert wird stetig ausgegeben. Bogenförmige Bewegungen lassen sich auch in Winkelschritten erfassen, wenn in ein schwenkendes Segment mehrere Magnetelemente eingelassen sind. Das ist in **Bild 6.22** dargestellt. Auch hier ist ein Hallsensor als Detektor eingesetzt.

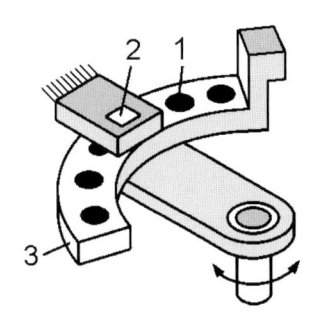

1 Magnet
2 Hallsensor
3 Greiferfinger

Bild 6.22: Winkelabtastung mit Hallsensor

6.6 Messvorgänge im Greifer

Es führt in der Fertigungstechnik zu Einsparungen, wenn bestimmte Gütekriterien eines Greifobjekts bereits im Greifer festgestellt werden können. Die Informationen sind dann an eine übergeordnete Steuerung, zum Beispiel die Robotersteuerung, weiterzuleiten, um gegebenenfalls Sortieraktivitäten aufzurufen. Als Gütekriterium ist an Folgendes zu denken:

- Abmaß, Maßhaltigkeit, Identität eines Werkstücks
- Bestimmung der Oberflächengüte

Probleme bereiten dabei solche Werkstücke, die nicht trocken und nicht gereinigt sind. Ein Beispiel für eine Vermessungsaufgabe wird in **Bild 6.23** vorgestellt. Ein Drehantrieb lässt das Werkstück im Greifer rotieren. Damit kann man Teile im Greifer zum Beispiel vermessen oder Unrundheiten detektieren. Bei solchen Beweglichkeiten wirken stets auch Kräfte und Momente auf das technische Gebilde und auf das Greifobjekt, was zu Spannungen und Deformationen führen kann. Deshalb muss der Kraftfluss beachtet werden. Er soll sich innerhalb des Greifers schließen.

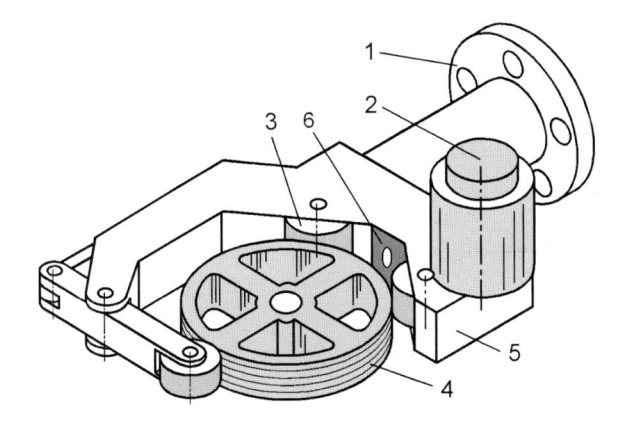

1 Greiferflansch
2 Antriebsmotor für Werkstückdrehung
3 Andruckrolle
4 Werkstück
5 Greifergehäuse
6 Messgerät

Bild 6.23: Drehgreifer mit integrierter Messeinrichtung

Zur Kontrolle des Verrutschens eines gegriffenen Objckts zwischen den Greifbacken hat man auch Gleitsensoren entworfen. Wird ein Abgleiten (Rutschen) festgestellt, kann in der Folge die Greifkraft automatisch erhöht werden. Damit wird das Objekt mit der kleinstmöglichen Kraft belastet. In **Bild 6.24** wird der Einbau eines solchen (taktilen) Sensors an der Innenseite eines Greifbackens gezeigt. Mit Beginn des Gleitens wird ein Signal abgegeben. Das taktile Element ist eine Rolle, deren Drehung elektronisch erfasst wird. Es gibt auch noch andere technische Möglichkeiten, um Gleitbewegungen zu detektieren. Im allgemeinen werden aber Rutschsensoren nicht benötigt, weil einfache Greifkraftsteuerungen ausreichend sind. Für den Aufbau von adaptiven Greifkraftregelungen sind sie aber unabdingbar. Sie werden dann benötigt, wenn sehr empfindliche und leicht verformbare Teile manipuliert werden sollen.

Die Gleitsensoren gewinnen in der Prothetik zur automatisierten Griffsteuerung von Arm-Hand-Prothesen an Bedeutung. Behinderten kann durch raffinierte Steuerung und Sensorik ein funktioneller Gewinn verschafft werden.

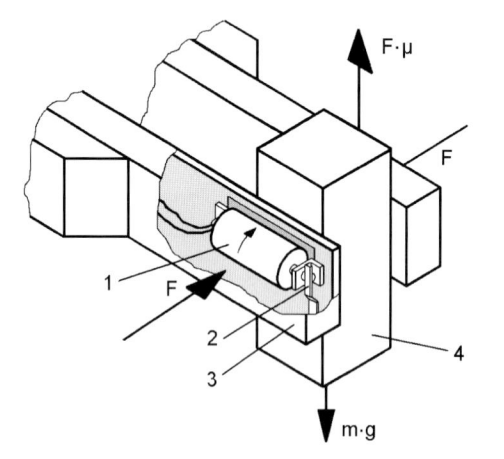

1 Tastrolle
2 Sensor der auf Drehung reagiert
3 Greiferfinger
4 Werkstück

F Klemmkraft
g Erdbeschleunigung
m Werkstückmasse
μ Reibungskoeffizient

Bild 6.24: Rutschsensor [6-15]

In der Montage besteht häufig die Notwendigkeit, den Greifer in eine genaue Fügeposition zu bringen, wobei sich diese in einem bestimmten Fehlerradius befinden kann. Es gibt verschiedene Möglichkeiten, besonders durch optische Sensoren einen Zielpunkt zu lokalisieren. Das wird häufig bei Fügeoperationen in der Art „Bolzen in Loch" benötigt. Die Anordnung der Sensoren in der Fügeachse wäre günstig, ist aber oft nicht realisierbar, weil sich dort der Greifer befindet [6-13]. Die Beispiele in **Bild 6.25** zeigen zwei Verfahrensweisen:

- Wegfahren des Sensors, nachdem er das Ziel detektiert hat
- Seitliche Installationen von Sensoren, die zur Achsmitte blicken

Alle Schwenkmechanismen benötigen allerdings mehr Freiraum als ein Greifer mit intern angebrachten Sensoren und außerdem mehr Zykluszeit, die gerade in der Montage meistens nicht gewährt werden kann. Es muss also von Fall zu Fall entschieden werden, ob der eine oder andere Lösungsweg zur Problembewältigung herangezogen werden kann.

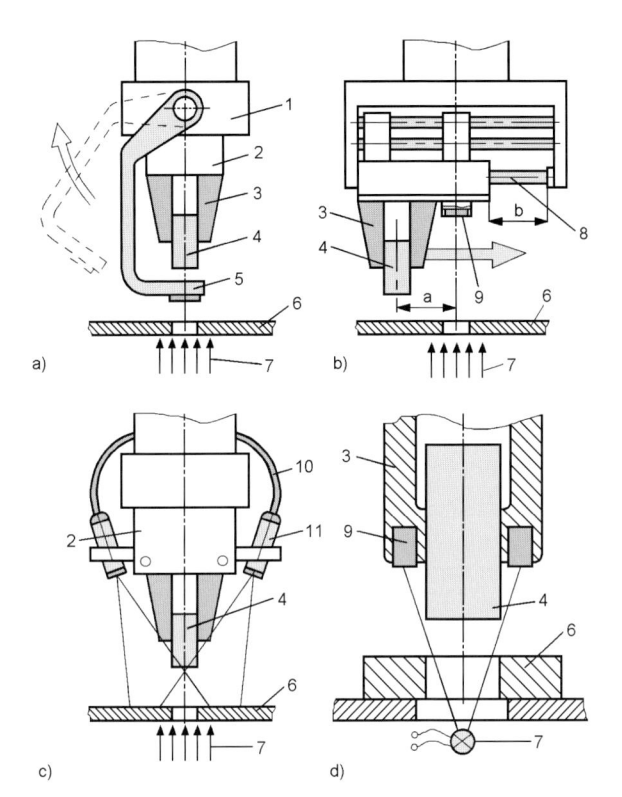

1 Zwischenflansch mit Sensorhalterung
2 Greifer
3 Greiferbacken
4 Werkstück
5 Sensor-Haltebügel
6 Basisteil
7 Beleuchtung
8 Kurzhubeinheit für Querbewegung
9 Positionssensor, z. B. PSD
10 Lichtleitkabel
11 angebauter Sensor (PSD = *position sensing detector*)

Bild 6.25: Varianten für die Sensorisierung von Greifern zur Erkennung von Zielpositionen in der Montage

a) abschwenkender Sensor
b) verschiebbarer Sensor
c) Außensensor
d) integrierter Sensor

6.7 Sensorintegration

Robotersysteme müssen mit Sensoren interagieren, die Informationen aus der physischen Umwelt bereitstellen. Dadurch erhält die Programmsteuerung adaptive Komponenten. Der Roboter muss über entsprechende Voraussetzungen verfügen, um seine Aktionen dem verfolgten Steuerungsziel anzupassen. Die verschiedenen Parameter sind hierbei für unterschiedliche Informationsebenen wichtig und müssen deshalb auf jeder Ebene anders verarbeitet werden. Möglich ist folgende Einteilung in Ebenen:

- **Gelenkebene**
  Sie ist die unterste Programmierebene zur Ausführung von Aktionen durch eine Handhabungsmaschine auf Achsenebene (einfache Programmiersprache oder SPS-System; Sensordaten gehen direkt ein).

- **Manipulatorebene**
  Ebene, in der mit echter Hochsprache gearbeitet wird; Istwert-Signale werden in den aktuellen Ablauf einbezogen

- **Objektebene**
  Ebene der kompletten Programmroutinen und Module. Sensordaten werden nach kombinierter Auswertung in die Entscheidungen einbezogen.

- **Aufgabenebene**
  Intelligente und miteinander kombinierte Module organisieren sich, um eine Aufgabe vollständig erledigen zu können. Die Daten sind nicht mehr einfach, weil geistige Prozesse und Analysen eingeschlossen sind.

Die meisten modernen programmgesteuerten Roboter, besonders die für das Greifen verantwortlichen Algorithmen, arbeiten auf der Manipulator- und Objektebene. Die Robotersteuerung, die auf der Manipulatorebene agiert, wertet die einlaufenden Ja-Nein-Aussagen der Näherungssensoren und anderer binärer Ausgangssignale aus.

Auf der Objektebene haben die Sensordaten die Form von Entscheidungen, die sich aus einer Sensorstrategie ergeben und nicht aus Signalen von einzelnen Sensoren. So kann sich eine Entscheidung erst ergeben, wenn bestimmte Signale von mehreren Sensoren in definierter Form vorliegen. Die Objektebene befasst sich nicht mit einzelnen Messgrößen, sondern nur mit der endgültigen Entscheidung.

Wahrnehmungen können diskret (Zahlenwerte, die durch endliche Intervalle voneinander getrennt stehen) und kontinuierlich sein. Kontinuierlich bedeutet, dass die betreffenden Sensoren stetig abgefragt werden und nicht erst am Anfang und/oder Ende einer Programmierroutine. Diskretes Wahrnehmen heißt, dass der jeweilige Parameter erst auf eine Anweisung im Programm abgefragt wird. In einem stetig wahrnehmenden System reagiert die Steuerung sofort auf eine Parameteränderung. Dabei kommt es nicht auf das absolute Messen an, sondern auf Messgrößenänderungen je Zeiteinheit oder eine andere Referenzgröße. Sensorgestützte Programmierung dieser Art lässt sich gut sowohl in Petri-Netzen (grafische Beschreibungsform zur Darstellung von Steuerungsabläufen mit Nebenläufigkeiten) als auch in Programmablaufplänen darstellen [6-14].

Bei einem Greifvorgang ist es oft üblich, die Greifbacken nach einer Signaleingangsänderung zu schließen und den Roboterarm sofort wegzufahren. Das Steuerprogramm muss jedoch so geschrieben werden, dass der Greifer genügend Zeit hat, um den Greifvorgang vollständig abzuschließen, ehe der Roboterarm angewiesen wird, sich zu anderen Positionen zu bewegen.

Bildlich gesehen könnte man sich den Roboter gegenüber einfachen Handhabungsgeräten durch „Hand und Hirn" ausgerüstet denken. Die Disziplin der „kognitiven Robotik" beschäftigt sich damit, Robotern durch eine zusätzliche sensorische Grundausstattung einfachere und komplexere „Sinne" (Gesicht, Gehör, Gefühl) zu verleihen [6-17]. Hand und Hirn stehen beim Menschen bekanntermaßen in einem faszinierenden Wechselwirkungszusammenhang. Im Lichte neuerer Erkenntnisse ist weder zu verstehen wie die Hände ohne das Hirn funktionieren, noch wie sich das Gehirn ohne die Hände zur heutigen Form entwickeln konnte. Biomechanisch betrachtet ist die Hand außerdem sicherlich der komplizierteste Körperteil. Daraus erwachsen viele Wechselbeziehungen zwischen Prothetik und Robotik.

7 Greiferwechselvorrichtungen

Automatische Greifer- und Werkzeugwechselsysteme ermöglichen eine wesentliche Steigerung der Flexibilität von Industrierobotern und eröffnen ihnen bisher verschlossene Einsatzfelder. Es ist eine Alternative, um in einer Roboterarbeitszelle mehrere Arbeitsgänge nacheinander und mit verschiedenen Endeffektoren auszuführen. Bei der konstruktiven Ausführung ergeben sich entsprechend der Anordnung der Schnittstelle zwischen Greifer und Handhabungsgerät und dem verwendeten Funktionsprinzip eine Fülle von Lösungsmöglichkeiten. Nicht immer wird der automatische Wechsel benötigt. Deshalb gibt es auch manuell zu bedienende Vorrichtungen, die einen Schnellwechsel mit weniger technischem Aufwand möglich machen.

7.1 Aufgabe, Funktionen und Koppelelemente

Das Wechselsystem koppelt einen Endeffektor (Greifer, Werkzeug, Mess- oder Prüfmittel) mittels eines Flansches an den Roboter- oder Manipulatorarm. Die Kopplung sichert

- die mechanische Verbindung gegen wirkende Kräfte und Momente,
- den Energiefluss zum Effektor (Strom, Druckluft),
- den Informationsfluss (Sensorsignale, Messdaten u.a.) und
- den Stofffluss (Luft und Beschichtungsstoffe für Spritzwerkzeuge, Farbe, Kühlwasser und Gase für Schweißzeuge).

Automatische Wechselsysteme sind meistens recht anspruchsvolle Baugruppen, weil neben der exakten mechanischen Verbindung auch der Durchgang von Signalen, Energie und gelegentlich auch Stoff sichergestellt werden muss. In Montagezellen ist das Wechselsystem unentbehrlich, weil der Roboter im ständigen Wechsel Greifer und Fügewerkzeuge aufnehmen muss. Aus einer Analyse der Anforderungen lassen sich die Funktionen und die zur Realisierung erforderlichen Funktionsträger ableiten, wie in **Bild 7.1** aufgeführt.

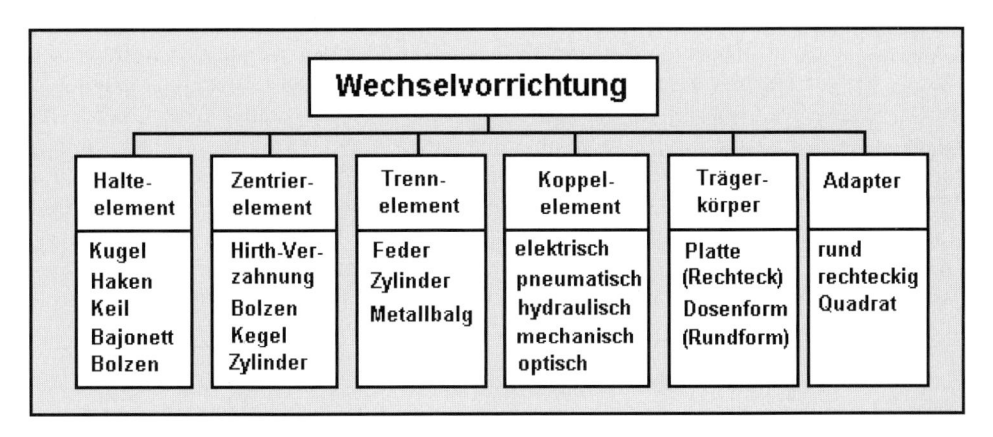

Wechselvorrichtung					
Halte-element	Zentrier-element	Trenn-element	Koppel-element	Träger-körper	Adapter
Kugel Haken Keil Bajonett Bolzen	Hirth-Ver-zahnung Bolzen Kegel Zylinder	Feder Zylinder Metallbalg	elektrisch pneumatisch hydraulisch mechanisch optisch	Platte (Rechteck) Dosenform (Rundform)	rund rechteckig Quadrat

Bild 7.1: Funktionsträger einer Wechselvorrichtung

An die Koppler der Energie-, Stoff- und Signalleitungen werden folgende spezielle Anforderungen gestellt:

- Kleine Abmessungen, geringe Masse
- Hohe achsmittige Genauigkeit (spielfreie Zentrierung, keine Fluchtungsfehler)
- Verdrehsichere Aufnahme des Greifers oder Werkzeuges
- Schlupffreie Übertragung aller wirkenden Kräfte und Momente
- Kurze Wechselzeit bei einfachem Bewegungsablauf
- Hohe Zuverlässigkeit, geringer Verschleiß (sicheres Halten auch bei Energieausfall, hohe Lebensdauer von Kontaktelementen)
- Geringe Kopplungs- und Entkopplungskräfte
- Kopplung möglichst durch translatorische Bewegung der Koppelelemente
- Geringer, konstanter Übergangswiderstand im elektrischen Teil (Störungssicherheit)
- Leckfreiheit beim Koppeln von Fluiden (verlustfreie Durchleitung)
- Verschließbarkeit gegen Auslaufen (Kühlwasser) und Ausströmen (Gase) und Abdeckung gegen Verunreinigung und Berühren
- Ermöglichung einer einfachen Gestaltung von Ablagemagazinen für Greifer und Werkzeuge

Die mechanische Kopplung erfolgt vorzugsweise durch Formpaarung von Elementen einfacher Form und mit hoher Funktionssicherheit. Die Form muss beim Koppeln das gleichzeitige Finden der Koppelelemente von Energie-, Stoff- und Signalleitungen sichern. Die Formpaarung soll statisch bestimmt und hoch belastbar sein. Die Halteelemente müssen eine bestimmte Spannkraft erzeugen, wobei Spannwege von 1 bis 2 mm völlig ausreichend sind. Die Ver- und Entriegelung der formgepaarten Koppelelemente erfolgt in der Aufnahme- bzw. Ablageposition des Arbeitsorgans im Magazin durch

- Antriebselemente (Arbeitszylinder) im Wechselsystem oder am Magazin (z.B. Zahnstangenantrieb am Magazin auf Zahnkranz am Wechselsystem wirkend) oder
- spezielle Bewegung des Industrieroboters im Zusammenwirken mit Elementen am Magazin (z.B. Rollenhebel am Wechselsystem und Auflaufkurve am Magazin).

Mit der Verriegel- und Entriegelbewegung ist die Betätigung erforderlicher Schalter für Starkstromleitungen und Ventile für Stoffleitungen (Kühlwasser, Gas u.a.) zu koppeln. Die Verriegelung erfolgt durch Bauelemente in der Form Zylinder (Bolzen), Kegel, Keil, Kugel oder Kurve. Eine Flächenberührung des Riegels mit dem Gegenprofil ist am günstigsten. Die erfolgte Verriegelung kann durch Näherungsschalter rückgemeldet werden. Bei Energieausfall muss die Verriegelung aufrechterhalten bleiben. Hierfür wird entweder sichere Selbsthemmung oder Federkraft genutzt. Nach erfolgter Entriegelung muss das Lösen der Koppelelemente wegen der Haltekräfte der Steckverbindungen und der anderen Koppler durch eine Kraft bewirkt werden, entweder durch

- eine mit einem Antriebselement (Druckluftkolben) erzeugte Ausstoßbewegung,
- Druckluftbeaufschlagung des Koppelelementes (nur bei Zylinderschaft möglich) oder
- Festhalten des Arbeitorgans in der Ablage des Magazins durch passive oder aktive Formelemente und spezielles Bewegen des Industrieroboters.

Das **Bild 7.2** zeigt eine kleine Auswahl der mechanischen Koppelelemente.

7.1 Aufgabe, Funktion und Koppelelemente 353

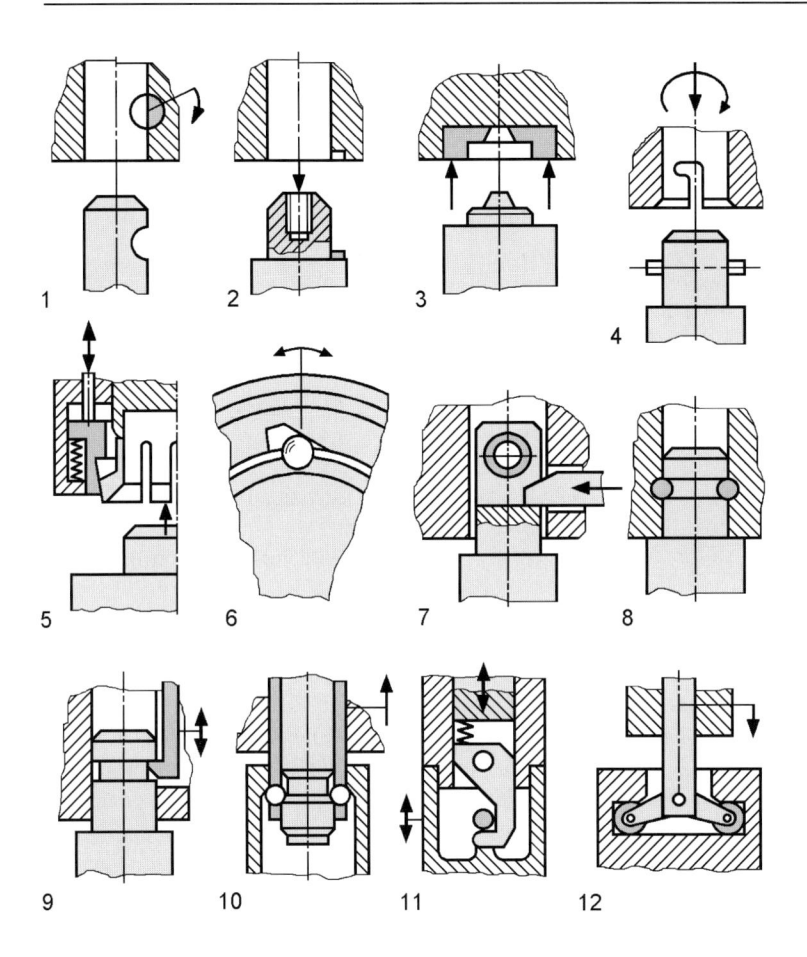

Bild 7.2: Koppelelemente für Greiferwechselsysteme
1 Drehriegelachse, 2 Zugschraube, 3 Magnetfeld, 4 Bajonettmechanik, 5 Spannzange, 6 Kugeldrehschieber, 7 Keilschieber gegen Rolle, 8 Querstifte gegen Ringnut, 9 Zug- und Halteklinke, 10 Kugelhaltung, 11 Hakenverbindung, 12 Rollen-Spreizmechanik

Die Realisierung zum Beispiel des in Bild 7.2 (3) gezeigten magnetischen Prinzips ergibt ein Wechselsystem, wie es in **Bild 7.3** vorgestellt wird. Es ist eine etwas ältere, aber dennoch interessante Wechselvorrichtung. Als Effektoren können Werkzeuge, Prüfmittel und Greifer eingewechselt werden. Sie werden in Reihen- oder Scheibenmagazin-Aufnahmen in der Roboterperipherie bereitgehalten. Die Koppelmöglichkeiten von Signal-, Medien- und Energieleitungen sind bei dieser Konstruktion allerdings sehr eingeschränkt und genügen heutigen Ansprüchen wohl nicht mehr. Auch sind inzwischen die Genauigkeitsanforderungen an die Präzision der mechanischen Schnittstellen gestiegen. Besonders beim Einsatz von Werkzeugen sind die dynamischen Rückwirkungen der Prozesskräfte auf die mechanische Schnittstelle zum Wechselsystem zu beachten. Auch kann sich eine Bedämpfung von Schwingungen erforderlich machen. Elektromagnetische Haltekrafterzeugung erfordert außerdem besondere Maßnahmen, um einen Energieausfall zu überstehen.

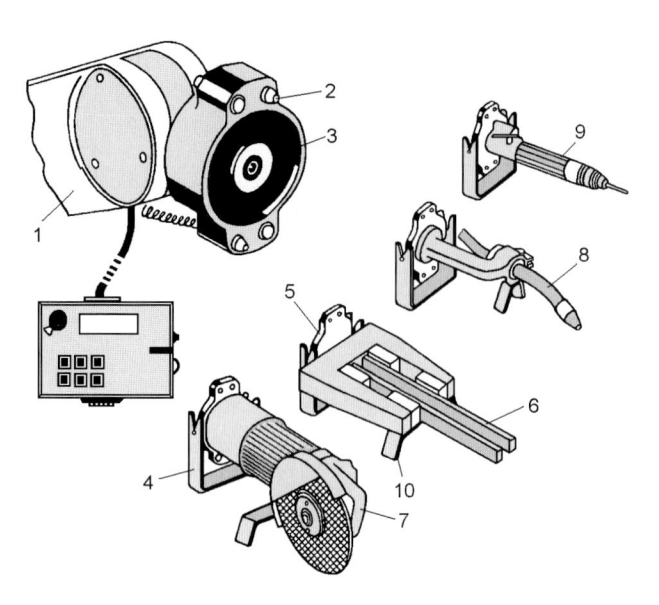

1 Roboterarm
2 Such- und Zentrierbolzen
3 Elektromagnet
4 Effektormagazin
5 Greiferflansch
6 Klemmgreifer
7 Motorwerkzeug
8 Schweißbrenner
9 Bohrspindel
10 Auflage am Magazin

Bild 7.3: Kraftpaariges Effektorwechselsystem (*ASEA*)

7.2 Manuelle Wechselvorrichtungen

Nicht für jeden Einsatzfall, bei dem unterschiedliche Greifer bzw. Werkzeuge zu handhaben sind, stellt ein automatisches Wechselsystem eine optimale Lösung dar. Mögliche Alternativen zur Wechselautomatik zeigt das **Bild 7.4** in einer qualitativen Abgrenzung der Einsatzgebiete. Die Wechselhäufigkeit sagt aus, wie viele Greifer je Zeiteinheit an das Handhabungsgerät angekoppelt werden sollen. Universell wäre ein Greifer mit großem Greifbereich, mit Greifkraftregelung und abformenden Greifbacken. Das ist aber in der Regel mit großem Bauvolumen, großer Masse, geringer Betriebssicherheit und hohem Preis verbunden. Die Philosophie einfacher Greifer, gepaart mit manuellem Wechsel, ist deshalb oft eine wirtschaftliche Alternative zum automatischen Wechsel des Endeffektors.

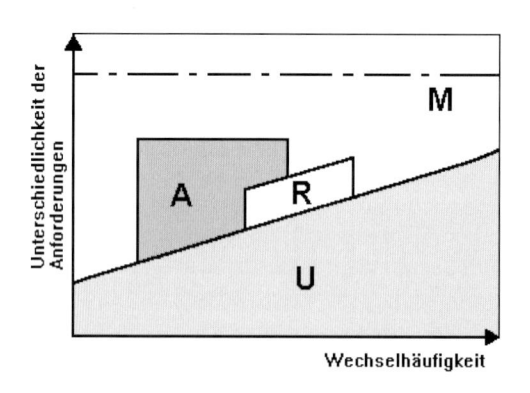

A automatische Wechselsysteme
M manueller Wechsel
R Revolvergreifer
U universelle Greifer

Bild 7.4: Greiferwechsel und Anforderungsprofil

Eine sehr einfache Schnellwechselkupplung, die bei handgeführten Manipulatoren eingesetzt wird, ist in **Bild 7.5** zu sehen. Der Kupplungszapfen hat einen Einführkegel und wird

7.2 Manuelle Wechselvorrichtungen

in das Oberteil eingesteckt. Dabei ist der Querschieber eingedrückt. Beim Loslassen des Schiebers wird der Kupplungszapfen durch Federkraft verriegelt. Seitliche Stifte im Zapfen verhindern eine Verdrehung des Greifers bzw. eines Lastaufnahmemittels. Wird der Querschieber nach links bewegt, erlaubt die größere Mittelbohrung das Herausziehen des Greifers mit dem angebauten Kupplungszapfen. Diese Kupplung ist aber nicht für Effektoren geeignet, die außermittigen Kraftmomenten standhalten müssen. Jeder Effektor, wie zum Beispiel der dargestellte Lasthaken oder auch Greifhaken, Tragbänder oder selbstgefertigte Spezialgreifer, muss mit einem solchen Kupplungszapfen (Traglast z.B. bis 250 kg) ausgestattet sein. Es gibt für diese Zapfenausführung auch noch andere Konstruktionen für die Kupplungsoberteile, z.B. solche, die eine Verriegelung mit Querstiften vornehmen.

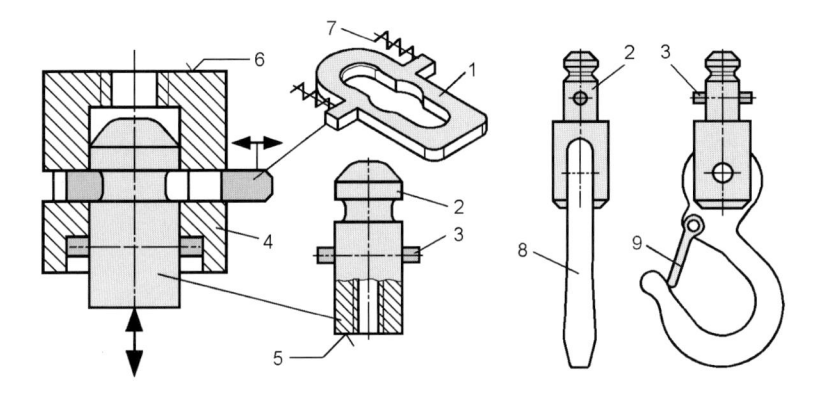

Bild 7.5: Schnellwechselkupplung (*LANDERT*)
1 Verriegelungsschieber, 2 Kupplungszapfen, 3 Verdrehsicherung, 4 Grundkörper, 5 Greiferanschluss M12, 6 Manipulator- bzw. Hebezeuganschluss, 7 Druckfeder, 8 Lasthaken, 9 Sicherungsbügel

Schnappelemente in Leistenausprägung lassen sich ebenfalls als Verbindungselemente zwischen Greifer und Handhabungsmaschine einsetzen. Das **Bild 7.6** zeigt ein interessantes Ausführungsbeispiel.

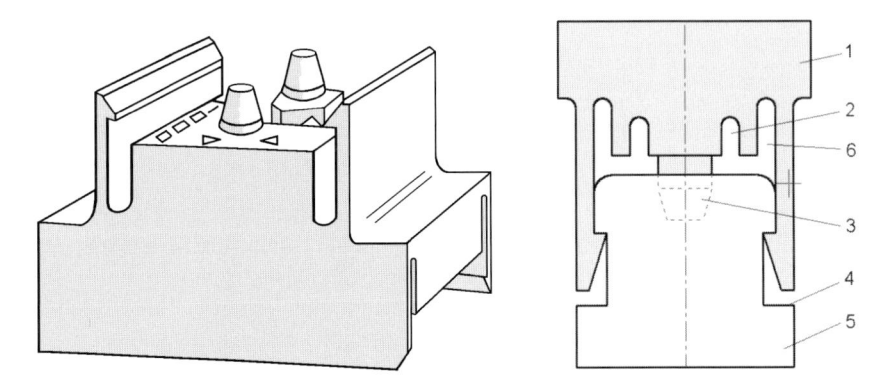

Bild 7.6: Greiferschnellverbindung mit Schnappelementen (*Schunk*)
1 Schnappverbinder, 2 Kanal für herauszuführende Energieleitungen, 3 Zentrierbolzen, 4 Hinterschnitt, 5 Greifer, 6 Nut für Demontagewerkzeug

Genaue Zentrierung und Festhalten des Greifers sind auf verschiedene Funktionselemente verteilt. Greifer wie Schnappverbinder wurden aus hochleistungsfähigem Kunststoff hergestellt. Dadurch wird auch beträchtlich an Masse gespart. Die Dichte vom Kunststoff beträgt 1,56 g/cm^3 im Vergleich zum Aluminium mit 2,8 g/cm^3. Die Schnappverbindung ist in wenigen Sekunden lösbar. Damit ist ein äußerst schneller manueller Greiferwechsel möglich. Die Elemente sind korrosionsfrei und außerdem preisgünstig herstellbar.

Zwei Wechselsysteme in Baukastenausführung werden in **Bild 7.7** gezeigt. Die Koppelelemente bestehen hier aus Rundflansch-Stücken, die aus hochfestem Aluminium oder Stahl C45 gefertigt sind. Eine Kombination von Stahl- und Aluminium-Bauteilen sollte man aber nach Möglichkeit vermeiden. Metall- plus Kunststoffteile zu kombinieren ist besser. Beim gezeigten Wechselsystem wird eine von Hand angetriebene Spannwelle nach dem Zusammenstecken verdreht. Sie verriegelt dann den Werkzeugflansch. Sind auch Energie- und Informationsleitungen (Sensorik, Steuerung) zu verbinden, dann gibt es eine aufgerüstete Variante mit satellitenartig am Umfang angeordneten zusätzlichen Kupplungen (**Bild 7.7b**). Bei der Ausführung nach **Bild 7.7c** wird ein Schwalbenschwanzprofil zur Kopplung verwendet. Ein Querstift sichert diese mechanische Schnittstelle.

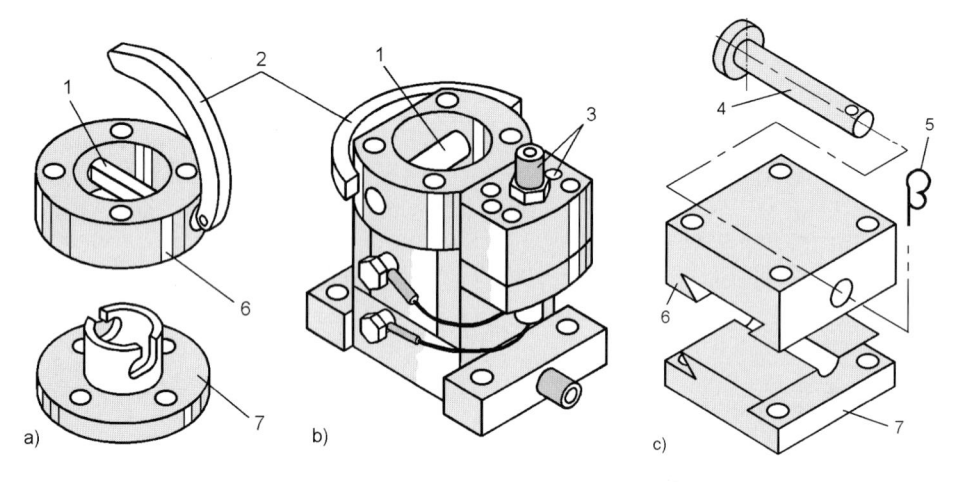

Bild 7.7: Manuelle Schnellwechselsysteme
a) mechanische Koppelelemente (*Grip GmbH*), b) Multi-Energie-Kupplung, c) Schwalbenschwanzkupplung, 1 Spannwelle, 2 Handbügel, 3 Energie- und Signalkoppelelemente, 4 Verriegelungsbolzen, 5 Sicherungsspange, 6 Oberteil, 7 Unterteil

Eine ebenfalls handbetätigte Schnellwechselkupplung wird in **Bild 7.8** vorgestellt. Sie ist Verbindungsstück zwischen einem handgeführten Manipulator und dem Greifer oder einem Werkzeug, wie zum Beispiel ein Polieraggregat. Jeder Endeffektor muss mit dem Unterteil der Kupplung versehen sein. Nach dem Zusammenstecken wird der Einsteckzapfen durch Formpaarung verriegelt, indem der Handhebel entsprechend geschwenkt wird. Bei diesem Wechselsystem ist auch eine Koppelstelle für die Druckluft integriert. Die gesamte Kupplung ist gleichzeitig als Drehachse (mit Handkraft betätigt) ausgebildet, was bei einer Verwendung am handgeführten Manipulator günstig und üblich ist. Mehrfachumdrehungen werden aber durch einen Anschlag unterbunden.

7.2 Manuelle Wechselvorrichtungen

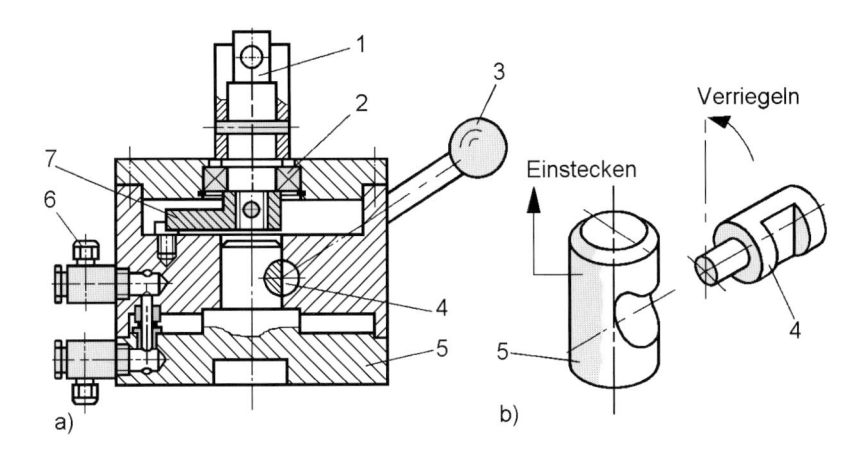

Bild 7.8: Schnellwechselkupplung für Greifer
1 Koppelstück, 2 Wälzlager, 3 Handrasthebel, 4 Verriegelungsachse, 5 Greiferflanschzapfen, 6 Luftdurchführung, 7 Drehbegrenzung

Bei einer anderen Kupplung dient eine Bajonettverriegelung zum schnellen Wechsel von Greifmitteln. Das **Bild 7.9** zeigt diese Konstruktion, die relativ flach baut. Ein großer Einführkegel unterstützt das schnelle Finden der Koppelteilmitte. Auch hier ist eine Druckluftdurchführung vorgesehen. Am Umfang lassen sich auch noch andere Koppelelemente einbauen. Der Handhebel für die Verriegelung wird gegen unbeabsichtigtes Entriegeln durch eine Klinke gesichert. Dieses Wechselsystem wird ebenfalls vorzugsweise bei handgeführten Manipulatoren eingesetzt. Die Kupplungsplatte mit Konus ist relativ einfach. Das ist günstig, weil sie ja für alle Wechselgreifer erforderlich ist.

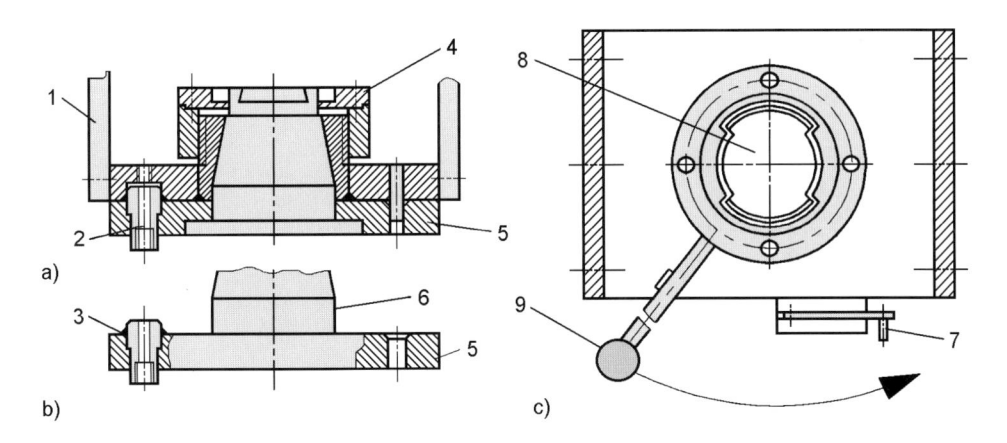

Bild 7.9: Schnellwechselsystem für Greifmittel

a) Schnittdarstellung Ober- und Unterteil gekuppelt, b) Ausführungsbeispiel für ein greiferseitiges Unterteil, c) Verriegelungsmechanismus in der Draufsicht, 1 Befestigung, 2 Druckluftkupplung, 3 0-Ring, 4 Schwenksegment, 5 Kupplungsplatte mit konischer Aufnahme, 6 Anschlusskonus, 7 Klinkensicherung, 8 Verriegelungsprofil, 9 Schwenksegmenthebel

7.3 Maschinelle Wechselvorrichtungen

Der automatische Greiferwechsel hat den Durchbruch geschafft. Besonders in der Robotermontage besteht ein wesentlicher Vorteil darin, dass nicht nur Greifer, sondern auch Montagewerkzeuge wie zum Beispiel Mutternschrauber, Pneumohammer oder Bohrspindeln eingewechselt werden können. Das roboterseitige Oberteil der Wechselvorrichtung muss mit dem greiferseitigen Unterteil reproduzierbar genau gekoppelt werden, damit die programmierten Roboterpositionen auch exakt erreicht werden. Für das Halteelement gibt es im wesentlichen fünf Funktionsprinzipe, die in **Bild 7.10** angegeben sind.

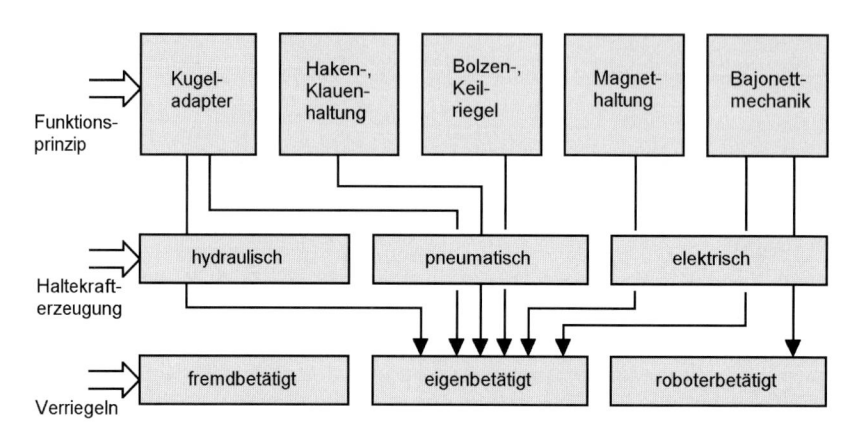

Bild 7.10: Gliederung der Haltesysteme

In **Bild 7.11** werden die erforderlichen Elemente eines Wechselsystems vereinfacht dargestellt. In der praktischen Ausführung weichen die Details natürlich davon ab. Die greiferseitigen Unterteile werden vielfach benötigt, für jeden Greifer eines. In der Regel sind die Wechselvorrichtungen kompakte und im Bauvolumen optimierte Einrichtungen.

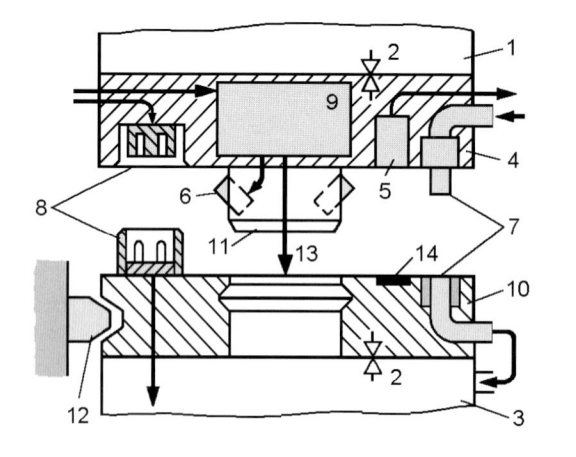

1 Roboterflansch
2 Schnittstelle
3 Greifer
4 roboterseitiges Teil
5 Näherungssensor
6 Verriegelungselement
7 Koppelelemente Energie und Stoff
8 Koppelelemente Signal
9 Verriegelungsantrieb
10 greiferseitiges Teil
11 mechanisches Koppelelement
12 Element zur Greiferablage im Magazin
13 Ausstoßbewegung
14 Codierelement

Bild 7.11: Funktionselemente eines automatischen Wechselsystems

7.3 Maschinelle Wechselvorrichtungen

Es gibt aber auch Vorschläge, nach denen die einzelnen Koppelelemente modulartig gestaltet sind und nach Bedarf in die Koppelplatten eingesetzt werden können. Ein solches System wird in **Bild 7.12** skizziert. In der Regel können aber die hohen Genauigkeitsanforderungen mit kompakten Wechselsystemen besser erfüllt werden als mit Baukastenkomponenten.

Übrigens sollte man die Begriffe „Tausch" und „Wechsel" wie folgt verwenden:

- **Greifertausch:** Ersetzen zum Beispiel eines verschlissenen Greifers der Art A durch einen neuen Greifer der Art A
- **Greiferwechsel:** Entfernen eines Greifers A und Einsetzen eines Greifers der Art B

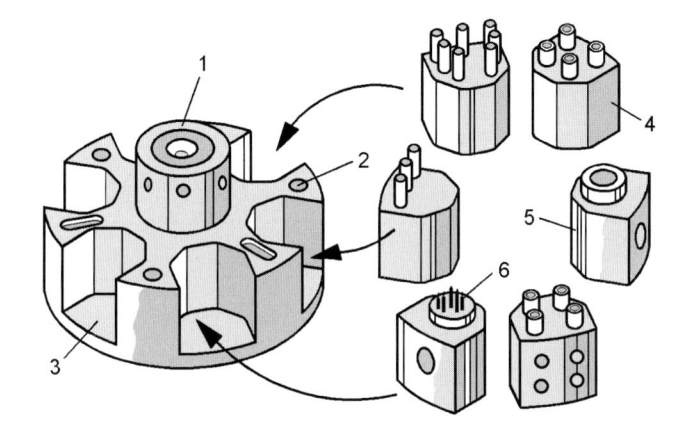

1 Verriegelungsmechanik
2 Suchbohrung für Konusbolzen
3 greiferseitiges Koppelstück
4 Druckluftkopplungsstück
5 Flüssigmedienüberträger (Öl, Wasser)
6 Strom-, Signalüberträger

Bild 7.12: Modulartig gestaltetes Wechselsystem (*Sommer-automatic*)

Der einfache manuelle Greiferwechsel ist nur sinnvoll, wenn man wenige Koppelverbindungen herstellen muss. Müssen Pneumatikleitungen, elektrische Leitungen und Signalleitungen mit angeschlossen werden, dann ist der Aufwand in automatisierten Anlagen nicht mehr zu tragen. Es sind dann automatische Wechsler vorzusehen. Bis zu 28 Leitungen wurden schon automatisch verbunden; elektrische Leitungen mit 5 A belastbar für die Stromversorgung und Signalübertragung, einschließlich Busleitungen und Druckluftversorgung. Beim Widerstandpunktschweißen sind bis zu 1500 A zu übertragen. Solche Wechseleinrichtungen können allein schon eine Masse von mehreren Kilogramm haben und ein großes Massenträgheitsmoment aufweisen. Von der mechanischen Verbindung wird verlangt, dass der Positionsfehler nach der Verriegelung weniger als 0,02 mm beträgt. Der Greiferwechsel dauert etwa 2 bis 7 Sekunden, je nach Größe und Masse des Greifers und des Systems.

Nun sollen einige ausgeführte Systeme vorgestellt werden. In **Bild 7.13** wird ein komplett gekoppeltes System gezeigt, bestehend aus Roboterhandgelenk, Wechselsystem und Greifer. Die Hand kann gedreht und geschwenkt werden. Beide Bewegungen werden über Kegelradgetriebe eingeleitet. Die Verriegelung erfolgt mechanisch-pneumatisch. Man kann auch den Weg der Druckluft sehen, der von der Roboter-Handgelenkachse bis zum Pneumatikkolben führt, der die Verriegelung des Greifers sichert. Die Schließbewegung des Greifers erfolgt ebenfalls pneumatisch. Er öffnet durch Federkraft.

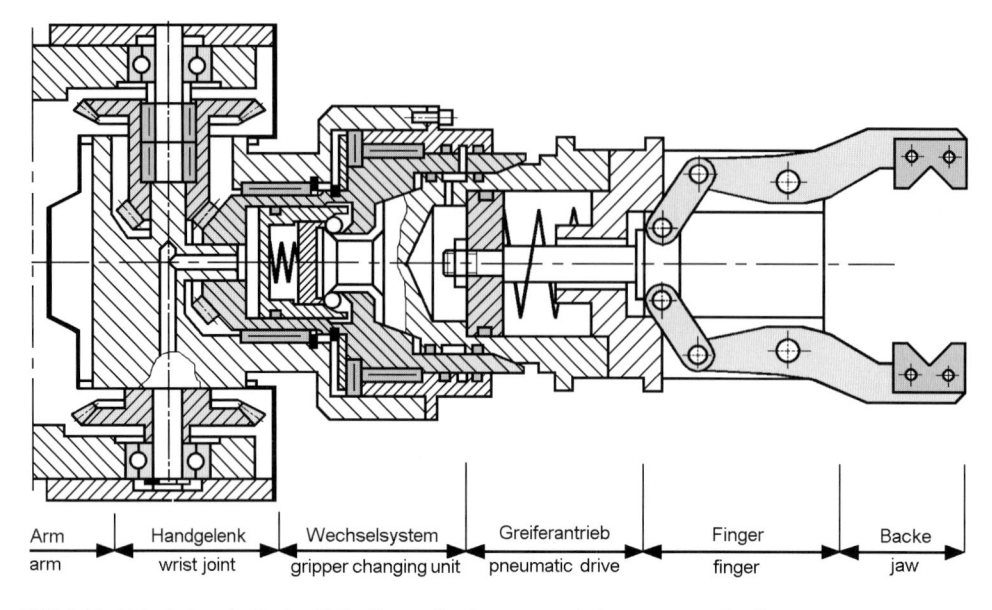

Bild 7.13: Roboterhandgelenk mit Greiferwechselsystem und eingesetztem Greifer

In **Bild 7.14** wird ein anderes Wechselsystem gezeigt, das ebenfalls mit Kugeln mechanisch verriegelt wird. Beim Ankoppeln taucht das Kolbenstück in das Losteil (untere Baugruppe) ein, bis es auf die Anschlagschrauben trifft. Bekommt nun der Kolben Druckluft, dann wird der Kugelring über den mittig feststehenden Dorn geschoben, nimmt dabei das Losteil über die Innenschräge mit und verriegelt es gegen das Festteil. Die Kugeln versperren nun den Rückweg des Losteils. Auch bei einem Druckabfall bleibt dieser Zustand erhalten.

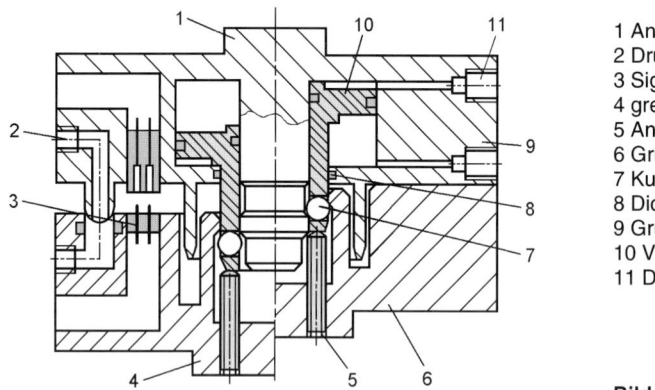

1 Anschlussflansch
2 Druckluftdurchleitung
3 Signalstecker
4 greiferseitiger Flansch
5 Anschlagschraube
6 Grundkörper, Losteil
7 Kugel
8 Dichtring
9 Grundkörper, Festteil
10 Verriegelungskolben
11 Druckluftanschluss

Bild 7.14: Wechselsystem

Bei dem in **Bild 7.15** dargestellten Wechselsystem tauchen beim Koppeln Arme mit radial ausfahrenden Verriegelungsrollen in das greiferseitige Unterteil ein. Wie bei den Kugelrastsystemen wird auch hier eine formpaarige Verbindung hergestellt. Das System ist für schwere Greifer und Roboterwerkzeuge geeignet. Es sind auch Koppelelemente für Druckluft, Hochspannung, Elektroenergie und Signale integriert.

7.3 Maschinelle Wechselvorrichtungen

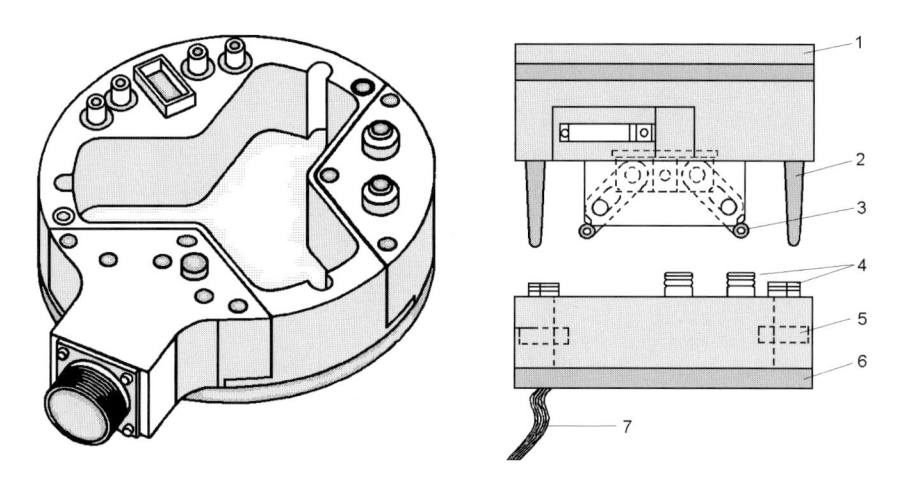

Bild 7.15: Wechselsystem X Change (*Applied Robotics*, Schenectady, USA)
1 Flansch zum Roboterarm, 2 Such- und Zentrierstifte, 3 Arm mit Verriegelungsrolle, 4 Koppelelemente für Druckluft, Elektrik und Signale, 5 Aussparungen für die Verriegelungsrollen, 6 greiferseitiger Anschlussflansch, 7 Signalleitungen

Abschließend zeigt das **Bild 7.16** nochmals eine Kugelverriegelung. Drei in radial angeordneten konischen Bohrungen untergebrachte Kugeln werden bei der durch Federkraft bewirkten Spannbewegung von einer Kurve nach innen gedrückt und fassen formschließend hinter den Kopf eines Spannbolzens. Das Lösen geschieht durch Druckluft. Die Steifigkeit der Verbindung ist gering, was aber beispielsweise beim Einsatz an handgeführten Manipulatoren keine große Rolle spielt. Wechselsysteme gibt es in Baugrößen gestuft, zum Beispiel mit Durchmessern zwischen 50 und 220 mm.

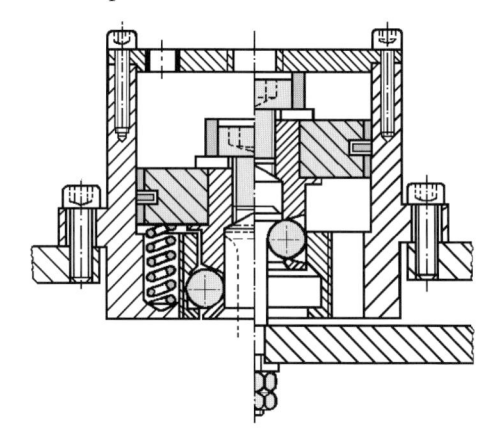

Bild 7.16: Wechselvorrichtung für Manipulatorgreifer

Ein anderes Wechselsystem welches mit Verriegelungshaken arbeitet wird in **Bild 7.17** vorgestellt. Der Greifer- bzw. Werkzeugwechsel entspricht allgemein dem Grundgedanken eines Fügevorganges. Bei „Fügebeginn" kommt es zu einer Vorzentrierung von Ober- und Unterteil an den Einführschrägen. Ein Passstift übernimmt die genaue Drehfixierung und dann koppeln die Steckverbindungen.

1 Druckluftkolben
2 Druckfeder
3 Seitenschlitz
4 Verriegelungshaken
5 Querbolzen

Bild 7.17: Werkzeugwechselvorrichtung (*Fein*)

a) Oberteil gelöst
b) Unterteil angekoppelt

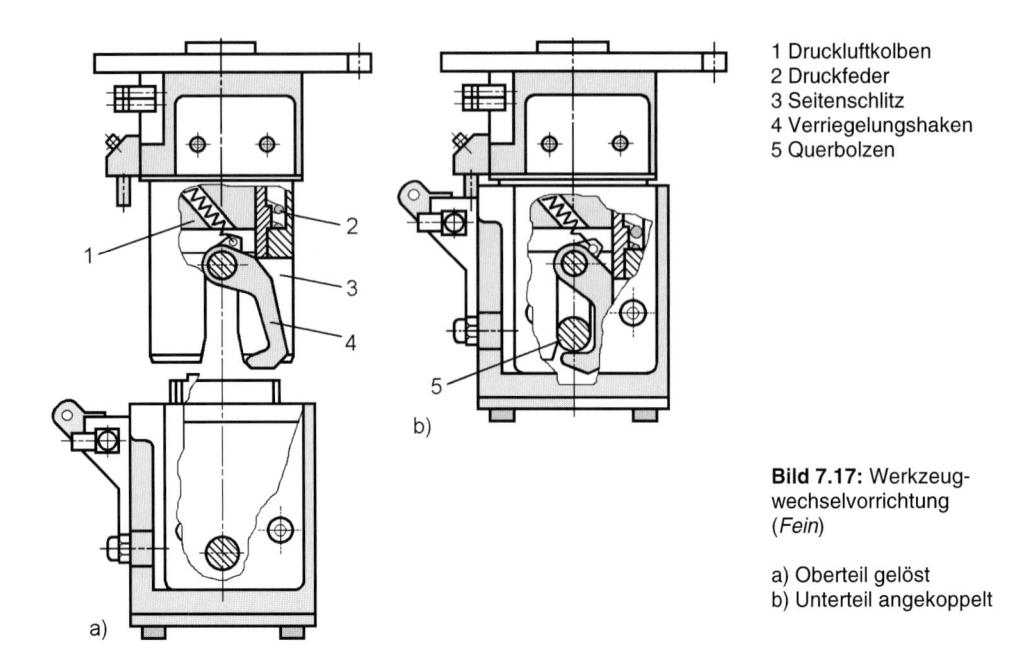

Eine abwärts gerichtete Bewegung des Kolbens führt zur Schwenkbewegung des Verriegelungshakens unter den Querstift. Damit ergibt sich eine sichere Verbindung von Ober- und Unterteil nach dem *Fail-Safe-Prinzip* (sicher vor Folgeschäden). Auch bei einer Unterbrechung der Energiezufuhr wird mit dem Fang- und Verriegelungshaken völlige Zuverlässigkeit gewährleistet.

7.4 Fingerwechselvorrichtungen

Der automatische Finger- bzw. Greifbackenwechsel wird bisher kaum praktiziert. Das liegt wohl daran, dass die sich daraus ergebende Flexibilität den Aufwand in der Regel nicht lohnt. Es ist aber eine brauchbare Variante, wenn man noch von Hand wechselt. Es geht nämlich durchaus schnell. So hat man Greifbacken entwickelt, die mehrere Konturen aufweisen (**Bild 7.18**). Man bringt sie durch Drehen und Sichern in Stellung.

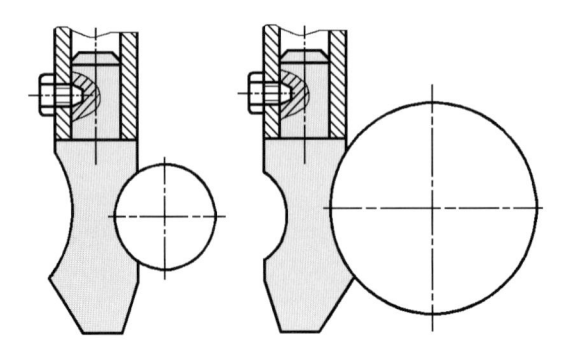

Bild 7.18: Greifbacke mit zwei Werkstückkonturen

7.4 Fingerwechselvorrichtungen

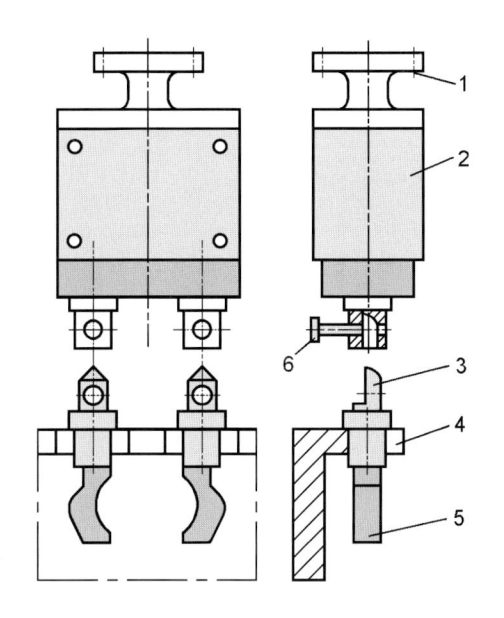

Wird die Koppelstelle zwischen Greiferfinger und Grundbacke vorgesehen, dann kann die Lösung im Prinzip so wie in **Bild 7.19** dargestellt, aussehen. Es ist wohl besser, wenn man die Greiferfinger samt Fingerlagerung auswechselbar gestaltet.

1 Greiferflansch
2 Greifergrundeinheit
3 Koppelelement
4 Fingerspeicher
5 Greiferfinger
6 Sicherungsbolzen

Bild 7.19: Prinzipaufbau eines Fingerwechselsystems

Das **Bild 7.20** zeigt schließlich eine Konstruktion mit entsprechend gestalteter mechanischer Schnittstelle. Sie befindet sich zwischen Greiferfinger und Fingerantrieb. Der Antrieb der Finger geschieht über ein Kegelstück. Die mittige Befestigung der Fingerbaugruppe und der Rolle-Kegel-Berührpunkt sind die einzigen festen Vorgaben für alle weiteren Greifeinheiten. Das können Schwenkfinger sein, wie auch parallel ausfahrende Greifbacken, wenn dazu entsprechende Geradführungen vorgesehen wurden.

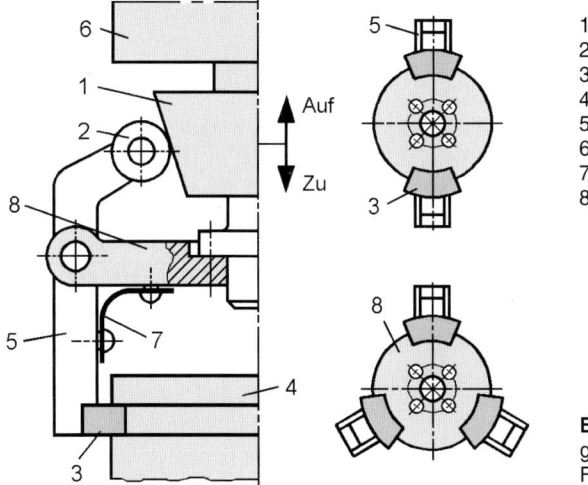

1 Kegelstück
2 Rolle
3 Greifbacke
4 Werkstück
5 Finger
6 Antriebseinheit
7 Blattfeder
8 Grundplatte

Bild 7.20: Greiforganwechsel samt Fingerlagerung für zum Beispiel 2 oder 3 Finger

Bei einem automatischen Wechsel von Greiffingern kann das im Durchlauf in der Art eines „fliegenden Wechsels" erfolgen oder es wird die Position einer Wechselstation angefahren. Die Greiffinger sind dann als Schnellwechselbacken entsprechend konstruktiv gestaltet, wie auch die Grundbacken des Greifers.

8 Fügemechanismen

Beim manuellen Zusammensetzen von Baugruppen kompensiert der Mensch Positions- und Winkelabweichungen der zu fügenden Teile durch sein Geschick, seine Erfahrung und seine Sinne, die in Verbindung mit dem Gehirn eine geschlossene Schleifenstruktur darstellen. Manche Operationen laufen sogar ohne direkte Sicht auf das Objekt ab. Allein der Tastsinn erlaubt da schon schnelles und erfolgreiches Montieren. Ein gutes Beispiel ist auch die schonende Behandlung von Obst, die bei der Handhabung in der landwirtschaftlichen Automatisierung erforderlich ist.

Um automatisch Fügen zu können, sind grundsätzlich zwei Wege beschreitbar:

- Erhöhung der Genauigkeit der Fügepartner, der Teilebereitstellung und der Positioniergenauigkeit der Montageeinrichtung (teuer).
- Reduzierung der Genauigkeitsanforderungen durch fehlerkompensierende und sich selbst anpassende Systeme (montagegerechte Gestaltung).

Letzteres ist ein erprobter Weg, der mit der Anwendung entsprechender Fügemechanismen verbunden ist [8-1] [8-2].

Montageroboter arbeiten wegen ihrer Bewegungsmöglichkeiten beim „gefühlvollen" Fügen von Werkstücken in den Stufen „Grob-„ und „Feinbewegung".

- **Grobbewegungen** erfolgen durch das Führungsgetriebe des Roboters und bewirken eine Grobpositionierung der zu fügenden Teile am Montagebasisteil.
- **Feinbewegungen** (gesteuert oder ungesteuert) werden durch Fügemechanismen realisiert und beziehen sich auf Orientierungs- und Positionsfehler, die auszugleichen sind, um die Fügeachsen in Übereinstimmung zu bringen.

Die Fügemechanismen müssen den spezifischen Einsatzbedingungen genügen. Nach ihrer Funktionsweise werden sie in folgende Arten unterschieden:

- Ungesteuerte (passive) Fügemechanismen (RCC = *remote center (of) compliance (mechanism)*)
- Gesteuerte (aktive) Fügemechanismen (IRCC = *instrumented* RCC)
- Kombinierte (aktive und passive) Fügemechanismen

Außerdem werden noch drehmomentsteife Mechanismen (NCC = *near collet compliance*) gebraucht, wenn es zum Beispiel um das Eindrehen von Schrauben geht.

> **RCC-Glied**
> Nachgiebige mehrachsige Greiferaufhängung mit entkoppelten Freiheitsgraden zum Ausgleich kleinerer Winkel- und Lateralversatzfehler bei Fügeoperationen [8-3], wobei ein gegriffenes Teil um ein vom Greifer entferntes „virtuelles" Zentrum pendeln kann.

8.1 Ungesteuerte Ausgleichssysteme (RCC)

Ungesteuerte Fügemechanismen werden zwischen Roboterflansch und Greifer angeordnet und eignen sich besonders für die Montage von rotationssymmetrischen Werkstücken mit Fase, bei denen Winkel- und Positionsabweichungen ausgeglichen werden müssen. Die Orientierungsbewegungen zum Ausgleich der Lageabweichungen werden durch ein Kraftfeld bei der Berührung von Montage- und Basisteil erzwungen und durch den Fügemechanismus in Richtung des Ausgleichs besagter Abweichungen geführt.

In **Bild 8.1** wird eine frühe Lösung für eine passive Ausgleichsvorrichtung gezeigt, die den Freiheitsgrad 6 aufweist. Sie ist für das Fügen von kurzen Bolzen geeignet (Durchmesser 12 bis 58 mm, Länge 25 bis 100 mm). Das Fügespiel durfte im Bereich von 12 bis 24 µm liegen. Es wurden Lateralfehler von 2 mm und Winkelfehler in den Achsen der Fügepartner von 2,5° ausgeglichen. Danach haben die Entwickler vom *Draper Laboratory* das heute gängige RCC-Glied entwickelt.

Der ungesteuerte Fügemechanismus ist so aufgebaut, dass für die Positions- und die Winkelabweichung jeweils eigene Bauglieder vorgesehen sind. Beim Winkelfehlerausgleich bewegt sich das Fügeteil um einen scheinbaren Drehpunkt, der sich in der Mitte der unteren Stirnfläche des Werkstücks befindet. Winkelfehlerausgleich und Positionsfehlerausgleich sind entkoppelt und laufen somit unabhängig voneinander ab. Für die reale Ausführung solcher Mechanismen gibt es viele konstruktive Möglichkeiten.

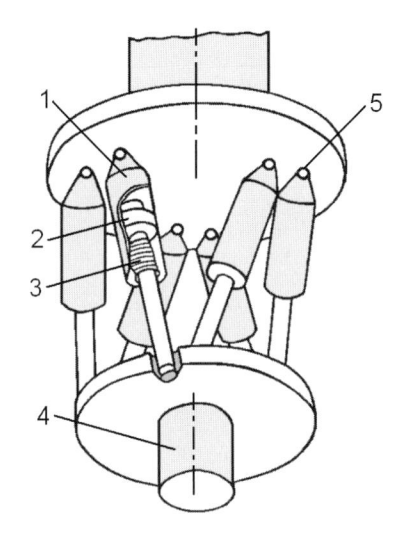

1 Arbeitszylinder
2 Kolben
3 Druckfeder
4 Greiferanschlusselement
5 Kugelgelenk

Bild 8.1: Passiv wirkende Ausgleichsvorrichtung von *McCallion* (1980)

In **Bild 8.2** wird zunächst das Prinzip und die Funktionsaufteilung in einer ebenen Darstellung gezeigt. Die Funktion der Nachgiebigkeit kann durch geeignete Federelemente aus Metall oder Kunststoff in entsprechenden Anordnungen gesichert werden. Bei den erzwungenen Orientierungsbewegungen durch das Kraftfeld, das bei der Berührung von Montage- und Basisteil entsteht, stehen die Bewegungen in unmittelbarem Zusammenhang mit der beim Fügen vertikal aufgebrachten Fügekraft.

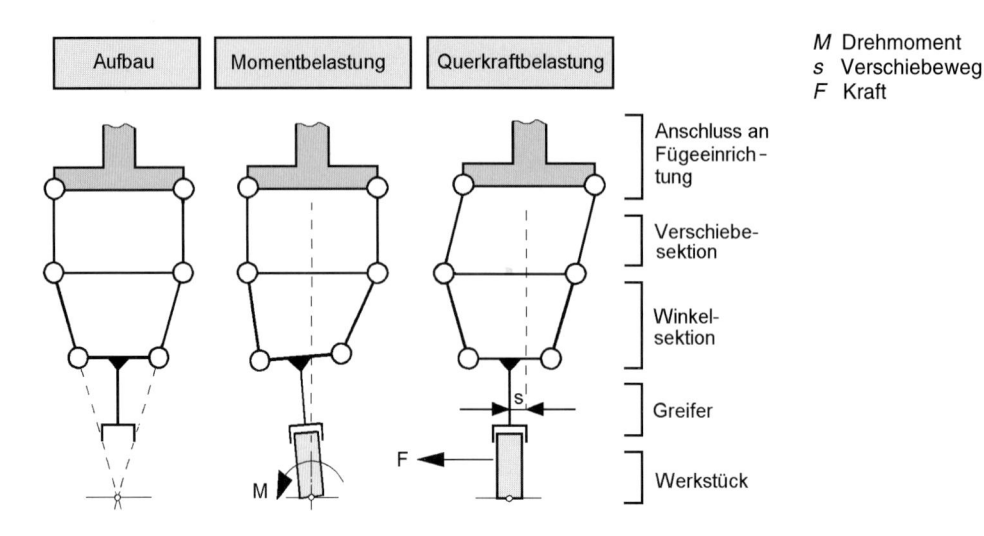

Bild 8.2: Prinzip und Wirkungsweise eines RCC-Gliedes

Ein Ausführungsbeispiel wird in **Bild 8.3** vereinfacht skizziert. Es wurden Eleastomerfedern eingesetzt. Deren Eigenschaften sind gut bekannt [8-4]. Der typische Modell-Einsatzfall ist immer die Aufgabe „Bolzen in Bohrung" einstecken. Die Fügerichtung ist vertikal von oben. Für andere Fügerichtungen braucht man wegen veränderter Schwerkraftwirkung spezielle RCC-Glieder, die es aber auch gibt.

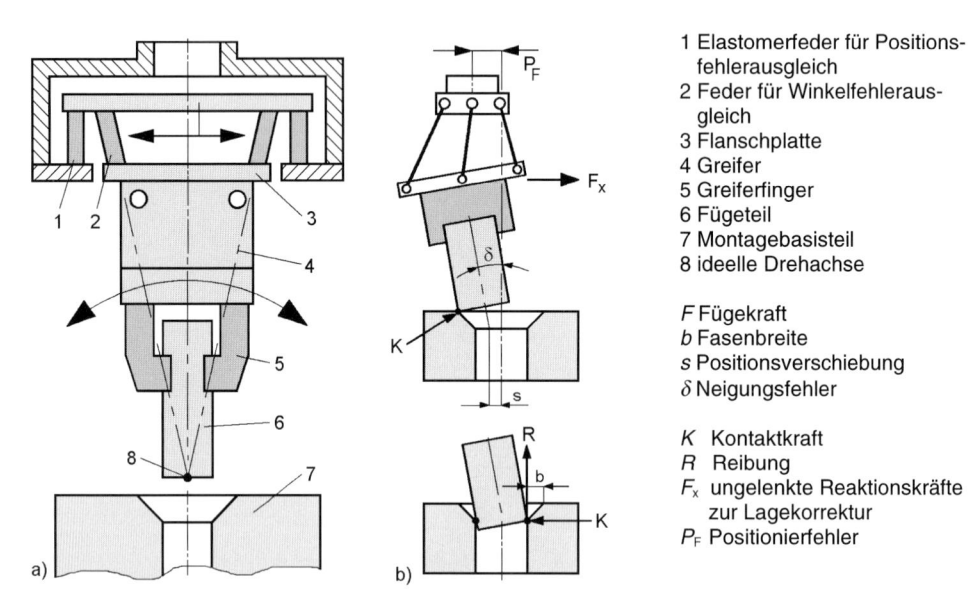

Bild 8.3: Allgemeiner Aufbau von Fügemechanismen
a) Aufgabe, b) Prinzip der passiven Lagekorrektur

Die Ausgleichsbewegungen laufen in zwei Phasen ab:

8.1 Ungesteuerte Ausgleichssysteme

- Ausgleich der Lageabweichung (s) beim Entlanggleiten des Montageteiles an der Fase des Basisteils (Einpunktberührung)
- Ausgleich der Lageabweichung δ beim Eindringen des Montageteiles in das Basisteil (Zweipunktberührung) durch Drehung um die ideelle Achse (8)

Wichtige Kenngrößen für einen Fügemechanismus sind:

- Baugröße und Masse
- Ausgleichbare Positions- und Winkelabweichungen zwischen den Fügeteilen
- Maximal übertragbare Fügekraft
- Überlastungsschutz
- Herstellaufwand beziehungsweise Kosten

Die Kunst der Konstruktion von RCC-Gliedern besteht darin, dass sich der scheinbare Drehpunkt eines Fügeteils (die ideelle Drehachse) an dessen Ende befindet. Das führt dazu, dass das Fügeteil gewissermaßen beim Fügen in die Bohrung „hineingezogen" wird. Prinzipiell lassen sich die erforderlichen konstruktiven Elemente für den Positions- und Winkelausgleich unterschiedlich unterbringen. Das wird in **Bild 8.4** zum Verständnis zunächst schematisch aufgezeigt. Die Bewegung in der Z-Achse (Fügerichtung) wird hier mit einem Arbeitszylinder angedeutet [8-6]. In der praktischen Anwendung wird diese Bewegung allerdings vom Industrieroboter übernommen.

1 Fügekrafterzeuger
2 Positionsausgleich, Schiebeachse
3 Winkelausgleich
4 Greiferbacken
5 Werkstück, Bauelement
6 Montagebasisteil
7 scheinbarer Drehpunkt

R Radius

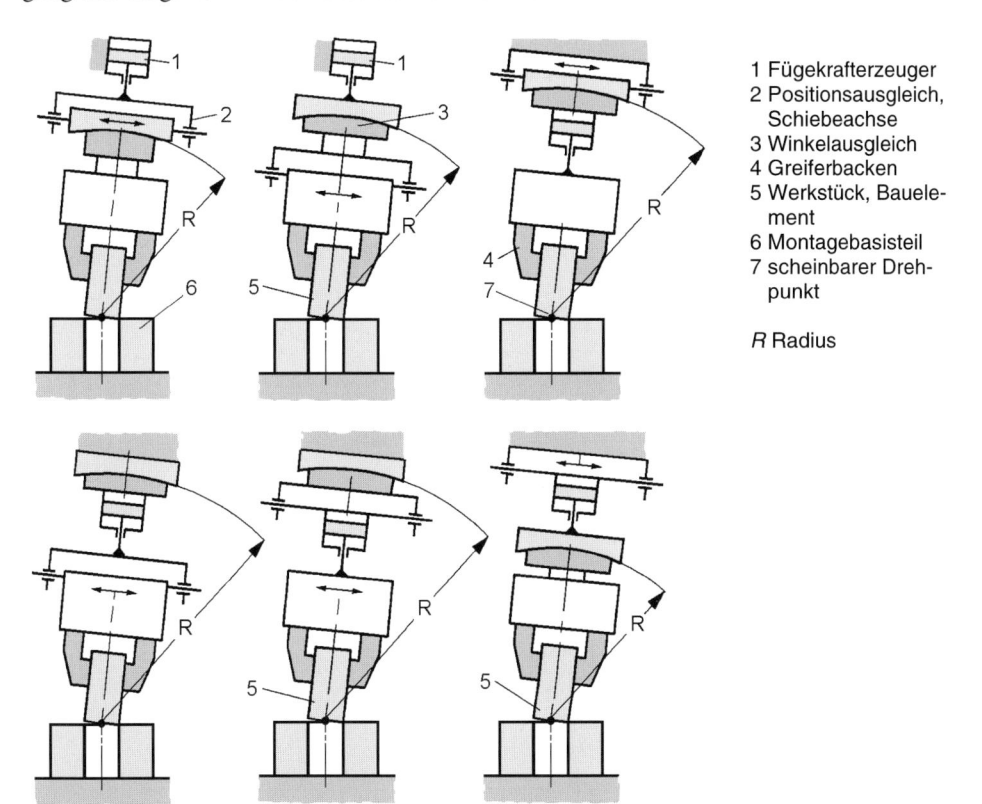

Bild 8.4: Aufbauvarianten ungesteuerter Fügemechanismen mit zwei Schub- und einem Drehgelenk

Bei der Konstruktion kommt es auch darauf an, das RCC-Glied möglichst flach und entsprechend platzsparend zu gestalten. Das **Bild 8.5** zeigt ein Ausführungsbeispiel. Beim Einsatz von Metallfedern lassen sich in der Z-Achse größere Kräfte übertragen als bei Elastomerfedern [8-4]. Auch pneumatische Aktoren können eingesetzt werden [8-5]. Die elastomeren Glieder sind als Gummi-Metall-Verbundteil ausgeführt, mit definierter axialer Härte und Scherfestigkeit. Entwurfsgleichungen für RCC-Einheiten wurden in der Literatur [8-7] vorgelegt. Man hat auch die Nichtlinearitäten der Elastomerblöcke berücksichtigen. Weitere Hinweise zum Entwurf finden sich in [8-8].

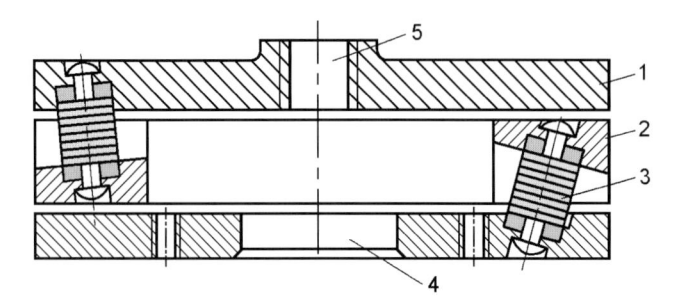

1 Flanschplatte
2 Zwischenring
3 Feder
4 Greiferanbauflansch
5 Roboterflanschanschluss

Bild 8.5: Aufbau eines handelsüblichen Fügemechanismus

Ohne jede sensorische Auswertung arbeitet auch der in **Bild 8.6** gezeigte Fügekopf. Es ist eine Sonderlösung. Beim Fügen setzt das Fügeteil zunächst auf der Anlaufschräge auf. Weil sich der Fügekopf aber weiter nach unten bewegt, bekommt der unter einer Federlast stehende Kegel etwas Spiel und legt sich an einer Innenseite des Hohlkegels an, weil am Kontaktpunkt mit dem Basisteil eine Querschiebekraft entsteht. Damit ist die Fügeachsenabweichung x kompensiert. Das Fügen durch Zusammenstecken wird nun vollzogen.

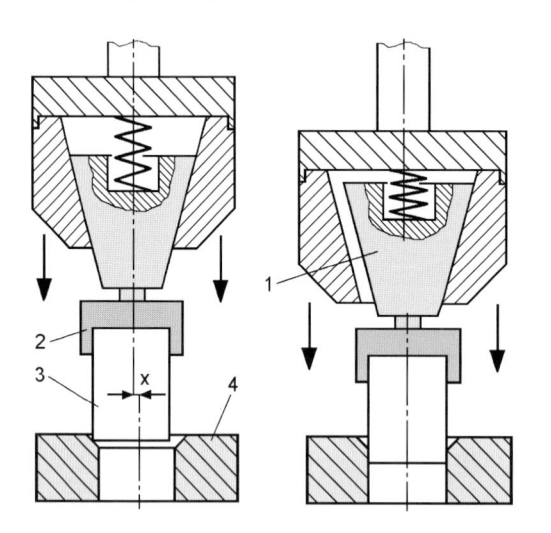

1 Kegel mit 15° Neigung
2 Greifer
3 Fügeteil
4 Montagebasisteil

x Achsenversatz

Bild 8.6: Fügekopf mit selbsttätigem Achsversatzausgleich

Der Ausgleich großer Lageabweichungen kann mit Rücksicht auf die wirkenden Kräfte im allgemeinen nur mit gesteuerten Fügemechanismen erfolgen. Ungesteuerte Fügehilfen sind allerdings einfacher, kleiner, leichter und billiger als gesteuerte Fügemechanismen.

8.2 Gesteuerte Ausgleichssysteme (IRCC)

IRCC-Glieder sind nachgiebige Systeme als Fügehilfe, die Winkel- und Lateralversatz aktiv ausgleichen. Es wird z.B. mit einem PSD-Element der auszugleichende Fehler gemessen. Die Korrekturen werden dann sowohl passiv als auch durch ansteuerbare Aktoren ausgeführt. Das **Bild 8.6** zeigt einen Lösungsvorschlag für ein solches Element, das zwischen Greifer und Roboterarm einzubauen ist. Die Grobpositionierung läuft aktiv ab, die Feinpositionierung wird über die nachgiebigen Elemente passiv sichergestellt. Das PSD-Element wird in der Bauform einer Quadranten-Fotodiode eingesetzt. Verlagerungen des Greifers führen zu einer Verschiebung der Licht abstrahlenden Diode und damit zu unterschiedlichen großen Fotoströmen aus den Sektoren des PSD-Elements. Die Unterschiede werden ausgewertet und daraus Korrekturanweisungen für den Roboter generiert. Es lassen sich natürlich auch andere Sensoren einsetzen.

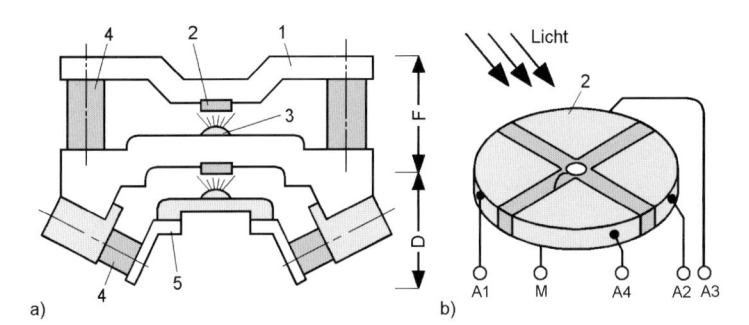

1 Anschlussflansch
2 PSD – Element
3 LED
4 Elastomerelement
5 Flansch für Greiferbefestigung

A Fotostromleitung
D Momentausgleich
F Kraftausgleich
M Masseanschluss

Bild 8.6: Prinzip eines IRCC-Gliedes
a) Ausgleichssystem mit Sensor, b) PSD–Element (*position sensitive device*),

In **Bild 8.7** wird ein Ausgleichsmechanismus skizziert, der Blattfedern als nachgiebiges Element enthält. Die Verformung dieser Federn kann mit Dehnungsmessstreifen festgestellt werden. Daraus werden Korrekturanweisungen zur Positionsänderung des Greifers gewonnen.

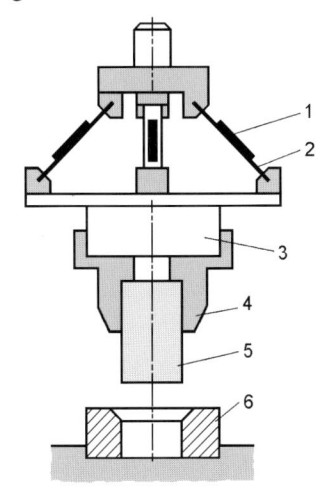

1 Dehnmessstreifen
2 Blattfeder
3 Greifer
4 Greifbacke
5 Fügeteil
6 Montagebasisteil

Bild 8.7: Ausgleichsystem mit Kraftmessung

In **Bild 8.8** wird ein kombinierter Fügemechanismus vorgestellt. Er besteht aus zwei Teilen, einem ungesteuerten und einem gesteuerten Teil. Letzterer arbeitet pneumatisch in den Achsrichtungen x und y. Zwei Staudruckdüsen (Sensoren) tasten die Kante am Montagebasisteil ab. Die unmittelbar mit den Sensoren gekoppelte pneumatische Stelleinrichtung besteht aus verschiebbaren Platten. Die Verschiebung erfolgt solange, bis sich alle Abtastöffnungen der Sensoren in gleicher Lage relativ zur Bohrungskante des Basisteils befinden und damit die Druckdifferenzen in den Steuerkammern zu Null werden. Die Fügeposition ist dann erreicht.

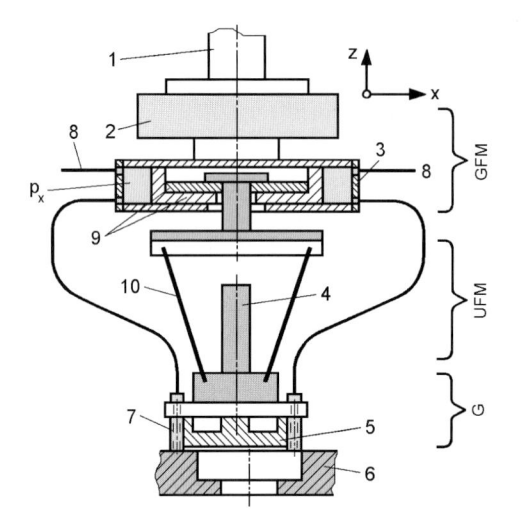

1 Greiferführungsgetriebe
2 Dreheinheit
3 Verschiebeeinheit
4 Pneumatikzylinder für die Fügebewegung
5 Montageteil
6 Basisteil
7 Sensor (Staudruckdüse)
8 Druckluftanschluss
9 luftgelagerte Platten
10 Federelemente

GFM gesteuerter Fügemechanismus
UFM ungesteuerter Fügemechanismus
G   Greifer,

Bild 8.8: Kombinierter Fügemechanismus mit pneumatischen Sensoren und Federlelementen aus Stahl [3-37]

8.3 Drehmomentsteife Ausgleichsmechanismen (NCC)

Ausgleichsmechanismen werden auch beim Eindrehen von Schrauben gebraucht. Dafür sind in der Regel die RCC–Elemente nicht einsetzbar, weil sie nicht drehsteif sind und damit nur unzureichend größere Drehmomente übertragen können. Für diese Aufgabe lassen sich Metallbälge (**Bild 8.9**) als ungesteuerte Fügemechanismen verwenden.

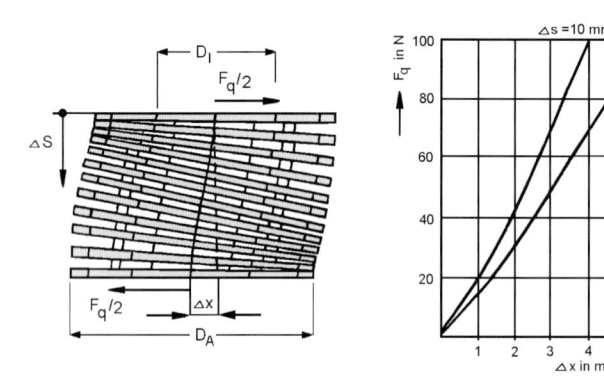

D_A Außendurchmesser
D_I Innendurchmesser
F_q Querkraft
Δs überlagerte axiale Vorspannung
Δx Lateralversatz

Bild 8.9: Drehsteifer Ausgleichsmechanismus (Faltenbalgelement und Kraft-Weg-Diagramm)

8.3 Drehmomentsteife Ausgleichsmechanismen (NNC)

Sie werden auch als NCC–Glieder bezeichnet (NCC = *near collet compliance*) und haben zum Beispiel eine Balgblechdicke von 0,2 mm [8-9]. Ein Metallbalg-Fügemechanismus, wie dargestellt, zeichnet sich durch Spielfreiheit, einfachen Aufbau und geringe Masse aus.

Das NCC-Element sperrt durch seine Konstruktionsart von sechs möglichen Freiheitsgraden nur einen, und zwar die Rotation um seine Längsachse. Betrachtet man den Vorgang des Eindrehens einer Schraube, so bedeutet das, dass die mehr oder weniger fehlpositionierte Schraube während eines eventuellen Suchvorganges drei Translationen und Rotationen um zwei Achsen ausführen kann, während ihr durch die Antriebseinheit die Rotation um die dritte Achse aufgeprägt wird. Daraus folgt, dass bei Verwendung eines NCC-Elementes die Schraube eine fünffachsige Suchbewegung ausführen kann. Die typische Zeitspanne bis zum Finden (Suchrotation) und Einrasten der Schraube in die Gewindebohrung beträgt weniger als eine Sekunde.

Durch die Nachgiebigkeit des Metallbalgs können wie bei den RCC–Gliedern Lageabweichungen von Basis- und Fügeteil kompensiert werden, bei Schraubpaarungen bis maximal der Größe eines halben Nenndurchmesser, da bis zu diesem Wert ein selbsttätiges „Einrasten" der Schraube in das Gewindeloch erfolgen kann. Durch die Federwirkung kann meistens beim Schrauber eine Schraubnussfederung entfallen.

Durch eine axiale Vorspannung (Zusammendrücken) des Metallbalges lässt sich die Steifigkeit in x- und y-Richtung verändern. Das bedeutet, dass man mit einem Metallbalg-Fügemechanismus verschiedene Fügeaufgaben ausführen kann. Die Metallbälge gibt es in verschiedenen Abmessungen, mehrwandig und mit unterschiedlicher Drehsteife.

Einige Vorteile des NCC-Elements gegenüber konventionellen RCC-Gliedern sind:

- Reduzierung der bewegten Massen gegenüber einem RCC-Glied um etwa den Faktor 50
- Integrierte Nachgiebigkeit in Schraubeneindrehrichtung; dadurch Wegfall der Schraubnussfederung
- Keine unkontrollierte Raumlageänderung des Schraubwerkzeuges durch das Eigengewicht bei nichtsenkrechten Schraubvorgängen
- Verhältnis Torsionswinkel zu Festdrehwinkel beim Festziehvorgang ist besser als 1:30, d.h. es gibt keine Verfälschung des Drehwinkelmesswertes bei überwachten Schraubvorgängen

9 Kollisionsschutz und Sicherheit

Schutzfunktionen dienen dazu den Greifer, das Greifobjekt und die Umgebung vor Schäden und Ausfällen zu bewahren. Kollisionen treten vor allem beim Probebetrieb und bei Testläufen auf. Als technische Mittel stehen zur Verfügung: Ausbildung einer Sollbruchstelle, Ausrastmechanik als Überlastschutz, Kollisionssensor, Abschaltsicherung, Schwingungsdämpfer und Luftkühleinrichtung, wenn heiße Werkstücke manipuliert werden.

9.1 Sicherheitsanforderungen

Bezogen auf die Greiftechnik sind es im wesentlichen zwei Anforderungen, denen ein Greifer genügen sollte. Zum ersten soll beim Anstoßen an ein Hindernis eine „weiche Stelle" zwischen Greifer und Roboterflansch vorhanden sein, damit das Hindernis und natürlich der Greifer nur geringen Schaden nehmen. Das Prinzip einer einfachen Vorrichtung aus den Anfängen der Roboteranwendung wird in **Bild 9.1** gezeigt. Bei einer bestimmten Anstoßkraft F rastet der Greifer vom Hindernis wegführend aus. Gleichzeitig sollte ein Abschaltsignal an die Handhabungseinrichtung ausgegeben werden. Heute wird auch durch Überwachung der Armkräfte mit Sensoren (Achsgelenksensorik) ein plötzlicher Stoß festgestellt und der Roboter angehalten. Zum zweiten geht es um die Erhaltung der Greifkraft bei Energieausfall. Für beide Fälle sollen einige Ausführungen folgen.

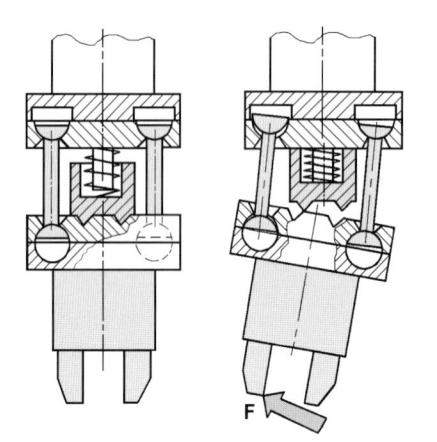

F Anstoßkraft

Bild 9.1: Prinzip eines einfachen Kollisionsschutzes

9.2 Kollisionsschutzsysteme

Beim Industrieroboter kann es zur Beschädigung eines wertvollen Greifers kommen, zu Defekten an der zu beschickenden Maschine als Kollisionspartner und auch zur Dejustierung von Roboterachsen, wenn es zu einer Crash-Situation kommt. Ursache können unplanmäßige Veränderungen in der Umgebung des Roboters sein, Programmierfehler oder Komponentenversagen. Um die Folgen auszuschließen oder zu mindern, wurden Kollisi-

9.2 Kollisionsschutzsysteme

onsschutzsysteme entwickelt. Es gibt sie sowohl in „*hard*" als auch in „*soft*". Das **Bild 9.2** zeigt eine Hardwarelösung. Im Falle einer Kollision kann die Greiferhand ausweichen, was gleichzeitig den „Halt" des Roboterarmes auslöst. Das Anhalten ist allerdings nicht schlagartig ausführbar, sondern mit einer mehr oder weniger großen Nachlaufbewegung verbunden. Die dargestellte Vorrichtung wird durch Druckluft, wie eine Feder wirkend, starr gehalten. Die Steifheit kann über den Druck eingestellt werden. Bei einer Kollision wird ein Not-Aus-Signal generiert und gleichzeitig die Druckkammer belüftet.

Ein wichtiges Detail ist für den Nutzer die Möglichkeit, dass nach einem Crash der Kollisionsschutz wieder automatisch hergestellt werden kann, ohne dass der Bediener direkt eingreifen und den Schutzbereich des Roboters betreten muss.

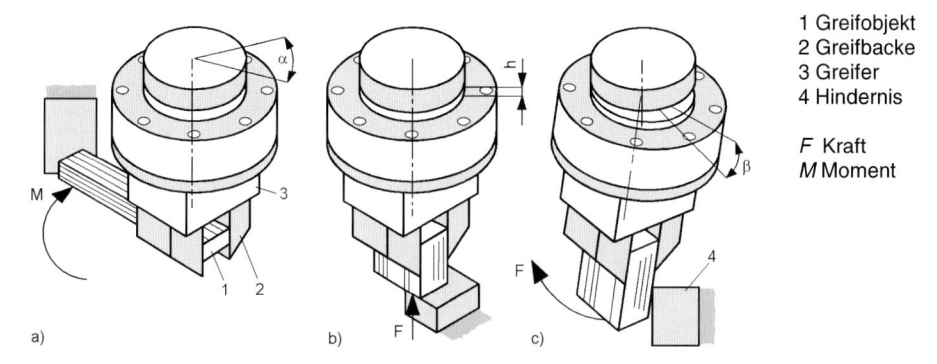

1 Greifobjekt
2 Greifbacke
3 Greifer
4 Hindernis

F Kraft
M Moment

Bild 9.2: Nachgiebigkeiten eines Kollisionsschutzsystems
a) Auslösung beim Überschreiten eines Grenzdrehmoments, b) Auslösung beim Anstoßen in x-y Richtung, c) Auslösung beim Anstoßen aus Z-Richtung

9.3 Greifkraftsicherung

Die Greifkrafterhaltung ist eine Sicherheitsmaßnahme, um bei einem Ausfall der Energieversorgung das Greifobjekt im Greifer zu halten. Ausfälle des Elektronetzes sind zwar selten, aber es kann auch eine Druckluftleitung brechen. Prinzipiell gibt es folgende technischen Möglichkeiten:

- **Halten mit Federkraft**
  Öffnet der Greifer, wird die Feder zum Beispiel durch einen doppeltwirkenden Zylinder gespannt. Beim Schließen sind Kolben- und Federkraft wirksam. Bei Druckluftausfall bringt die Feder die für den Notfall als erforderlich gehaltene Greifkraft auf.
- **Sperrung des Fluidkreislaufs**
  Der die Greifkraft erzeugende Überdruck in einem Arbeitszylinder wird durch Rückschlagventile aufrechterhalten.

Beim Einsatz von Vakuumsaugern kann man einen Zweikreis-Vakuumerzeuger einsetzen. Wie man aus **Bild 9.3** ersehen kann, sind zwei Vakuumpumpen vorhanden. Die Sauger sind derart über Kreuz angeschlossen, dass bei Ausfall einer Pumpe die Last gerade noch gehalten wird, ohne abzukippen. Die rechnerische Sicherheit sinkt hierbei natürlich ab. Mit der verbleibenden Sicherheit kann dann der Handhabungsvorgang mit verminderter Geschwindigkeit zum Abschluss geführt werden. Gleichzeitig wird dazu, ganz besonders beim handgeführten Manipulator, ein Warnsignal für den Bediener ausgegeben. Die Vakuumsauger sind in ihrer Saugfläche so bemessen, dass sie beim Versagen eines Saugkreises noch ausreichend Haftkraft erzeugen.

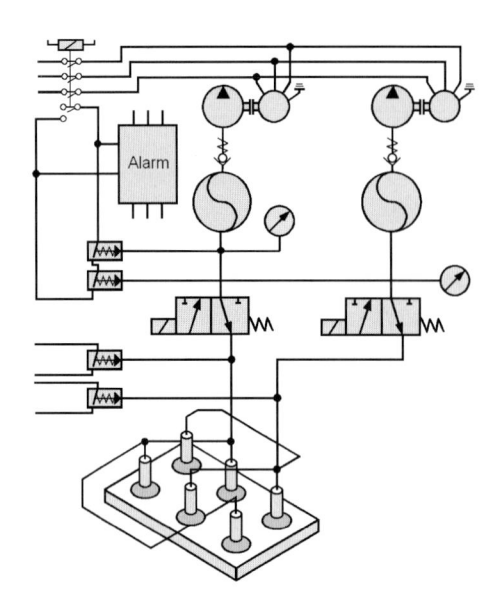

Bild 9.3: Schaltschema einer Zweikreis-Vakuumanlage

Die Sicherung der Greifkraft wird häufig über Federpakete realisiert. Am einfachsten sind Lösungen, bei denen die Greifkraft überhaupt über Federn aufgebracht wird (**Bild 9.4b**).

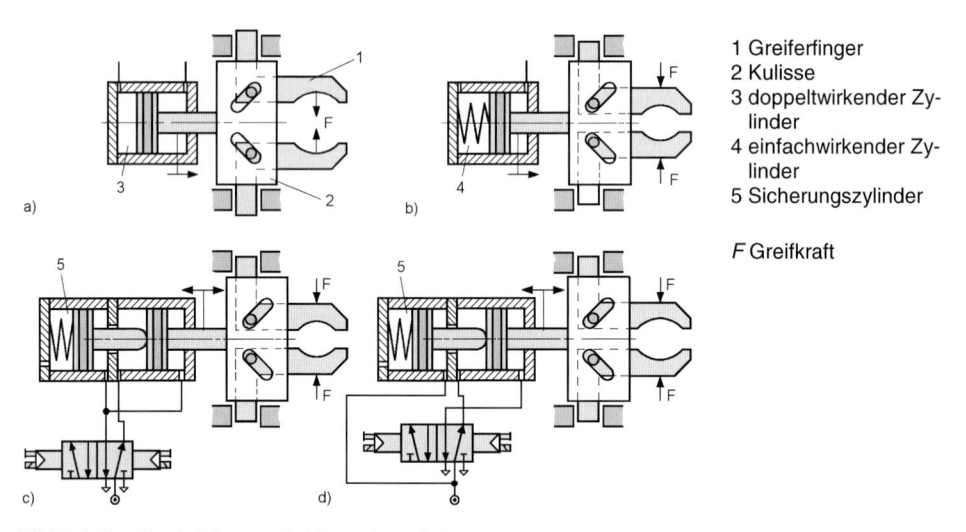

1 Greiferfinger
2 Kulisse
3 doppeltwirkender Zylinder
4 einfachwirkender Zylinder
5 Sicherungszylinder

F Greifkraft

Bild 9.4: Greifkraftsicherung bei Energieausfall
a) Greifer ohne Sicherung, b) Greifer mit Druckfeder für die Haltekraft, c) zusätzlich angebauter Sicherungszylinder, d) Sicherungszylinder mit verändertem Anschlussschema

Die Greiferkinematik mit einem Kurvengetriebe ist hier nur als Beispiel zu verstehen.

Man kann den Greifer so ausbilden, dass sich wahlweise noch ein Sicherungszylinder ansetzen lässt. Bei dem Anschlussschema nach **Bild 9.4c** wird die Greifkraft durch den Sicherungszylinder verstärkt. Bei Energieausfall wirkt allein dessen Federkraft. Die gesicherte Greifkraft ist allerdings viel kleiner als die bei Normalbetrieb verfügbare Gesamtgreif-

9.3 Greifkraftsicherung

kraft. Bei dem Anschlussschema nach **Bild 9.4d** bleibt der Sicherungszylinder solange funktionslos wie Druckluft anliegt. Bei Energieausfall beginnt die Federkraft zu wirken und übernimmt mit einer kleinen Kraft die Zuhaltung der Greifbacken.

Bei Greifern mit Weg- und Kraftregelung lässt sich aus dem Verlauf der Parameter x für den Fingerhub und F für die Greifkraft ablesen, ob der Griff korrekt ausgeführt wurde. Dazu sind die unterschiedlichen Phasen des Greifvorganges zu untersuchen. (**Bild 9.5**).

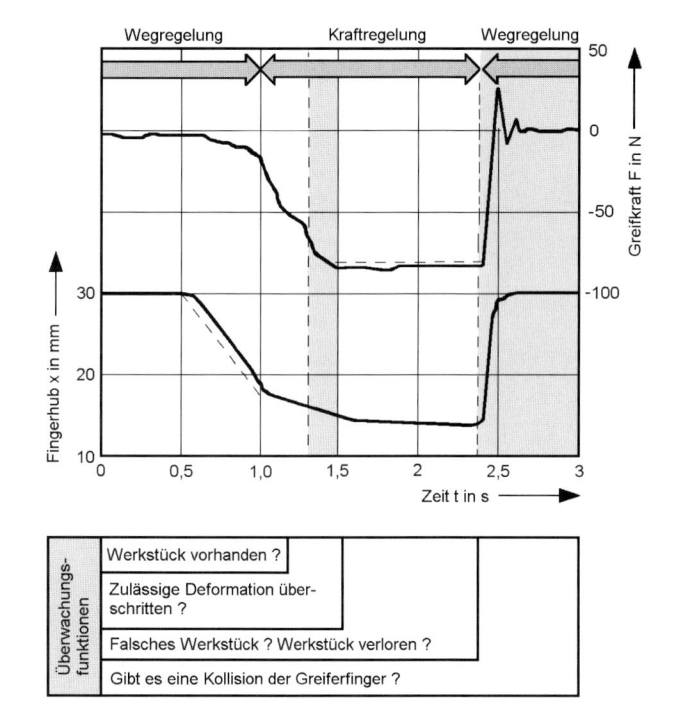

Bild 9.5: Überwachungsfunktionen durch kombinierte Weg- und Kraftregelung [9-1]

Die Überwachung der Größen Kraft und Weg gestattet die Erkennung folgender Zustände:

- Anwesenheit eines Greifobjekts
- Überschreitung einer zulässigen Werkstückdeformation
- Aufnahme eines falschen Werkstücks bzw. Verlust eines Objektes
- Anstoßen der Greiferfinger gegen ein Hindernis

Ist das Werkstück nicht vorhanden, fehlt beim Schließen der Finger der Druckaufbau. In der Druckaufbauphase wird die Werkstückdeformation überwacht und bei Überschreiten des voreingestellten Maximalwertes begrenzt. Beim Erreichen der Soll-Greifkraft wird der Fingerhub mit dem vorgegebenen Werkstückdurchmesserwert verglichen. Während der Bewegung des Roboters wird kontrolliert, ob der Fingerhub starken Änderungen unterworfen ist, die auf einen Werkstückverlust hindeuten würden. Auch eine Kollision der Finger mit einem Hindernis wird durch Überwachung der Fingerkräfte erkannt. Damit werden aber nicht alle möglichen Kollisionen des Greifers sichtbar.

10 Ausgewählte Greiferanwendungen

Wer die Patentliteratur studiert, der gewinnt bald den Eindruck, an Greifern könne man noch so ziemlich alles erfinden. Das stimmt zwar nicht, trotzdem mühen sich viele,

- bekannte Lösungen zu verfeinern oder zu vereinfachen,
- für neue Anwendungen passgerechte Greifer zuzuschneiden,
- das Feld der flexiblen Anwendbarkeit auszuweiten und schließlich
- physikalische Effekte auf neue, oft überraschende Weise, einzusetzen.

Viele Greifer sind Sonderlösungen, die für eine bestimmte Greifaufgabe bzw. ein definiertes Greifobjekt zurechtgemacht sind. Manche Details sind dabei ziemlich raffiniert und können den Entwickler auch bei anderen Greiferentwicklungen nützlich sein. Deshalb folgen in loser Aneinanderreihung Kurzdarstellungen von realisierten Greifereinsatzfällen.

10.1 Greifen von Kartonzuschnitten

Der in **Bild 10.1** dargestellten Sondergreifer dient dazu, große Kartonzuschnitte vom Stapel flachliegend mit Scheibensaugern aufzunehmen und dabei zu vereinzeln.

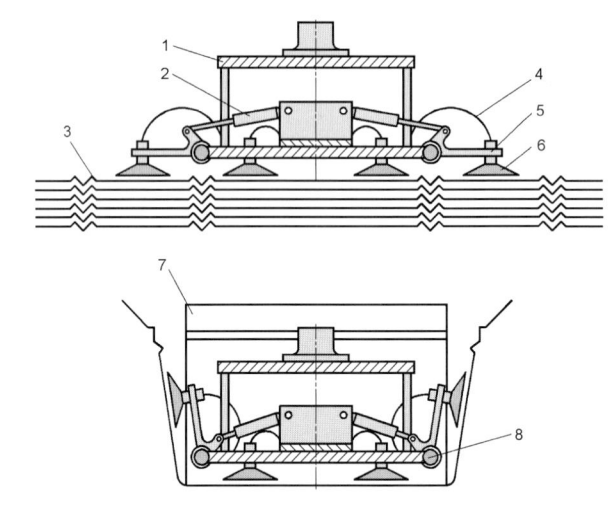

1 Greifergestell
2 Pneumatikzylinder
3 Wellkartonzuschnitt
4 Vakuumleitung
5 Schwenksaugerarm
6 Sauger
7 hochgestellter Kartonzuschnitt
8 Grundplatte mit Drehgelenk

Bild 10.1: Greif- und Aufrichtsystem für große Faltkartonagen

Die Pappen liegen als flacher Zuschnitt im Stapel vor. Sie werden mit den Scheibensaugern aufgenommen und dabei vereinzelt. Dann schwenken die äußeren Sauger nach innen, so dass sich die Seiten zum Karton aufstellen. Die Schwenksauger befinden sich dazu an allen vier Seiten der Grundplatte. Der Ablauf ist folgender:

- Vereinzeln eines Kartonzuschnitts vom Stapel,
- Hochstellen der vier Seiten um 90° und
- Ablegen des Faltkartons in einer Aufnahme der Verpackungsstrecke

Anschließend wird mit dem gleichen Greifer noch das Produkt angesaugt und in den Karton gesetzt. Die Schwenksauger bleiben dabei eingeklappt.

10.2 Greifen von Packstücken und Kartonagen

Packstücke und Kartons zeichnen sich dadurch aus, dass sie meistens eine quaderförmige Gestalt haben. Variabel ist hingegen die Größe, die Masse und die Oberflächenbeschaffenheit (Folie, Holz, Kunststoff, Pappe). Um die Stücke beim Verpacken, Stapeln oder Umlagern anfassen zu können, ist zu überlegen, welche Flächen (Seiten) des Objekts dafür geeignet sind. Beim ausschließlichen Greifen von oben mit dem Sauger oder Magnet (nur bei Eisenblechbehältern) können alle Bereitstell- bzw. Ablageordnungen in beliebiger Ablauffolge realisiert werden. Das wird in **Bild 10.2** gezeigt.

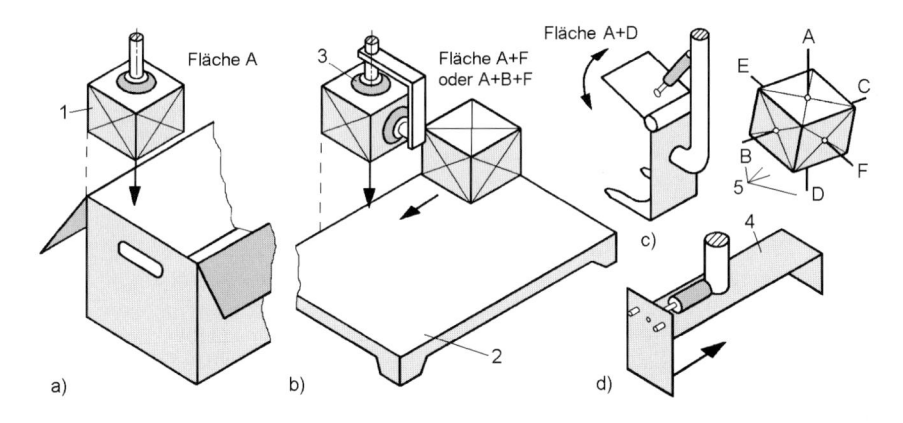

Bild 10.2: Greifprinzipe beim Verpacken und Stapeln
a) Saugplatte, b) winklige Saugerkombination, c) Gabelgreifer, d) Klemmgreifer, 1 Packstück, 2 Palette, 3 Saugergreifer, 4 Klemmgreifer, 5 Produktflächenbezeichnung

Bei schweren Objekten kann man beim Stapeln auf Paletten bis zu drei Ansaugflächen ausnutzen. Es sind aber auch Klemmgreifer einsetzbar, wenn die Greifbacken aus dünnen und möglichst glatten Blechen (hartverchromt) bestehen. Beim Depalettieren sind Gabel- und Klemmgreifer nicht günstig, weil die Klemmbleche zwischen die Objekte gebracht werden müssen.

Bei Behältern, Kisten und Kästen mit unstrukturierten glatten Außenflächen können diese mit Vakuumsaugern und -platten aufgenommen werden. Dafür kann zum Beispiel der in **Bild 10.3** skizzierte Greifer eingesetzt werden. Das Greifobjekt wird mit Saugluft quasi stereo-mechanisch festgehalten. Bei jedem Greifvorgang werden mit dem Handhebel die Greiforgane angelegt, ehe das Vakuum eingeschaltet wird. Damit ist auch ein großer Greifbereich verfügbar, ohne dass etwas umgebaut werden muss. Weil die Verstellung der Greiforgane mechanisch verkoppelt ist, bleibt der Masseschwerpunkt stets mittig. Das bedeutet, dass der Greifer auch für Seilbalancer und Schlauchhebeeinheiten gut geeignet ist. Das Prinzip ist übrigens sehr oberflächenschonend.

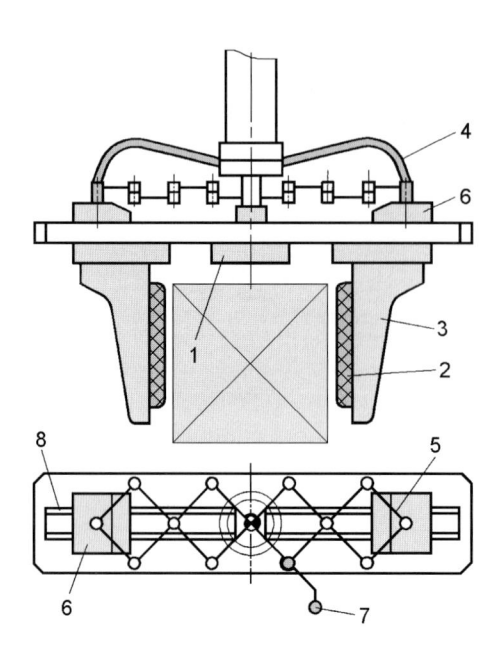

1 Aufsetzauflage
2 Saugplatte
3 Großhub-Greifbacke
4 Vakuumschlauch
5 Scherenmechanismus
6 Schieber
7 Handhebel
8 Geradführung

Bild 10.3: Parallelbackengreifer mit Saugluftbacken (*Schmalz*)

Das **Bild 10.4** zeigt einen Kartongreifer, der als Effektor eines Industrieroboters eingesetzt wird. Die flache Gabel fährt unter den Karton bis zu dessen Anschlag an der Basisplatte. Die Gabelbewegung wird mit einem Pneumatikzylinder aus- bzw. eingefahren. Sie ist außerdem über das Viergelenk-Koppelgetriebe durch eine Feder etwas winkelbeweglich. Das „aufgegabelte" Objekt wird dann mit kleinen Pneumatikzylindern gesichert. So gehalten, sind dynamische Bewegungsabläufe durch den Roboter möglich. Bei plötzlichem Energieausfall wird das Greifobjekt trotzdem festgehalten, wenn ein Doppelrückschlagventil in den Druckluftkreislauf eingebaut wurde.

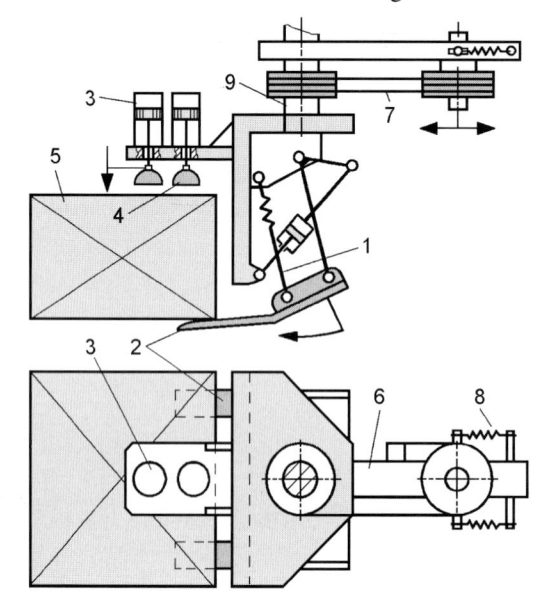

1 Ausgleichsstange
2 Aufnahmegabel
3 Pneumatikzylinder
4 Druckteller
5 Greifobjekt
6 Arm der Handhabungseinrichtung
7 Versorgungsleitungen
8 Spanneinrichtung für Leitungen
9 Drehgelenkachse

Bild 10.4: Kartongreifer

10.2 Greifen von Packstücken und Kartonagen

Der in **Bild 10.5** dargestellte Greifer zeichnet sich durch einen sehr großen Hub aus. Damit wird ein großer Abmessungsbereich von Packstücken überdeckt. Außerdem lassen sich die Greifbacken längs eines Lochfeldes (oder Zahnrasters) verstellen. Der Pneumatikzylinder ist doppeltwirkend. Damit ist auch der Innengriff, zum Beispiel von Ringen oder Drahtgebinden ausführbar.

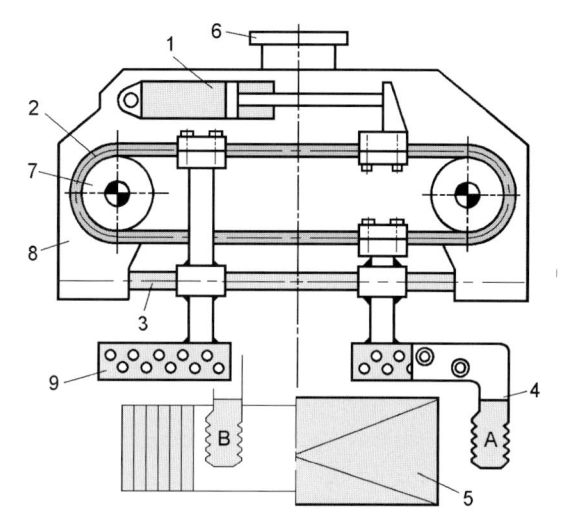

1 Pneumatikzylinder
2 Seil, Kette, Zahnriemen
3 Geradführung
4 Greifbacke auf Greifweite einstellbar
5 Greifobjekt
6 Anschlussflansch
7 Umlenkrolle
8 Grundplatte, Gehäuse
9 Lochfeld zur Backenbefestigung

Bild 10.5: Langhubgreifer für Packstücke

Greifer für große bzw. großvolumige Objekte stellen oft Sonderlösungen dar. Der Greifhub muss dabei keineswegs auch groß sein. Eine neue Möglichkeit wird durch die Verwendung von pneumatischen Muskeln eröffnet. Die Muskeln verformen im Beispiel **Bild 10.6a** über eine Zugstange einen Gummikörper, der dabei den Halteeffekt hervorruft.

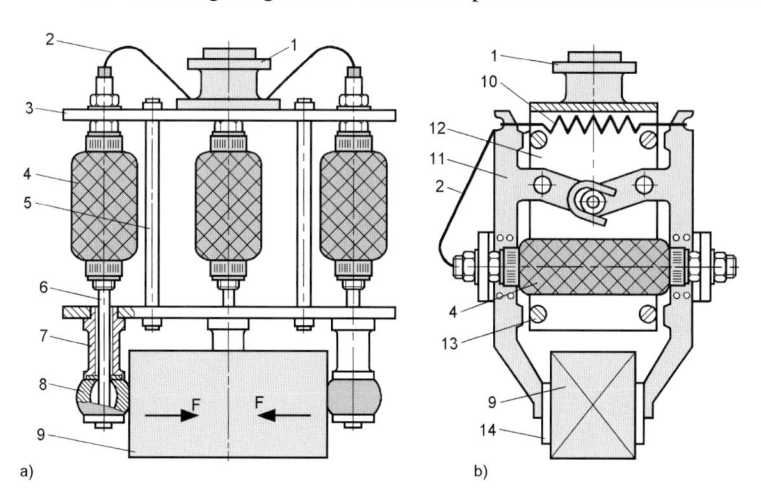

Bild 10.6: Klemmgreifer mit pneumatischen Muskeln (*Festo*)
a) Vierfingergreifer, b) Backengreifer, 1 Greiferflansch, 2 Druckluftleitung, 3 Basisplatte, 4 Fluid-Muskel, 5 Abstandsbolzen, 6 Zugstange, 7 Führungshülse, 8 Gummikörper, 9 Werkstück, 10 Rückholfeder, 11 Greiferfinger, 12 Grundkörper, 13 Endanschlagbolzen, 14 Greifbacke

Der Greifer ist einfach im Aufbau, hat sozusagen modulare Finger und ist leichter als ein Greifer mit pneumatischen oder hydraulischen Kolbensystemen. Das Greifobjekt wird geschont, was oberflächenempfindliche Objekte, wie zum Beispiel lackierte, polierte und siebbedruckte Oberflächen, vor Kratzern schützt.

Beim Greifer nach **Bild 10.6b** wird die Zugkraft des Muskels unter Druck zur Greiferfingerbewegung gewandelt. Der pneumatische Muskel hält mindestens 10 Millionen Lastwechsel aus. Weitere Vorteile sind: geringerer Energieverbrauch als bei vergleichbaren Zylindern, unempfindlich gegenüber Schmutz, Wasser, Staub und Sand, weil er hermetisch geschlossen ist.

In **Bild 10.7** wird ein neues Greifprinzip für Stückgut gezeigt. Der Greifer besteht aus zwei Greifwangen. Auf jeder Wange laufen mehrere parallel angeordnete Riemen. Setzt der Greifer auf ein Packstück auf, dann erzeugen die Riemenrückseiten eine Reibungskraft, die das Objekt in die rechtwinklige Ecke einziehen. Die Zugkraft lässt sich artikelspezifisch begrenzen, wobei diese Begrenzungen bei jedem der parallelen Riemen individuell wirkt. Die Greiffunktion ist nur gesichert, wenn beide Greifwangen am Greifobjekt anliegen. Zur Erzielung eines hohen Reibwertes sind die Riemenrückseiten mit reibungserhöhendem Belag beschichtet.

Der Greifer ist sehr gut geeignet, um im Verbund gestapelte Packstücke abzugreifen, selbst wenn sie ohne Zwischenraum auf der Palette angeordnet sind. So lassen sich auch höhenverschachtelte Packmuster auflösen. Selbst bei Sackgut, Rohren und kugelförmigen Objekten kann der Friktionsgreifer erfolgreich eingesetzt werden. Das Greifgut darf eine Masse bis zu 10 kg haben. Die Technik dieses interessanten Greifprinzips wird man noch optimieren und ausbauen können.

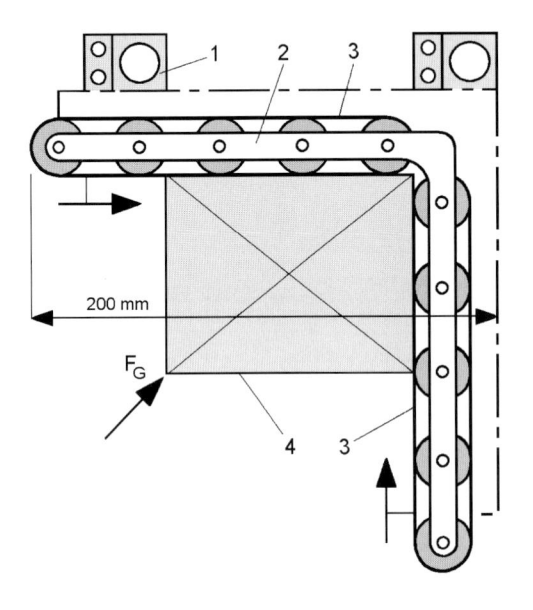

1 Antriebsmotor
2 Greifwange
3 Riemen
4 Greifobjekt

F_G entstehende Greifkraft

Bild 10.7: Stückgutgreifer *Traction Gripper* (*Fraunhofer Institut Materialfluss und Logistik*)

10.3 Greifen von Ziegelsteinen

In der Stein- und Keramikindustrie sind häufig einzelne oder mehrere Objekte als Gruppe zu manipulieren. So müssen zum Beispiel in Gießereien Sandkerne aufgenommen und in den Unterkasten der Gießform eingelegt werden. In der Regel sind Ziegelsteine reihenweise anzufassen, z.B. wenn sie aus der Fertigung als dichte Folge auf einem Plattenförderer ankommen. Wegen der Toleranzen der Steine können mehrere Stücke gemeinsam nur dann angefasst werden, wenn ein Toleranzausgleich vorhanden ist oder wenn mehrere voneinander unabhängige Einzelgreifer in Reihe angeordnet werden. Das wird in **Bild 10.8** vereinfacht dargestellt. Eine Greifbacke schlägt beim Schließen an, so dass die Steine in gerader Linie gepackt werden. Sie können nun reihenweise auf einer Flachpalette für den Versand abgesetzt werden. Der Greifer wird vor allem an handgeführten Manipulatoren (Balancer) verwendet.

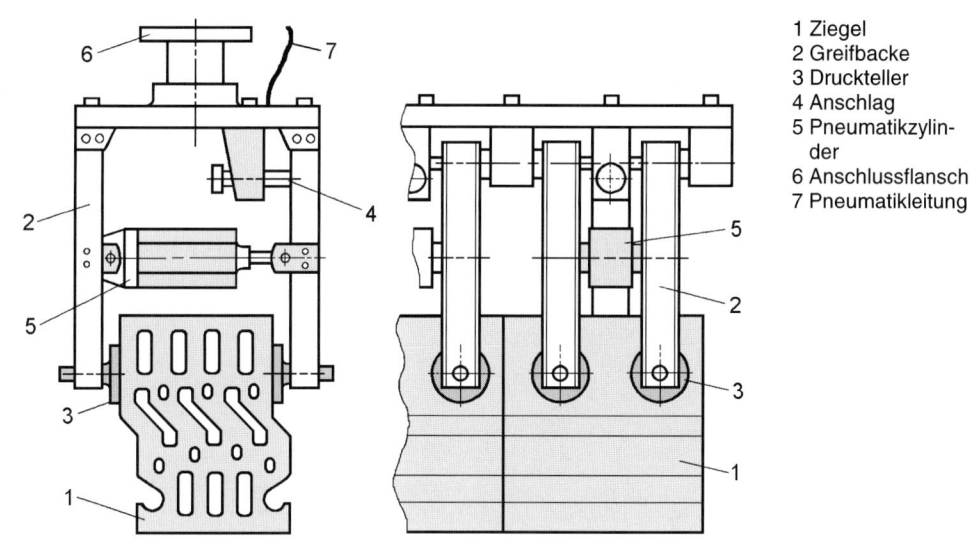

1 Ziegel
2 Greifbacke
3 Druckteller
4 Anschlag
5 Pneumatikzylinder
6 Anschlussflansch
7 Pneumatikleitung

Bild 10.8: Reihengreifer für Ziegelsteine

10.4 Montage von Instrumententafeln für Automobile

Instrumententafeln sind, komplett vormontiert, ziemlich unförmige, sperrige Gebilde, die sich schlecht anfassen und manipulieren lassen. Der Einbau erfordert mehrere Werker, die mit einer Masse von etwa 40 kg jonglieren müssen, um ohne anzuecken und ohne Beschädigungen hervorzurufen den Einbau vornehmen müssen. Ein Handhabungsgerät mit balancierender Funktion ist hier ein entscheidender Vorteil und für eine Qualitätsmontage unerlässlich. In **Bild 10.9** wird der dazu erforderliche Greifer gezeigt. Damit lässt sich die Instrumententafel in 2 Minuten einbauen. Das „Einfädeln" von der Seite mit dem Balancer ist hierbei nur Sekundensache. Das geschieht übrigens bei laufender Hauptmontagelinie, also bei bewegter Karosserie [3-66].

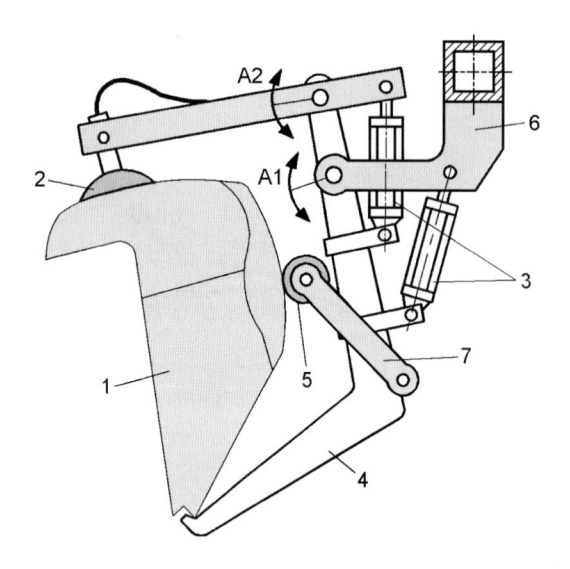

1 Greifobjekt
2 Sauger
3 Pneumatikzylinder
4 Auflagearm
5 Stützrolle
6 Grundplatte mit Anschlussprofil für den Manipulator
7 einstellbarer Rollenarm

A Achse

Bild 10.9: Greifer für die Manipulation von Auto-Instrumententafeln (*STRÖDTER*)

10.5 Magnetgreifer für Bleche

Der in **Bild 10.10** dargestellte Greifer dient zum manuell geführten Aufnehmen liegender Blechtafeln mit anschließendem Heben und Umorientieren in die vertikale Ausrichtung. Mit Hochenergie-Magneten aus Neodym lassen sich große Tragkräfte erzielen, auch bei einem Luftspalt, der zum Beispiel bei beschichteten Blechen unvermeidbar ist.

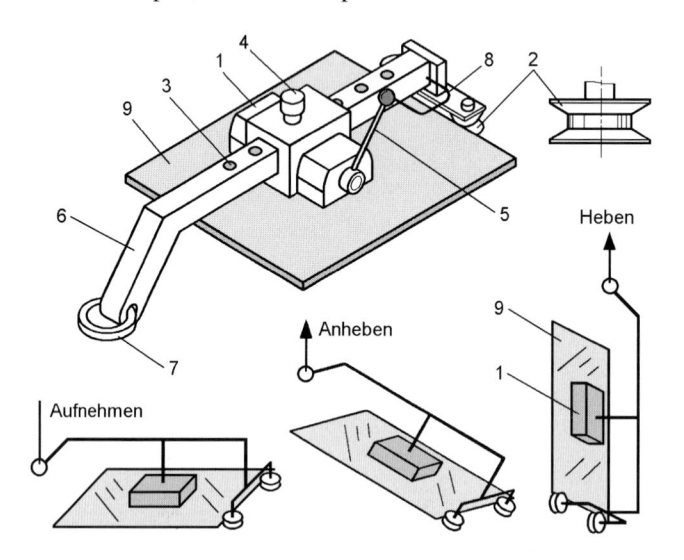

1 Permanentmagnet
2 Auflage, Stützrolle
3 Rastloch
4 Indexbolzen
5 Schaltarm für Magneteinschaltung
6 Hebearm
7 Anhängeöse
8 Bediengriff
9 Eisenblechtafel

Bild 10.10: Magnet-Lasttraverse für Kettenzüge und Manipulatoren

Die Magnete sind äußerst kompakt, wartungsarm und eignen sich sehr gut für Flachmaterial, Stangen und Rohre aus Eisen. Im Beispiel ist der Magnet auf dem Hebearm verschiebbar. Das Blech liegt an Auflagerollen an. Diese nehmen beim Schwenken in die Senkrechte die Gewichtskräfte auf, damit das Blech nicht abgleiten kann.

10.6 Greifen von Wasserpumpen

Die Haltekraft eines Magneten ist gegen Abgleiten bekanntlich viel kleiner als gegen das senkrechte Abreißen. Der Permanentmagnet ist schaltbar, so dass Bleche bei einer Annäherung den Magneten nicht anspringen können. Zur Orientierung werden einige Leistungsdaten von Neodym-Permanentmagneten aufgeführt:

Außenabmessungen in mm	Höhe in mm	Abreißkraft in kN	Nennhaltekraft in kN Flachteile	Rundteile	Eigenmasse in kg
180 x 95	100	3	1	0,5	12
330 x 95	100	7,5	2,5	1,25	16
245 x 120	120	15	5	2,5	26

10.6 Greifen von Wasserpumpen

Der Greifer für Wasserpumpen nach **Bild 10.11** nutzt zwei Greifprinzipe:

- Formpaariges Unterhaken mit einem Dorn und das
- Festhalten mit Vakuumsaugern am Lüftergehäuse des Motors.

Die Greiforgane sind einstellbar angeordnet, so dass der Masseschwerpunkt zur Vertikalachse des Handhabungsgerätes eingerichtet werden kann und auch das Greifen anderer Wasserpumpenbaugrößen möglich ist.

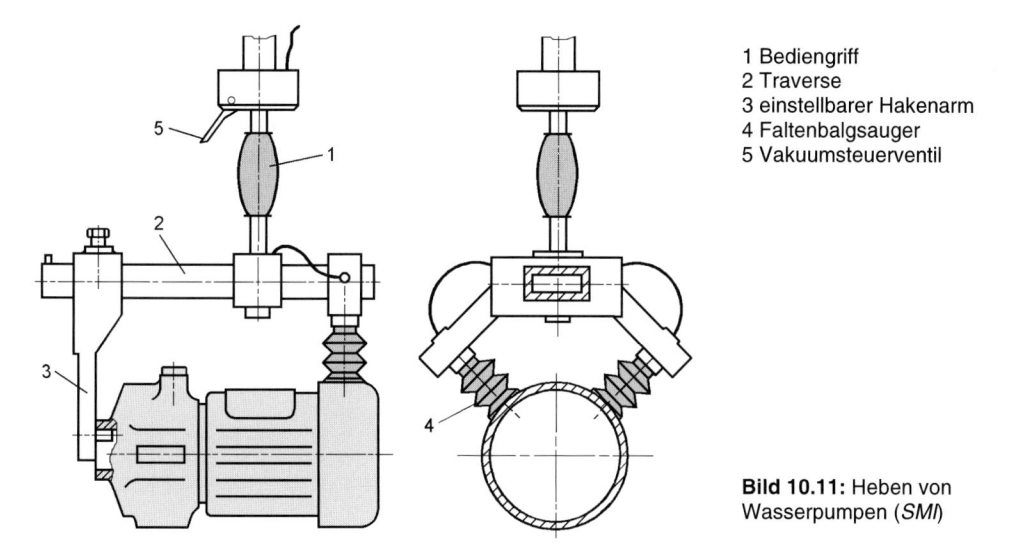

1 Bediengriff
2 Traverse
3 einstellbarer Hakenarm
4 Faltenbalgsauger
5 Vakuumsteuerventil

Bild 10.11: Heben von Wasserpumpen (*SMI*)

So kann für die Handhabung ein Seilbalancer oder Vakuumschlauchheber verwendet werden, ohne dass das Objekt eine unangenehme Schräglage einnimmt. Das Zuschalten der Saugluft wird am Bedienhebel ausgelöst. Die Führung der Last geschieht manuell am Bedienhandgriff. Die Bedienung des Greifers ist so abgesichert, das die Last erst dann vom Greifer gelöst werden kann, wenn sie auf einer festen Unterlage abgesetzt wurde.

10.7 Reihenweises Greifen von Rohren

Zur reihenweisen Aufnahme von Rohren von einer Förderstrecke wurde der in **Bild 10.12** dargestellte Greifer entworfen. Die Rohre werden formpaarig gehalten. Eine feste Greifhakenleiste wird durch die Bewegung des Greifers positioniert, die andere Seite per Pneumatikzylinder bewegt. Wichtig ist, dass die Greifobjekte bereits im Abstand der Greifhaken bereitgestellt werden.

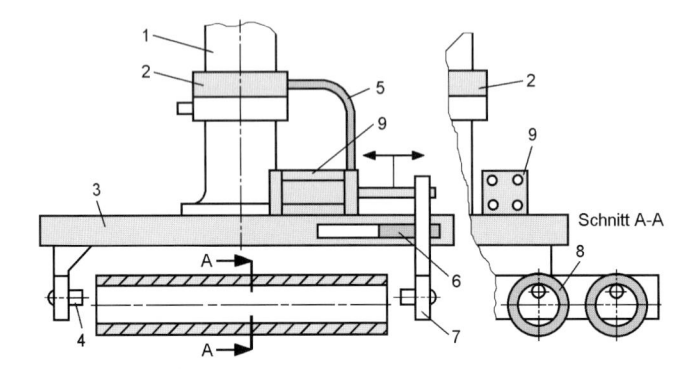

1 Handhabungseinrichtung
2 Anschlussflansch
3 Basisrahmen
4 Greifhaken
5 Druckluftleitung
6 Hakenführung
7 Greifhakenleiste
8 Werkstück
9 Pneumatikzylinder

Bild 10.12: Mehrfachgreifer für Rohrabschnitte

10.8 Greifen in beengten Räumen

Alle Zangengreifer benötigen in der Wirkzone einen mehr oder weniger großen Freiraum für ihre Greifaktionen. Um einen geöffneten Greifer zum Einsatzort zu bringen, wird ein „Handhabungskanal" gebraucht, der frei von Kollisionspunkten ist (siehe dazu auch Bild 2.28). Für beengte Raumverhältnisse wurde der in **Bild 10.13** gezeigte Greifer entworfen. Es ist ein Winkelgreifer, dessen oberer Finger ein zusätzlich bewegliches Fingerglied aufweist. Dieses wird aber nicht gesteuert, sondern beugt sich zwangsweise beim Schließen des Greifers.

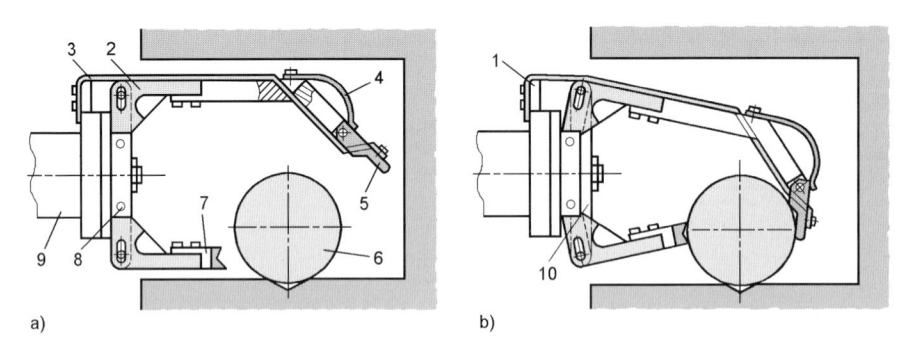

Bild 10.13: Greifen in beengten Entnahmekanälen mit zwangsweiser Fingerkrümmung
a) Greifer geöffnet und in Greifposition, b) Werkstück gegriffen, 1 Bandführungskante, 2 Greiferfinger, 3 Stahlband, 4 Blattfeder, 5 bewegliche, sich abwinkelnde Greifbacke, 6 Werkstück, 7 Greifbacke, 8 Fingerhalterung, 9 Antrieb und Armanschluss, 10 Hubleiste

Die Greifbewegung wird durch ein Stahlband erzeugt, das vom Greifergehäuse bis zum Fingerglied geführt ist. Durch die Geometrie der Mechanik kommt der scheinbare Zugeffekt des Stahlbandes zustande. Noch weniger Bauraum wird gebraucht, wenn es zulässig ist, das Wellenteil seitlich an den Stirnflächen oder mit einem Sauger an der Mantelfläche anzupacken.

10.9 Greifer für Spaltbandringe

Dünne und schmale Metallbänder bis herab zu 0,1 mm Dicke sind sehr empfindlich und lassen sich als gewickelter Ring nicht ohne weiteres schonend handhaben. Das Heben mit Schlaufe und Kran kann bereits durch die Eigenmasse des Coils (bis 1000 kg) zu Schäden am Band führen. In der Regel wird ein Coil (dünnes aufgewickeltes Walzblech) liegend angeliefert und muss vor Ort zum Zweck des Beschickens in einer Abrollhaspel aufgenommen, um 90° gedreht und dann auf die Haspelarme aufgesetzt werden. Bei dieser Prozedur darf es nicht zum Teleskopieren (Abrutschen einzelner Lagen vom Wickel) des Coils kommen. Der Innendurchmesser des Coils darf wegen der Haspelachse nicht verdeckt sein.

Als ideale Halte- und Hebevorrichtung haben sich Vakuumgeräte erwiesen, die den Wickel durch plane Anlage von Saugern bzw. Saugplatten anpacken. Ein solches Lastaufnahmemittel wird in **Bild 10.14** gezeigt. Das Schwenken um 90° wird im Beispiel manuell ausgeführt. Es gibt auch Geräte, die für die Schwenkfunktion mit pneumatischen Antrieben (Zylinder, Drehflügel) ausgestattet sind. Die Saugelemente können auf den Coildurchmesser eingestellt werden. Ist der Wickel ungenügend dicht gewickelt, kann es zu einer die Tragkraft deutlich absenkenden Leckage kommen.

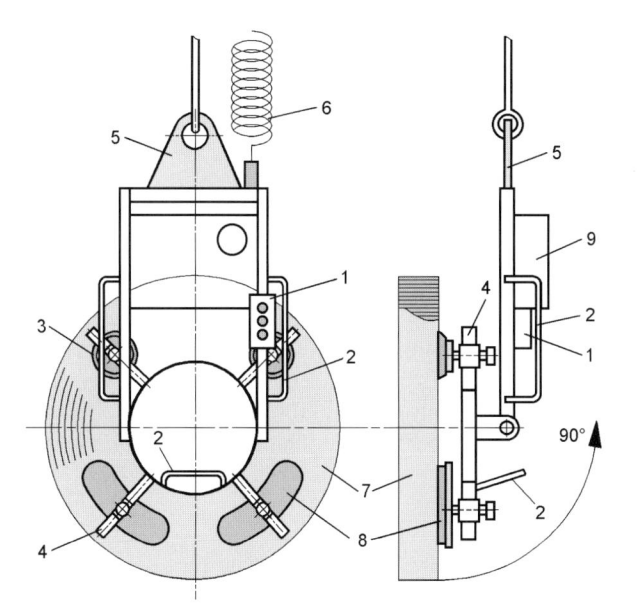

1 Bedieneinheit
2 Führungsgriff
3 Sauger
4 Haltearm für Sauger
5 Anhängeöse
6 Druckluftzufuhr (6 bis 7 bar)
7 Coil
8 bogenförmige Saugplatte

Bild 10.14: Lastaufnahmemittel für schmale Spaltbandringe bis 300 kg Masse (*ANVERRA*)

10.10 Greifen und Montieren außenliegender O-Ringe

O-Ringe sind sehr einfache Dichtungselemente, welche in vielfältiger Weise ihren Einsatz finden. Man verwendet sie hauptsächlich zur Abdichtung ruhender oder gegeneinander bewegter Teile, aber teilweise auch als Antriebsriemen. Ihre Zuführung ist zum Beispiel mit Hilfe eines Vibrationswendelförderers möglich. Die Ringe werden dann von einem Bereitstellplatz abgegriffen.

Damit ein O-Ring in eine auf einer Welle befindliche Nut montiert werden kann, muss bei der Montage der Innendurchmesser des Rings soweit vergrößert werden, dass er etwas größer ist als der Außendurchmesser des Wellenstückes, über den der O-Ring gebracht werden muss. Verfahren, die diesen Vorgang möglich machen, sind z.B. konische Montagehülsen oder Greifer mit vielen Fingern. Die Greiforgane dehnen den Ring polygonartig. Das wird in **Bild 10.15** dargestellt.

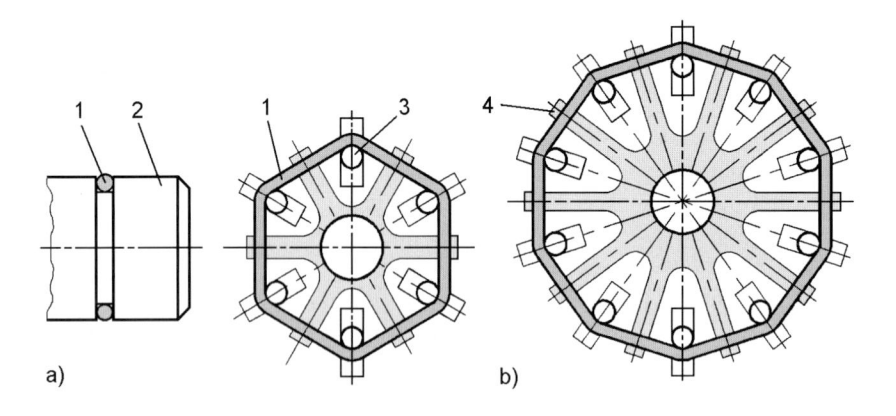

Bild 10.15: Weiten von O-Ringen mit dem Greifer
a) 6-Punkt-O-Ring-Montagegreifer, b) Prinzip des 10-Punkt-Montagegreifers, 1 O-Ring, 2 Welle, 3 Greiferfinger, 4 Abstreifbacke

Nach dem Dehnen kann der eigentliche Montagevorgang erfolgen. Dieser kann sukzessive, also Abschnitt für Abschnitt, oder simultan von einer Handhabungseinrichtung ausgeführt werden, d.h. der gesamte O-Ring wird gleichzeitig am Umfang in die Montagenut eingebracht [10-1].

Das **Bild 10.16** zeigt den Aufbau eines 6-Punkt-Greifers. Zwei unabhängig voneinander steuerbare Pneumatikzylinder übernehmen die beiden Aufgaben Spreizen und Abstreifen des O-Ringes von den Greiforganen in die Wellennut. Mit entsprechenden Greiferfingern lassen sich auch Quad-Ringe, Nut-Ringe, Flachdichtringe oder Gummi-Tüllen vollautomatisch montieren. Der Spreizhub beträgt je Finger 3 bis 6 mm und ist einstellbar. Die Greifkraft beim Öffnen beträgt 300 N.

Für große Dichtringe bis 150 mm Durchmesser wird ein 10-Punkt-Greifer eingesetzt, der beachtliche Kräfte von bis zu 2000 N beim Spreizen aufzubringen hat. Der Abstreifhub beträgt 15 mm.

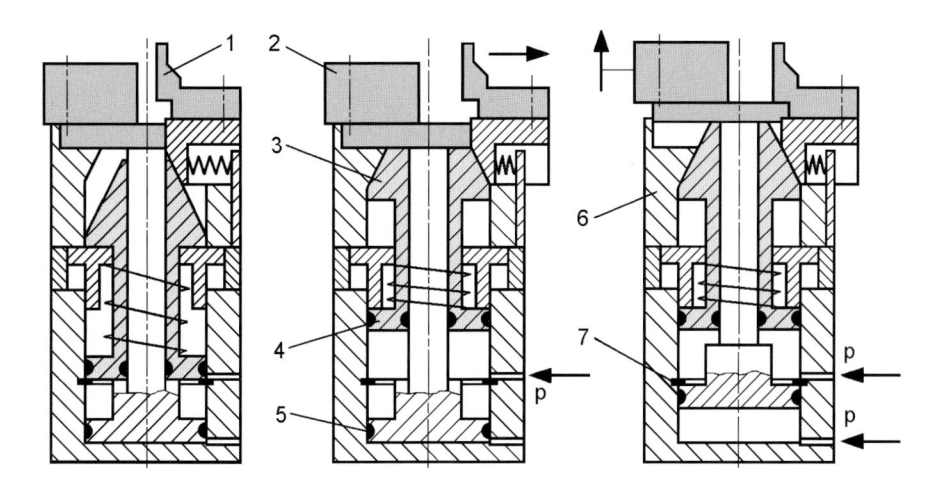

10.10 Greifen und Montieren außenliegender O-Ringe

Bild 10.16: 6-Punkt-Greifer für die O-Ring-Montage (nach *sommer-automatic*)
1 Greiferfinger, 2 Abstreifbacke, 3 Spreizkegel, 4 Spreizkolben, 5 Abstreifkolben, 6 Gehäuse, 7 Anschlagring, *p* Druckluft

In **Bild 10.17a** ist nochmals zu sehen, wie die Finger einen außenliegenden O-Ring polygonartig dehnen. In Höhe der Nut wird er von den Fingern abgestreift. Man kann O-Ringe auch aufwalzen, ähnlich wie beim Wechsel eines Autoreifens (**Bild 10.17b**). Weiterhin ist in **Bild 10.17c** der Montageablauf bei einem 8-Finger-Greifer zu sehen. Die Finger werden in zwei Schritten zurückgezogen. Zunächst werden 4 Finger zurückgenommen. Der Ring sitzt nun bereits an 4 Stellen in der Nut. Dann zieht man die restlichen Finger zurück, so dass der O-Ring nun vollständig in der Nut des Werkstückes verbleibt.

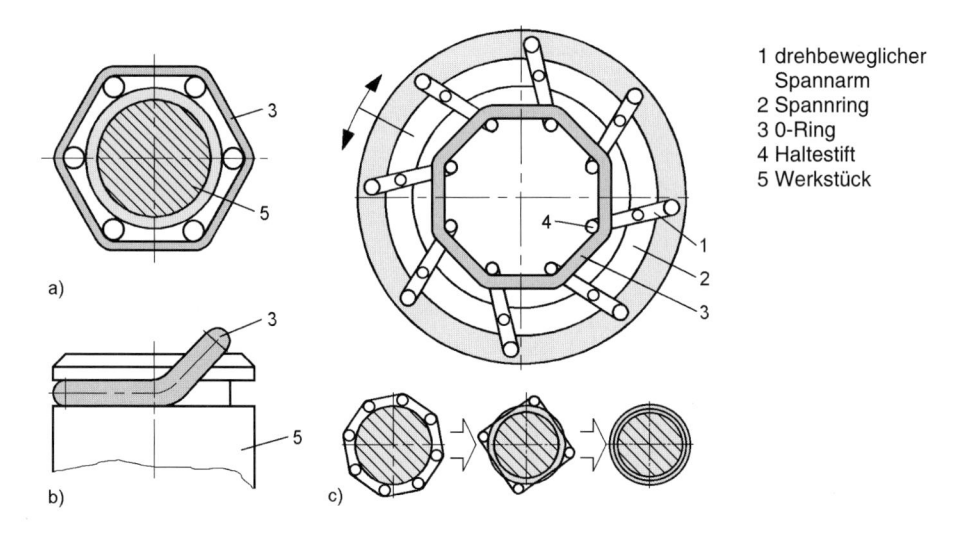

1 drehbeweglicher Spannarm
2 Spannring
3 O-Ring
4 Haltestift
5 Werkstück

Bild 10.17: Greifen und Dehnen von O-Ringen

a) Dehnen des Ringes, b) Montage nach dem Aufwälzverfahren, c) Greifen eines O-Ringes mit einem Achtfinger-Greifer

10.11 Verpacken von Pralinen

Flexibilität besonderer Art wird gebraucht, wenn Pralinen ungeordnet auf einem Förderband bereitgestellt werden, aber exakt ausgerichtet in einer Blisterverpackung abgelegt werden sollen. Das Greifen vom laufenden Band erfordert ein Bilderkennungssystem. Die Kamera ist über dem Förderband angebracht und liefert Informationen zur Position und Orientierung des jeweils nächsten Greifobjekts. Der Greifer **Bild 10.18** pickt nach und nach fünf Objekte auf, schwenkt dann zum Verpackungsmittelband und legt dort alle Stücke gleichzeitig in Reihe in die Blisterformen. Weil die Objekte länglich sind und nicht rund, spielt auch die Orientierung eine Rolle. Deshalb ist eine NC-Handgelenkachse erforderlich. Der Drehwinkel α muss erst eingestellt sein, ehe der jeweilige Sauger nach unten schnellt. Die Sauger sind an einfachwirkenden Standardzylindern mit Verdrehsicherung (Ovalkolbenzylinder) angebracht. Jeder Sauger kann einzeln ausgefahren werden.

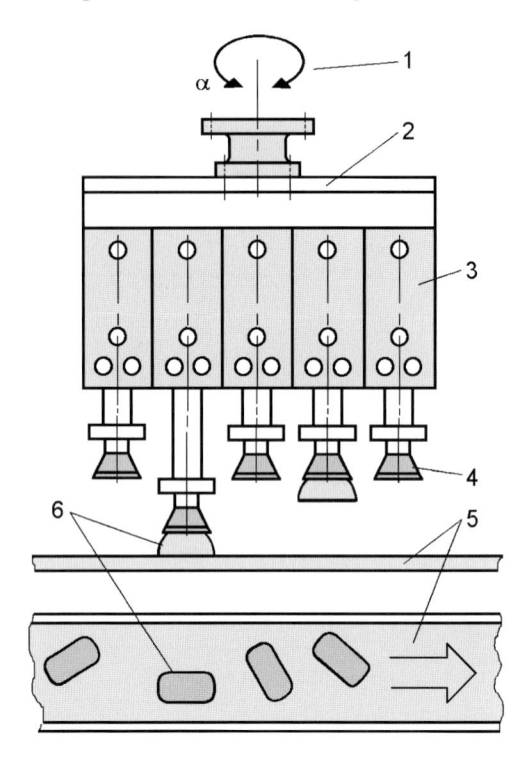

1 NC-Drehachse (Achse der Roboterhand)
2 Aufbau-Winkelplatte
3 Standardzylinder mit Verdrehsicherung
4 Saugnapf
5 Förderband
6 „Werkstück" (Konfekt, Praline u.ä.)

Bild 10.18: Mehrfachsaugergreifer für Einlegeoperationen

10.12 Fassgreifer

Für die Handhabung von Fässern wurden schon viele unterschiedliche Greifer entwickelt. Fässer können sehr schwergewichtig sein, was die konstruktive Gestaltung entsprechend beeinflusst. Man kann sie an der Mantelfläche, an der Deckelfläche und an einer Randsicke anpacken, wenn diese entsprechend ausgebildet ist (siehe dazu Bild 3.139).

Das **Bild 10.19** zeigt einen Klemmgreifer. Zwei Greifbacken werden mit einem Arbeitszylinder angetrieben. Die Klemmbacken sind großflächig ausgebildet, um die Flächenpressung klein zu halten.

10.12 Fassgreifer

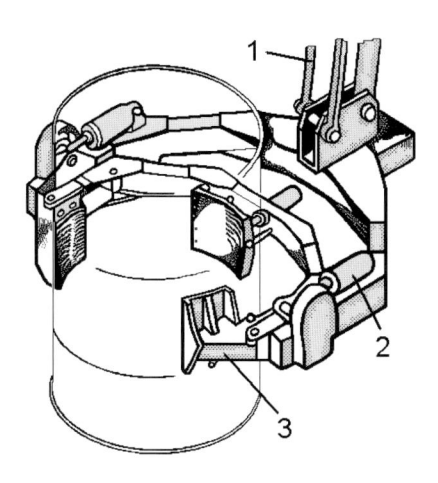

1 Manipulatorarm
2 Arbeitszylinder
3 Klemmbacke

Bild 10.19: Dreipunkt-Klemmgreifer für Fässer

Der Greifer ist im Beispiel an einem handgeführten Gelenkarmmanipulator befestigt. Das trifft auch auf den in **Bild 10.20** dargestellten Greifer zu, der die Fässer nicht stehend, sondern nur liegend anfassen kann. Dafür sind die Klauenfinger mit Dreipunktanlage gedacht. Die gepolsterten, austauschbaren Flachbacken sind für das Greifen von quaderförmigen Objekten gedacht.

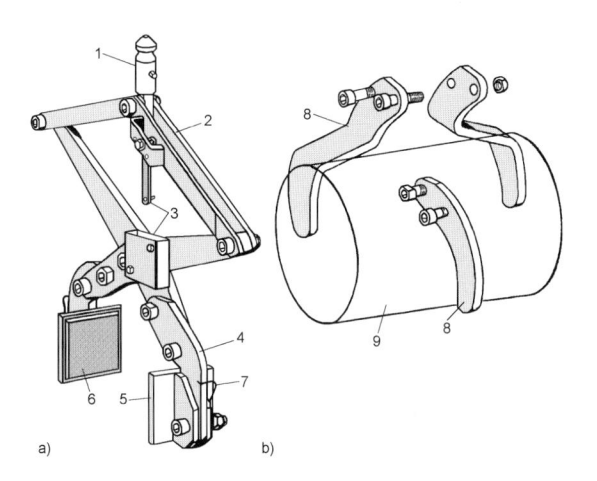

1 Kupplungszapfen
2 Parallelogramm-Mechanik
3 Verriegelungsmechanik
4 Wechselfinger
5 Greifbacke
6 Gummiauflage
7 Sicherungsdraht für Mutter
8 Backenpaar für Rundteile
9 Greifobjekt

Bild 10.20: Greifzange für schnelles Aufnehmen kompakter Stückgüter

a) Greifbacke für quaderförmige Teile
b) Backen für runde Körper

Die Greifobjekte werden durch Umlenkung von Gewichtskräften beim Anheben selbsttätig geklemmt. Beim Absetzen rastet ein Haken ein, der die Greifbacken beim erneuten Anheben offen hält. Dann kann der Greifer zum nächsten Objekt geführt werden.

Ein Beispiel für das Greifen von Fässern mit Vakuum wurde bereits in Bild 3.245 vorgestellt. Für das Greifen an der Mantelfläche lassen sich ebenfalls Sauger einsetzen. Das können mehrere verteilte Einzelsauger sein oder eine gewölbte Saugplatte. Letztere ist allerdings nur für einen definierten Fassradius einsetzbar. Die Handachsengetriebe dienen in beiden Fällen dazu, den Inhalt dosiert auszukippen. Die in **Bild 10.21** gezeigten Greifer werden üblicherweise ebenfalls an handgeführten Manipulatoren eingesetzt.

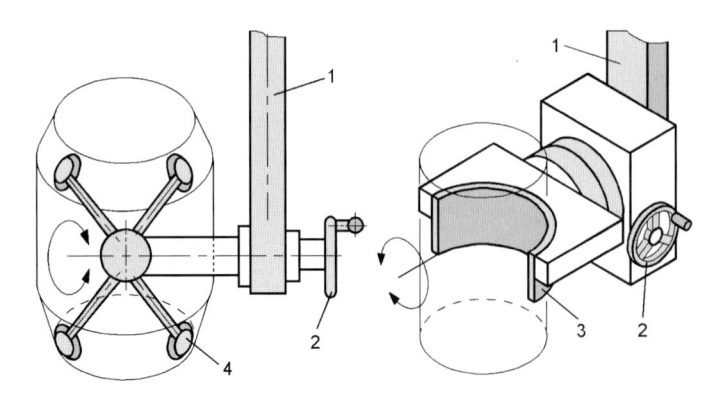

1 Manipulatorarm
2 Handkurbelachse
3 Saugplatte
4 Scheibensauger

Bild 10.21: Vakuum-Fassgreifer

10.13 Greifen von Drahtbunden

Drahtbunde dürfen nicht an den Ringen angefasst werden, die den Bund vor dem Aufgehen zusammenhalten. Deshalb gibt es für diese Greifaufgabe spezielle Greifer, die entweder innen oder außen anpacken (**Bild 10.22**). Beide Greifer haben einen Anschlag für das senkrechte Aufsetzen des Greifers und einen Arretierhaken, um die Greifbacken beim Absetzen des Drahtbundes offen zu halten.

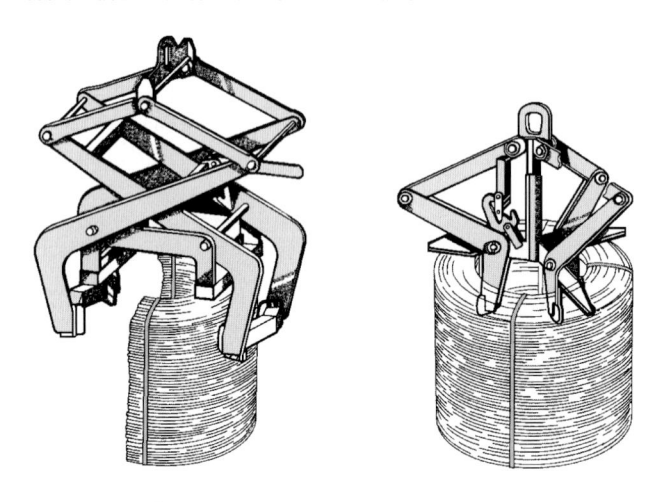

Bild 10.22: Drahtbundgreifer (*Pfeifer*)

Links: Außengreifer
Rechts: Innengreifer

Diese Arretierung muss später wieder von Hand gelöst werden. Die Greifer werden mit Hebezeugen zum Einsatz gebracht und haben keinen Greiferantrieb. Das Festhalten wird durch Schwerkraftwirkung der Greifobjekte erreicht. Die Mechanik einer Vertikal-Coilzange ist auch in Bild 3.138 zu sehen.

10.14 Greifen von Kleinladungsträgern

Der mittlerweile umfangreiche Einsatz von Kleinladungsträgern (KTL) hat auch zu entsprechender Greiftechnik für die Verwendung an handgeführten Manipulatoren geführt.

10.15 Greifen von Gussstücken

Diese Behälter haben unter anderen von oben zugängliche Schächte, in die Aufnahmehaken eingeführt werden können. Sie werden dann gespreizt und halten auf diese Weise den Behälter formschlüssig. Das **Bild 10.23** zeigt die konstruktive Ausführung solcher „Greifhaken". Die Betätigung kann mit einem Handhebel manuell erfolgen. Es gibt aber auch Greifer, die alles auf Knopfdruck automatisch erledigen.

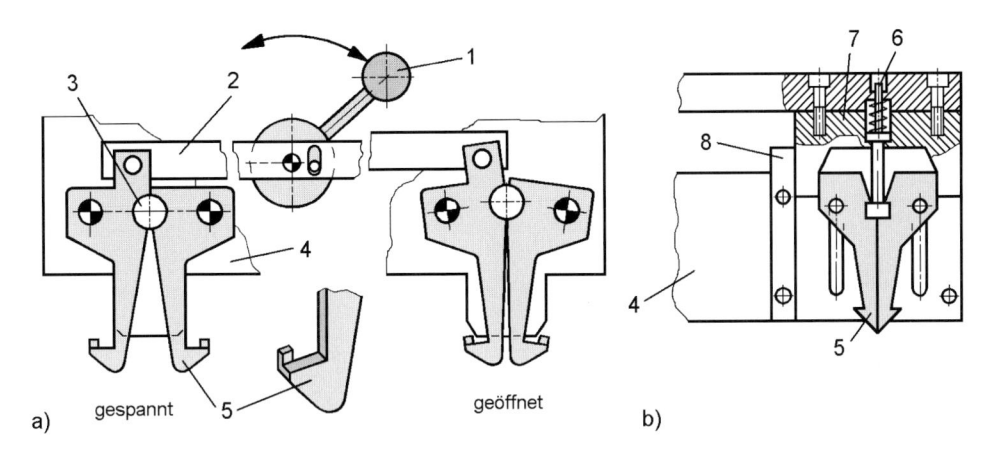

Bild 10.23: Greifer für Kleinladungsträger (*Schmidt-Handling*)
a) Gestaltung von Aufnahmehaken, b) Greiforganausführung, 1 Handhebel, 2 Schieber, 3 Zylinderwalze, 4 Basisplatte, 5 Aufnahmehaken (16 MnCr5), 6 Druckstößel, 7 Kurvenschieber, 8 Greifer

Andere Greifmittel sind einfache Gabeln, die in eigens dafür geschaffene seitliche Nuten (U-Gabel-Führungsnut) einfahren, eine horizontale Nut am unteren Behälterrand ausnutzen oder den Behälter am oberen Rand in Langlöchern bzw. in solchen innerhalb der Außenkontur des Kleinteilebehälters anpacken.

Die Vertikalgreifer, haben den großen Vorteil, dass die Kontur des Greifers nicht größer ist als die Außenabmessungen des Kleinteilebehälters. Damit lassen sich auch eng gestapelte Lagereinheiten gut anpacken.

10.15 Greifen von Gussstücken

Das **Bild 10.24** zeigt einen Greifer, bei dem das Greifobjekt, hier ein bereits bearbeitetes Gussstück, zum Greifer zentriert wird, ehe das Spannen erfolgt. Der Greifer setzt vorher auf dem Gussstück auf. Die Platte mit den Zentrierelementen kann austauschbar angebracht werden, um auch noch andere Teile nach einer Umrüstung anfassen zu können. Bei schweren Gussstücken muss der Antrieb mit einem Hydraulikzylinder erfolgen. Derartige Greifer sind Sonderkonstruktionen.

Der Zentriervorgang ist erforderlich, wenn nachfolgend ein Montagevorgang folgt oder wenn eine genaue Ablage in einer Vorrichtung vorgesehen ist und deshalb eine genaue Zuordnung zum TCP (*Tool Centre Point*) gebraucht wird.

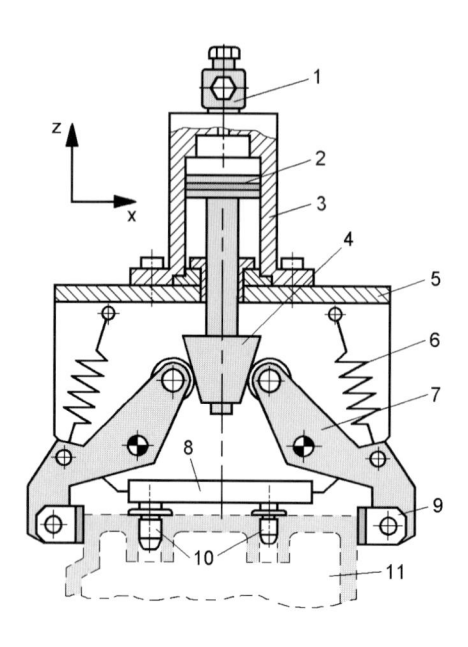

1 Druckluftanschluss
2 Kolben
3 Zylinder
4 Keilstück
5 Greiferplatte
6 Zugfeder
7 Greiferfinger
8 Aufnahmeplatte
9 Greifbacke
10 Zentrierbolzen
11 Werkstück

Bild 10.24: Zweifingergreifer mit Zentrierhilfen für das aufzunehmende Werkstück

10.16 Greifen mit dem Faltenbalgsauger

Faltenbalgsauger zeichnen sich durch große Beweglichkeit aus und passen sich Teilen mit unebener oder sich ändernder Oberfläche an. Die Eigenfederung sorgt für einen Höhenausgleich. Der zulässige Aufsetzwinkel α, bei dem in **Bild 10.25** dargestellten Greiffall, reicht je nach Faltenbalg-Saugertyp bis 5°, 10°, 15°, 20°, 30° und 40° Neigung.

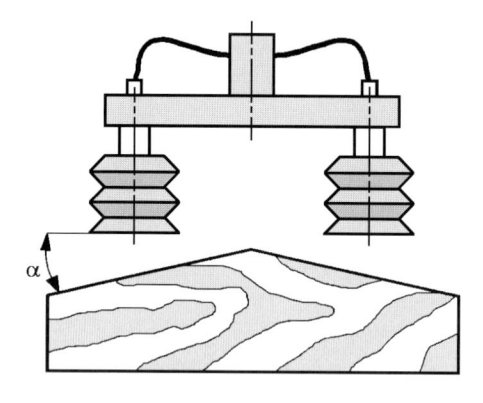

Bild 10.25: Greifen eines dachförmigen Werkstücks

Mit Hilfe von Anschlägen lässt sich am Greifer ein Werkstück mit schräger Greiffläche exakt horizontal ausrichten, auch wenn es an der Schräge aufgenommen wird. Das wird in **Bild 10.26** gezeigt. Auf ähnliche Art kann man auch ein gerades Werkstück in eine definierte Schräglage bringen, zum Beispiel beim Montieren durch Zusammenlegen.

10.17 Sackgreifer

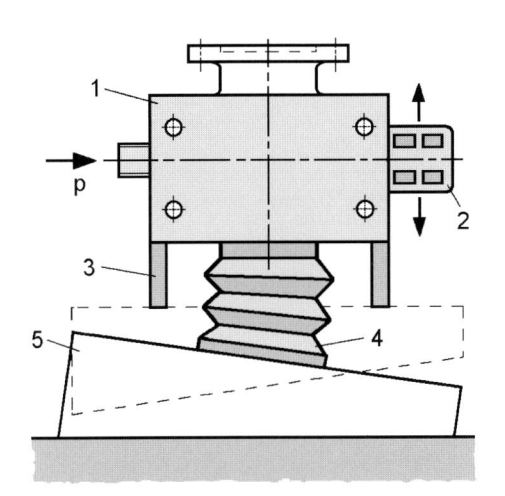

1 Vakuumsaugdüse
2 Schalldämpfer
3 Anschlag
4 Faltenbalgsauger
5 Werkstück

p Druckluft

Bild 10.26: Sauger mit Ausrichtestützen

Das **Bild 10.27** zeigt einen Sauger, der einen besonders großen Höhenunterschied ausgleichen kann. Das erlaubt dann auch das reihenweise Greifen von Teilen (Naturprodukten), die sich in Größe und Form in bestimmten Grenzen unterscheiden. Die Greifobjekte sollen relativ leicht sein.

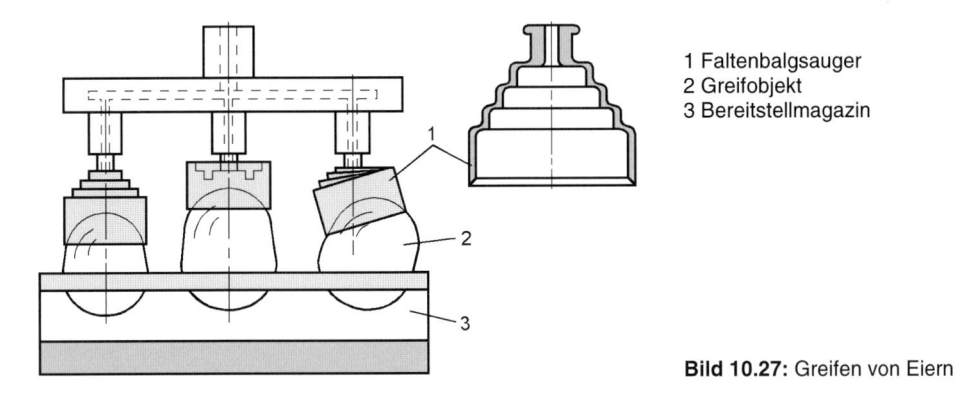

1 Faltenbalgsauger
2 Greifobjekt
3 Bereitstellmagazin

Bild 10.27: Greifen von Eiern

10.17 Sackgreifer

Säcke verschiedenen Inhalts, vom Kunststoffgranulat über Getreide bis zu Chemikalien, Düngemitteln und Baustoffen müssen oft im Versand und am Ende von Produktionslinien manipuliert werden. Sie kommen meist in liegender Orientierung auf Paletten oder Förderstrecken an. Für die Handhabung kommen folgende Greiftechniken zur Anwendung (**Bild 10.28**):

- Greifen auf der Oberfläche mit Saugluft. Dabei muss die Fläche saugdicht sein. Die Sauger können sehr groß ausgeführt werden (Niederdruckgreifer), so dass eine punktuelle Belastung vermieden wird (Sicherheitsfaktor bei der Greiferberechnung Si = 2,5).

- Halten mit untergreifenden Platten. Durch die linienförmige Auflage des Sackes auf den Platten kommt eine gute Auflage zustande. Der Sack muss aber eine gewisse Eigenstabilität aufweisen.
- Halten mit untergreifenden Fingern. Die Finger werden zum Beispiel über einen Seilzug abgewinkelt, wenn das Greifen erfolgen soll. Dieses Verfahren ist für weiche Foliensäcke aber nicht einsetzbar.
- Halten mit Gabelzinken. Das Verfahren ist besonders beim Abgreifen vom Förderer einsetzbar.

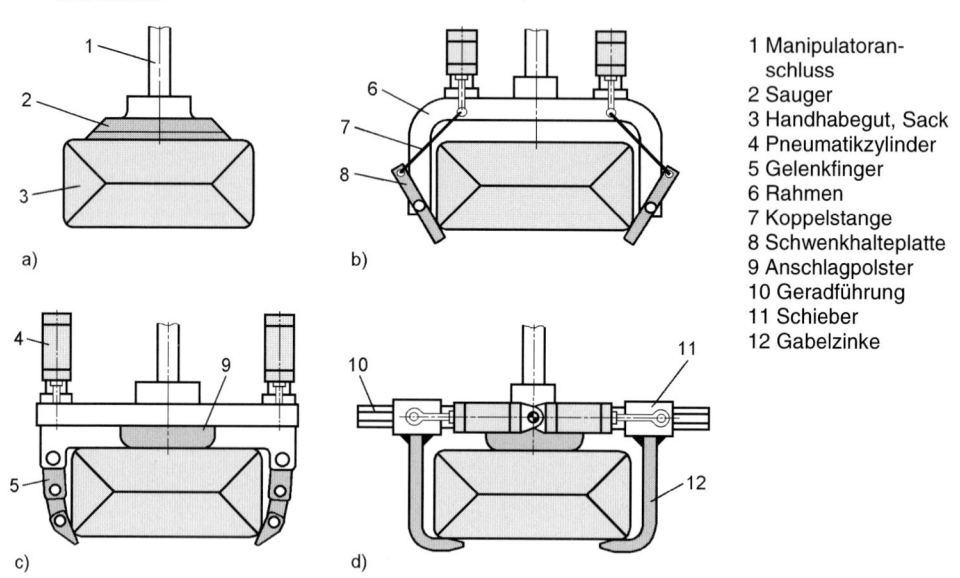

1 Manipulatoranschluss
2 Sauger
3 Handhabegut, Sack
4 Pneumatikzylinder
5 Gelenkfinger
6 Rahmen
7 Koppelstange
8 Schwenkhalteplatte
9 Anschlagpolster
10 Geradführung
11 Schieber
12 Gabelzinke

Bild 10.28: Einige praktizierte Sackgreiftechniken
a) Sauger, b) lastuntergreifende Platten, c) mehrgliedrige Finger, d) Gabelzinkengreifer

Das **Bild 10.29** zeigt die Handhabung von Düngemittelsäcken, die von einem Rollengang abgenommen und anschließend auf Paletten gestapelt werden. Die Anzahl der Gabelzinken richtet sich hier nach dem Abstand der Transportrollen.

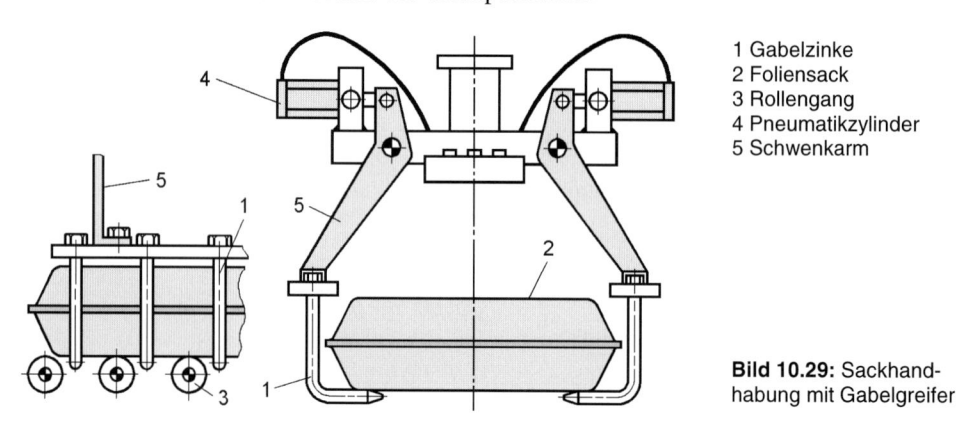

1 Gabelzinke
2 Foliensack
3 Rollengang
4 Pneumatikzylinder
5 Schwenkarm

Bild 10.29: Sackhandhabung mit Gabelgreifer

10.17 Sackgreifer

Ebenfalls mit Gabelzinken werden die Säcke beim Greifer nach **Bild 10.30** aufgenommen. Ausfahrende Sauger halten den Sack während dynamischer Bewegungen fest. Außerdem ist ein Abschiebeschild eingebaut, das den Sack am Zielort von den Gabeln schieben kann. Das ist wichtig, wenn die Säcke schichtweise auf Paletten gestapelt werden müssen.

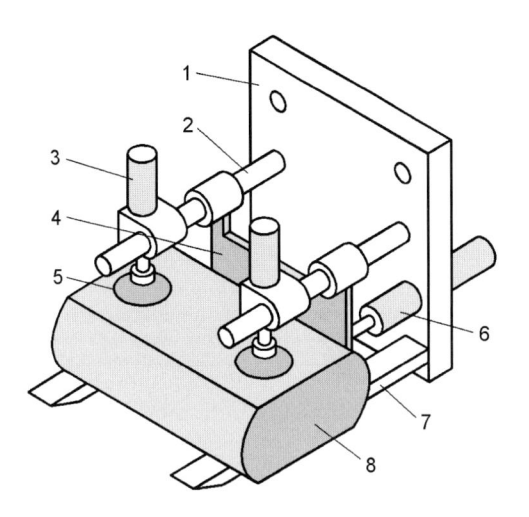

1 Grundplatte
2 Geradführung
3 Spannzylinder
4 Abschiebeschild
5 Vakuumsauger,
6 Pneumatikzylinder
7 Greifgabel
8 Sack

Bild 10.30: Sackgreifer

In **Bild 10.31** wird nochmals das Prinzip des Sackgreifers aus Bild 10.28b gezeigt, wobei jetzt die Stützplatten bzw. Halteklauen nach dem Aufsetzen des Greifers elektromotorisch in Bewegung gesetzt werden. Als Antrieb dienen Elektrozylinder mit ausfahrender Druckstange. Die Druckkraft des Zylinders zerlegt sich an der Koppellasche, die Teil eines „halben" Kniehebelgetriebes ist. Die Kraft F wird über die Hebelabstände umgesetzt und kompensiert die halbe Gewichtskraft $F_G/2$. Es gilt:

$$F = \frac{F_G \cdot b}{2 \cdot a} \qquad (10.1)$$

Bei Elektrozylindern ist die zulässige Einschaltdauer zu beachten. Sie ist von der Belastung und der Umgebungstemperatur abhängig. Sehr kurze Zykluszeiten können problematisch sein.

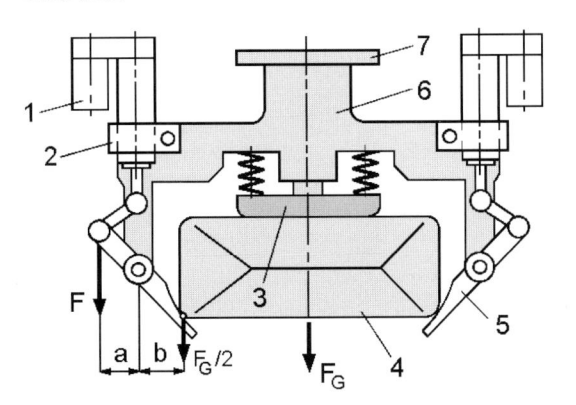

1 Elektrozylinder
2 Halterung
3 Auswerfplatte, gefedert
4 Sack, Greifobjekt
5 Stützplatte, Klaue
6 Grundkörper
7 Anschlussflansch

F Druckkraft
F_G Gewichtskraft

Bild 10.31: Sackgreifer mit elektrischem Antrieb

Ist die Festhalteposition erreicht, muss der AC- oder DC-Motor des Elektrozylinders keine Antriebskraft mehr aufbringen. Die Last kann durch Selbsthemmung der Gleitgewindespindel des Antriebs ohne Stromverbrauch unbegrenzte Zeit halten.

10.18 Greifen dünner Zuschnitte aus einem Magazin

Dünne Zuschnitte oder auch Beipackzettel und Bedienanleitungen müssen zum Beispiel an Verpackungslinien automatisch zugeführt werden. Das Entnehmen der Zuschnitte aus einem Magazin muss so erfolgen, dass nur jeweils ein Objekt gegriffen wird. Wie man aus **Bild 10.32** entnehmen kann, wird mit zwei Greiforganen gearbeitet. In erster Aktion wird das unterste Objekt angesaugt und um 90° abgebogen. Dann erfolgt die Übernahme durch einen Klemmgreifer, der das freie Ende des Zuschnitts anfasst.

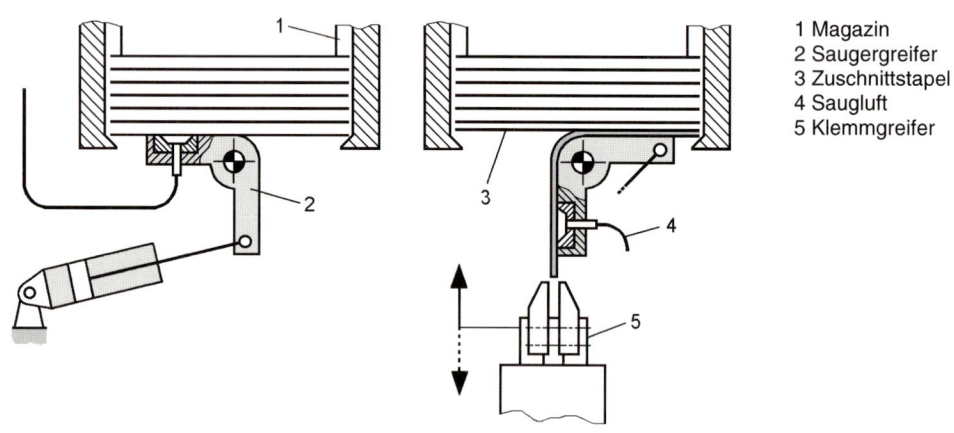

1 Magazin
2 Saugergreifer
3 Zuschnittstapel
4 Saugluft
5 Klemmgreifer

Bild 10.32: Greifen dünner Zuschnitte aus einem Schachtmagazin

Nach dem Schließen des Klemmbackengreifers wird das Vakuum abgeschaltet, so dass der Klemmgreifer den Zuschnitt nun vollends aus dem Magazin zieht. Dem folgt nun das prozessbedingte Manipulieren mit dem Klemmgreifer. Der zweistufige Ablauf (Vereinzeln, Greifen) bringt auch zeitliche Vorteile, weil die erste Aktion bereits ablaufen kann, wenn das vorherige Stück noch mit dem Klemmgreifer bewegt wird.

Ein anderes Beispiel wird in **Bild 10.33** vorgestellt. Ein Greifer entnimmt aus einem Köcher einen dünnen Drahtabschnitt von zum Beispiel 0,4 mm Durchmesser. Da der Greifer nicht einfach in den Köcher eintauchen kann, wird dieser mit einem Bündel von Drahtabschnitten bestückt und gegen den Greifer bewegt. Es wird ein pinzettenartiger Greifer eingesetzt. Man geht davon aus, dass sich ein einzelner Draht in den geöffneten Greifer wieder findet. Die Greifbacken schließen sich und der Greifer zieht den Drahtabschnitt aus dem Köcher und übergibt ihn an ein Zuführrohr der zu beschickenden Maschine. Der Greifvorgang ist allerdings zufallsabhängig. Deshalb ist der Greifer mit Redundanz ausgelegt. Die Greifelemente sind im Falle B doppelt und im Falle C dreifach vorhanden. Der Schließvorgang der Backen ist aber so abgestimmt, dass grundsätzlich nur ein einziger Drahtabschnitt fest angepackt wird, auch wenn sich mehrere in die Pinzettenbacken legen.

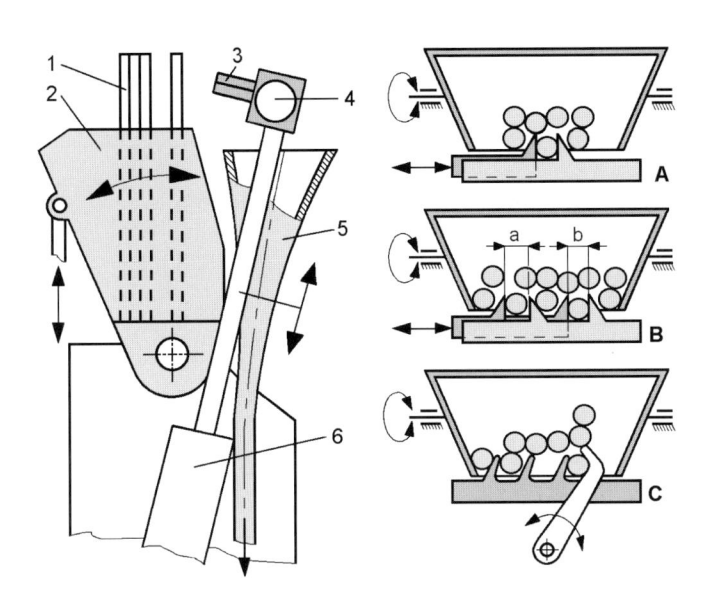

1 Werkstück, vorzugsweise
  dünne Drahtabschnitte
2 Köcher
3 Pinzettengreifer
4 Pinzettenantrieb
5 Zuführtrichter
6 Lineareinheit

a ≠ b, so dass jeweils nur eine Pinzette das Teil wirklich klemmt.

Bild 10.33: Pinzettengreifer für Drahtabschnitte [3-49]

Draufsicht:
A Einfachpinzette
B Doppelpinzette
C Greifer mit dreifacher Redundanz

10.19 Greifen flexibler Flachteile vom Stapel

Die Fortschritte beim Schneiden mit dem Laserstrahl haben dazu geführt, dass man auch aus einzelnen Schichten textilen Materials Stücke schneidet. Diese Technologie ist aber teuer und deshalb nicht sehr in der Textilindustrie verbreitet. Meistens werden die Stoffe deshalb herkömmlich im Stapel mit Messern geschnitten. Danach sind die Zuschnitte einzeln vom Stapel abzunehmen (zu vereinzeln). Dabei treten folgende Erschwernisse auf:

- Bei gewebten Stoffen verfusseln einzelne Fasern am Rand mit dem Textilstück der nächsten Lage.
- Bei Gestricken haftet die gesamte Oberfläche an der nächsten Lage. Das wird durch die beträchtlich größere Dehnfähigkeit gegenüber gewebtem Material unterstützt.
- Jeder Stoff hat außerdem charakteristische Eigenschaften, die von der Art des verwendeten Garns abhängen. Auch aus verschiedenen Stellen einer Textillage herausgeschnittene Stücke können unterschiedliche Merkmale haben [10-2] [10-3].
- Nach dem Abgreifen der obersten Lage muss die nächste Lage in einen solchen Zustand verbleiben, dass sie problemlos gegriffen werden kann. Besonders das Kopfteil des Stapels darf sich nicht verlagern.

Greifen und Zuteilen können als ein Vorgang betrachtet werden [10-4]. In der Regel werden zusätzliche Hilfen gebraucht, um eine Trennung von der nächsten Lage zu erreichen. Das kann eine pneumatische Hilfe sein [10-5] oder die Ausnutzung von Abschereffekten [10-6].

Die Kantengenauigkeit eines Stapels ist meistens schlechter als ± 1 mm. Hinzu kommt die Bahngenauigkeit der Handhabungseinrichtung, so dass ein größerer Gesamtfehler entstehen kann. Das **Bild 10.34** zeigt eine Greifmethode, bei der ein flacher Greifkopf auf den Stapel abgesenkt wird. Der Greifkopf dreht sich um das Zentrum T, wobei kein Element in den Stapel eindringen darf, weil sich dann die Lagen verschieben bzw. verformen.

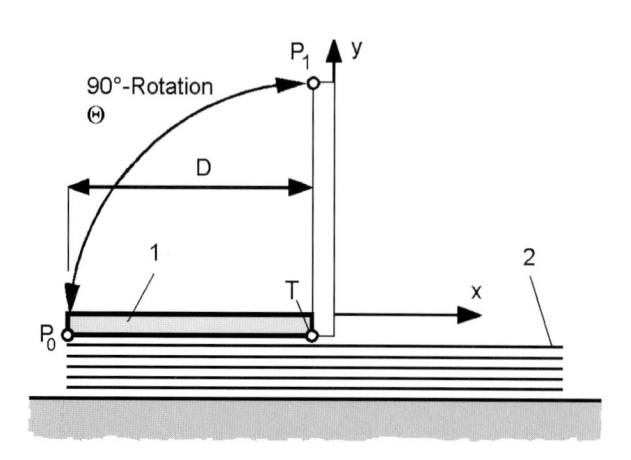

Bild 10.34: Greifen textiler Gebilde vom Stapel mit Flachgreifkopf

1 Greifkopf
2 Textilflächenstapel

Das Problem kann rein konstruktiv gelöst werden, indem sich beim Drehen der Punkt T virtuell ergibt oder es werden mehrere Bewegungen (rechtsdrehende Rotation, Verschiebung in x und y) überlagert, was in der Robotertechnik gut machbar ist. Für den Punkt P_1 lässt sich als transponierte Matrix schreiben

$$P_1 = [-D\ 0\ 0\ 1]^T \tag{10.2}$$

Für eine rechtsdrehende Rotation des Punktes P_0 kann die Greiffläche durch den Winkel θ mit Hilfe der folgenden Umwandlung rotiert werden:

$$P_1 = \begin{bmatrix} \cos\Theta & \sin\Theta & 0 & 0 \\ -\sin\Theta & \cos\Theta & 0 & 0 \\ 0 & 0 & 1 & 0 \\ 0 & 0 & 0 & 1 \end{bmatrix} \cdot \begin{bmatrix} -D \\ 0 \\ 0 \\ 1 \end{bmatrix} \tag{10.3}$$

Wird in P_1 für den Winkel $\theta = \pi/2$ für das 90°-Bogenmaß eingesetzt, so ist

$$P_1 = [0\ D\ 0\ 1]^T \tag{10.4}$$

Verwendet man anstelle eines flachen Greifkopfes einen walzenartigen Greifzylinder, so ergibt sich die in **Bild 10.35** dargestellte Situation.

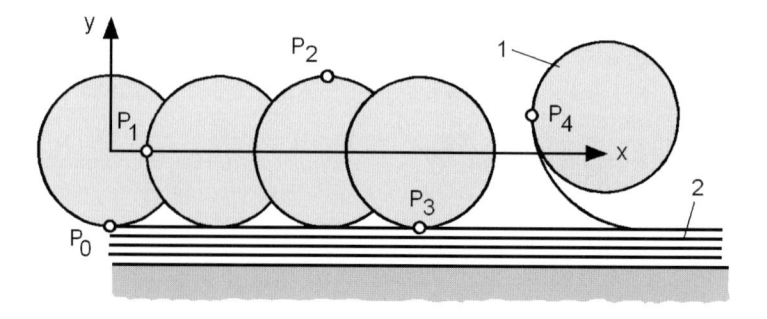

Bild 10.35: Greifen textiler Gebilde vom Stapel mit einem Greifzylinder

10.19 Greifen flexibler Flachteile vom Stapel

Wenn der Greifzylinder auf dem Stapel linear in Richtung x abrollt, verschiebt sich der Greifpunkt $P_0 = [0\ -r\ 0\ 1]$ durch die Rechtsdrehung zu P_1. Dieser Ablauf lässt sich wie folgt beschreiben:

$$P_1 = \begin{bmatrix} \cos\Theta & \sin\Theta & 0 & \pi\cdot r/2 \\ -\sin\Theta & \cos\Theta & 0 & 0 \\ 0 & 0 & 1 & 0 \\ 0 & 0 & 0 & 1 \end{bmatrix} \cdot \begin{bmatrix} 0 \\ -r \\ 0 \\ 1 \end{bmatrix} \quad (10.5)$$

Wird für den Winkel $\theta = \pi/2$ gesetzt, kann man jetzt schreiben

$$P_1 = \left[\frac{\pi\cdot r}{2}\ -r\ 0\ 0\ 1\right]^T \quad (10.6)$$

Setzt man das Abscheren weiter in x-Richtung fort, so ergibt sich beim Winkel $\theta = \pi$ folgendes

$$P_2 = [\pi\cdot r\ r\ 0\ 1]^T \quad (10.7)$$

Im weiteren Ablauf wird bei $\theta = 0$ oder bei $\theta = 2\cdot\pi$ schließlich

$$P_3 = [2\cdot\pi\cdot r\ -r\ 0\ 1]^T \quad (10.8)$$

Damit ist eine volle Umdrehung absolviert und die y-Komponente von P_3 ist mit der von P_0 gleich. Wenn die Reibungsverhältnisse zwischen Zylinder und Stoffbahn genügend Haltekraft hervorgebracht haben, kann jetzt die Textilbahn durch Bewegen in x- und y-Richtung abgehoben werden. Ein Ausführungsbeispiel wird in **Bild 10.36** vorgestellt [10-7]. Es wird eine Lage Polyester/Baumwolle vom Stapel vereinzelt. Der Greifer ist ein elektrostatischer Greifzylinder. Das Verfahren ist nur für entsprechend biegeweiche Stoffe einsetzbar.

Bild 10.36: Abnehmen einer Stofflage mit elektrostatischem Greifzylinder

10.20 Handhabung von Platten

Der Vorteil der Vakuumsaugtechnik besteht u.a. darin, dass der Werkstückwerkstoff keine Rolle spielt, solange er nicht stark porös ist. Die Handhabung von Platten kommt relativ oft vor und betrifft z.B. Span- und Tischlerplatten, Metallplatten, Glasscheiben und Kunststofftafeln. Die in **Bild 10.37** dargestellte Greifeinheit verfügt über 6 Sauger und 6 Ejektoren. Damit sind Gewichtskräfte von 1500 N transportierbar. Jeder Ejektor ist mit einem Vakuum-Halteventil ausgestattet, damit bei einem plötzlichen Ausfall der Druckluft das Vakuum erhalten bleibt und ein sicheres Absetzen der Last noch möglich ist. Für das schnelle Trennen der Sauger sorgt ein Blasimpuls, der aus Sicherheitsgründen erst nach dem Abschalten des Ejektors ausgebracht wird. Die Platte ist an einem, handgeführten Manipulator im Freiheitsgrad 6 bewegbar (x, y, z, A, B, C). Beim Kippen der Platte bis auf 90° ist nochmals bei 8° eine Zwischenposition anfahrbar. Das wird für stehendes Absetzen der Last in Regalen benötigt. Die verstellbar angeordneten Sauger lassen sich in Vierkant-Profilrohren verschieben und damit auf die Plattengröße einstellen. Die Vakuumtraverse kann auch für andere Saugeranordnungen (**Bild 10.37b**) konstruiert werden.

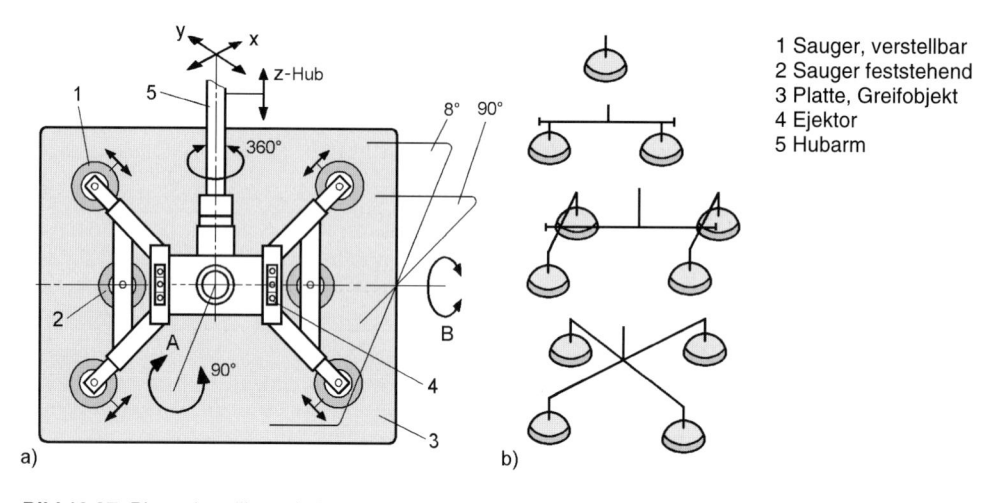

1 Sauger, verstellbar
2 Sauger feststehend
3 Platte, Greifobjekt
4 Ejektor
5 Hubarm

Bild 10.37: Plattenhandling mit dem Vakuumsauger
a) Vakuumtraverse, b) Anordnungsvarianten von Scheibensaugern an einer Traversenstruktur

10.21 Greifer an einer Sondermaschine

Für Sonderbauformen mechanischer Greifer wird es immer einen bestimmten Bedarf geben, wobei aber auch der Konstruktionsaufwand eine bedeutsame Rolle spielt. Das **Bild 10.38** zeigt einen einfachen Klemmgreifer für eine Sondermaschine. Die Bewegung in x-Richtung erzeugt ein Pneumatik- oder Hydraulikzylinder mit hohler Kolbenstange. Durch diese führt eine Stange für die Betätigung der Greiferfinger. Über ein Zahnstange-Ritzel-Getriebe wird die Drehung A erzeugt. Der Antriebszylinder ist für diese Achse nicht sichtbar, weil er sich in die Tiefe des Bildes erstreckt.

10.21 Greifer an einer Sondermaschine

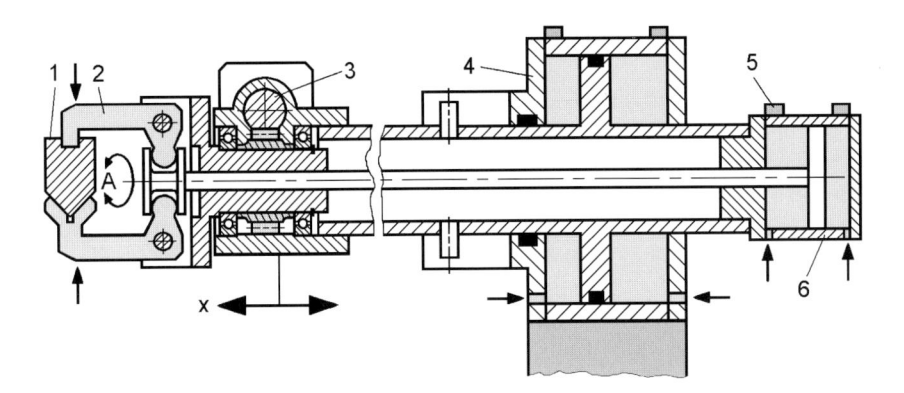

Bild 10.38: Kompakte Linear-Greifeinheit

1 Werkstück, 2 Greiferfinger, 3 Zahnstange-Ritzel-Trieb, 4 Linearhubzylinder, 5 Zylinderschalter, 6 Zylinder für die Greiferfingerbewegung

Wenn man kräftemäßig hinkommt, lässt sich ein Greifer mit vergleichbarer Funktion auch aus handelsüblichen Pneumatik-Komponenten zusammensetzen. Das ist in **Bild 10.39** zu sehen. Ein doppeltwirkender Drehzylinder bildet mit einem Linearzylinder eine Baueinheit. Man kann zwischen folgenden Baugrößen auswählen:

Daten verfügbarer Schwenk-Lineareinheiten (Festo)				
Kolbendurchmesser	16 mm	20 mm	25 mm	32 mm
Hublängen	25, 40, 50, 80, 100 mm			
Schubkraft	102 N	159 N	246 N	422 N
Drehmoment bei 6 bar	1,25 Nm	2,5 Nm	5 Nm	10 Nm
Schwenkwinkel max.	272°			
Frequenz, max. zulässige	2 Hz			

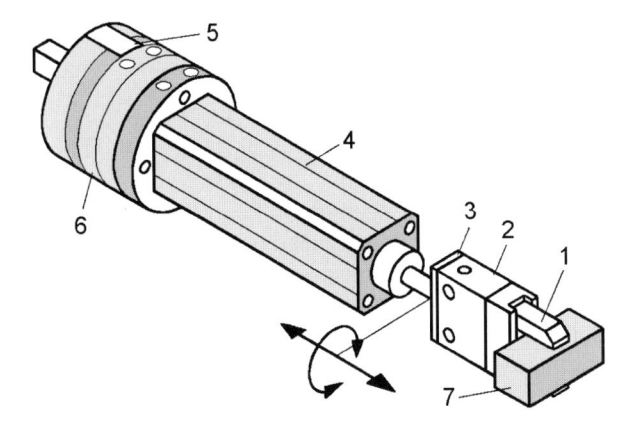

1 Greiferfinger
2 Greifer
3 Anschlussplatte
4 Schwenk- Linearantrieb
5 Drehwinkelanschlag
6 Schwenkflügelmotor
7 Werkstück

Bild 10.39: Greifeinheit aus pneumatischen Standardkomponenten

10.22 Greifen von Flaschen

Das **Bild 10.40** zeigt einen pneumatischen Vielfachgreifer für Flaschen. Diese werden reihenweise mit einem leistenförmigen Druckkissen festgehalten. Das Prinzip wurde bereits in Bild 3.210 vorgestellt. Im drucklosen Zustand wird dieser „Greifschlauch" aus heißvulkanisiertem und mit Elastomeren beschichtetem Gewebe zwischen die Flaschenhälse gebracht und dann aufgeblasen. Auch Flaschen mit kurzen Hälsen und ungewöhnlichen Formen lassen sich greifen. Für Sonderformen gibt es auch „Greifschläuche" mit U-Profil.

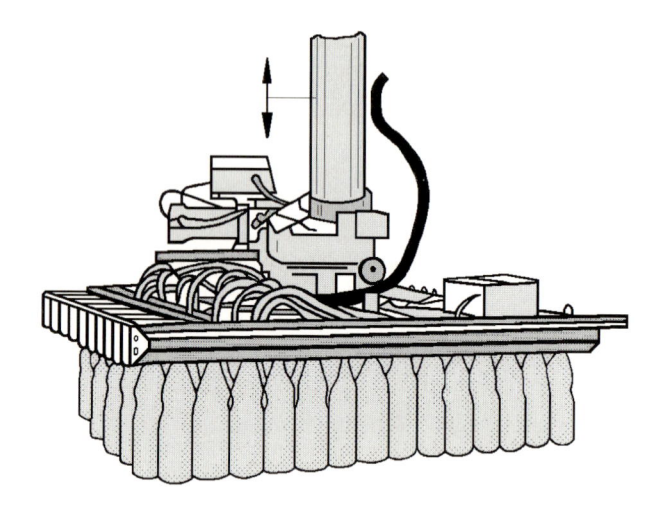

Bild 10.40: Pneumatischer Vielfach-Flaschengreifer (*Pronal*)

Die Gummiprofilleiste schmiegt sich der Objektform an und entwickelt gleichzeitig die erforderliche Haltekraft. Das Prinzip ist sehr wirksam, bei allerdings nur mäßiger Präzision bezüglich der Position. Der Greifer kann an automatischen oder handgeführten Manipulatoren zum Einsatz kommen.

Ein anderes Problem ist die Handhabung von Flaschen an Abfüll-, Spül- und Reinigungsautomaten in der Lebensmittel- und Getränkeindustrie. Die Flaschen werden dabei am Hals gegriffen und in mehreren Raumachsen bewegt. Dabei führen exzentrisch angreifende Gewichtskräfte zu Drehmomenten, so dass ein fester und sicherer Griff gebraucht wird, um die Objekte sicher zu halten. Die Betätigung der Greifer geschieht an Rundlaufautomaten (Rotormaschinen) rein mechanisch an einer feststehender Anlaufkurve. Dadurch wird die Greifkraft aufrechterhalten, solange es während eines Umlaufs notwendig ist. Das Problem besteht darin, dass das Istmaß des Greifobjektes mehr oder weniger vom Sollmaß abweicht. Trotzdem muss ein fester Griff mit ständig gleicher Greifkraft vorhanden sein. Man benötigt deshalb einen Greifer, der in der Greifweite die Toleranzen ausgleicht und trotzdem einen festen Griff sichert. Das ist u.a. erreichbar, wenn elastomere Glieder in den Kraftfluss gebracht werden. Solche Greiforgane werden in **Bild 10.41** gezeigt. Die Fingerachsen werden von der Kurvensteuerung der Maschine während einer bestimmten Umlaufstrecke um einen konstanten Betrag (Spannvorgang) gedreht. Der Toleranzausgleich ist jeweils durch die Verformung der elastomeren Elemente gesichert.

10.22 Greifen von Flaschen

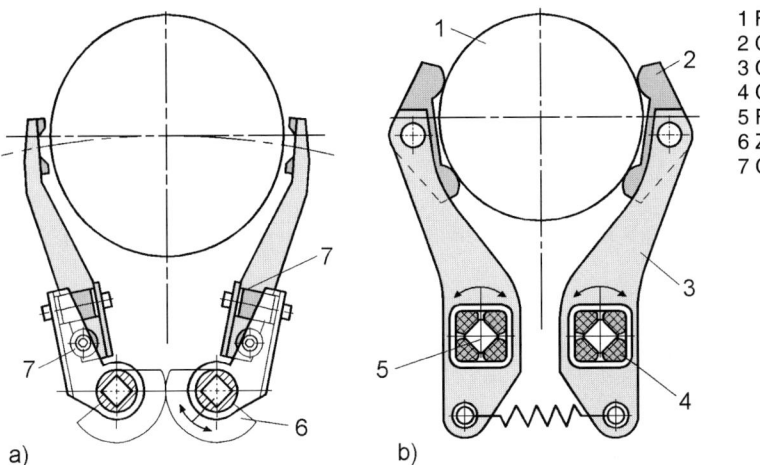

1 Flaschenhals
2 Greifbacke
3 Greiferfinger
4 Gummielement
5 Fingerachse
6 Zahnsegment
7 Gummifeder

Bild 10.41: Greifer für Getränkeflaschen
a) Antrieb über Gummitorsionselemente, b) Antrieb über Gummipuffer (Patent DE 29712066)

Eine besondere Art von Flaschen sind stählerne Gasflaschen. Wie in **Bild 10.42** zu sehen, wurde ein Vakuumgreifer gestaltet, dessen aktive Fläche der Wölbung angepasst ist. Die Flaschen werden liegend aufgenommen und dann im Greifer in die Vertikale geschwenkt. Dieser Vorgang wird am Handbedienpult ausgelöst. Als Handhabungsgerät wird ein handgeführter Manipulator eingesetzt. Das Objekt ist etwa im Masseschwerpunkt zu greifen, damit das erforderliche Drehmoment möglichst klein bleibt.

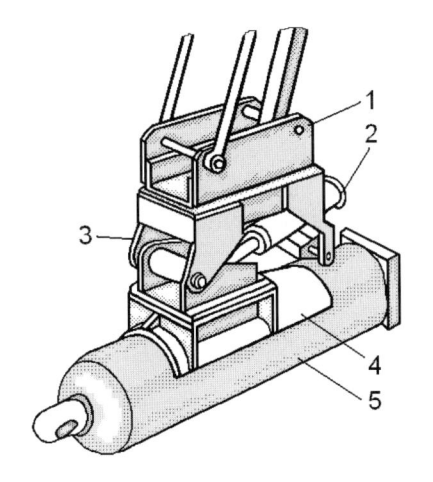

1 Handhabungseinrichtung
2 Arbeitszylinder
3 Schwenkvorrichtung
4 Saugerplatte
5 Greifobjekt, hier eine Gasflasche

Bild 10.42: Saugergreifer für Gasflaschen

HANSER

Eine Fundgrube für Konstrukteure!

Krahn/Eh/Lauterbach
1000 Konstruktionsbeispiele für die Praxis
ca. 380 Seiten. 1000 Abb.
ISBN 3-446-22712-1

Auf der Suche nach Konstruktionslösungen erarbeiten sich Konstrukteure, Planer, Fertigungstechniker und Meister immer wieder neue Ideen. Hier wird manches „erfunden", was es längst gibt. Dies bedeutet einen großen Verlust an Zeit und Geld. Deshalb ist es gut, auf bewährte Lösungen zurückgreifen zu können.

In dem vorliegenden Werk wurden aus tausenden von Original-Konstruktionszeichnungen interessante Konstruktionslösungen herausgesucht und einheitlich aufbereitet. Alle Zeichnungen liegen als CAD-Daten verschiedener gängiger Formate auf CD-ROM bei.

Mehr Informationen zu diesem Buch und zu unserem Programm unter **www.hanser.de/technik**

HANSER

Feinmechanik in allen Facetten.

Krause
**Konstruktionselemente
der Feinmechanik**
768 Seiten.
ISBN 3-446-22336-3

Dieses tausendfach bewährte Grundlagenwerk behandelt das gesamte Spektrum der Feinmechanik von der Miniaturmechanik bis zu den Elementen der Präzisions-Großmechanik. Es präsentiert auch neuartige Konstruktionselemente, die durch die Anwendung der Mikroelektronik in der Feinmechanik entstanden sind.

In der 3. Auflage wurden wegen der raschen Entwicklung die Kapitel zum Rechnereinsatz sowie zur Mikromechanik neu bearbeitet und mit dem Übergang auf die europäischen EN-Normen das Gebiet der Konstruktionswerkstoffe aktualisiert.

Mehr Informationen zu diesem Buch und zu unserem Programm
unter **www.hanser.de/technik**

HANSER

Alles über die Schnittstelle zwischen Roboter und Werkstück!

Wolf/Steinmann
Greifer in Bewegung
248 Seiten.
ISBN 3-446-22932-9

Automatisierte Greif- und Handhabungsprozesse bieten große Rationalisierungspotenziale, sind aber schwierig zu realisieren.

Dieses Buch zeigt, wie sichere Projekte entstehen, wenn die richtigen Komponenten mit dem notwendigen Anwendungs-Know-How zusammen kommen. Reich bebildert geht es von den Grundbedingungen des Greifprozesses über die Historie der Automatisierung hin zum Kernpunkt des Prozesses – dem Werkstück. Es werden Randbedingungen und Ausgangssituation des Prozesses definiert und erklärt, wie dem Greifen die Bewegung folgt. Zahlreiche realisierte Anwendungen zeigen die Vielfalt und Möglichkeiten von Automatisierung in der Praxis.

Mehr Informationen zu diesem Buch und zu unserem Programm unter www.hanser.de/technik

2-Finger-Parallelgreifer

2-Finger Parallel Gripper, Type DKG, Quelle: Schunk

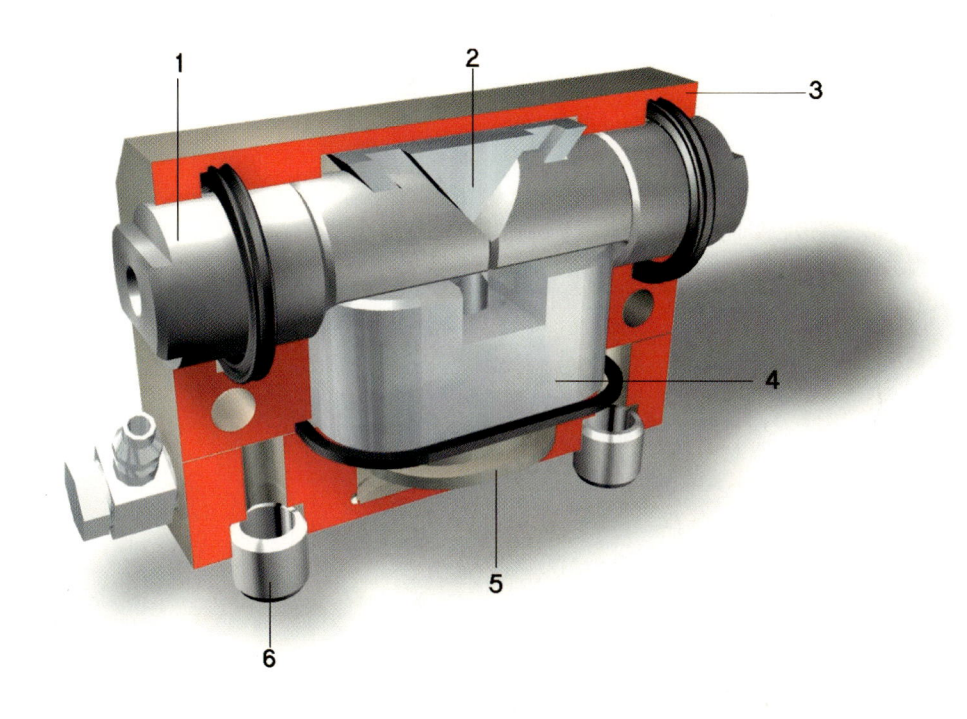

1 Grundbacken
2 Kinematik
3 Gehäuse
4 Gleitführung
5 Antrieb
6 Zentrier- und Befestigungsmöglichkeiten

1 Base jaws
2 Kinetic
3 Housing
4 Slideway
5 Drive
6 Centering and mounting options

Merkmale:

- Komplett abgedichtet
- Kleine, kompakte Bauweise
- Geringes Gewicht
- Hohe Greifkräfte
- Hohe Wiederholgenauigkeit

Characteristic:

Completely sealed
Small, compact design
Very light
Strong gripping forces
High repeatability

2-Finger-Winkelgreifer

2-Finger Angular Gripper, Type GWB, Quelle: Schunk

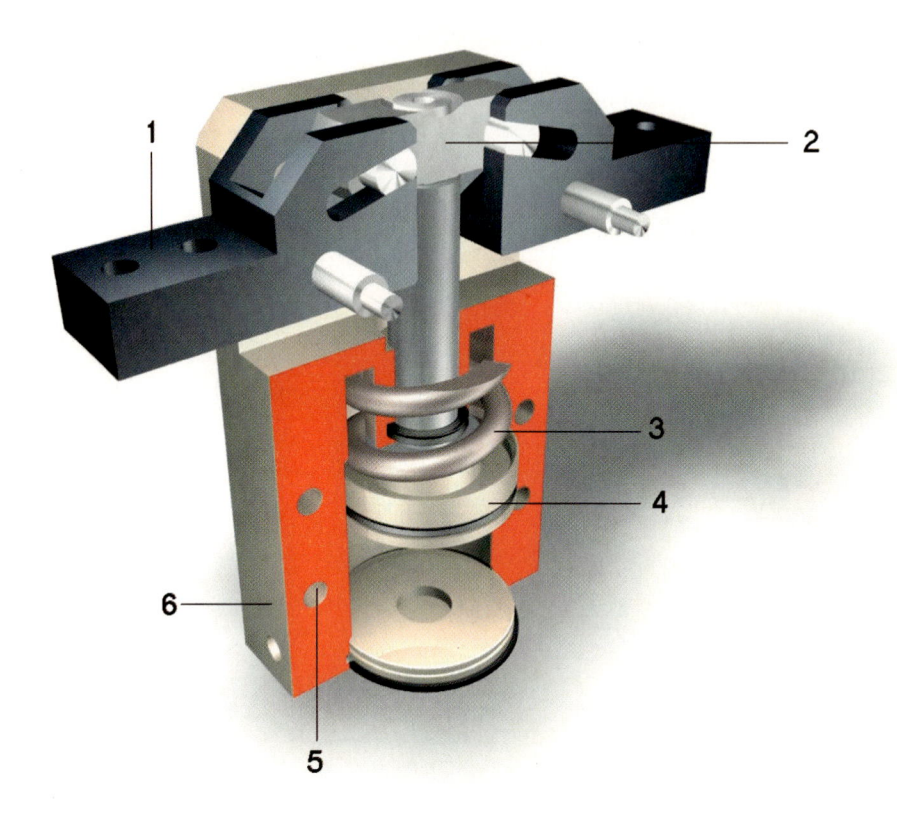

1 Grundbacken
2 Kinematik
3 Greifkraftsicherung
4 Antrieb
5 Zentrier- und Befestigungsmöglichkeiten
6 Gehäuse

1 Base jaws
2 Kinetic
3 Security of prehensile power
4 Drive
5 Centering and mounting options
6 Housing

Merkmale:

- 180° Öffnungswinkel
- Öffnungswinkel stufenlos einstellbar von 20° - 180°
- Zentrischgreifer für Außengreifen (Außendurchmesser)
- Kleine, kompakte Bauweise
- Geringes Gewicht

Characteristic:

180° opening angle
variable adjustment of opening angle from 20° - 180°
centric grippers for O.D. gripping (O.D. outer diameter)
small, compact design
low weight

2-Finger-Parallelgreifer

2-Finger Parallel Gripper, Type MPG, Quelle: Schunk

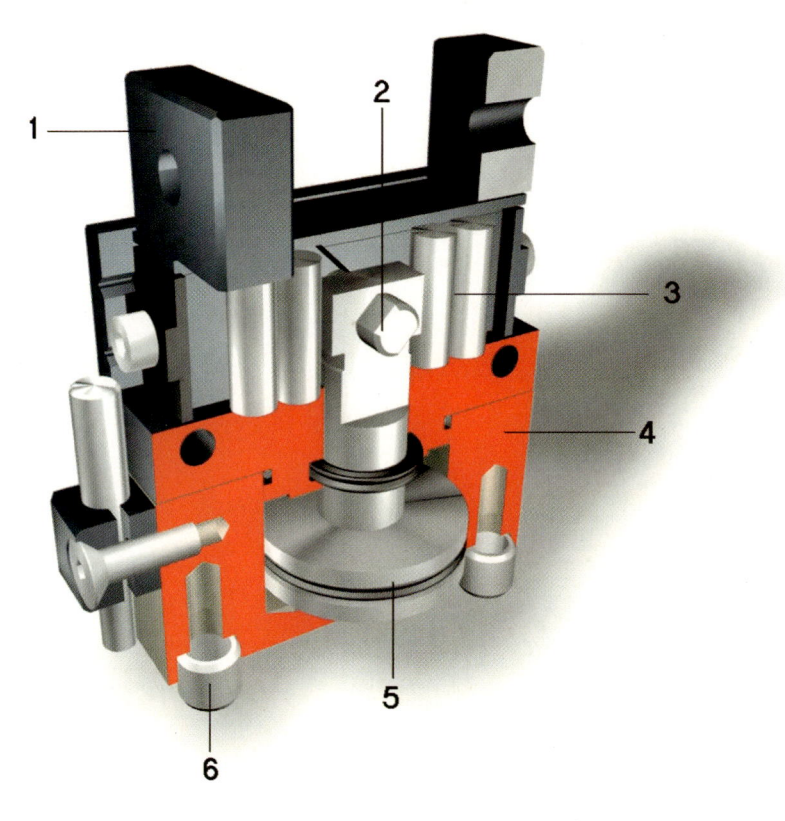

1 Grundbacken
2 Keilhakenkinematik
3 Rollenführung
4 Gehäuse
5 Antrieb
6 Zentrier- und Befestigungsmöglichkeiten

1 Base jaws
2 Kinetic
3 Roller guides
4 Housing
5 Drive
6 Centering and mounting options

Merkmale:

- Kleine kompakte Bauweise
- Geringes Gewicht
- Hohe Greifkräfte
- Hohe Wiederholgenauigkeit
- Grundbacken über Wälz- und Nadellager doppelt geführt

Characteristic:

Small, compact design
Very leight weight
Strong gripping forces
Excellent repeatability
Base jaws guided by roller and needle bearing

3-Finger-Zentrischgreifer

3-Finger Centric Gripper, Type MPZ, Quelle: Schunk

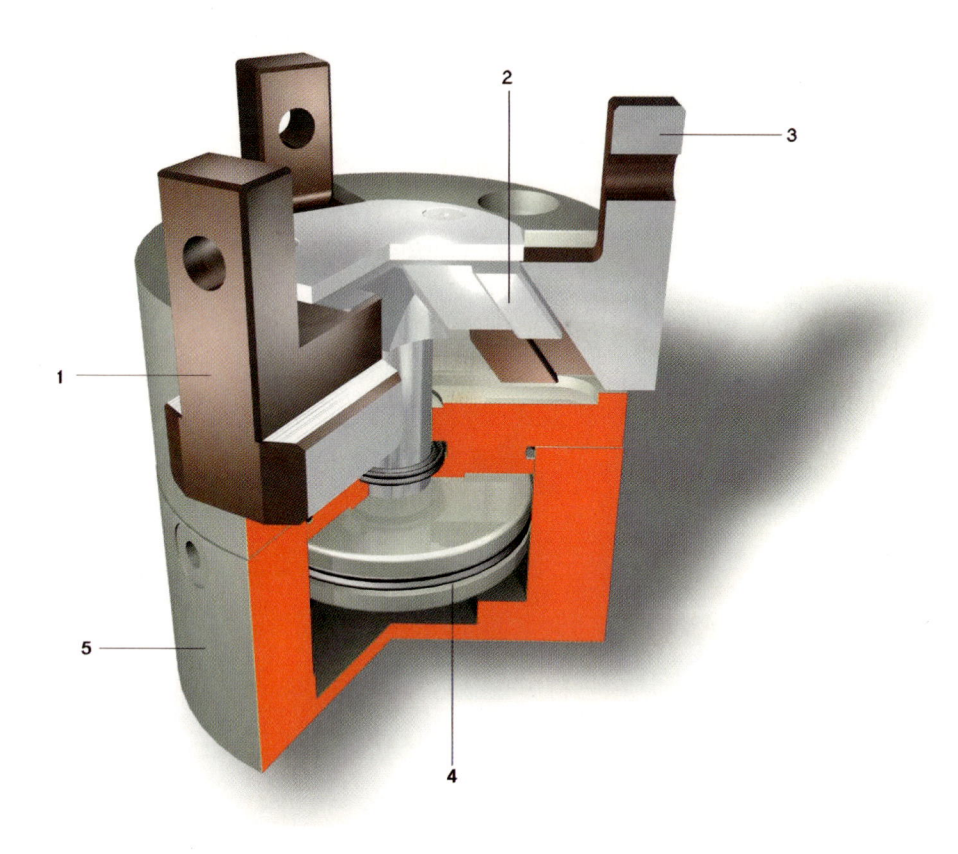

1 Robuste Gleitführung
2 Kinematik
3 Grundbacken
4 Antrieb
5 Gehäuse

1 Stable linear bearings guidance
2 Kinetic
3 Base jaw
4 Drive
5 Housing

Merkmale:

- Kompakte Bauweise
- Geringes Gewicht
- Hohe Greifkräfte
- Hohe Zuverlässigkeit und lange Lebensdauer
- Geeignet für Außen- und Innengreifen (Innendurchmesser)

Characteristic:

Compact design
Very light
Extremely strong gripping forces
Very reliable and hard-wearing
Suitable for I.D. and O.D. gripping
(I.D. inside diameter)

2-Finger-Parallelgreifer

2-Finger Parallel Gripper, Type PFH, Quelle: Schunk

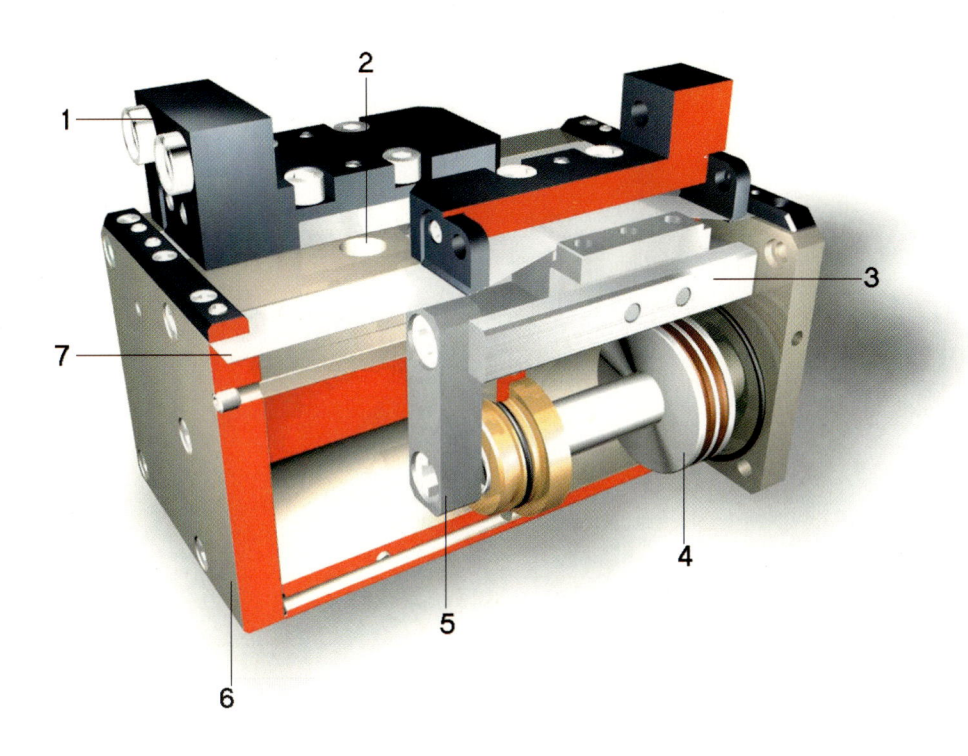

1 Grundbacken
2 Zentrier- und Befestigungsmöglichkeiten
3 Gleitführung
4 Antrieb
5 Kinematik
6 Gehäuse
7 Schmutzabdeckung

1 Base jaws
2 Centering and mounting options
3 Slideway
4 Drive
5 Kinetic
6 Housing
7 Cover

Merkmale:

- Kompakte Bauweise
- Geringes Gewicht
- Großer Hub
- Hohe Greifkräfte
- Hohe Zuverlässigkeit und lange Lebensdauer

Characteristic:

Compact design
Very light
Long stroke
Strong gripping forces
Very reliable and hard-wearing

2-Finger-Parallelgreifer

2-Finger Parallel Gripper, Type PGN-plus, Quelle: Schunk

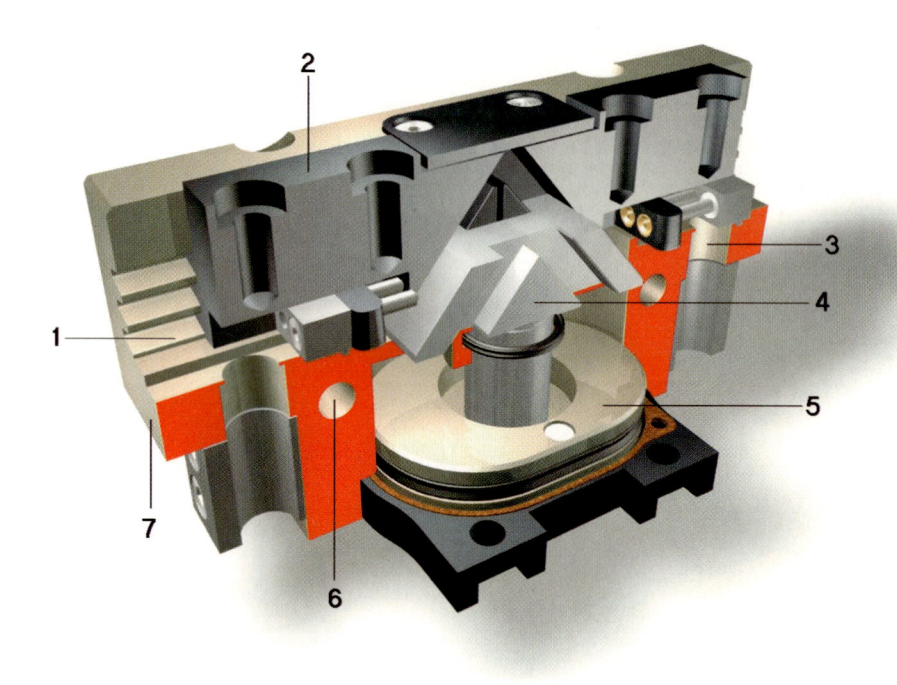

1 Vielzahn-Gleitführung
2 Grundbacken
3 Sensorik
4 Kinematik
5 Antrieb
6 Zentrier- und Befestigungsmöglichkeiten
7 Gehäuse

Merkmale:

- Sehr robuste Vielzahn-Gleitführung
- Deutlich höhere Momentenkapazität

- Höhere Greifkräfte
- Universelle Verwendung
- Befestigung und Energiezuführung von 3 Seiten möglich

1 Serrated slideway
2 Base jaws
3 Sensors
4 Kinetic
5 Drive
6 Centering and mounting options
7 Housing

Characteristic:

Extremly robust slideways
Much greater moment capacity, enabling use of longer gripper fingers
Greater gripping forces
Universal application
Fixing and power supply possible from three sides

3-Finger-Zentrischgreifer

3-Finger Centric Gripper, Type PZN-plus, Quelle: Schunk

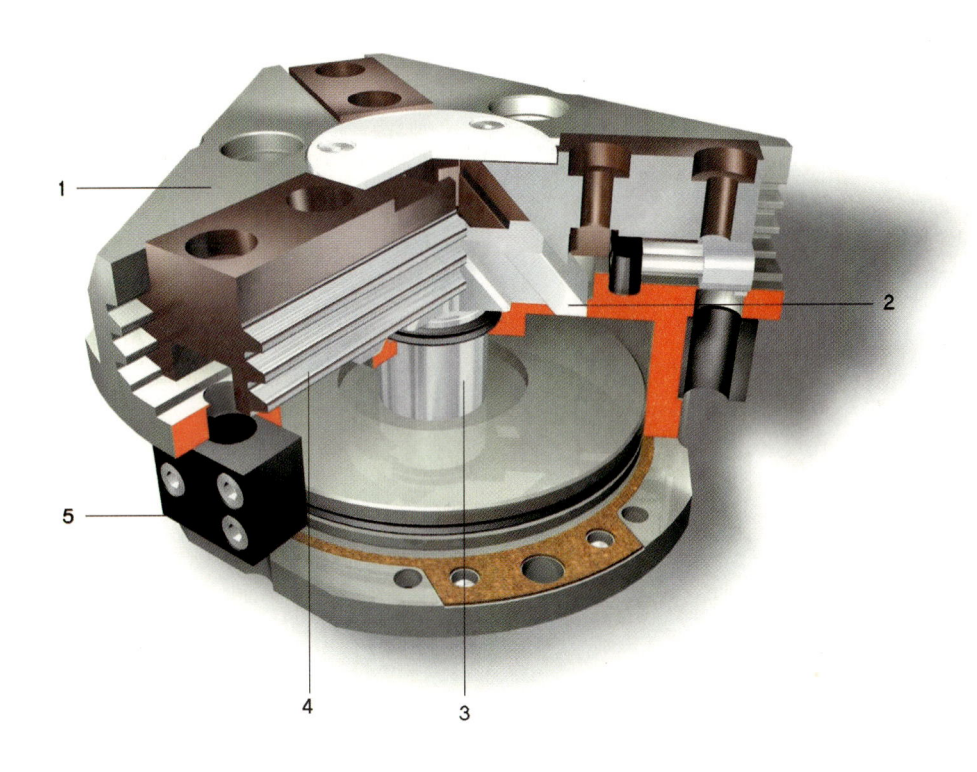

1 Gehäuse
2 Kinematik
3 Antrieb
4 Vielzahn-Gleitführung
5 Sensorik

1 Housing
2 Kinetic
3 Drive
4 Serrated slideway
5 Sensors

Merkmale:

- Kompakte Bauweise
- Hohe Greifkräfte
- Hohe Zuverlässigkeit und lange Lebensdauer
- Geeignet für hohe Momentenbelastungen
- Geeignet für Außen- und Innengreifen

Characteristic:

Compact design
Strong gripping forces
Very reliable and hard- wearing
Suitable for high torques
Suitable for I.D. and O.D. gripping

Flach-Schwenkeinheit SRU

Standard Rotary Unit SR, Quelle: Schunk

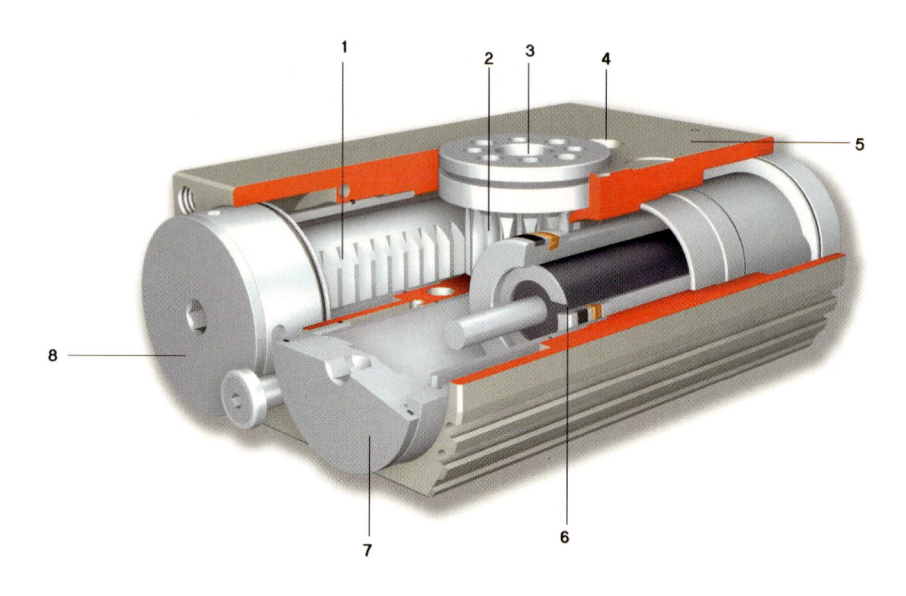

1 Antrieb
2 Kinematik
3 Durchgehende Mittenbohrung
4 Befestigungsmöglichkeiten
5 Gehäuse
6 Dämpfung
7 Neue Hülsentechnik
8 Luftanschlussmöglichkeiten

1 Drive
2 Kinetic
3 Center through-bore
4 Mounting possibilities
5 Housing
6 Damping
7 New sleeve technology
8 Air connection possibilities

Merkmale:

- Stufenlose, spielfreie Endlageneinstellung +−3°/90°
- Radiale Klemmung der eingestellten Endlagenposition ohne Setzerscheinungen
- Leicht austauschbare Führungshülse
- Endlagenüberwachung (magnetisch oder induktiv)
- Integrierte Endlagendämpfung (hydraulisch)

Characteristic:

Continuously variable, end position adjustment +−3°/90° without play
Radial clamping of the set end position without settlement phenomeno
Easily replaceable guide sleeve
End position monitoring (magnetic or inductive)
Integrated end position damping (hydraulic)

Internetadressen

http://

Ausgleichseinheiten, RCC-Glieder
www.ipr-worldwide.de
www.schunk.de
www.sommer-automatic.de

Baukastensysteme für Saugergreifer
www.ass-maschinenbau.de
www.bilsing-automation.de
www.fiba-online. com
www.norgren-automative.de

Dauermagnetgreifer
www.goudsmit-magnetics.nl

Gefriergreifer
www.aftag.ch
www.naiss.de

Gelenkfingergreifer
www.schunk.de

Greifer, allgemein
www.amf.de
www.arobotics.com
www.atlantique-gmbh.de
www.ccmop.com
www.ckd.co.jp
www.cmc.co.jp
www.csem.ch
www.destaco.de
www.drhafner.de
www.fabco-air.com
www.fee.de
www.festo.com
www.fibro.de
www.fft.de
www.gemotec.com
www.giessler-handhabung.de
www.gimatic.it
www.gmg-system.com

www.greifer.de
www.greiferbau.de
www.grippers.com
www.halbach-zufuehrtechnik.de
www.heinz-mayer.de
www.ipr-worldwide.de
www.jookang.co.kr
www.klotz.de
www.kono-design
www.madergmbh.com
www.manz-automation.com
www.mhk-gmbh.de
www.montech.de
www.norgren.com
www.numatics.de
www.phdinc.com
www.powercube.de
www.rimfg.com
www.robohand.com
www.robotech.co.kr
www.roboworker.de
www.roehm-spannzeuge.com
www.sasgripper.com
www.schunk.de
www.smc-pneumatik.de
www.sommer-automatic.de
www.tuenkers.de
www.united-components.com
www.walther-praezision.de

Greiferbaukastensysteme
www.bilsing.de
www.fabco-air.com
www.montech.de
www.rimfg.com
www.robohand.com
www.w-qsm.com

Greifer für Manipulatoren
www.fezer.de
www.knight-europe.de
www.purtec-engineering.de
www.schmalz.de

www.schmidt-handling.de
www.w-gsm.com

Greiferwechselsysteme
www.arobotics.com
www.ipr-worldwide.de
www.roehm-spannzeuge.com
www.schunk.de
www.sommer-automatic.de
www.walther-praezision.de

Greifvorrichtungen
www.ass-maschinenbau.de
www.bilsing-automation.de
www.bohle.de
www.tunkers.com

Kollisionsschutzeinheiten
www.arobotics.com
www.fabco-air.com
www.ipr-worldwide.de
www.roehm-spannzeuge.com
www.schunk.de
www.sommer-automatic.de

Künstliche Hand
www.cybernetics.de
www.iai.fzk.de
www.robotic.de

Magnetgreifer
www.dematic.com
www.goudsmit-magnetics.nl
www.knight-europe.de
www.sav-spanntechnik.com
www.wagner-magnete.de

Membrangreifmittel
www.festo.com
www.powerteam.com
www.pronal.com
www.vetter.de

Miniatur- und Mikrogreifer
www.montech.de
www.schunk.de
www.spi-robot.de

Sondergreifer
www.atlantique-gmbh.de
www.dip-systemtechnik.de
www.fabco-air.com
www.fer.de
www.hafner-maschinenbau.de
www.ibf-automation.de
www.roteg.de
www.schunk.de

Vakuumsauger
www.acla-werke.de
www.bilsing-automation.de
www.b-u-s-metallbau.de
www.festo.com
www.fezer.de
www.fipa-online.com
www.flow.tec.de
www.guedon.de
www.hwr-mbt.com
www.norgren-automative.de
www.piab.de
www.schmalz.de
www.tawi.com
www.volkmann-vakuum.de

Literatur und Quellen

[1-1]   Hesse, S.: Greifer-Praxis, - Greifer in der Handhabungstechnik, Vogel Buchverlag, Würzburg 1991

[1-2]   Müglitz, J.; Kunad, G.; Dautzenberg, P.; Neisius, B.; Trapp, R.: Führungsmechanismen in chirurgischen Instrumenten, Feinwerktechnik und Messtechnik, München 103(1995)5, S. 261-266

[1-3]   Blume, C.; Dillmann, R.: Freiprogrammierbare Manipulatoren, Vogel Buchverlag, Würzburg 1981

[1-4]   Wehr, M.; Weitmann, M. (Hrsg.): Die Hand - Werkzeug des Geistes, Spektrum Akademischer Verlag, Heidelberg/Berlin 1999

[1-5]   Schlesinger, G.: Ersatzglieder und Arbeitshilfen, Teil II, Springer Verlag Berlin, 1919

[1-6]   Napier, J.R.: The prehensile movements of the human hand, Journal of Bone and Joint Surgery, 38 B (4): 902-913

[1-7]   Venkataraman, S.T.; Iberall, T. (Hrsg.): Dextrous Robot Hands, Springer Verlag, New York, 1990

[1-8]   Muldau, H. H., von: Mensch und Roboter, Herder Verlag, Freiburg, Basel, Wien 1975

[1-9]   Holle, W.: Rechnerunterstützte Montageplanung, Hanser Verlag, München/Wien 2002

[1-10] Sauerbruch, F.: Die willkürlich bewegbare künstliche Hand, Springer Verlag, Berlin 1916

[1-11] Beyer, A.: Faszinierende Welt der Automaten, Callwey Verlag, München 1983

[1-12] Tomovic, R.; Boni, G.: An Adaptive Artificial Hand, IRE, Transactions on Automation control AC-7, 3-10 (Apr. 1962)

[1-13] Skinner, F.: Design of a Multiple Prehension Manipulator System, ASME Paper, 74-det-25, 1974

[1-14] Nakano, Y.: Hitachi`s robot hand, Robotics Age, 1984

[1-15] Jacobsen, S.C.; Wood, J.E.; Knutti, D.F. and Biggers, K.B.: The Utah/MIT dextrous hand: Work in Progress. In Robot Grippers, Springer Verlag, Berlin/Heidelberg 1986

[1-16] Salesbury, J.K. and Craig, J.J.: Articulated hands, Force control and kinematic issues, International Journal of Robotics Research, 1(1): 4-17, 1982

[1-17] Spath, D.; Tilch, D.; Geisinger, D.: Anthropomorphe Greifer für Industrieroboter, Maschinenmarkt Würzburg, 103(1997)20, S. 38-41

[1-18] Hirzinger, G.: Multisensory shared autonomy and tele-sensor-programming – Key issues in space robotics, Elsevier: Robotics and Autonomous Systems, vol. 11, pages 141-162, 1993

[1-19] Doll, T.J.; Schneebeli, H.J.: The Karlsruhe Dextrous Hand; Proc. Symp. on Robotic Control. Karlsruhe 1988

[1-20] Wöhlke, G.: Development of the Karlsruhe Dextrous Hand; Actuator 1992, pp. 160 – 167; Bremen, June 1992

[1-21] Sesin, P.: Leben ist Bewegung, In: Computer.Gehirn, Begleitpublikation zur Sonderausstellung im Heinz Nixdorf Museumsforum, Verlag Ferdinand Schöningh, Paderborn 2001

[1-22] Pylatiuk, C.: Entwicklung flexibler Fluidaktoren und ihre Anwendung in der Medizintechnik, Med. Orth. Tech. 120(2000), S. 186-189

[1-23] Schulz, S.; Pylatiuk, C.; Bretthauer, G.: A New Class of Flexible Fluid Actuators and their Applications in Medical Engineering, Automatisierungstechnik 47(1999)8, S. 390-395

[1-24] Okada, T.: On a Versatile Finger System, 4th International Symposium on Industrial Robotics Tokyo 1977

[1-25] Reuleaux, F.: Theoretische Kinematik, Braunschweig, 1875

[1-26] Mazlish, B.: Faustkeil und Elektronenrechner – Die Annäherung von Mensch und Maschine, Insel Verlag, Frankfurt/Main und Leipzig 1996

[1-27] Dierl, W.; Ring, W.: Insekten. Mitteleuropäische Arten. Merkmale, Vorkommen, Biologie; BLV Verlagsgesellschaft, München 1988

[1-28] Grzimek, B.: Tierleben. 6. Band: Kriechtiere, Kindler, München 1971

[1-29] Biagiotti, L.; Lotti, G.; Melchiorri, C.; Bassura, G.: Design Aspects For Advanced Robot Hands, IEEE/RSJ International Conference, Lausanne 2, 2002

[1-30] Menzel, P.; Faith D'Alusio: Robo sapiens – Evolution of a New Species, MIT Press, Cambridge Massachusetts 2000

[2-1] Lundstrom, G.: A New Method of Designing Grippers, 6th Int'l. Symp. on Industrial Robots, pp. F3/25-36; Nottingham, March 1976

[2-2] L'Hote, F., Kauffmann, J.; Andre,P.; Taillard, J.: Robot Technology – Vol. 4: Robot Components and Systems; Prentice-Hall, Englewood Cliffs, 1983

[2-3] Warnecke, H.-J.; Schraft, R.D.: Industrieroboter-Handbuch für Industrie und Wissenschaft, Berlin, 1990

[2-4] Monkman, G.J.: Robot Grippers in Packaging; 23rd Int'l Symp. on Industrial Robots, pp. 579-583, Barcelona, October 1992

[2-5] Konstantinov, M. S.; Galabov, W. B.: Kriterien zum Entwurf von Greifmechanismen, Maschinenbautechnik Berlin 27(1978)12, S. 532-536

[2-6] Reinhart, G.; Höppner, J.: Berührungslose Handhabung mit Leistungsschall, wt Werkstattstechnik 89(1999)9, S. 429-432

[2-7] Höhn, M.; Jacob, D.: Verfahren und Module für die kosteneffiziente Montage; Seminarberichte (2001) 59: Automatisierte Mikromontage, iwb Technische Universität München

[2-8]	Schmidt, I.: Ordnen von Werkstücken mit programmierbaren Handhabungsgeräten und Werkstückerkennungssensoren, Dissertation, Universität Stuttgart 1984
[2-9]	Mansch, I.: Methode und Lösungsansätze zur Konzipierung flexibler Greifertechnik, Dissertation, Ingenieurhochschule Zwickau 1988
[2-10]	Kerle, H.; Kristen, M.: Greifer für Montageroboter, Braunschweig, IAM-Forum 4(1988)7, S. 13-16
[2-11]	Kozyrev, Ju. G.: Industrieroboter (russ.), Moskau, Verlag Maschinenbau 1983
[2-12]	Hesse, S. Montageatlas – Montage- und automatisierungsgerecht konstruieren, Hoppenstedt Technik Tabellen Verlag, Darmstadt 1994
[2-13]	Ashby, M.F.; Jones, D.R.H.: Engineering Materials, Pergamon, 1980
[2-14]	Kreuzer, E.J.; Lugtenburg, J.-B.; Meißner, H.-G.; Truckenbrodt, A.: Industrieroboter, Springer Verlag, Berlin/Heidelberg, 1994
[2-15]	Cardaun, U.: Systematische Auswahl von Greifkonzepten, Dissertation, Universität Hannover 1981
[2-16]	Hesse, S.: Greiferanwendungen, Festo, Esslingen 1997
[2-17]	Brock, R.; Fricke, A.: Greifkraftkennlinien zur Auswahl von Standardgreifern, Wiss. Zeitschr. der Techn. Hochschule Karl-Marx-Stadt 25(1983)5, S. 682-687
[2-18]	Hesse, S.; Mansch, I.: Konzipierung flexibler Montagegreiftechnik für Handhabungsautomaten, Ingenieurhochschule Zwickau, 5. Konferenz Rationalisierung im Maschinenbau, 1985, S. 121-129
[2-19]	Christen, G.; Pfefferkorn, H.: Nachgiebige Mechanismen, Aufbau, Gestaltung, Dimensionierung und experimentelle Untersuchungen, VDI Berichte, Nr. 1423, Düsseldorf 1998
[2-20]	Müller, J.: Möglichkeiten und Vorteile eines Expertensystems zur Lösung getriebetechnischer Probleme am Beispiel der Auslegung von Greifern, VDI Berichte Nr. 1281, Düsseldorf 1996, S. 389-409
[2-21]	Gerhard, E.: Entwickeln und Konstruieren mit System – Ein Handbuch für Praxis und Lehre, expert Verlag, Renningen 1998
[2-22]	Lierke, E.G.: Akustische Positionierung – Ein umfassender Überblick über Grundlagen und Anwendungen. ACUSTICA – acta acustica (1996)82, S. 220-237
[2-23]	Hashimoto, Y.; u.a.: Noncontact suspending and transporting planar objects by using acoustic levitation. Trans. IEE of Japan 117-D (1997)11, S. 1405-1408
[2-24]	Hashimoto, Y.; u.a.: Transporting objects without contact using flexural travelling waves. The jour. Of the acoustical society of America 103(1998)6, S. 3230-3233
[2-25]	Seegräber, L.: Greifsysteme für Montage, Handhabung und Industrieroboter, Grundlagen – Erfahrungen - Einsatzbeispiele, expert Verlag, Ehningen 1993
[3-1]	Warnecke, H. J.; Schraft, R. D.: Handbuch Handhabungs-, Montage- und Industrierobotertechnik, Verlag moderne Industrie, Landsberg 1984
[3-2]	Čelpanov, I. B.; Kolpašnikov, S. N.: Schvaty promyšlennych robotov (russ.), Verlag Maschinenbau, Leningrad 1989

[3-3]   Hesse, S.: Der Fluidic Muscle in der Anwendung, Festo Esslingen, 2003

[3-4]   Ganucev, C.C.; Krutob, I.V.: Greifer, Autorenschein, Russland 1093546 MKI B25J 15/00

[3-5]   Galvagni, J.; DuPre, D.: Electrostrictive Actuators: Precision electromechanical components – AVX Corp., Myrtle Beach, USA 1995

[3-6]   Salim, R.; Wurmus, H.: Multi gearing compliant mechanisms for piezoelectric actuated microgrippers – Actuator 1998. 6th International Conference on New Actuators, pp 186-188; Messe Bremen GmbH, Bremen June 1998

[3-7]   Greitmann G.; Buser, R.A.: Tactile microgripper for automated handling of microparts; Sensors and Actuators, Vol. A 53, pp. 410-415, 1996

[3-8]   Guber, A.E.; Giordano, N.; Schüssler, A.; Baldinus, O.; Loser, M.; Wieneke, P.: NiTiNOL-Based Microinstruments for Endoscopic Neurosurgery: Actuator 1996: 5th International Conference on New Actuators, pp 375-378; AXON, Bremen, June 1996

[3-9]   Hain, K.: Zur Kinematik selbstzentrierender flexibler Greifersysteme, Konstruktion 37(1985)11, S. 427-430

[3-10] Deppert, W.; Stoll, K.: Pneumatik-Anwendungen, Vogel Buchverlag, Würzburg 1990

[3-11] Mattheck, C.: Design in der Natur – Der Baum als Lehrmeister, Rombach Verlag, Freiburg im Breisgau, 1997

[3-12] Band, R.: Beiträge zur Kenntnis der Spannungsverteilung an prismatischen und keilförmigen Konstruktionselementen mit Querschnittsübergängen, Report 29, Schweiz, Verband für Materialprüfung in der Technik (Bericht 83 der Eidgen. Mat. Prüf.-Anstalt, Zürich 1934)

[3-13] Scott, P.B.: Omnigripper: A form of robot universal gripper – Robotica, Vol. 3; No. 3, pp 153-158, July 1985

[3-14] Hain, K.: Reibungsarme Spezialgreifer, maschine + werkzeug 23/1991 – Konstruktion + Entwicklung 9, S. 30-32

[3-15] Wauer, G.: Formschlüssiges Greifen durch Industrierobotergreifer mit einstellbarer Backengeometrie, Proceedings 8. ISIR, Stuttgart 1978

[3-16] Reinmüller, T; Weissmantel, H.: A shape adaptive gripper finger for robots; 18th Int'l. Symp. on Indust. Robots – Lausanne 1988

[3-17] Shulman, Z.P.; Gorodkin, R.G.; Korobko, E.V.; Gleb, V.K.: The Electrorheological Effect and its Possible Uses – Journal of Non-Newetonian Fluid Mechanics – No. 8, pp 29-41, 1981

[3-18] Carlson, J.D.: Low cost MR Fluid devices – Actuator 1998: 6th International Conference on New Actuators, pp 417-421; AXON, Bremen, June 1998

[3-19] Keneley, G.L.; Cutkosky, M.R.: Electrorheological fluid-based Robotic Fingers with Tactile sensing – IEEE Proc. Int'l. Conf. on Robotics & Automation, Vol. 1., pp. 12-136, May 1989

[3-20]   Dumargue, G.; Martinie, B.: Manipulator électrostatique pour matériaux en feuilles; French patent number 2586660, 27. August 1985

[3-21]   Caldwell, D.G.: Compliant Polymeric Actuators as Robot Drive Units; Ph. D Thesis, University of Hull, Sept. 1989

[3-22]   Monkman, G.J.: Advances in Shape Memory Polymer Actuation, Mechatronics; Vol. 10, No. 4/5, pp. 489-498, Pergamon June/August 2000

[3-23]   Monkman, G.J.; Taylor, P.M.: Memory Foams for Robot Grippers; 5th International Conference on Advanced Robotics, Pisa July 1991

[3-24]   Monkman, G.J.: Controllable Shape Retention; Journal of Intelligent Materials; Systems and Structures; Vol. 5, No.4, pp. 567-575; Technomic, July 1994

[3-25]   Tobushi, H.; Hashmotot, T.; Hayashi, S.; Yamada, E.: Thermomechanical Constitutive Modeling in Shape Memory Polymer of Polyurethane Series, Journal of Intelligent Materials, Systems and Structures; Vol. 8, pp. 711-718; Technomic, August 1997

[3-26]   Monkman, G.J.: Robotic Compliance Control using Memory Foams; Industrial Robot, Vol. 18, No.4, pp. 31-32, MCB University Press 1991

[3-27]   Nerozzi, A.; Vassura, G.: Study and experimentation of multi-finger gripper; Proc. 10th Int'l Symp. on Industrial Robots, pp. 15-223, Milano, March 1980

[3-28]   Aribib, M.A.; Iberall, T.; Lyons, D.: Coordinated control programs for Movements of the Hand; Coins Technical Report 83-25-Centre of Systems Neuroscience and Laboratory for Perceptual Robotics; Massachusetts 1983

[3-29]   Guo, G.; Gruver, W.A.; Qian, X.: A New Design for a Dextrous Robotic Hand Mechanism, IEEE Control Systems Magazine, Vol. 12, pp. 35-38, August 1992

[3-30]   Mangialardi, L.; Mantriota, G.; Trentadue, A.: A Three-dimensional criterion for the determination of optimal grip points, Robotica and Computer Integrated Manufacturing, Vol 12, No. 2, pp. 157-167, Elsevier 1996

[3-31]   Makenskoff, X.; Ni, L.; Papadimitriou, C.H.: The geometry of grasping, International Journal of Robotics Research, Vol 9, No. 1, pp. 61-74, 1990

[3-32]   Matthew,T.; Mason, M.T.; Salisbury, J.K.: Robot Hands and the Mechanics of Manipulation; The MIT Press, Cambridge, Mass. 1985

[3-33]   Muldau, H. H. von: Mensch und Roboter, Herder Verlag Freiburg 1975

[3-34]   Pham, D. T.; Heginbotham, W. B.: Robot Grippers, Springer Verlag, Berlin/Heidelberg 1986

[3-35]   Rovetta, A.; Vicentini, P.; Franchetti, I.: On development and realization of a multipurpose grasping system, Proc. 11th Internat. Conf. Industrial Robots, 1981

[3-36]   Kato, I.: Mechanical Hands Illustrated, Survey, Tokyo 1982

[3-37]   Volmer, J. (Hrsg.): Industrieroboter – Funktion und Gestaltung, Verlag Technik Berlin/München 1992

[3-38]   Hirose, S.; Umetani, Y.: The Development of Soft Gripper for the Versatile Robot Hand, Proceedings 7. ISIR, Tokyo 1977

[3-39] Schepelev, M. A.; Ankudinov, V. A.; Sumak, L. F.: Manipulatorgreifer, WPB 25 J 15/12, SU 1237425, 1984

[3-40] Murray, J.M.: Single-ply Pick-up Devices; AAMA Apparel Research Journal pp. 87-98, Bobbin, December 1975

[3-41] Koudis, S.G.: Automated Garment Manufacture, PhD. Thesis, University of Hull, 1987

[3-42] Dlaboha, I.: Cluett's "Clupicker" Enhances Robots Ability to Handle Limb Fabric; Apparel World pp 26-27, July 1981

[3-43] Clapp, T.G.; Buchanan, D.R.: Limb Materials Research at North Carolina State University; Sensory Robotics for the Handling of Limb Materials (Ed. P.M. Taylor); NATO ASI Series F, Springer Verlag, Vol 64, pp 69-84, 1990

[3-44] Sarhadi, M.: Robotic Handling and lay-up of advanced composite materials: An overview. Sensory Robotics for the Handling of Limp Materials (Ed. P.M. Taylor); NATO ASI Series F, Springer Verlag, Vol 64, pp. 37-50, 1990

[3-45] Bijttbier, G.: A process and apparatus for separation supply sheet from a stack; UK Patent number 1443498, July 1976

[3-46] Bühler, G.; u.a.: Automatische Handhabung textiler Gebilde, Zeitschrift Maschenindustrie 45(1995)3, S. 225 ff

[3-47] Seliger, G.; Gutsche, C.; Gottschalk, T.: Automatisierte Handhabung technischer Textilien, Zeitschr, wirtsch. Fertigung, Hanser Verlag, 88(1993)6, S. 255-258

[3-48] Jünemann, R.; Schmidt, T.: Materialflusssysteme, Springer Verlag, Berlin/Heidelberg 1999

[3-49] Hesse, S.: Atlas der modernen Handhabungstechnik, Hoppenstedt Technik Tabellen Verlag, Darmstadt 1992

[3-50] Hoshizaki, J.; Bopp, E.: Robot Applications Design Manual, John Wiley 1990

[3-51] Monkman, G.J.: Robotic Handling of Randomly Mixed Materials; 10th Finish Robotic Conference, Helsinki, November 1993

[3-52] Hesse, S.: Spannen mit Druckluft und Vakuum, Blue Digest on Automation, Festo, Esslingen 1999

[3-53] Engelberger, J. F.: Industrieroboter in der praktischen Anwendung, Carl Hanser Verlag, München/Wien 1981

[3-54] Monkman, G.J.: Robotic Workcell Analysis and Object Level Programming. PhD Thesis, University of Hull; Department of Electronic Engineering 1990

[3-55] Bentley, J.P.: Principles of Measuerement Systems; Longman, Harlow, UK 1990

[3-56] Munson, B.R.; Young, D.F.; Okiishi, T.H.: Fundamentals of Fluid Mechanics. John Wiley, 1990

[3-57] Bulgakowa, I.: Adaptive Lastaufnahmemittel, expert Verlag, Renningen-Malmsheim 1998

[3-58] Schmalz, K.: Vacuum Grippers on Robots and Handling Systems, p. 59-65, Robotics `94 – Flexible Production – Flexible Automation, Proceedings of the 25th International Symposium on Industrial Robots, Hannover 1994

[3-59] Hykel, K.: Die Vereinzelung gestapelten porösen Flachformgutes unter Anwendung des aerodynamischen Paradoxons mit gekoppelter Filterströmung, aufgezeigt am Beispiel textiler Zuschnittteile, Diss. Techn. Univ. Dresden 1975

[3-60] Cassing, W.: Bleche mit schaltbaren Magnetsystemen stapeln, Werkstatt und Betrieb 129(1996)4, S. 284-288

[3-61] Cassing, W.: Bleche mit Magneten entstapeln, Werkstatt und Betrieb 130(1997)5, S. 369-372

[3-62] Czichos, H.: Die Grundlagen der Ingenieurwissenschaften, Springer Verlag, Berlin/Heidelberg 1989

[3-63] Götze, M.: Auslegung von Magnetgreifern für Maschinenbauteile, Berlin, Maschinenbautechnik 31(1982)1, S. 8-11

[3-64] Klepzig, W.; Schröpel, H.; Koch, Th.: Kenngrößen von Magnetgreifern für Handhabungseinrichtungen an Pressen; Berlin, Fertigungstechnik und Betrieb 38(1988)4, S. 211-214

[3-65] Beljanin, P. N.: Industrieroboter (russ.) Verlag Maschinenbau, Moskau 1975

[3-66] Hesse, S.; Schmidt, H.; Schmidt, U.: Manipulatorpraxis, Vieweg Verlag, Braunschweig/Wiesbaden 2001

[3-67] Krape, R.P.: Applications Study of Electroadhesive Devices; Chrysler Corp. Space Divn.; NASA CR-1211, October, 1968

[3-68] Sessler, G.M. (Ed.): Electrets, Springer Verlag, Berlin/Heidelberg 1987

[3-69] Bolton, B.: Electromagnetism and its Applications; Van Nostrand Reinhold, 1980

[3-70] Lorraine, G.; Corson, D.R.: Electromagnetic Fields and Waves. Freeman, San Francisco 1970

[3-71] Monkman, G.J.: Compliant Robotic Devices and Electroadhesion; Robotica, Vol 10, pp. 183-185, 1992

[3-72] Monkman, G.J.; Taylor, P.M.: Electrostatic Grippers, Principles & Practice; Proc. 18th Intl. Symp. on Industrial >Robots, pp 193-200, Lausanne, April 1988

[3-73] Monkman, G.J.; Taylor, P.M.; Farnworth, G.J.: Principles of Electroadhesion in Clothing Technology; International Journal of Clothing Science and Technology; Vol 1, No.3, pp 14-20, MCB University Press, 1989

[3-74] Moore, A.D. (Ed.): Electrostatics and its Applications, John Wiley 1973

[3-75] Zoril, U.Z.: Elektrostatische Adhäsionswirkungen, Adhäsion Heft 5/6, S. 142-149; 1976

[3-76] Monkman, G.J.: Electrostatic Techniques for Fabric Handling. MSc. Thesis, University of Hull, Department of Electronic Engineering, 1987

[3-77] Monkman, G.J.: Robot Grippers for use with Fibrous Materials, International Journal of Robotics Research. Vol 14, No. 2, pp. 144-151, April 1995

[3-78] Chen, X.Q.; Sarhadi, M.: Investigation of Electrostatic Force for Robotic Lay-up of Composite Fabrics; Mechatronics, Vol 2, No. 4, pp. 363-374, August 1992

[3-79] Sereda, P.J.; Feldman, R.F.: Electrostatic Charging on Fabrics at Various Humidities; Journ. Textile Inst.; Vol 55, pp. T288-T298; 1965

[3-80] Hesse, S.; Schmidt, H.: Rationalisieren mit Balancern und Hubeinheiten, expert Verlag, Renningen-Malmsheim 1998

[3-81] Hesse, S.: Automatisieren mit Know-how, Hoppenstedt/Bonnier Verlag, Darmstadt 2002

[3-82] Monkman, G.J.: An analysis of astrictive prehension; International Journal of Robotics Research, Vol. 16, No. 1, February 1997

[3-83] Monkman, G.J.: Electroadhesive Robotic Microgripper; UK Patent application number: GB 9921403.3, 13. September 1999

[3-84] Bark, C.; Vögele, G.; Weisener, T.: Greifen mit Flüssigkeiten in der Mikrotechnik, Feinwerktechnik & Messtechnik, 104(1996)5, S. 372-374

[3-85] Schubert, H.: Kapillarität in porösen Feststoffsystemen; Springer Verlag, Berlin/Heidelberg 1982

[3-86] Westkämper, E.; Schraft, R.D.; Bark, C.; Vögele, G.; Weisner, T.: Adhesive Gripper – a new approach to handling MEMS; Actuator' 96: 5th International Conference on New Actuators, pp. 100-101; Bremen, June 1996

[3-87] Rider, E.G.: Sheet Feeding Mechanism, US Patent 2,351,367 – 13 June 1944

[3-88] Arbter, C.: Pickup Device for use in Feeding Mechanism and the like. US Patent 3,083,961 – 2. April 1963

[3-89] Parker, R.S.R.; Taylor, P.: Adhesion & Adhesives, p 71; Pergamon Press 1966

[3-90] Gordon, M.: High Polymers: Structure & Physical Properties – lliffe, London 1966

[3-91] Nichols, M.J.: How to Utilize Styrene-Butadiene Rubbers in Adhesive Formulations; Adhesives Age, pp 22-25, Vol. 11, No. 3, March 1968

[3-92] Hall, M.K.: Feeding and Handling Aspects of an Automated System for Garment Manufacture. PhD Thesis, Leicester Polytechnic, 1989

[3-93] Monkman, G.J.; Shimmin, C.: Use of Permanently Pressure-sensitive Chemical Adhesives in Robot Gripping Devices; International Journ. of Clothing Science and Technology, pp. 6-11, Vol. 3, No. 2, 1991

[3-94] Murray, J.M.: Single-Ply Pick-up Devices; AAMA Apparel Research Journal, pp. 87-98, December 1975

[3-95] Jacobs, H.; Baron, H.; Winston, E.: Combined Automatic Sewing Assembly; US Patent 3,386,396 – 4. June 1968

[3-96] Gilbert, J.M.; Taylor, P.M.; Monkman, G.J.; Gunner, M.B.: Sensing in Garment Assembly, Mechatronics Design in Textile Engineering, NATO ASI Conference – Side, Turkey, April 1992

Literatur und Quellen

[3-97] EDA-Gum Gripper-Engineering Design Associates (EDA), 101 Ruislip Road, Greenford, Middlesex UB6 9QF. Preliminary information release, 1991

[3-98] Gibson, I.; Monkman, G.J.; Palmer, G.S.; Taylor, P.M.: Adaptable Grippers for Garment Assembly, Proc. 22nd Intl. Symp. on Industrial Robots, pp. 2/17-2/30 – Detroit, October 1991

[3-99] Taylor, P.M.; Gunner, M.B.: Mechatronics in Garment Manufacture; Mchatronics Design in Textile Engineering – NATO ASI Conference – Side, Turkey, April 1992

[3-100] Conner, W.R.Jr: Automatic Feeder for Workpieces of Fabric or the like, US Patent 3,670,674 – 20 June 1972

[3-101] Sutz, R.K.: Cryogenic Pick-up, US Patent number 3611744, 1971

[3-102] Shultz, G.: Grippers for Flexible Textiles; 5th International Conf. on Advanced Robotics, pp. 759-764; IEEE, Pisa, June 1991

[3-103] Jensen, L.: Im eisigen Griff, Maschinenmarkt Würzburg, 108(2002)51/52, S. 30-32

[3-104] Stephan, J.: Beitrag zum Greifen von Textilien, Produktionstechnisches Zentrum Berlin; Diss. Techn. Universität Berlin, 2001

[3-105] Steinke, O.; Stephan, J.: Chancen und Risiken für das textile Greifen, Zeitschr. wirtsch. Fertigung, 96(2001)4, S.201-205

[3-106] Gourd, L.M.: An Introduction to Engineering Materials, Edward Arnold 1982

[3-107] Gentzen, G.; Grundmann, U.; Volmer, J.: Revolver im automatischen Montageprozess; VDI-Zeitschrift 134(1992)2, S. 98-101

[3-108] Warnecke, G.; Jauch, T.; Wack, G.: Industrieroboter montiert kleine O-Ringe automatisch, VDI-Zeitschrift, 133(1991)8, S. 35-38

[3-109] Hesse, S.: Blechteile automatisch handhaben, Bänder – Bleche - Rohre 37(1996)4, S. 21-23

[3-110] Hesse, S.: Umformmaschinen, Vogel Buchverlag, Würzburg 1995

[3-111] Betemps, M.H.T. Redarce & A. Jutard: Development of a multi-spiral gripper for leather industrie. 5th International Conference on Advanced Robotics; pp. 1726-1729, Pisa, July 1991

[3-112] Milberg, J.; Götz, R.: Sicher Greifen mit niedrigem Druck, Schweizer Maschinenmarkt, 9403 Goldach, Nr. 7, 1992, S.22-27

[3-113] Milberg, J.; Hossmann, J.: Automatische Montage nicht formstabiler Bauteile, 2 Montage 1989, Nr.1, S. 16-24

[3-114] Hain, K.: Das gegenläufige Konstanz-Gelenkviereck als Greifergetriebe, Werkstatt und Betrieb 126(1989)4, S. 306-308

[3-115] Pitschellis, R.: Mechanische Miniaturgreifer mit Formgedächtnisantrieb, Fortschrittsberichte VDI, Reihe 8, Nr. 714, VDI Verlag, Düsseldorf 1998

[3-116] Ikuta, K.; Beard, D.C.; Ho, S.; Mojin, H.: Direct Stiffness And Force Control Of A Shape Memory Alloy Actuaror And Application To Miniature Clean Gripper. Robotics Research 1989, The Winter Annual Meeting Of The ASME, San Francisco, CA, USA, 1989, Bd. DSC-14 (1989), S. 241-246

[3-117] Stöckel, D. u.a.: Legierungen mit Formgedächtnis, expert Verlag, Ehningen 1988

[3-118] Fearing, R.S.: Survey of Sticking Effects for Micro Parts Handling. Proc. Of the 1995 IEEE/RSJ Int. Conf. On Intelligent Robots and Systems, Aug. 1995, Pittsburgh, Pennsylvania, USA, S. 212-217

[3-119] Mertmann, M.: NiTi-Formgedächtnislegierungen für Aktoren der Greiftechnik. VDI-Fortschrittsberichte, Reihe 5, Nr. 469, VDI-Verlag, Düsseldorf 1997

[3-120] Grutzeck, H.; Kiesewetter, L.: Greifen mit Kapillarkräften. 41. Int. Wiss. Kolloq.; Ilmenau, Sept. 1996, Bd. 1, S. 103-108

[3-121] Tatter, A.: Kleinteilgreifer mit Hitzdrahtantrieb. Feingerätetechnik 36(1987)6, S. 214-215

[3-122] Krause, W.: Antriebe und Greifer für Automaten zur Kleinteilmontage. VDI-Berichte Nr. 1171, S. 279-288, VDI Verlag, Düsseldorf 1994

[3-123] Seliger, G.; Stephan, J.: Der Gefriergreifer und seine Anwendung. In: Vortragsband zum 10. Internationalen Techtextil-Symposium, April 1999, Frankfurt a. M.

[3-124] Wolf, A.; Steinmann, R.: Greifer in Bewegung, Carl Hanser Verlag, München/Wien 2004

[3-125] Bark, K.-B.: Adhäsives Greifen von kleinen Teilen mittels niedrigviskoser Flüssigkeiten, Springer Verlag, Berlin/Heidelberg 1999

[3-126] Gengenbach, U.; Engelhardt, F.; Scharnowell, R.: Automatic Assembly of Microoptical Components with the MIMOSE-System. Proc. Symp. On Handling and Assembly of Microparts, Wien, Nov. 1997, S. 83-88

[4-1] Rosheim, M.E.: Robot Wrist Actuators, John Wiley & Sons Inc., New York 1989

[4-2] Weber, W.: Industrieroboter – Methoden der Steuerung und Regelung, Fachbuchverlag Leipzig im Hanser Verlag, München/Wien 2002

[4.3] Hesse, S.: Industrieroboterpraxis, Vieweg Verlag, Braunschweig/Wiesbaden 1998

[5-1] Dörsam, T.H.: Intelligente Steuerungsansätze für mehrfingrige Robotergreifer. VDI Fortschritt-Berichte, Reihe 8, Nr. 652, VDI Verlag, Düsseldorf 1997

[5-2] Czinki, A.: Konstruktion, Aufbau und Regelung servopneumatischer Roboterhände. Shaker Verlag, Aachen 2001

[5-3] Butterfaß, J.: Eine hochintegrierte multisensorielle Vier-Finger-Hand für Anwendungen in der Servorobotik. Shaker Verlag, Aachen 2000

[5-4] Ruokangas, C.C.; Black, M.S.; Martin, J.F.; Schönwald, J.S.: Integration of Multiple Sensors to provide Flexible Control Strategies, CH 2282-2/86/0000/1947 $ 01.00, IEE, 1986

[5-5] Nist, G. u.a.: Steuern und Regeln im Maschinenbau, Verlag Europa-Lehrmittel, Haan-Gruiten 1989

Literatur und Quellen

[5-6]   Henschke, F.: Miniaturgreifer und montagegerechtes Konstruieren in der Mikromechanik. Fortschritt-Berichte VDI, Reihe 1, Nr. 242, VDI Verlag, Düsseldorf 1994

[5-7]   Schraft, R.D.; Hägele, M.; Wegener, K.: Service Roboter Visionen, Carl Hanser Verlag, München/Wien 2004

[5.8]   Kyberg, P.J.: The Control of Prosthetic Hands, Robotics in Medicine, I Mech E, June 14, 1990

[6-1]   Hesse, S.; Schnell, G.: Sensoren für die Prozess- und Fabrikautomation, Vieweg Verlag, Wiesbaden/Braunschweig 2004

[6-2]   Schillinger, D.: Aufbau eines Fahrzeugdemonstrators zur schlüssellosen Fahrberechtigung, Bericht zur Diplomarbeit, Siemens AG und Fachhochschule Regensburg, 1998

[6-3]   Milner, R.: Ultraschalltechnik: Grundlagen und Anwendungen, Physik Verlag, Weinheim 1987

[6-4]   Russel, R.A.: Robot Tactile Sensing, Prentice-Hall, 1990

[6-5]   Rosen, C.A. u.a.: Exploratory Research in Advance. Automation Reports 1-5, Stanford Research Institute, Dec. 1973 to Jan. 1976

[6-6]   Gaillet, A.; Reboulet, C.: An isostatic six component force an torque sensor, Proc. 13th Internat. Symp. Industrial Robots 1983

[6-7]   Hollerbach, J.M.: Robot Hands and Tactile Sensing – AI in the 1980's and Beyond; W.E.L. Grimson & R.S. Patil, MIT Press 1987

[6-8]   McCloy, D.; Harris, D.M.J.: Robotertechnik, VCH Verlag, Weinheim 1989

[6-9]   Wöhlke, G.: Development of the Karlsruhe Dextrous Hand, Actuator, '92, pp. 160 –167, Bremen, 1992

[6-10] Robo Touch, Katalog Nr. 8, Trans, Technologien aus der Raumfahrt, MST Aerospace GmbH, S. 35

[6-11] Witte, M.; Gu, H.: Force and position sensing resistors: An emerging technology – Actuator '92, pp. 168-170, Bremen June 1992

[6-12] Hesse, S.: Sensors in Production Engineering, FESTO, Esslingen 2001

[6-13] Schweigert, U.: Sensor-guided assembly, Sensor Review, Vol. 12, No. 4, 1992, pp. 23-27

[6-14] Monkman, G.J.; Taylor, G.E.; Taylor, P.M.: Flowgraph Techniques in Workcell Assesment and Design, International Symposium on Intelligent Control, IEEE, Albany, NY, Sept. 1989

[6-15] Masuda, R.; Hasegawa, K.; Wei Ting Gong: Total Sensory System for Robot Control and its Design Approach, Proc. 11th Symp. On Industrial Robots, Tokyo 1981

[6-16] Drake, S.H.: Using Compliance in lieu of Sensory Feedback for Automatic Assembly, IPhD Thesis, MIT Dept. of Mechanical Eng.; Sept. 1977

[6-17] Knoll, A.; Christaller, T.: Robotik, Fischer Verlag, Frankfurt am Main 2003

[6-18] Müller, M.: Roboter mit Tastsinn, Vieweg Verlag, Braunschweig/Wiesbad. 1994

[8-1] Whitney, D.E.: Quasi-static Assembly of Compliantly Supported Rigid Parts; Journal of Dynamic Systems, Measuerement and Control, Vol. 104, 1982

[8-2] McKerrow, P.J.: Introduction to Robotics, Addison-Wesley, 1991

[8-3] Nevins, J.L.; De Fazio, Conzales, Ford, Gustavson, Killoran, Padavano, Roderick, Seltzer, Selvage, Simunovic, Whitney: Exploratory Research in Industrial Assembly Part Mating. Charles Stark Lab.; 7. Progress Report, USA, Febr. 1980

[8-4] Rebman, J.: Compliance for Robotic Assembly Using Elastomeric Technology, 9th ISIR, Washington D.C.; pp. 153-166, 1979

[8-5] Soudunsaari, R.: Active Pneumatic Remote Center Compliance System; Proc. of 20th ISIR, pp. 717-724, 1989

[8-6] Hammerschmidt, Ch.; Schwanitz, V.; Herfter, D.; Butschke, R.: Fügemechanismen für die Montageautomatisierung mit Robotern; Wissenschaftliche Schriftenreihe, Technische Universität Karl-Marx-Stadt 1988

[8-7] Whitney, D.E.; Rourke, J.M.: Mechanical behavior and equations for elastomer shear pad remote center compliance; ASME Journal of Dynamic System, Measurement and Control, Vol. 108, pp. 223-232, 1986

[8-8] Joo, S.; Waki, H.; Miyazaki, F.: On the Mechanics of Elastomer Shear Pads for Remote Center Compliance (RCC); Proc. Of the 1996 IEEE International Conference on Robotics and Automation, Minneapolis, Minnesota, April 1996

[8-9] Fischer, G.E.: Montage von Schrauben mit Industrierobotern, Springer-Verlag, Berlin/Heidelberg 1990

[9-1] Backé, W.; Mostert, E.: Flexible Greiftechnik; In: Flexible Handhabungsgeräte im Maschinenbau, Deutsche Forschungsgemeinschaft, VCH Verlagsgesellschaft, Weinheim 1996, S.166-185

[10-1] Warnecke, G.; Jauch, T.; Wack, G.: Industrieroboter montiert kleine O-Ringe automatisch, VDI-Zeitschrift 133(1991)8, S. 35-38

[10-2] Monkman, G.J.: Robot Grippers for use with Fibrous Materials; Internat. Journal of Robotics Research, Vol. 14, No. 2 MIT Press, April 1995

[10-3] Taylor, P.M.; Gunner, M.B.: Mechatronics in Garment Manufacture; Mechatronics Design in Textile Engineering – NATO ASI Conference – Side, Turkey, April 1992

[10-4] Vercraene, F.; Esquirol, P.: Analysis of a ply separation gripper; Sensory Robotica for the Handling of Limb Materials (Ed. P.M. Taylor) – NATO ASI Series F, Springer Verlag, Vol. 64, pp. 127-136, 1990

[10-5] Murray, J.M.: Single-ply Pick-up Devices, AAMA Apparel Research Journal, pp. 87-98; Bobbin, Dec. 1975

[10-6] Monkman, G.J.: Electrostatic Techniques for Fabric Handling; MSc. Thesis, University of Hull, 1987

[10-7] Monkman, G.J.: Sensory integrated fabric ply separation; Robotica, Vol. 14, pp. 114-125, Cambridge University Press 1996

Stichwortverzeichnis

A

Abblasfunktion 210
Abformelement 150
Ablagemuster 44
Abschäleinsatz 224
Abstandsmessverfahren 341
Achsenzentrierung 45
Aktor 97
Androidenhand 14
Andrückstern 68
Annäherungssensor 335
Anschraubbild 8
Antriebssystem 3
Aufgabenebene 350
Auflagezone 33
Aufwälzgreifer 194
Ausdehnungskoeffizient 317
Ausgleichseinheit 68
Ausgleichsgetriebe 94
Ausgleichsvorrichtung 365
Ausrichtdüse 243
Außengriff 44
Außenspannzange 202

B

Backenantrieb 144
Baggergreifer 136
Balancer 266
Barret-Hand 177
Baukasten 311
Belastbarkeitsdiagramm 118
Belgrad-Hand 15
Berührungspunkt 24
Bestückungsfreiraum 37
Beugefinger 180
Bewegungsverkopplung 320
Bimetallfinger 97
Binärsensor 333
Biohand 13
Blechklemmgreifer 303
Blechteilegreifer 301
Bourdon'sche Röhre 182
Bowdenzug 168

C

CAO-Methode 111
Coriolisbeschleunigung 56

D

Dachführung 112
Darmstadt-Hand 19
Dauermagnetgreifer 245
Deformationsmessung 345
Dielektrikum 259
Differentialaktorprinzip 277
Differenzialgetriebe 320
Distanzsensor 345
DLR-Greifer 18
DLR-Hand II 19
Doppelblech 254
Doppelblechkontrolle 307
Doppelgreifer 292
 - koaxialer 127
Doppelgreifkopf 293
Doppelkolbenantrieb 110
Doppelrundführung 112
Doppelschwinge 6
Doppelschwinge-Joch-Antrieb 7
Doppelzangengreifer 163
Drahtbundgreifer 390
Drehdurchführung 325
Drehgreifer 347
Drehkolbenaktor 106
Drehmomentsensor 343
Drehschwenkgreifer 323
Dreifachgreifer 294
Dreifingergreifer 166, 167
Dreifinger-Spreizgreifer 181
Dreifinger-Winkelgreifer 169
Dreifinger-Zentriergreifer 168
Dreifunktionsgreifer 64
Dreipunkt-Griff 166
Dreipunkt-Klemmgreifer 389
Druckbooster 122
Druckelement 200
Druckkissen 203
Druckluftkissen 201

E

Effektorwechselsystem 354
Einfingergreifer 135
Einstufenejektor 211
Einzelkolbenantrieb 110
Einzweckgreifer 63
Ejektor 210
Elastizitätsmodul 27
Elastomerbelag 50
Elastomerfinger 180
Elektret 259
Elektroadhäsion 262
Elektrogreifer 83
Elektrolastmagnet 255
Elektromagnetgreifer 35, 248
Elektrostriktion 96
Elektrozylinder 395
Endeffektor 4
Evakuierungszeit 220

F

Faltenbalgsauger 222, 392
Fassgreifer 388
Fassrandgreifer 165
Federklemmgreifer 156
Feinpositionierachse 324
Festhaltemöglichkeiten 2
Festkörpergelenk 96, 275
Fingerführung 112
Fingergreifer 165
 - gelenkloser 178
 - modularer 125
Fingerkinematik 136
Fingeroptimierung 111
Fingerspeicher 362
Fingerstellungskontrolle 330
Fingerwechselvorrichtung 362
Fischmaul 9
Flächenberührung 28
Flächenpressung 27
Flachfederfinger 159
Flachführung 112
Flachgreifkopf 398
Flachhaftgreifer 245
Flanschausführung 8
Flaschengreifer 202, 205
Flexibilität 62

Fliehkraft 56
Fluidaktor 13
Fluidmuskel 14, 90
Flüssigkeitsbrücke 280
Formgedächtnisantrieb 277
Formgedächtnislegierung 98
Formgedächtnisschaum 154
Formpaarung 40
Formschluss 3, 172
Freiheitsgrad 27, 41
Fügekopf 368
Fügekopfeinheit 299
Fügemechanismus 364
Fügeoperation 348
Führungsgetriebe 80
Führungslänge 113
Führungsspiel 112
FZI-Hand 21

G

Gabelgreifer 394
Gedächtnisschaum 154
Gefriergreifer 286
Gelenkarm 273
Gelenkausführungen 81
Gelenkebene 349
Gelenkfingergreifer 172
Gelenkfreiheitsgrad 146
Genauigkeit 46
Geradführung 112
Geradführungsgetriebe 102
Geradschiebung 107
Getriebefreiheitsgrad 81, 100
Gewichtsklemmgreifer 159
Gewindespindeltrieb 6
Gleitführung 112
Greifbacke 4
 - einstellbare 150
 - multifunktionale 149
 - nachgiebige 148
Greifbackenbelag 152
Greifbackenbelastung 60
Greifbackenform 42
Greifbackengestaltung 144
Greifbarkeit 4
Greifdorn 140
Greifen 39

Greifer 2
- akustischer 26
- atraumatischer 272
- elektroadhäsiver 259
- elektrostatischer 260
- flüssig-adhäsiver 280
- selbsteinstellender 94
- thermisch-adhäsiver 286
Greiferachse 4
Greiferantrieb 80, 107
Greiferauswahl 73
Greiferfinger 4
Greiferflexibilität 61
Greifergetriebe 81
Greiferhand 172
Greiferkenngrößen 67, 71
Greiferkinematik 99, 102
Greiferkonfiguration 125
Greiferkoordinatensystem 4
Greiferschnellverbindung 355
Greifersensorik 332
Greifersteuerung 325
Greiferstruktur, stoffkohärente 182
Greifertausch 359
Greiferwechsel 359
Greiferwechselvorrichtung 351
Greiferwirkprinzip 65
Greiferzentrierung 338
Greiffläche 4
Greiffuß 9
Greifgenauigkeit 46
Greifgerechte Gestaltung 51
Greifhand 4
Greifklaue 160
Greifkopf-Plattform 274
Greifkraft 57
Greifkraftausgleich 105
Greifkraftbegrenzung 327
Greifkrafterhaltung 373
Greifkraftkennlinie 103
Greifkraftmessung 345
Greifkraftregelung 348
Greifkraftsicherung 116
Greifkraftverlauf 103
Greifmagnete 245
Greifmittelpunkt 45
Greifobjekt 76

Greiforganwechsel 363
Greifplanung 5, 74
Greifpositionsüberwachung 346
Greifprinzip 70
Greifprisma 146
Greifpunktfehler 43
Greifreihenfolge 35
Greifsicherheit 60
Greifstift 120
Greifstrategie 31
Greifsystem 5
 - hydroadhäsives 288
Greifwegkennlinie 103
Greifzange 162, 389
Greifzentrum 47
Greifzone 33
Greifzylinder 398
Grenzflächenspannung 289
Griff in die Kiste 31, 231
Grifffläche 5, 75
Griffklassen 11
Griffpunktbestimmung 75
Griffpunktwahl 38
Griffsteuerung 348
Großflächengreifer 233
Großflächensauger 307
Grundbacke 5
Grundgreifer 316
Gummi-Lochgreifer 200
Gummimembrangreifer 187

H

Haftgreifzylinder 285
Haftmittel 283
Haftsauger 212, 239
Hakengreifer 267, 269
Hallsensor 346
Haltekraft 217
Haltesystem 5, 358
Halteverfahren 66
Handachsenantrieb 319
Handgelenk, rüsselartiges 315
Handgelenkachsen 313
Handhabungszonen 33
Handnachbildungen 12
Handprothese 331
Handwurzelknochen 10

Hartmetalleinsatz 152
Haufwerk 35
Hebelgetriebe 123, 133
Hebelzange 161
Hechel 188
Hertz'sche Pressung 29
HI-T-Hand 16
Hubbalken-Transfergreifeinrichtung 309
Hublageeinstellung 132
Hubsauger 323
Hydraulikzylinder 121

I

IFAS-Hand 21
Innengreifer 139, 201
Innengriff 44
IRCC 364

K

Kapillargreifer 281
Karlsruhe-Hand 20
Kartongreifer 378
Keilelement 141
Keilhakengetriebe 88
Keilhakenmechanik 138
Kenngrößen 71
Kinematisches System 5
Klammer-Greifer 310
Klauenfinger 389
Klebebandgreifer 283
Kleinladungsträger 391
Klemmgreifer 156
Klemmgreifermodul 302
Klemmspitzeneinsatz 153
Kneif-Klemmtechnik 196
Kniehebeleffekt 104
Kniehebelmechanik 6
Kniehebelspanner 305
Koaxialwelle 321
Kolbenantrieb 89
Kolbensaugsystem 209, 213
Kollisionsschutz 372
Kombinationsgreifer 291
Kombinationsgriff 44
Kontaktkraft 29
Kontaktpaarung 28
Kontaktverformung 30

Konturanpassung 230
Koppelelemente 352
Kraftfluss 95
Kraftformpaarung 40
Kraftkreis 95
Kraftmessung 369
Kraft-Momenten-Sensor 342
Kraftpaarung 40
Kraftschluss 3
Kratzengreifer 192
Krebsschere 10
Kreiskerbe 111
Kreisparallel-Führung 102
Kreisschiebung 104, 122
Kugelführung 112
Kugelgelenk 229
Kugelverriegelung 361
Kurvenführung 142
Kurvengelenk 122, 130
Lamellengreifer 151
Langhubgreifer 379
Lasertriangulation 340
Lastaufnahmemittel 266
Lateralfehler 365
Laufgrad 100
Laufwagenprinzip 308
Leerpalettengreifer 91
Leistungsschall 26
L-Form-Greifer 301
Lichtreflextaster 337
Lichtwellenleiter 338
Linearachse 323
Linear-Greifeinheit 401
Linearmotor 83
Linienberührung 28
Lochgreifer 199
Luftstrahlgreifer 206
Luftstromantrieb 243
Luftstromgreifer 25, 241

M

Magnetadhäsion 265
Magnetfeld, verschiebbares 247
Magnetfluss-Lenkung 244
Magnetgreifer 382
Magnethaftgreifer 244
Magnet-Lasttraverse 382

Stichwortverzeichnis

Magnetlüftung 240
Magnetpulvergreifer 256
Manipulatorebene 349
Manipulatorgreifer 265
Manipulator-Magnetgreifer 258
Massenträgheitsmoment 316
Materialgelenk 158
Materialgelenkstruktur 180
Mehrfachführung 115
Mehrfachgreifer 292, 384
Mehrfachsaugergreifer 388
Mehrstellengreifer 135
Mehrstufenejektor 211
Mehrteilegreifer 293
Membranantrieb 90
Membrangreifer 203
Messgitter 334
Metallbalg-Fügemechanismus 371
MH-1-Hand 15
Mikrogreifer 97, 297
Mikropositioniereinrichtung 274
Miniaturgreifer 271
Miniatur-Vakuumgreifer 290
Miniformpaarung 30
Minigreifer 272
Mittelpunktsverschiebung 48
Montagegreifer 69, 300
Motorgreifer 136
Motorträgheitsmoment 86
Multifingergreifer 172, 175
Muschelschalengreifer 267

N
Nadelgreifer 189
Näherungssensor 335
NCC 364
Niederdruckgreifer 226

O
Objektebene 349
Öffnungsweite 42
Okada-Hand 16
Omnigreifer 119
Optosensor 337
Ovalkolbenantrieb 90

P
Parallelbackengreifer 50, 59, 105
Parallelgreifer 6
Parallelität 50
Parallelogramm-Hebelgetriebe 127
Peltiermodul 286
Pendelbacken 50
Permalloy 249
Permanentmagnet 383
Permanentmagnetgreifer 244, 258
Piezoaktor 96
Piezoantrieb 83
Piezotranslator 276
Pinzettengreifer 397
Planetenrollenantrieb 20
Planeten-Wälz-Gewindespindel 20
Plattengelenk 146
Polarisationsfilter 337
Polymerschaum 155
Positionsfehler 49
Positionsverlagerung 49
Präzisionsgreifer 117
Prismabacke 33, 42
Prismagreifer 45
Profilmagnet 257
Prothesenhand 13, 331
PSD-Element 342
Punktberührung 28
Punktzentrierung 45

Q
Quadranten-Fotodiode 369

R
Radialgreifer 137
Rahmengreifer 187
Rasternutsystem 234
RCC-Glied 364
Reibbeiwert 54
Reibungskoeffizient 54
Reibungswinkel 113
Reihengreifer 381
Reinheitsklasse 73
Reinraumgreifer 72
Reinraumproduktion 71
Relaxationszeit 263
Restmagnetismus 255

Retroreflektor 337
Revolvergreifer 295
Rezeptor 332
Ringflächensauger 225
Robonaut-Hand 22
Roboterhandgelenk 360
Röhrengreifer 186
Rollenkulisse 6, 142
Ruck 55
Rundführung 112
Rutschsensor 348

S

Sackgreifer 137, 393
Salisbury Hand 17
Saugdüse 212
Saugerausführungen 222
Saugerbefestigung 228
Saugerkopf 231
Saugerplatte 234
Saugerspinne 306
Saugfuß 9
Saugkraft 236
Saugluftbacken 378
Schaumstoffgreifer 191
Scheibensauger 219
Scherengreifer 128
Schiebeblock-Keil-Getriebe 132
Schlauchfingergreifer 179
Schließzeit 111
Schnappelemente 355
Schnappfedergreifer 158
Schnellwechselkupplung 355
Schrägstrahldüse 243
Schraubgelenk 100
Schrittmotor 83
Schrumpfringgreifer 204
Schubkurbel 102
Schutzsystem 5
Schwalbenschwanzführung 112
Schwenk-Linearantrieb 401
Schwenksauger 377
Schwenksaugereinheit 322
Sechskomponentensensor 343
Seitendruckstück 157
Selbsthemmung 141
Selbstreinigung 72

Selbststeuerung 163
Semantisches Netz 70
Sensor, akustischer 340
Sensor, induktiver 336
Sensor, kapazitiver 336
Sensorintegration 349
Servogreifsystem 128
Servomotor 83
Sicherheitsfaktor 55
Sicherungszylinder 375
Siliziumgreifer 276
Skinner-Hand 15
Softgreifer 184
Spannmodul 206
Spannzangenprinzip 64
Spannzone 33
Speicherdichte 44
Spezialgreifer 62
Spindelantrieb 85
Spreizfingergreifer 137, 175, 179
Spreizgreifer 205
Stanford/JPL-Hand 17
Stangenprinzip 309
Steuerungssystem 5
Stiftfeldgreifer 120
Stoffgreifer 284
Stopp-Ventil 116
Störimpulsausblendung 336
Störkante 45
Stoß 55
Strombegrenzung 84
Strömungsrate, volumetrische 261
Strömungsventil 214
Stückgutgreifer 380
Stützauflage 145
Stützrippe 226
Synchronisation 6

T

Tablarauszug 39
Tast-Array 334
Tastfühler 333
Tastsensor 34
Tastsensorik 333
Tastventil 225
Taxel 330
TCP 4, 7, 33

Stichwortverzeichnis

Technische Hand 7
Teilsysteme 3
Textileigenschaften 193
Toleranz 43
Topfmagnet 248
Torsionsaktor 182
Trägersystem 7
Trägheitskraft 56
Trägheitsmoment 316
Transfergreifereinrichtung 308
Trapezführung 112
Triangulationssensor 342
Tripelreflektor 337
TUM-Hand 19

U

Überbestimmtheitsgrad 146
Überbestimmung 67
Überdruckgreifer 199
Übersetzungsverhältnis 104
Übertragungsgetriebe 80
Überwachungsfunktion 375
Ultraschallsensor 34, 328, 341
Umfassungsgreifer 183
Umschließen 3
Umschlingungsgreifer 183
Unfreiheit 146
Universalgreifer 62
Unterdruckgreifer 208
Utah/MIT-Dextrous Hand 17

V

Vakuumerzeugung 209
Vakuum-Fassgreifer 390
Vakuumgebläse 209
Vakuumgreifer, adaptiver 237
Vakuum-Magnet-Greifer 254
Vakuummanagement 233
Vakuumpipette 290
Vakuumpumpe 209
Vakuumsaugdüse 210
Vakuumsauger 215
Vakuumsaugermodul 303
Vakuumsaugventil 214
Vakuumschaltplan 215
Vakuumschaltventil 238
Vakuumsteuerung 233

Vakuumtraverse 400
Venturi-Prinzip 210
Vereinzeln 284
Verkippung 113
Verkippwinkel 112
Verriegelungshaken 361
Verstellgreifer 295
Vertikal-Coilzange 164, 390
Vertikalgreifer 391
Vielfach-Flaschengreifer 402
Vielfinger-Greifmechanismus 174
Vielzahnführung 112, 115
Vierfingergreifer 170, 311
Vierpunktgreifer 170, 171
Vierpunkt-Griff 166

V

Vogelschnabel 9

W

Waferscheibe 25
Wahrnehmung 332
Wälzführung 117
Wälz-Rundführung 112
WBK-Hand 19
Wechselsystem 8, 351
Wechselwirkungsgesetz 52
Wendegreifer 143
Werkstückanordnung 44
Werkstückbereitstellung 40
Werkstückformfehler 48
Werkstückverlagerung 41
Werkzeugdoppelgreifer 198
Werkzeuggreifer 197
Werkzeugwechselvorrichtung 362
Werkzeugwechsler 197
Winkelabtastung 347
Winkelfehlerausgleich 365
Winkelgreifer 6, 92, 128
Winkelgreiferkinematik 129
Winkelhebelmechanik 138
Winkellichtschranke 339
Winkel-Parallel-Greifer 134
Wirkfläche 24
Wirkpaarung 23
Wirkprinzip 65

Y
Young'sche Gleichung 289

Z
Zahnsegmentgetriebe 138
Zahnstangenantrieb 85
Zahnstange-Ritzel-Getriebe 84
Zangengreifeinheit 198
Zangengreifer 98, 305, 384
Zapfengreifer 202
Zeitkonstante 261
Zentriereffekt 47

Zentrierhilfe 392
Zentripetalgreifer 115
Zufallsgriff 35
Zugband 17
Zugriffsart 42
Zugriffsrichtung 42
Zuluftdrosselventil 110
Zweibackengreifer 92, 128
Zweifachgreifer 292
Zweikreis-Vakuumanlage 374
Zylinderführung 114
Zylindergelenk 146